W0254932

Lehrbuch der Maschinendynamik

Maschinendynamische Probleme
und ihre praktische Lösung

F. Holzweißig

H. Dresig

Zweite Auflage

Springer-Verlag
Wien New York

Prof. Dr.-Ing. habil. *Franz Holzweißig*
o. Prof. an der Technischen Universität Dresden
Deutsche Demokratische Republik

Prof. Dr. sc. techn. *Hans Dresig*
o. Prof. an der Technischen Hochschule Karl-Marx-Stadt
Deutsche Demokratische Republik

Mit 240 Abbildungen

CIP-Kurztitelaufnahme der Deutschen Bibliothek

Holzweissig, Franz:
Lehrbuch der Maschinendynamik: maschinendynam.
Probleme u. ihre prakt. Lösung / F. Holzweissig;
H. Dresig. — 2. Aufl. — Wien; New York:
Springer, 1982.
  ISBN-13:978-3-7091-8686-2   e-ISBN-13:978-3-7091-8685-5
  DOI: 10.1007/978-3-7091-8685-5

NE: Dresig, Hans:

© VEB Fachbuchverlag Leipzig 1982
Softcover reprint of the hardcover 2nd edition 1982
Satz: VEB Druckhaus „Maxim Gorki", DDR - 7400 Altenburg
Fotomechanischer Nachdruck: Grafische Werke Zwickau

ISBN-13:978-3-7091-8686-2

Vorwort

Die Maschinendynamik ist in den Lehrplänen aller Hochschulfachrichtungen des konstruktiven Maschinenbaus in der Deutschen Demokratischen Republik verankert. Sie baut auf der Technischen Mechanik auf und stellt für die Studenten eine unmittelbare Konfrontierung mit typischen dynamischen Problemen ihres Fachgebietes dar. Es handelt sich also um eine Maschinendynamik, die sowohl dynamische Probleme des Energiemaschinenbaus (Kolbenmaschinen und Turbomaschinen), des Verarbeitungsmaschinenbaus (z. B. Druckmaschinen, Textilmaschinen, Verpackungsmaschinen), der Fördergeräte, Landmaschinen und Fahrzeuge sowie des Anlagenbaus anspricht.

Die bisher vorliegende Literatur auf diesem Gebiet ist entweder zu fachspezifisch oder sie geht zu wenig auf die unmittelbar in der Technischen Mechanik (Grundstudium) vermittelten Kenntnisse ein. In vielen Fällen entspricht sie auch nicht mehr dem praktischen Bedürfnis der Bezugnahme auf EDV-Programme. Diese Lücke soll das vorliegende Lehrbuch schließen und die Brücke zur Spezialliteratur bestimmter Fachrichtungen (z. B. Kolben- und Turbomaschinenbau) schlagen.

Bei seiner Konzipierung standen wir vor der Wahl, entweder eine allgemeine Schwingungslehre diskreter linearer Systeme voranzustellen und dann in Abschnitten der Maschinendynamik darauf zu verweisen oder jeden Abschnitt relativ selbständig aufzubauen und am Schluß eine allgemein gültige Darstellung im Sinne der Schwingungslehre zu geben. Wir haben uns konsequent für den zweiten Weg entschieden, obwohl uns diese Entscheidung nicht leicht gefallen ist. Den Ausschlag dazu gab die Überlegung, daß nicht von jedem Maschinenbauingenieur verlangt werden kann, daß er erst dann ein spezielles Problem anfassen darf, wenn er die Schwingungslehre beherrscht.

Durch diese Selbständigkeit der einzelnen Abschnitte tritt natürlich ein gewisser Wiederholungseffekt auf, denn die Berechnung der Eigenfrequenz ist letztlich unabhängig vom Maschinentyp. Wir sind jedoch der Meinung, daß man in einer Lehrkonzeption „Überschneidungen" und Wiederholung zulassen soll.

Das Lehrbuch soll auch im Fernstudium verwendet werden. Es schafft in der jetzigen Form die Möglichkeit, mit Hilfe einer Studienanleitung bestimmte Abschnitte hervorzuheben oder zu streichen. Jeder Abschnitt enthält mehrere Aufgaben und Beispiele. Dabei haben die Aufgaben teilweise Beispielcharakter, sie vermitteln also zusätzliche Kenntnisse, und tragen nicht in allen Fällen reinen Übungscharakter. Eine spezielle Aufgabensammlung, die auch zur Prüfungsvorbereitung dienen kann, ist in Vorbereitung.

Das Buch ist jedoch nicht nur für Studenten, sondern auch für den Ingenieur der Praxis geschrieben, und die vielen praxisorientierten Beispiele sowie die Angabe von Richtwerten unterstreichen dies. Auch ist die Zusammenstellung nutzungsfähiger Rechenprogramme im Anhang ein Beitrag dazu.

Wir haben uns weiterhin bemüht, der Denkweise des Ingenieurs insofern entgegenzukommen, als wir Methoden der Abschätzung und Überschlagsrechnungen behandeln und dafür lieber einmal auf die Darstellung eines bereits programmierten Algorithmus verzichten. Der Konstrukteur muß ja zunächst das dynamische Verhalten oder die Wirkung einer Parameteränderung abschätzen können, bevor er etwa einen Spezialisten mit der Durchrechnung beauftragt. Die schnelle Entwicklung der elektronischen Rechentechnik bringt es mit sich, daß in absehbarer Zeit für jedes maschinendynamische Problem ein Rechenprogramm vorliegt. Die Aufgabe des Ingenieurs wird es aber immer bleiben, die entsprechenden Berechnungsmodelle und ihre Parameter bereitzustellen. Er muß aber auch in der Lage sein, das Rechenergebnis zu kontrollieren und bereits vor Beginn der Rechnung eine Vorstellung vom Ergebnis haben. Deshalb werden in diesem Buch Verfahren, wie beispielsweise die Verwendung von Hauptkoordinaten, vorgestellt, die dafür besonders aussagefähig sind, obwohl ihre Anschaulichkeit nicht sofort ins Auge sticht.

Das Vorwort soll nicht ohne einen Dank an die vielen Mitarbeiter, die in irgendeiner Weise am Zustandekommen beteiligt waren, schließen. Besonders möchten wir den Herren Prof. Dr. sc. techn. *U. Fischer* und Dr. sc. techn. *G. Meltzer*, die das gesamte Manuskript durchgesehen haben, für manchen wesentlichen Hinweis und dem VEB Fachbuchverlag für die angenehme Zusammenarbeit danken.

Franz Holzweißig
Hans Dresig

Inhaltsverzeichnis

0. Aufgaben und Gliederung der Maschinendynamik

Aufgabe der Maschinendynamik ist es, die Erkenntnisse der Dynamik auf spezielle Probleme im Maschinenwesen anzuwenden und damit die Wechselwirkung zwischen der Bewegung und den auftretenden Kräften und Beanspruchungen zu bestimmen. Ihre Entwicklung hängt eng mit der Entwicklung im Maschinenbau zusammen.

Zuerst traten dynamische Probleme an den Kraft- und Arbeitsmaschinen auf. Torsionsschwingungen wurden an Kolbenmaschinen beobachtet, und Biegeschwingungen gefährdeten die Bauelemente der Turbinen. Die Klärung dieser Erscheinungen galt lange Zeit als einzige Aufgabe der Maschinendynamik, wie dies auch in den Standardwerken, wie beispielsweise [6] und [14], zum Ausdruck kommt.

Mit der ständig wachsenden Arbeitsgeschwindigkeit und der Durchsetzung der Prinzipe des Leichtbaus auf den Gebieten der Verarbeitungsmaschinen, Landmaschinen, Werkzeugmaschinen, Druckmaschinen und Fördermaschinen traten jedoch auch hier dynamische Probleme in den Vordergrund. Um ihre Vielzahl beherrschen zu können, machte es sich erforderlich, die prinzipiellen Fragen herauszuschälen und unter weitestgehender Loslösung von der speziellen Maschine zu beantworten. Damit wurde die Maschinendynamik zu einem selbständigen Wissenschaftsgebiet, das zum Rüstzeug eines jeden Maschinenbauingenieurs gehört.

Während man noch vor 50 Jahren der Meinung war, daß eine Beschäftigung mit Schwingungsproblemen nur wenigen Spezialisten vorbehalten bleibt, muß man heute von einer großen Zahl von Ingenieuren verlangen, daß sie eine genaue Vorstellung von den dynamischen Vorgängen in einer Maschine besitzen. Hochleistungsfähige Maschinen sind nicht nur nach statischen, sondern häufig in erster Linie nach dynamischen Gesichtspunkten zu dimensionieren. So hängt der Einsatz von Berechnungsverfahren der Betriebsfestigkeit von der Sicherheit der Lastannahmen ab, die aus einer maschinendynamischen Berechnung resultieren. Der Ingenieur muß also die Gesetzmäßigkeiten, nach denen sich periodische Dauerbelastungen, Stöße, Anfahr- und Bremsvorgänge in der Maschine auswirken, kennen.

Dabei muß jedoch der Arbeitsweise des Ingenieurs entsprochen werden. Sie wird durch die Forderung bestimmt, eine praktische Aufgabe in kurzer Zeit mit ökonomisch vertretbarem Aufwand zu lösen. Da er sich sofort entscheiden muß, kann nicht die wissenschaftliche Klärung von Einzelfragen abgewartet werden. Er muß vielmehr alles Erreichbare heranziehen und die Aufgabenlösung dem vorliegenden Stand anpassen. Eine wichtige Fertigkeit, die der Ingenieur beherrschen muß, ist die, eine unvollkommene oder unvollständige Theorie anzuwenden, solange es keine bessere gibt. Dies setzt natürlich einen Fundus von Wissen voraus, zu dem nicht immer die Kenntnis aller Gedankengänge, die zu einer Formel oder einem Rechenprogramm führen, gehört. Wichtig für ihn ist jedoch, den Geltungsbereich zu kennen und die Möglichkeit einer Überprüfung der Ergebnisse durch Abschätzungen vorzunehmen.

Die Aufgaben der Maschinendynamik lassen sich in drei große Gruppen unterteilen,
    die Findung eines Berechnungsmodells,

● die Durchführung der Berechnung und
● die Rückführung der Ergebnisse zur Beeinflussung der Konstruktion.

Die erste und dritte Aufgabe kann dem Ingenieur nicht abgenommen werden, ihre Lösung setzt jedoch die Kenntnis der Verfahren der Modellberechnung voraus. Diese selbst erfolgt in zunehmendem Maße mit Hilfe von Rechenautomaten. Dem Ingenieur muß also ein bestimmter „Modellvorrat" zur Verfügung stehen, für den er Rechenprogramme kennt und deren Behandlung er beherrscht.

Der Zusammenhang der drei Aufgabengruppen wird in Tabelle 0/1 dargestellt. Daraus ersieht man, daß es eine „Berechnung der Maschine" nicht gibt, sondern daß die erste Aufgabe in der Bereitstellung eines Berechnungsmodells besteht. Die dafür angewendeten Methoden richten sich danach, ob als Ausgangsmaterial die Konstruktionsunterlagen oder Messungen an einer Maschine vorliegen.

Geht man von den Konstruktionsunterlagen aus, so muß als erstes eine Strukturfestlegung erfolgen.

Man versteht darunter alle Überlegungen zum Aufbau des Berechnungsmodells aus den Elementen

Masse   — Speicher für kinetische Energie
Feder   — Speicher für potentielle Energie
Dämpfer — Elemente zur Energieabfuhr
            (Wandlung von Bewegungsenergie in Wärmeenergie)
Erreger   — Elemente zur Energiezufuhr aus einer Energiequelle.

Die Struktur sagt aus, wie diese Elemente den einzelnen Maschinenteilen, wie Welle, Rad, Achse, zugeordnet und im Berechnungsmodell angeordnet sind und welche Voraussetzungen dabei getroffen wurden.

Ein Beispiel für verschiedene Torsionsmodell-Strukturen zeigt Bild 4/1.

Eine wesentliche dabei zu erklärende Frage ist, ob das Modell aus starren Massen und masselosen Federn bestehen soll oder ob massebehaftete Federelemente betrachtet werden. Man spricht im ersten Fall von einer diskreten Struktur und im zweiten von einem Kontinuum. Die Beantwortung dieser Frage hängt sowohl von der speziellen Aufgabe als auch von der Möglichkeit der Modellberechnung ab. Es ist deshalb unbedingt erforderlich, die Verfahren der Modellberechnung zu kennen. Das vorliegende Lehrbuch muß sich deshalb in starkem Maße mit Fragen der Modellberechnung beschäftigen. In der Maschinendynamik wird, im Gegensatz zur Baudynamik, im wesentlichen mit einer diskreten Struktur gearbeitet, die sich durch ein System gewöhnlicher (linearer) Differentialgleichungen beschreiben läßt. Sie werden in Matrizengleichungen zusammengefaßt.

Betrachtet man die Konstruktionszeichnung einer Maschine, wie beispielsweise Bild 0/1, so wird man feststellen, daß eine Trennung in masselose Wellen und starre Zahnräder für das Torsionsmodell nicht auf der Hand liegt. Es sind also zur Diskretisierung spezielle Überlegungen erforderlich. Der Ingenieur wendet dabei am häufigsten die physikalische Diskretisierung an. Gestützt auf seine Erfahrung, wird er die Wellenmassen auf die Zahnräder verteilen und damit ein Modell aufstellen, bei dem jedem Modellelement bestimmte Bauteile zugeordnet sind. Der Umfang des Modells, der in der Zahl der Freiheitsgrade zum Ausdruck kommt, wird von der Aufgabenstellung bestimmt.

Will man zum Beispiel den Einfluß des Getriebes auf das Gesamtverhalten des Antriebssystems untersuchen, genügt ein Modell nach Bild 0/2a. Dabei stellt c_1 die Torsionsfederkonstante der Antriebswelle und c_3 die der Abtriebswelle dar. c_2 gibt die reduzierte Steifigkeit der Vorgelegewelle an. Die Trägheitsmomente J_1 und J_2 sind Ersatzwerte für die Drehmassen beider Zahnradstufen. Oft wird auch noch auf

*Tabelle 0/1. Aufgaben der Maschinendynamik**

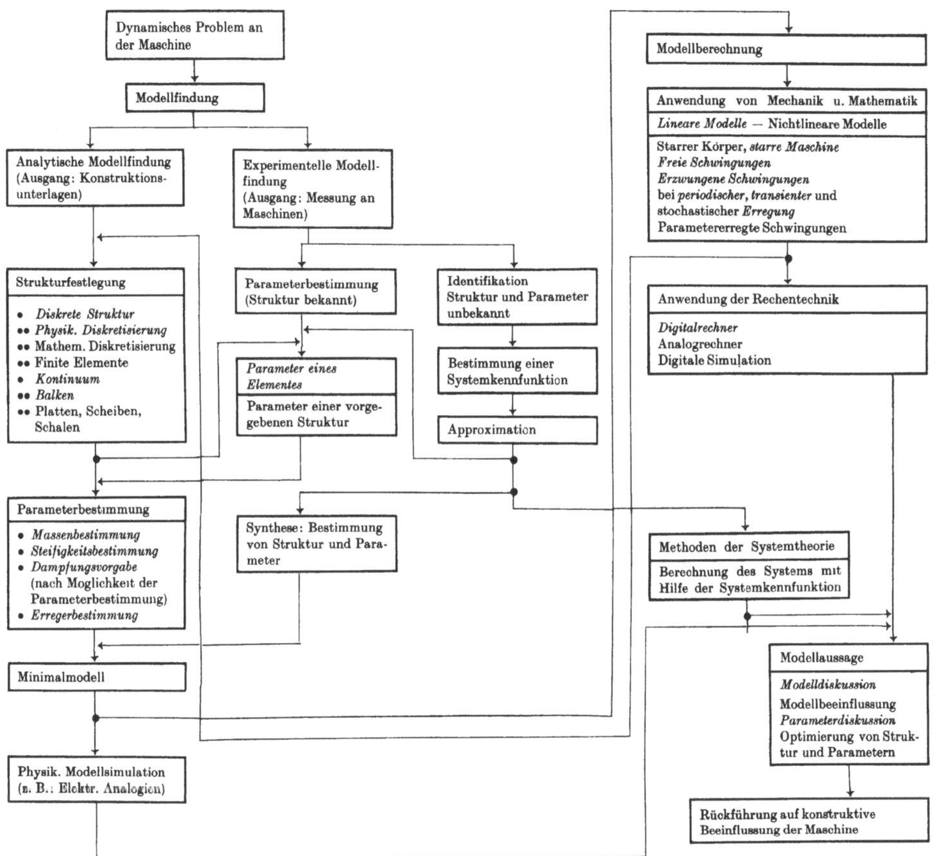

*) Die kursiv gesetzten Gliederungspunkte werden in den Abschnitten angesprochen.

die Massen ganz verzichtet, wenn ihre Trägheitsmomente klein gegenüber denen der angekoppelten Massen sind. Sollen jedoch dynamische Zahnkräfte bestimmt werden, so müssen die Zahn- und Radsteifigkeiten mit einbezogen werden. Es ergibt sich dann ein Modell nach Bild 0/2b. Hierin erscheinen die Zahnräder einzeln, und es kommen die Zahnfederwerte c_{21} und c_{22} hinzu (vgl. 1.3.1.). Alle genannten Kennwerte sind auf eine Welle reduziert (vgl. 4.1.2.). Bei der empirischen Aufteilung in masselose Federn und starre Massen kann man jedoch erhebliche Fehler begehen. Deshalb sind mathematische Diskretisierungsverfahren entwickelt worden, bei denen zwar diskrete Massen- und Steifigkeitsmatrizen entstehen, aber keine unmittelbare Bauteilzuordnung gegeben ist.

Das vorliegende Buch beschäftigt sich im wesentlichen mit diskreten Strukturen und spricht das Kontinuum nur bei den Balkenschwingungen an.

Liegt die Struktur fest, müssen deren Parameterkennwerte bestimmt werden. Unter *Parameter* versteht man dabei die in den Bewegungsgleichungen auftretenden Größen, die durch Massen, Federn, Dämpfer und Erreger im Berechnungsmodell

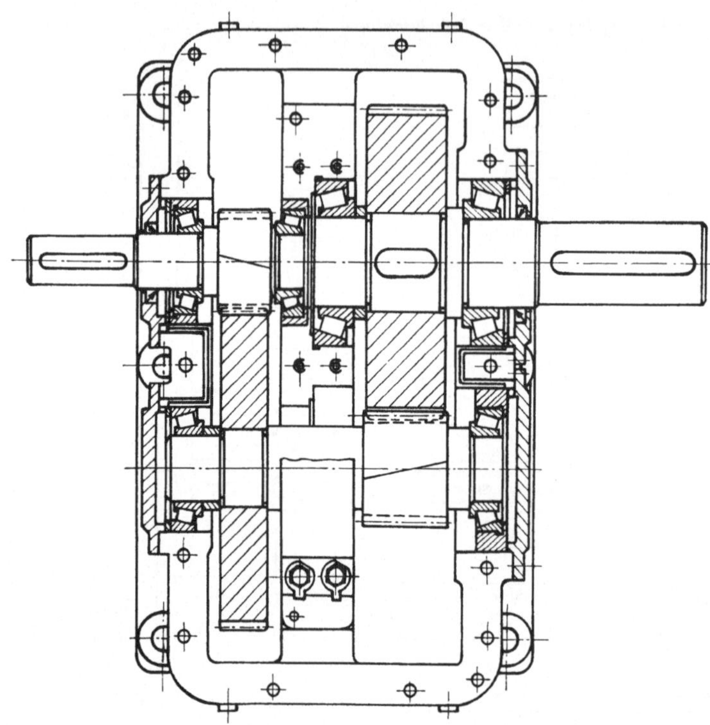

Bild 0/1. Stirnradgetriebe als Beispiel zur Strukturfestlegung

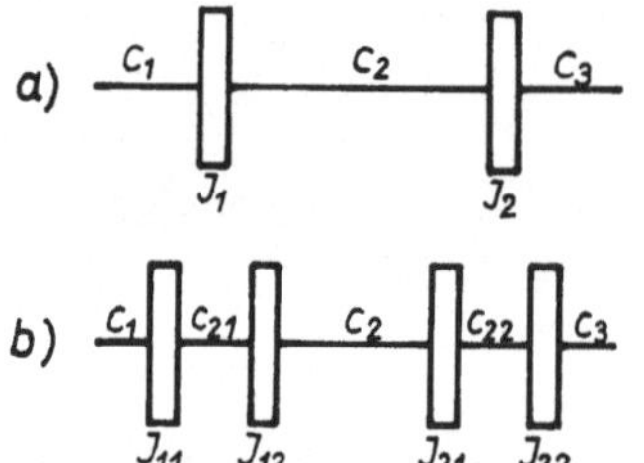

Bild 0/2. Strukturmöglichkeiten für die Modellierung der Torsionsbewegung zum Beispiel Bild 0/1
a) Grobmodell zur Erfassung niederfrequenter Schwingungen
b) Modell zur Erfassung von dynamischen Zahnkräften

gegeben sind. Dieser Abschnitt beinhaltet die größten Unsicherheiten der gesamten Maschinendynamik. Vor allem in der Steifigkeits- und Dämpfungsbestimmung ist man weitgehend auf Erfahrungen, die aus Messungen resultieren, angewiesen. Kennwerte findet man in [3]; [9]; [17]; [22]; [33].

Führt man an großen Schwingungssystemen Messungen durch, zeigt sich, daß nur wenige Eigenfrequenzen und Schwingformen eine Rolle spielen. Es ist deshalb eine wesentliche Aufgabe, ein Modell zu finden, das mit der geringsten Anzahl von Freiheitsgraden eine zutreffende Aussage über das dynamische Verhalten des Systems mit abgestecktem Gültigkeitsbereich ermöglicht. Man nennt dies das Minimalmodell.

Die experimentelle Modellfindung geht von den Messungen an Maschinen aus. Sie wird wesentlich vom Stand der Meßtechnik [37] bestimmt und bildet die Erfahrungsgrundlage für die analytische Modellfindung. Man unterscheidet dabei die Parameterbestimmung, deren Aufgabe es ist, Parameter einer bekannten Struktur zu finden, und die Identifikation. Letztere geht in wesentlichen Zweigen auf Verfahren der Systemtheorie zurück und versucht Aussagen sowohl über mögliche Strukturen als auch über deren Parameter zu machen. Dieses Gebiet befindet sich jetzt stark in der Entwicklung und wird in dem vorliegenden Lehrbuch noch nicht angesprochen [1/11].

Erst wenn durch all diese Überlegungen der Modellfindung ein Berechnungsmodell vorliegt, kann mit der Modellberechnung begonnen werden. Sie fußt zunächst auf den Grundlagen der Technischen Mechanik [27]; [39] und den weiterführenden Erkenntnissen der Dynamik und Schwingungslehre [2]; [3]; [4]; [5]; [6]; [10]; [12]; [16]; [17]; [20]; [23]; [25]; [40]. Mit ihnen werden die Bewegungsgleichungen in Form von Differentialgleichungssystemen aufgestellt. Dabei arbeitet man in erster Linie mit linearen Differentialgleichungen, da nichtlineare Berechnungsmodelle nur dann sinnvoll sind, wenn ihre Parameter reproduzierbar bestimmt werden können [38].

Im Maschinenbau gibt es jedoch auch eine Reihe von Problemen, die mit linearen Differentialgleichungen nicht beschrieben werden können. Es entstehen beispielsweise nichtlineare Bewegungsgleichungen für spielbehaftete Antriebe, bei der Verwendung von Federwerkstoffen, die nicht dem Hookeschen Gesetz folgen und immer dann, wenn ungleichförmig übersetzende Getriebe in einem elastischen Antrieb liegen. Sehr häufig benutzt man neben numerischen Integrationsverfahren dafür Näherungsverfahren [15]. Aus Gründen der Stoffbeschränkung wird darauf in Abschnitt 7. nur ganz kurz eingegangen. Auch die Probleme der Parametererregung und der Selbsterregung werden dort erwähnt.

Parametererregte Schwingungen treten auf, wenn ein Parameter der Bewegungsgleichung, beispielsweise eine Masse oder Feder, sich als Funktion der Zeit ändert. Beispiele hierfür sind die Zahnsteifigkeiten und alle Antriebe mit Kreuzgelenken und anderen ungleichförmig übersetzenden Getrieben. Die Grundlagen der parametererregten Schwingungen findet man in [11]; [31]. Selbsterregte Schwingungen treten häufig in spanenden Werkzeugmaschinen auf. Die theoretischen Grundlagen sind mit in [15] enthalten. Eine Einführung in den Gesamtkomplex findet man in [40]. Für die Fahrbahnerregung von Fahrzeugen muß man mit stochastischen Gesetzmäßigkeiten rechnen. Auch dieses an Bedeutung gewinnende Fachgebiet kann in dem vorliegenden Buch nicht angesprochen werden. Eine weitgehende Einführung findet man in [36].

Die Bewegungsgleichungen der Mechanik können unmittelbar mit denen von elektrischen Schwingkreisen verglichen werden. Es liegt somit nahe, eine mathematische Lösung der Bewegungsgleichungen zu umgehen und mit einer physikalischen Modellsimulation durch Aufbau elektrischer Schaltungen zur Lösung zu gelangen. Dieser Weg wird für spezielle Aufgaben gegangen, hat aber für die größere Gruppe maschinendynamischer Probleme keine Bedeutung. Wichtiger ist jedoch die Analogie im Bereich linearer Bewegungsgleichungen, die die Anwendung der Erkenntnisse der Systemtheorie unmittelbar ermöglicht [28]. Hierauf beruhen auch, wie schon festgestellt wurde, Verfahren der Identifikation. Sie werden in Zukunft in der Maschinendynamik an Bedeutung gewinnen.

Die Lösung der Bewegungsgleichungen geschieht mit den Methoden der Mathematik unter Anwendung der elektronischen Rechentechnik. Aus der Fülle der Literatur seien hier nur genannt: [7]; [8]; [13]; [18]; [19]; [21]; [26]; [32]; [35]. Für die in diesem Buch behandelten linearen Bewegungsgleichungen liegt eine große Anzahl erprobter Rechenprogramme vor, eine Auswahl ist im Anhang aufgeführt. Dem Leser wird jedoch auffallen, daß das Buch im wesentlichen auf die Darstellung der Algorithmen großer Rechenprogramme verzichtet und vielmehr Verfahren der

Abschätzung, wie sie mit Taschenrechnern durchgeführt werden können, in den Vordergrund stellt. Dies entspricht dem Anliegen des Ingenieurs und der Abgrenzung seiner Arbeit gegenüber der des Mathematikers und Rechentechnikers. Der Analogrechner und seine digitale Simulation werden in erster Linie zur Behandlung nichtlinearer Probleme verwendet, so daß hier nicht darauf eingegangen wird.

Aus dem Ergebnis der Berechnung lassen sich Aussagen über das dynamische Verhalten des Modells machen, die in der Modellaussage zusammengefaßt sind. Sie beinhaltet außerdem die Diskussion über den Anwendungsbereich des Modells und die Wirksamkeit verschiedener Parameteränderungen. Für verschiedene Aufgaben, vor allem bei der Behandlung von Mechanismen als starre Maschine, erfolgt die Parameteränderung mit Hilfe einer Optimierungsstrategie, die auch auf dem Gebiet der Identifikation erfolgreich eingesetzt wird. Die Lösung eines Problems der Maschinendynamik gilt jedoch erst dann als abgeschlossen, wenn die Ergebnisse der Modellaussage ihren konstruktiven Niederschlag gefunden haben. Bei diesem Schritt vom Modell zur Maschine muß man sich stets vor Augen halten, unter welchen Voraussetzungen das Berechnungsmodell entstanden ist, denn nur in diesem Rahmen kann seine Aussage liegen.

Häufig zeigt das Ergebnis, daß das Berechnungsmodell nicht ausreichend oder zu kompliziert aufgebaut war, es muß also eine Verbesserung erfolgen.

Die Gliederung der Aufgaben, wie sie Tabelle 0/1 zeigt, muß nun für die Probleme der Maschinendynamik abgearbeitet werden. Sie lassen sich in Problemkreise, wie die Bewegung der starren Maschine, ihre Aufstellung, die Torsionsschwingungen in Antriebssystemen und die Biegeschwingungen von Balken und Wellen zusammenfassen. Dem entspricht auch die Gliederung des vorliegenden Buches.

1. Ermittlung der Kennwerte dynamischer Parameter

1.1. Einleitung

Im vorigen Abschnitt wurde festgestellt, daß in der Maschinendynamik im wesentlichen diskrete Strukturen verwendet werden. Das Berechnungsmodell baut sich also aus Parametern der

Massen, Federn, Dämpfer, Erreger

auf. Die Ermittlung ihrer Kennwerte ist Aufgabe dieses Abschnittes. Dabei werden analytische und experimentelle Verfahren vorgestellt. Aus der Gesamtproblematik der Modellfindung, wie sie in Tabelle 0/1 dargestellt ist, sind dies jedoch nur einige Punkte, die als Grundlage dienen können, um überhaupt zu einem Modell zu finden. Dabei wird auf vieles verzichtet, was bereits vom Grundstudium her bekannt ist, wie beispielsweise die analytische Bestimmung von Masse, Schwerpunkt und der Trägheitsmomente.

Es fehlen auch eine Theorie der Modellfindung und die Behandlung des Minimalmodells. So wird hauptsächlich eine Modellfindung, die von der Anschauung ausgeht, verwendet. Dabei gilt als Ziel, das Modell so klein wie möglich zu halten. Als Kriterium muß gelten, daß die höchste mit dem Modell zu berechnende Eigenfrequenz größer sein muß als die höchste zu berücksichtigende Erregerfrequenz. Dies erreicht man im wesentlichen iterativ durch schrittweise Erhöhung der Massenanzahl des Modells.

1.2. Experimentelle Bestimmung von Massenkennwerten

1.2.1. Zusammenstellung der Verfahren

Um das dynamische Verhalten eines starren Körpers beschreiben zu können, müssen die Kennwerte folgender Parameter bekannt sein:

1. Masse des Körpers
2. Lage des Schwerpunktes
3. Lage der Trägheitshauptachsen in einem vorgegebenen Koordinatensystem
4. Hauptträgheitsmomente.

Je nachdem, ob der Körper durch eine Konstruktionszeichnung beschrieben wird oder als reales Objekt vorliegt, werden verschiedene Verfahren zur Ermittlung der Kennwerte verwendet. Tabelle 1/1 zeigt eine Zusammenstellung.

Die analytischen Verfahren zur Bestimmung nach Zeichnung beruhen stets auf einer Zerlegung in Elementarkörper (Ring, Scheibe, Quader, Kugel, Beispiel: vgl. 1.2.3.) oder in Differentialkörper. Im letzteren Fall soll, vor allem bei Körpern, die sich schlecht durch Elementarkörper annähern lassen, eine größere Genauigkeit

Tabelle 1/1. Verfahren zur Ermittlung von Massenkennwerten

Parameter	Bestimmung nach Modell	Bestimmung nach Zeichnung
Masse	Wägung	Volumenbestimmung, Dichtebestimmung a) Zerlegung in Elementarkörper b) Parallelschnittzerlegung (grafisch)
Schwerpunkt	a) Bestimmung der Massenverteilung b) Ausbalancieren, Aushängen c) Doppelpendelung als physikalisches Pendel	a) Ermittlung des Gesamtschwerpunktes mit Hilfe der Einzelschwerpunkte von Elementarkörpern b) Seileckkonstruktion der Volumenkurve
Trägheitsmoment um eine vorgegebene Achse	Rotationskörper a) Torsionsschwingung mit Torsionsstabaufhängung, absolut und relativ b) Torsionsschwingung mit Mehrfadenaufhängung, absolut und relativ c) Rollpendel beliebige Körper d) Doppelpendelung als physikalisches Pendel	a) Zerlegung in Ring- und Scheibenelemente, Bestimmung mit den Einzelträgheitsmomenten b) Zerlegung in Elementarkörper c) Zylinderschnittverfahren (grafisch)
Trägheitshauptachsen	Aufstellen des Trägheitsellipsoids durch Pendeln um Achsen, die sich im Ursprung des gesuchten Hauptachsensystems schneiden Ausnützen von Symmetrieeigenschaften	Bestimmung der Trägheitsmomente zu vorgegebenem Bezugssystem. Analytische Transformation

erzielt werden. Für die Bestimmung von Masse und Schwerpunkt werden Parallelschnitte eingeführt, während für die Trägheitsmomentenermittlung Zylinderschnitte mit der Bezugsachse des Trägheitsmomentes als Zylinderachse dienen (vgl. [33]). Diese meist grafisch arbeitenden Verfahren verlieren jedoch zunehmend an Bedeutung, da mit Hilfe von EDV-Programmen eine genügend feine Unterteilung in Elementarkörper verarbeitbar wird (vgl. Anhang (P 1/2), (P 1/3), (P 1/6), (P 1/11)). Auf die Darstellung der analytischen Verfahren soll hier verzichtet werden, man findet sie in [39] und in Taschenbüchern (z. B. [33]).

1.2.2.   Statische Verfahren

Statische Verfahren werden zur Bestimmung der Lage des Schwerpunktes angewendet.
Die einfachste Methode ist das Aushängen. Da sich der Schwerpunkt eines frei aufgehängten Körpers immer unter dem Aufhängepunkt befindet, ist eine durch den Aufhängepunkt gehende senkrechte Achse Schwerpunktachse. Für zwei Auf-

hängepunkte, die nicht auf einer gemeinsamen Schwerpunktachse liegen, ergibt sich der Schwerpunkt als Schnittpunkt dieser Achsen.

Für kleine Teile kann man auch das Ausbalancieren anwenden. Legt man das Teil auf eine Schneide, so spürt man deutlich, wenn der Schwerpunkt über der Schneide liegt. Für größere Körper, beispielsweise Krane und Kraftfahrzeuge, wird häufig die Bestimmung der Massenverteilung durch Ermittlung von Auflagekräften vorgenommen. Bild 1/1 zeigt die Ermittlung an einem Pleuel. Hat man die Auflagekraft zu $m_1 g$ bestimmt, so folgt für den Schwerpunktabstand

$$\boxed{x_S = m_1 g l / m g} \tag{1.1}$$

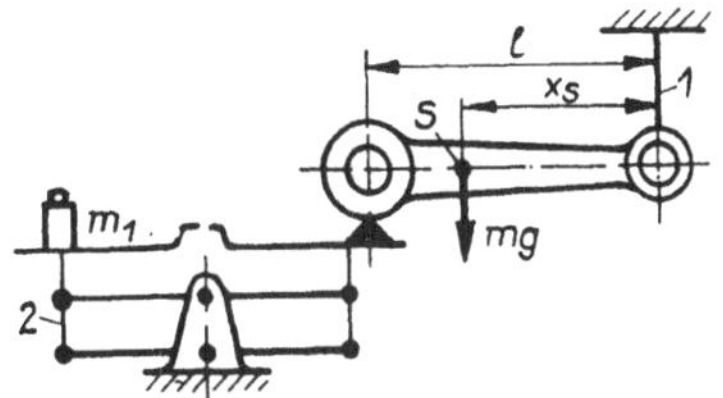

Bild 1/1. Schwerpunktbestimmung durch Ermittlung der Massenverteilung
1 Faden; 2 Waage

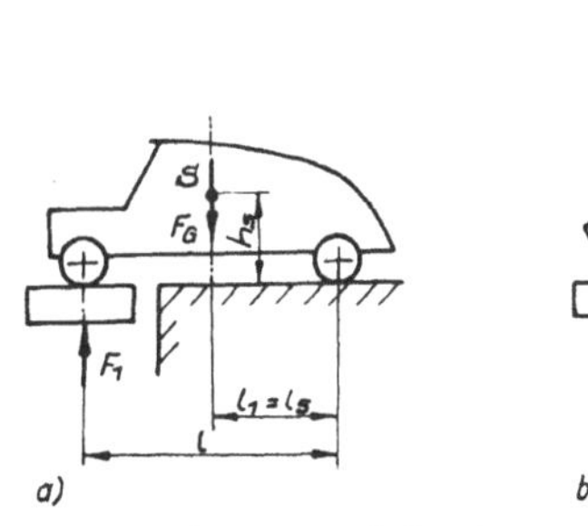
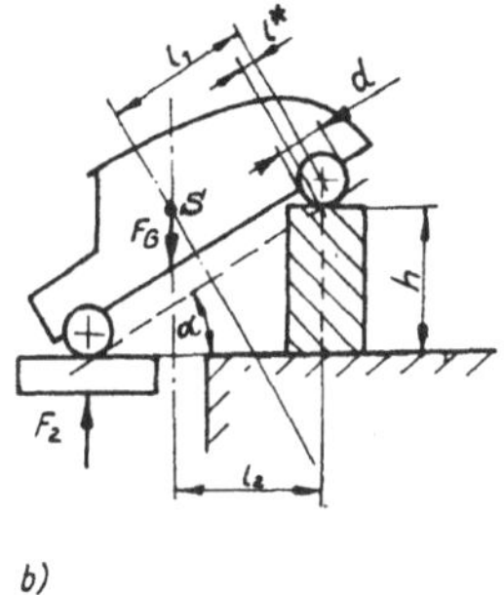

a)   b)

Bild 1/2. Schwerpunktbestimmung an einem Kraftfahrzeug

a) horizontale Lage,   b) gekippte Lage

Für das symmetrische Pleuel war eine Schwerpunktachse durch die Symmetrielinie gegeben. Ist das nicht der Fall, kann durch Schrägstellen der Körperachse die noch fehlende zweite Schwerpunktachse gefunden werden.

Am Beispiel der Schwerpunktbestimmung an einem Kraftfahrzeug soll das demonstriert werden. Nach Bild 1/2 sind gegeben: $l = 2450$ mm; $h = 500$ mm; $d = 554$ mm. Gemessen wurde

a) in horizontaler Lage $F_1 = 4840$ N
b) in gekippter Lage $F_2 = 5090$ N

Das Gesamtgewicht beträgt $F_G = 9918$ N
In horizontaler Lage (a) ergibt sich

$$l_1 = l_S = F_1 l / F_G$$

In gekippter Lage gilt

$$l_2 = F_2 l \cos \alpha / F_G$$

$$\sin \alpha = h / l$$

Damit berechnet sich die Schwerpunkthöhe h_S zu:

$$h_S = \left(\frac{l_2}{\cos \alpha} + l^* - l_1\right) \frac{1}{\tan \alpha}; \quad l^* = \frac{d}{2} \tan \alpha$$

$$h_S = \frac{d}{2} + \frac{(F_2 - F_1)}{F_G} \cdot \frac{l^2}{h} \sqrt{1 - \left(\frac{h}{l}\right)^2} \tag{1.2}$$

Mit den angegebenen Zahlenwerten ergibt sich

$$\underline{\underline{l_S = 1196 \text{ mm}; \quad h_S = 567 \text{ mm}}}$$

Die Genauigkeit des Ergebnisses wird durch die Differenz $(F_2 - F_1)$ bestimmt. Es ist deshalb h so groß wie möglich zu wählen.

1.2.3.   Pendelverfahren

Bei den Pendelverfahren wird der Körper als physikalisches Pendel betrachtet. Bei dem *einfachen Pendelversuch* hängt er in einer Bohrung auf einer Schneide und kann sehr schwach gedämpfte Schwingungen um den Berührungspunkt ausführen. In der Gleichung für seine Eigenfrequenz bei kleinem Ausschlag treten das Trägheitsmoment um die Achse des Aufhängepunktes und der Schwerpunktabstand auf. So gilt für die Schwingungszeit des Pendels (Bilder 1/3 und 1/4)

$$\text{bei Pendelung um } A\text{: } T_A = 2\pi \sqrt{J_A/mga} \tag{1.3}$$

bei Pendelung um B: $T_B = 2\pi \sqrt{J_B/mgb}$

Die Abstände a und b zählen vom Schwerpunkt bis zu den Aufhängepunkten A und B.

Weiterhin gilt nach dem *Satz von Steiner*:

$$J_A = J_S + ma^2; \quad J_B = J_S + mb^2, \tag{1.4}$$

dabei ist J_S das Trägheitsmoment bezüglich der Schwerachse in S. Mit dem Abstand der Pendelpunkte $e = b \pm a$ folgt:

$$\boxed{b = e \frac{(4\pi^2 e/g) \mp T_A^2}{2(4\pi^2 e/g) \mp (T_A^2 + T_B^2)}} \tag{1.5}$$

$$\boxed{J_S = \frac{T_B^2}{4\pi^2} mgb - mb^2} \tag{1.6}$$

Das obere Vorzeichen $(-)$ gilt für S zwischen A und B (Bild 1/3), das untere $(+)$ für S außerhalb $\overline{AB}$ (Bild 1/4). Man erkennt daraus, daß die Gln. (1.5) und (1.6) nur gelten, wenn der Schwerpunkt auf der Verbindungslinie der beiden Aufhängepunkte liegt. Ist das nicht der Fall, wird man zunächst den Schwerpunkt nach einem statischen Verfahren und danach das Trägheitsmoment nach den Gln. (1.3) und (1.4) bestimmen.

An einem Beispiel soll das experimentell ermittelte Ergebnis mit einer Überschlagsrechnung verglichen werden. Für das auf Bild 1/5 wiedergegebene Pleuel wurde bestimmt:

$$e = 156 \text{ mm}; \quad m = 0,225 \text{ kg}; \quad T_A = 0,681 \text{ s}; \quad T_B = 0,709 \text{ s}$$

Damit findet man nach Gl. (1.5) den Schwerpunktabstand $b = 89$ mm und das Trägheitsmoment $J_S = 719 \cdot 10^{-6}$ kgm².

Für die Überschlagsrechnung wird eine Zerlegung in Elementarkörper nach Bild 1/6 vorgenommen. Hierfür genügt es, den Schaft als prismatischen Stab mit den Ab-

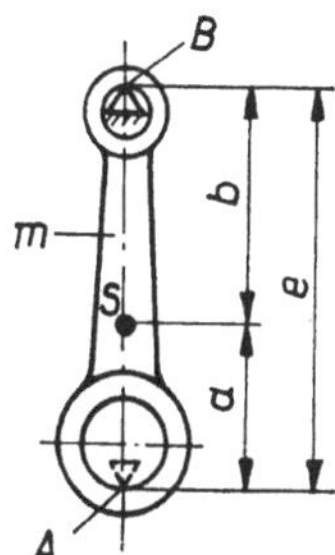

Bild 1/3. Bezeichnungen für ein physikalisches Pendel mit innenliegendem Schwerpunkt

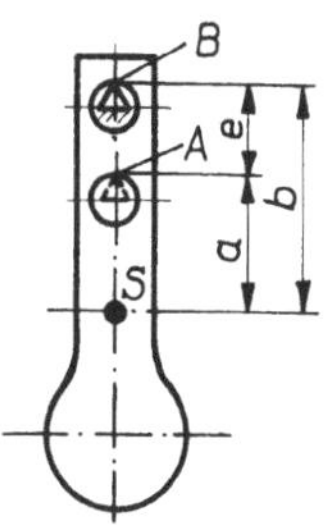

Bild 1/4. Bezeichnungen für ein physikalisches Pendel mit außenliegendem Schwerpunkt

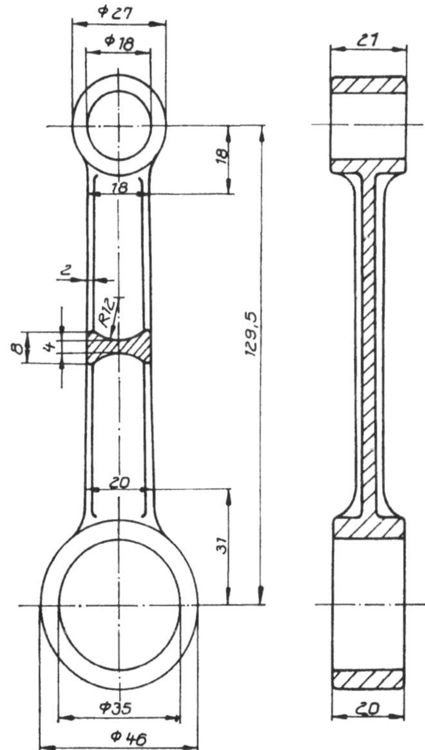

Bild 1/5. Pleuel für das Beispiel zur Gegenüberstellung von experimentellen Ergebnissen mit einer Überschlagsrechnung

messungen:

$$l_{St} = 129{,}5 \text{ mm} - (46 + 27)/2 \text{ mm} = 93 \text{ mm}$$

$$f = (18 + 20)/2 \text{ mm} = 19 \text{ mm}; \quad c = 5 \text{ mm}$$

anzusehen. Geht man von der Achse *0* aus, so ergibt sich für den Schwerpunktabstand ξ_S:

$$\xi_S = \frac{l_{St} f c (l_{St} + d_{A1})/2 + \pi(d_{B1}^2 - d_{B2}^2)\, h_B l/4}{l_{St} f c + \pi(d_{B1}^2 - d_{B2}^2)\, h_B/4 + \pi(d_{A1}^2 - d_{A2}^2)\, h_A/4}$$

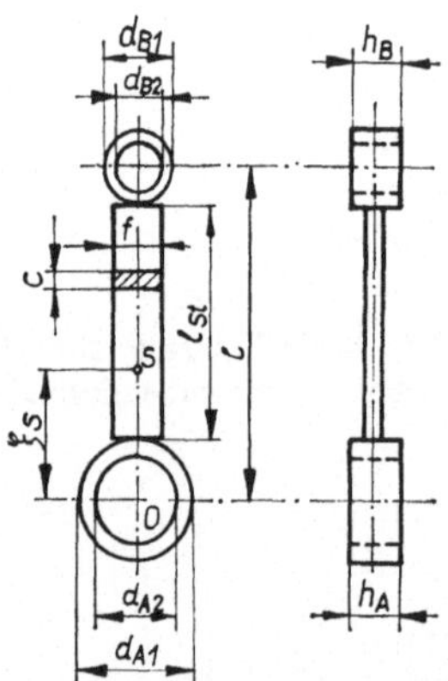

Bild 1/6. Elementarkörper des Pleuels Bild 1/5

Mit den Zahlenwerten aus Bild 1/5 findet man

$$\xi_S = 50{,}0 \text{ mm}; \quad b = l - \xi_S + d_{B2}/2; \quad \underline{\underline{b = 88{,}5 \text{ mm}}}$$

Wird als Dichte $\varrho = 7{,}85 \text{ g/cm}^3$ angenommen, berechnet sich das Trägheitsmoment bezüglich der Schwerachse aus

$$\begin{aligned}
J_S = \varrho\{ &\pi h_A(d_{A1}^4 - d_{A2}^4)/32 + \pi(d_{A1}^2 - d_{A2}^2)\, h_A \xi_S^2/4 \\
&+ f c l_{St}^3/12 + c f l_{St}[(l_{St} + d_{A1})/2 - \xi_S]^2 \\
&+ \pi h_B(d_{B1}^4 - d_{B2}^4)/32 + \pi(d_{B1}^2 - d_{B2}^2)\, h_B(l - \xi_S)^2/4\}
\end{aligned}$$

Mit den Zahlenwerten ergibt sich $\underline{\underline{J_S = 731{,}1 \cdot 10^{-6} \text{ kgm}^2}}$

Zwischen den experimentell ermittelten Werten und der Überschlagsrechnung besteht gute Übereinstimmung.

Für große Zylinder oder Kurbelwellen eignet sich noch das Verfahren des *Rollpendels* zur Bestimmung des Trägheitsmomentes J_S. Dabei wird der Zylinder der Masse m_1 mit seinen Schenkeln auf zwei parallele, horizontale Schneiden aufgelegt und an der Stirnseite eine bekannte Punktmasse m_2 exzentrisch mit dem Abstand l von der Zylinderachse befestigt (Bild 1/7). Der Zylinder kann dann eine pendelnde Rollbewegung ausführen. Es ist allerdings erforderlich, vorher eine statische Auswuchtung vorzunehmen, also zu erreichen, daß der Rotor in jeder Stellung stehenbleibt (vgl. auch 2.5.2.2.). Die Aufstellung der Bewegungsgleichung erfolgt am besten mit Hilfe der *Lagrangeschen Gleichungen* (vgl. [39] D 6.2.4.). Sie lautet für kleine Schwingungsausschläge ($\sin \varphi = \varphi$):

$$[J_S + m_1 r^2 + m_2(l - r)^2]\, \ddot{\varphi} + m_2 g l \varphi = 0$$

Für die Periodendauer findet man

$$T = 2\pi \sqrt{\frac{m_1 r^2 + m_2(l-r)^2 + J_S}{m_2 g l}} \tag{1.7}$$

Daraus ergibt sich das gesuchte Trägheitsmoment des Zylinders um die Achse S

$$J_S = \frac{T^2}{4\pi^2}\, m_2 g l - m_1 r^2 - m_2(l-r)^2 \tag{1.8}$$

Bild 1/8 zeigt den Versuchsaufbau für eine Kurbelwelle.

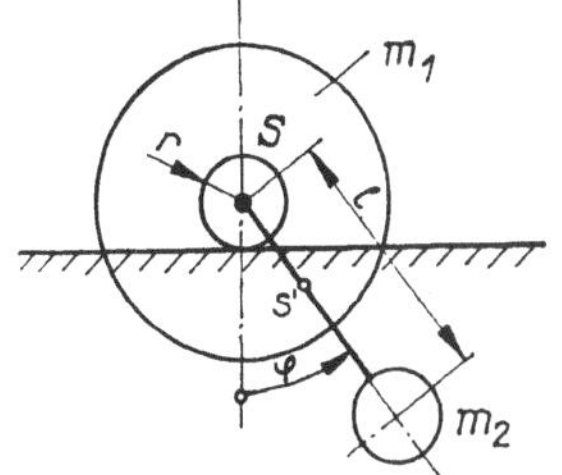

Bild 1/7. Bezeichnungen am Rollpendel
S Schwerpunktachse des Zylinders; S' Schwerpunktachse des Pendelsystems

Bild 1/8. Kurbelwelle als Rollpendel

1.2.4. Torsionsschwingungsverfahren

Zur Bestimmung von Trägheitsmomenten wird häufig ein Torsionsschwingungssystem verwendet. Dabei erreicht man die Federwirkung entweder durch einen Torsionsstab oder durch eine Fadenaufhängung. Es besteht die Möglichkeit, die Federkonstante zu berechnen (absolutes Verfahren). Häufig vergleicht man jedoch das gesuchte Trägheitsmoment mit einem bekannten, indem man die Periodendauer außerdem noch mit einer bekannten Zusatzmasse bestimmt (relatives Verfahren). Dabei eliminiert man die Federkonstante.

Für die Bestimmung mit einer Torsionsstabaufhängung (Bild 1/9) gilt bezüglich der Schwerachse, die Drehachse ist:

$$J_S = \frac{T_0^2}{4\pi^2}\, c;\quad c = \frac{I_p G}{l} \tag{1.9}$$

I_p polares Flächenträgheitsmoment des Stabquerschnittes
G Gleitmodul
T_0 Periodendauer der Torsionsschwingung ohne Zusatzmasse.

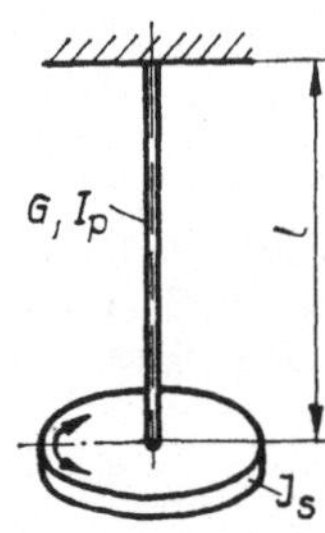

Bild 1/9. Trägheitsmomentenbestimmung mit Torsionsstabaufhängung

Weil nach Gl. (1.9) das Trägheitsmoment durch einen Schwingungsversuch bestimmt wird, spricht man von einem absoluten Verfahren. Bringt man nun eine bekannte Zusatzmasse mit dem Trägheitsmoment J_Z an der unbekannten Drehmasse an, gilt analog zu Gl. (1.9)

$$(J_S + J_Z) = \frac{T_Z^2}{4\pi^2}\, c \tag{1.10}$$

Eliminiert man aus den Gln. (1.9) und (1.10) die Federkonstante, folgt für das relative Verfahren

$$J_S = J_Z\, \frac{T_0^2}{T_Z^2 - T_0^2} \tag{1.11}$$

T_Z ist die Periodendauer mit Zusatzmasse. Eine genaue Bestimmung erfordert $T_Z^2 \gg T_0^2$. Dies wird erreicht durch $J_Z > J_S$. Bild 1/10 zeigt einen Versuchsaufbau für die absolute Bestimmung mit Torsionsstabaufhängung.

An die Stelle der Torsionsfeder kann auch die Aufhängung an Fäden (zwei oder drei) treten. Mit den Bezeichnungen aus Bild 1/11 ergibt sich unter Voraussetzung kleiner Schwingwinkel (Torsion des zu untersuchenden Körpers um die Schwerachse).

$$J_S = \frac{mg}{4\pi^2}\, T_0^2\, \frac{ab}{h} \tag{1.12}$$

Da die Bewegungsgleichung nichtlinear ist, sind kleine Schrägstellwinkel der Fäden bei der Auslenkung anzustreben. Man erreicht sie durch Verwendung langer Fäden, so daß $h \gg a$, $h \gg b$ wird. Häufig hängt man die Pendeleinrichtung an die Deckenkonstruktion der Versuchshalle oder den Brückenkran.

Bild 1/10. Versuchsaufbau zur Trägheitsmomentenbestimmung einer Kurbelwelle mit Torsions-stabaufhängung (absolut)

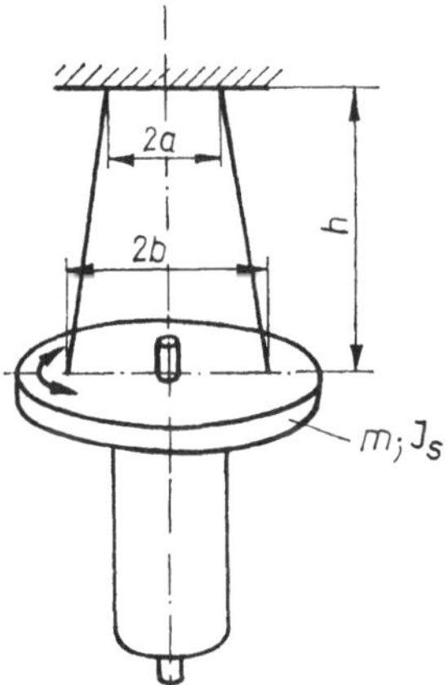

Bild 1/11. Trägheitsmomentenbestimmung mit Mehrfadenaufhängung

Auch bei diesem Verfahren kann man die Berechnung der Rückstellkräfte durch das relative Verfahren umgehen. Man führt dazu eine zweite Pendelung durch, bei der eine Masse m_Z mit bekanntem Trägheitsmoment J_Z an der zu untersuchenden Masse m befestigt wird. Das gesuchte Trägheitsmoment berechnet sich dann aus

$$J_S = J_Z \frac{mT_0^2}{(m + m_Z)\, T_Z^2 - mT_0^2} \tag{1.13}$$

Es ist darauf zu achten, daß gilt: $(m + m_Z)\, T_Z^2 \gg mT_0^2$.

Bei diesen Beziehungen wurden biegeschlaffe Fäden vorausgesetzt. Wird das Verfahren für große Massen, beispielsweise Eisenbahnwagen, angewendet, nimmt man anstelle der Fäden Stäbe, deren Biegesteifigkeit je nach Befestigungsart zu berücksichtigen ist. Bei Kranen und Fahrzeugen benutzt man auch Auslaufversuche [4/6].

1.2.5.   Bestimmung der Trägheitshauptachsen

Definiert man zu einem starren Körper ein kartesisches Koordinatensystem $(x; y; z)$ mit beliebigem Ursprung und beliebiger Lage zum Körper, lassen sich drei Trägheitsmomente

$$J_{xx} = \int_m (y^2 + z^2)\,\mathrm{d}m; \quad J_{yy} = \int_m (x^2 + z^2)\,\mathrm{d}m \tag{1.14}$$

$$J_{zz} = \int_m (x^2 + y^2)\,\mathrm{d}m$$

und drei Deviationsmomente

$$J_{xy} = -\int_m xy\,\mathrm{d}m; \quad J_{xz} = -\int_m xz\,\mathrm{d}m; \quad J_{yz} = -\int_m yz\,\mathrm{d}m \tag{1.15}$$

berechnen (vgl. [39] D 5.1.1.).
Sucht man nun das Trägheitsmoment zu einer durch den Koordinatenursprung gehenden Achse a, deren Lage durch die Winkel $\alpha; \beta; \gamma$ zur x-, y-, z-Achse festgelegt ist, gilt:

$$J_{aa} = \lambda^2 J_{xx} + \mu^2 J_{yy} + \nu^2 J_{zz} + 2\lambda\mu J_{xy} + 2\lambda\nu J_{xz} + 2\mu\nu J_{yz} \tag{1.16}$$

Darin bedeuten:

$$\lambda = \cos\alpha; \quad \mu = \cos\beta; \quad \nu = \cos\gamma \tag{1.17}$$

Man kann nun zeigen, daß alle Trägheitsmomente J_{aa} für beliebige $\lambda; \mu; \nu$ darstellbar sind durch den Abstand ϱ_a auf der Achse a zwischen dem Koordinatenursprung und der Fläche des Trägheitsellipsoides.
Dabei setzt man

$$\varrho_a = C/\sqrt{J_{aa}} \tag{1.18}$$

C ist ein Maßstabsfaktor. Es gilt nämlich mit den Koordinaten $x_e; y_e; z_e$ eines Punktes dieser Fläche:

$$x_e = \varrho_a\lambda; \quad y_e = \varrho_a\mu; \quad z_e = \varrho_a\nu$$

$$J_{xx}x_e^2 + J_{yy}y_e^2 + J_{zz}z_e^2 + 2J_{xy}x_e y_e + 2J_{xz}x_e z_e + 2J_{yz}y_e z_e = C^2 \tag{1.19}$$

Das Trägheitsellipsoid zeigt Bild 1/12.
Man erkennt daraus die Extremwerte von ϱ_a $(\overline{OD}; \overline{OC}; \overline{OB})$. Die zugehörigen Trägheitsmomente sind die Hauptträgheitsmomente, ihre Achsen (x', y', z') die Trägheitshauptachsen. Sie spielen in der Dynamik des starren Körpers eine Rolle, da sich die Bewegungsgleichungen in den Trägheitshauptachsen leicht anschreiben lassen (vgl. 3.2.2.).
Die experimentelle Bestimmung geht nun so vor, daß Trägheitsmomente zu beliebigen Achsen, die sich im vorgegebenen Ursprung schneiden, durch Schwingungsversuche bestimmt werden. Für einen beliebigen Körper würde man Trägheitsmomente zu 6 Achsen benötigen. Aus diesen Trägheitsmomenten berechnet man nach Gl. (1.18)

die Abstände ϱ_a, wobei C frei wählbar ist (z. B. $C = 1\ \mathrm{kg^{1/2}\ cm^2}$). Man hat somit 6 Punkte des Trägheitsellipsoides und kann mit diesen dessen Gleichung aufstellen, aus der die Lage der Trägheitshauptachsen und die Hauptträgheitsmomente zu finden sind. Die Berechnung erfolgt mit Rechenprogrammen [1/16] (vgl. Anhang (P 1/10), (P 1/30)).

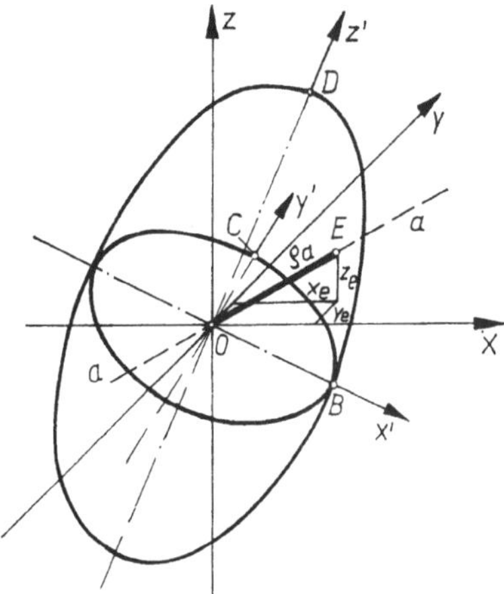

Bild 1/12. Trägheitsellipsoid

In den meisten Fällen benutzt man als Koordinatenursprung den Schwerpunkt. Auch haben viele Körper eine Symmetrieebene. Da jede senkrecht auf einer Symmetrieebene stehende Achse eine Trägheitshauptachse ist, wird aus dem räumlichen ein ebenes Problem. Man benötigt dann zur Festlegung der Trägheitshauptachsen nur 3 Trägheitsmomente um Achsen, die in der Symmetrieebene liegen, und findet damit die Trägheitsellipse.
Am Beispiel eines Kraftfahrzeugmotors soll das Vorgehen demonstriert werden.
Bild 1/13 zeigt die Symmetrieebene mit dem Schwerpunkt. Zunächst werden drei beliebige Pendelachsen $1—1$; $2—2$; $3—3$, die durch den Schwerpunkt gehen, festgelegt. Dann bestimmt man die Trägheitsmomente J_{11}; J_{22}; J_{33} durch Schwingversuche (Mehrfadenaufhängung oder Torsionsstab). Mit dem beliebig wählbaren Faktor C findet man

$$\varrho_1 = C/\sqrt{J_{11}}; \quad \varrho_2 = C/\sqrt{J_{22}}; \quad \varrho_3 = C/\sqrt{J_{33}} \tag{1.20}$$

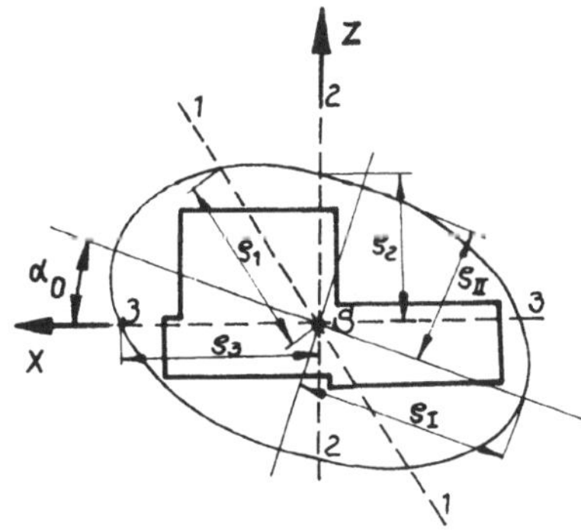

Bild 1/13. Bestimmung der Hauptträgheitsmomente und Trägheitshauptachsen an einem Kraftfahrzeugmotor

Damit sind drei Punkte der Ellipse gegeben. Sie läßt sich zeichnen, oder die drei Konstanten ihrer Mittelpunktsgleichung lassen sich aus

$$a_{11}x^2 + 2a_{12}xz + a_{22}z^2 = 1 \tag{1.21}$$

berechnen.

Da die Lage der Pendelachsen bekannt ist, liegen drei Punkte der Ellipse vor $(x_1; z_1)$; $(x_2; z_2)$; $(x_3; z_3)$. Man erhält das Gleichungssystem zur Berechnung von a_{11}; a_{12}; a_{22}:

$$a_{11}x_1{}^2 + 2a_{12}x_1z_1 + a_{22}z_1{}^2 = 1$$

$$a_{11}x_2{}^2 + 2a_{12}x_2z_2 + a_{22}z_2{}^2 = 1$$

$$a_{11}x_3{}^2 + 2a_{12}x_3z_3 + a_{22}z_3{}^2 = 1$$

Um den Hauptachsenwinkel α_0 zu finden, setzt man $x_\mathrm{h} = \varrho_\mathrm{h} \cos \alpha_0$; $z_\mathrm{h} = \varrho_\mathrm{h} \sin \alpha_0$ in Gl. (1.21) ein. Damit folgt:

$$a_{11} \cos^2 \alpha_0 + 2a_{12} \cos \alpha_0 \sin \alpha_0 + a_{22} \sin^2 \alpha_0 = 1/\varrho_\mathrm{h}{}^2 \tag{1.22}$$

Da ϱ_h ein Extremwert ist, ergibt sich α_0 aus der Bedingung $\dfrac{\mathrm{d}(1/\varrho_\mathrm{h}{}^2)}{\mathrm{d}\alpha_0} = 0$:

$$-a_{11}2 \cos \alpha_0 \sin \alpha_0 + 2a_{12} (\cos^2 \alpha_0 - \sin^2 \alpha_0) + a_{22}2 \sin \alpha_0 \cos \alpha_0 = 0$$

$$(a_{22} - a_{11}) \sin 2\alpha_0 + 2a_{12} \cos 2\alpha_0 = 0$$

$$\boxed{\tan 2\alpha_0 = \frac{-2\,a_{12}}{(a_{22} - a_{11})}} \tag{1.23}$$

Bild 1/14. Aufhängung eines Kraftfahrzeugmotors in einem Rahmen mit Torsionsstab zur Bestimmung der Trägheitshauptachsen

Die beiden Hauptträgheitsmomente findet man damit aus:

$$\boxed{\begin{aligned} J_{II}/C^2 &= \frac{1}{2}\left[a_{11} + a_{22} + \sqrt{(a_{11} - a_{22})^2 + (2a_{12})^2}\right] \\[2mm] J_{I}/C^2 &= \frac{1}{2}\left[a_{11} + a_{22} - \sqrt{(a_{11} - a_{22})^2 + (2a_{12})^2}\right] \end{aligned}}$$

(1.24)

Greift man die Extremwerte ϱ_I; ϱ_{II} unmittelbar aus der Zeichnung ab, so gilt

$$J_I = C^2/\varrho_I^2; \quad J_{II} = C^2/\varrho_{II}^2$$

Bild 1/14 zeigt die Aufhängungen eines Kraftfahrzeugmotors zur Bestimmung der Trägheitshauptachsen. Der Motor befindet sich in einem Rahmen, der in verschiedenen Lagen an dem Torsionsstab befestigt werden kann [1/16].

1.2.6. Hinweise zur Versuchsdurchführung

Bei der Durchführung der Versuche muß darauf geachtet werden, daß die den Berechnungsformeln zugrunde liegenden Voraussetzungen eingehalten werden. Dies sind in erster Linie die lineare Bewegungsgleichung und die Vernachlässigung der Dämpfung. Da sowohl die Pendelgleichungen als auch die Bewegungsgleichung bei Mehrfadenaufhängung nur für kleine Ausschläge als linear zu betrachten sind, darf der Pendelwinkel bzw. Fadenwinkel nicht größer als $6°$ sein. Die Dämpfung ist dann hinreichend klein, wenn mehr als 10 Schwingungen gut abgezählt werden können.

Mit besonderer Sorgfalt ist die Zeitmessung durchzuführen, da die Periodendauer quadratisch eingeht. Im allgemeinen sind die Schwingungen so schwach gedämpft, daß 50 und mehr Schwingungsperioden auftreten. Es wird empfohlen, die Zeit für eine große Periodenanzahl zur Auswertung zu verwenden. Fehlerquellen liegen auch in der analytischen Bestimmung der Federkonstanten bzw. der Zusatzträgheitsmomente.

Verwendet man Beziehungen, in denen Differenzen auftreten [Gln. (1.8); (1.11); (1.13)], sind die Versuchsparameter so festzulegen, daß eine Differenz nahezu gleichgroßer Größen vermieden wird. Diese Forderung kann über die Anwendung eines Verfahrens entscheiden.

In der angegebenen Literatur [1/1]; [1/2]; [1/3] findet man genaue Angaben über weitere Fehlermöglichkeiten. Dort wird auch festgestellt, daß bei sorgfältigem Arbeiten der Fehler in der Größenordnung von 0,01% liegen kann.

Von den vielen experimentellen Verfahren wurden hier nur einige genannt. Dabei handelt es sich im wesentlichen um solche, die auf der Messung der Periodendauer beruhen. Die ganze Gruppe der Energieverfahren (z. B. Auslaufversuche) wird nicht angesprochen. Eine ausführliche Beschreibung findet man in der angeführten Literatur.

Auf den Begriff des Schwungmomentes wird in 2.3.4. hingewiesen.

1.3.   Berechnung von Federkennwerten

1.3.1.   Torsionsfederkennwerte und reduzierte Längen

Die Federkonstante zwischen zwei Drehmassen setzt sich aus verschiedenen Anteilen
zusammen. Neben der Torsionssteifigkeit der Wellenabschnitte spielen die Steifigkeiten der Wellen-Nabenverbindungen, die Übergangssteifigkeiten und bei Getrieben
die Zahnsteifigkeiten eine Rolle. Es muß also zunächst eine resultierende Federkonstante für die hintereinander liegenden Einzelfedern gefunden werden. Als
Beispiel dazu dient ein aus zwei Abschnitten bestehendes Wellenstück (Bild 1/15), an
dessen Enden das Torsionsmoment M_t angreift. Das eine Ende (Einspannung) hat
den Verdrehwinkel Null. Es soll nun ein glattes Wellenstück mit vorgegebenem Durchmesser, das die gleiche Torsionssteifigkeit besitzt, gefunden werden.

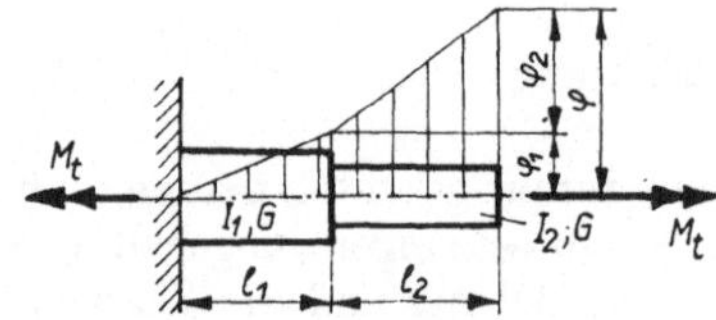

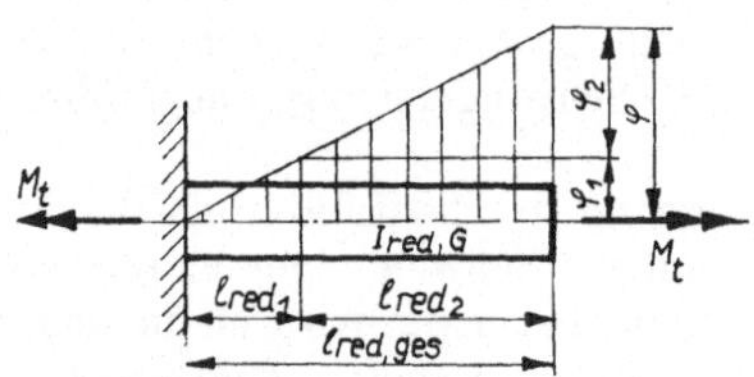

Bild 1/15. Reduzierte Länge einer aus
zwei Wellenabschnitten zusammengesetzten Drehfeder

Für eine zylindrische Welle läßt sich die Federkonstante berechnen nach

$$c = GI/l \tag{1.25}$$

G Gleitmodul, für Stahl $G = 8 \cdot 10^{10}$ N/m²
I polares Flächenträgheitsmoment des Kreisquerschnitts
l Länge der Welle

Es empfiehlt sich, die Einheiten so zu wählen, daß für die Federkonstante die Einheit
Nm herauskommt, damit die Berechnung einer Kreisfrequenz $\left(\omega = \sqrt{c/J}\right)$ mit J
in kgm² die Einheit 1/s ergibt.
Die Verdrehung der beiden Endquerschnitte gegeneinander durch das Torsionsmoment M_t beträgt:

$$\varphi = M_t/c \tag{1.26}$$

Die Gesamtverdrehung beträgt:

$$\varphi_{ges} = \varphi_1 + \varphi_2; \quad M_t/c_{ges} = M_{t1}/c_1 + M_{t2}/c_2 \tag{1.27}$$

Da das Torsionsmoment in allen Wellenstücken gleich ist, gilt:

$$M_t = M_{t1} = M_{t2}$$

und damit

$$1/c_{\text{ges}} = 1/c_1 + 1/c_2; \quad \boxed{c_{\text{ges}} = c_1 c_2/(c_1 + c_2)} \tag{1.28}$$

Will man das abgesetzte Wellenstück durch ein glattes ersetzen, ist zunächst die Festlegung des polaren Trägheitsmomentes der Ersatzwelle erforderlich, es sei I_{red}. Damit gilt

$$\boxed{c_{\text{ges}} = \frac{G_{\text{red}} I_{\text{red}}}{l_{\text{red,ges}}}} \tag{1.29}$$

Mit Gl. (1.28) folgt unter der Voraussetzung, daß der Gleitmodul erhalten bleibt ($G_{\text{red}} = G$):

$$l_{\text{red,ges}} = l_1 \frac{I_{\text{red}}}{I_1} + l_2 \frac{I_{\text{red}}}{I_2}$$

$$\boxed{l_{\text{red,ges}} = l_{\text{red1}} + l_{\text{red2}}} \tag{1.30}$$

Die reduzierte Länge einer aus Teilstücken bestehenden Welle ergibt sich als Summe der einzelnen reduzierten Längen der Teilstücke. Sie tritt an die Stelle der Gesamt-federkonstante und hat den Vorteil, daß die einzelnen Anteile in ihrer Wirkung auf das Gesamtsystem besser abgeschätzt werden können.

Im allgemeinen wird für alle Wellen eines Berechnungsmodells das gleiche reduzierte Flächenträgheitsmoment I_{red} verwendet. So läßt sich mit Hilfe der reduzierten Längen die Bildwelle zeichnen (vgl. 4.1.2.).

Die Tabelle 1/2 zeigt eine Zusammenstellung verschiedener reduzierter Längen. Sie kann jedoch nur einen Einblick geben. Ausführliche Zusammenstellungen findet man z. B. in [1/4]; [1/5].

Die Torsionssteifigkeit von elastischen Kupplungen hängt in starkem Maße von der Konstruktion ab. Sie ist in den meisten Fällen nur in der Nähe des Betriebspunktes (unter Vorlastmoment) als linear anzusehen. Die Kennwerte sind den Angaben der Hersteller zu entnehmen.

Für Zahnräder wird die Torsionsfederkonstante mit Hilfe der Zahnverformung ermittelt. Diese ist unabhängig vom Zahnmodul und kann mit Hilfe von Zahlenwertgleichungen bestimmt werden. Denkt man sich die Zahnfeder als Längsfeder auf der Zahneingrifflinie wirkend, gilt nach [1/17] für gradverzahnte Stirnräder aus Stahl (vgl. Bild 1/16), wenn nur ein Zahn im Eingriff ist:

$$c_z = b c'$$

$$c' = 1/[0{,}047\,23 + 0{,}155\,51/z_1 + 0{,}257\,91/z_2 - 0{,}006\,35 x_1 - 0{,}116\,54 x_1/z_1$$

$$- 0{,}001\,93 x_2 - 0{,}241\,88 x_2/z_2 + 0{,}005\,29 x_1{}^2 + 0{,}001\,82 x_2{}^2]\ \text{N}/\mu\text{m} \cdot \text{mm}$$

$$\tag{1.31}$$

b — Zahnbreite in mm
$z_1; z_2$ — Zähnezahlen
$x_1; x_2$ — Profilverschiebungsfaktoren
$r_{g1}; r_{g2}$ — Grundkreisradien
$r_{01}; r_{02}$ — Teilkreisradien
α_0 — Eingriffswinkel.

vgl. Gl. (1.32)

Auf Grund des Überdeckungsgrades ε befinden sich je nach Radstellung verschieden viele Zähne im Eingriff. Dadurch schwankt die effektive Zahnsteifigkeit zwischen

Tabelle 1/2. Zusammenstellung von reduzierten Längen verschiedener Wellenstücke

Benennung	Bezeichnung	Reduzierte Wellenlänge
Glatte zylindrische Welle		Vollwelle: $l_{red} = l\,\dfrac{I_{red}}{I_p} = l\,\dfrac{D_{red}^4}{D^4}$ Hohlwelle: $l_{red} = l\,\dfrac{I_{red}}{I_p} = l\,\dfrac{D_{red}^4}{D^4 - d^4}$
Welle mit Keilnut		$l_{red} = l_K\,\dfrac{I_{red}}{I_K} + l\,\dfrac{I_{red}}{I_p}$
Keilwelle		$I_K = \dfrac{\pi d_K^4}{32};\; I_p = \dfrac{\pi D^4}{32}$
Welle mit Kegel		$l_{red} = l_K\,\dfrac{I_{red}}{I_m} + l\,\dfrac{I_{red}}{I_{p1}}$ $I_m = \dfrac{3 I_{p1}}{\dfrac{D_1}{D_2}\left[\left(\dfrac{D_1}{D_2}\right)^2 + \left(\dfrac{D_1}{D_2}\right) + 1\right]}$ I_m mittleres polares Flächenträgheitsmoment des kegligen Wellenendes
Kegelverbindung		$l_{red} = \left(l_1 + \dfrac{l_{K1}}{3}\right)\dfrac{I_{red}}{I_{p1}} + \left(l_2 + \dfrac{l_{K2}}{3}\right)\dfrac{I_{red}}{I_{p2}}$ Das Stück zwischen den angenommenen Kraftübertragungsstellen (x) ist nach den obigen Formeln zu berechnen.
Wellenübergänge, Preßsitzverbindungen		$l_{red} = l_{red\,1} + l_{red\,2} + \Delta l_{red}$ $l_{red1} = l_1\dfrac{I_{red}}{I_{p1}};$ $l_{red2} = l_2\dfrac{I_{red}}{I_{p2}}$ $\Delta l_{red} = \dfrac{\Delta l}{D_1}\,D_1\,\dfrac{I_{red}}{I_{p1}}$ $R_1 = \dfrac{D_1}{2}$

dem Wert c_z (Minimalwert) und einem Maximalwert $c_{z\max}$. Er berechnet sich nach

$$c_{z\max} = \varepsilon c_z$$

Diese Schwankung hat für ein Schwingungssystem den Charakter einer Erregung (Parametererregung).

Für eine mittlere Zahnsteifigkeit kann überschläglich bei Stahlrädern gesetzt werden:

$$c_m = 2 \cdot 10^6 b \ \text{N/cm},$$

wenn b in cm eingesetzt wird.

Tabelle 1/2. (Fortsetzung)

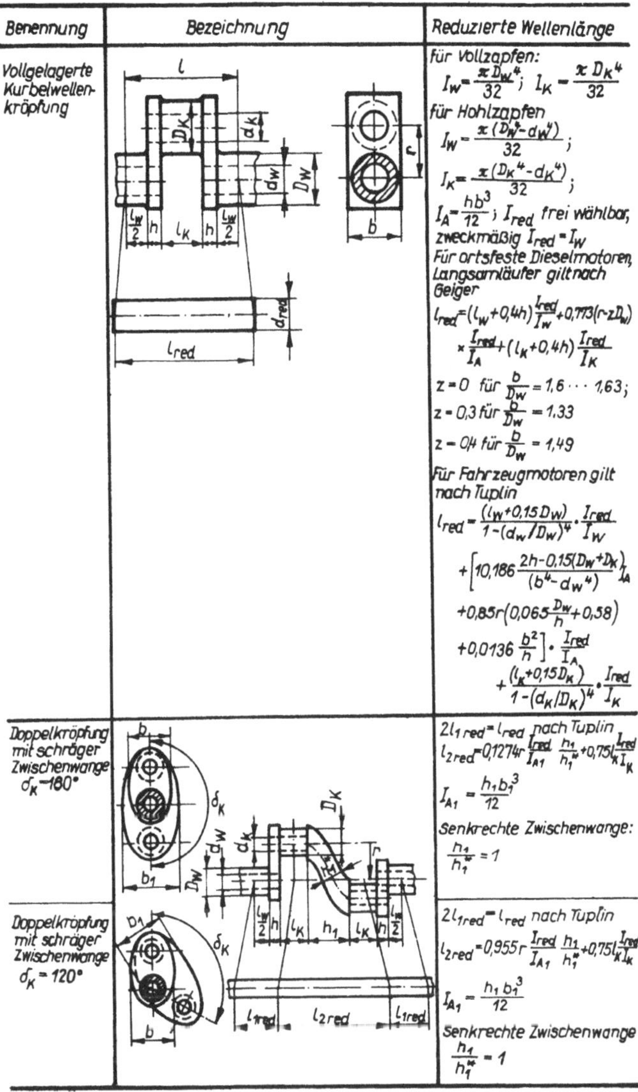

In der Annahme, daß die Antriebswellen der Zahnräder sehr weich gegenüber der Zahnfeder sind, lassen sich die Bewegungsgleichungen für das Zahnradpaar aufstellen. Werden die Schwingwinkel φ_1; φ_2 beider Räder in gleicher Richtung positiv gewählt, ergibt sich mit den Massenträgheitsmomenten der Räder J_1; J_2

$$J_1\ddot{\varphi}_1 + c_z r_{g1}(r_{g1}\varphi_1 + r_{g2}\varphi_2) = 0$$

$$J_2\ddot{\varphi}_2 + c_z r_{g2}(r_{g1}\varphi_1 + r_{g2}\varphi_2) = 0$$

Für die Grundkreisradien gilt

$$r_{g1} = r_{01}\cos\alpha_0; \quad r_{g2} = r_{02}\cos\alpha_0$$

Damit wird

$$J_1\ddot{\varphi}_1 + c_z r_{01}^2 \cos^2 \alpha_0 \left(\varphi_1 + \frac{r_{02}}{r_{01}}\,\varphi_2\right) = 0$$

$$J_2\ddot{\varphi}_2 + c_z r_{02}^2 \cos^2 \alpha_0 \left(\varphi_2 + \frac{r_{01}}{r_{02}}\,\varphi_1\right) = 0 \qquad (1.32)$$

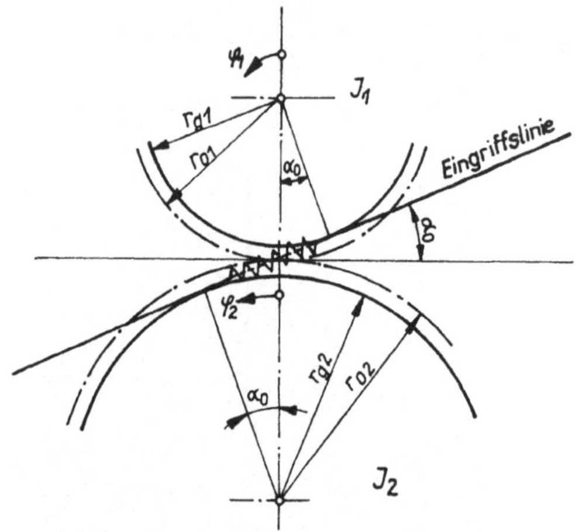

Bild 1/16. Berechnungsmodell zur Bestimmung der Torsionssteifigkeit eines Zahnradgetriebes·

Die für eine Torsionsschwingungsberechnung wirksame Federkonstante hängt somit noch von den Teilkreisradien, dem Eingriffswinkel und dem Übersetzungsverhältnis ab (vgl. Aufgabe A 1/3).
Für Riementriebe gilt das Berechnungsmodell Bild 1/17. Dafür lauten die Bewegungsgleichungen für die Schwingwinkel φ_1; φ_2

$$J_1\ddot{\varphi}_1 + (c_{rz} + c_r)\,r_1(\varphi_1 r_1 - \varphi_2 r_2) = M_1 - r_1(F_{vz} - F_v)$$

$$J_2\ddot{\varphi}_2 + (c_{rz} + c_r)\,r_2(\varphi_2 r_2 - \varphi_1 r_1) = -M_2 + r_2(F_{vz} - F_v) \qquad (1.33)$$

M_1; M_2 Momente des An- und Abtriebes
F_{vz} Vorspannkraft im Zugtrum
F_v Vorspannkraft im Leertrum

Im stationären Betrieb können die statischen Anteile der rechten Seiten der Gl. (1.33) weggelassen werden.
Für die Federkonstanten des Riemens gilt

$$c_{rz} = E_z A/L; \quad c_r = EA/L \qquad (1.34)$$

(A Riemenquerschnitt, L wirksame Trumlänge)
Da der Elastizitätsmodul E von der Riemenvorspannkraft F_v abhängt, unterscheiden sich E_z und E.
Häufig ist jedoch F_v nur sehr ungenau anzugeben, so daß gesetzt wird $E_z = E$.
Der Riemen kann keine Druckkräfte übertragen. Es muß somit gelten:

$$F_v - c_r(\varphi_1 r_1 - \varphi_2 r_2) > 0 \qquad (1.35)$$

Dies ist jedoch meist erfüllt.

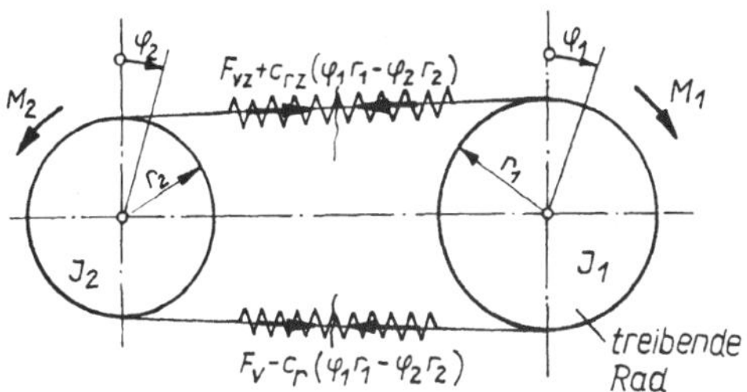

Bild 1/17. Berechnungsmodell zur Bestimmung der Torsionssteifigkeit eines Riementriebes

1.3.2.   Translationsfederkennwerte

Bei Translationsbewegungen kann die Federsteifigkeit verschieden angegeben werden. Handelt es sich um Einzelfederelemente, wie für die Fundamentierung, so stellt man die Bewegungsgleichung in Form eines Kräftegleichgewichts auf. Die Federparameter erscheinen dabei als Federkonstanten. Hat man es mit Stab- oder Flächentragwerken zu tun, ist es einfacher, von einer Verformungsgleichung auszugehen. Die Federparameter sind dann Einflußzahlen.

Ein kleines Beispiel aus der Statik soll dies demonstrieren. Bild 1/18a zeigt ein Feder-Masse-System mit zwei Freiheitsgraden. Auf jede Masse wirkt eine konstante Kraft. Um die statische Verschiebung der Massen m_1 und m_2 zu bestimmen, geht man vom Kräftegleichgewicht an den herausgeschnittenen Massen aus. Es gilt

$$F_1 - c_1(x_1 - x_2) = 0$$

$$F_2 + c_1(x_1 - x_2) - c_2 x_2 = 0$$

oder in Matrizenschreibweise:

$$\begin{pmatrix} F_1 \\ F_2 \end{pmatrix} = \begin{pmatrix} c_1 & -c_1 \\ -c_1 & (c_1 + c_2) \end{pmatrix} \begin{pmatrix} x_1 \\ x_2 \end{pmatrix}$$

Ganz allgemein gilt also

$$\boldsymbol{F} = \boldsymbol{C}\boldsymbol{x} \qquad\qquad (1.36)$$

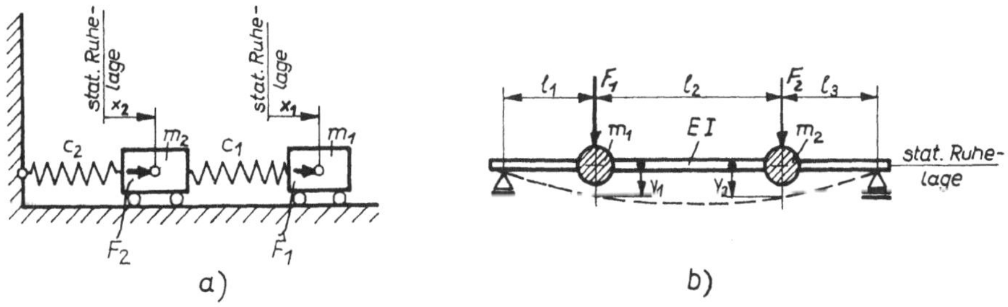

Bild 1/18. Beispiel zur Gegenüberstellung von Federwerten
a) Modell mit Einzelfedern,
b) Modell mit Stabtragwerk

Für den mit zwei Punktmassen besetzten Biegebalken, Bild 1/18b, geht man direkt von Verformungsgleichungen aus. Sie lauten unter Verwendung der Einflußzahlen d_{ik}

$$y_1 = d_{11}F_1 + d_{12}F_2$$
$$y_2 = d_{21}F_1 + d_{22}F_2$$

oder in Matrizenschreibweise:

$$\begin{pmatrix} y_1 \\ y_2 \end{pmatrix} = \begin{pmatrix} d_{11} & d_{12} \\ d_{21} & d_{22} \end{pmatrix} \begin{pmatrix} F_1 \\ F_2 \end{pmatrix}$$

und allgemein: $\boldsymbol{y} = \boldsymbol{DF}$ \hfill (1.37)

Die Einflußzahlen können entweder für einfache Fälle aus einem Taschenbuch entnommen oder mit Hilfe der Differentialgleichung der elastischen Linie beziehungsweise dem *Satz von Castigliano* berechnet werden. Für die einem Festigkeits- und Verformungsnachweis zugrunde gelegte statische Berechnung existieren für Stabwerke und Flächentragwerke eine große Anzahl von Rechenprogrammen, die die Einflußzahlen mit liefern.

Bei komplizierten Konstruktionsteilen, wie Maschinengestellen, ist die Berechnung der Einflußzahlen aus den konstruktiven Daten nur mit weitreichenden Näherungsannahmen möglich. Man wird deshalb versuchen, aus Verformungsmessungen bei bekannten Belastungszuständen Kontrollergebnisse zu erreichen.

An dem einfachen Beispiel Bild 1/18b soll das Vorgehen gezeigt werden.

Führt man k Messungen bei den Belastungen F_{1k} und F_{2k} durch, erhält man, da es sich um statische Messungen handelt, mit hoher Genauigkeit die Verformungen y_{1k}; y_{2k}. Es wird empfohlen, mehr Messungen durchzuführen, als zur Bestimmung der Unbekannten $d_{m,n}$ erforderlich sind.

Diese kann man nun aus einem überbestimmten Gleichungssystem ermitteln. Für das Beispiel würde es lauten:

$$\begin{aligned} d_{11}F_{1k} + d_{12}F_{2k} &= y_{1k} \\ d_{21}F_{1k} + d_{22}F_{2k} &= y_{2k} \end{aligned} \qquad k = 1, 2, 3, \ldots \hfill (1.38)$$

Überbestimmte Gleichungssysteme werden mit der Ausgleichsrechnung gelöst [7]; [37]. Aus Gl. (1.38) ergibt sich, da stets $d_{12} = d_{21}$ vorausgesetzt wird, folgendes Gleichungssystem zur Berechnung der Unbekannten d_{11}; d_{12}; d_{22} aus den Belastungen F_{1k}; F_{2k} und den Verformungen y_{1k}; y_{2k}:

$$d_{11} \sum_k F_{1k}^2 + d_{12} \sum_k F_{1k}F_{2k} = \sum_k F_{1k}y_{1k}$$

$$d_{11} \sum_k F_{1k}F_{2k} + d_{12} \sum_k (F_{1k}^2 + F_{2k}^2) + d_{22} \sum_k F_{1k}F_{2k} \hfill (1.39)$$

$$= \sum_k (F_{2k}y_{1k} + F_{1k}y_{2k})$$

$$d_{12} \sum_k F_{1k}F_{2k} + d_{22} \sum_k F_{2k}^2 = \sum_k F_{2k}y_{2k}$$

Diese experimentelle Bestimmung der Kennwerte Einflußzahlen ist nur möglich, wenn lineare Verformungsgleichungen vorliegen und damit zwischen statischen und dynamischen Werten kein Unterschied besteht.

Über die Bedeutung der Gln. (1.36); (1.37) sowie den Zusammenhang der Matrizen von Federzahlen und Einflußzahlen wird ausführlich in 6.2.1. gesprochen.

Tabelle 1/3 zeigt eine Zusammenstellung von Federkonstanten an der Kraftangriffsstelle von Metall-Einzelfedern und die bei einer vorgegebenen Verschiebung auftretende maximale Beanspruchung. Ausführliche Berechnungsangaben findet man in [1/6].
Ein weiteres, sehr nachgiebiges Federelement stellt das Drahtseil dar. Die Federkonstante eines gespannten Drahtseiles berechnet sich nach

$$c = EA/l \tag{1.41}$$

Tabelle 1/3. Zusammenstellung von Federkonstanten von Einzelfederelementen

Federform	Federkonstante	Maximale Spannung
1. Biegefedern 1.1 	$c = \frac{F}{f} = 3\frac{EI}{l^3}$	$\sigma = 3\frac{EI}{W}\cdot\frac{f}{l^2}$
1.2 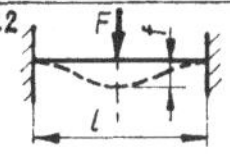	$c = \frac{F}{f} = 192\frac{EI}{l^3}$	$\sigma = 24\frac{EI}{W}\cdot\frac{f}{l^2}$
1.3 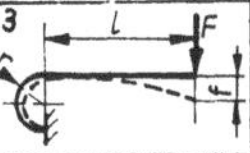	$c = \frac{F}{f} = \frac{1}{K_1}\cdot\frac{EI}{l^3}$ $K_1 = 2 + 6\pi\left(\frac{r}{l}\right) + 24\left(\frac{r}{l}\right)^2 + 3\pi\left(\frac{r}{l}\right)^3$	$\sigma = \frac{(1+r/l)}{K_1}\cdot\frac{EI}{W}\cdot\frac{f}{l^2}$
1.4 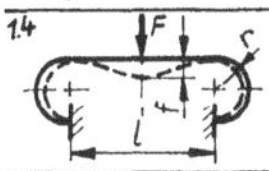	$c = \frac{F}{f}\,\frac{(3+\pi r/l)}{K_2}\cdot 24\frac{EI}{l^3}$ $K_2 = 3 + 12{,}57\left(\frac{r}{l}\right) + 24\left(\frac{r}{l}\right)^2 + 26\left(\frac{r}{l}\right)^3 + 11{,}22\left(\frac{r}{l}\right)^4$	$\sigma = \frac{(3+2\pi r/l+4(r/l)^2)}{K_2}\,24\frac{EIf}{Wl^2}$
1.5 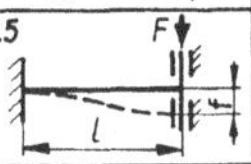	$c = \frac{F}{f} = 12\frac{EI}{l^3}$	$\sigma = 6\frac{EI}{W}\cdot\frac{f}{l^2}$
1.6 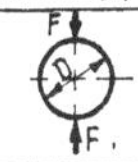	$c = \frac{F}{\Delta D} = 54{,}03\frac{EI}{D^3}$	$\sigma = 8{,}60\frac{EI}{W}\cdot\frac{\Delta D}{D^2}$
1.7 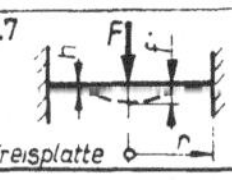 Kreisplatte	$c = \frac{F}{f} = 4{,}19\cdot\frac{Eh^3}{r^2(1-\nu^2)}$	
2. Zugfedern 2.1  Stab oder Seil	$c = \frac{F}{\Delta l} = \frac{AE}{l}$	$\sigma = \frac{E\cdot\Delta l}{l}$
2.2 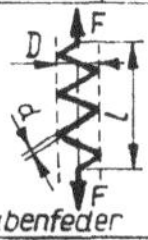 Schraubenfeder	$c = \frac{F}{\Delta l} = \frac{d^4 G}{8K_3 i D^3}$ $K_3 = 1 - \frac{3}{16}\left(\frac{d}{D}\right)^2$ $K_4 = 1 + \frac{5}{4}\left(\frac{d}{D}\right) + \frac{7}{8}\left(\frac{d}{D}\right)^2 + \left(\frac{d}{D}\right)^3$	$\tau = \frac{K_4}{K_3\pi i}\cdot\frac{d}{D}\cdot\frac{G\Delta l}{D}$
3. Torsionsfedern (vgl Tab. 1/2) 3.1 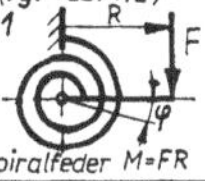 Spiralfeder $M = FR$	$c = \frac{M}{\varphi} = \frac{EI}{l}$ l Länge der gestreckt gedachten Feder	$\sigma = \frac{EI}{W}\cdot\frac{\varphi}{l}$
3.2 	$c = \frac{M}{\varphi} = \frac{EI}{\pi i D}$	$\sigma = \frac{1}{\pi i}\cdot\frac{EI}{W}\cdot\frac{\varphi}{D}$

E Elastizitätsmodul
G Gleitmodul
ν Querzahl
I Flächenträgheitsmoment (axial)
W Widerstandsmoment
A Querschnittsfläche
i wirksame Windungszahl

Dabei ist A die metallische Querschnittsfläche, l die Seillänge und E der Elastizitätsmodul. Für ihn findet man in der Literatur verschiedene Werte, die zeigen, daß er von der Machart der Seile, der Einsatzdauer und der Vorlast abhängt. Als Richtwerte kann man annehmen:

$$E = 1\cdot 10^{11} \cdots 1{,}6\cdot 10^{11}\ \mathrm{N/m^2}$$

Die Federkonstanten von Wälz- und Gleitlagern hängen in starkem Maße von dem Lagerspiel ab. Angaben findet man in [1/18]. Federkonstanten für Stahlschraubenfedern enthält TGL 18395. Die Berechnung der Querfederzahlen findet man in 3.3.1.3.
Im allgemeinen wird die Masse eines Federelementes vernachlässigt. Man macht dabei die Annahme, daß die Eigenfrequenz des Federelementes groß ist gegenüber der Frequenz, in der die Schwingung des Systems erfolgt. In den meisten Fällen trifft dies zu. Hat man jedoch Schwingbewegungen mit breitem Frequenzspektrum, wie sie beispielsweise durch Überlagerung von Maschinen- und Körperschallschwingungen auftreten, ist die Eigenfrequenz der Feder abzuschätzen, um die Federfunktion zu gewährleisten. Es kann sonst vorkommen, daß bestimmte Frequenzen trotz einer tiefen Abstimmung des Gesamtsystems übertragen werden.

1.3.3.   Gummifedern

Federelemente aus Gummi zeigen gegenüber Metallfedern besondere Eigenschaften. So ist das Deformationsverhalten abhängig von der Vorbehandlung, der Gummiqualität, der Lastwechselzahl, der Geometrie und auch der Zeit.

Gummifedern haben eine schwach nichtlineare Kraft-Verformungs-Funktion, die für überschlägliche Berechnungen als linear angesehen werden kann. Die Federkonstante resultiert dann aus der Steigung der Kennlinie im Betriebspunkt. Die wesentliche Werkstoffkenngröße ist der Schubmodul G, der in Abhängigkeit von der Shore-Härte angegeben wird (vgl. Bild 1/19).

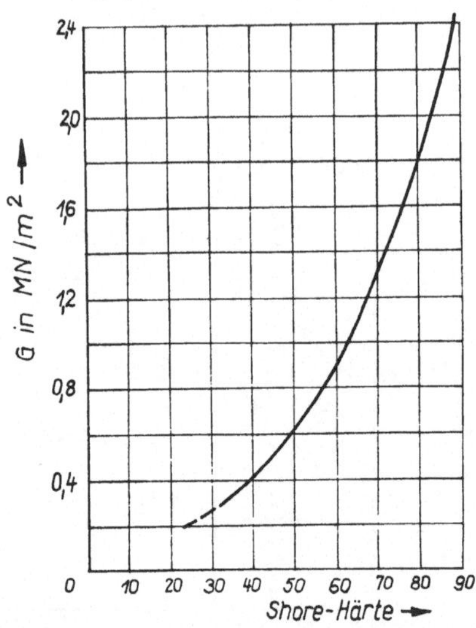

Bild 1/19. Schubmodul von Gummifedern in Abhängigkeit von der *Shore*-Härte

Eine Berechnung ist nur sinnvoll, wenn der Gummikörper fest mit Metallteilen, über die die Kraft ein- und abgeleitet wird, verbunden ist (man nennt diese Federelemente gebundene Gummifedern). Man kann dann die Randbedingungen eindeutig festlegen. Sie haben bei der großen Verformung entscheidenden Einfluß und hängen bei freiem Gummielement von den Reib- und Rauhigkeitsverhältnissen der Auflageflächen ab.

Liegt reine Schubbeanspruchung vor, lassen sich die statischen Federkonstanten mit den Methoden der Festigkeitslehre unter Zugrundelegen des *Hooke*schen Gesetzes berechnen. So gilt zum Beispiel für die Scheibengummifeder (Bild 1/20a)

$$\tau = \gamma G; \quad \tan \gamma = \gamma = \frac{f}{s}; \quad F = \tau A$$

$$\boxed{c_{st} = \frac{F}{f} = \frac{AG}{s}} \tag{1.41a}$$

Für die torsionsbeanspruchte Hülsenfederkupplung, Bild 1/20b, setzt man für die Torsionsspannung im Ringquerschnitt vom Radius r:

$$\tau = \gamma G = \frac{F}{A} = \frac{M_t}{r} \frac{1}{2\pi r l}; \quad \gamma = r \frac{d\varphi}{dr}$$

$$r \frac{d\varphi}{dr} = \frac{M_t}{2\pi r^2 l G} \tag{1.42}$$

Die Integration dieser Differentialgleichung (Dgl.) liefert:

$$\varphi = \frac{M_t}{4\pi lG}\left(\frac{1}{r_1{}^2} - \frac{1}{r_2{}^2}\right) \tag{1.43}$$

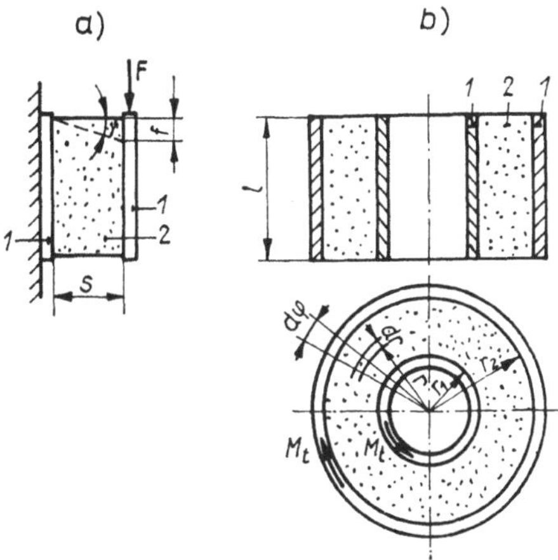

Bild 1/20. Schubbeanspruchte Gummifedern
a) Scheibengummifeder bei Parallelschub
b) Hülsengummifeder bei Torsionsbelastung
1 Metallteile; 2 Gummi

Daraus ergibt sich die statische Federkonstante

$$c_{st} = \frac{M_t}{\varphi} = \frac{4\pi lG}{(1/r_1{}^2) - (1/r_2{}^2)} \tag{1.44}$$

Treten bei einer Beanspruchung Normalspannungen auf, erfolgt die Umrechnung zwischen Spannung und Dehnung unter Beachtung des Elastizitätsmoduls E. Für Gummielemente ist dieser jedoch nicht mehr ein reiner Werkstoffaktor, sondern von der Form der Gummifeder abhängig. Unter Einführung eines Formfaktors k_B läßt er sich aus Bild 1/21 bestimmen.
Für den Formfaktor gilt:

$$k_B = \frac{\text{eine belastete Fläche}}{\text{gesamte freie Oberfläche}} \tag{1.45}$$

Die gebundene zylindrische Gummifeder, Bild 1/22, hat somit den Formfaktor

$$k_B = \frac{d^2\pi}{4\pi dh} = \frac{d}{4h}$$

Für sie berechnet sich die Federkonstante zu

$$c_{st} = \frac{AE}{h} \tag{1.46}$$

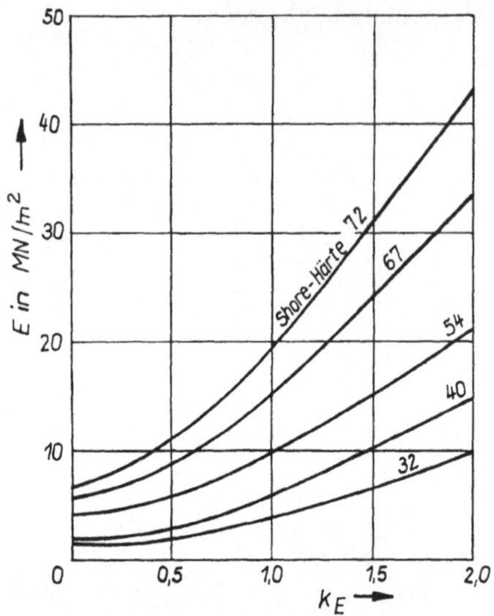

Bild 1/21. Fiktiver Elastizitätsmodul für Gummifedern in Abhängigkeit von dem Formfaktor k_E (aus [1/18])

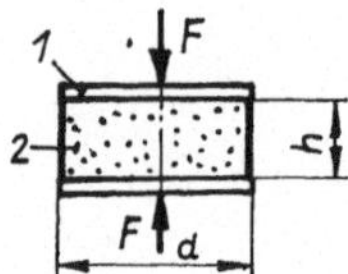

Bild 1/22. Druckbeanspruchte Gummifeder
1 Metallteile; *2* Gummi

Man muß jedoch feststellen, daß die Berechnung von Gummifedern mit Druckbeanspruchung noch große Unsicherheiten birgt. Nur für spezielle Ausführungsformen liegen Berechnungsstandards vor.

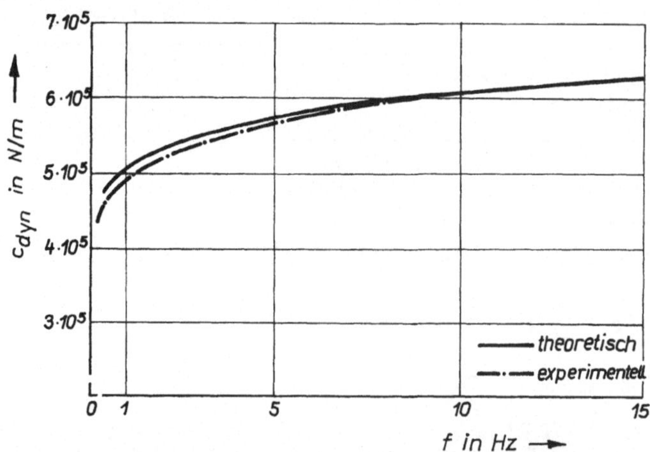

Bild 1/23. Frequenzabhängigkeit einer speziellen Gummifeder

Eine experimentelle Überprüfung wird stets von Vorteil sein. Geschieht sie jedoch durch eine statische Verformungsmessung, ist zu beachten, daß im Gegensatz zu den Federkonstanten von Metallfedern die von Gummifedern frequenzabhängig sind. Dies zeigt Bild 1/23 für eine spezielle Feder. In der Berechnung berücksichtigt man den Effekt durch Einführen einer dynamischen Federkonstante und setzt

$$\boxed{c_{\mathrm{dyn}} = k_{\mathrm{dyn}} c_{\mathrm{st}}} \tag{1.47}$$

Im Bereich der üblichen Gummihärte (35 bis 95 Shore) gilt $k_{\mathrm{dyn}} = 1{,}1$ bis $3{,}0$.
Für die Betriebssicherheit von Gummifedern ist ihre Festigkeit und die Erwärmung ausschlaggebend. Es wird auf die ingenieurgemäße Darstellung in [1/7] und die neueren Forschungsergebnisse [1/8]; [1/9] hingewiesen.

1.4. Dämpfungsansätze und -kennwerte

1.4.1. Einleitung

Die Dämpfung in einem Schwingungssystem entsteht entweder durch äußere Bewegungswiderstände, wie Reibung in Führungen und Lagern, Luft- und Flüssigkeitswiderstände oder durch Verformungswiderstände in den federnden Bauteilen, d. h. inneren Widerständen. In den Bewegungsgleichungen erscheinen die Dämpfungskräfte auf Grund äußerer Bewegungswiderstände meist in Abhängigkeit von der Absolutverschiebung einer Masse, während die inneren Verformungswiderstände durch Relativverschiebungen gekennzeichnet sind. Man spricht deshalb auch von Absolut- und Relativdämpfung.
Die Dämpfung hängt von einer Fülle von Einflüssen ab. Dadurch ist jedoch die Übertragung von Dämpfungskennwerten sehr eingeschränkt und selbst die Reproduzierbarkeit experimenteller Ergebnisse nur in bestimmten Bereichen möglich. Es hat sich deshalb bewährt, zur Beschreibung der Dämpfung auf einfache Ansätze mit einem oder höchstens zwei Parametern zurückzugreifen.
In der Maschinendynamik rechnet man meist mit kleinen Dämpfungen, wenn nicht durch spezielle Dämpfungselemente ein bestimmter Effekt erreicht werden soll, zum Beispiel durch Einsatz von Viskosedrehschwingungsdämpfern (Bild 4/58) an Kolbenmaschinen oder von hydraulischen Dämpfern in Form ölgefüllter Hülsenfedern bei Textilspindellagerungen (Bild 1/24). Die Dämpfung dient in erster Linie zur Abschätzung von Resonanzamplituden, während außerhalb der Resonanz meist dämpfungsfrei gerechnet werden kann.

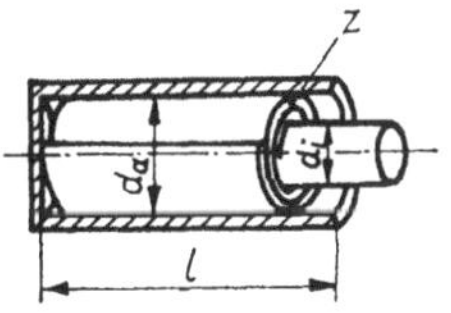

Bild 1/24. Dämpfungselement an Spinnspindellagern

z Anzahl der Ölspalte

1.4.2.   Ansätze für äußere Dämpfungen

Zur Beschreibung äußerer Dämpfungen wird im allgemeinen eine Trennung von Federkraft und Dämpfungskraft in der Bewegungsgleichung vorgenommen. Man erhält dann bei harmonischer Erregung und linearer Federkraft die Form

$$m\ddot{q} + cq + F_\mathrm{D} = \hat{F} \sin \Omega t \tag{1.48}$$

Um bei einer linearen Bewegungsgleichung zu bleiben, sind für die Dämpfungskraft folgende Ansätze üblich:

*Coulomb*sche Reibung:

$$\boxed{F_\mathrm{D} = b_0\, \frac{\dot{q}}{|\dot{q}|}} \tag{1.49}$$

Geschwindigkeitsproportionale Dämpfung:

$$\boxed{F_\mathrm{D} = b_1\dot{q}} \tag{1.50}$$

Zusammengesetzte Dämpfung:

$$\boxed{F_\mathrm{D} = \dot{q}(b_1 + b_0/|\dot{q}|)} \tag{1.51}$$

Frequenzunabhängige, wegproportionale Dämpfung:

$$\boxed{F_\mathrm{D} = \frac{b_2\dot{q}}{\Omega}} \tag{1.52}$$

Da im stationären Betrieb die Bewegung in der Frequenz der Erregung erfolgt, $q = \hat{q} \sin (\Omega t - \varphi)$; $\dot{q} = \hat{q}\Omega \cos (\Omega t - \varphi)$, stellt Gl. (1.52) eine amplitudenabhängige Dämpfungskraft dar. Man faßt deshalb Feder- und Dämpferkraft häufig zu einer komplexen Rückstellfunktion zusammen und schreibt dafür

$$\boxed{\tilde{\hat{F}}_\mathrm{R} = c\hat{q}\, \mathrm{e}^{\mathrm{j}\gamma}} \tag{1.53}$$

bzw.

$$\boxed{\tilde{\hat{F}}_\mathrm{R} = c(1 + \mathrm{j}\gamma)\, \hat{q}} \tag{1.54}$$

Der Winkel γ wird als Verlustwinkel bezeichnet.

Die *Coulomb*sche Dämpfung Gl. (1.49) ist demgegenüber weder amplituden- noch frequenzabhängig. Das Glied $\dot{q}/|\dot{q}|$ gibt lediglich die von der Geschwindigkeit gesteuerte Wirkungsrichtung von F_D an.

Am häufigsten wird der Ansatz Gl. (1.50) verwendet, der allgemein nur in bestimmten Amplituden- und Frequenzbereichen gilt.

Mit $b_1 = b$ führt er auf die bekannte Schwingungsgleichung

$$m\ddot{q} + b\dot{q} + cq = \hat{F} \sin \Omega t \tag{1.55}$$

Die Konstanten b_0; b_1; b_2 (bzw. γ) müssen in den meisten Fällen experimentell bestimmt werden (vgl. 1.6.). Für spezielle Dämpfungen hat man versucht, eine analytische Bestimmung zu erreichen. Formeln dafür sind in Tabelle 1/4 zusammengestellt.

Tabelle 1/4. Beziehungen zur analytischen Bestimmung von Dämpfungskonstanten

Gleich-Nr.	Dämpfungskonstante	Gültigkeit
(1.56)	$b = c_1 B \cdot \eta \left[\dfrac{D}{(D-d)} \right]^3$	Radiale Zapfenbewegung in Gleitlagern
(1.57)	$b = c_2 \eta \left(\dfrac{B}{h_0} \right)^3$	Geschmierte Führungen bei Bewegung senkrecht zur Führungsrichtung

c_1, c_2 von Lager- und Führungsart abhängige Konstante
D Lagerdurchmesser
d Zapfendurchmesser
B Breite von Lager- und Führungsbahn
h_0 Führungsspiel
η dynamische Ölzähigkeit

(1.58)	$b = \mu A r^2$ N cm s	Kurbeltriebe von Kolbenmotoren bei Torsionsschwingungen

A Kolbenfläche cm² r Kurbelradius cm μ Dämpfungsbeiwert Ns cm⁻³	Dieselmotoren: $\mu = 0{,}04 \cdots 0{,}05$ Ns cm⁻³ Kraftfahrzeugmotoren: $\mu = 0{,}015 \cdots 0{,}02$ Ns cm⁻³

(1.59)	$b = 19{,}1 \cdot \dfrac{M_\mathrm{m}}{n}$ N cm s	Kreiselverdichter, Ventilatoren, Gebläse bei Torsionsschwingungen
(1.60)	$b = 38{,}2 \cdot \dfrac{M_\mathrm{m}}{n}$ N cm s	Schiffsschrauben bei Torsionsschwingungen

M_m durch den Rotor aufgenommenes mittleres Drehmoment Ncm
n Drehzahl 1/min

(1.61)	$b = 9{,}3 \cdot 10^3 \dfrac{EI}{(E - E_S)} n^2$ Ncms	Rotoren von Elektrogeneratoren bei Torsionsschwingungen

E Elektromotorische Kraft (EMK) des Generators V
E_S EMK des Energieverbrauchers (Motor oder Batterie) V,
    wird gegen äußere Widerstände gefahren, ist $E_S = 0$
I Stromstärke A
n Drehzahl 1/min

(1.62)	$b = \dfrac{\pi \eta l d^2}{(D-d)^2} \left[3 + \dfrac{3}{4} \dfrac{d}{(D-d)} \right]$	Kolbendämpfer für Translationsbewegung

$D - d$ Kolbenspiel
d Kolbendurchmesser
l Kolbenlänge
η dynamische Ölzähigkeit

(1.63)	$b = \dfrac{\pi \eta}{\delta} \left[r_\mathrm{a}^4 - r_\mathrm{l}^4 + 2B \left(r_\mathrm{a}^3 + r_\mathrm{l}^3 \right) \right]$	Viskositätsdrehschwingungsdämpfer nach Bild 4/58

δ Radialspiel r_a Außenradius r_l Innenradius	B Breite η dynamische Ölzähigkeit

Aus den Gln. (1.56) und (1.57) erkennt man die starke Abhängigkeit der Dämpfungskonstanten vom Spiel, also vom Lagerzustand. Die Gln. (1.58); (1.59) und (1.61)
wurden aus [1/4] entnommen. Gleichung (1.61) geht auf *Den Hartog* zurück. Sie
wurde in [1/15] mit anderen Beziehungen verglichen. Weitere Angaben vgl. [1/21].
Für die Dämpferelemente, deren Dämpfungskonstanten nach Gln. (1.62); (1.63)
zu bestimmen sind, kann die dynamische Ölzähigkeit durch Mischen verschiedener
Flüssigkeiten in weiten Grenzen geändert werden. Diese Öle sind allerdings auch
alterungsanfällig und können sogar zum Ausflocken neigen, wodurch der Dämpfungs-
effekt praktisch wegfällt.
Der Ansatz Gl. (1.52) dient auch zur Beschreibung von Werkstoffdämpfungen,
also innerer Dämpfungen. Darauf wird im folgenden Abschnitt eingegangen.
Es gibt noch den Begriff der Konstruktions- oder Strukturdämpfung. Diese tritt
beispielsweise in Führungen, Verbindungen und Halterungen auf und kann sowohl
als äußere Dämpfung [vgl. Gln. (1.56); (1.57)] als auch innere Dämpfung, beispielsweise bei Nietverbindungen, angesehen werden.

1.4.3.   Werkstück- und Werkstoffdämpfung

Die Energieverluste durch innere Dämpfung entstehen dadurch, daß das Kraft-
Verformungs-Diagramm bei Belastung mit dem bei Entlastung nicht übereinstimmt.
Beide Kurven bilden vielmehr bei stationärer Bewegung die Hysteresekurve, die
ein Maß für die Verlustenergie einer vollen Schwingung liefert, da die Fläche in
einem Kraft-Verformungsdiagramm einer Arbeit entspricht. Die Form der Fläche
wird vom Werkstoff der Beanspruchung und der Form des Werkstückes abhängen.
Man bezeichnet deshalb die an einem Werkstück ermittelte innere Dämpfung als
Werk*stück*dämpfung, aus der die form- und beanspruchungsunabhängige Werk*stoff*-
dämpfung gewonnen werden kann. Auf diesem Gebiet existiert eine reiche Spezialliteratur besonders auch im sowjetischen Schrifttum [1/12].

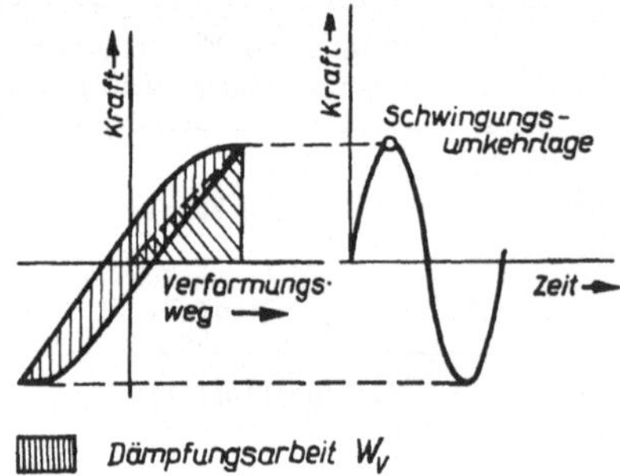

Bild 1/25. Hysteresekurve eines
Bauteils

Bild 1/25 zeigt die Hysteresekurve eines Bauteils. Sie kann durch Zug-Torsions-
oder Biegebeanspruchung zustande kommen.
Die Bezeichnungen „Kraft" und „Verformungsweg" beziehen sich auf generalisierte
Größen. Die Fläche in der Hysteresekurve stellt die Verlust- oder Dämpfungsarbeit
W_v dar. Die Dreiecksfläche entspricht der in der Feder bei Maximalausschlag gespei-
cherten Formänderungsarbeit W_p. Dabei ist eine lineare Rückstellkraft vorausgesetzt
worden.

Als Parameter zur Kennzeichnung der Dämpfungsfähigkeit des betrachteten Werkstückes gilt die Nenndämpfung.

$$\boxed{\psi_{\mathrm{n}} = W_{\mathrm{v}}/W_{\mathrm{p}}} \tag{1.64}$$

Ebenfalls das logarithmische Dekrement Λ, das beim Ausschwingversuch aus dem Verhältnis zweier aufeinander folgender Amplitudenwerte zu bestimmen ist, ist ein Dämpfungsparameter (vgl. Bild 1/26). Ableitung vgl. Gln. (1.90) bis (1.94).

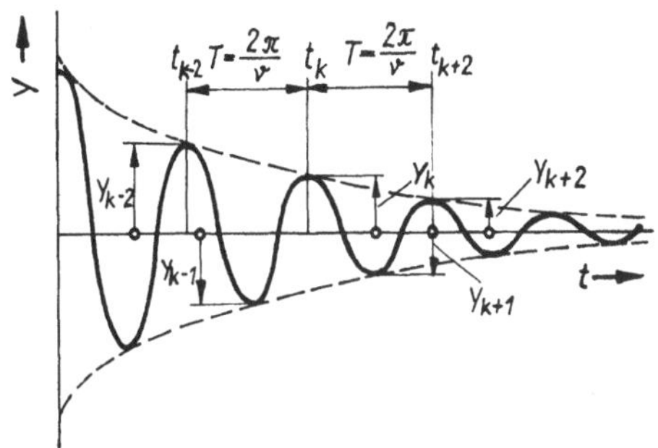

Bild 1/26. Ausschwingkurve zur Dämpfungsbestimmung über das logarithmische Dekrement

$$\boxed{\Lambda = \ln \frac{y_k}{y_{k+2}}} \tag{1.65}$$

Der Zusammenhang zwischen ψ_{n} und Λ ist folgender:
Die in Gl. (1.64) auftretende Dämpfungsarbeit W_{v} läßt sich durch die Differenz der Formänderungsarbeiten zweier aufeinander folgender, positiver Ausschläge ausdrücken:

$$W_{\mathrm{v}} = W_{\mathrm{p},k} - W_{\mathrm{p},k+2} = \Delta W_{\mathrm{p}} \tag{1.66}$$

Da diese Differenz sehr klein ist, kann ψ_{n} auf $W_{\mathrm{p},k+2}$ bezogen werden. Danach gilt

$$\psi_{\mathrm{n}} = \frac{\Delta W_{\mathrm{p}}}{W_{\mathrm{p},k+2}} = \frac{W_{\mathrm{p},k}}{W_{\mathrm{p},k+2}} - 1 \tag{1.67}$$

Zwischen $W_{\mathrm{p},k}$ und y_k besteht die Beziehung

$$W_{\mathrm{p},k} = \frac{c}{2}\, y_k{}^2; \quad W_{\mathrm{p},k+2} = \frac{c}{2}\, y_{k+2}^2 \tag{1.68}$$

Das logarithmische Dekrement läßt sich also auch auf die Formänderungsenergie beziehen.

$$\Lambda = \ln \frac{y_k}{y_{k+2}} = \ln \sqrt{\frac{W_{\mathrm{p},k}}{W_{\mathrm{p},k+2}}} \tag{1.69}$$

Daraus findet man

$$\frac{W_{\mathrm{p},k}}{W_{\mathrm{p},k+2}} = \mathrm{e}^{2\Lambda} \tag{1.70}$$

Aus den Gln. (1.70) und (1.67) ergibt sich aber

$$\psi_n + 1 = e^{2\varLambda}; \quad \ln(\psi_n + 1) = 2\varLambda \tag{1.71}$$

Da $\psi_n \ll 1$, kann die logarithmische Funktion in eine Reihe entwickelt und nach dem ersten Glied abgebrochen werden. Damit wird:

$$\boxed{\psi_n = 2\varLambda} \tag{1.72}$$

Dieser einfache Zusammenhang zwischen logarithmischem Dekrement und Nenn-dämpfung gilt für ein ganz bestimmtes Werkstück. Um nun den Werkstoffanteil herauszulösen, geht man zunächst auf die Betrachtung der Hysteresekurve an einem Volumenelement $\mathrm{d}V$ über. Sie zeigt sich als Spannungs-Dehnungs-Diagramm. Dafür ist die Werkstoffdämpfung (auch Elementdämpfung genannt) definiert:

$$\boxed{\psi = \frac{\mathrm{d}W_v}{\mathrm{d}V} \bigg/ \frac{\mathrm{d}W_p}{\mathrm{d}V} = \chi/w} \tag{1.73}$$

Somit stellt χ die Fläche der spezifischen Hysteresekurve und w die spezifische Form-änderungsarbeit (Dreiecks-Vergleichsfläche) dar.

Der Zusammenhang zwischen ψ_n und ψ ergibt sich zu:

$$\chi = \psi w = \frac{\mathrm{d}W_v}{\mathrm{d}V}; \quad W_v = \int \psi w \, \mathrm{d}V; \quad W_p = \int w \, \mathrm{d}V$$

$$\boxed{\psi_n = \frac{\int \psi w \, \mathrm{d}V}{\int w \, \mathrm{d}V}} \tag{1.74}$$

Für die spezifische Formänderungsarbeit w gilt bei

Normalspannung: $w = E\varepsilon^2/2$

Schubspannung: $w = G\gamma^2/2$ $\tag{1.75}$

Umfangreiche Experimente haben gezeigt, daß die Werkstoffdämpfung im wesent-lichen unabhängig von der Frequenz ist. Um den Zusammenhang zwischen der über $\varLambda$ meßbaren Werkstückdämpfung ψ_n und der Werkstoffdämpfung ψ herzustellen, sind verschiedene Wege möglich:

1. Weg: Man gibt eine Abhängigkeit zwischen der Werkstoffdämpfung und der Beanspruchung vor.

Diese Beziehungen, meist Exponentialfunktionen [4] oder Potenzreihen [20], ent-halten freie Koeffizienten, die den Werkstoff kennzeichnen. Setzt man sie in Gl. (1.74) ein, erhält man die Nenndämpfung als Funktion dieser Koeffizienten. Mit Hilfe der in 1.6. beschriebenen Verfahren wird über $\varLambda$ das ψ_n bestimmt, so daß bei mehr-fachen Versuchen sich die Kennwerte der Parameter berechnen lassen.

2. Weg: Man gibt die Form der Hysteresekurve des Spannungs-Dehnungs-Diagramms vor.

Für die häufig angewendete Hypothese von *Dawidenkow* gilt zum Beispiel für die Hysteresekurve Bild 1/27 bei Torsionsbeanspruchung:

$$\overset{\approx}{\tau} = G\left\{\gamma \pm \frac{\eta}{n}\left[(\gamma_m \mp \gamma)^n - 2^{n-1}\gamma_m{}^n\right]\right\} \tag{1.76}$$

G bedeutet dabei den Gleitmodul, η und n sind Werkstoffparameter, die bestimmt werden sollen.

Die Fläche χ der spezifischen Hysteresekurve läßt sich jetzt unmittelbar berechnen und damit nach Gl. (1.74) der Zusammenhang zwischen den Werkstoffparametern und der Nenndämpfung herstellen. Für diesen 2. Weg existieren mehrere Hypothesen. Einen Überblick gibt die Arbeit [1/13].

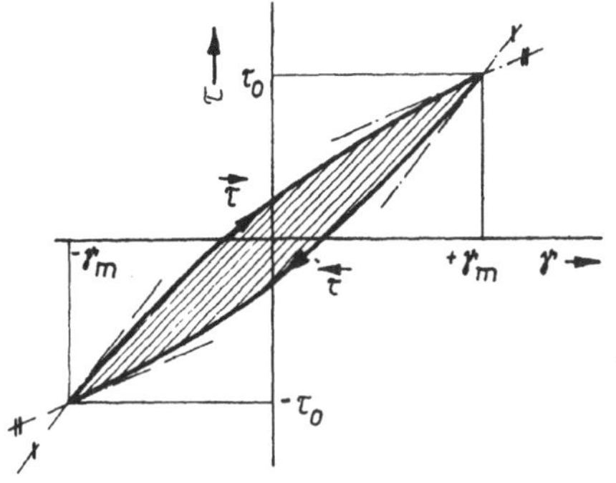

Bild 1/27. Hysteresekurve bei Torsionsbeanspruchung nach der Hypothese von *Dawidenkow*

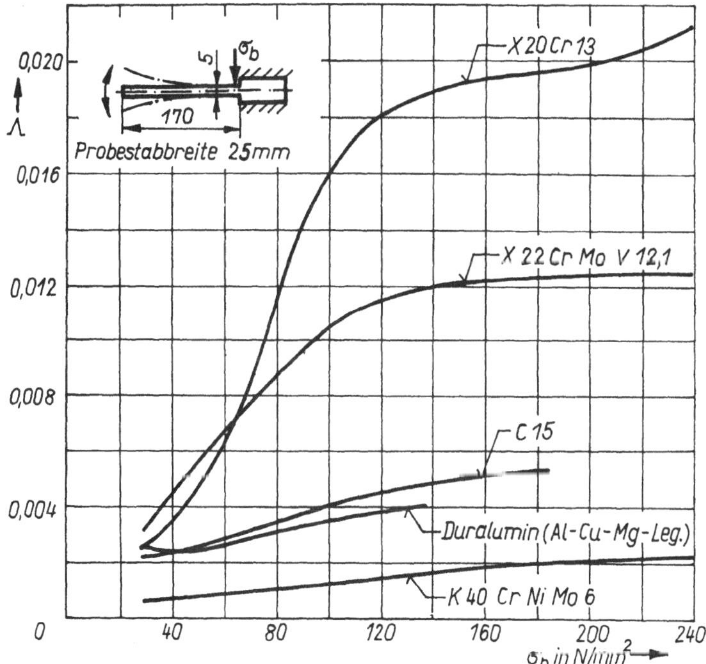

Bild 1/28. Logarithmisches Dekrement der Werkstückdämpfung in Abhängigkeit vom Schwingungsausschlag bei verschiedenen Werkstoffen

Für die Berechnung von Dämpfungskennwerten ist man also bei beiden Wegen vom Ansatz abhängig und muß außerdem beachten, daß die Werkstoffparameter von dem Vergütungszustand und der Technologie der Werkstückherstellung abhängen.

Man benutzt deshalb die hier wiedergegebenen Überlegungen in erster Linie zum gegenseitigen Vergleich der Dämpfungsfähigkeit von Werkstoffen, wie dies auf Bild 1/28 dargestellt ist. Durch Messung des logarithmischen Dekrementes in Abhängigkeit vom Spannungsausschlag kann beispielsweise abgelesen werden, daß der Stahl X 20 Cr 13 gegenüber dem Stahl K 40 Ni Mo 6 vor allem bei großer Spannungsamplitude bedeutend bessere Dämpfungseigenschaften hat.

Es soll noch erwähnt werden, daß bei Nichteisenwerkstoffen die Hysteresekurve auch unmittelbar gemessen werden kann, so daß für ein Werkstück ψ_n direkt nach Gl. (1.64) zu bestimmen geht. Dies wird man vor allem bei größeren Dämpfungen nutzen.

Strenggenommen sind alle Bewegungsgleichungen bei Beachtung der Werkstoffdämpfung nichtlinear. Man kann jedoch in den meisten Fällen durch iteratives Vorgehen (Festlegung der Dämpfung bei vorgegebenem Ausschlag, Berechnung, Neufestlegung) lineare Bewegungsgleichungen benutzen.

Da die Werkstoffdämpfung unabhängig von der Schwingungsfrequenz ist, verwendet man für ihre Beschreibung in der Bewegungsgleichung häufig die Ansätze Gl. (1.52) oder Gln. (1.53); (1.54). Sie liefern lineare Bewegungsgleichungen.

1.4.4.   Dämpfungskennwerte

In den vorhergehenden Abschnitten wurden verschiedene Möglichkeiten zur Beschreibung der Dämpfung eines linearen Berechnungsmodells angegeben. Wesentliche sind *Dämpfungsgrad* (oder auch Lehrsches Dämpfungsmaß) bei äußerer Dämpfung

$$\vartheta = \frac{\delta}{\omega_0} = \frac{b}{2m\omega_0} = \frac{b}{2\sqrt{cm}}$$

Nenndämpfung bei Werkstückdämpfung

$$\psi_\mathrm{n} = \frac{W_\mathrm{v}}{W_\mathrm{p}} \quad [\text{vgl. Gl. (1.64)}]$$

Logarithmisches Dekrement

$$\Lambda = \ln \frac{y_k}{y_{k+2}} \quad [\text{vgl. Gl. (1.65)}]$$

Diese Kenngrößen haben den Zusammenhang

$$\boxed{\vartheta = \Lambda/2\pi = \psi_\mathrm{n}/4\pi} \tag{1.77}$$

Sie gelten für einen Schwinger mit einem Freiheitsgrad.

Tabelle 1/5 gibt einige Richtwerte für den Dämpfungsgrad ϑ von Werkstücken und Konstruktionen an.

Für Systeme mit mehreren Freiheitsgraden bezieht sie sich auf den Ausschwingvorgang des auf die Hauptkoordinaten reduzierten Ersatzsystems (vgl. 6.3.4.).

Wie bereits aus Bild 1/28 deutlich wird, schwanken die Dämpfungskennwerte in großen Bereichen. Da man jedoch nicht einmal in der Lage ist, Schwankungsbreiten anzugeben, wird nur ein Wert genannt.

Bei der Angabe von Werkstückdämpfungen haben die Werte vergleichenden Charakter für die Werkstoffdämpfung. Die Formeinflüsse gehen ohnehin in der Streubreite unter.

In diesem Zusammenhang soll auch das historisch interessante Buch von *Lehr* [3] erwähnt werden, in dem erstmalig konsequent Schwingungsuntersuchungen mit der Parameter ϑ (dort D) dargestellt wurden.

Tabelle 1/5. Richtwerte für den Dämpfungsgrad ϑ verschiedener Werkstücke und Konstruktionen

	Dämpfungsgrad (*Lehr*sches Dämpfungsmaß) ϑ
Werkstückdämpfung bei Federelementen aus:	
Hochfestem Stahl	0,0014
Maschinen- und Baustahl	0,0008
Gußeisen	0,02
Holz	0,01
Gummi auf Naturkautschuk-Basis	0,05
Baukonstruktionen:	
Stahlbrücken	0,014
Stahlbetondecken	0,045
Ziegelwände	0,008
Blockfundamente auf Baugrund	0,06
Stahlfundamente einschließlich Baugrunddämpfung	0,03
Allgemeine Stahlkonstruktionen	0,015

1.5. Erfassung von Erregerparametern

1.5.1. Periodische Erregungen

Erregungen können in Form von Kraft- und Bewegungserregung auftreten. So werden Torsionsschwingungen durch periodische Erregermomente, die durch die periodischen Gaskräfte entstehen, erregt. Biegeschwingungen schnellaufender Rotoren haben als Haupterregung die harmonisch wirkende Unwuchtkraft. Aber auch die periodische Bewegung von Lagern kann eine Erregung der Wellenschwingung hervorrufen. Fundamentschwingungen können beispielsweise sowohl durch periodisch bewegte Maschinenteile, die eine Krafterregung zur Folge haben, als auch durch die Bewegung ihres Aufstellungsortes erregt werden. In der Dynamik ist es üblich, periodische Vorgänge in Form von *Fourier-Reihen* zu beschreiben, da dann für lineare Berechnungsmodelle eine Überlagerung der einzelnen harmonischen Einflüsse erfolgen kann.

Ist $f(\varphi)$ die periodische Funktion, so gilt für die *Fourier*-Reihe

$$f(\varphi) = A_0 + \sum_{k=1}^{\infty} A_k \cos k\psi + \sum_{k=1}^{\infty} B_k \sin k\psi \tag{1.78}$$

Da sich harmonische Schwingungen gleicher Frequenz zusammenfassen lassen, kann man auch schreiben:

$$f(\varphi) = C_0 + \sum_{k=1}^{\infty} C_k \sin (k\varphi + \gamma_k) \tag{1.79}$$

Zwischen Gl. (1.78) und Gl. (1.79) besteht der Zusammenhang

$$C_0 = A_0; \quad C_k{}^2 = \sqrt{A_k{}^2 + B_k{}^2}; \quad \tan \gamma_k = A_k/B_k \tag{1.80}$$

Die einzelnen Glieder der Summe in Gl. (1.79) nennt man die *Harmonischen*, die Parameter A_k; B_k bzw. C_k sind die *Fourier-Koeffizienten*. Ihre Ermittlung ist die Aufgabe der *Fourier-Analyse*. Liegt die Funktion $f(\varphi)$ analytisch vor, lassen sich die Fourier-Koeffizienten geschlossen berechnen (vgl. [7]; [39]). In der Maschinendynamik fällt $f(\varphi)$ jedoch sehr häufig durch Messungen oder numerische Berechnungen in Form eines Satzes äquidistanter Funktionswerte an. So dient zum Beispiel das Indikatordiagramm eines Zylinders zur Bestimmung der Erregermomente für die Torsionsschwingungen des Kolbenmotors. Die Bestimmung der *Fourier*-Koeffizienten erfolgt nun mit numerischen Verfahren, für die Rechenprogramme vorliegen (vgl. Anhang (P 1/9)). Dazu wird eine Periode in N gleiche Abschnitte geteilt und die dazugehörigen Ordinatenwerte y_i der Funktion $f(\varphi)$ ausgemessen. Man kann damit höchstens $N/2$ Fourier-Koeffizienten bestimmen. Sie berechnen sich nach:

$$A_0 = \frac{1}{N} \sum_{i=0}^{N-1} y_i$$

$$A_k = \frac{2}{N} \sum_{i=0}^{N-1} y_i \cos k\varphi_i \tag{1.81}$$

$$A_{\frac{N}{2}} = \frac{1}{N} \sum_{i=0}^{N-1} (-1)^i y_i$$

$$B_k = \frac{2}{N} \sum_{i=0}^{N-1} y_i \sin k\varphi_i$$

$$k = 1, 2, \ldots, \left(\frac{N}{2} - 1\right); \quad \varphi_i = 2\pi i/N$$

Bei der Festlegung der Anzahl der Stützstellen N ist zu beachten, daß die Genauigkeit der $(N/2 - 1)$ Fourier-Koeffizienten mit wachsendem k stark abnimmt. Weiterhin richtet sich N nach dem kleinsten Abstand $\Delta\varphi_z$ zweier benachbarter Extremwerte der Funktion $f(\varphi)$. Um zu erreichen, daß möglichst die Extremwerte selbst durch die Ordinanten y_i erfaßt werden, wird man den Ordinantenanfang (y_0) in den größten Extremwert legen. Setzt man dann

$$\Delta\varphi = 2\pi/N = \Delta\varphi_z/3 \tag{1.82}$$

so sind die Ergebnisse verläßlich.

Das Beispiel Bild 1/29 zeigt den Verlauf des Antriebsmomentes eines Papierschnellschneiders. Die kleinste Entfernung zweier Extremwerte beträgt $\Delta\varphi_z = 15°$, es wäre also eine Schrittweite von $\Delta\varphi = 5°$ erforderlich. Man benötigt $N = 2\pi/\Delta\varphi$; $N = 360/5 = 72$ Ordinatenwerte, um damit 35 Harmonische berechnen zu können. Sind nicht soviele Stützstellen bekannt, lassen sich fehlende mit einem Interpolationsprogramm ausrechnen, wobei jedoch angestrebt werden soll, Extremwerte als Stützstellen zu erfassen.

Bild 1/30 zeigt den Verlauf des Erregermomentes am Triebwerk eines doppeltwirkenden Zweitaktmotors mit den ersten 6 Harmonischen. Da der Fourierkoeffizient A_0 den Mittelwert der Funktion darstellt, gibt er das für die Maschinenleistung maßgebende mittlere Drehmoment an.

Es sei noch darauf hingewiesen, daß die Harmonische Analyse für eine Periode durchgeführt wird. Häufig bezieht man sie jedoch auf eine Umdrehung. Dadurch entstehen „gebrochene Ordnungen". Bei einem Viertaktmotor fallen zwei Umdrehungen auf eine Periode. Es entspricht also der 2. Ordnung der Periode die 1. Ordnung der Drehung und der 3. Ordnung der Periode die 1,5. der Drehung (vgl. 4.3.1.2.).

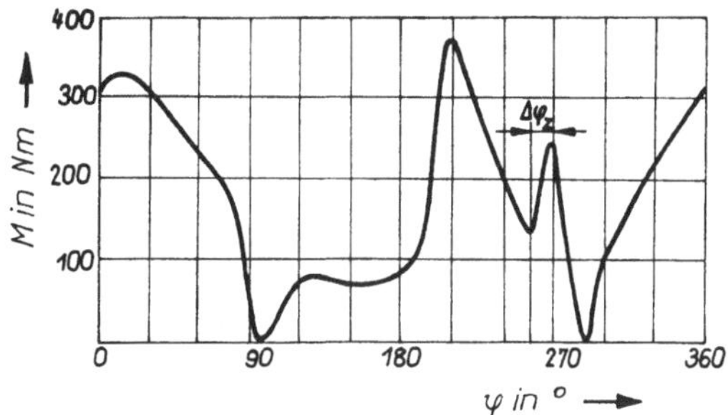

Bild 1/29. Experimentell bestimmter Momentenverlauf an der Kurbelwelle eines Schnellschneiders

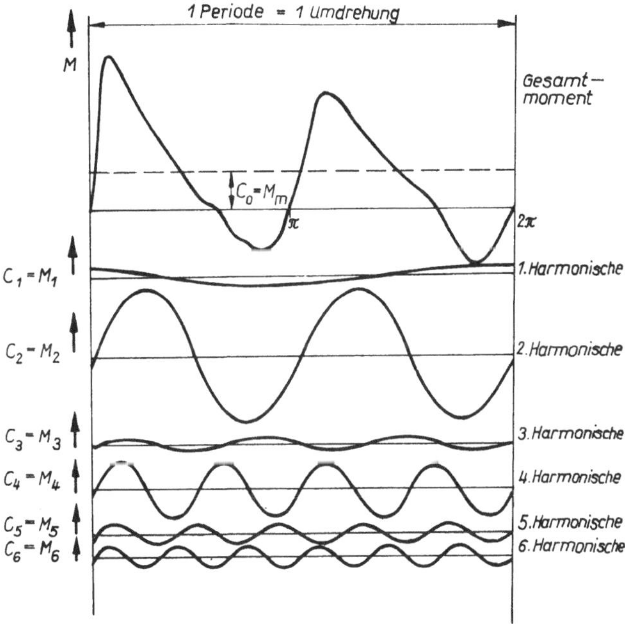

Bild 1/30. Erregermoment am Triebwerk eines doppelt wirkenden Zweitaktzylinders mit den ersten sechs Harmonischen

1.5.2.   Nichtperiodische Erregungen

Nichtperiodische Erregungen können deterministisch und stochastisch auftreten. Nach der Konzeption dieses Lehrbuches werden Zufallsprozesse, d. h. stochastische Bewegungen, nicht behandelt. Dem Leser werden hierzu die Bücher [36]; [40] empfohlen, und hier nur Beispiele für deterministische nichtperiodische Erregungen diskutiert.

Diese treten in erster Linie bei Anfahr-, Kupplungs- und Bremsvorgängen auf. Dabei bleibt der Begriff des Bremsens nicht auf das Bauelement Bremse beschränkt, sondern schließt auch den Arbeitswiderstand, der das Antriebsmoment einer Arbeitsmaschine bestimmt, mit ein.

Man unterscheidet dabei verschiedene Abhängigkeiten von der Verschiebung, der Geschwindigkeit und der Zeit.

Von einem autonomen Kraftfeld spricht man, wenn die Kraftgröße nicht explizit von der Zeit, sondern nur von der Verschiebung und der Geschwindigkeit abhängt. Das autonome Drehmoment $M(\varphi; \dot{\varphi})$ tritt beispielsweise in den Drehzahl-Drehmoment-Kennlinien der Motoren und Bremsen, der Lüfter und Pumpen sowie bei Arbeitswiderständen von Verarbeitungsmaschinen auf. Oft besteht auch nur eine Abhängigkeit von der Geschwindigkeit (Drehzahl), wie beispielsweise bei Elektromotoren (vgl. Bild 1/36b).

Ein spezieller Fall des autonomen Kraftfeldes ist das konservative Kraftfeld, bei dem nur eine Abhängigkeit von der Verschiebung besteht. Bild 1/36a zeigt einige Drehmomente $M(\varphi)$. Bei ungleichmäßig übersetzenden Mechanismen sind die Eigengewichte der Glieder bezogen auf die Antriebskoordinate φ konservative Kräfte.

Von einem heteronomen Kraftfeld spricht man, wenn die Kraftgröße explizit von der Zeit abhängt. Die in 1.5.1. behandelten periodischen Funktionen gehören dazu. Nichtperiodische Zeitfunktionen zeigen die Bilder 1/31 bis 1/35. Das allgemeine heteronome Kraftfeld, beispielsweise in der Form $M(\varphi; \dot{\varphi}; t)$, tritt nur selten auf.

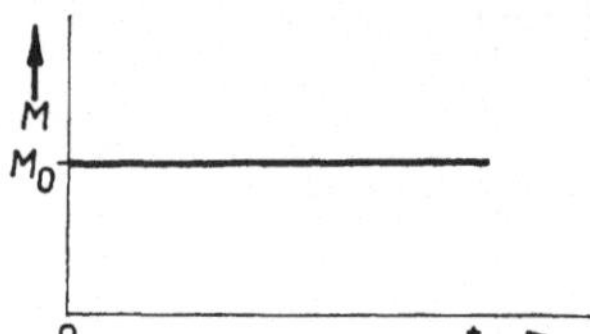

Bild 1/31. Sprungfunktion

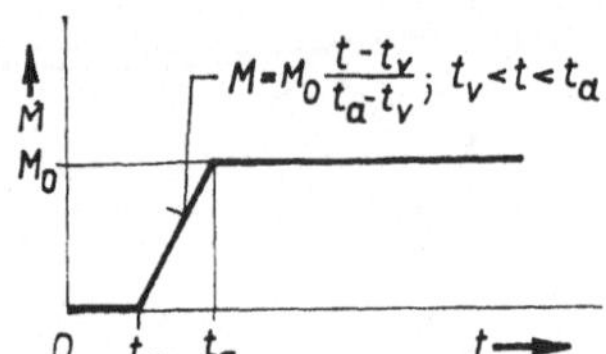

Bild 1/32. Anlauffunktion

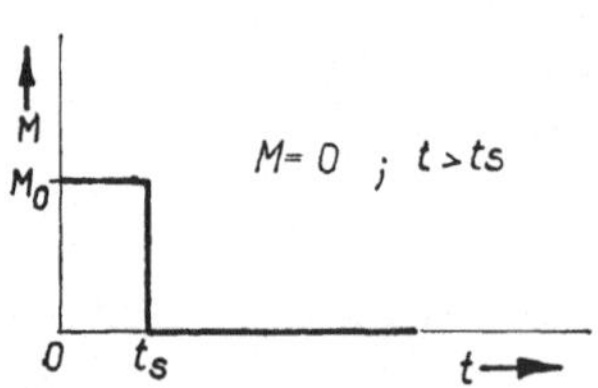

Bild 1/33. Stoßfunktion

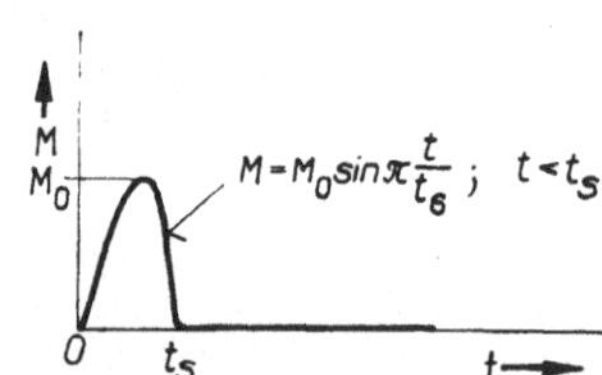

Bild 1/34. Halbsinusstoß

Diese verschiedenen Funktionen können sowohl in der Bewegungsgleichung der starren Maschine (s. 2.2.2.) als auch in denen elastischer Systeme (z. B. in 4.3.2.) auftreten.

In der folgenden Zusammenstellung wird als Beispiel für die Erregergröße das Drehmoment verwendet.

Beispiele für nichtperiodische *Zeitfunktionen* sind:

1. *Sprungfunktion* (Bild 1/31)

Die Erregergröße springt zur Zeit $t = 0$ auf ihren vollen Wert und bleibt dann konstant. Real kommt diese Erregerfunktion nicht vor, da sich eine Änderung nur in endlicher Zeit vollzieht. Die Sprungfunktion stellt deshalb die härteste Erregung dar, die zur Abschätzung extremer Beanspruchungen dient.

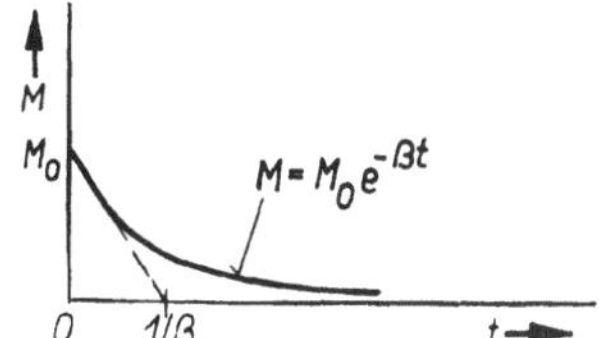

Bild 1/35. Abfallende Erregung

2. *Anlauffunktion* (Bild 1/32)

Die Anlauffunktion unterscheidet sich von der Sprungfunktion durch eine geneigte Anlaufflanke. Die Härte des Anlaufes wird jetzt durch das Verhältnis $(t_\mathrm{a} - t_\mathrm{v})/T$ bestimmt (T Schwingungszeit des Systems). Diese Funktion wird häufig zur Beschreibung des Bremsmomentes verwendet. M_0 hängt dann vom Reibungskoeffizienten, von der Bremskraft und dem Trommeldurchmesser ab. Die Verzögerungszeit t_v entsteht durch das Spiel im Bremsgestänge und die Art der Bremskrafteinleitung.

3. *Stoßfunktion* (Bild 1/33)

Die Erregergröße springt zur Zeit $t = 0$ auf ihren vollen Wert und sinkt nach der Stoßzeit t_s auf Null zurück. Eine wesentliche Größe für die Beanspruchung durch den Stoß stellt das Verhältnis Stoßzeit t_s zu Schwingungszeit T des Systems dar. Für kurze Stöße ($t_\mathrm{s}/T \ll 1$) ist die Beanspruchung dem Verhältnis proportional.

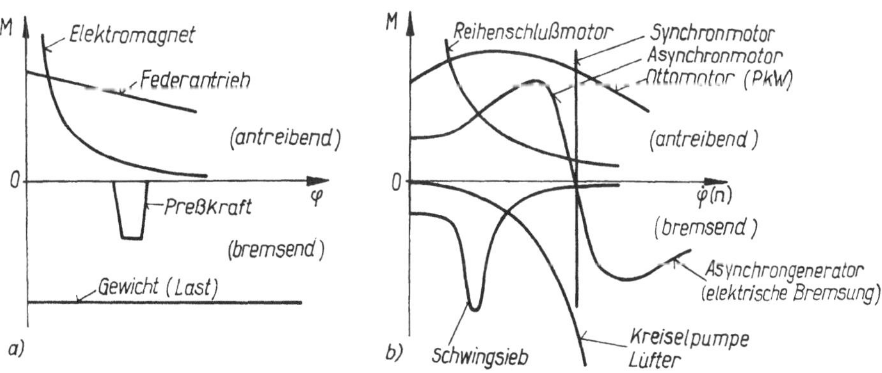

Bild 1/36. Momentenkennlinie verschiedener Maschinen

a) Maschinen mit konservativem Antriebsmoment $M(\varphi)$
b) Maschinen mit autonomem Antriebsmotor $M(\dot{\varphi})$

Der gezeichnete Rechteckstoß stellt, wie der Sprung, die härteste Stoßbelastung dar, da alle realen Stöße geneigte Flanken haben. Man verwendet deshalb zur Beschreibung häufig auch den Halbsinusstoß (Bild 1/34).

4. Abfallende Erregung (Bild 1/35)

Beim plötzlichen Einschalten von Elektromotoren tritt näherungsweise ein exponentiell abfallendes Moment auf. Ein Maß für die maximale Beanspruchung ist dabei das Verhältnis von Schwingungsdauer T zur Zeitkonstanten $1/\beta$.

Die Abhängigkeit der Erregung von der Geschwindigkeit wird durch die Kennlinien der Motoren und Maschinen bestimmt (vgl. Bild 1/36). Für den sehr häufig verwendeten Asynchronmotor zeigt Bild 1/37 die Drehzahl-Drehmomenten-Kennlinie. Beim Einschalten des Motors wird die Kennlinie vom Punkt M_A, mit $n = 0$ beginnend, über den Kippunkt (Kippmoment M_K) zum Nennmoment M_N mit der Nenndrehzahl n_N durchlaufen. Beim Einschalten von Kurzschlußläufern fließen Ströme

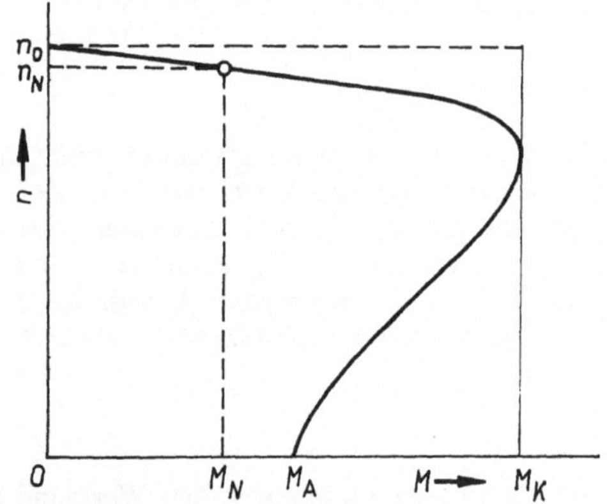

Bild 1/37. Drehzahlkennlinie eines Asynchronmotors ohne Schleifringe (Kurzschlußläufer)

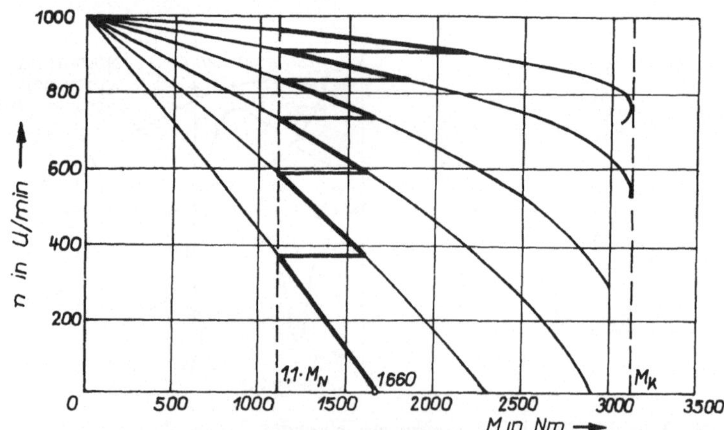

Bild 1/38. Drehzahlkennlinien eines Asynchronmotors mit Schleifringen für verschiedene Läuferwiderstände mit eingezeichneter Hochlaufcharakteristik

vom Vier- bis Achtfachen des Nennstromes. Um dies zu vermeiden, werden bei Schleifringläufermotoren durch Einschalten von Anlaßwiderständen in den Läuferkreis die Kennlinien geändert. Bild (1/38) zeigt die Kennlinienschar des Motors eines Tagebaugroßgerätes bei verschiedenen Läuferwiderständen. Gemäß der eingezeichneten Zackenlinie fährt man den Motor hoch, indem immer beim Erreichen einer bestimmten Drehzahl auf einen anderen Läuferwiderstand umgeschaltet wird. Die Kennlinie kann jetzt schrittweise als lineare Funktion angesehen werden, und es gilt:

$$M = M_0 \left(1 - \frac{\dot{\varphi}}{\Omega}\right) \tag{1.83}$$

Darin sind M_0 und Ω Konstanten, die für die lineare Ersatzfunktion gelten. Im Beispiel Bild 1/38 gilt für den ersten Abschnitt: $M_0 = 1660\ \text{Nm}$; $\Omega = \pi n/30 = 104{,}7\ 1/\text{s}$.
In 4.3.2. werden erzwungene Schwingungen mit dieser Erregerfunktion berechnet.

1.6.   Experimentelle Bestimmung von Feder- und Dämpferkennwerten

1.6.1.   Übersicht

In 1.3. wurde die Berechnung der Federkennwerte behandelt, wobei bestimmte Voraussetzungen zugrunde lagen. Die Schwierigkeit besteht weniger darin, die Abmessungen und Materialwerte festzulegen, sondern auch die Wirksamkeit der Federbefestigungen in Form der Randbedingungen auszudrücken. Die Fragen, ob zum Beispiel ein Balken starr eingespannt ist oder eine „Einspannfeder" wirkt, oder ob eine Schraubenfeder auf den Kontaktflächen sich verdrehen kann, haben auf ihre Federwirkung großen Einfluß. Auch die gemachte Annahme der Linearität trifft in der Praxis nur selten streng zu; denn in den meisten Fällen wird eine Abhängigkeit von Frequenz und Amplitude auftreten.
Diese Unsicherheiten führen dazu, daß die Eigenfrequenzen von Modellen, deren Parameter rein rechnerisch ermittelt wurden, meist zu hoch liegen, da die vielen Annahmen die Federn zu steif wiedergeben.
Während bei den Federkennwerten eine Berechnung in den meisten Fällen zumindest näherungsweise möglich ist, muß man sich bei der Dämpfungsvorgabe mit häufig sehr unsicheren Erfahrungswerten begnügen.
Eine Möglichkeit, größere Sicherheit in die Berechnungsergebnisse zu bringen, besteht in der experimentellen Bestimmung der Modellparameter, die Teilgebiet der experimentellen Modellfindung ist. Am einfachsten erscheinen dabei die statischen Verformungsversuche, bei denen die Verformung unter bekannter statischer Belastung gemessen wird. Sie haben jedoch den Nachteil, daß damit die Dämpfungen und eine Frequenzabhängigkeit der Federkennwerte nicht erfaßt werden können. Die statisch ermittelten Federkonstanten von Stahlbauteilen liegen meist unter den rechnerisch bestimmten, aber noch über den wirklichen Werten. Als Beispiel kann die niedrigste Eigenfrequenz einer Druckmaschine gelten. Mit rechnerisch bestimmten Federkennwerten lag sie bei 11 Hz, die experimentell statisch gefundenen Steifigkeiten lieferten 8 Hz, während die gemessene niedrigste Eigenfrequenz bei 6 Hz lag.
Es ist anzustreben, die Feder- und Dämpfungskennwerte bei den Frequenzen und Amplituden zu messen, die im Betrieb auftreten.
In diesem Abschnitt sollen Verfahren besprochen werden, mit denen Feder- und

Dämpfungswerte elastischer Elemente bestimmt werden können. Man bringt dazu das Element in ein Schwingungssystem, das eine geringe Anzahl von Freiheitsgraden, meist nur einen Freiheitsgrad, hat.

Bild 1/39 zeigt das Schema eines Versuchsstandes zur Parameterbestimmung an einer Gummifeder und das Berechnungsmodell.

Die Bewegungsgleichung hierfür lautet:

$$m\ddot{y} + f(\dot{y}; y) = F(t) \tag{1.84}$$

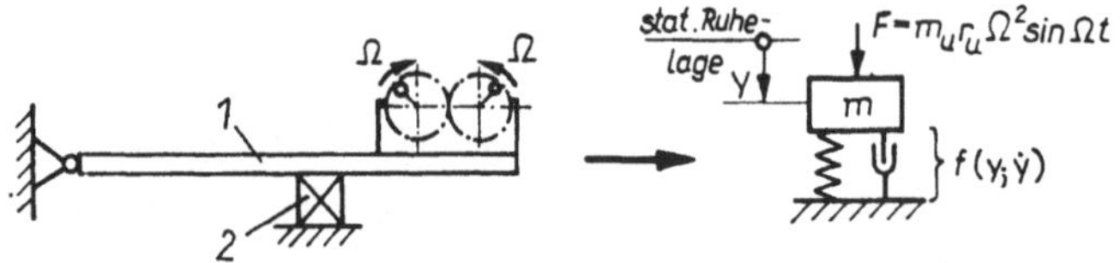

Bild 1/39. Prüfstand zur Parameterbestimmung an einer Gummifeder
1 Belastung und Führung; *2* Gummifeder

Nimmt man eine lineare Federkennlinie in der Nähe des Betriebspunktes und eine geschwindigkeitsproportionale Dämpfung an, gilt

$$f(y, \dot{y}) = cy + b\dot{y} \tag{1.85}$$

Im folgenden werden Verfahren besprochen, mit denen die Parameter c und b bestimmt werden können. Sie lassen sich auch dann anwenden, wenn die Voraussetzungen von Gl. (1.85) nicht erfüllt sind, sondern c; b von der Amplitude und der Frequenz abhängen. Findet man diese Abhängigkeiten, so kann auf die nichtlinearen Funktionen geschlossen werden [1/10].

Die Verfahren unterteilt man in Ausschwingversuche des freien Systems und erregte Schwingungen bei Kraft- und Stützenerregung. Über Verfahren der Systemkennfunktion, bei denen aus der Antwort (Bewegung des Systems) und dem Eingang (beliebige Erregerfunktion) auf die Parameter geschlossen werden kann, soll hier nicht gesprochen werden [1/11].

1.6.2.   Ausschwingversuch

Beim Ausschwingversuch wird bei bekannter Masse aus der gemessenen Schwingungsfrequenz der Federwert, und aus dem Abklingverhalten der Schwingung die Dämpfung bestimmt (vgl. Tabelle 1/6). Bei guter konstruktiver Ausführung (starre Maschine, eindeutige Führung) hat das Prüfsystem nur eine Eigenfrequenz in der es schwingt, wenn durch eine Anfangsauslenkung oder einen Stoß Energie eingebracht wird. Am ungeeignetsten ist dabei die Stoßerregung, da sie meist höhere Eigenfrequenzen, die durch die Masse oder die massebehaftete Feder bedingt sind, anregt. Es hat sich bewährt, das System durch eine Krafterregung (etwa eine Unwucht) in Resonanz zu fahren und dann die Erregung abzuschalten.

Die Bewegungsgleichung der freien Schwingung lautet unter Beachtung von Gln. (1.84); (1.85):

$$m\ddot{y} + b\dot{y} + cy = 0 \tag{1.86}$$

Die Eigenkreisfrequenz beträgt

$$\omega = \omega_0 \sqrt{1 - \vartheta^2} \tag{1.87}$$

Tabelle 1/6. Grundverfahren zur experimentellen Bestimmung von Feder- und Dämpferkennwerten

Verfahren	Bestimmungsgleichungen (bei kleiner Dämpfung)	Meßgrößen
Freie Schwingungen	$c = m\omega^2 \;;\quad b = m\dfrac{\omega\,\Lambda}{\pi}$	Eigenkreisfrequenz ω Logarithm. Dekrement Λ
Erregte Schwingung Krafterregung $F = \hat{F}\sin\Omega t$	$c = m\Omega^2 + \dfrac{\hat{F}\cos\varphi}{\hat{y}} \;;\quad b = \dfrac{\hat{F}\sin\varphi}{\Omega\,\hat{y}}$ Unwuchterregung: $\hat{F} = m_u r_u \Omega^2$: $c = m\Omega^2 + \dfrac{(m_u r_u)\,\Omega^2\cos\varphi}{\hat{y}} \;;\quad b = \dfrac{(m_u r_u)\,\Omega\sin\varphi}{\hat{y}}$	Wegamplitude $\hat{y}$ Phasenverschiebung φ zwischen F und y Kraftamplitude $\hat{F}$ Erregerkreisfrequenz Ω
Stützenerregung $s = \hat{s}\sin\Omega t$	Messung des Relativausschlages: $x = y - s$ $c = m\left[\Omega^2 + \dfrac{\hat{s}\,\Omega^2\cos\delta_r}{\hat{x}}\right] \;;\quad b = \dfrac{m\hat{s}\,\Omega\sin\delta_r}{\hat{x}}$ Messung des Absolutausschlages y $c = m\dfrac{\Omega^2\left(1 - \frac{\hat{s}}{\hat{y}}\cos\delta_a\right)}{1 - 2\frac{\hat{s}}{\hat{y}}\cos\delta_a + \left(\frac{\hat{s}}{\hat{y}}\right)^2} \;;\quad b = m\dfrac{\Omega\,\frac{\hat{s}}{\hat{y}}\sin\delta_a}{1 - 2\frac{\hat{s}}{\hat{y}}\cos\delta_a + \left(\frac{\hat{s}}{\hat{y}}\right)^2}$	Amplitude der Relativbewegung $\hat{x}$ Amplitude der Stützenbewegung $\hat{s}$ Phasenverschiebung δ_r zwischen s und x sowie δ_a zwischen s und y

Darin bedeuten:

$$\omega_0^2 = c/m; \quad \vartheta = b/2m\omega_0 = b/2\sqrt{mc} \tag{1.88}$$

Handelt es sich nicht um Systeme mit speziellen Dämpfern, ist der Dämpfungsgrad $\vartheta \ll 1$ (bei den meisten Systemen rechnet man mit $\vartheta \ll 0{,}1$). Für die Bestimmung der Federkonstanten genügt es deshalb, die Kreisfrequenz der ungedämpften Schwingung ω_0 zu verwenden. Es gilt daher

$$c = m\omega_0^2 \tag{1.89}$$

Zur Bestimmung der Dämpfungskonstanten b benötigt man die Lösung der Bewegungsgleichung (1.86). Sie lautet

$$y = C\,e^{-\delta t}\cos(\omega t - \alpha) \tag{1.90}$$

$2\delta = b/m$ (Abklingkonstante)

$C; \alpha$ durch die Anfangsbedingungen bestimmte Konstante

$\omega = \omega_0\sqrt{1 - \vartheta^2}$ Eigenkreisfrequenz

α Phasenverschiebung. Sie ist für den Ausschwingversuch uninteressant.

Wird nun der Schwingweg $y(t)$ mit einem Schleifenoszillographen aufgezeichnet, so kann an der Stelle eines lokalen Maximums y_k die Zeit t_k festgelegt werden (Bild 1/26).
Es gilt

$$y_k = C\,e^{-\delta t_k}\cos(\omega t_k - \alpha) \tag{1.91}$$

Der benachbarte Scheitelwert y_{k+2} tritt nach der Zeit $t_{k+2} = t_k + T = t_k + 2\pi/\omega$ auf.

Er beträgt

$$y_{k+2} = C\,e^{-\delta(t_k + 2\pi/\omega)} \cos(2\pi + \omega t_k - \alpha) \tag{1.92}$$

Der Quotient aus den Gln. (1.52) und (1.53) liefert

$$\frac{y_k}{y_{k+2}} = e^{\delta 2\pi/\omega} \tag{1.93}$$

Aus dieser Beziehung erkennt man, daß bei geschwindigkeitsproportionaler Dämpfung das Verhältnis aufeinanderfolgender Amplituden konstant ist.
Mit dem logarithmischen Dekrement

$$\Lambda = \ln\frac{y_k}{y_{k+2}} \tag{1.94}$$

läßt sich nun die Dämpfung bestimmen. Es gilt

$$\Lambda = 2\pi\delta/\omega;$$

$$\Lambda = 2\pi\,\frac{\vartheta}{\sqrt{1 - \vartheta^2}}; \quad \vartheta = \frac{\Lambda}{\sqrt{4\pi^2 + \Lambda^2}} \tag{1.95}$$

Für kleine Dämpfung kann gesetzt werden:

$$\boxed{\Lambda = 2\pi\vartheta; \quad \vartheta = \Lambda/2\pi} \tag{1.96}$$

Für größere Dämpfung ist es oft günstiger, das Verhältnis der Amplituden y_k und y_{k+1} zu verwenden.
Es gilt dann

$$\ln\left|\frac{y_k}{y_{k+1}}\right| = \frac{\pi\delta}{\omega} \tag{1.97}$$

Um mit der Beziehung Gl. (1.95) arbeiten zu können, ist zu setzen:

$$\Lambda = \ln\frac{y_k}{y_{k+2}} = 2\ln\left|\frac{y_k}{y_{k+1}}\right| \tag{1.98}$$

Häufig wird auch über n Vollschwingungen ausgewertet.
Man erhält dann

$$\ln\frac{y_k}{y_{k+2n}} = \frac{2n\pi\delta}{\omega} \tag{1.99}$$

Für das logarithmische Dekrement ergibt sich

$$\Lambda = \ln\frac{y_k}{y_{k+2}} = \frac{1}{n}\ln\frac{y_k}{y_{k+2n}} \tag{1.100}$$

Wertet man nun ein Ausschwingdiagramm aus, so findet man in den meisten Fällen eine Abhängigkeit des logarithmischen Dekrementes vom Ausschlag. Dies besagt, daß die Annahme einer geschwindigkeitsproportionalen Dämpfung für den gesamten Bereich nicht zutrifft (vgl. Bild 1/28).
Man erkennt daraus, daß der Versuch durchaus dazu geeignet ist, eine Amplitudenabhängigkeit der Dämpfung zu bestimmen. Will man auch eine Frequenzabhängigkeit

feststellen, so müßte die Eigenfrequenz durch Änderung der Masse verschoben werden. Dies ist jedoch meist nur in engen Grenzen möglich. Weiterhin muß beachtet werden, daß die gefundenen Werte für Schwingungen um die statische Ruhelage gelten.
Bild 1/40 zeigt die Ergebnisse von Ausschwingversuchen an einem Traktorreifen. Dabei tritt eine deutliche Frequenzabhängigkeit der Dämpfungskonstanten b_2 auf. Da es sich im wesentlichen um Werkstückdämpfung handelt, wird eine frequenzunabhängige Dämpfungskraft nach Gl. (1.52) erwartet. Macht man für die freie Schwingung den analogen Ansatz $F_D = b_2 \dot{q}/\omega$; $q = \hat{q} \cos \omega t$, so ergibt b_2 die zwischen die Meßwerte gelegte Funktion [1/20].

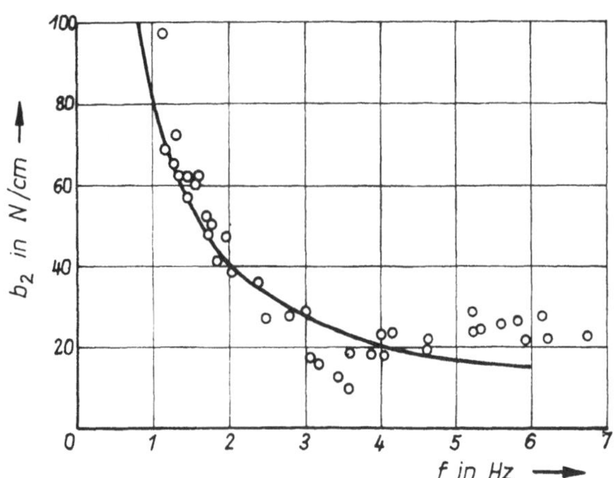

Bild 1/40. Dämpfungskonstante b_2 eines Traktorreifens
(18,4/15 − 30 AS) [1/20]

Liegt reine *Coulomb*sche Reibung nach Gl. (1.49) vor, so ist beim Ausschwingvorgang die Differenz zweier aufeinanderfolgender Amplituden konstant

$$y_k - y_{k+2} = 4s \tag{1.101}$$

Unter Verwendung von Gln. (1.48); (1.49) gilt

$$s = b_0/c \tag{1.102}$$

Bild 1/41 zeigt Ausschwingkurven bei geschwindigkeitsproportionaler Dämpfung und Coulombscher Reibung.
Man kann nun aus dem Ausschwingversuch auch die zusammengesetzte Dämpfung nach Gl. (1.51) bestimmen [4].
Auf der Grundlage der Bewegungsgleichung

$$m\ddot{y} + \dot{y}(b_1 + b_0/|\dot{y}|) + cy = 0 \tag{1.103}$$

werden aus dem Ausschwingversuch drei benachbarte positive Maximalausschläge y_{k-2}; y_k; y_{k+2} benötigt (Bild 1/27). Um die Gl. (1.95) zur Bestimmung von $\vartheta = \delta/\omega_0$; $(2\delta = b_1/m$; $\omega_0^2 = c/m)$ benutzen zu können, benötigt man das logarithmische Dekrement. Es beträgt bei der zusammengesetzten Dämpfung

$$\Lambda = \ln \frac{y_{k-2} - y_k}{y_k - y_{k+2}} \tag{1.104}$$

Den Reibungswert der *Coulomb*schen Reibung findet man aus $b_0 = sc$ mit

$$2s = \frac{y_k^2 - y_{k-2}y_{k+2}}{y_{k-2} - y_{k+2}} \tag{1.105}$$

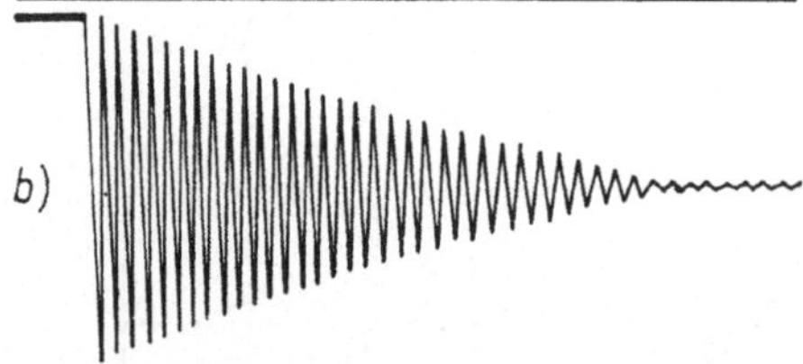

Bild 1/41. Ausschwingkurven

a) geschwindigkeitsproportionale Dämpfung
b) *Coulomb*sche Reibung

1.6.3.   Erregte Schwingungen

Prinzipiell ist es möglich, für ein lineares System bei beliebiger Erregerfunktion aus der Bewegung auf die Kennwerte der Parameter zu schließen. Diese Verfahren erfordern jedoch einen großen rechentechnischen Aufwand [1/11]. Es soll deshalb hier nur auf Verfahren mit harmonischer Erregung eingegangen werden. Nach Tabelle 1/6 unterscheidet man Kraft- und Stützenerregung.

Für die Krafterregung dienen Federkraft- und Unwuchterreger. Bei der Federkrafterregung wird über eine Feder, deren Federende harmonisch bewegt wird, die Kraft auf die Masse bewirkt (Bild 1/42). Die Bewegungsgleichung bei harmonischer Fußpunkterregung lautet

$$m\ddot{y} + b\dot{y} + c_1 y + c_2(y - s) = 0$$

$$m\ddot{y} + b\dot{y} + (c_1 + c_2)\, y = c_2 \hat{s} \sin \Omega t \tag{1.106}$$

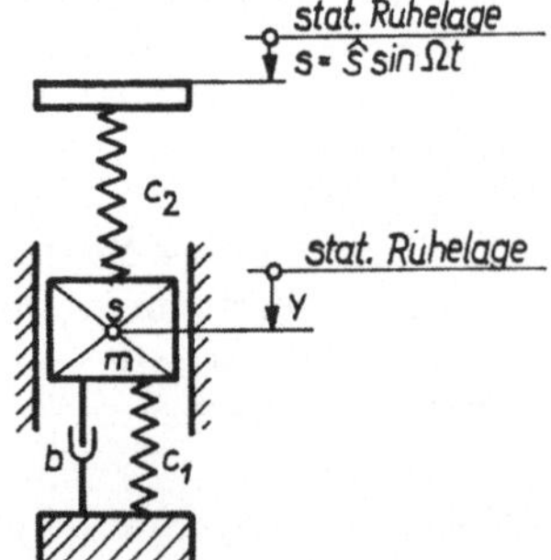

Bild 1/42. Federkrafterregung zur Realisierung einer Erregerkraft mit frequenzunabhängiger Amplitude

Tabelle 1/7. Verfahren der Halbwertsbreite

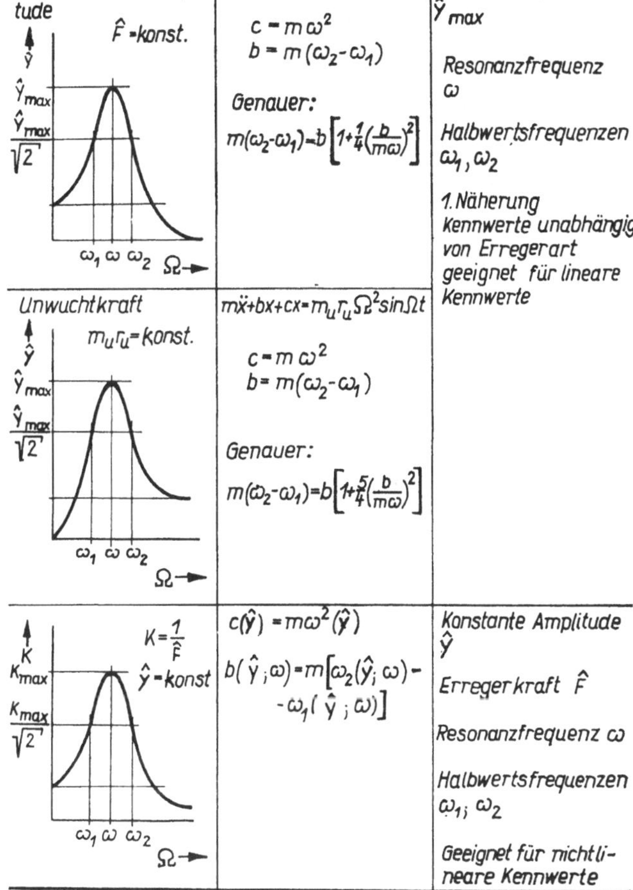

Resonanzgröße	Bewegungs- und Bestimmungsgleichg. (bei kleiner Dämpfung)	Meßgröße
Konstante Kraftamplitude $\hat{F}$ =konst.	$m\ddot{x}+b\dot{x}+cx=\hat{F}\sin\Omega t$ $c=m\omega^2$ $b=m(\omega_2-\omega_1)$ Genauer: $m(\omega_2-\omega_1)=b\left[1+\frac{1}{4}\left(\frac{b}{m\omega}\right)^2\right]$	Maximalamplitude $\hat{y}_{max}$ Resonanzfrequenz ω Halbwertsfrequenzen ω_1,ω_2 1. Näherung kennwerte unabhängig von Erregerart geeignet für lineare Kennwerte
Unwuchtkraft $m_u r_u$=konst.	$m\ddot{x}+b\dot{x}+cx=m_u r_u\Omega^2\sin\Omega t$ $c=m\omega^2$ $b=m(\omega_2-\omega_1)$ Genauer: $m(\omega_2-\omega_1)=b\left[1+\frac{5}{4}\left(\frac{b}{m\omega}\right)^2\right]$	
$\hat{y}$ =konst	$c(\hat{y})=m\omega^2(\hat{y})$ $b(\hat{y};\omega)=m\left[\omega_2(\hat{y};\omega)-\omega_1(\hat{y};\omega)\right]$	Konstante Amplitude $\hat{y}$ Erregerkraft $\hat{F}$ Resonanzfrequenz ω Halbwertsfrequenzen $\omega_1;\omega_2$ Geeignet für nichtlineare Kennwerte

Für die Erregerkraft erhält man

$$F = c_2\hat{s}\sin\Omega t \tag{1.107}$$

Der so ermittelte Federwert setzt sich aus den beiden Federkonstanten zusammen: $c = c_1 + c_2$. Das Modell für eine Unwuchterregung zeigt Bild 1/43.

Die Erregerkraft beträgt $F = m_u r_u\Omega^2\sin\Omega t$. Die Unwucht ($m_u r_u$) ist eine Kenngröße des Erregers. Der Antrieb des Unwuchterregers geschieht häufig über eine elastische Welle, wozu sich ein Gummischlauch eignet.

Wie man aus Tabelle 1/6 erkennt, sind diese Verfahren nicht an eine Resonanzbedingung gebunden, solange man die Phasenverschiebung genau genug angeben kann. In den meisten Fällen ist dies jedoch nur in Resonanznähe möglich.

Für kleine Dämpfungen kann man die Phasenmessung umgehen. Dazu dienen die Verfahren der Halbwertsbreite, Tabelle 1/7. Bei der Messung geht man folgendermaßen vor: Man erregt das Schwingungssystem in Resonanz und bestimmt den

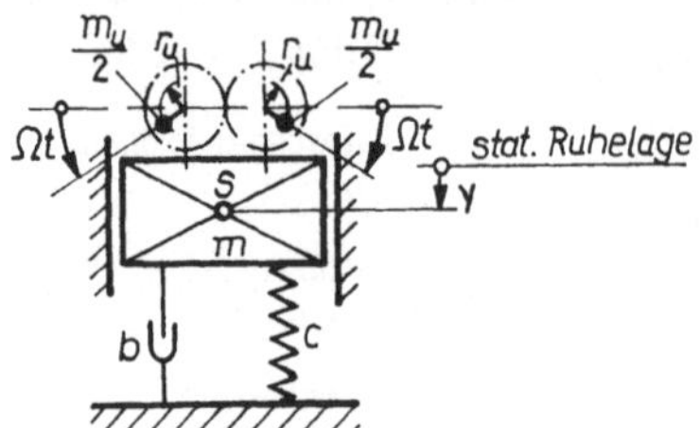

Bild 1/43. Unwuchterreger, Erregung mit frequenzabhängiger Kraftamplitude

Resonanzausschlag $\hat{y}_{\max}$ und die Resonanzfrequenz ω. Dann wird die Erregerfrequenz Ω so lange verändert, bis die Schwingungsamplitude $\hat{y}_{\max}/\sqrt{2}$ vorliegt. Die zugehörigen Erregerfrequenzen (Halbwertsfrequenzen) sind $\Omega = \omega_1$ und $\Omega = \omega_2$. Aus ihrer Differenz läßt sich die Dämpfung bestimmen (vgl. [39], 6.3.3.).

In Tabelle 1/8 sind Verfahren zur Messung der Frequenzdifferenz und der Phasenverschiebung angegeben, die keine spezielle Meßapparatur benötigen. Näheres über die Meßtechnik der Maschinendynamik findet man in [37].

Tabelle 1/8. Messung von Frequenzdifferenz und Phasenverschiebung mit Hilfe von Oszillographen

Oszillographenbild	Auswertung
	Frequenzdifferenzmessung mit Lissajous-Figur $\Delta f = 1/t_s$ t_s Zeit zwischen dem Auftreten gleicher Figuren (mit Stoppuhr bestimmbar)
	Frequenzdifferenzmessung aus Schwebung $\Delta f = 1/t_s$ t_s durch Vergleich mit der Zeitmarke gewonnene Schwebungszeit.
	Messung der Phasenverschiebung aus Oszillographenschrieb. Phasenverschiebung zwischen beiden Signalen $\alpha = \dfrac{a}{A}\, 2\pi$
	Messung der Phasenverschiebung aus Lissajous-Figur. Signal 1: $x = B\cos\Omega t$ Signal 2: $y = \dfrac{A}{2}\cos(\Omega t + \alpha)$ $\sin\alpha = \dfrac{a}{A}$

1.6.4.   Auswertung mit Hilfe von Ortskurven

Die experimentelle Kennwertbestimmung aus erregten Schwingungen wurde im vorigen Abschnitt mit Hilfe der Vergrößerungsfunktion vorgenommen. Mit ihr läßt sich jedoch nur arbeiten, wenn man in der Lage ist, die Resonanzfrequenz genau zu finden. Dies stellt aber hohe Anforderungen an die Einstellbarkeit der Erregerfrequenz, die wiederum vom eingesetzten Erreger bestimmt wird. Am besten ist sie bei elektrodynamischen Erregern realisierbar. Sollen jedoch große Objekte bei niedrigen Frequenzen untersucht werden, ist diese Voraussetzung nur schwer zu erfüllen. Man wird deshalb ein Auswertverfahren bevorzugen, mit dem auch Messungen in Resonanznähe zu Aussagen führen. Dazu bieten sich die aus der Systemtheorie bekannten Ortskurven an. Sie gewinnen auch dadurch an Bedeutung, daß die Meßgeräte-Industrie spezielle Geräte zu ihrer Erfassung herstellt und daß sie sich für digitale Meßketten mit Auswertung durch ein Rechenprogramm eignen. Ausgangsgleichung zur Erläutertung der Ortskurven soll zunächst die für äußere Dämpfung am häufigsten verwendete Bewegungsgleichung [vgl. Gl. (1.55)] sein:

$$m\ddot{q} + b\dot{q} + cq = F(t)$$

Für die Darstellung der Ortskurven verwendet man die komplexe Schreibweise. Führt man die komplexen Amplituden $\tilde{F}$ und $\tilde{q}$ ein, gilt bei harmonischer Erregung mit der Kreisfrequenz Ω für die stationäre Bewegung:

$$F = \tilde{F}\,\mathrm{e}^{\mathrm{j}\Omega t}; \quad q = \tilde{q}\,\mathrm{e}^{\mathrm{j}\Omega t}; \tag{1.108}$$

Damit wird aus Gl. (1.55)

$$\tilde{q}(c - \Omega^2 m + \mathrm{j}b\Omega) = \tilde{F} \tag{1.109}$$

Gl. (1.109) stellt den Zusammenhang zwischen der komplexen Kraftamplitude $\tilde{F}$ und der komplexen Verschiebungsamplitude $\tilde{q}$ her. Der entsprechende Zusammenhang zwischen komplexer Kraft- und Geschwindigkeitsamplitude ergibt sich zu

$$\tilde{v}(c - \Omega^2 m + \mathrm{j}b\Omega) = \mathrm{j}\Omega\tilde{F} \tag{1.110}$$

Aus den Gln. (1.109); (1.110) lassen sich jetzt vier komplexe Funktionen ableiten, die den Ortskurven zugrunde liegen. Man bezeichnet

$$\tilde{Q} = \frac{\tilde{F}}{\tilde{q}} \quad \text{dynamische Federkonstante, gemäß der statischen nach Gl. (1.36)}$$

$$\tilde{V} = \frac{\tilde{q}}{\tilde{F}} \quad \begin{array}{l}\text{dynamische Einflußzahl oder dynamische Nachgiebigkeit,} \\ \text{gemäß der statischen nach Gl. (1.37),}\end{array} \tag{1.111}$$

$$\tilde{z} = \frac{\tilde{F}}{\tilde{v}} \quad \text{mechanische Impedanz, sie entspricht dem elektrischen Leitwert } \tilde{i}/\tilde{u}$$

$$h = \frac{\tilde{v}}{F} \quad \text{mechanische Admittanz, sie entspricht dem elektrischen Widerstand } \tilde{u}/\tilde{i}$$

Stellt man nun diese Funktionen getrennt in Real- und Imaginärteil dar, z. B.

$$\tilde{Q} = \mathrm{Re}\,(\tilde{Q}) + \mathrm{j}\,\mathrm{Im}\,(\tilde{Q}) \tag{1.112}$$

lassen sie sich in der *Gauß*schen Zahlenebene als Zeiger darstellen. Ihre Spitze beschreibt eine Ortskurve, die zur Kennwertermittlung dienen kann.

Dabei entstehen folgende Bilder: Zunächst soll die dynamische Federkonstante $\tilde{Q} = \dfrac{\tilde{F}}{\tilde{q}}$ untersucht werden. Nach Gl. (1.109) gilt:

$$\frac{\tilde{F}}{\tilde{q}} = c - \Omega^2 m + jb\Omega \tag{1.113}$$

Es ergibt sich

$$\mathrm{Re}\,(\tilde{Q}) = c - \Omega^2 m; \quad \mathrm{Im}\,(\tilde{Q}) = b\Omega \tag{1.114}$$

Bild 1/44 zeigt eine qualitative Darstellung der Ortskurve, bei der der Imaginärteil über dem Realteil mit der Frequenz Ω als Parameter aufgetragen wurde. Je nach der Größe der Dämpferkonstante b ergeben sich verschiedene Kurven, die alle im Punkt $\Omega = 0$ zusammenlaufen (Bild 1/45). Dafür gilt aber nach Gl. (1.114)

$$\mathrm{Im}\,(\tilde{Q}) = 0; \quad \mathrm{Re}\,(\tilde{Q}) = c \tag{1.115}$$

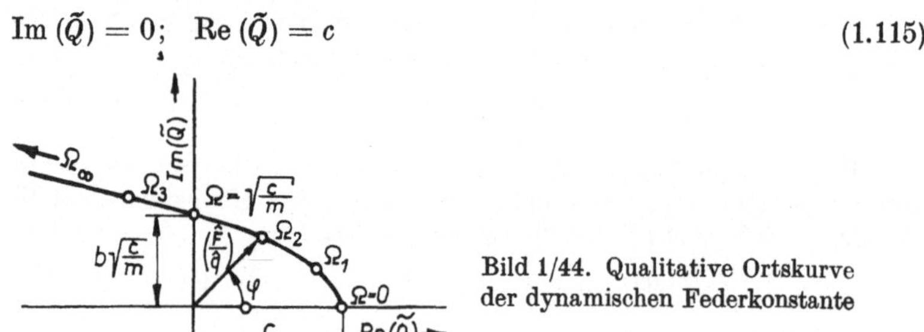

Bild 1/44. Qualitative Ortskurve der dynamischen Federkonstante

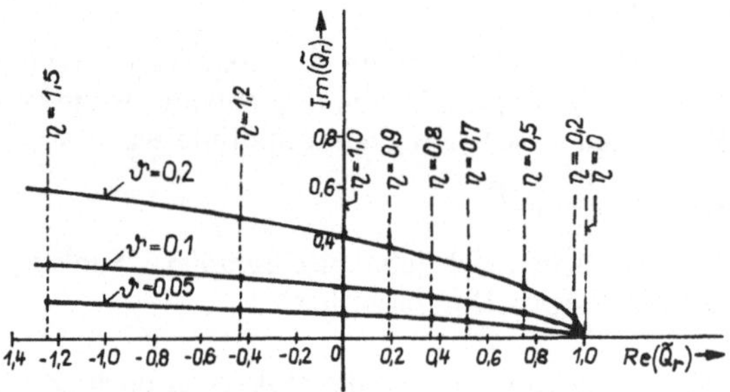

Bild 1/45. Quantitative reduzierte Ortskurven der dynamischen Federkonstante für $\vartheta = 0,05$; $0,1$; $0,2$

Man findet also die Federkonstante unmittelbar als Abschnitt auf der realen Achse. Am Schnittpunkt der Ortskurve mit der imaginären Achse ist $\mathrm{Re}\,(\tilde{Q}) = 0$. Es gilt

$$c - \Omega^2 m = 0; \quad \Omega = \sqrt{c/m} \tag{1.116}$$

In diesem Punkt ist die Erregerkreisfrequenz gleich der Eigenkreisfrequenz des ungedämpften Systems.

Damit läßt sich bei bekannter Federkonstanten c die Masse m bestimmen.

Der Abschnitt auf der imaginären Achse ist dort

$$\mathrm{Im}\,(\tilde{Q}) = b\Omega = b\,\sqrt{c/m} \tag{1.117}$$

und stellt somit ein Maß für die Dämpfungskonstante dar.

Die Eigenkreisfrequenz des gedämpften Systems liegt an der Stelle, wo $(\tilde{F}/\hat{q})$ ein Minimum hat.

Der Winkel φ, den der Zeiger $(\tilde{F}/\hat{q})$ bildet, läßt sich aus Imaginär- und Realteil bestimmen. Es gilt:

$$\tan \varphi = \frac{\mathrm{Im}\,(\tilde{Q})}{\mathrm{Re}\,(Q)} = \frac{b\Omega}{c - \Omega^2 m} \tag{1.118}$$

Dies ist aber gerade der Phasenverschiebungswinkel zwischen Kraft und Verschiebung bei der entsprechenden Erregerkreisfrequenz Ω.

Die experimentelle Ermittlung der Ortskurve geschieht nun durch Messung von Kraft und Wegamplitude $(\hat{F}; \hat{q})$ sowie der Phasenverschiebung φ bei verschiedenen Erregerfrequenzen. Damit läßt sich die Ortskurve zeichnen, auf der man die gemessenen Ω-Werte einträgt. Da der Kurvenverlauf qualitativ bekannt ist, kann man auch,

ohne daß Meßwerte für $\Omega = \sqrt{\dfrac{c}{m}}$ oder $\Omega = 0$ vorliegen, die Punkte $\mathrm{Im}\,(\tilde{Q}) = 0$;

$\mathrm{Re}\,(\tilde{Q}) = 0$ festlegen und damit die Kennwerte der Parameter bestimmen.

Bild 1/45 zeigt die dimensionslosen (reduzierten) Ortskurven für

$$\tilde{F}/\hat{q}c = (1 - \eta^2) + \mathrm{j}2\vartheta\eta \tag{1.119}$$

Gl. (1.119) findet man aus Gl. (1.109) mit

$$\omega_0{}^2 = c/m; \quad 2\delta = b/m; \quad \eta = \Omega/\omega_0; \quad \vartheta = \delta/\omega_0 \tag{1.120}$$

Als Dämpfungsgrad wurden $\vartheta = 0{,}05;\ 0{,}1;\ 0{,}2$ gewählt, die Frequenzverhältnisse η sind den Punkten zugeordnet. Außerdem sind die Linien gleicher Frequenz eingetragen.

In ähnlicher Weise lassen sich auch die anderen Ortskurven behandeln:

Für die dynamische Einflußzahl erhält man

$$\tilde{V} = \frac{\tilde{q}}{\tilde{F}} = \frac{c - m\Omega^2}{(c - m\Omega^2)^2 + \Omega^2 b^2} - \mathrm{j}\,\frac{\Omega b}{(c - m\Omega^2)^2 + \Omega^2 b^2} \tag{1.121}$$

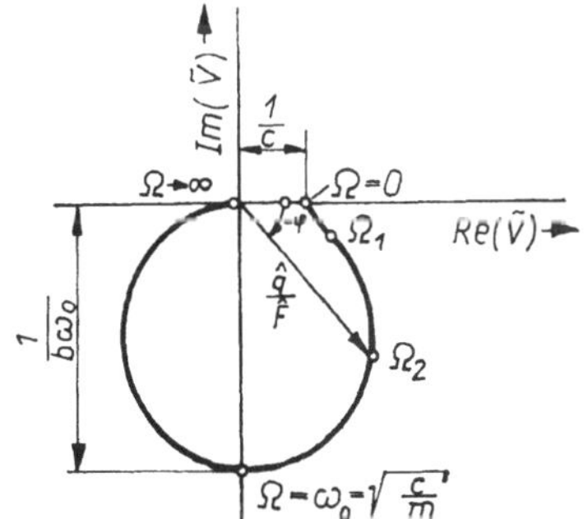

Bild 1/46. Qualitative Ortskurve der dynamischen Einflußzahl

Sie ist qualitativ auf Bild 1/46 dargestellt.

In der reduzierten Form lautet sie:

$$\frac{\hat{q}c}{\tilde{F}} = \frac{1 - \eta^2}{(1 - \eta^2)^2 + 4\vartheta^2\eta^2} - \mathrm{j}\,\frac{2\vartheta\eta}{(1 - \eta^2)^2 + 4\vartheta^2\eta^2} \tag{1.122}$$

Die Darstellung dieser Ortskurven für $\vartheta = 0{,}05; 0{,}1; 0{,}2$ zeigt Bild 1/47. Man erkennt die kreisähnlichen Figuren. Sie laufen alle für $\Omega = 0$ ($\eta = 0$) und $\Omega \to \infty$ zusammen. Dort ist Im $(\tilde{V}) = 0$, auf der Re $(\tilde{V})$-Achse kann für $\Omega = 0$ der Wert $1/c$ abgenommen werden. Der Schnittpunkt mit der imaginären Achse liefert wieder die Kreisfrequenz der ungedämpften Schwingung $\left(\eta = 1; \ \Omega = \omega_0 = \sqrt{c/m}\right)$. Der Abschnitt auf der imaginären Achse beträgt dort Im $(\tilde{V}) = 1/\Omega b = 1/b\sqrt{c/m}$ (Im $\tilde{V}_r = 1/2\vartheta$ für $\eta = 1$).

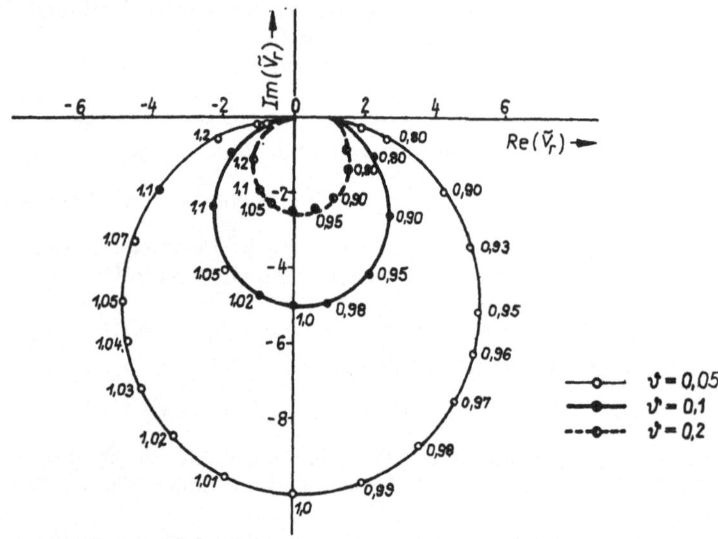

Bild 1/47. Quantitative reduzierte Ortskurve der dynamischen Einflußzahl für $\vartheta = 0{,}05; 0{,}1; 0{,}2$

Die Kreisfrequenz der gedämpften Schwingung findet man als Ort, an dem $(\hat{q}/\hat{F})$ ein Maximum hat.

Wie man deutlich sieht, haben die äquidistanten Frequenzwerte in Resonanznähe den größten Abstand. Es empfiehlt sich deshalb, Meßpunkte in Nähe der Resonanz zu finden.

Der Betrag der dynamischen Einflußzahl ist die in der Schwingungslehre häufig verwendete Vergrößerungsfunktion. Aus Gl. (1.122) ergibt sich:

$$V = \frac{\hat{q}c}{\hat{F}} = \frac{1}{\sqrt{(1 - \eta^2)^2 + 4\vartheta^2\eta^2}}$$

Für die mechanische Impedanz $\tilde{z} = \tilde{F}/\tilde{v}$ findet man aus Gl. (1.110)

$$\frac{\tilde{F}}{\tilde{v}} = b + \mathrm{j}(\Omega m - c/\Omega) \tag{1.123}$$

Die Ortskurve stellt also eine Gerade dar (Bild 1/48). Aus ihr kann die Dämpfungskonstante b direkt auf der Re-Achse abgelesen werden. Die Frequenz für Im $(\tilde{z}) = 0$ liefert die ungedämpfte Eigenkreisfrequenz $\Omega = \omega_0 = \sqrt{c/m}$. Dadurch, daß für $\Omega = 0$ und $\Omega \to \infty$ die Ortskurve im Unendlichen liegt, geht scheinbar eine Information verloren. Man kann sie dadurch ersetzen, daß man die Erregerkreisfrequenz Ω_I, die für eine Phasenverschiebung $\varphi_I = 45°$ erforderlich ist, aus Bild 1/48 bestimmt. Es gilt dann nach Gl. (1.123)

$$\Omega_I m - c/\Omega_I = b$$

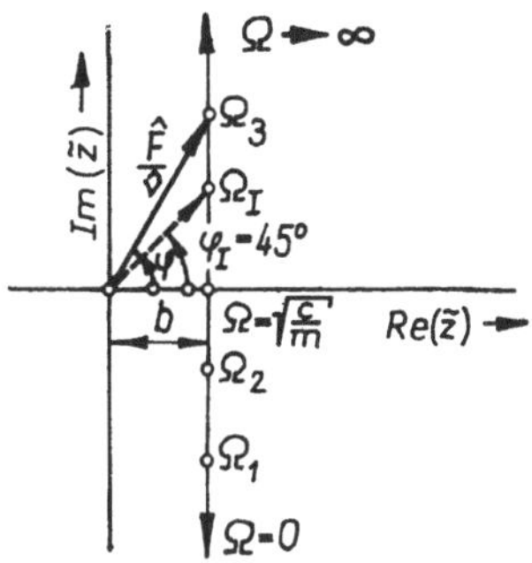

Bild 1/48. Qualitative Ortskurve der mechanischen Impedanz

Mit dem Schnittpunkt auf der Re-Achse $\Omega = \omega_0 = \sqrt{\dfrac{c}{m}}$ findet man

$$m = \frac{b}{\Omega_I \left[1 - \left(\dfrac{\omega_0}{\Omega_I}\right)^2\right]}$$

Der Winkel φ entspricht der Phasenverschiebung zwischen Kraft und Geschwindigkeit.

Die Ortskurve der mechanischen Admittanz $\tilde{h} = \tilde{v}/\tilde{F}$ ergibt sich aus Gl. (1.110) zu

$$\frac{\tilde{v}}{\tilde{F}} = \frac{j\Omega}{(c - \Omega^2 m) + j\Omega b} = \frac{b}{b^2 + (\Omega m - c/\Omega)^2} - j\frac{(\Omega m - c/\Omega)}{b^2 + (\Omega m - c/\Omega)^2} \qquad (1.124)$$

Faßt man den Realteil als x-Achse und den Imaginärteil als y-Achse auf,

$$x = \frac{b}{b^2 + (\Omega m - c/\Omega)^2}; \quad y = \frac{(\Omega m - c/\Omega)}{b^2 + (\Omega m - c/\Omega)^2}$$

so kann man nachprüfen, daß die Gleichung

$$\left(x - \frac{1}{2b}\right)^2 + y^2 = \left(\frac{1}{2b}\right)^2 \qquad (1.125)$$

erfüllt ist. Die Ortskurve ist also ein Kreis, dessen Mittelpunkt auf der Re $(\tilde{h})$-Achse um $1/2b$ verschoben ist und der den Radius $1/2b$ hat (Bild 1/49). Man kann daraus die Dämpfungskonstante unmittelbar gewinnen und aus der Frequenz im Schnittpunkt der Re-Achse die Eigenkreisfrequenz des ungedämpften Systems $\Omega = \omega_0 = \sqrt{c/m}$.

Die den bisherigen Überlegungen zugrunde liegende Bewegungsgleichung (1.55) wird hauptsächlich für äußere Dämpfung verwendet. Zur Beschreibung von Werkstück- oder Strukturdämpfung benutzt man für die Dämpfungskraft häufig den Ansatz der Gl. (1.53)

$$\tilde{F}_R = c\tilde{q}\,e^{j\gamma}$$

Mit der Erregerkraft $F = \tilde{F}\,e^{j\Omega t}$ ergibt sich die Verschiebung $q = \tilde{q}\,e^{j\Omega t}$ mit komplexer Amplitude. Setzt man

$$e^{j\gamma} = \cos\gamma + j\sin\gamma$$

und für kleine Verlustwinkel γ: $e^{j\gamma} = 1 + j\gamma$
so gilt analog zu Gl. (1.109)

$$\tilde{q}[c(1 + j\gamma) - \Omega^2 m] = \tilde{F} \tag{1.126}$$

Die Ortskurve der dynamischen Einflußzahl lautet:

$$\tilde{V} = \frac{\tilde{q}}{\tilde{F}} = \frac{1}{(c - \Omega^2 m) + j\gamma c} = \frac{c - \Omega^2 m}{(c - \Omega^2 m)^2 + \gamma^2 c^2} - j\,\frac{\gamma c}{(c - \Omega^2 m)^2 + \gamma^2 c^2} \tag{1.127}$$

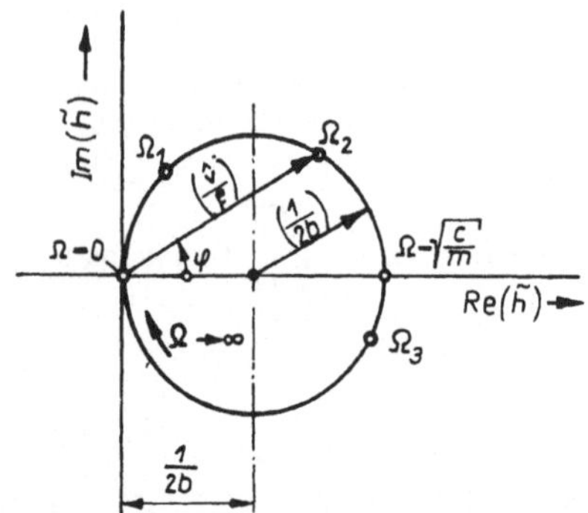

Bild 1/49. Qualitative Ortskurve der mechanischen Admittanz

Ein Vergleich von Gl. (1.127) mit Gl. (1.124) zeigt, daß die Ortskurve ein Kreis mit der Gleichung

$$x^2 + \left(y - \frac{1}{2\gamma c}\right)^2 = \left(\frac{1}{2\gamma c}\right)^2 \tag{1.128}$$

darstellt. Darin gilt:

$$x = \frac{c - \Omega^2 m}{(c - \Omega^2 m)^2 + \gamma^2 c^2};\quad y = \frac{\gamma c}{(c - \Omega^2 m)^2 + \gamma^2 c^2} \tag{1.129}$$

Aus Gl. (1.127) ergibt sich mit den bekannten Abkürzungen

$$\omega_0^2 = \frac{c}{m};\quad \eta = \frac{\Omega}{\omega_0};$$

die reduzierte Ortskurve der dynamischen Einflußzahl [1/14]

$$\tilde{V}_\mathrm{r} = \frac{\tilde{q}c}{\tilde{F}} = \frac{(1 - \eta^2)}{(1 - \eta^2)^2 + \gamma^2} - j\,\frac{\gamma}{(1 - \eta^2)^2 + \gamma^2} \tag{1.130}$$

Bild 1/50 zeigt sie für die Verlustwinkel $\gamma = 0{,}1\,;\,0{,}05$. Die auf den Ortskurven eingetragenen Punkte entsprechen wiederum den η-Werten.
Ein Vergleich mit den entsprechenden Ortskurven bei äußerer Dämpfung nach Gl. (1.55), (Bild 1/47), zeigt deutliche Unterschiede. Bei der Werkstückdämpfung treten Kreise auf, während bei der äußeren Dämpfung die Werte für $\Omega \to \infty$ ungleich denen für $\Omega = 0$ sind. Damit besteht die Möglichkeit, bei gemessener Ortskurve den Dämp-

fungsansatz auszuwählen. Wenn man die verschiedenen Ortskurven betrachtet, fällt auf, daß die Einschränkung kleiner Dämpfung nur in Gl. (1.126) gemacht wird. Die Auswertung mit Ortskurven ist also sonst auch bei großer Dämpfung möglich.

Zur experimentellen Modellfindung an Systemen mit mehreren Freiheitsgraden haben sich Ortskurven ebenfalls bewährt und werden dort in zunehmendem Maße eingesetzt (vgl. [1/11]).

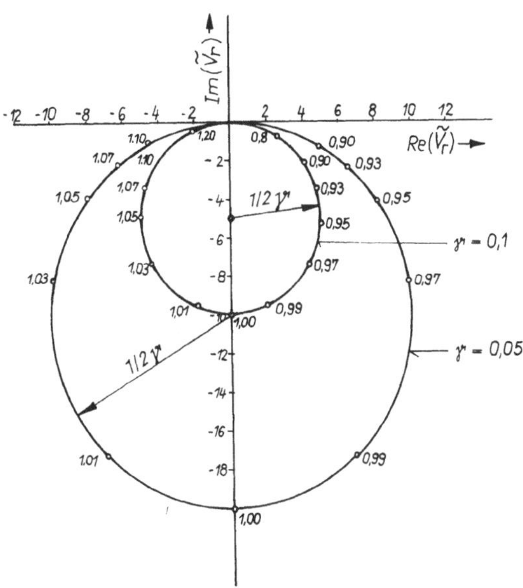

Bild 1/50. Quantitative reduzierte Ortskurve der dynamischen Einflußzahl bei Strukturdämpfung für $\gamma = 0{,}1$; $0{,}05$

Die Ortskurvendarstellung verwendet man auch zur Veranschaulichung von Rechenergebnissen. Da die Berechnung erzwungener, gedämpfter Schwingungen jeweils die bei einer bestimmten Erregerfrequenz auftretende Bewegungsgröße liefert, können mit Hilfe der Ortskurven schon mit relativ wenig Durchrechnungen Aussagen gemacht werden. Dies ist, vor allem im Werkzeugmaschinenbau, schon sehr verbreitet [1/19].

1.7. Aufgaben A 1/1 bis A 1/5

A 1/1: Für die in Bild 1/10 dargestellte Versuchsanordnung soll das Trägheitsmoment der Kurbelwelle bezüglich der Drehachse experimentell bestimmt werden. Für den Torsionsstab gilt: Länge $l = 380$ mm; Durchmesser $d = 4$ mm; Gleitmodul $G - 7{,}93 \cdot 10^6$ N/cm². Für 50 volle Schwingungen wurde die Zeit $T - 11{,}5$ s gemessen.

A 1/2: Für eine Druckfeder aus Gummi (Bild 3/9) wurde die statische Kennlinie nach Bild 1/51 bestimmt. Mit welchem Federwert ist in einem linearen Schwingungssystem zu rechnen, wenn die Belastung der Feder in der Ruhelage 9 kN beträgt und die Frequenz in der Größenordnung 20 Hz liegt?
(Gummihärte über 80 Shore)

A 1/3: Bild 1/52 zeigt den Ausschwingversuch zur Bestimmung der Dämpfung einer

Turbinenschaufel. Man gebe den Dämpfungsgrad ϑ als Funktion der Spannungsamplitude am Schaufelfuß an. Zu Beginn des Ausschwingvorgangs betrug sie $\sigma_b = 200 \text{ N/mm}^2$.

A 1/4:   Bild 1/53 zeigt die gemessene Resonanzkurve eines speziellen Schwingungssystems bei Erregung mit konstanter Kraftamplitude. Mit Hilfe des Verfahrens der Halbwertsbreite ist der Dämpfungsgrad ϑ zu bestimmen.

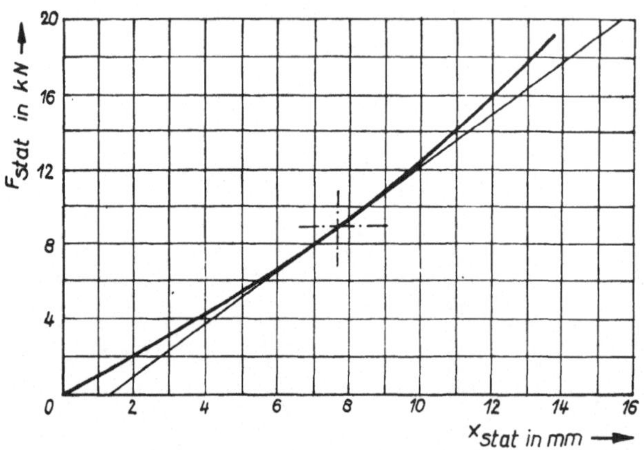

Bild 1/51. Statische Kennlinie einer Gummifeder

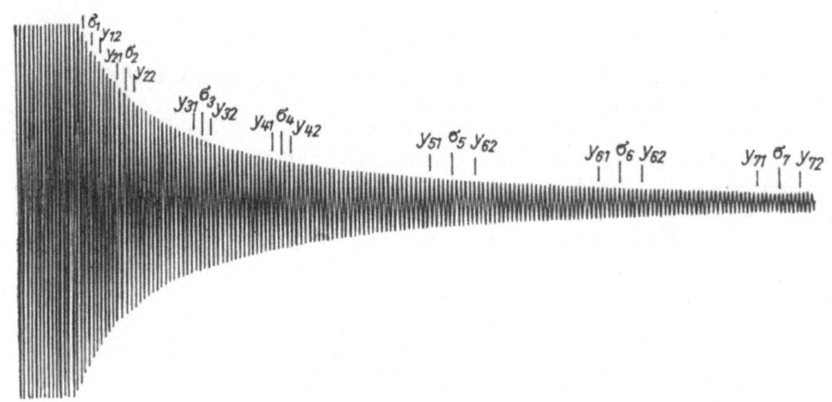

Bild 1/52. Oszillogramm eines Ausschwingversuches an einer Turbinenschaufel
   (für y_{62} bei σ_5 lies y_{52})

A 1/5:   Ein Schwingungssystem mit einem Freiheitsgrad wurde mit Hilfe eines elektrodynamischen Erregers bei verschiedenen Frequenzen harmonisch erregt und die Schwingungsamplituden sowie die Phasenverschiebung gemessen. Es ergaben sich die in Tabelle 1/9 angegebenen Werte.
Mit Hilfe der Ortskurvendarstellung bestimme man die Federkonstante c, die Dämpfungskonstante b einer geschwindigkeitsproportionalen Dämpfung und die Masse m.

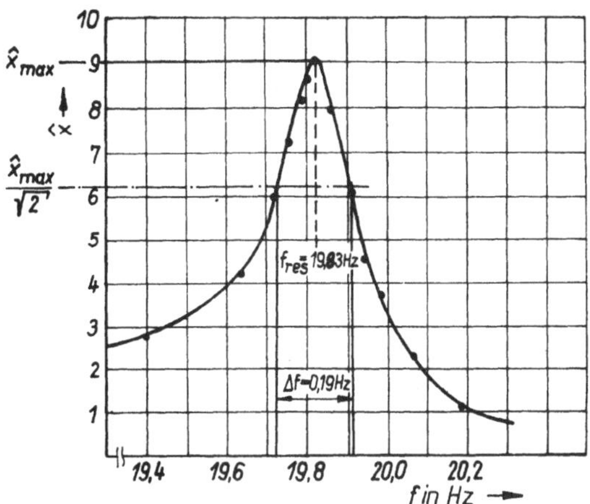

Bild 1/53. Resonanzkurve zur Bestimmung der Dämpfung aus der Halbwertsbreite

1.8.   Lösungen L 1/1 bis L 1/5

L 1/1:   Nach Gleichung (1.9) gilt

$$J_S = \frac{T_0^2}{4\pi^2}\,c; \quad c = \frac{I_p G}{l}$$

Man findet:

$$T_0 = 41{,}5/50\ \text{s} = 0{,}83\ \text{s}; \quad I_p = \frac{\pi d^4}{32}; \quad I_p = 0{,}002\,513\ \text{cm}^4$$

$$c = \frac{2{,}513 \cdot 10^{-3}\ \text{cm}^4 \cdot 7{,}93 \cdot 10^6\ \text{N}}{38{,}0\ \text{cm} \qquad \text{cm}^2} = 524{,}4\ \text{N cm}$$

$$c = 5{,}244\ \text{Nm}$$

$$J_S = 0{,}83^2\ \text{s}^2 \cdot 5{,}244\ \text{Nm}/4\pi^2$$

$$\underline{\underline{J_S = 0{,}0916\ \text{kgm}^2}}$$

L 1/2:   Für die linearisierte Bewegungsgleichung wird die Steigung der Funktion $F_{stat}(x_{stat})$ im Punkt der Ruhelage benötigt. Dafür ist es günstig, den Verlauf in dessen Nähe durch ein Polynom zu approximieren. Wählt man

$$F_{stat} = a_1 + a_2 x_{stat} + a_3 x_{stat}^2$$

werden 3 Stützstellen zur Bestimmung von a_1; a_2; a_3 benötigt. Aus Bild 1/51 wird entnommen:

k	1	2	3
$x_{stat,k}$ (in mm)	6	8	10
$F_{stat,k}$ (in kN)	6,74	9,26	12,32

Mit $x_{stat,k} = x_k$; $F_{stat,k} = F_k$ gilt also das Gleichungssystem:

$$a_1 + a_2 x_k + a_3 x_k^2 = F_k; \quad k = 1, 2, 3$$

Die statische Federkonstante ergibt sich aus der Steigung der Kennlinie im Punkt der Vorlast. Es gilt:

$$\frac{dF_{\text{stat}}}{dx_{\text{stat}}}\bigg|_{x_{\text{vorl}}} = c; \qquad c = a_2 + 2a_3 x_{\text{vorl}}$$

Mit den angegebenen Zahlenwerten für x_k; F_k findet man:

$$a_2 = 0{,}315 \text{ kN/mm}; \quad a_3 = 0{,}0675 \text{ kN/mm}^2$$

Für die Vorlast $F_{\text{stat}} = 9$ kN gilt nach Bild 1/51: $x_{\text{vorl}} = 7{,}66$ mm. Man erhält also

$$c = a_2 + 2a_3 x_{\text{vorl}} = 1{,}35 \text{ kN/mm}$$

Da es sich um eine harte Gummisorte handelt und eine Frequenz von 20 Hz schon als hoch anzusehen ist (vgl. Bild 1/23), wird $k_{\text{dyn}} = 3$ gewählt.
Für die dynamische Federkonstante findet man somit

$$c_{\text{dyn}} = k_{\text{dyn}}c = 4{,}05 \text{ kN/mm}$$

Die Annahme von k_{dyn} stellt eine große Unsicherheit bei der Bestimmung von c_{dyn} dar. Es wäre deshalb ausreichend, aus Bild 1/51 den Anstieg der Tangente im Arbeitspunkt abzulesen. Für die eingezeichnete Tangente findet man

$$c = \frac{F}{x_{\text{stat}}} = \frac{20 \text{ kN}}{(15{,}7 - 1{,}3)\text{mm}} = 1{,}39 \text{ kN/mm}$$

Für die dynamische Federkonstante $c_{\text{dyn}} = k_{\text{dyn}}c$ kann also der Wert $c_{\text{dyn}} = 4$ kN/mm angegeben werden.

L 1/3:   Im Ausschwingdiagramm Bild 1/52 werden 7 Spannungsamplituden σ_k vorgegeben, bei denen der Dämpfungsgrad bestimmt werden soll.
Geht man davon aus, daß die Schwingungsamplitude vor Beginn des Ausschwingvorgangs $\sigma_b = 200$ N/mm² betrug, so folgt

k	1	2	3	4	5	6	7
σ_k in N/mm²	172	121	70	49	26	19	11

Nach Gl. (1/100) gilt für das logarithmische Dekrement

$$\Lambda = \frac{1}{n} \ln \frac{y_k}{y_{k+2n}}$$

und den Dämpfungsgrad: $\vartheta = \Lambda/2\pi$
Verwendet man zur Dämpfungsbestimmung n Vollschwingungen, so wird die Spannungsamplitude, für die ausgewertet werden soll, in die Mitte gelegt. Für $\sigma_1, \ldots, \sigma_4$ wird $n = 4$, für $\sigma_5, \ldots, \sigma_7$ $n = 10$ gewählt, die zugehörigen Amplitudenwerte y_{k1}; y_{k2} sind auf Bild 1/52 markiert. Man findet

k	$n = 4$				$n = 10$		
	1	2	3	4	5	6	7
y_{k1} in mm	41,1	28,6	16,2	10,8	6,0	4	2,8
y_{k2} in mm	33,9	24,5	14,8	10	5,5	3,5	2,5
Λ	0,048	0,038	0,026	0,019	0,016	0,013	0,011
ϑ	0,0076	0,0060	0,0036	0,0030	0,0023	0,0021	0,0018

Bild 1/54 zeigt den Verlauf des Dämpfungsgrades in Abhängigkeit von der Spannungsamplitude. Man erkennt eine fast lineare Abhängigkeit. Es soll jedoch nicht verschwiegen werden, daß besonders im Bereich der sehr schwachen Dämpfung eine große Unsicherheit des in der Nähe von 1 liegenden Quotienten y_k/y_{k+2n} durch die Meßfehler entsteht.

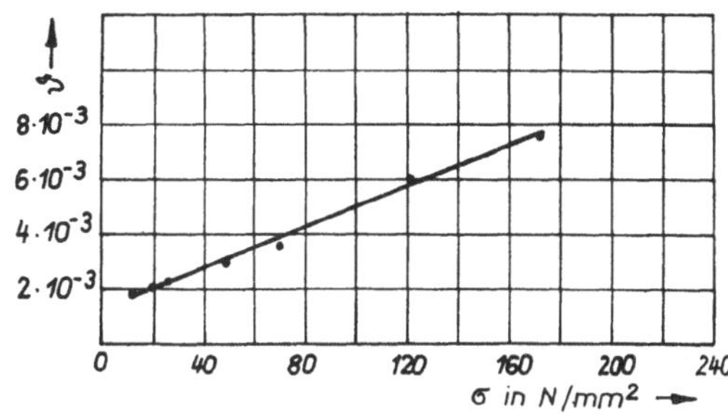

Bild 1/54. Verlauf des Dämpfungsgrades ϑ für das Ausschwingdiagramm Bild 1/52

L 1/4:   Zunächst wird die Resonanzamplitude $\hat{x}_{\max}$ festgelegt. Sie beträgt im Bild 1/53 9 Einheiten. Für die Halbwertsbreite bestimmt man nun den Wert $\hat{x}_{\max}/\sqrt{2}$ und zeichnet ihn in die Resonanzkurve ein. Die Schnittpunkte mit der Resonanzkurve ergeben eine Frequenzdifferenz von $\Delta f = 0{,}19$ Hz.

Nach Tabelle 1/7 gilt für den Dämpfungskoeffizienten

$$b = m(\omega_2 - \omega_1)$$

und für den Dämpfungsgrad [vgl. Gl. (1.88)]: $\vartheta = b/2m\omega_0$

Dabei ist ω_0 die Kreisfrequenz des ungedämpften Schwingers, die bei derartig schwacher Dämpfung der Resonanzfrequenz entspricht. Es gilt also

$$\vartheta = \frac{2\pi\Delta f m}{2m2\pi f_{\text{res}}} = \frac{\Delta f}{2f_{\text{res}}}$$

$$\vartheta = 0{,}0049$$

L 1/5:   Es soll von der Ortskurve der dynamischen Einflußzahl ausgegangen werden. Dazu wird der Quotient $\hat{q}/\hat{F}$ und die Kreisfrequenz benötigt. Es ergeben sich die in Tabelle 1/9 aufgeführten Werte.

Tabelle 1/9. Werte zur Aufgabe A 1/5

Aufgabenstellung				Für das Zeichnen der Ortskurve Bild 1/53 berechnete Werte	
Erregerfrequenz f in Hz	Erregerkraftamplitude $\hat{F}$ in N	Verschiebungsamplitude $\hat{q}$ in μm	Phasenverschiebung in °	Erregerkreisfrequenz Ω in 1/s	$\hat{q}/\hat{F}$ in μm/N
6	0,79	70	8	37,70	88,61
8	0,79	102	15	50,27	129,11
10	0,79	213	42	62,83	269,62
11	0,79	288	90	69,12	364,56
12	0,79	185	136	75,40	234,18
14	0,79	75	161	87,96	94,94

Trägt man den Quotient $\hat{q}/\hat{F}$ unter dem Winkel φ in die Gaußsche Zahlenebene ein, so folgt die Ortskurve Bild 1/55.

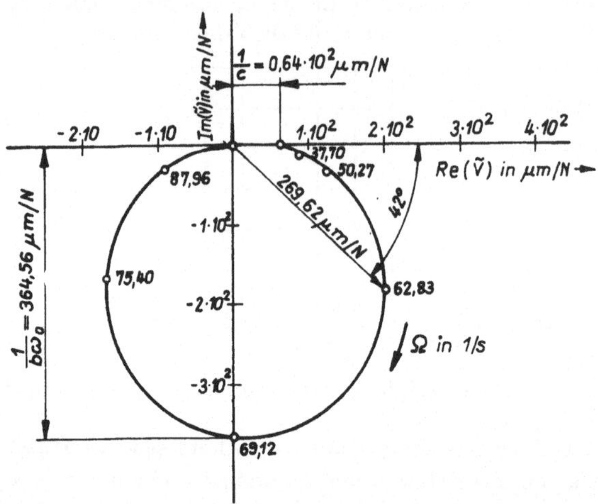

Bild 1/55. Ortskurve der dynamischen Einflußzahl für die Aufgabe A 1/5

Da für $f = 11$ Hz die Phasenverschiebung $-\varphi = 90°$ gemessen wurde, liegt damit $\Omega = \omega_0 = \sqrt{c/m} = 69,12$ 1/s fest.

Man kann nun direkt ablesen

$$\frac{1}{c} = 0,64 \cdot 10^2 \; \mu m/N; \quad c = 0,0156 \; N/\mu m$$

$$\underline{\underline{c = 15,6 \cdot 10^3 \; N/m}}$$

$$\frac{1}{b\omega_0} = 364,56 \; \mu m/N$$

$$b = \frac{1}{364,56 \cdot 69,12} \; Ns/\mu m = 39,6 \cdot 10^{-6} \; Ns/\mu m$$

$$\underline{\underline{b = 39,6 \; Ns/m}}$$

Die Masse berechnet sich aus:

$$\sqrt{c/m} = 69,12 \; 1/s; \qquad m = \frac{15,6 \cdot 10^3}{69,12^2} \; kg$$

$$\underline{\underline{m = 3,27 \; kg}}$$

2. Dynamik der starren Maschine

2.1. Einleitung

Das Modell der starren Maschine kann der Berechnung eines Mechanismus zugrunde gelegt werden, wenn die niedrigste Eigenfrequenz des betrachteten Mechanismus bedeutend größer ist, als die größte auftretende Erregerfrequenz.

Eine starre Maschine läßt sich definieren als ein zwangsläufiges System starrer Körper, dessen Bewegung bei gegebener Antriebsbewegung auf Grund kinematischer Zwangsbedingungen eindeutig bestimmt ist.

Es kann also der Fall eintreten, daß eine Maschine, die bis zu einer bestimmten Drehzahl mit diesem Berechnungsmodell richtig erfaßt wird, bei höheren Drehzahlen, die z. B. nach einer konstruktiven Änderung der Maschine erreicht werden, zu Schwingungen neigt und dann nicht mehr mit diesem Modell behandelt werden kann.

Zu Beginn der Entwicklung des Maschinenbaues konnten viele dynamische Probleme mit diesem Modell hinreichend genau erfaßt werden, weil die Arbeitsgeschwindigkeiten klein genug waren ([2/1]; [2/2]; [2/3]). Während in der Kinematik angenommen wird, daß die Bewegung des Antriebsgliedes bekannt ist, besteht in der Maschinendynamik die Aufgabe darin, diese Antriebsbewegung aus den auf eine Maschine wirkenden äußeren Kräften und Momenten zu berechnen. Die Aufgaben werden zweckmäßigerweise in die Grundaufgaben eingeteilt.

1. Grundaufgabe:

Gegeben ist das sogenannte äußere Kraftfeld, d. h. die Antriebskräfte oder -momente, die Eigengewichte, Feder-, Reibungs- und Dämpfungskräfte sowie die technologischen Arbeitskräfte. Gesucht ist der zeitliche Verlauf der Antriebsbewegung $q(t)$.

2. Grundaufgabe:

Gegeben ist der zeitliche Bewegungsablauf $q(t)$ des Antriebsgliedes, gesucht sind das Antriebsmoment und das sogenannte innere Kraftfeld, d. h. die Kräfte und Momente auf das Gestell, die Zwangskräfte innerhalb der Maschine (Zahnkräfte, Gelenkkräfte) und die dynamischen Beanspruchungen innerhalb der bewegten Bauteile.

Strenggenommen kann die zweite Grundaufgabe erst nach Lösung der ersten in Angriff genommen werden. In vielen Fällen umgeht man dies jedoch durch Annahme einer einfachen Antriebsbewegung, wie beispielsweise für den Antriebswinkel $\varphi = \Omega t$.

Die hier gegebene Fassung der Grundaufgaben ist nicht völlig identisch mit der von *F. Wittenbauer* (1857 bis 1922) gegebenen, die oft in der Lehrbuchliteratur zu finden ist ([2/3]; [2/4]; [2/5]). Zur Lösung der beiden Grundaufgaben der starren Maschine ist es zunächst erforderlich, ihre Bewegungsgleichung aufzustellen. Dabei ergibt sich eine meist nichtlineare Differentialgleichung, deren Lösung die 1. Grundaufgabe ausmacht. Die 2. Grundaufgabe stellt mathematisch geringere Anforderungen, vor allem dann, wenn von der Annahme eines einfachen Bewegungsgesetzes $q(t)$ ausgegangen wird.

Im technischen Sprachgebrauch spielt der Begriff der Massenkraft, den die Physik bei der Behandlung von Aufgaben in Inertialsystemen nicht kennt, eine große Rolle.

Es wird im folgenden unter Massenkraft die *d'Alembert*sche Trägheitskraft und unter Massenmoment das aus den Trägheitskräften resultierende Moment verstanden. Die Massenkraft wirkt von der bewegten Masse auf ihre Führungen und ist, mathematisch betrachtet, der durch die Koordinatenvorgabe festgelegten positiven Bewegungsrichtung entgegengesetzt. Sie gehört nicht unter die äußeren Kräfte, die sich aus eingeprägten Kräften und Reaktionskräften zusammensetzen.

2.2.   Bewegungsgleichung der starren Maschine

2.2.1.   Grundlegende Zusammenhänge

Mit dem Berechnungsmodell der starren Maschine lassen sich sowohl gleichmäßig übersetzende Getriebe, wie Zahnradgetriebe, Schneckengetriebe, Riemen- und Kettengetriebe, als auch ungleichmäßig übersetzende Getriebe, wie Koppelgetriebe, Kurvengetriebe und Räderkoppelgetriebe, behandeln. Die in Wirklichkeit stets vorhandenen Deformationen infolge der wirkenden Kräfte sollen so gering sein, daß sie den Bewegungsablauf hinreichend wenig beeinflussen.

Diese Getriebe arbeiten oft bei Drehzahlen, die genügend unterhalb der ersten kritischen Drehzahl (entspricht der ersten Eigenfrequenz) liegen. Dabei wird auch vorausgesetzt, daß diese Getriebe ideal spielfrei sind, da sonst die Zwangsbedingungen verletzt werden. Infolge der zyklischen Fehler in der Verzahnung, in den Ketten (Teilungsfehler) oder infolge des Gelenkspiels können zusätzliche hochfrequente Erregerkräfte (z. B. Stöße mit der Zahneingriffsfrequenz) entstehen, die zu Schwingungen führen, die durch das Modell der starren Maschine nicht erfaßt werden. Für die Berechnungen wird von dem in Bild 2/1 dargestellten eben bewegten Körper ausgegangen. Die starre Maschine bestehe aus insgesamt I starren Körpern, die so numeriert werden, daß das Gestell stets die Nummer *1* und das Antriebsglied die Nummer *2* erhält. Die kinematischen Verhältnisse sind durch die geometrischen Abmessungen dieser Getriebeglieder und durch die Struktur der Maschine bekannt.

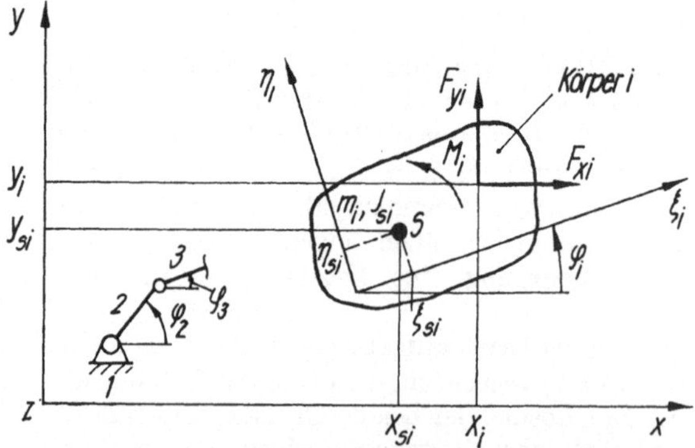

Bild 2/1. Bezeichnungen am eben bewegten Maschinenteil (Getriebeglied)

Weiterhin seien von allen starren Körpern die für die ebene Bewegung charakteristischen *Massenparameter* gegeben, d. h. die Schwerpunktlagen im körperfesten (ξ_{si}; η_{si}) bzw. im raumfesten Bezugssystem (x_{si}; y_{si}), die Massen m_i und die auf die Schwerpunktachsen reduzierten Massenträgheitsmomente J_{si}. Auf die Maschine können an jedem Körper (Getriebeglied) äußere Kräfte und Momente wirken, wie z. B. Antriebs- und Bremsmomente, technologisch bedingte Arbeitswiderstände, wie Schneid- oder Preßkräfte u. a. Die resultierenden äußeren Kräfte am i-ten Körper werden mit ihren Komponenten in den raumfesten Koordinatenrichtungen erfaßt und mit F_{xi} und F_{yi} bezeichnet, das Moment am i-ten Körper ist M_i.

Bild 2/1 definiert die Bezeichnung der Kraftgrößen und geometrischen Abmessungen an einem beliebigen Körper, die bei der weiteren Behandlung der starren Maschine gebraucht werden. Es sei noch darauf hingewiesen, daß zu den F_{xi}; F_{yi}; M_i natürlich Massenkräfte oder Massenmomente nicht dazugehören.

Auf Grund der Struktur und der Abmessungen einer Maschine lassen sich die geometrischen Beziehungen zwischen der Stellung des Antriebsgliedes, die durch die verallgemeinerte Koordinate q bezeichnet wird, und den Koordinaten formulieren, die die Lage jedes starren Körpers angeben. Bei Mechanismen mit rotierendem Antriebsglied, wie in Bild 2/1; 2/2; 2/3; 2/7; 2/8 u. a., wird oft $q = \varphi_2$ gesetzt, jedoch kann prinzipiell ebenso eine Wegkoordinate benutzt werden, wie bei Wippkranen die Ausladung $q = x$. Hier interessiert die Abhängigkeit der Schwerpunktkoordinaten und des Drehwinkels φ_i von der Koordinate der Antriebsbewegung, die in der Form der Zwangsbedingungen

$$x_{si} = x_{si}(q); \quad y_{si} = y_{si}(q); \quad \varphi_i = \varphi_i(q) \tag{2.1}$$

bekannt sind. Dies sind rein geometrische Beziehungen. Außerdem wird von der noch unbekannten Zeitabhängigkeit der Antriebskoordinate $q = q(t)$ ausgegangen. Somit können die Bewegungen der Mechanismenglieder bestimmt werden, d. h.

$$x_{si} = x_{si}[q(t)]; \quad y_{si} = y_{si}[q(t)]; \quad \varphi_i = \varphi_i[q(t)]$$

Die Geschwindigkeiten ergeben sich durch eine Differentiation nach der Zeit gemäß der Kettenregel

$$\mathrm{d}x_{si}/\mathrm{d}t = (\mathrm{d}x_{si}/\mathrm{d}q)\,(\mathrm{d}q/\mathrm{d}t) = x'_{si}\dot{q} = \dot{x}_{si}; \quad \dot{y}_{si} = y'_{si}\dot{q}(t); \quad \dot{\varphi}_i = \varphi'_i\dot{q}(t) \tag{2.2}$$

Ableitungen nach der Antriebskoordinate werden durch einen Strich, totale Ableitungen nach der Zeit durch einen Punkt abgekürzt.

In der Praxis wird oft mit dem Verhältnis der Winkelgeschwindigkeiten $\dot{\varphi}_k$ und $\dot{\varphi}_l$, dem sog. Übersetzungsverhältnis i_{kl} gerechnet. Dafür gelten die Beziehungen

$$i_{kl} = \dot{\varphi}_k/\dot{\varphi}_l; \quad i_{lk} = \dot{\varphi}_l/\dot{\varphi}_k; \quad \varphi_k' = \dot{\varphi}_k/\dot{\varphi}_2 = i_{k2}; \quad i_{km} = i_{kl} \cdot i_{lm} \tag{2.3}$$

Die Beschleunigungen berechnen sich zu

$$\frac{\mathrm{d}^2 x_{si}}{\mathrm{d}t^2} = \frac{\mathrm{d}\dot{x}_{si}}{\mathrm{d}t} = \frac{\mathrm{d}}{\mathrm{d}t}\,(x'_{si}\dot{q}) = \frac{\mathrm{d}x'_{si}}{\mathrm{d}t}\,\dot{q} + x'_{si}\,\frac{\mathrm{d}\dot{q}}{\mathrm{d}t} = \frac{\mathrm{d}x'_{si}}{\mathrm{d}q}\,\frac{\mathrm{d}q}{\mathrm{d}t}\,\dot{q} + x'_{si}\ddot{q}$$

Zusammengefaßt:

$$\boxed{\begin{aligned}
\ddot{x}_{si}(q, t) &= x''_{si}\,(q)\dot{q}^2(t) + x'_{si}\,(q)\ddot{q}(t) \\
\ddot{y}_{si}(q, t) &= y''_{si}\,(q)\dot{q}^2(t) + y'_{si}\,(q)\ddot{q}(t) \\
\ddot{\varphi}_i(q, t) &= \varphi_i{}''\,(q)\dot{q}^2(t) + \varphi_i{}'\,(q)\ddot{q}(t)
\end{aligned}} \tag{2.4}$$

Diese Darstellung beinhaltet eine Trennung zwischen den geometrischen Funktionen $x_{si}(q)$; $y_{si}(q), \ldots, \varphi_i{'}(q)$; $\varphi_i{''}(q)$, die für die jeweilige Maschine charakteristisch (und unabhängig vom Bewegungszustand!) sind, und den Zeitfunktionen $\dot{q}(t)$; $\ddot{q}(t)$ des Antriebsgliedes.

Die geometrischen Abhängigkeiten lassen sich für einfache Systeme, wie Zahnradgetriebe, Schubkurbelgetriebe u. a. in geschlossener Form analytisch angeben, für kompliziertere Systeme, wie mehrgliedrige Gelenkgetriebe, werden grafische oder analytische Methoden verwendet, von denen letztere heutzutage soweit aufbereitet vorliegen, daß der Konstrukteur nur noch in das Eingabeformular vorhandener Rechenprogramme die geometrischen Daten einzutragen braucht, um diese Abhängigkeit zu erhalten ([2/6]; [2/11]), vgl. Anhang P 2/1, P 2/2.

Um die Bewegungsgleichung mit Hilfe der *Lagrange*schen Gleichungen zweiter Art aufstellen zu können, werden die Ausdrücke für die kinetische Energie der starren Maschine und für die auf die verallgemeinerte Koordinate q reduzierte Kraft Q benötigt.

Die kinetische Energie aller bewegten Getriebeglieder des ebenen Mechanismus ergibt sich unter Berücksichtigung der Translationsbewegungen aller Schwerpunkte und der Rotationen um die Schwerpunktachsen zu

$$T = \frac{1}{2} \sum_{i=2}^{I} [m_i(\dot{x}_{si}^2 + \dot{y}_{si}^2) + J_{si}\dot{\varphi}_i^2] \tag{2.5}$$

Bei räumlichen Mechanismen kommen weitere Terme hinzu, wobei u. a. auch die Zentrifugalmomente aller Einzelkörper zu berücksichtigen sind.

Werden die Beziehungen (2.2) benutzt, so ergibt sich

$$T = \frac{1}{2} \dot{q}^2 \sum_{i=2}^{I} [m_i(x_{si}'^2 + y_{si}'^2) + J_{si}\varphi_i'^2] \tag{2.5a}$$

Die kinetische Energie kann kurz in der Form

$$T = \frac{1}{2} J(q)\, \dot{q}^2 \tag{2.6}$$

geschrieben werden, wenn die generalisierte Masse

$$J(q) = \sum_{i=2}^{I} [m_i(x_{si}'^2 + y_{si}'^2) + J_{si}\varphi_i'^2] \tag{2.7}$$

eingeführt wird.

Vergleicht man Gl. (2.6) mit Gl. (2.5), so wird deutlich, daß die kinetische Energie der generalisierten Masse gleich ist der kinetischen Energie aller zu ersetzenden Massen.

Die generalisierte Masse $J(q)$ hat die Dimension eines Massenträgheitsmomentes, wenn die generalisierte Koordinate q ein Winkel ist, und sie hat die Dimension einer Masse, wenn q ein Weg ist. $J(q)$ ist stets positiv. Die auf die Glieder des Mechanismus wirkenden Kräfte F_{xi}; F_{yi} und Momente M_i werden mit einer Arbeitsbetrachtung auf die generalisierte Koordinate reduziert. Ihre Arbeit muß gleich sein der Arbeit der generalisierten Kraft Q. Es gilt somit

$$\mathrm{d}W = Q\,\mathrm{d}q = \sum_{i=2}^{I} [F_{xi}\,\mathrm{d}x_i + F_{yi}\,\mathrm{d}y_i + M_i\,\mathrm{d}\varphi_i] \tag{2.8}$$

Daraus ergibt sich für die Leistung:

$$Q\frac{dq}{dt} = \sum_{i=2}^{I}\left[F_{xi}\frac{dx_i}{dt} + F_{yi}\frac{dy_i}{dt} + M_i\frac{d\varphi_i}{dt}\right] \tag{2.9}$$

Mit (2.2) findet man nach einer Division durch $\dot{q}$ die gesuchte Gleichung für die generalisierte Kraft

$$Q = \sum_{i=2}^{I}[F_{xi}x_i' + F_{yi}y_i' + M_i\varphi_i'] \tag{2.10}$$

Die Kraft Q ist sowohl bei gleichmäßig als auch ungleichmäßig übersetzenden Mechanismen meist nicht konstant, sondern von der Stellung (q), der Geschwindigkeit ($\dot{q}$) oder der Zeit (t) abhängig. Sie resultiert oft aus der Differenz zwischen den an einem Mechanismus wirkenden Antriebs- und Arbeitskräften (am Abtrieb), und deshalb ist auf ihr Vorzeichen zu achten (vgl. 2.3.1).

Die *Lagrange*sche Gleichung zweiter Art lautet für dieses System mit einem Freiheitsgrad ([39]):

$$\frac{d}{dt}\left(\frac{\partial T}{\partial \dot{q}}\right) - \frac{\partial T}{\partial q} = Q \tag{2.11}$$

Die einzelnen Differentiationen liefern mit Gl. (2.6):

$$\frac{\partial T}{\partial \dot{q}} = J(q)\dot{q}$$

$$\frac{d}{dt}\left(\frac{\partial T}{\partial \dot{q}}\right) = \frac{dJ(q)}{dt}\,\dot{q} + J(q)\,\ddot{q} = J'(q)\,\dot{q}^2 + J(q)\,\ddot{q} \tag{2.12}$$

$$\frac{\partial T}{\partial q} = \frac{1}{2}\,J'(q)\,\dot{q}^2 \tag{2.13}$$

Einsetzen von Gl. (2.12) und Gl. (2.13) in Gl. (2.11) ergibt

$$\boxed{J(q)\ddot{q} + \frac{1}{2}\,J'(q)\,\dot{q}^2 = Q(q;\dot{q};t)} \tag{2.14}$$

Dies ist die Bewegungsgleichung für eine starre Maschine mit einem Freiheitsgrad. Die Trägheitseigenschaften der Maschine bezüglich des Antriebs werden durch $J(q)$ erfaßt. Das äußere Kraftfeld reduziert sich auf $Q(q;\dot{q};t)$. Es kommt deshalb zunächst immer darauf an, diese beiden Funktionen aus den Daten der konkreten Maschine zu berechnen. Falls der Bewegungszustand einer Maschine durch $q(t)$ und $\dot{q}(t)$ gegeben ist, läßt sich auf Grund dieser Gleichung die Kraftgröße Q berechnen, die diesen Zustand erzwingt. Falls q eine Wegkoordinate x ist, entspricht $J(q)$ einer Masse $m(x)$, und die verallgemeinerte Kraft Q wird zur Kraft F, so daß Gl. (2.14) lautet:

$$m(x)\ddot{x} + \frac{1}{2}\,m'(x)\,\dot{x}^2 = F(x;\dot{x};t) \tag{2.14a}$$

Falls q ein Winkel φ ist, entspricht $J(q)$ einem Massenträgheitsmoment $J(\varphi)$, und die verallgemeinerte Kraft Q wird zum Moment M, so daß Gl. (2.14) lautet:

$$J(\varphi)\,\ddot{\varphi} + \frac{1}{2}\,J'(\varphi)\,\dot{\varphi}^2 = M(\varphi;\dot{\varphi};t) \qquad (2.14\,\mathrm{b})$$

Da meist der Antrieb durch eine Drehbewegung erfolgt, wird im folgenden stets die Winkelkoordinate φ benutzt.

Die konkrete Lösung ergibt sich unter Berücksichtigung der Anfangsbedingungen

$$t = 0: \quad \varphi = \varphi_0; \quad \dot{\varphi} = \dot{\varphi}_0 \qquad (2.15)$$

2.2.2. Beispiele

2.2.2.1. Hubwerksgetriebe (gleichmäßig übersetzendes Getriebe)

Als Vertreter der gleichmäßig übersetzenden Getriebe wird das in Bild 2/2 dargestellte Hubwerksgetriebe eines Krans betrachtet, das aus zwei Zahnradübersetzungen und der translatorisch bewegten Last besteht. Es wird vorausgesetzt, daß das Hubseil mit der Länge l masselos und ebenso wie alle anderen Bauteile ideal starr ist.

Gegeben sind die geometrischen Größen des Systems, d. h. die Teilkreisradien der Zahnräder (r_2; r_3; r_4) und die Seillänge l (spielt im weiteren keine Rolle) sowie die Masseparameter des Systems, d. h. die Massenträgheitsmomente der Zahnräder um ihre Schwerpunktachsen, die mit den Drehachsen zusammenfallen (J_2; J_3; J_4) und die Masse der Hublast m_5.

Das äußere Kraftfeld besteht aus dem Eigengewicht der Last (der entgegen der Koordinatenrichtung y wirkenden Kraft $F_{y5} = -m_5 g$) und aus dem Antriebsmoment M_2.

Gesucht sind bezüglich der Koordinate $q = \varphi_2$ das reduzierte Massenträgheitsmoment J, das reduzierte Drehmoment M und die Bewegungsgleichung.

Die Lösung beginnt mit der Aufstellung der Zwangsbedingungen. Aus Bild 2/2 können folgende geometrische Beziehungen entnommen werden:

$$r_2\varphi_2 = -r_3\varphi_3; \quad r_3\varphi_3 = -r_4\varphi_4; \quad y_{s5} = r_4\varphi_4 - l$$

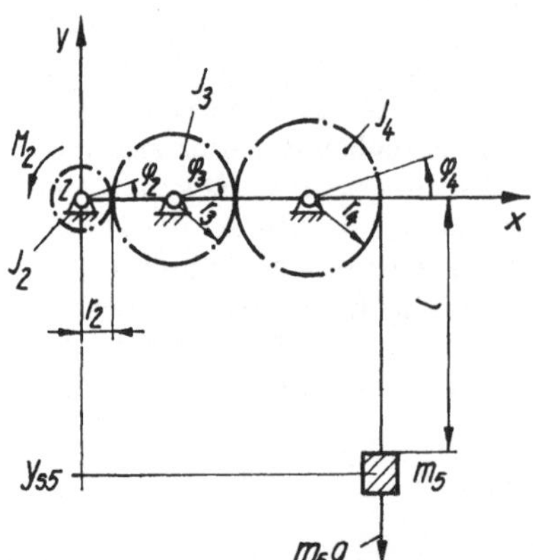

Bild 2/2. Getriebeschema eines Hubwerkes

Nach kurzer Umformung findet man daraus die gesuchten Zwangsbedingungen in der Form der Gln. (2.1):

$$\varphi_3 = -\frac{r_2}{r_3}\,\varphi_2; \quad \varphi_4 = \frac{r_2}{r_4}\,\varphi_2; \quad y_{s5} = r_2\varphi_2 - l$$

Die anderen x_{si}- und y_{si}-Koordinaten interessieren hier nicht, da die Körper zwei und drei reine Drehbewegungen ausführen.

Die für die Berechnung von $J(\varphi_2)$ benötigten Ableitungen lauten mit Gln. (2.2 u. 2.3)

$$\varphi_2{}' = 1; \quad \varphi_3{}' = -(r_2/r_3) = -i_{32}; \quad \varphi_4{}' = r_2/r_4 = i_{42}; \quad y_{s5}' = r_2$$

Im Falle dieses gleichmäßig übersetzenden Getriebes entsprechen den Ableitungen $\varphi_k{}'$ die konstanten Übersetzungsverhältnisse des Zahnradgetriebes $(i_{2k} = \varphi_k{}')$.

Das reduzierte Massenträgheitsmoment ergibt sich nach Gl. (2.7) für dieses Beispiel zu $J = J_2\varphi_2{}'^2 + J_3\varphi_3{}'^2 + J_4\varphi_4{}'^2 + m_5 y_{s5}'^2$, d. h. es ist

$$J = J_2 + J_3 i_{32}^2 + J_4 i_{42}^2 + m_5 r_2^2 = \text{konst} \tag{2.7a}$$

Daran erkennt man, daß die Übersetzungsverhältnisse i_{k2} bei der Berechnung der generalisierten *Masse* immer *zum Quadrat* eingehen und es also nicht auf ihr Vorzeichen (die Drehrichtung) ankommt. Dieses Quadrat des Übersetzungsverhältnisses hat zur Folge, daß das reduzierte Massenträgheitsmoment vieler Zahnradgetriebe im wesentlichen durch das Massenträgheitsmoment der schnellaufenden Stufe bestimmt wird und man das gesamte Massenträgheitsmoment eines Zahnradgetriebes oft durch das der ersten Stufe und einen Faktor (z. B. 1,1 bis 1,2) abschätzen kann.

Das reduzierte Moment an der Antriebswelle beträgt bei dem betrachteten Beispiel gemäß Gl. (2.10):

$$M = M_2 - m_5 g y_{s5}' = M_2 - m_5 g r_2 \tag{2.10a}$$

Bei der Berechnung des reduzierten Momentes gehen die Übersetzungsverhältnisse nur *linear* in die Rechnung ein, so daß es auch auf die Vorzeichen ankommt.

Die Bewegungsgleichung (2.14) ergibt sich für dieses Beispiel also zu

$$(J_2 + J_3 i_{32}^2 + J_4 i_{42}^2 + m_5 r_2^2)\,\ddot\varphi_2 + 0 = M_2 - m_5 g r_2$$

2.2.2.2. Rapierantrieb einer Webmaschine (ungleichmäßig übersetzendes Getriebe)

In den neuen Konstruktionen der sowjetischen schützenlosen Webmaschinen ATPR-120 wird als Rapier-Antrieb ein Räderkoppelgetriebe angewendet, dessen Getriebeschema Bild 2/3 zeigt. Auf dem unbeweglichen Sonnenrad *1* rollen die im umlaufenden Steg *2* gelagerten Zahnräder *3* und *4* ab, die die Antriebsbewegung auf das Zahnrad *5* übertragen. Der starr mit diesem Zahnrad verbundene Hebel schiebt mit seinem Ende das Rapier *6* auf einer Geraden (durch das Webfach) hin und her. Das Räderkoppelgetriebe ist so bemessen, daß sich das Rapier harmonisch gemäß

$$x_6 = 2l \cos \varphi_2$$

bewegt.

Gegeben: Antriebswinkelgeschwindigkeit Ω des Steges $(\varphi_2 = \Omega t)$, Zähnezahlen z_1; $z_3 = z_4$; z_5, Länge l, Radien r_1; $r_3 = r_4$, Massenträgheitsmoment des Steges um die Drehachse $J_{20} = J_{s2} + m_2 \xi_{s2}^2$, Masseparameter der Getriebeglieder $m_3 = m_4$; $J_{s3} = J_{s4}$; m_5; J_{s5}; ξ_5, m_6

Gesucht: 1. Reduziertes Massenträgheitsmoment $J(\varphi_2)$; 2. Antriebsmoment M am Steg bei $\dot{\varphi}_2 = \Omega$.

Zur Lösung werden zunächst die Zwangsbedingungen aus den geometrischen Verhältnissen in Bild 2/3 abgelesen und ihre Ableitungen nach der generalisierten Koordinate $q = \varphi_2$ gebildet. Da sich der Steg *2* um den festen Drehpunkt *0* dreht, wird mit J_{20} gerechnet und damit die Betrachtung der Schwerpunktbewegung $(x_{s2}; y_{s2})$ umgangen.

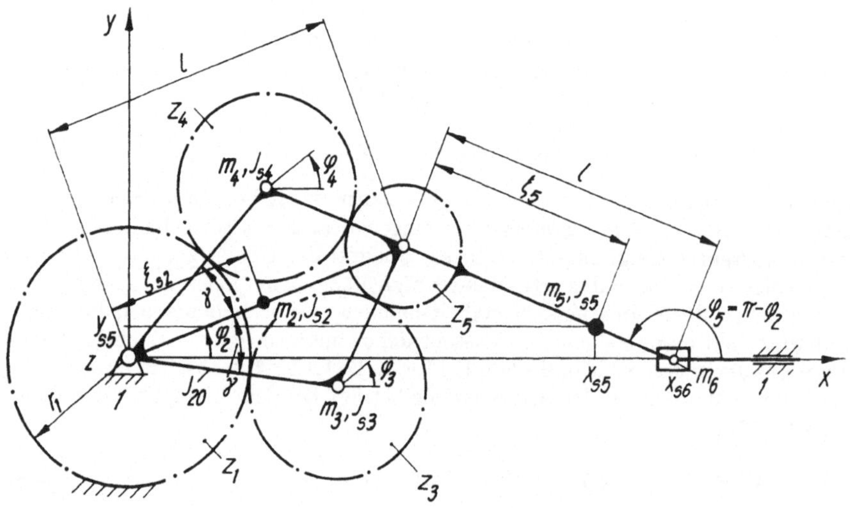

Bild 2/3. Rapierantrieb einer Webmaschine

Zwangsbedingungen	Ableitungen nach φ_2
	$\varphi_2{}' = 1$
$\varphi_3 = \varphi_4 = \varphi_2 \dfrac{z_1 + z_3}{z_3}$	$\varphi_3{}' = \varphi_4{}' = \dfrac{z_1 + z_3}{z_3}$
$\varphi_5 = \pi - \varphi_2$	$\varphi_5{}' = -1$
$x_{s3} = (r_1 + r_3) \cos(\varphi_2 - \gamma)$	$x_{s3}' = -(r_1 + r_3) \sin(\varphi_2 - \gamma)$
$y_{s3} = (r_1 + r_3) \sin(\varphi_2 - \gamma)$	$y_{s3}' = (r_1 + r_3) \cos(\varphi_2 - \gamma)$
$x_{s4} = (r_1 + r_3) \cos(\varphi_2 + \gamma)$	$x_{s4}' = -(r_1 + r_3) \sin(\varphi_2 + \gamma)$
$y_{s4} = (r_1 + r_3) \sin(\varphi_2 + \gamma)$	$y_{s4}' = (r_1 + r_3) \cos(\varphi_2 + \gamma)$
$x_{s5} = (l + \xi_5) \cos \varphi_2$	$x_{s5}' = -(l + \xi_5) \sin \varphi_2$
$y_{s5} = (l - \xi_5) \sin \varphi_2$	$y_{s5}' = (l - \xi_5) \cos \varphi_2$
$x_{s6} = 2l \cos \varphi_2$	$x_{s6}' = -2l \sin \varphi_2$
$y_{s6} = 0$	

Damit ergibt sich nach Gl. (2.7) unter Benutzung der Additionstheoreme:

$$\sin^2 \varphi_2 = \frac{1}{2}\,(1 - \cos 2\varphi_2);\quad \cos^2 \varphi_2 = \frac{1}{2}\,(1 + \cos 2\varphi_2)$$

das gesuchte reduzierte Massenträgheitsmoment

$$J(\varphi_2) = J_2 + 2m_3(r_1 + r_3)^2 + 2J_{s3}\left(\frac{z_1 + z_3}{z_3}\right)^2 + m_5\,(l^2 + \xi_5{}^2)$$
$$+ J_{s5} + 2m_6 l^2 - 2(m_5 l \xi_5 + m_6 l^2)\cos 2\varphi_2 \tag{2.7b}$$

Aus Gl. (2.14b) folgt, daß das Antriebsmoment als einzige eingeprägte Kraft bei konstanter Antriebsdrehzahl gleich

$$M = \frac{1}{2}\,J'(\varphi_2)\,\dot{\varphi}_2{}^2$$

ist. Mit der Ableitung des Massenträgheitsmomentes

$$J'(\varphi_2) = 4(m_5 l \xi_5 + m_6 l^2)\sin 2\varphi_2 \quad \text{und} \quad \dot{\varphi}_2 = \Omega$$

ergibt sich das Antriebsmoment aus Gl. (2.14b) zu

$$\underline{\underline{M = 2(m_5 l \xi_5 + m_6 l^2)\,\Omega^2 \sin 2\Omega t}}$$

Daraus sieht man, daß nur die ungleichmäßig bewegten Massen die Größe des Antriebsmomentes bestimmen, wenn die Drehzahl konstant ist.

Das harmonisch veränderliche Moment belastet die Zähne so, daß der Verschleiß nicht gleichmäßig über den Zahnkranz verteilt auftritt. Das zeitlich veränderliche Moment kann auch Schwingungen innerhalb des Antriebssystems verursachen. Diese Erscheinungen sind typisch für viele Antriebe von ungleichmäßig übersetzenden Getrieben.

2.2.2.3.   Bewegungsgleichung einer Großpresse

In einer Großpresse wird das in Bild 2/4 als Getriebeschema dargestellte 14gliedrige Koppelgetriebe eingesetzt. Die Getriebeglieder können bei der Berechnung des Antriebsmomentes als starr betrachtet werden.

Bei der Konstruktion der Antriebselemente sind neben der Kinematik besonders die dynamischen Kräfte von Bedeutung, die bei den Betriebszuständen *Anfahren*, *Umformen* und *Bremsen* auftreten. Den Ausgangspunkt bildet dabei die Lösung der Bewegungsgleichung (2.14). Die Lösung solcher Aufgaben ist auf manuellem Wege zu mühsam und teuer.

Wie geht der Konstrukteur vor? Aus den gegebenen geometrischen und Masseparametern wird zunächst mit Hilfe von Rechenprogrammen (vgl. Anhang, z. B. (P 2/1) und (P 2/3); [2/11]) der Verlauf des reduzierten Massenträgheitsmomentes und dessen Ableitung berechnet. Diese Rechenergebnisse sind für die untersuchte Presse in Bild 2/5 dargestellt.

Entsprechend den interessierenden Betriebszuständen sind mehrere Kraftfelder zu beachten:

1. Beim Bremsen oder Kuppeln treten infolge der druckluftgesteuerten Reibkupplungen bzw. -bremsen Antriebsmomente auf, die nur von der Zeit abhängen: $M(t)$.

2. Beim stationären Betriebszustand liegt entsprechend der Motorkennlinie ein nur von der Winkelgeschwindigkeit abhängiges Moment vor: $M(\dot{\varphi}_2)$; (vgl. 1.5.2.).

3. Beim Pressen treten Kräfte auf, die sowohl weg- als auch geschwindigkeitsabhängig sind, und auf die Antriebswelle reduziert werden müssen: $M(\varphi_2, \dot{\varphi}_2)$.

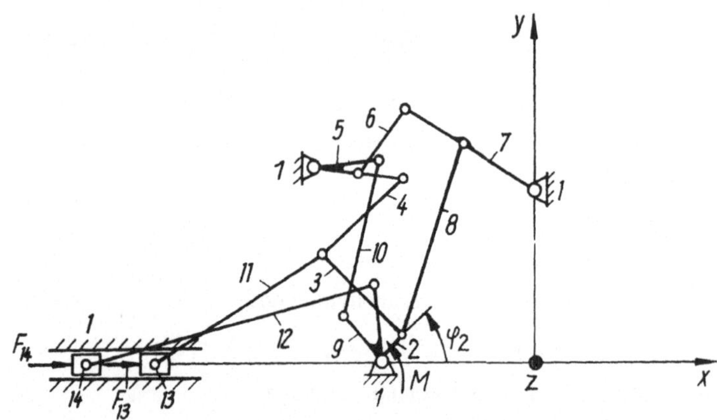

Bild 2/4. Getriebeschema eines 14gliedrigen Pressengetriebes

Der Konstrukteur hat dabei die Aufgabe, die technischen Daten, die für eine solche Rechnung benötigt werden, gewissenhaft zusammenzustellen, d. h. das Kraftfeld möglichst genau (z. B. aus Messungen) zu bestimmen. Die Lösung der Bewegungsgleichung kann dann auch mit EDV-Programmen erfolgen (vgl. 2.3.).

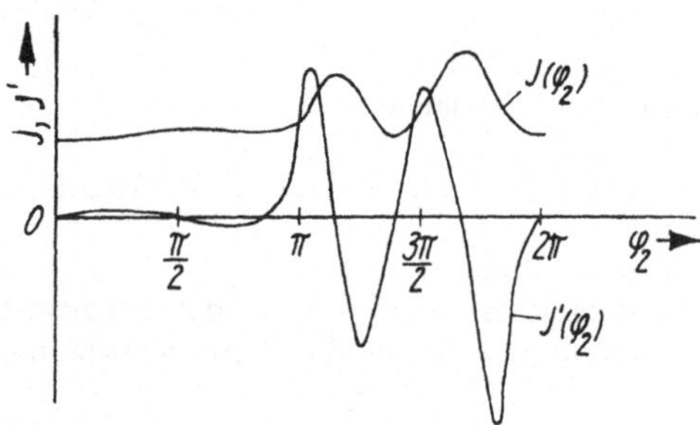

Bild 2/5. Verlauf des reduzierten Massenträgheitsmomentes $J(\varphi_2)$ und dessen Ableitung $J'(\varphi_2)$ für das in Bild 2/4 dargestellte Pressengetriebe

2.2.3.   Aufgaben A 2/1 bis A 2/3

A 2/1:   Dem Antriebssystem eines Tagebau-Bandabsetzers zum Verkippen von Abraum entspricht das in Bild 2/6 stark vereinfacht dargestellte Berechnungsmodell. Das Drehwerk, welches aus Motor, Kupplung und zwei Getrieben besteht, setzt den Oberbau in Bewegung.

Gegeben: Massenträgheitsmomente von Motor $J_2 = 2{,}14\ \mathrm{kgm^2}$; Kupplung $J_3 = 1{,}12\ \mathrm{kgm^2}$;

Getriebe *1* $J_4 = 22{,}6\ \mathrm{kgm^2}$; } bezogen auf
Getriebe *2* $J_5 = 4540\ \mathrm{kgm^2}$; } Getriebeausgang

Maschinenhaus $J_6 = 118{,}5 \cdot 10^3\ \mathrm{tm^2}$;

Massen des Oberbaus: $m_7 = 20{,}5\ \mathrm{t}$; $m_8 = 185\ \mathrm{t}$;

Längen des Oberbaus: $l_7 = 110\ \mathrm{m}$; $l_8 = 61\ \mathrm{m}$;

Übersetzungsverhältnisse der Getriebe: $i_{24} = i_{34} = 627$; $i_{45} = 36{,}2$

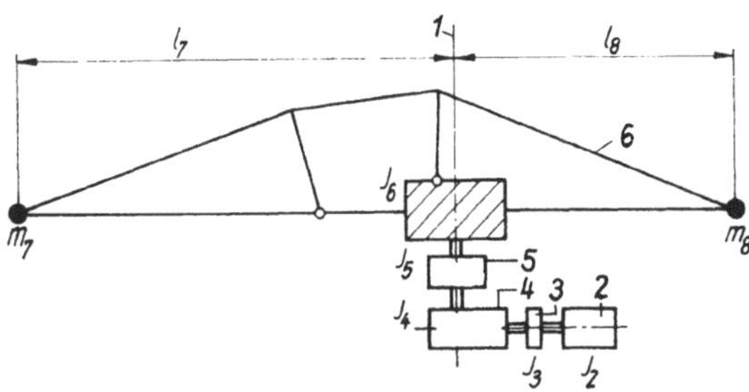

Bild 2/6. Kinematisches Schema eines Tagebau-Bandabsetzers

1 Schwenkachse; *2* Motor; *3* Kupplung; *4* Getriebe; *5* Getriebe 2; *6* Oberbau 1

Gesucht: 1. Antriebsmoment des Motors, so daß der Oberbau mit einer Winkelbeschleunigung von $\alpha = 0{,}0007\ \mathrm{1/s^2}$ bewegt wird.

2. Antriebsmoment bezogen auf die Schwenkachse.

3. Der Einfluß der einzelnen Massen und Massenträgheitsmomente auf das reduzierte Massenträgheitsmoment ist zu beurteilen.

A 2/2: Schubkurbelgetriebe werden zur Umformung von Dreh- in Schubbewegungen (und umgekehrt) eingesetzt. Für dynamische Berechnungen wird dabei das auf den Kurbelwinkel reduzierte Massenträgheitsmoment benötigt.

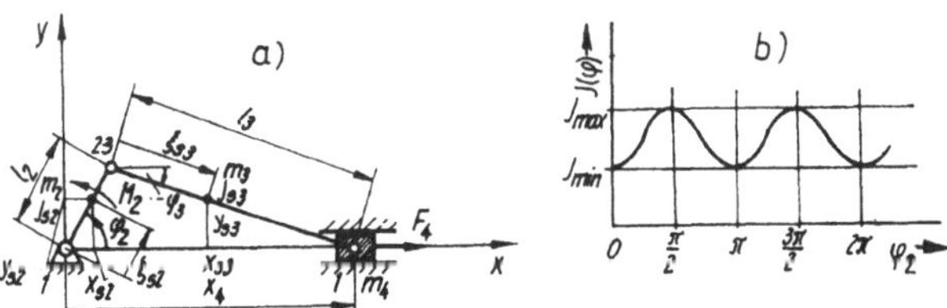

Bild 2/7. Schubkurbelgetriebe

a) Bezeichnung der Parameter, b) Verlauf des reduzierten Massenträgheitsmomentes

Gegeben: Abmessungen und Parameter gemäß Bild 2/7.

Gesucht: 1. Reduziertes Massenträgheitsmoment $J(\varphi_2)$

2. Reduziertes Massenträgheitsmoment $J(\varphi_2)$ unter Benutzung von 2 Ersatzmassen für die Pleulstange

3. Mittelwert J_{ers} für das reduzierte Massenträgheitsmoment

4. Von dem Kurbeltrieb auf die Kurbelwelle ausgeübtes Moment bei $\dot\varphi_2 = \Omega$

Der Verlauf von $J(\varphi_2)$ ist zu skizzieren.

Das Schubstangenverhältnis liegt praktisch meist in der Größenordnung $\lambda = l_2/l_3$ = 0,2 bis 0,3. Man nutze diese Tatsache aus, indem man die entstehenden Wurzelausdrücke in Reihen entwickelt und λ^2 gegenüber 1 vernachlässigt.

A 2/3:   Für das Stoßmeißelgetriebe einer Senkrechtstoßmaschine soll das Antriebsmoment im Leerlauf für konstante Drehzahl ermittelt werden.

Arbeits- und Reibungswiderstände und kleine (hier nicht angegebene) Massen werden vernachlässigt.

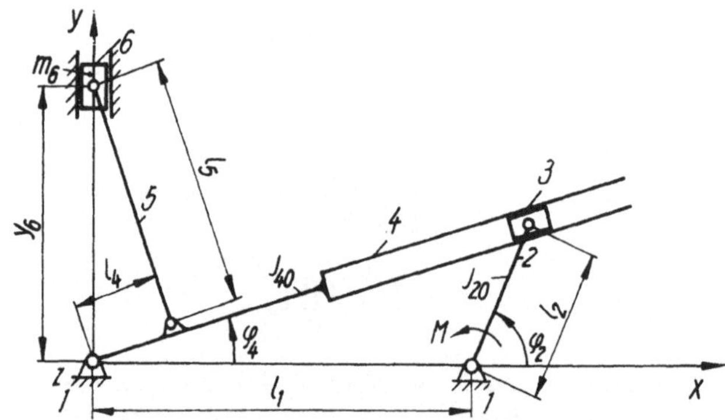

Bild 2/8. Getriebeschema einer Senkrechtstoßmaschine

Gegeben: Geometrische Abmessungen und Masseparameter nach Bild 2/8. Konstante Antriebsdrehzahl n. Die Massenträgheitsmomente J_{20} und J_{40} beziehen sich auf die festen Drehachsen der Glieder *2* und *4*.

Gesucht: 1. Übersetzungsverhältnisse $\varphi_4'(\varphi_2)$; $y_6'(\varphi_2)$
2. Reduziertes Massenträgheitsmoment $J(\varphi_2)$
3. Antriebsmoment $M(\varphi_2)$ für konstante Drehzahl.

Die Längenverhältnisse $\lambda_1 = \dfrac{l_2}{l_1}$ und $\lambda_2 = \dfrac{l_4}{l_5}$ sind wesentlich kleiner als 1, so daß bei Reihenentwicklung die höheren Potenzen von ihnen vernachlässigt werden können. Man berücksichtige beim Antriebsmoment diese Glieder nur bis zur dritten Potenz.

2.2.4.   Lösungen L 2/1 bis L 2/3

L 2/1:   Es handelt sich um ein gleichmäßig übersetzendes Getriebe ($J' = 0$). Damit folgt das Antriebsmoment aus Gl. (2.14) zu

$$M = J_{\text{red2}}\ddot{\varphi} = (J_{\text{Ared2}} + J_{\text{Ored2}})\,\ddot{\varphi}$$

Das auf die Motorwelle reduzierte Massenträgheitsmoment des Antriebs ist (vgl. Gln. (2.7) und (2.3))

$$J_{\text{Ared2}} = J_2 + J_3 + J_4 i_{42}^2 + J_5 i_{52}^2$$

$$J_{\text{Ared2}} = J_2 + J_3 + \frac{J_4}{i_{24}^2} + \frac{J_5}{i_{24}^2 i_{45}^2} = 3{,}26 \text{ kgm}^2$$

Das auf die Motorwelle reduzierte Massenträgheitsmoment des Oberbaues ist

$$J_{\text{Ored2}} = \frac{J_6 + m_7 l_7^2 + m_8 l_8^2}{i_{24}^2 i_{45}^2} = \frac{1055 \cdot 10^3 \text{ tm}^2}{22\,665^2} = 2{,}05 \text{ kgm}^2$$

Das Antriebsmoment des Motors ist daher mit $\ddot{\varphi} = \alpha i_{24} i_{45} = 15{,}43\ 1/\mathrm{s}^2$

$$\underline{\underline{M_M}} = (3{,}26 + 2{,}05)\ 15{,}43\ \mathrm{kgm^2/s^2} = \underline{\underline{84{,}3\ \mathrm{Nm}}}$$

Bezogen auf die Schwenkachse entspricht dies einem Moment von

$$\underline{\underline{M_0}} = i_{24} i_{45} M_M = 22\,665 \cdot 84{,}3\ \mathrm{Nm} = \underline{\underline{1911\ \mathrm{kNm}}}$$

Wie die obigen Zahlenwerte zeigen, ist das reduzierte Massenträgheitsmoment des Antriebssystems wegen des großen Übersetzungsverhältnisses größer (und hat damit einen größeren Einfluß auf das Anlaufverhalten) als das des gesamten Oberbaus mit seinen riesigen Massen.

L 2/2: Für das Schubkurbelgetriebe ergeben sich nach kurzer Rechnung die in der ersten Spalte von Tabelle 2/1 angegebenen exakten Koordinatenwerte auf Grund einfacher geometrischer Beziehungen. In der zweiten und dritten Spalte sind die Werte angegeben, die sich für $\lambda = l_2/l_3 \ll 1$ durch eine Reihenentwicklung ergeben. Das reduzierte Massenträgheitsmoment erhält man gemäß Gl. (2.7) zu

$$J(\varphi_2) = m_2(x_{s2}'^2 + y_{s2}'^2) + J_{s2}\varphi_2'^2 + m_3(x_{s3}'^2 + y_{s3}'^2) + J_{s3}\varphi_3'^2 + m_4 x_{s4}'^2$$

Berücksichtigt man nur Terme bis zur 2. Potenz von λ, folgt mit den Werten aus der dritten Spalte von Tabelle 2/1

$$J(\varphi_2) = m_2\xi_{s2}^2 + J_{s2}$$

$$+ m_3 l_2^2 \left\{ 1 + \left[-2\,\frac{\xi_{s3}}{l_3} + \left(\frac{\xi_{s3}}{l_3}\right)^2 \right] \cos^2\varphi_2 + 2\,\frac{\xi_{s3}}{l_3}\,\lambda\sin^2\varphi_2\cos\varphi_2 + \cdots \right\}$$

$$+ J_{s3}\lambda^2\cos^2\varphi_2 + m_4 l_2^2 \sin^2\varphi_2(1 + 2\lambda\cos\varphi_2 + \cdots)$$

Tabelle 2/1. Koordinaten des Schubkurbelgetriebes (Bild 2/7a) und ihre ersten partiellen Ableitungen

Koordinaten exakt	Koordinaten für $\lambda = l_2/l_3 \ll 1$	Ableitungen der Koordinaten nach φ_2 für $\lambda \ll 1$
$x_{s2} = \xi_{s2}\cos\varphi_2$	$x_{s2} = \xi_{s2}\cos\varphi_2$	$x_{s2}' = -\xi_{s2}\sin\varphi_2$
$y_{s2} = \xi_{s2}\sin\varphi_2$	$y_{s2} = \xi_{s2}\sin\varphi_2$	$y_{s2}' = \xi_{s2}\cos\varphi_2$
$x_{s3} = l_2\cos\varphi_2 + \xi_{s3}\cos\varphi_3$	$x_{s3} = l_2\cos\varphi_2 + \xi_{s3}\left(1 - \dfrac{1}{2}\lambda^2\sin^2\varphi_2 - \cdots\right)$	$x_{s3}' = -l_2\sin\varphi_2 - \xi_{s3}\left(\lambda^2\sin\varphi_2\cos\varphi_2 - \cdots\right)$
$y_{s3} = l_2\sin\varphi_2 + \xi_{s3}\sin\varphi_3$	$y_{s3} = l_2\sin\varphi_2 - \xi_{s3}\lambda\sin\varphi_2$	$y_{s3}' = l_2\cos\varphi_2 - \xi_{s3}\lambda\cos\varphi_2$
$x_4 = x_{s4} = l_2\cos\varphi_2 + l_3\cos\varphi_3$	$x_4 = x_{s4} = l_2\cos\varphi_2 + l_3\left(1 - \dfrac{1}{2}\lambda^2\sin^2\varphi_2 - \cdots\right)$	$x_{s4}' = -l_2\sin\varphi_2 + l_3\left(-\lambda^2\sin\varphi_2\cos\varphi_2 - \cdots\right)$
$y_{s4} = 0$	$y_{s4} = 0$	$y_{s4}' = 0$
$\sin\varphi_3 = -\lambda\sin\varphi_2$	$\sin\varphi_3 = -\lambda\sin\varphi_2$	
$\cos\varphi_3 = \sqrt{1 - \lambda^2\sin^2\varphi_2}$	$\cos\varphi_3 = 1 - \dfrac{1}{2}\lambda^2\sin^2\varphi_2 - \dfrac{1}{8}\lambda^4\sin^4\varphi_2 - \cdots$	
$\varphi_3 = \arcsin(-\lambda\sin\varphi_2)$	$\varphi_3 = -\lambda\sin\varphi_2 - \dfrac{\lambda^3}{6}\sin^3\varphi_2 - \cdots$	$\varphi_3' = -\lambda\cos\varphi_2 + \dfrac{\lambda^3}{2}\sin^2\varphi_2\cos\varphi_2 - \cdots$

Man erkennt daraus, daß der Einfluß des Pleuelträgheitsmomentes J_{s3} gering ist, da das Schubstangenverhältnis λ im Quadrat steht. Es liegt also nahe, dieses Glied genauso wie alle anderen Glieder mit höheren λ-Potenzen zu vernachlässigen. Diese Vernachlässigung ermöglicht aber eine Aufteilung der Pleuelmasse m_3 in zwei Ersatzmassen m_{32} und m_{34} am Kurbel- und Kolbenbolzen so, daß Masse und Schwerpunktlage erhalten bleiben (Bild 2/9).

Es gilt: $m_{32} + m_{34} = m_3$ und $m_{34}(l_3 - \xi_{s3}) = m_{32}\xi_{s3}$

Daraus ergibt sich

$$m_{34} = m_3 \frac{\xi_{s3}}{l_3} ; \quad m_{32} = m_3 \left(1 - \frac{\xi_{s3}}{l_3}\right)$$

Das reduzierte Massenträgheitsmoment läßt sich damit unter Verwendung der Ersatzmassen m_{32} und m_{34} angeben. Mit $J_A = J_{s2} + m_2\xi_{s2}^2$ findet man:

$$J(\varphi_2) = J_A + m_{32}r^2 + (m_4 + m_{34})\, r^2 \sin^2 \varphi_2(1 + 2\lambda \cos \varphi_2 + \cdots)$$

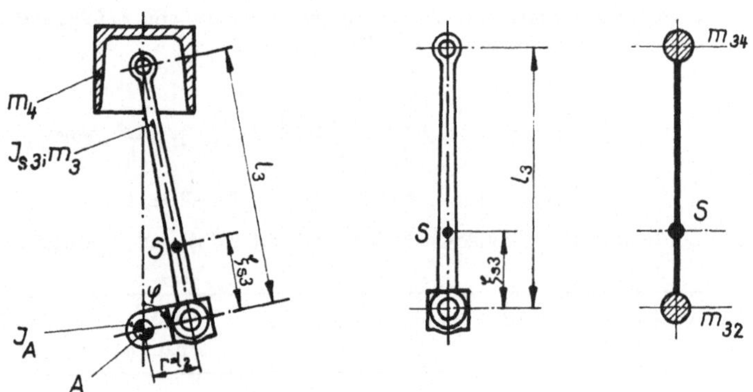

Bild 2/9. Aufteilung der Pleuelmasse auf zwei Ersatzmassen

Es setzt sich aus einem konstanten und einem winkelabhängigen Anteil zusammen:

$$J(\varphi_2) = J_0 + J_1(\varphi_2)$$

Unter der Voraussetzung $J_0 \gg J_{1\,\mathrm{max}}$, die bei Kolbenmotoren meist erfüllt ist, kann man eine Mittelwertbildung durchführen. Es gilt

$$J_{\mathrm{ers}} = \frac{1}{2\pi} \int\limits_0^{2\pi} J(\varphi_2)\, d\varphi_2 = J_A + m_{32}r^2 + \frac{1}{2}(m_4 + m_{34})\, r^2$$

Damit sich die Kurbelwelle mit konstanter Winkelgeschwindigkeit $\dot{\varphi}_2 = \Omega$ dreht, muß an ihr das Moment gemäß Gl. (2.14) angreifen. Setzt man $J(\varphi_2)$ in Gl. (2.14) ein, so ergibt sich

$$M = (m_4 + m_{34})\, r^2\Omega^2 \left[-\frac{1}{4}\lambda \sin \Omega t + \frac{1}{2}\sin 2\Omega t + \frac{3}{4}\lambda \sin 3\Omega t \right]$$

Von dem bewegten Kurbeltrieb wird aber das Reaktionsmoment

$$M_{\mathrm{ers}} = -M$$

auf die Kurbelwelle ausgeübt. Man kann also das Schubkurbelgetriebe durch eine Drehmasse J_{ers}, an der das äußere Erregermoment M_{ers} angreift, ersetzen.

L 2/3: Aus den Zwangsbedingungen für diesen Mechanismus folgt für $\varphi_4 = \varphi_4(\varphi_2)$ mit $\lambda_1 = l_2/l_1$

$$\sin \varphi_4 = \frac{l_2 \sin \varphi_2}{\sqrt{(l_2 \sin \varphi_2)^2 + (l_1 + l_2 \cos \varphi_2)^2}} = \frac{\lambda_1 \sin \varphi_2}{\sqrt{1 + \lambda_1^2 + 2\lambda_1 \cos \varphi_2}}$$

$$\cos \varphi_4 = \frac{l_1 + l_2 \cos \varphi_2}{\sqrt{(l_2 \sin \varphi_2)^2 + (l_1 + l_2 \cos \varphi_2)^2}} = \frac{1 + \lambda_1 \cos \varphi_2}{\sqrt{1 + \lambda_1^2 + 2\lambda_1 \cos \varphi_2}}$$

Für $\lambda_1 \ll 1$ ergeben Reihenentwicklungen:

$$\sin \varphi_4 = \lambda_1 \sin \varphi_2 - \lambda_1^2 \sin \varphi_2 \cos \varphi_2 + \cdots \qquad \cos \varphi_4 = 1 - \frac{1}{2} \lambda_1^2 \sin^2 \varphi_2 + \cdots$$

$$y_6 = l_5 \sqrt{1 - \left(\frac{l_4}{l_5}\right)^2 \cos^2 \varphi_4} + l_4 \sin \varphi_4; \quad \lambda_2 = l_4/l_5$$

$$y_6 = l_5 \left(1 - \frac{1}{2} \lambda_2^2 \cos^2 \varphi_4\right) + l_4 \sin \varphi_4$$

$$y_6 = l_4 \left\{ \lambda_2^{-1} \left(1 - \frac{1}{2} \lambda_2^2 + \frac{\lambda_1^2 \lambda_2^2}{2} \sin^2 \varphi_2\right) + \lambda_1 \sin \varphi_2 - \lambda_1^2 \sin \varphi_2 \cos \varphi_2 \right\}$$

Damit lassen sich die Übersetzungsverhältnisse angeben.
Mit $\lambda_1 \ll 1$; $\lambda_2 \ll 1$ gilt

$$\varphi_4 = \arcsin \varphi_4 = \lambda_1 \sin \varphi_2 - \lambda_1^2 \sin \varphi_2 \cos \varphi_2 + \cdots$$

$$\varphi_4' = \lambda_1 \cos \varphi_2 - \lambda_1^2 \cos 2\varphi_2$$

$$y_6' = l_4(\lambda_1 \cos \varphi_2 - \lambda_1^2 \cos 2\varphi_2)$$

Nach Gl. (2.7) ergibt sich das reduzierte Massenträgheitsmoment

$$J(\varphi_2) = J_{20} + J_{40}\varphi_4'^2 + m_6 y_6'^2$$

$$J(\varphi_2) = J_{20} + (J_{40} + m_6 l_4^2)(\lambda_1 \cos \varphi_2 - \lambda_1^2 \cos 2\varphi_2)^2$$

Das Antriebsmoment bei $\varphi_2 = \Omega t$, $\dot\varphi_2 = \Omega$ lautet

$$M(\varphi_2) = \frac{1}{2} J'(\varphi_2)\,\Omega^2 = -\Omega^2(J_{40} + m_6 l_4^2)\, 2(\lambda_1 \cos \varphi_2 - \lambda_1^2 \cos 2\varphi_2)(\lambda_1 \sin \varphi_2$$
$$- 2\lambda_1^2 \sin 2\varphi_2)$$

$$\underline{M(\varphi_2) = -(J_{40} + m_6 l_4^2)\,\Omega^2\{-\lambda_1^3 \sin \varphi_2 + \lambda_1^2 \sin 2\varphi_2 - 3\lambda_1^3 \sin 3\varphi_2\}}$$

Es ergibt sich, wie auch beim einfachen Kurbeltrieb (L 2/2), ein periodisches Moment, dessen 2. Harmonische den größten Wert hat.

2.3. Bewegungszustände der starren Maschine

2.3.1. Allgemeines

Der zeitliche Verlauf der Antriebsbewegung kann bei gegebenem reduziertem Massenträgheitsmoment $J(\varphi_2)$ und dem Moment M [vgl. Gl. (2.10)] durch Integration der Bewegungsgleichung (2.14) gewonnen werden. Eine wesentliche Rolle spielt dabei

die Erfassung der realen äußeren Kräfte und Momente, die auf die Glieder der
Maschine wirken. In 1.5.2. ist etwas zur mathematischen Beschreibung von Motor-
und Bremskennlinien sowie zur Erfassung von technologischen Arbeitswiderständen
gesagt worden. Eine einfache geschlossene Lösung der Bewegungsgleichung (2.14)
ist bei konservativem Kraftfeld möglich. Für Spezialfälle der anderen Kraftfelder
wurde eine Reihe von Näherungsverfahren entwickelt, die z. B. in [2/4] angegeben sind.
Im allgemeinen wendet man numerische Integrationsverfahren an, die auf dem
Vorgehen von *Runge* und *Kutta* basieren, wofür praktisch in jedem modernen Rechenzentrum Unterprogramme vorliegen. Es existieren Programme, die für ebene Koppelgetriebe beliebiger Struktur die Berechnung der Koeffizienten (J; J'; M) und die
Integration der Dgl. (2.14) liefern [vgl. Anhang (P 2/1)].
Das Ergebnis der Integration ist der Verlauf des Antriebswinkels $\varphi(t)$ und dessen
zeitliche Ableitungen $\dot\varphi(t)$ und $\ddot\varphi(t)$.

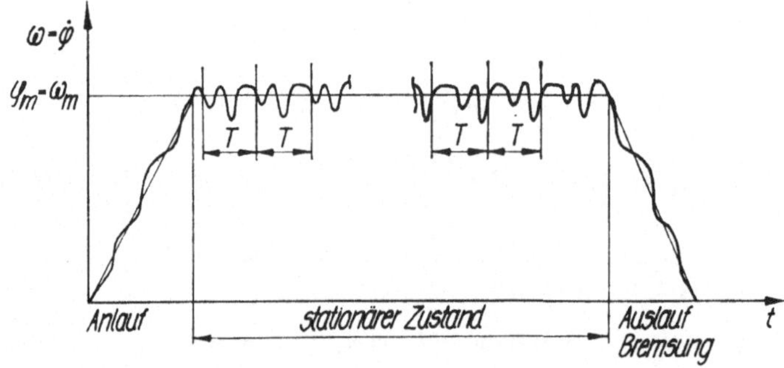

Bild 2/10. Arbeitszyklus (Tachogramm) eines einzelnen Mechanismus

Der Arbeitszyklus eines Mechanismus hat meist den in Bild 2/10 schematisch dargestellten Verlauf, d. h., er besteht aus dem Anlauf-, dem stationären (oder Dauer-)
Zustand und dem Auslauf. Je nachdem, welcher Betriebszustand überwiegt, unter-
scheidet man Maschinen mit veränderlichem und mit konstantem Arbeitszyklus.
Zur ersten Gruppe gehören die Krane, Bagger, Fahrzeuge, Fördermittel, Pressen,
Stell- und Regeleinrichtungen u. a., bei denen sich die Anfahr- und Bremsvorgänge
häufig wiederholen.
Die Bewegung der Maschinen der 2. Gruppe verläuft überwiegend periodisch, so
daß von ihnen vor allem der stationäre Betriebszustand untersucht wird. In diese
Gruppe gehören die meisten Textil-, Werkzeug- und Verarbeitungsmaschinen sowie
Verbrennungsmotoren und Turbinen.
In der Praxis interessieren bei *Anlauf-* und *Bremsvorgängen* meist die Anfahr- bzw.
Bremszeiten oder die Anfahr- bzw. Bremswege und -winkel, je nach Aufgabenstellung.
Diese Größen benutzt der Konstrukteur, um verschiedene Antriebssysteme zu ver-
gleichen, um Motoren, Bremsen und Kupplungen auszuwählen. Auch die dynami-
schen Kräfte, die man zur Dimensionierung der Getriebeglieder und Gelenke (Bolzen,
Lager, Zähne usw.) benötigt, können berechnet werden, wenn der tatsächliche
Bewegungsablauf bekannt ist. Sie nehmen oft bei Anfahr- und Bremsvorgängen
extreme Werte an, die für den Festigkeitsnachweis ermittelt werden müssen.
Für den *stationären Betriebszustand* interessiert meist der Bewegungsablauf über
eine volle Kurbelumdrehung. Weil Drehzahlschwankungen den technologischen
Arbeitsablauf störend beeinflussen können, will man oft wissen, welche extremen

Abweichungen von der mittleren Drehzahl entstehen. Für die Berechnung der dynamischen Belastungen im Dauerbetrieb (Betriebsfestigkeit) ist dieser Betriebszustand maßgebend.

Bei manchen Maschinen herrscht im Dauerbetrieb ein statisches Gleichgewicht zwischen Antriebs- (M_{an}) und Arbeitsmomenten (M_{w}). Dann ist in Gl. (2.14) $M = M_{\mathrm{an}} - M_{\mathrm{w}} = 0$, und es tritt keine Veränderung der kinetischen Energie auf.

Die stationäre Drehzahl eines solchen Antriebs [falls $J(\varphi) =$ konst, ist dies die mittlere Drehzahl] erhält man einfach dadurch, daß man die Drehmomenten-Kennlinie des Motors und der Arbeitsmaschine in ein Diagramm zeichnet, wie dies Bild 2/11 für ein Fahrzeug (3) und einen Drehstrommotor mit den Kennlinien *1* und *2* zeigt. Die Schnittpunkte der Linien geben die sog. Arbeitspunkte an (A, B, C).

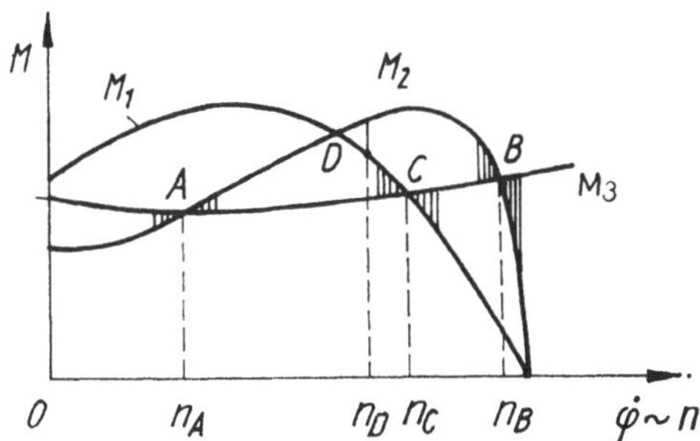

Bild 2/11. Arbeitspunkte im stationären Betrieb als Schnittpunkte von Kennlinien

Allerdings ist nicht jeder Schnittpunkt ein stabiler Arbeitspunkt, auf dessen Drehzahl sich die Maschine einstellt. Mit Kennlinie *1* ist der Motor in der Lage, das Fahrzeug aus dem Ruhezustand zu beschleunigen, da sie bei $\dot{\varphi} = 0$ im Gegensatz zur Kennlinie *2* ein größeres Moment als die Fahrwiderstände liefert. Als stationärer Zustand würde sich der Arbeitspunkt C einstellen. Schaltet man den Motor bei der Drehzahl n_{D} von Kennlinie *1* auf Kennlinie *2* um, so beschleunigt er bis zum stabilen Arbeitspunkt B. Der Arbeitspunkt A der Kennlinie *2* ist instabil, denn bei kleinen Störungen (z. B. Drehzahlabfall) würde das überwiegende Moment M_{w} das System bis zum Stillstand bremsen oder bei Drehzahlerhöhung eine Steigerung bis zum Arbeitspunkt B hervorrufen. Mit Kennlinie *1* stellt sich also die Drehzahl n_C, mit Kennlinie *2* die Drehzahl n_B ein.

Die Berechnung der Antriebsleistung ist praktisch ohne große Bedeutung, da die Motoren im allgemeinen nach der thermischen Belastung unter Beachtung der relativen Einschaltdauer ausgewählt werden und nicht nach der (in Katalogen allerdings genannten) Antriebsleistung. Für die Charakterisierung des dynamischen Verhaltens und der mechanischen Belastung der Maschinenelemente ist das Antriebsmoment aussagefähiger.

2.3.2. Bewegung bei konservativem Kraftfeld

Aus dem Arbeitssatz folgt (vgl. [39]):

$$T - T_0 = \frac{1}{2} J(\varphi)\, \dot{\varphi}^2 - \frac{1}{2} J(\varphi_0)\, \dot{\varphi}_0^2 = \int\limits_{\varphi_0}^{\varphi} M(\bar{\varphi})\, \mathrm{d}\bar{\varphi} = W(\varphi, \varphi_0) \qquad (2.16)$$

Die totale Differentiation dieser Gleichung nach φ würde wieder auf die Gl. (2.14) führen.

Die Variable $\bar{\varphi}$ wurde eingeführt, um den Unterschied zwischen der Integrationsvariablen und den Integrationsgrenzen hervorzuheben. Gleichung (2.16) ist eine wichtige Beziehung zwischen der kinetischen Energie [vgl. Gl. (2.6)] und der Arbeit $W(\varphi; \varphi_0)$ des äußeren Kraftfeldes. Aus Gl. (2.16) folgt die Winkelgeschwindigkeit als Funktion des Drehwinkels:

$$\dot{\varphi}(\varphi) = \sqrt{\frac{J(\varphi_0)\,\dot{\varphi}_0{}^2 + 2W(\varphi;\varphi_0)}{J(\varphi)}} = \dot{\varphi}_0 \sqrt{\frac{J(\varphi_0)}{J(\varphi)}\left(1 + \frac{W(\varphi;\varphi_0)}{T_0}\right)} \qquad (2.17)$$

Aus der Funktion $\dot{\varphi}(\varphi)$ nach Gl. (2.17) kann durch eine weitere Integration die gewünschte Zeitabhängigkeit auf folgende Weise gefunden werden. Allgemein gilt

$$\dot{\varphi}(\varphi) = \frac{d\varphi}{dt} \quad \text{bzw.} \quad dt = \frac{d\varphi}{\dot{\varphi}(\varphi)} \qquad (2.18)$$

Die Integration von Gl. (2.18) liefert mit den Anfangsbedingungen $t = 0$: $\varphi = \varphi_0$; $\dot{\varphi} = \dot{\varphi}_0$ mit Gl. (2.17):

$$t = \int\limits_0^t dt = \int\limits_{\varphi_0}^{\varphi} \frac{d\bar{\varphi}}{\dot{\varphi}(\bar{\varphi})} = \int\limits_{\varphi_0}^{\varphi} \sqrt{\frac{J(\bar{\varphi})}{J(\varphi_0)\,\dot{\varphi}_0{}^2 + 2W(\bar{\varphi};\varphi_0)}}\, d\bar{\varphi} \qquad (2.19)$$

Damit ist eine Abhängigkeit $t = t(\varphi)$, d. h. die Umkehrfunktion von $\varphi = \varphi(t)$ gefunden.

Die Rechnung kann nun in folgenden Schritten ablaufen:

a) Bestimmung von $J(\varphi)$ und $M(\varphi)$
b) Berechnung von $\dot{\varphi}(\varphi)$ nach Gl. (2.17)
c) Berechnung von $t(\varphi)$ nach Gl. (2.19)
d) Bildung der Umkehrfunktion $\varphi(t)$
e) Berechnung von $\dot{\varphi}(t)$ und $\ddot{\varphi}(t)$ aus $\varphi(t)$.

Die Lösung ist somit auf eine Folge von Quadraturen (Integrationen) zurückgeführt worden, die durch numerische Integrationsverfahren mit Hilfe von Kleinrechnern relativ leicht ausgeführt werden können.

Befindet sich die Maschine bei höheren Drehzahlen im stationären Betriebszustand, so läßt sich Gl. (2.17) vereinfachen. Die Arbeit W der äußeren Kräfte ist dann wesentlich kleiner als die kinetische Energie T_0 (Der Winkel φ_0 und die dort vorliegende Winkelgeschwindigkeit $\dot{\varphi}_0$ beziehen sich auf einen beliebig zu wählenden Anfangswert im stationären Bereich.) Man kann dann eine Reihenentwicklung von Gl. (2.17) vornehmen und findet

$$\dot{\varphi}(\varphi) = \dot{\varphi}_0 \sqrt{\frac{J(\varphi_0)}{J(\varphi)}}\left[1 + \frac{W(\varphi_0;\varphi)}{2T_0} + \cdots\right] \qquad (2.20)$$

Ist $W(\varphi;\varphi_0)/2T_0 \ll 1$, so gilt

$$\dot{\varphi}(\varphi) = \dot{\varphi}_0 \sqrt{\frac{J(\varphi_0)}{J(\varphi)}} \qquad (2.21)$$

Die mittlere Geschwindigkeit berechnet sich damit zu

$$\dot{\varphi}_{\mathrm{m}} = \frac{1}{2\pi} \int\limits_0^{2\pi} \dot{\varphi}(\varphi)\, \mathrm{d}\varphi = \frac{\dot{\varphi}_0}{2\pi} \int\limits_0^{2\pi} \sqrt{\frac{J(\varphi_0)}{J(\varphi)}}\, \mathrm{d}\varphi \tag{2.22}$$

Man beachte, daß dabei über eine Arbeitsperiode, die nicht mit einer Umdrehung des Antriebsrades zusammenfallen muß, integriert wird.
Bei kleiner Schwankung kann für die mittlere Winkelgeschwindigkeit gesetzt werden:

$$\dot{\varphi}_{\mathrm{m}} = \frac{\dot{\varphi}_{\max} + \dot{\varphi}_{\min}}{2} \tag{2.22a}$$

2.3.3. Anlauf- und Bremsvorgänge

Beim Anlauf muß der Motor die Maschine aus dem Ruhezustand bis auf die Nenndrehzahl beschleunigen, d. h. ihr die nötige kinetische Energie erteilen. Ein kurzer Anlaufvorgang läßt sich dadurch konstruktiv erreichen, daß die statischen Arbeitswiderstände und das reduzierte Massenträgheitsmoment während des Anlaufvorganges möglichst klein gehalten werden, da diese darauf den größten Einfluß haben.
In der Praxis verwendet man deshalb zum Momentenausgleich bewegliche Gegengewichte (Krane), Ausgleichfedern, Schaltkupplungen, Sondermotoren mit kleinem Massenträgheitsmoment und andere.
Die erste Näherung zur Untersuchung des Anfahr- oder Bremsvorganges einer Maschine geht von einem konstanten Antriebs- oder Bremsmoment (beide unterscheiden sich voneinander nur durch das Vorzeichen) und einem konstanten reduzierten Massenträgheitsmoment aus. Gl. (2.14b) vereinfacht sich dann zu

$$J\ddot{\varphi} = M = M_0 \tag{2.23}$$

und hat beim Anlauf mit den Anfangsbedingungen (2.15)

$$t = 0; \quad \varphi = \varphi_0; \quad \dot{\varphi} = \dot{\varphi}_0$$

die bekannte Lösung, die auch aus Gl. (2.19) und Bildung der Umkehrfunktion gewonnen werden könnte

$$\varphi = \frac{M}{2J}\, t^2 + \dot{\varphi}_0 t + \varphi_0 \tag{2.24}$$

Daraus folgen die Anfahrzeit t_{a} und der Anfahrwinkel φ_{a}, die bis zum Erreichen der Winkelgeschwindigkeit Ω vergehen, wenn $\dot{\varphi}_0 = 0$; $\varphi_0 = 0$ gesetzt werden.

$$\boxed{\quad t_{\mathrm{a}} = \frac{J\Omega}{M_0} \quad \left| \quad \varphi_{\mathrm{a}} = \frac{J\Omega^2}{2M_0} \quad \right.} \tag{2.25}$$

Die zweite Näherung berücksichtigt eine lineare Motorkennlinie durch die sich beliebige Kennlinien stückweise annähern lassen. Die Bewegungsgleichung ist dann

$$J\ddot{\varphi} = M_0 \left(1 - \frac{\dot{\varphi}}{\Omega}\right) \quad \text{bzw.} \quad J\ddot{\varphi} + \frac{M_0}{\Omega}\, \dot{\varphi} = M_0 \tag{2.26}$$

Das Motormoment hängt dabei linear von der Drehgeschwindigkeit ab, d. h., es liegt kein konservatives, sondern ein autonomes Kraftfeld vor, vgl. Gl. (1.83).

Mit der Abkürzung $\beta = M_0/J\Omega$ lautet die homogene Lösung von Gl. (2.26) $\varphi_h = A_0 + A_1 e^{-\beta t}$. Das partikuläre Integral ergibt sich zu $\varphi_p = \Omega t$, was durch Einsetzen in Gl. (2.26) leicht kontrolliert werden kann. Die beiden Konstanten A_0; A_1 lassen sich mit den Anfangsbedingungen $t = 0$: $\varphi = 0$; $\dot{\varphi} = 0$ aus der Gesamtlösung $\varphi = \varphi_h + \varphi_p$ bestimmen. Es ergibt sich:

$$\varphi = \frac{\Omega}{\beta}\,(e^{-\beta t} - 1 + \beta t); \quad \dot{\varphi} = \Omega(1 - e^{-\beta t}); \quad \ddot{\varphi} = \Omega\beta\,e^{-\beta t} \tag{2.27}$$

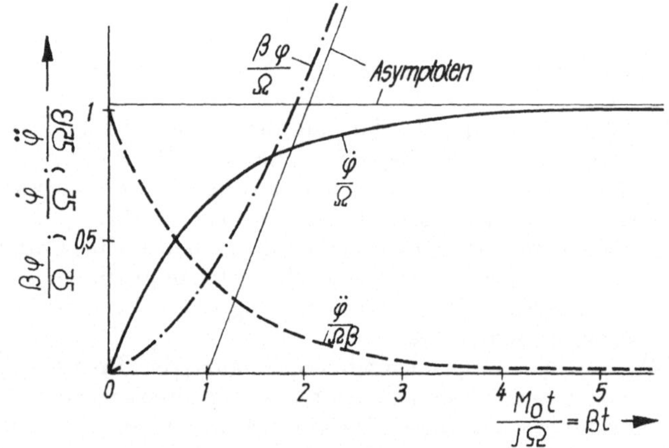

Bild 2/12. Anlaufvorgang bei linearer Drehzahl-Drehmomenten-Kennlinie

In Bild 2/12 sind die Zeitverläufe dargestellt. Es folgt daraus, daß die stationäre Geschwindigkeit nur asymptotisch erreicht wird. Anlaufzeit und Anlaufweg ergeben sich angenähert für $\dot{\varphi}_a = 0{,}95\,\Omega$ zu

$$t_a \approx 3\,\frac{J\Omega}{M_0}; \quad \varphi_a \approx \frac{2J\Omega^2}{M_0} \tag{2.28}$$

Man vergleiche dazu die Lösung nach Gl. (2.25) und erkläre sich die Unterschiede.

2.3.4.   Stationärer Betrieb, Ungleichförmigkeitsgrad und Schwungrad

Der Anlauf- und Bremsvorgang interessiert bei solchen Maschinen, die im Dauerbetrieb arbeiten, nicht so sehr wie der stationäre Zustand. Bei der Konstruktion dieser Maschinen wird manchmal vereinfacht angenommen, daß die Antriebsdrehzahl konstant ist. Das ist jedoch kaum der Fall. Der tatsächliche Bewegungsablauf unterscheidet sich infolge der Rückwirkung der Maschine von dem idealen, kinematisch erwünschten.

Die periodische Bewegung, die durch die Veränderlichkeit von $J(\varphi)$ oder $M(\varphi)$ verursacht sein kann, wird durch den *Ungleichförmigkeitsgrad* δ ausgedrückt. Im

vorigen Jahrhundert befaßte man sich mit derartigen Maschinenuntersuchungen erstmals in Verbindung mit der Entwicklung von Dampfmaschinen ([2/1], [2/2]).
Der Ungleichförmigkeitsgrad drückt die Schwankung der Winkelgeschwindigkeit des Antriebes während eines Arbeitszyklus (meist eine Umdrehung), bezogen auf den Mittelwert aus [vgl. Gl. (2.22a)]:

$$\delta = \frac{\dot{\varphi}_{max} - \dot{\varphi}_{min}}{\dot{\varphi}_m} = \frac{2(\dot{\varphi}_{max} - \dot{\varphi}_{min})}{\dot{\varphi}_{max} + \dot{\varphi}_{min}} \tag{2.29}$$

Der Ungleichförmigkeitsgrad kann zwischen den Werten $\delta = 0$ ($\dot{\varphi}_{max} = \dot{\varphi}_{min}$) und $\delta = 2$ ($\dot{\varphi}_{min} = 0$) liegen. Eine Maschine arbeitet um so gleichmäßiger, je kleiner der Ungleichförmigkeitsgrad ist.

Tabelle 2/2. Zulässige Ungleichförmigkeitsgrade bei mehreren Maschinenarten

Ungleichförmig-keitsgrad δ	Maschinenart
0,1···0,03	Pumpen und Gebläse
0,028	Fahrzeugmotoren im Leerlauf
0,025	Webmaschinen, Papiermaschinen
0,02	Mühlen
0,01	Spinnereimaschinen (höhere Garnnummern)
0,003	Drehstromgeneratoren
0,005···0,003	Fahrzeugmotoren unter Last
··· 0,001	Flugzeugkolbenmotoren

Bei manchen Verarbeitungsmaschinen, wo die Arbeitsweise der Maschine eine Ungleichförmigkeit erfordert, kann der Ungleichförmigkeitsgrad nicht als Qualitätsmerkmal verwendet werden. Bei anderen Maschinen (vgl. Tabelle 2/2) wird vom Konstrukteur die Beschränkung des Ungleichförmigkeitsgrades gefordert, weil sonst der korrekte Arbeitsablauf der Maschine gestört wird.

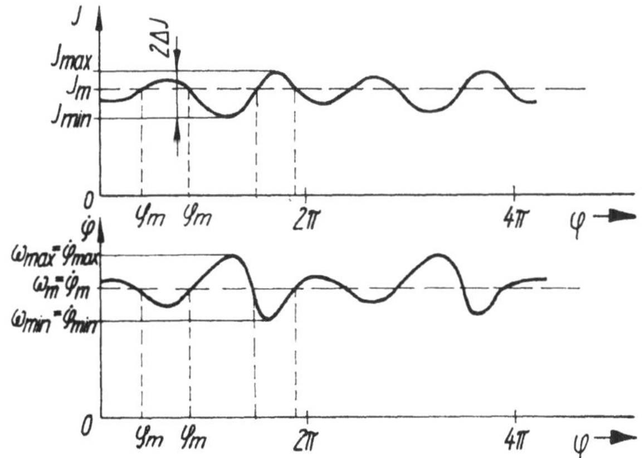

Bild 2/13. Verlauf des Massenträgheitsmomentes und der Winkelgeschwindigkeit eines Mechanismus ohne äußeres Kraftfeld

Bei vielen Verarbeitungsmaschinen kann die Arbeit W der eingeprägten Kräfte gegenüber der kinetischen Energie T_0 vernachlässigt werden. Mit der für diese Fälle gültigen Näherung $(W \ll T_0)$ können dabei nach Gl. (2.21) die extremen Winkelgeschwindigkeiten angegeben werden. Geht man von dem mittleren Trägheitsmoment und der mittleren Winkelgeschwindigkeit aus $[J(\varphi_0) = J_\mathrm{m}; \dot\varphi_0 = \dot\varphi_\mathrm{m}]$, so folgt:

$$\dot\varphi_\mathrm{min} = \dot\varphi_\mathrm{m}\sqrt{\frac{J_\mathrm{m}}{J_\mathrm{max}}}; \quad \dot\varphi_\mathrm{max} = \dot\varphi_\mathrm{m}\sqrt{\frac{J_\mathrm{m}}{J_\mathrm{min}}} \tag{2.30}$$

Diese Beziehungen illustriert Bild 2/13. Mit den Gln. (2.29) und (2.30) ergibt sich nach kurzer Umformung

$$\delta = 2\frac{\sqrt{J_\mathrm{max}} - \sqrt{J_\mathrm{min}}}{\sqrt{J_\mathrm{max}} + \sqrt{J_\mathrm{min}}} \tag{2.31}$$

Ausgehend von der Näherung

$$\Delta J = \frac{J_\mathrm{max} - J_\mathrm{min}}{2}; \quad J_\mathrm{m} = \frac{1}{2\pi}\int_0^{2\pi} J(\varphi)\,\mathrm{d}\varphi \approx \frac{J_\mathrm{max} + J_\mathrm{min}}{2} \tag{2.32}$$

$$\Delta J \ll J_\mathrm{m}$$

läßt sich Gl. (2.31) durch die Reihenentwicklungen

$$\sqrt{J_\mathrm{max \atop min}} = \sqrt{J_\mathrm{m} \pm \Delta J} = \sqrt{J_\mathrm{m}}\left[1 \pm \frac{\Delta J}{2J_\mathrm{m}} - \frac{1}{8}\left(\frac{\Delta J}{J_\mathrm{m}}\right)^2 + \cdots\right] \tag{2.33}$$

vereinfachen zu

$$\boxed{\delta = \frac{\Delta J}{J_\mathrm{m}}\left[1 + \frac{1}{4}\left(\frac{\Delta J}{J_\mathrm{m}}\right)^2 + \cdots\right]} \quad \text{bzw.} \quad \boxed{J_\mathrm{m} = \frac{\Delta J}{\delta}\left[1 + \frac{\delta^2}{4 + 2\delta^2} + \cdots\right]} \tag{2.34}$$

Man braucht also bei vernachlässigbar kleinem äußerem Kraftfeld nur die Funktion $J(\varphi)$ für einen Arbeitszyklus zu ermitteln und daraus die Extremwerte zu bestimmen, um den Ungleichförmigkeitsgrad angeben zu können. Die Näherung nach Gl. (2.34) besitzt eine Genauigkeit von $< 4\%$, falls $\Delta J/J_\mathrm{m} < 0{,}4$ ist.

Es soll nun der andere Sonderfall betrachtet werden, bei dem die Ungleichförmigkeit im wesentlichen durch die Arbeit $W(\varphi)$ bestimmt wird und nicht durch die Schwankungen des reduzierten Massenträgheitsmomentes. Als Beispiel kann der Kolbenmotor dienen. Es wird von einem konstanten reduzierten Massenträgheitsmoment J_m ausgegangen, wie es als Mittelwert bereits in der Lösung L 2/2 vorgestellt wurde. Um Gl. (2.20) benutzen zu können, legt man als Bezugswinkelgeschwindigkeit die mittlere Winkelgeschwindigkeit zugrunde. Es gilt also $\dot\varphi_0 = \dot\varphi_\mathrm{m}$ und entsprechend $T_0 = T_\mathrm{m} = J_\mathrm{m}\dot\varphi_\mathrm{m}^2/2$. Damit liefert Gl. (2.20)

$$\dot\varphi_\mathrm{min} = \dot\varphi_\mathrm{m}\left(1 + \frac{W_\mathrm{min}}{2T_\mathrm{m}}\right); \quad \dot\varphi_\mathrm{max} = \dot\varphi_\mathrm{m}\left(1 + \frac{W_\mathrm{max}}{2T_\mathrm{m}}\right) \tag{2.35}$$

Setzt man diese Extremwerte in Gl. (2.29) ein, so folgt für den Ungleichförmigkeitsgrad:

$$\delta = \frac{\Delta W}{2T_\mathrm{m}} = \frac{\Delta W}{J_\mathrm{m}\dot{\varphi}_\mathrm{m}^2} \qquad \text{bzw.} \qquad J_\mathrm{m} = \frac{\Delta W}{\dot{\varphi}_\mathrm{m}^2\delta} \tag{2.36}$$

Hierin ist $\Delta W = W_\mathrm{max} - W_\mathrm{min}$ die Arbeit der eingeprägten Kräfte, die durch die Drehmassen während der Winkelgeschwindigkeitsdifferenz $\Delta\dot{\varphi} = \dot{\varphi}_\mathrm{max} - \dot{\varphi}_\mathrm{min}$ gespeichert wird. Man erhält ΔW als Fläche in dem $M = M(\varphi)$-Diagramm (vgl. Bild 2/14). In 2.3.5.2. wird das Vorgehen erläutert. Aus Gl. (2.36) folgt, daß bei gegebener Überschußarbeit ΔW die Amplitude der periodischen Schwankungen der Winkelgeschwindigkeit desto geringer wird, je größer das mittlere reduzierte Massenträgheitsmoment J_m des Mechanismus ist. Um eine gleichmäßigere Bewegung zu erhalten,

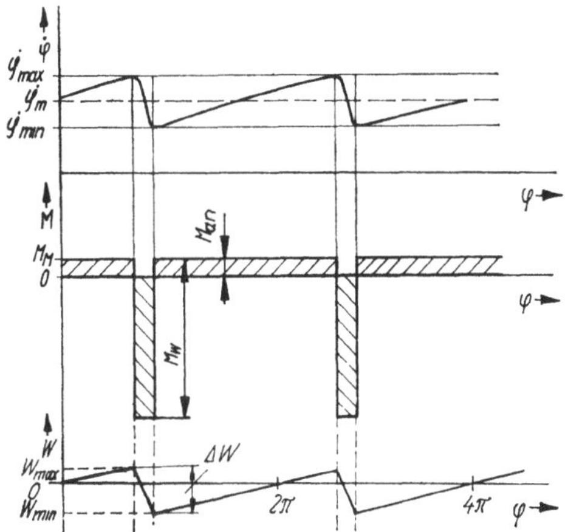

Bild 2/14. Beziehungen zwischen dem resultierenden Moment, der Arbeit und der Winkelgeschwindigkeit bei äußerem Kraftfeld

muß man also das mittlere Massenträgheitsmoment erhöhen. Praktisch wird das durch ein Schwungrad erreicht. Bild 2/15 illustriert, wie die Größe von J_m von der Arbeit ΔW (bzw. der Trägheitsmomenten-Differenz ΔJ) und dem zulässigen Ungleichförmigkeitsgrad δ abhängt.

Das *Schwungrad* dient als Speicher der kinetischen Energie. Es gleicht die Ungleichförmigkeit aus, indem es in der Phase der Beschleunigung Energie akkumuliert und diese bei Belastung wieder abgibt (vgl. Bilder 2/14 und 2/19). Es ermöglicht oft die Auswahl eines kleineren Antriebsmotors, der dauernd läuft, während die Getriebe zur Verrichtung des Arbeitstaktes nur angekuppelt werden. Es wird vor allem bei Maschinen angewendet, die im stationären Betrieb arbeiten. Man hat zu unterscheiden, ob man das Schwungrad zwischen Motor und Getriebe oder zwischen Getriebe und Arbeitsmaschine anbringt (vgl. Bild 2/20). Um das Getriebe vor Belastungsstößen zu schonen, ist ein Einbau zwischen Getriebe und Arbeitsmaschine günstig. Die Schwungradmasse wird jedoch kleiner, wenn es auf der schnellaufenden Welle zwischen Motor und Getriebe angeordnet wird. Der Konstrukteur muß je nach der Bedeutung beider Kriterien im konkreten Fall eine Kompromißlösung finden (vgl. Aufgabe A 2/4).

Bei Maschinen mit instationärer Arbeitsweise ist der Konstrukteur oft an einem kleinen Massenträgheitsmoment interessiert, denn infolge der dabei häufigen Beschleunigungs- und Verzögerungsvorgänge tritt bei größerem Schwungrad eine stärkere thermische Belastung der Motoren und Bremsen auf (Überhitzungsgefahr).

Mit hinreichender Genauigkeit kann man bei der Berechnung des Massenträgheitsmomentes J_s eines Schwungrades annehmen, daß es durch die Masse des Radkranzes bestimmt wird, der von der Drehachse den Abstand $D/2$ hat. Daher ergibt es sich aus

$$J_s = m \left(\frac{D}{2}\right)^2 = \frac{G}{g} \left(\frac{D}{2}\right)^2 = \frac{GD^2}{4g} \tag{2.37}$$

Aus diesem Grund hat sich früher die Größe GD^2, die als Schwungmoment bezeichnet wird, zur Kennzeichnung der Rotationsträgheit eines Rotors eingebürgert. Sie wird noch in manchen Katalogen von Elektromotoren, Kupplungen und Bremsen zur Beschreibung von Massenträgheitsmomenten benutzt. Man hat zu beachten, daß sich die Maßeinheit von J und GD^2 unterscheiden.

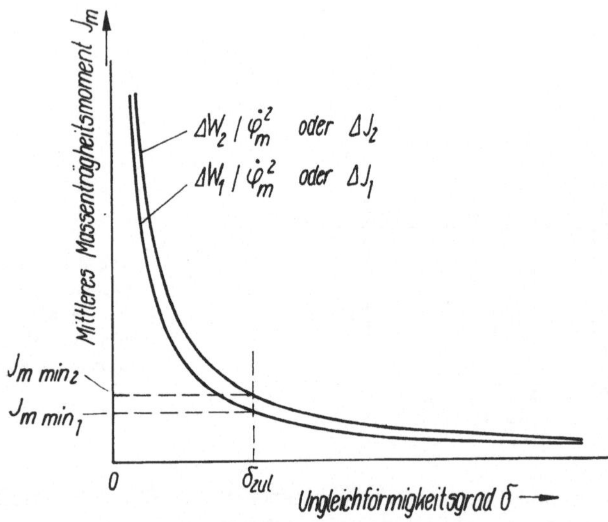

Bild 2/15. Abhängigkeit des erforderlichen Massenträgheitsmomentes J_m vom Ungleichförmigkeitsgrad $\delta(\Delta W_2 > \Delta W_1; \Delta J_2 > \Delta J_1)$

Nicht nur in Spielzeugen, auch bei Fahrzeugen wird die kinetische Energie von Schwungrädern als Antrieb technisch genutzt (Gyrobusse in der Schweiz seit 1945). Man hat nachgewiesen, daß sich in hochfesten schnell rotierenden Schwungrädern Energie von 400000 Nm/kg speichern läßt. Theoretisch sollen sogar Werte von 1750000 NM/kg physikalisch möglich sein, womit solche *Superschwungräder*, bezogen auf die Masse, mehr Energie speichern könnten als elektrochemische Akkumulatoren [2/7].

2.3.5.   Beispiele

2.3.5.1.   Winkelabhängiges Antriebsmoment einer Rückholfeder

In manchen Geräten, in denen Federantriebe verwendet werden, sowie in Mechanismen treten winkelabhängige Antriebsmomente

$$M = M_0 - c\varphi$$

auf. Für den Fall eines konstanten Massenträgheitsmomentes J soll auf die Anfangsbedingungen

$$t = 0: \quad \varphi = 0; \quad \dot{\varphi} = 0$$

der zeitliche Bewegungsablauf eines solchen Systems berechnet werden.
Nach Gl. (2.16) ergibt sich für die Arbeit der Federkraft

$$W = \int\limits_0^\varphi (M_0 - c\bar{\varphi})\,\mathrm{d}\bar{\varphi} = M_0\varphi - \frac{1}{2}\,c\varphi^2$$

Damit kann mit Gl. (2.17) der Geschwindigkeits-Weg-Verlauf berechnet werden:

$$\dot{\varphi} = \sqrt{\frac{2}{J}\left(M_0\varphi - \frac{1}{2}\,c\varphi^2\right)}$$

Nach Gl. (2.19) liefert eine weitere Integration einen Zusammenhang zwischen Zeit und Winkel:

$$t = \sqrt{\frac{J}{2}}\int\limits_0^\varphi \frac{\mathrm{d}\bar{\varphi}}{\sqrt{M_0\bar{\varphi} - \frac{1}{2}\,c\bar{\varphi}^2}} = \sqrt{\frac{J}{c}}\,\arccos\frac{M_0 - c\varphi}{M_0}$$

Die Umkehrfunktion stellt den gesuchten Bewegungsablauf dar:

$$\varphi(t) = \frac{M_0}{c}\left(1 - \cos\sqrt{\frac{c}{J}}\,t\right)$$

Die Winkelgeschwindigkeit und die Winkelbeschleunigung ergeben sich nach der Differentiation zu

$$\dot{\varphi}(t) = \frac{M_0}{\sqrt{cJ}}\,\sin\sqrt{\frac{c}{J}}\,t$$

$$\ddot{\varphi}(t) = \frac{M_0}{J}\,\cos\sqrt{\frac{c}{J}}\,t$$

Man vergleiche dazu die in 2.3.2. genannten Rechenschritte und die Darstellung in Bild 2/16. Dieses Ergebnis hätte auch direkt aus der Schwingungsgleichung $J\ddot{\varphi} + c\varphi = M_0$ gewonnen werden können.

2.3.5.2. Ungleichförmigkeitsgrad einer Presse

Die Presse einer Verarbeitungsmaschine besteht aus einer Kurbelschwinge (vgl. Bild 2/17), für deren geometrische Abmessungen $r_4/l_5 \ll 1$ und $r_4/l_6 \ll 1$ gilt. Es interessieren der Ungleichförmigkeitsgrad im Leerlauf, das Motormoment im Dauerbetrieb bei Belastung und der Ungleichförmigkeitsgrad während des Betriebes.

Gegeben: $r_2 = 8$ cm; $\quad r_3 = 32$ cm; $\quad r_4 = 15$ cm; $\quad l_6 = 100$ cm; $\quad l_{86} = 150$ cm;

$J_2 = 0{,}03$ kgm²; $J_3 = 25$ kgm²; $m_6 = 40$ kg; $J_{86} = 36$ kgm²

Arbeitswiderstand $F_{60} = 7600$ N (vgl. Bild 2/18);

Motordrehzahl $n = 600$ 1/min $= \dfrac{30}{\pi}\,\dot\varphi_2$

Für $\varphi_4 = \pi/2$ ist $\varphi_6 = \pi/2$.

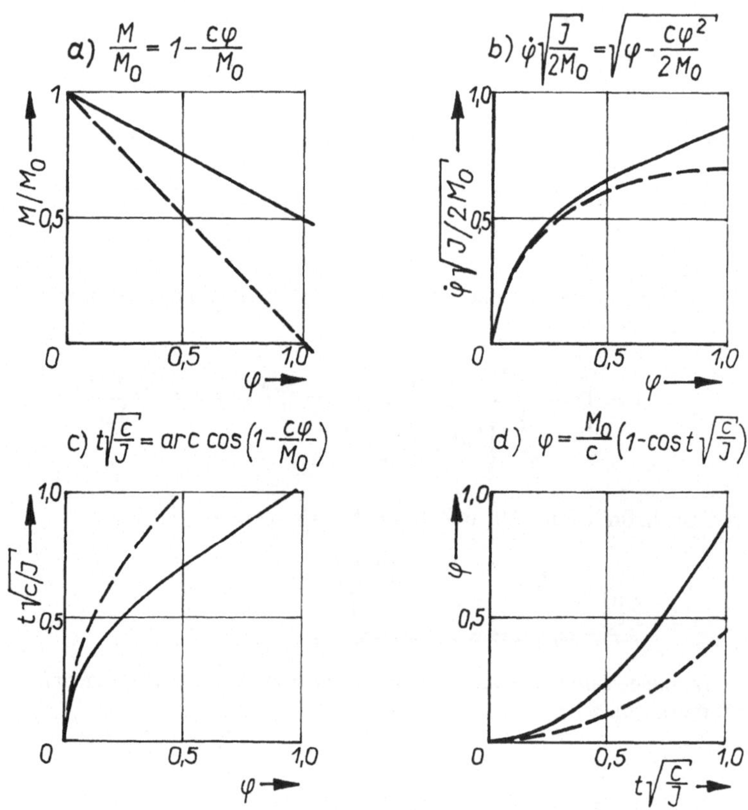

Bild 2/16. Beispiel für die Integration bei konservativem Kraftfeld

Die Kurven a) bis d) entsprechen den in 2.3.2. angegebenen Berechnungsschritten

– – – – $c/M_0 = 1$, ——— $c/M_0 = 0{,}5$

Gesucht: 1. Verlauf des reduzierten Massenträgheitsmoments $J(\varphi_2)$

2. Ungleichförmigkeitsgrad im Leerlauf (ohne Berücksichtigung von Motormoment und Arbeitswiderstand)

3. Erforderliches Motormoment im Dauerbetrieb

4. Ungleichförmigkeitsgrad im Dauerbetrieb

5. Anlaufwinkel und Anlaufzeit des Systems im Leerlauf.

Die Kräfte aus dem Eigengewicht $m_6 g$ können gegenüber den Massenkräften vernachlässigt werden.

Lösung:

Zwangsbedingungen:

$$\varphi_4 = \varphi_3 = -\frac{r_2}{r_3}\,\varphi_2 = -\frac{1}{4}\,\varphi_2;$$

$$x_5 = r_4 \cos \varphi_4 = r_4 \cos\left(\frac{r_2}{r_3}\,\varphi_2\right); \quad y_5 = l_6 \sin\left(\frac{\pi}{2} - \varphi_6\right)$$

$$x_6 = \frac{l_{s6}}{l_6}\,x_5 = \frac{l_{s6}}{l_6}\,r_4 \cos\left(\frac{r_2}{r_3}\,\varphi_2\right)$$

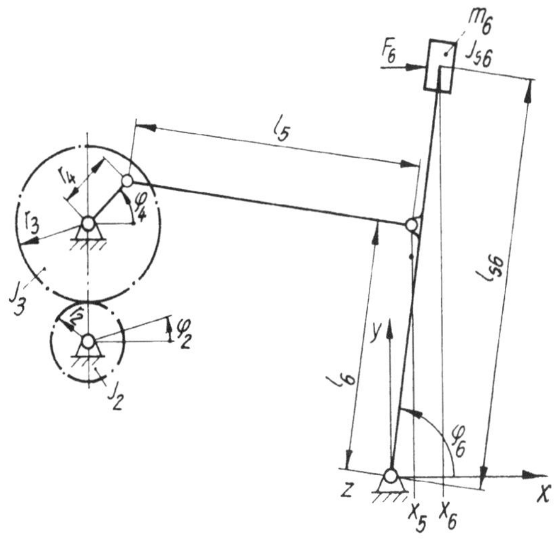

Bild 2/17. Getriebeschema einer Presse
(l_6 ist der Abstand beider Gelenke)

Bild 2/18. Abhängigkeit des Arbeitwiderstands vom Drehwinkel

Setzt man wegen $x_5 \ll l_6$:

$$\operatorname{arcsin}\frac{x_5}{l_6} = \frac{x_5}{l_6}\,,$$

so gilt:

$$\varphi_6 = \frac{\pi}{2} - \frac{x_5}{l_6} = \frac{\pi}{2} - \frac{r_4}{l_6} \cos\left(\frac{r_2}{r_3}\,\varphi_2\right)$$

Nach Gl. (2.7) ergibt sich das reduzierte Massenträgheitsmoment zu

$$J(\varphi_2) = J_2 + J_3{\varphi_3'}^2 + m_6{x_6'}^2 + J_{s6}{\varphi_6'}^2$$

Mit den obigen Ausdrücken folgt nach kurzer Rechnung

$$J(\varphi_2) = J_2 + J_3\left(\frac{r_2}{r_3}\right)^2 + m_6\left(\frac{l_{s6}}{l_6}\,r_4\,\frac{r_2}{r_3}\right)^2 \sin^2\left(\frac{r_2\varphi_2}{r_3}\right) + J_{s6}\left(\frac{r_4}{l_6}\,\frac{r_2}{r_3}\right)^2 \sin^2\left(\frac{r_2\varphi_2}{r_3}\right)$$

Mit den Zahlenwerten gilt dann

$$J(\varphi_2) = \left[1{,}593 + 0{,}178 \sin^2\left(\frac{r_2\varphi_2}{r_3}\right)\right] \text{kgm}^2$$

wegen

$$\sin^2\left(\frac{r_2\varphi_2}{r_3}\right) = \frac{1}{2}\left[1 - \cos\left(2\,\frac{r_2}{r_3}\,\varphi_2\right)\right]$$

gilt:

$$J(\varphi_2) = J_\mathrm{m} + \Delta J(\varphi_2) = \left(1{,}682 - 0{,}089 \cos\frac{\varphi_2}{2}\right)\text{kgm}^2$$

Mit Gl. (2.34) folgt dann der Ungleichförmigkeitsgrad im Leerlauf zu

$$\delta = \frac{0{,}089}{1{,}682}\left[1 + \frac{1}{4}\left(\frac{0{,}089}{1{,}682}\right)^2\right] = 0{,}053$$

Das auf den Antrieb reduzierte Moment infolge der Preßkraft ist nach Gl. (2.10)

$$M(\varphi_2) = F_6 x_6{}' = \begin{cases} -F_{60}r_4\,\dfrac{l_{s6}}{l_6}\,\dfrac{r_2}{r_3}\,\sin\left(\dfrac{r_2\varphi_2}{r_3}\right) & \text{für}\quad 0 < \varphi_2 < 4\pi \\[2ex] 0 & \text{für}\quad 4\pi < \varphi_2 < 8\pi \end{cases}$$

Ein ganzer Arbeitszyklus entspricht einer vollen Umdrehung der Kurbel ($0 < \varphi_4 < 2\pi$), d. h. vier Umdrehungen der Motorwelle ($0 < \varphi_2 < 8\pi$). Nach Gl. (2.16) beträgt die Nutzarbeit während des Arbeitszyklus infolge des Preßvorganges

$$W_\mathrm{N} = \int\limits_0^{8\pi} M(\varphi_2)\,\mathrm{d}\varphi_2 = -F_{60}r_4\,\frac{l_{s6}}{l_6}\,\frac{r_2}{r_3}\int\limits_0^{4\pi}\sin\frac{\varphi_2}{4}\,\mathrm{d}\varphi_2 + \int\limits_{4\pi}^{8\pi} 0\,\mathrm{d}\varphi_2$$

$$= -8F_{60}r_4\,\frac{l_{s6}}{l_6}\,\frac{r_2}{r_3} = -3420\;\text{Nm}$$

Ein Motormoment von konstanter Größe M_M muß im stationären Betriebszustand dieselbe Arbeit aufbringen:

$$-W_\mathrm{N} = W_\mathrm{M} = \int\limits_0^{8\pi} M_\mathrm{M}\,\mathrm{d}\varphi_2 = 8\pi M_\mathrm{M} = 3420\;\text{Nm}$$

Daraus ergibt sich das mittlere erforderliche Motormoment zu

$$M_\mathrm{M} = \frac{3420}{8\pi}\;\text{Nm} = 136\;\text{Nm}$$

Die Überschußarbeit der bewegten Massen, die während des Preßvorganges als kinetische Energie abgegeben wird, entspricht der Differenz zwischen der Nutzarbeit und der Antriebsarbeit während dieser Phase (vgl. Bild 2/19), sie beträgt

$$\Delta W = \int\limits_{\bar{\varphi}_2}^{\bar{\bar{\varphi}}_2} [M(\varphi_2) + M_\mathrm{M}]\,\mathrm{d}\varphi_2$$

Die Winkel $\bar{\varphi}_2$; $\bar{\bar{\varphi}}_2$ berechnen sich aus: $M(\bar{\varphi}_2) + M_\mathrm{M} = 0$ oder $M(\bar{\bar{\varphi}}_2) + M_\mathrm{M} = 0$
also

$$\sin \frac{\bar{\varphi}_2}{4} = \frac{136}{427{,}5}; \quad \bar{\varphi}_2 = 1{,}294 \text{ rad}$$

$$\bar{\bar{\varphi}}_2 = 4\pi - \bar{\varphi}_2 = 11{,}265 \text{ rad}$$

Damit ergibt sich:

$$\Delta W = \int\limits_{\bar{\varphi}_2}^{\bar{\bar{\varphi}}_2} \left(-427{,}5 \sin \frac{\varphi_2}{4} + 136 \right) \text{Nm } d\varphi_2$$

$$\Delta W = -1885{,}5 \text{ Nm}$$

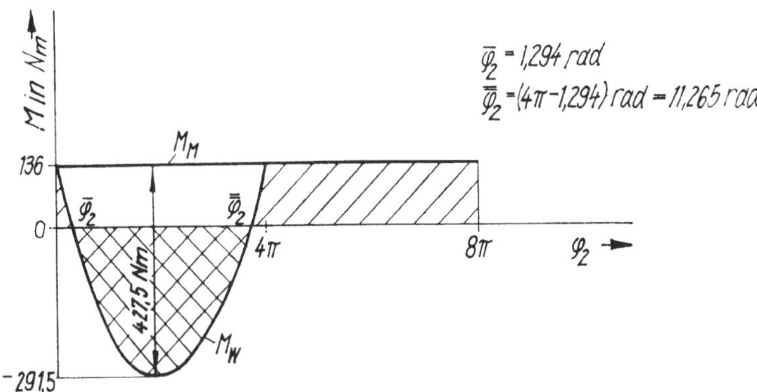

Bild 2/19. Verlauf des auf den Antrieb reduzierten Moments für das Beispiel von Bild 2/17

Das hier angegebene analytische Vorgehen ist in vielen Fällen, bei denen der Momentenverlauf aus Messungen gewonnen wird (wie beispielsweise bei Kolbenmaschinen), nicht möglich. Man bestimmt dann die Flächen des Momenten-Diagrammes durch planimetrieren. Die größte Teilfläche entspricht dem gesuchten ΔW. In Bild 2/19 ist sie doppelt schraffiert.
Da in dem Beispiel $\Delta J \ll J_\mathrm{m}$, kann mit Gl. (2.36) weitergerechnet werden. Dafür ist das Vorzeichen von ΔW ohne Belang.

$$\delta = \frac{\Delta W}{J_\mathrm{m} \Omega_\mathrm{m}^2} = \frac{1885{,}5 \text{ Nm}}{1{,}682 \text{ kgm}^2 \cdot 62{,}8^2 \text{ 1/s}^2} = 0{,}28$$

Vergleicht man diesen Ungleichförmigkeitsgrad mit den in Tabelle 2/1 angegebenen Werten, erkennt man ihn als zu groß. Es muß also durch ein Schwungrad eine Änderung erzielt werden.

2.3.6. Aufgabe A 2/4

A 2/4: Zur Diskussion stehen bei einer Konstruktion zwei mögliche Anordnungen des Schwungrades. Es soll entweder $J_{\mathrm{s}1}$ oder $J_{\mathrm{s}2}$ verwendet werden, um einen bestimmten Ungleichförmigkeitsgrad einzuhalten (vgl. Bild 2/20).

Gegeben: Massenträgheitsmomente J_M; J_G; J_0; J_1; $J_1 \ll J_0$; Ungleichförmigkeitsgrad δ_zul; Getriebeübersetzungsverhältnis $i_{12} = n_1/n_2 > 1$

Gesucht: Formel zur Berechnung der erforderlichen Massenträgheitsmomente der Schwungräder, wenn der Mechanismus im Leerlauf arbeitet. Man vergleiche die Größen von $J_{\mathrm{s}1}$ und $J_{\mathrm{s}2}$.

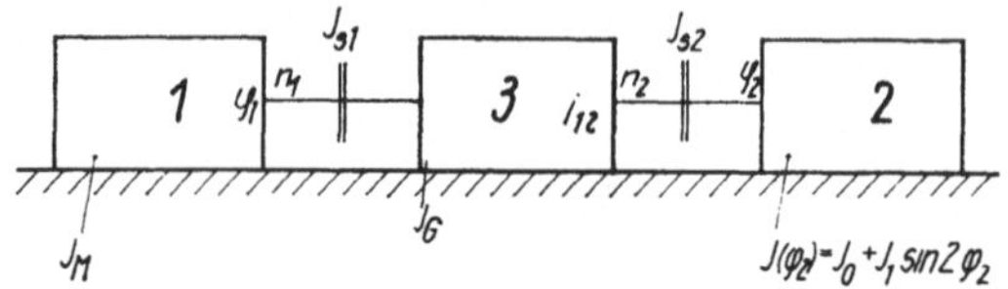

Bild 2/20. Mögliche Anordnungen des Schwungrades
1 Motor; *2* Arbeitsmaschine; *3* Getriebe, Übersetzungsverhältnis i_{12}

2.3.7.   Lösung L 2/4

L 2/4:   Es wird zunächst das auf φ_1 bezogene Gesamtträgheitsmoment $J(\varphi_1)$ bestimmt.

$$J(\varphi_1) = J_\mathrm{M} + J_{\mathrm{s}1} + J_\mathrm{G} + i_{21}^2(J_{\mathrm{s}2} + J_0 + J_1 \sin 2\varphi_2)$$

$$J(\varphi_1) = J_\mathrm{m} + i_{21}^2 J_1 \sin 2\varphi_2; \quad i_{21} = 1/i_{12}$$

Da $J_1 \ll J_0$ gilt auch $i_{21}^2 J_1 \ll J_\mathrm{m}$; $\Delta J = i_{21}^2 J_1$

Mit Gl. (2.34) kann in erster Näherung für den Leerlauf gesetzt werden:

$$\delta_\mathrm{zul} = \frac{\Delta J}{J_\mathrm{m}}; \quad J_\mathrm{m} = \frac{\Delta J}{\delta_\mathrm{zul}} = J_\mathrm{M} + J_{\mathrm{s}1} + J_\mathrm{G} + i_{21}^2(J_{\mathrm{s}2} + J_0)$$

Damit findet man für die Verwendung des Schwungrades $J_{\mathrm{s}1}$ $(J_{\mathrm{s}2} = 0)$:

$$J_{\mathrm{s}1} = i_{21}^2\left(\frac{J_1}{\delta_\mathrm{zul}} - J_0\right) - (J_\mathrm{M} + J_\mathrm{G})$$

und für $J_{\mathrm{s}2}$ $(J_{\mathrm{s}1} = 0)$:

$$J_{\mathrm{s}2} = \left(\frac{J_1}{\delta_\mathrm{zul}} - J_0\right) - \frac{1}{i_{21}^2}(J_\mathrm{M} + J_\mathrm{G}); \quad J_{\mathrm{s}2} = \frac{J_{\mathrm{s}1}}{i_{21}^2} = J_{\mathrm{s}1} i_{12}^2$$

Ein Schwungrad an der Stelle *1* kann also leichter ausgeführt werden als an der Stelle *2*. Für beide Ausführungen ist die dynamische Getriebebelastung unterschiedlich.

2.4.   Bestimmung der Gelenkkräfte und der Fundamentbelastung

2.4.1.   Technische Aufgabenstellung

Innerhalb der Maschinen entstehen bei den Arbeitsbewegungen Massenkräfte, die oft die statischen Kräfte aus dem Eigengewicht der Bauteile bedeutend übersteigen. Die Beschleunigungen der Getriebeglieder betragen oft das Mehrfache der Fallbeschleunigung, vgl. Tab. 2/3.

Vom Standpunkt der Maschinendynamik aus lassen sich viele technische Aufgabenstellungen auf die mechanische Aufgabe reduzieren, die in den Mechanismen und Maschinen auftretenden inneren Kraftfelder zu ermitteln, d. h. zunächst die dynamischen Lager- und Gelenkkräfte und danach bei Bedarf auch die inneren Beanspruchungen in den Bauteilen. Mit den ermittelten dynamischen Belastungen können dann mit den aus den Nachbardisziplinen (z. B. Maschinenelemente, Festigkeitslehre, Betriebsfestigkeit, Tribologie) bekannten Theorien die Bolzen und Lager (Flächenpressung, Deformation, ...), Getriebeglieder (Biegung, Schub, Längskraft, ...) und Fundamente (Schwingungen) ausgelegt werden. Die Aufgabenstellung in diesem Abschnitt lautet deshalb, bei gegebenen Kennwerten der Masseparameter, geometr. Parametern, äußerem Kraftfeld und Bewegungsablauf $q(t)$, die Lager- und Gelenkkräfte in beliebigen Mechanismen und Maschinen zu bestimmen.

Tabelle 2/3. Drehzahlen und relative Maximalbeschleunigung bei mehreren Maschinenarten

Maschinenart	Drehzahl n in 1/min	Beschleunigungsverhältnis a_{max}/g
Schneidmaschinen, Pressen	30···50	0,3···1,2
Webmaschinen	200···300	1,0···1,5
Wirkmaschinen	1 500···1 800	15···22
Schiffdieselmotoren	400···500	70···80
Haushaltnähmaschinen	1 000···2 000	50···100
Industrienähmaschinen	5 000···8 000	300···600

2.4.2. Berechnung der Lager- und Gelenkkräfte

Bei einer zwangläufigen Maschine ist der Bewegungszustand jedes Maschinenteils eindeutig bestimmt, wenn die Bewegung eines der Glieder (z. B. des Antriebsgliedes) bekannt ist. Die Geschwindigkeiten und Beschleunigungen ergeben sich aus den Gln. (2.2) und (2.4), so daß auch die auf das einzelne Bauteil wirkenden Massenkräfte berechenbar sind.

Am Glied i wirken die beiden Komponenten der Trägheitskraft $-m_i\ddot{x}_{si}$ und $-m_i\ddot{y}_{si}$ und das Massenmoment $-J_{si}\ddot{\varphi}_i$. Wegen der als bekannt vorausgesetzten kinematischen Analyse des Mechanismus sind alle Koordinaten, Winkel und deren Zeitableitungen bekannte Größen in der folgenden Berechnung.

Außer diesen Kräften können auf jedes Getriebeglied noch äußere Kräfte F_i und Momente M_i einwirken, die ebenfalls von den Gelenkkräften F_{ij}; F_{ik} auf die Nachbarglieder mit den Indizes j; k; l usw. übertragen werden.

Die Definition der an einem Getriebeglied wirkenden Kräfte geht aus Bild 2/21 hervor. Man beachte, daß aus Gründen der Systematik, die wiederum den Anforderungen der rechentechnischen Behandlung entgegenkommt, die Komponenten der Kräfte und Momente einheitlich in den angegebenen Richtungen definiert werden. Die Kraft, die auf Glied i von Glied k ausgeübt wird, erhält die Bezeichnung F_{ik} und ihre Komponenten werden entsprechend den Koordinatenrichtungen positiv definiert. Die gleich große und entgegengesetzt gerichtete Gegenkraft erhält die Bezeichnung F_{ki} und wird ebenso definiert. Aus diesem Grund gilt stets

$$F_{ik} + F_{ki} = 0$$

und bei ebenen Getrieben bezüglich der Komponenten

$$F_{ikx} + F_{kix} = 0; \qquad F_{iky} + F_{kiy} = 0 \tag{2.38}$$

Die resultierende Lagerkraft beträgt bei einem Drehgelenk

$$F_{ik} = \sqrt{F_{ikx}^2 + F_{iky}^2} = \sqrt{F_{kix}^2 + F_{kiy}^2} \tag{2.39}$$

Auf Schubgelenke, bei denen man entweder zwei Normalkräfte oder eine resultierende Normalkraft und ein Moment zu bestimmen hat, wird hier nicht näher eingegangen (vgl. [2/5]; [2/6]).

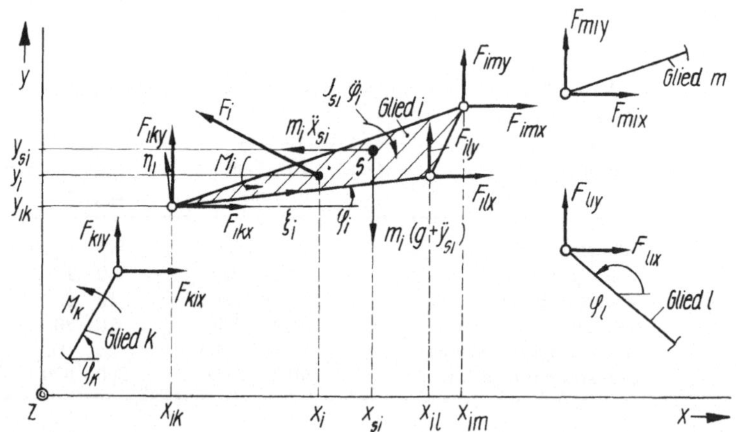

Bild 2/21. Kräfte und Momente am Getriebeglied eines ebenen Getriebes

Kräfte und Momente infolge der Lagerreibung, die in manchen Mechanismen einen bedeutenden Einfluß haben können, werden im folgenden vernachlässigt.

Die Bestimmung der Gelenkkräfte kann durch Anwendung des Schnittprinzips der Mechanik erfolgen. Je Getriebeglied entstehen dann drei Gleichgewichtsbedingungen ($i = 1, 2, 3, \ldots, I$) der Form

$$\sum_k F_{ikx} - m_i \ddot{x}_{si} + F_{xi} = 0 \tag{2.40}$$

$$\sum_k F_{iky} - m_i(g + \ddot{y}_{si}) + F_{yi} = 0 \tag{2.41}$$

$$\sum_k F_{ikx}(y_{si} - y_{ik}) - \sum_k F_{iky}(x_{si} - x_{ik})$$
$$+ F_{xi}(y_{si} - y_i) - F_{yi}(x_{xi} - x_i) - J_{si}\ddot{\varphi}_i + M_i = 0 \tag{2.42}$$

Die Summation über k bezieht sich dabei auf alle Körper, die mit dem Glied der Nummer i verbunden sind.

Alle Gleichgewichtsbedingungen der Getriebeglieder sind i. allg. miteinander gekoppelt, d. h., die Gelenkkräfte F_{ikx}; F_{iky} müssen aus einem linearen Gleichungssystem bestimmt werden.

Über den Umfang dieses Gleichungssystems läßt sich folgendes aussagen: Für jedes Getriebeglied entstehen drei Gleichgewichtsbedingungen. Bei I Getriebegliedern ergeben sich insgesamt $(3I-3)$ Gleichungen, da drei Gleichungen, die das unbewegliche

Gestell (Glied *1*) betreffen, abzuziehen sind. Reichen diese $(3I-3)$ Gleichungen aus, um alle Gelenkkräfte zu bestimmen?

Man kann sich überlegen, daß die Anzahl der unbekannten Gelenkkraft-Komponenten bei G Gelenken gleich $(2G + 1)$ ist, da je Gelenk zwei Komponenten auftreten und auch das Antriebsmoment als Unbekannte gilt. Die Zahl der Unbekannten stimmt mit der Zahl der Gleichungen überein, wenn

$$3I - 3 = 2G + 1 \tag{2.43}$$

gilt. Dies ist aber gerade die aus der Getriebelehre bekannte *Grübler*sche Zwanglaufbedingung für Koppelgetriebe [2/5]. Somit kann festgestellt werden:

Mit Hilfe der Gleichgewichtsbedingungen können alle Lager- und Gelenkkräfte und das Antriebsmoment eines I-gliedrigen ebenen zwangläufigen Mechanismus aus $(3I - 3) = (2G + 1)$ linearen Gleichungen berechnet werden.

Die Berechnung der Gelenkkräfte führt nach Gl. (2.43) schon bei *4*- und *6*gliedrigen Mechanismen auf 9 bzw. 12 Gleichungen mit ebenso vielen Unbekannten für jede Getriebestellung.

Zur Berechnung des Gelenkkraftverlaufs in einem Lager eines zehngliedrigen Getriebes $(I = 10)$ für eine Schrittweite der Antriebskurbel von $\Delta\varphi_2 = 15°$ ($\triangle$ 24 Stellungen, vgl. Beispiel in 2.4.4.1.) sind nach dieser Methode also $24 \cdot (3 \cdot 10 - 3) = 648$ lineare Gleichungen für je 27 Unbekannte zu lösen. Um die Gelenkkräfte zu bestimmen, ist also ein Rechenprogramm für einen Digitalrechner zu verwenden. Für Koppelgetriebe beliebiger Struktur können Gelenkkräfte mit vorhandenen Rechenprogrammen bestimmt werden, vgl. Anhang, Programme (P 2/1) und (P 2/2).

Auch bei der Benutzung von EDVA ist es nicht gleichgültig, welcher Algorithmus dem Programm zugrunde liegt, da dieser die Rechenkosten bedeutend beeinflußt. Mit Hilfe des Prinzips der virtuellen Arbeit ist eine einfachere Berechnung der Gelenkkräfte als mit Hilfe der Gleichgewichtsbedingungen möglich ([2/11], [2/6]).

2.4.3. Berechnung der auf das Gestell wirkenden resultierenden Kräfte und Momente

2.4.3.1. Allgemeines

Von großer praktischer Bedeutung ist die Kenntnis der von einer Maschine auf das Gestell übertragenen Erregerkräfte und -momente, da diese den Boden oder die Gebäude zu störenden Schwingungen erregen können. Die damit im Zusammenhang stehenden Probleme der Maschinenfundamentierung und der Schwingungsisolierung werden in Abschnitt 3. näher behandelt.

In Verbindung mit der Schwingungsberechnung der Fundamente interessiert nicht nur die maximale Größe der von der Maschine abgeleiteten periodischen Kräfte und Momente, sondern auch die Größe der einzelnen Fourierkoeffizienten. Ihre Ermittlung wurde im Abschnitt 1. behandelt. Die Grunderregerfrequenz entspricht in den meisten Fällen der Kurbeldrehzahl (f in Hz; n in U/min):

$$f = \Omega/2\pi = n/60$$

Von den Massenkräften sind bei vielgliedrigen Mechanismen auch die höheren Harmonischen von Bedeutung.

Oft besteht die Aufgabe, die auf das Fundament übertragenen Massenkräfte bzw.
deren Harmonische so klein wie möglich zu halten. Die diesbezüglichen Methoden
des Massenausgleichs von Mechanismen und des Auswuchtens von Rotoren werden
in 2.5. behandelt.
Andererseits werden große Massenkräfte bewegter Maschinenteile auch benutzt,
um Siebe, Schwingförderer, Rüttelverdichter, Stampfer, Schmiedehämmer, Preßluft-
hämmer (translatorisch bewegte Massen) u. a. anzutreiben (z. B. Unwuchterreger).

2.4.3.2.   Berechnung der resultierenden Massenkräfte und Massenmomente

Es wird ein beliebiges mehrgliedriges Getriebe betrachtet, dessen Glieder sich in
parallelen Ebenen bewegen, die in z-Richtung versetzt sein können (vgl. z. B. Bild
2/22). Es interessieren die resultierenden Kräfte und Momente, die von den bewegten
Maschinenteilen über das Maschinengestell auf das Fundament wirken.

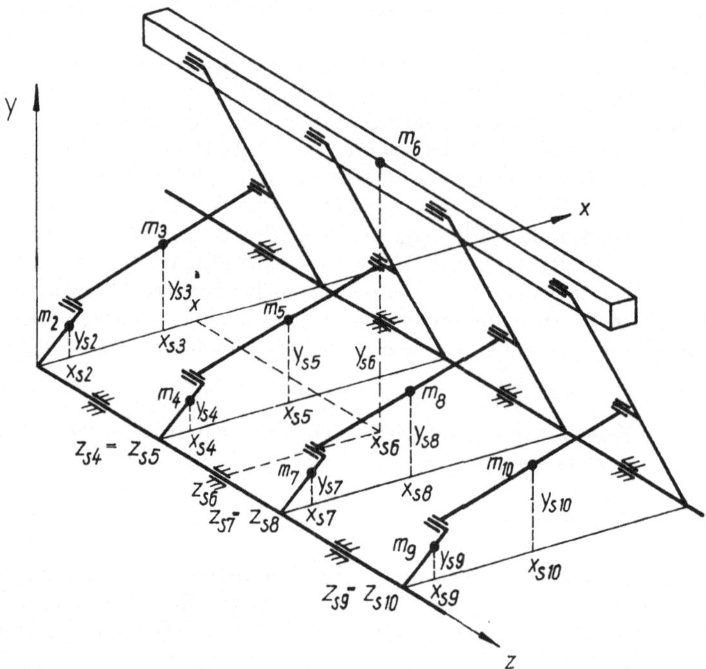

Bild 2/22. Beispiel für die Bezeichnung der Parameter des Antriebssystems einer
Verarbeitungsmaschine mit mehreren parallel arbeitenden Koppelgetrieben

Innere Kräfte und Momente der Maschine, wie Federkräfte zwischen einzelnen
Getriebegliedern, Schneid- und Preßkräfte innerhalb des Mechanismus, Druckkräfte
in Verbrennungsmotoren und Kompressoren, haben auf die Fundamentkräfte
keinen Einfluß, da sie immer paarweise auftreten und sich gegenseitig aufheben,
wenn der Motor mit der ganzen Maschine auf demselben Fundament steht.
Die resultierenden Massenkräfte und -momente, die vom bewegten Mechanismus
auf das Maschinengestell wirken, ergeben sich aus den Gleichgewichtsbedingungen

(vgl. die Kräfte und Momente in Bild 2/21)

$$F_x = -\sum_{i=2}^{I} m_i \ddot{x}_{si} \quad (2.45); \qquad M_x = \sum_{i=2}^{I} m_i z_{si} \ddot{y}_{si} \quad (2.48)$$

$$F_y = -\sum_{i=2}^{I} m_i \ddot{y}_{si} \quad (2.46); \qquad M_y = -\sum_{i=2}^{I} m_i z_{si} \ddot{x}_{si} \quad (2.49)$$

$$F_z = 0 \quad (2.47); \qquad M_z = \sum_{i=2}^{I} [m_i(y_{si}\ddot{x}_{si} - x_{si}\ddot{y}_{si}) - J_{si}\ddot{\varphi}_i] \quad (2.50)$$

Man hat zu beachten, daß die Größe der berechneten Momente von der Lage des Koordinatensystems relativ zur Maschine abhängt. In der Praxis empfiehlt es sich, bei der Behandlung von Fundamentierungsfragen als Ursprung des Koordinatensystems den Schwerpunkt des Fundaments zu wählen, da dann die weiteren Berechnungen leichter fortgesetzt werden können.

Der Schwerpunkt aller bewegten Teile einer laufenden Maschine ergibt sich aus den einzelnen Schwerpunktlagen aus den Bedingungen

$$x_s \sum_{i=2}^{I} m_i = \sum_{i=2}^{I} m_i x_{si}; \qquad y_s \sum_{i=2}^{I} m_i = \sum_{i=2}^{I} m_i y_{si} \qquad (2.51)$$

Die resultierenden Gestellkräfte lassen sich demnach auch durch die Beschleunigung des Gesamtschwerpunktes berechnen:

$$F_x = -\ddot{x}_s \sum_{i=2}^{I} m_i \qquad (2.52)$$

$$F_y = -\ddot{y}_s \sum_{i=2}^{I} m_i \qquad (2.53)$$

Daraus folgt, daß diese Kräfte nur von der Bewegung des Gesamtschwerpunktes und der Gesamtmasse der Getriebeglieder abhängen. Falls der Gesamtschwerpunkt während der Bewegung in Ruhe bleibt, ist die Resultierende der Gestellkräfte identisch Null. Die einzelnen Lagerkräfte haben dabei jedoch endliche Werte, und es verbleibt auch stets ein resultierendes Moment M_z (vgl. auch 2.5.).

2.4.4. Beispiele

2.4.4.1. Dynamische Gelenkkräfte in einem Nähmaschinengetriebe

Die dynamischen Belastungen in Nähmaschinen sind bedeutend größer als die statischen, vgl. Tabelle 2/3. Lärmentwicklung durch Schwingungen der Getriebeglieder und des Gehäuses sowie die Gefahr von Störungen des technologischen Ablaufs sind der Anlaß dafür, daß sich die Konstrukteure mit den auftretenden dynamischen Gelenkkräften näher befassen. Bild 2/23 zeigt das kinematische Schema eines Teiles des Nähmaschinengetriebes.

Dank der in den letzten Jahren entwickelten EDV-Programme zur dynamischen Analyse und Optimierung von Koppelgetrieben kann der Konstrukteur sich einen genauen Überblick über das innere Kraftfeld komplizierter Mechanismen verschaffen.

Den größten Aufwand erfordert die Zusammenstellung aller geometrischen Daten aus den Konstruktionsunterlagen und die Ermittlung der Masseparameter der Getriebe (auf rechnerischem oder experimentellem Weg — vgl. 1.2.). Die Rechenkosten sind vergleichsweise unbedeutend.

Für das Transporteurgetriebe der Nähmaschine (Bild 2/23) sind in Bild 2/24 berechnete Gelenkkräfte für zwei Lager des Getriebes dargestellt. Sowohl die Darstellung der Kräfte mit ihren Wirkungsrichtungen (Bild 2/24a) als auch des zeitlichen Verlaufs der resultierenden Kraft (Bild 2/24b) besitzt praktisches Interesse. Die Analyse des Verlaufs dieser Kräfte erlaubt dem Konstrukteur, Aussagen über die dynamischen Belastungen in den Gelenkbolzen (damit über Reibung, Schmierung und Verschleiß des Lagers) und über die auftretenden Schwingungserregungen zu treffen. Damit kann er zur konstruktiven Weiterentwicklung der Maschine beitragen. Durch Vergleich mit experimentell ermittelten Werten kann auch über die Zulässigkeit des benutzten Berechnungsmodells („starre Maschine") entschieden werden.

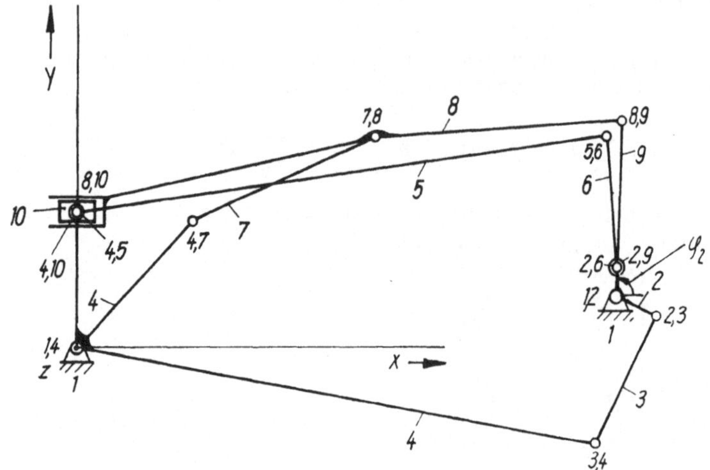

Bild 2/23. Getriebeschema des 10gliedrigen Transporteurgetriebes einer Nähmaschine

2.4.4.2.　Webladenantrieb

Von einer Webmaschine werden relativ große dynamische Kräfte durch die Bewegung der Weblade in das Fundament (in diesem Fall oft Gebäudedecken) übertragen. Die durch die Bewegung des Pickers und des Schützen auftretenden Kräfte sollen hier außer acht bleiben. Das Berechnungsmodell des Webladenantriebs zeigt Bild 2/25. Diese Kurbelschwinge kann infolge der großen Länge von Koppel und Schwinge in guter Näherung zum kinematischen Schema einer Schubkurbel vereinfacht werden.

Gegeben: Drehzahl der Kurbelwelle: $n = 200$ 1/min; ($\dot{\varphi}_2 = \Omega = 21$ 1/s);
geometrische Abmessungen:
$l_2 = 50$ mm; $l_3 = 800$ mm; $l_4 = 1000$ mm; $x_{14} = 800$ mm; $y_{12} = 950$ mm

Masseparameter:
$m_2 = 10$ kg; $m_3 = 24$ kg; $m_4 = 75$ kg; $J_{s4} = 5$ kgm²; $\xi_{s4} = l_4$; $\xi_{s2} = 25$ mm;
$\xi_{s3} = 400$ mm; $J_{s3} = 2$ kgm²

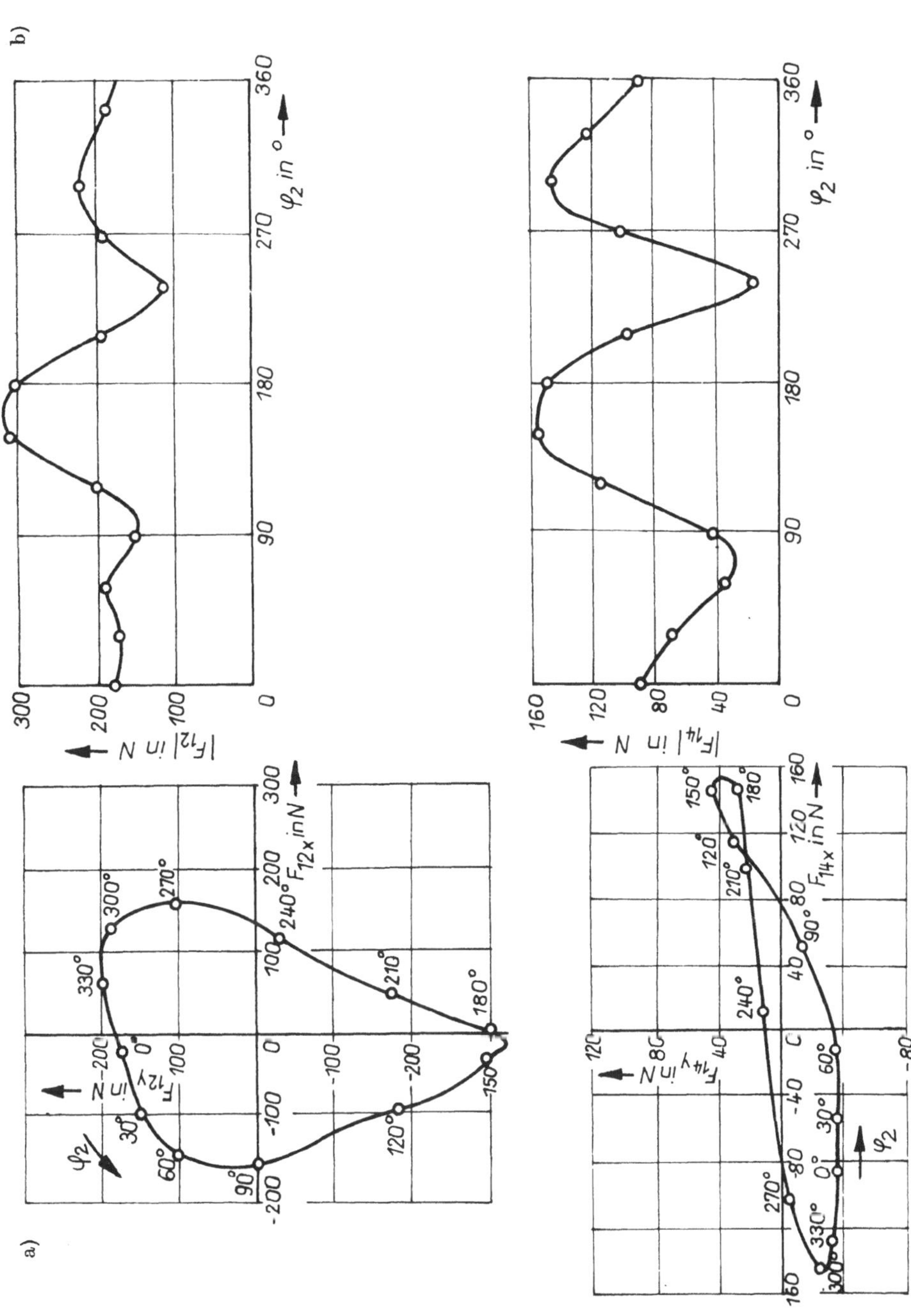

Bild 2/24. Gelenkkräfte infolge der Massenkräfte in dem Getriebe nach Bild 2/23

Gesucht: 1. Beschleunigungen der Schwerpunkte der Getriebeglieder
2. Dynamische Kräfte und Momente auf das Fundament (die ersten beiden Harmonischen).

Lösung:

Analog zu den aus Tabelle 2/1 bekannten Koordinaten des Schubkurbelgetriebes lassen sich die Schwerpunktbewegungen bei konstanter Kurbeldrehzahl ($\varphi_2 = \Omega t$) angeben und für $\lambda = l_2/l_3 \ll 1$ und $l_2/l_4 \ll 1$ durch eine Reihenentwicklung vereinfachen. Exakt gilt

$$x_{s2} = \xi_{s2} \cos \Omega t; \qquad y_{s2} = y_{12} + \xi_{s2} \sin \Omega t$$

$$x_{s3} = l_2 \cos \Omega t + \xi_{s3} \cos \varphi_3(t); \qquad y_{s3} = y_{12} + l_2 \sin \Omega t + \xi_{s3} \sin \varphi_3(t)$$

$$x_{s4} = l_2 \cos \Omega t + l_3 \cos \varphi_3(t); \qquad y_{s4} = y_{12} + l_2 \sin \Omega t + l_3 \sin \varphi_3(t)$$

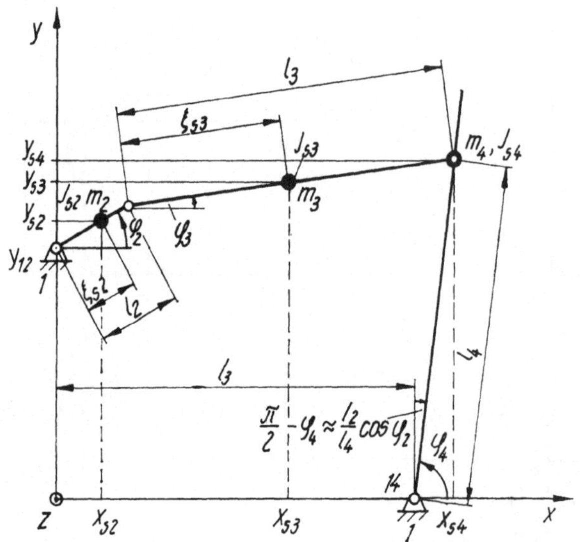

Bild 2/25. Bezeichnungen am viergliedrigen Webladengetriebe

Für die Winkel gilt angenähert (vgl. 2.3.5.2.), da $x_{14} = l_3$

$$\varphi_4 = \frac{\pi}{2} - \frac{l_2}{l_4} \cos \Omega t + \cdots; \qquad \sin \varphi_4 = 1 - \frac{1}{2} \left(\frac{l_2}{l_4} \right)^2 \cos^2 \Omega t + \cdots$$

$$\varphi_3 \approx \sin \varphi_3 = (l_4 \sin \varphi_4 - y_{12} - l_2 \sin \varphi_2)/l_3$$

$$= \frac{l_4 - y_{12} - l_2 \sin \Omega t}{l_3} - \frac{l_4}{2l_3} \left(\frac{l_2}{l_4} \right)^2 \cos^2 \Omega t + \cdots$$

$$\cos \varphi_3 = \sqrt{1 - \sin^2 \varphi_3}$$

$$= 1 - \frac{1}{2} \left[\frac{(l_4 - y_{12})^2}{l_3{}^2} - 2 \frac{(l_4 - y_{12})}{l_3} \lambda \sin \Omega t + \lambda^2 \sin^2 \Omega t + \cdots \right]$$

Zweifache Differentiation nach der Zeit liefert die Schwerpunktbeschleunigungen [vgl. Gl. (2.4)]:

$$\ddot{x}_{s2} = -\Omega^2 \xi_{s2} \cos \Omega t$$

$$\ddot{x}_{s3} = -\Omega^2 l_2 \cos \Omega t + \xi_{s3}(\cos \varphi_3)\ddot{}$$

$$= -\Omega^2 \left[l_2 \cos \Omega t + \xi_{s3}\lambda \left(\frac{l_4 - y_{12}}{l_3} \sin \Omega t + \lambda \cos 2\Omega t + \cdots \right) \right]$$

$$\ddot{x}_{s4} = -\Omega^2 l_2 \cos \Omega t + l_3(\cos \varphi_3)\ddot{}$$

$$= -\Omega^2 \left[l_2 \cos \Omega t + l_3\lambda \left(\frac{l_4 - y_{12}}{l_3} \sin \Omega t + \lambda \cos 2\Omega t + \cdots \right) \right]$$

$$\ddot{y}_{s2} = -\Omega^2 \xi_{s2} \sin \Omega t$$

$$\ddot{y}_{s3} = -\Omega^2 l_2 \sin \Omega t + \xi_{s3} (\sin \varphi_3)\ddot{}$$

$$= -\Omega^2 \left[l_2 \sin \Omega t - \xi_{s3}\lambda \left(\sin \Omega t + \frac{l_2}{l_4} \cos 2\Omega t + \cdots \right) \right]$$

$$\ddot{y}_{s4} = -\Omega^2 l_2 \sin \Omega t + l_3 (\sin \varphi_3)\ddot{}$$

$$= -\Omega^2 \left[l_2 \sin \Omega t - l_3\lambda \left(-\sin \Omega t + \frac{l_2}{l_4} \cos 2\Omega t + \cdots \right) \right]$$

$$\ddot{\varphi}_4 = \Omega^2 \frac{l_2}{l_4} \cos \Omega t + \cdots$$

Die gesuchte Horizontalkraft ergibt sich mit Gl. (2.45) zu

$$F_x = -m_2\ddot{x}_{s2} - m_3\ddot{x}_{s3} - m_4\ddot{x}_{s4}$$

Einsetzen der Beschleunigungen liefert die ersten Harmonischen der *Fourier*-Reihe

$$F_x = \Omega^2(m_2\xi_{s2} + m_3l_2 + m_4l_2) \cos \Omega t - (m_3\xi_{s3} + m_4l_3) (\cos \varphi_3)\ddot{}$$

$$F_x = \Omega^2 \left[(m_2\xi_{s2} + m_3l_2 + m_4l_2) \cos \Omega t \right.$$

$$\left. + (m_3\xi_{s3} + m_4l_3) \lambda \left(\frac{l_4 - y_{12}}{l_3} \sin \Omega t + \lambda \cos 2\Omega t + \cdots \right) \right]$$

Hier wurde bewußt eine Trennung der Komponenten, die durch die Bewegungen mit φ_2 von denen mit φ_3 vorgenommen, um den Einfluß beider Bewegungen hervorzuheben [vgl. Gl. (2.76)].

Mit den Zahlenwerten ergibt sich

$$F_x = (2\,293 \cos \Omega t + 119{,}9 \sin \Omega t + 119{,}9 \cos 2\Omega t + \cdots) \text{ N}$$

Die Vertikalkraft folgt analog aus Gl. (2.46) zu

$$F_y = -m_2\ddot{y}_{s2} - m_3\ddot{y}_{s3} - m_4\ddot{y}_{s4}$$

$$F_y = \Omega^2(m_2\xi_{s2} + m_3l_2 + m_4l_2) \sin \Omega t - (m_3\xi_{s3} + m_4l_3) (\sin \varphi_3)\ddot{}$$

$$F_y = \Omega^2[(m_2\xi_{s2} + m_3l_2 + m_4l_2) \sin \Omega t$$

$$- (m_3\xi_{s3} + m_4l_3) \lambda (\sin \Omega t + l_2/l_4 \cos 2\Omega t + \cdots)]$$

Mit den Zahlenwerten ergibt sich

$$F_y = (375 \sin \Omega t + 96 \cos 2\Omega t + \cdots)\,\mathrm{N}$$

Das Schüttelmoment wird nach Gl. (2.50) berechnet:

$$M_z = m_2(y_{s2}\ddot{x}_{s2} - x_{s2}\ddot{y}_{s2}) + m_3(y_{s3}\ddot{x}_{s3} - x_{s3}\ddot{y}_{s3}) - J_{s3}\ddot{\varphi}_3$$
$$+ m_4(y_{s4}\ddot{x}_{s4} - x_{s4}\ddot{y}_{s4}) - J_{s4}\ddot{\varphi}_4$$

$$M_z = -\Omega^2 \langle [m_2 y_{12}\xi_{s2} + m_3 l_2(y_{12} + \xi_{s3}\lambda + \xi_{s3}\lambda l_2/l_4)$$
$$+ m_4 l_2(y_{12} + l_2 + l_2{}^2/2l_4)]\cos \Omega t + [m_3\xi_{s3}(-l_2 + y_{12}\lambda^2 - l_2\lambda^2/2$$
$$+ \xi_{s3}\lambda) + m_4 l_3\lambda^2(y_{12} + l_2 + l_2{}^2/2l_4) + J_{s3}\lambda]\sin \Omega t$$
$$+ \{m_3\xi_{s3}\lambda(\xi_{s3}l_2/l_4 + y_{12}\lambda) + J_{s3}\lambda$$
$$+ m_4 l_3[l_2{}^2/l_4 + \lambda^2(y_{12} + l_2)]\}\cos 2\Omega t + \cdots \rangle$$

Mit den Zahlenwerten ergibt sich

$$M_z = (2\,387 \cos \Omega t + 67{,}8 \sin \Omega t + 246 \cos 2\Omega t + \cdots)\,\mathrm{Nm}$$

2.4.5.   Aufgaben A 2/5 und A 2/6

A 2/5:   Der Größtwert der durch die Massenkräfte bedingten Gelenkkraft in einer Maschine, die sich mit der konstanten Drehzahl von $n = 300$ U/min bewegt, wurde zu 120 N ermittelt. Wie groß wird dieser Wert bei einer Drehzahl von 600 U/min, wenn das Berechnungsmodell der starren Maschine dann noch vorausgesetzt werden kann?

A 2/6:   Die dynamischen Gelenkkräfte innerhalb einer Kurbelschleife, die mit konstanter Drehzahl in vertikaler Ebene angetrieben wird, sollen errechnet werden (vgl. Bild 2/26).

Gegeben: Abmessungen, $r \ll l$; Schwerpunktabstand ξ_{s3}; Winkelgeschwindigkeit $\dot{\varphi}_2 = \Omega = $ konst; Masse des homogenen Stabes m_3, Massenträgheitsmoment J_{s3}

Gesucht: Normalkraft F_{34}

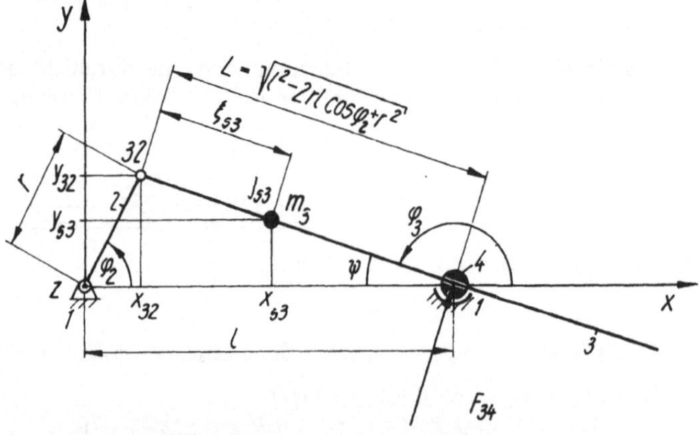

Bild 2/26. Bezeichnungen an der Kurbelschleife

2.4.6.   Lösungen L 2/5 und L 2/6

L 2/5:   Bei konstanter Antriebsdrehzahl sind nach Gl. (2.4) alle Beschleunigungen proportional dem Quadrat der Drehzahl. Bei einer Verdoppelung der Drehzahl vervierfachen sich nach Gln. (2.40) bis (2.42) alle Trägheitskräfte, die durch die ungleichförmig bewegten Getriebeglieder entstehen. Der Größtwert der Gelenkkraft ändert sich bei der Drehzahlerhöhung von 300 1/min auf 600 1/min also von 120 N auf 480 N.

L 2/6:   Zur Berechnung der Gelenkkräfte wird von den Gleichgewichtsbedingungen am Getriebeglied *3* ausgegangen [vgl. die Gln. (2.40) bis (2.42)]. Dazu ist die Berechnung der Beschleunigungen des Getriebegliedes notwendig. Da die Getriebeglieder *2* und *4* als masselos angenommen werden, vereinfacht sich die Berechnung und anstelle der 9 Gleichungen [gemäß Gl. (2.40)] sind nur drei zu lösen.
Die Bewegung des Gliedes *3* ergibt sich (vgl. Bild 2/26) zu

$$x_{s3} = r \cos \varphi_2 + \xi_{s3} \cos \psi; \qquad x_{32} = r \cos \varphi_2$$

$$y_{s3} = r \sin \varphi_2 - \xi_{s3} \sin \psi; \qquad y_{32} = r \sin \varphi_2$$

$$\psi = \pi - \varphi_3 = \arcsin \frac{r \sin \varphi_2}{\sqrt{l^2 - 2rl \cos \varphi_2 + r^2}}; \qquad y_{34} = 0; \quad x_{34} = l$$

Für kleine Verhältnisse $r/l \ll 1$ ergibt sich als erste Näherung aus einer Reihenentwicklung:

$$x_{s3} = \xi_{s3} + r \cos \varphi_2 - \frac{1}{2} \xi_{s3} \left(\frac{r}{l}\right)^2 \sin^2 \varphi_2 + \cdots$$

$$y_{s3} = r \left(1 - \frac{\xi_{s3}}{l}\right) \sin \varphi_2 + \xi_{s3} \left(\frac{r}{l}\right)^2 \sin \varphi_2 \cos \varphi_2 + \cdots$$

$$\varphi_3 = \pi - \frac{r}{l} \sin \varphi_2 + \cdots$$

Durch zweifache Differentiation folgen daraus die Beschleunigungen bei $\varphi_2 = \Omega t$

$$\ddot{x}_{s3} = -r\Omega^2 \cos \Omega t + \cdots$$

$$\ddot{y}_{s3} = -r \left(1 - \frac{\xi_{s3}}{l}\right) \Omega^2 \sin \Omega t + \cdots$$

$$\ddot{\varphi}_3 = \frac{r}{l} \Omega^2 \sin \Omega t + \cdots$$

Aus den Gleichgewichtsbedingungen (2.40) bis (2.42) folgt formal für $i = 3$ und $k = 2$ bzw. 4:

$$F_{32x} + F_{34x} - m_3 \ddot{x}_{s3} + 0 = 0 \tag{2.40a}$$

$$F_{32y} + F_{34y} - m_3 (g + \ddot{y}_{s3}) + 0 = 0 \tag{2.41a}$$

$$\begin{aligned} F_{32x}(y_{s3} - y_{32}) + F_{34x}(y_{s3} - y_{31}) \\ - F_{32y}(x_{s3} - x_{32}) - F_{34y}(x_{s3} - x_{31}) - J_{s3} \ddot{\varphi}_3 = 0 \end{aligned} \tag{2.42a}$$

Aus der Gleichgewichtsbedingung am masselosen Glied *4* folgt die Beziehung

$$F_{43x} \cos \psi - F_{43y} \sin \psi = 0; \qquad F_{34} = -F_{43},$$

die zur Lösung noch benötigt wird. Sie drückt aus, daß die Lagerkraft in der „Schleife" eine Normalkraft ist, d. h., es existiert keine Komponente in Stabrichtung.

Einfacher als aus den letzten beiden Gleichungen, die nur das systematische Herangehen illustrieren sollten, wie es z. B. bei mehrgliedrigen Mechanismen ratsam ist, ergibt sich die Normalkraft aus dem Momentengleichgewicht um das Gelenk *32*:

$$F_{34}L - m_3\ddot{x}_{s3}\xi_{s3}\sin\psi - m_3(g + \ddot{y}_{s3})\,\xi_{s3}\cos\psi - J_{s3}\ddot{\varphi}_3 = 0$$

Nach kurzer Rechnung folgt (für $r/l \ll 1$)

$$F_{34} = m_3 g\,\frac{\xi_{s3}}{l}\left(1 - \frac{r}{l}\cos\Omega t\right) + m_3 r\Omega^2\left[\frac{J_{s3}}{m_3 l^2} - \frac{\xi_{s3}}{l}\left(1 - \frac{\xi_{s3}}{l}\right)\left(1 - \frac{r}{l}\cos\Omega t\right)\right]\sin\Omega t$$

2.5.   Methoden des Massenausgleichs

2.5.1.   Aufgabenstellung

Von besonderem Interesse für die Konstruktion einer Maschine sind die Kräfte, die von der Maschine auf den Aufstellungsort übertragen werden. Sie setzen sich zusammen aus den durch die Bewegung entstehenden Massenkräften und äußeren Kräften (wie das Antriebsmoment, das von einem Motor, der außerhalb des Aufstellungsortes steht, abgegeben wird). Befindet sich der Motor, was vor allem bei Verarbeitungsmaschinen meist auftritt, innerhalb der Maschine, so wirken nur die Massenkräfte auf den Aufstellungsort.

Durch geschickte Anordnung von Massen kann man erreichen, daß diese Kräfte klein werden. Man bezeichnet solche Maßnahmen mit dem Begriff Massenausgleich. Obwohl der Massenausgleich an Rotoren (das Auswuchten) eine Unteraufgabe darstellt, bezieht sich im technischen Sprachgebrauch der Begriff Massenausgleich meist auf Mechanismen und der Begriff Auswuchten auf Rotoren.

Für das Auswuchten muß man unterscheiden, ob der Rotor starr ist oder ob seine dynamische Verformung im Betrieb berücksichtigt werden muß. In diesem Lehrbuch wird nur auf den starren Rotor eingegangen, während der elastische Rotor in der Spezialliteratur (z. B. [2/10]) behandelt wird. Der Konstrukteur wird zuerst versuchen, die umlaufenden und die hin- und hergehenden Massen klein zu halten, z. B. durch Maßnahmen des Formleichtbaus oder die Verwendung von Leichtmetallen anstelle von Stahl. Er hat nicht nur auf die Größe der Erregerkräfte zu achten, sondern vor allem auch auf deren Erregerfrequenzen.

Bei rotierenden Wellen tritt nur die Erregerfrequenz auf, welche der Drehzahl entspricht. Mechanismen mit rotierender Antriebskurbel führen jedoch eine periodische Bewegung aus, wobei im allgemeinen keine harmonischen, sondern periodische Erregerkräfte entstehen. Es entstehen dabei also Erregungen mit den Kreisfrequenzen Ω; 2Ω; 3Ω; ... deren praktische Bedeutung durch die Größe der zugehörigen Fourier-Koeffizienten bestimmt wird (vgl. 2.4.4.2.).

2.5.2.   Auswuchten starrer Rotoren

2.5.2.1.   Begriffe des Auswuchtens

In fast allen Maschinen kommen Rotoren vor. Rotoren sind rotierende Körper, deren Lagerzapfen durch Lager unterstützt werden. Dieser Begriff umfaßt viele Maschinenteile, z. B. schlanke Wellen, flache Scheiben, lange Trommeln, unabhängig davon, ob sie starr oder elastisch sind. Ein Rotor ist *starr*, wenn er sich wie ein idealer starrer

Körper verhält, d. h. bei Betriebsdrehzahl nur vernachlässigbar kleine Deformationen erleidet. In der Praxis kann ein Rotor als starr angesehen werden, solange seine Drehzahl kleiner als etwa die Hälfte seiner kleinsten kritischen Drehzahl ist, die auch von den Lagerbedingungen abhängt (Verfahren zur Abschätzung, vgl. 5.3.3.; 5.3.4.). Bei einem *elastischen* Rotor ändert sich infolge der Deformationen sein Auswuchtzustand mit der Drehzahl.

Wegen der stets vorhandenen Unwuchten entstehen bei der Drehung der Rotoren dynamische Kräfte, die sich negativ auswirken können auf

1. die Lagerkräfte (Flächenpressung, Verschleiß, Lebensdauer, ...)
2. die Belastung des Maschinengestells und des Fundaments (Schwingungserregung)
3. dynamische Belastungen im Innern des Rotors (vgl. auch Bild 2/29)

Es ist deshalb vor allem bei schnellaufenden Rotoren ratsam, die Unwuchten auszugleichen, d. h. auszuwuchten.

Unwuchten entstehen infolge von Fertigungsungenauigkeiten und Ungleichförmigkeiten des Materials. Eine *Unwucht* ist definiert als das Produkt aus einer Punktmasse m_i und deren Abstand r_i von der Drehachse:

$$U_i = m_i r_i \qquad (2.54)$$

Bei einer einzelnen rotierenden Punktmasse tritt bei der Winkelgeschwindigkeit Ω die Fliehkraft

$$F_i = m_i r_i \Omega^2 = U_i \Omega^2 \qquad (2.55)$$

auf. Die Unwucht ist also ein Maß für die entstehende Fliehkraft. Die Unwuchten sind in einem Rotor i. allg. ungleichmäßig und zufällig räumlich verteilt.

Auswuchten nennt man den Vorgang, bei dem die Massenverteilung eines Rotors geprüft und durch Massenausgleich (Ausbohren oder Hinzufügen von Material) korrigiert wird, um zu erreichen, daß die dynamischen Lagerkräfte bei Betriebsdrehzahl in vorgegebenen Grenzen liegen. Das Auswuchten geschieht mit Hilfe von Auswuchtmaschinen oder in der Originallagerung mit Hilfe spezieller Meßeinrichtungen.

Tabelle 2/4. Zulässige Werte für das Produkt von Exzentrizität und Winkelgeschwindigkeit für verschiedene Rotoren (e vgl. Gl. (2.66))

$e\Omega$ in mm/s	Rotor oder Maschine
1 600	Kurbelgetriebe von starr aufgestellten langsamlaufenden Schiffsdieselmotoren
100	Kurbelgetriebe von starr und elastisch aufgestellten Motoren
16	Kurbelgetriebe von PKW- und LKW-Motoren, Autoräder, Felgen, Radsätze, Gelenkwellen
2,5	Zentrifugentrommeln, Ventilatoren, Schwungräder, Elektromotorenanker, Werkzeugmaschinenteile
0,4	Gas- und Dampfturbinen, Werkzeugmaschinenantriebe, Magnetophon- und Phono-Antriebe
	Feinstschleifmaschinenanker, -wellen und -scheiben Kreiselgeräte

Ein Rotor ist *vollkommen* ausgewuchtet, wenn seine Masse derart verteilt ist, daß
sie auf die Lager keine dynamischen Kräfte überträgt. Dieser ideale Zustand ist
praktisch nicht erreichbar. Es genügt auch, wenn die Lagerkräfte bzw. Restunwuchten
innerhalb gewisser Grenzen bleiben, die vielfach durch Vorschriften festgelegt sind,
wie z. B. für Kreiselverdichter, Gebläse, Reifen und Läufer, vgl. VDI-Richt-
linie 2060, die gleichzeitig als ISO-Entwurf gilt (vgl. Tabelle 2/4).

2.5.2.2.   Statisches und dynamisches Auswuchten

Zur Erläuterung der Begriffe „statisches" und „dynamisches" Auswuchten wird
zunächst abgeleitet, welche Lagerkräfte bei einer beliebigen Massenverteilung eines
starren Rotors entstehen. Sie lassen sich mit Hilfe der Gln. (2.45) bis (2.50) berechnen.

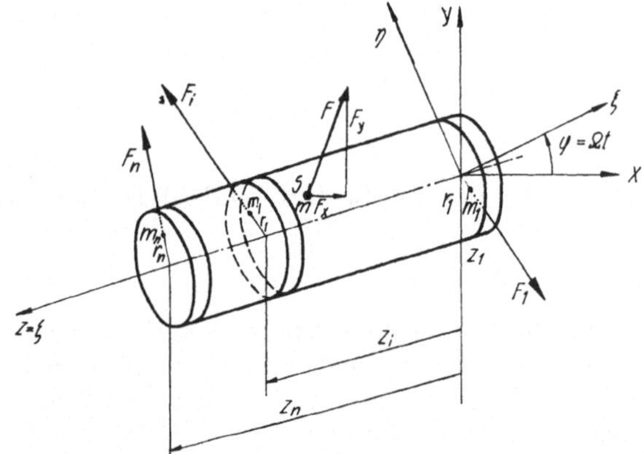

Bild 2/27. Unwuchtkräfte an einem Rotor (Die Unwuchtradien sind $r_i = \sqrt{\xi_i{}^2 + \eta_i{}^2}$
für $i = 1, \ldots, n$). Für die Ableitung der Gln. (2.62); (2.63) liegt die x,y-Ebene so
auf der z-Achse, daß sich in ihr der Gesamtschwerpunkt S bewegt.

Der starre Rotor wird dabei als Sonderfall eines Mechanismus aufgefaßt, dessen
Besonderheit darin besteht, daß die Massenelemente m_i alle auf Kreisbahnen um
eine Achse rotieren. Dabei geht man von der Vorstellung aus, daß der Rotor der
Masse m in eine große Anzahl von Scheiben der Massen m_i aufgeteilt ist. Diese
Scheiben sollen so schmal sein, daß die Lage von m_i in Längsrichtung mit der Lage
der Scheibe identisch ist (vgl. Bild 2/27). Sie haben die Schwerpunktabstände r_i
von der Drehachse. Für die folgenden Ableitungen werden komplexe Zahlen verwendet. Dies ist vorteilhaft, weil nur die halbe Anzahl von Gleichungen geschrieben
zu werden braucht und mit derselben Darstellung in der komplexen *Gauß*schen
Zahlenebene auch ebene Mechanismen einfach untersucht werden können (vgl.
2.5.3.). Die Transformation auf reelle Größen ist mit Hilfe der *Euler*schen Relation
$(j = \sqrt{-1})$

$$\exp(j\varphi) = e^{j\varphi} = \cos\varphi + j\sin\varphi \tag{2.56}$$

und eines Koeffizientenvergleichs leicht möglich.
Die Lage der Scheibenschwerpunkte in dem Rotor (vgl. Bild 2/27) läßt sich folgendermaßen beschreiben:

$$\tilde{r}_i = x_i + jy_i = (\xi_i + j\eta_i)\, e^{j\Omega t} \tag{2.57}$$

Dabei bezieht sich x_i und y_i auf das raumfeste und ξ_i und η_i auf das mitrotierende körperfeste Koordinatensystem. Nach zweimaliger Differentiation ergibt sich die Beschleunigung zu

$$\ddot{\tilde{r}}_i = \ddot{x}_i + j\ddot{y}_i = -(\xi_i + j\eta_i)\,\Omega^2\,e^{j\Omega t} \tag{2.58}$$

Die resultierende Fliehkraft aller Scheiben ist nach Gln. (2.45) und (2.46)

$$\tilde{F} = F_x + jF_y = -\sum_i m_i(\ddot{x}_i + j\ddot{y}_i) \tag{2.59}$$

Mit Gl. (2.58) wird daraus

$$\tilde{F} = F_x + jF_y = \sum_i m_i(\xi_i + j\eta_i)\,\Omega^2\,e^{j\Omega t} \tag{2.59a}$$

Unter Benutzung der Definition des Schwerpunktes analog zu Gl. (2.51) ergibt sich mit den körperfesten Koordinaten des Schwerpunkts

$$\tilde{F} = F_x + jF_y = m(\xi_s + j\eta_s)\,\Omega^2\,e^{j\Omega t} \tag{2.59b}$$

Das Moment infolge der Fliehkräfte ergibt sich in komplexer Form auf Grund der Gln. (2.48) und (2.49) zu:

$$\tilde{M} = M_x + jM_y = -j\sum_i m_i z_i(\ddot{x}_i + j\ddot{y}_i) \tag{2.60}$$

Mit Gl. (2.58) und $z_i = \zeta_i$ ergibt sich daraus mit körperfesten Koordinaten

$$\tilde{M} = M_x + jM_y = j\sum_i m_i\zeta_i(\xi_i + j\eta_i)\,\Omega^2\,e^{j\Omega t} \tag{2.60a}$$

Beim Übergang zum Kontinuum mit unendlich vielen Punktmassen dm entspricht dies der Form

$$\tilde{M} = M_x + jM_y = -j(J_{\zeta\xi} + jJ_{\zeta\eta})\,\Omega^2\,e^{j\Omega t}, \tag{2.60b}$$

wobei sich die Zentrifugalmomente aus folgenden Integralen ergeben [39]:

$$J_{\zeta\xi} = -\int \zeta\xi\,dm; \quad J_{\zeta\eta} = -\int \zeta\eta\,dm \tag{2.61}$$

Aus der resultierenden Kraft und dem resultierenden Moment berechnen sich mit Hilfe der Gleichgewichtsbedingungen die Lagerkräfte (vgl. Bild 2/28):

$$\tilde{F}_A = F_{Ax} + jF_{Ay} = \frac{-b\tilde{F} + j\tilde{M}}{a+b}; \quad \tilde{F}_B = F_{Bx} + jF_{By} = \frac{-a\tilde{F} - j\tilde{M}}{a+b} \tag{2.62}$$

Nach dem Einsetzen der Ausdrücke aus Gl. (2.59b) und (2.60b) lauten sie

$$\begin{aligned}
\tilde{F}_A &= -[mb(\xi_s + j\eta_s) - (J_{\zeta\xi} + jJ_{\zeta\eta})]\,\frac{\Omega^2\,e^{j\Omega t}}{a+b} \\[2mm]
\tilde{F}_B &= -[ma(\xi_s + j\eta_s) + (J_{\zeta\xi} + jJ_{\zeta\eta})]\,\frac{\Omega^2\,e^{j\Omega t}}{a+b}
\end{aligned} \tag{2.63}$$

Aus diesen Gleichungen ist ablesbar, wodurch die dynamischen Lagerkräfte eines starren Rotors bestimmt werden. Eine beliebige Unwuchtverteilung in einem starren Rotor entspricht einer Schwerpunktverlagerung und einer schiefen Lage der Träg-

heitshauptachsen in bezug auf die Drehachse. Man erkennt daraus, daß die dynamischen Kräfte in den Lagern A und B mit der Kreisfrequenz Ω umlaufen, jedoch nicht in gleicher Phase liegen, wenn die Zentrifugalmomente ungleich Null sind.
Ein starrer Rotor ist also vollkommen ausgewuchtet, wenn sein Schwerpunkt auf der Drehachse liegt ($\xi_s = \eta_s = 0$) und wenn seine Trägheitshauptachse mit der Drehachse zusammenfällt ($J_{\zeta\xi} = J_{\zeta\eta} = 0$).
Man spricht von einer *statischen* Unwucht, wenn der Schwerpunkt außerhalb der Drehachse liegt. Eine *dynamische* Unwucht des Rotors liegt vor, wenn die zentrale Trägheitshauptachse nicht mit der Drehachse zusammenfällt. Beide Erscheinungen sind praktisch stets überlagert.

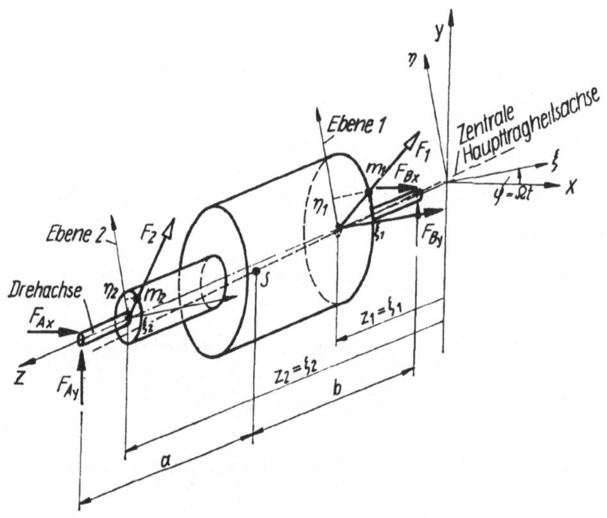

Bild 2/28. Zur Wirkung von Ausgleichsmassen (vgl. Bild 2/27)

Die resultierende Fliehkraft $F = \sqrt{F_x^2 + F_y^2}$ [vgl. Gl. (2.59a)] heißt statischer Anteil der Unwucht, weil er mit einem statischen Versuch, zum Beispiel Abrollen auf Schneiden, ermittelt werden kann. Das resultierende Moment $M = \sqrt{M_x^2 + M_y^2}$ [vgl. Gl. (2.60)] ist nur bei umlaufendem Rotor, also dynamisch, zu ermitteln.
Beim statischen Auswuchten wird die Massenverteilung des starren Rotors durch einen Ausgleich in nur *einer Ebene* korrigiert, so daß nur die statische Restunwucht in den zulässigen Grenzen gehalten werden kann. Dabei kann die dynamische Unwucht eventuell sogar größer werden.
Beim dynamischen Auswuchten wird die Massenverteilung des starren Rotors durch einen Ausgleich in *zwei* Ebenen korrigiert, so daß die statische und die dynamische Unwucht ausgeglichen werden. Dabei werden m_1; m_2; ξ_1; ξ_2; η_1 und η_2 aus den gemessenen Lagerkräften oder -verschiebungen bestimmt (vgl. Bild 2/28).
Nun soll noch bewiesen werden, daß im allgemeinen zwei Ausgleichsmassen in zwei verschiedenen Ausgleichsebenen ausreichen, um einen beliebigen starren Rotor vollkommen auszuwuchten. Dazu wird ein Rotor mit gegebener Unwuchtverteilung angenommen, von dem also die Größen $m(\xi_s + j\eta_s)$ und $(J_{\zeta\xi} + jJ_{\zeta\eta})$ für die resultierende Kraft nach Gl. (2.59b) bzw. für das resultierende Moment nach Gl. (2.60b) bekannt sind. In zwei Ebenen mit den Abständen ζ_1 und ζ_2 sollen Größe und Lage

der Ausgleichsmassen m_1 und m_2 bestimmt werden. Die Reaktionen infolge dieser Einzelmassen ergeben sich nach Gln. (2.59a) und (2.60a).

Die Summe aus den Unwuchten und den Ausgleichsmassen ergibt somit folgende Reaktionen:

$$\tilde{F} = [m_1(\xi_1 + \mathrm{j}\eta_1) + m_2(\xi_2 + \mathrm{j}\eta_2) + m(\xi_s + \mathrm{j}\eta_s)]\,\Omega^2\,\mathrm{e}^{\mathrm{j}\Omega t} \qquad (2.64)$$

$$\tilde{M} = \mathrm{j}[m_2\zeta_1(\xi_1 + \mathrm{j}\eta_1) + m_2\zeta_2(\xi_2 + \mathrm{j}\eta_2) - J_{\zeta\xi} - \mathrm{j}J_{\zeta\eta}]\,\Omega^2\,\mathrm{e}^{\mathrm{j}\Omega t} \qquad (2.65)$$

Der Rotor ist vollkommen ausgewuchtet, wenn $\tilde{F} = 0$ und $\tilde{M} = 0$. Die beiden Gln. (2.64) und (2.65) reichen aus, um die beiden Unbekannten $m_1(\xi_1 + \mathrm{j}\eta_1)$ und $m_2(\xi_2 + \mathrm{j}\eta_2)$ zu bestimmen. Das ist der Grund dafür, daß ein starrer Rotor durch zwei Ausgleichsmassen in *zwei* Ebenen vollkommen ausgewuchtet werden kann.

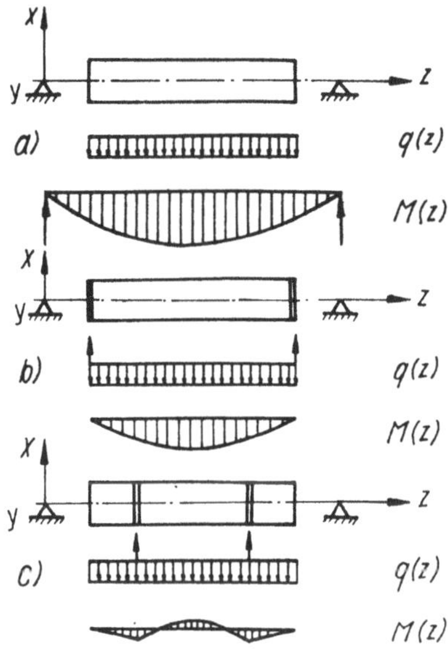

Bild 2/29. Verlauf des inneren Moments bei verschiedener Wahl der Auswuchtebenen

a) Rotor ohne Auswuchtung,
b) Auswuchtebenen an den Stirnflächen des Rotors,
c) Auswuchtebenen im Rotor

Mit Rücksicht auf die entstehenden Biegemomente innerhalb des Rotors sollten Unwuchten möglichst in der Ebene ausgeglichen werden, in der sie auftreten. Den Einfluß der gewählten Ausgleichebene auf die Momentenverteilung im Rotor illustriert Bild 2/29 für eine gleichmäßig verteilte Unwucht.

Für sog. „wellenelastische Rotoren", die in der Nähe einer ihrer kritischen Drehzahlen laufen, ist das Auswuchten in zwei willkürlichen Ebenen nicht mehr hinreichend. Dafür wurden Auswuchtverfahren in drei und mehr Ebenen entwickelt, die einen erheblichen rechnerischen und experimentellen Mehraufwand gegenüber dem Auswuchten starrer Rotoren erfordern, vgl. [2/14].

Weiterhin sind für die Wahl der Auswuchtebenen folgende Gesichtspunkte zu beachten:

1. Die Auswuchtebenen sollen möglichst weit voneinander entfernt liegen, falls unbekannt ist, in welcher Ebene Unwuchten liegen.
2. Bei zusammengebauten Rotoren, deren Auswuchtebenen auf verschiedenen Einzelteilen angebracht sind, ist konstruktiv zu sichern, daß eine eindeutige Zuordnung besteht (Sicherung der Teile gegeneinander formschlüssig z. B. durch Stifte).

3. Durch Abbohren beim Auswuchten darf die Festigkeit des Bauteils nicht beeinträchtigt werden.

Der Konstrukteur muß genau die Auswuchtebenen festlegen und darf dies nicht dem Zufall überlassen.

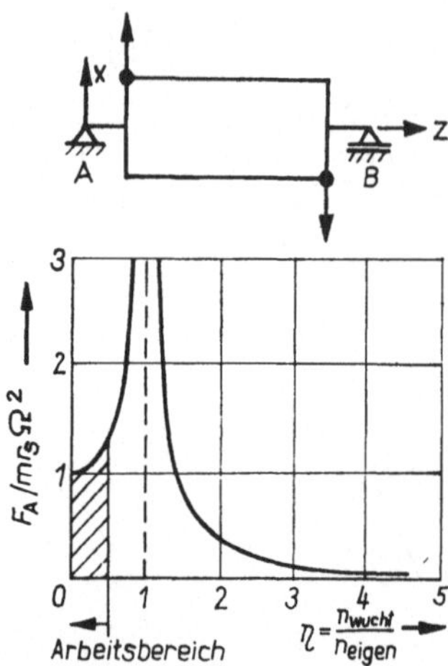

Bild 2/30. Kraftmessendes Auswuchtverfahren

Praktisch erfolgt das Auswuchten mit Hilfe von Auswuchtmaschinen, mit deren Hilfe die Lage und Größe der Unwucht aus den Lagerreaktionen des Rotors ermittelt wird. Ohne darauf näher einzugehen (vgl. [2/8]; [2/10]) sei lediglich erwähnt, daß je nach Größe und Drehzahl des Rotors *wegmessende* oder *kraftmessende* Auswucht-

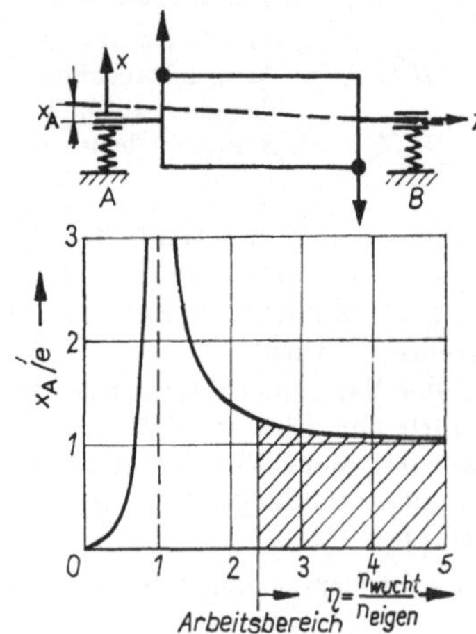

Bild 2/31. Wegmessendes Auswuchtverfahren

Der Schwingweg ist um 180° gegenüber der Erregerkraft phasenverschoben.

maschinen weit verbreitet sind. Bei *kraftmessenden* Auswuchtmaschinen ist der Rotor starr gelagert, die Lagerkräfte werden im unterkritischen Drehzahlbereich gemessen. Praktisch liegt ihr Arbeitsbereich bei Drehzahlen von 200 bis 3000 1/min. *Wegmessende* Auswuchtmaschinen werden zur Zeit noch vorwiegend verwendet. Ihre Lager sind elastisch, so daß die Eigenfrequenz des Rotors auf den elastischen

Lagern einem Drehzahlbereich von $n_k = 90$ bis 300 U/min entspricht. Ihr Arbeitsbereich liegt im überkritischen Drehzahlbereich und geht bei verschiedenen Anlagen bis 10000 1/min. Die Bilder 2/30 und 2/31 erläutern an Hand der Resonanzkurven den Arbeitsbereich dieser Auswuchtmaschinen. (n_{wucht} ist die Wuchtdrehzahl und n_{elgen} die Eigendrehzahl der Wuchtmaschine.)

Eine beliebige Unwuchtverteilung ruft gemäß Gl. (2.63) rein harmonische Lagerkräfte mit der Rotorfrequenz $f = \Omega/2\pi$ hervor. Die beiden Lagerkräfte sind im allgemeinen zueinander phasenverschoben.

Zur Kennzeichnung des Wuchtzustandes wird eine von der Masse des Wuchtkörpers unabhängige Größe benötigt. Man definiert dafür die sogenannte Exzentrizität

$$e = \frac{m_u r_u}{m} = \frac{U}{m} \tag{2.66}$$

U ist dabei die Gesamtunwucht und m die Gesamtmasse des Wuchtkörpers. An tiefabgestimmten, also wegmessenden Auswuchtmaschinen wird e direkt durch die Wuchtmaschine angegeben. Als Beurteilungsmaßstab gilt das Produkt $e\Omega$. Um eine Vorstellung von seiner Größenordnung zu erhalten, sind einige Werte aus der Fachliteratur (z. B. [2/10]) in der Tabelle 2/4 zusammengestellt. Dabei gilt für Ausgleich in einer Wuchtebene der volle Richtwert, während für Wuchtkörper mit zwei Ausgleichsebenen je Ebene die Hälfte des Richtwertes zulässig ist.

2.5.3. Massenausgleich von Koppelgetrieben

2.5.3.1. Vollständiger Ausgleich

Jeder Mechanismus läßt sich prinzipiell durch eine geeignete Masseverteilung so dimensionieren, daß der Schwerpunkt bei beliebigen Bewegungen in Ruhe bleibt und damit die resultierenden Kräfte ausgeglichen sind [vgl. Gln. (2.52) und (2.53)]. Man spricht dann vom „vollständigen Ausgleich" der Massenkräfte. In der Fachliteratur (z. B. [2/4]; [2/5]; [2/6]; [2/8]; [2/12]) ist dargestellt, wie man die Bedingungen für einen vollständigen Ausgleich für ebene Koppelgetriebe mathematisch herleiten kann. Hier soll nur das ebene Viergelenkgetriebe behandelt werden.

Normalerweise bewegt sich der Gesamtschwerpunkt eines Mechanismus auf einer Bahn, wie das Bild 2/32 an einem Beispiel zeigt. Dort sind für 9 verschiedene Massen-

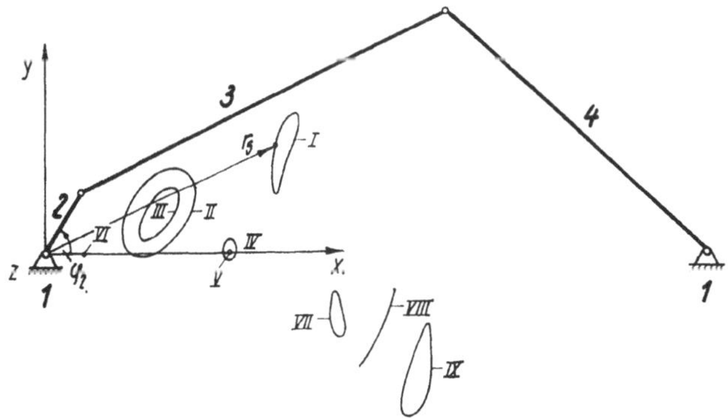

Bild 2/32. Schwerpunktbahnen einer Kurbelschwinge für 9 Varianten der Massen und Schwerpunktlagen der bewegten Getriebeglieder

verteilungen die Schwerpunktbahnen aufgezeichnet. Unter gewissen Bedingungen, die nun ermittelt werden sollen, entartet die Schwerpunktbahn zu einem Punkt. Zu den folgenden Ableitungen werden die Bezeichnungen aus Bild 2/33 verwendet. In komplexer Schreibweise lautet die Bedingung für den Zusammenhang des Viergelenkgetriebes

$$l_2\,\mathrm{e}^{\mathrm{j}\varphi_2} + l_3\,\mathrm{e}^{\mathrm{j}\varphi_3} = l_1 + l_4\,\mathrm{e}^{\mathrm{j}\varphi_4} \tag{2.67}$$

Diese Gleichung könnte unter Benutzung der *Euler*schen Relation (2.56) in zwei reelle Gleichungen umgeformt werden. Hier wird jedoch die komplexe Schreibweise angewendet, weil dabei nur die halbe Anzahl von Gleichungen anfällt. Die Ortsvektoren der im Schwerpunkt liegenden Massen sind nach Bild 2/33:

$$\tilde{r}_{s2} = x_{s2} + \mathrm{j}y_{s2} = (\xi_{s2} + \mathrm{j}\eta_{s2})\,\mathrm{e}^{\mathrm{j}\varphi_2}$$

$$\tilde{r}_{s3} = x_{s3} + \mathrm{j}y_{s3} = l_2\,\mathrm{e}^{\mathrm{j}\varphi_2} + (\xi_{s3} + \mathrm{j}\eta_{s3})\,\mathrm{e}^{\mathrm{j}\varphi_3} \tag{2.68}$$

$$\tilde{r}_{s4} = x_{s4} + \mathrm{j}y_{s4} = l_1 + (\xi_{s4} + \mathrm{j}\eta_{s4})\,\mathrm{e}^{\mathrm{j}\varphi_4}$$

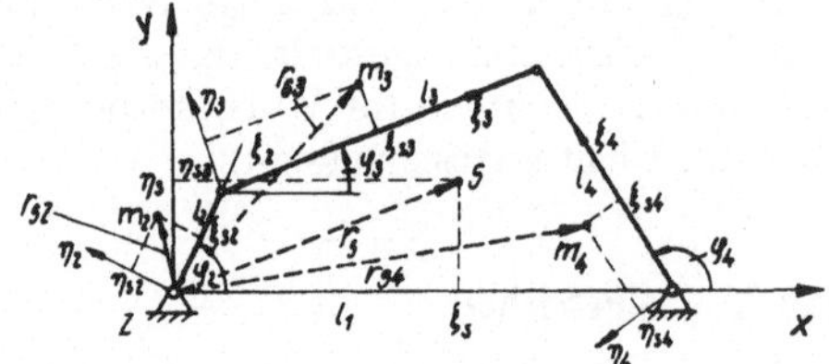

Bild 2/33. Bezeichnung der Parameter am Viergelenkgetriebe

Der Schwerpunkt des gesamten Getriebes ergibt sich nach Gl. (2.51) aus der Bedingung

$$(m_2 + m_3 + m_4)\,\tilde{r}_s = m_2\tilde{r}_{s2} + m_3\tilde{r}_{s3} + m_4\tilde{r}_{s4} \tag{2.69}$$

Das Einsetzen der Koordinaten der Einzelschwerpunkte und die Umformung nach Gl. (2.67)

$$\mathrm{e}^{\mathrm{j}\varphi_4} = (l_2\,\mathrm{e}^{\mathrm{j}\varphi_2} + l_3\,\mathrm{e}^{\mathrm{j}\varphi_3} - l_1)/l_4 \tag{2.67a}$$

liefert dann mit Gl. (2.68)

$$(m_2 + m_3 + m_4)\,\tilde{r}_s = m_2(\xi_{s2} + \mathrm{j}\eta_{s2})\,\mathrm{e}^{\mathrm{j}\varphi_2} + m_3[l_2\,\mathrm{e}^{\mathrm{j}\varphi_2} + (\xi_{s3} + \mathrm{j}\eta_{s3})\,\mathrm{e}^{\mathrm{j}\varphi_3}]$$
$$+\, m_4[l_1 + (\xi_{s4} + \mathrm{j}\eta_{s4})\,(l_2\,\mathrm{e}^{\mathrm{j}\varphi_2}$$
$$+\, l_3\,\mathrm{e}^{\mathrm{j}\varphi_3} - l_1)/l_4] \tag{2.70}$$

Nach Umordnung der Terme ergibt sich die Schwerpunktlage aus

$$(m_2 + m_3 + m_4)\,\tilde{r}_s = \mathrm{e}^{\mathrm{j}\varphi_2}[m_2(\xi_{s2} + \mathrm{j}\eta_{s2}) + m_3 l_2 + m_4(\xi_{s4} + \mathrm{j}\eta_{s4})\,l_2/l_4]$$
$$+\, \mathrm{e}^{\mathrm{j}\varphi_3}[m_3(\xi_{s3} + \mathrm{j}\eta_{s3}) + m_4(\xi_{s4} + \mathrm{j}\eta_{s4})\,l_3/l_4]$$
$$+\, m_4[l_1 - (\xi_{s4} + \mathrm{j}\eta_{s4})\,l_1/l_4] \tag{2.71}$$

Für eine beliebige Getriebestellung (gekennzeichnet durch die Winkel φ_2 und $\varphi_3(\varphi_2)$) kann damit die Schwerpunktlage berechnet werden. Gl. (2.71) beschreibt also die Schwerpunktbahn.

Der Schwerpunkt bewegt sich harmonisch auf einer Kreisbahn, falls der Klammerausdruck nach $\mathrm{e}^{\mathrm{j}\varphi_3}$ verschwindet. Er bleibt in Ruhe, falls beide Koeffizienten von $\mathrm{e}^{\mathrm{j}\varphi_2}$ und $\mathrm{e}^{\mathrm{j}\varphi_3}$ Null sind.

Die Bedingungen für den vollständigen Ausgleich lauten für den Sonderfall, daß die Schwerpunkte auf den Gliedachsen liegen

$$(\eta_{s2} = \eta_{s3} = \eta_{s4} = 0):$$

$$m_2\xi_{s2} + m_3 l_2 + m_4 \frac{\xi_{s4}}{l_4} l_2 = 0 \qquad\qquad (2.72)$$

$$m_3\xi_{s3} + m_4 \frac{\xi_{s4}}{l_4} l_3 = 0 \qquad\qquad (2.73)$$

Dies sind zwei Gleichungen für die 9 Parameter des Viergelenkgetriebes $(l_2; l_3; l_4;$ $m_2; m_3; m_4; \xi_{s2}; \xi_{s3}; \xi_{s4})$. Es existieren, da weniger Gleichungen als Unbekannte vorliegen, also gewisse Freiheiten bei der Wahl der Parameter.

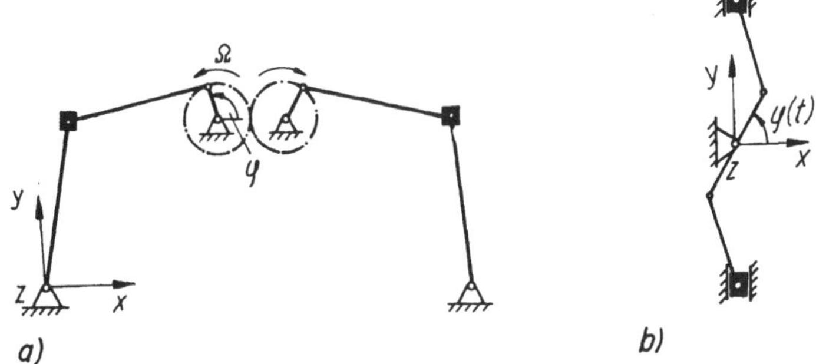

Bild 2/34. Möglichkeiten des Massenausgleichs durch Anordnung eines gegenläufigen Getriebes

Der vollständige Ausgleich der Kräfte erfolgt praktisch nur selten, weil er folgende Nachteile hat:

1. Es entstehen meist sperrige Getriebe mit konstruktiv nicht realisierbaren Abmessungen.
2. Die Masse der Getriebeglieder muß oft beträchtlich verändert werden.
3. Obwohl die *resultierenden* Massenkräfte ausgeglichen werden, können die einzelnen Lager- und Gelenkkräfte zunehmen, ebenso das resultierende Massenmoment M_z.

Neben dem hier erwähnten vollständigen Massenausgleich kann in der Praxis eine Verbesserung durch folgende Maßnahmen erreicht werden:

1. Erzeugung einer äquivalenten Gegenbewegung, d. h. Kompensation durch gleich große entgegengerichtete Massenkräfte eines anderen Mechanismus (Bild 2/34) oder von zusätzlichen Zweischlägen [2/12].
2. Ausgleich bestimmter Harmonischer mit Hilfe von Ausgleichsgetrieben. Bild 2/35 zeigt Getriebe zur Erzeugung einer harmonischen Kraft und eines Moments, Bild 2/36 zeigt weitere Möglichkeiten.
3. Bei Mehrzylindermaschinen (vgl. 2.5.3.3.) durch Anordnung von Gegengewichten, durch verschiedene Kurbelwinkel, durch Versetzung der Getriebeebenen zur Achse und evtl. durch verschieden große Kurbelradien und Kolbenmassen.

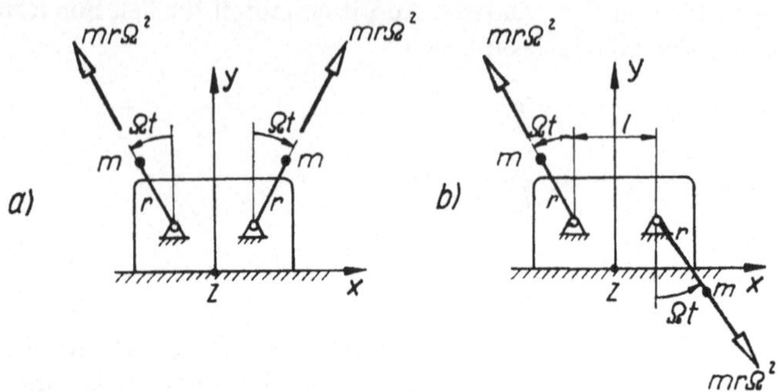

Bild 2/35. Getriebe zur Erzeugung einer Harmonischen

a) gerichtete Kraft: $F_x = 0$; $F_y = 2mr\Omega^2 \cos \Omega t$; $M_z = 0$
b) umlaufendes Moment: $F_x = 0$; $F_y = 0$; $M_z = mr\Omega^2 l \cos \Omega t$

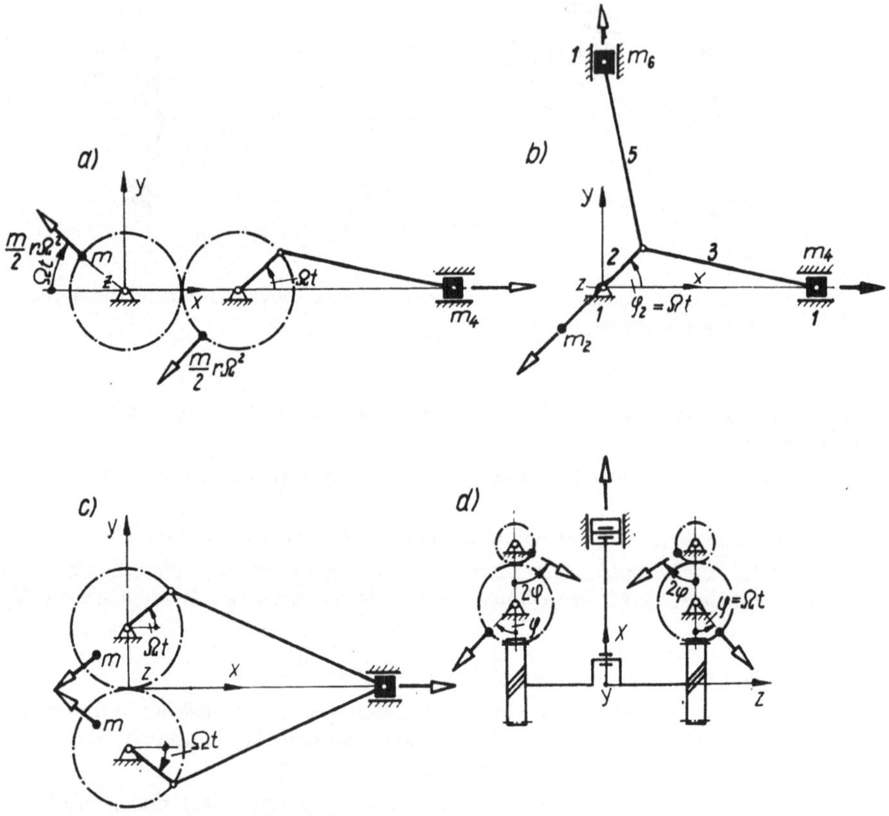

Bild 2/36. Konstruktive Möglichkeiten zum Ausgleich einzelner Harmonischer (Ausgleichsgetriebe)

a) und c) Kräfte und Moment M_z (1. Harmonische)
b) Kräfte (1. Ordnung)
d) Kräfte (1. und 2. Ordnung)

2.5.3.2. Massenausgleich beim Schubkurbelgetriebe

Das Schubkurbelgetriebe wird in vielen Maschinen zur Umformung von Dreh- in Schubbewegungen (und umgekehrt) benutzt, so daß sein Massenausgleich seit langem besonderes Interesse besitzt. Es gibt hierbei mehrere Möglichkeiten für den Massenausgleich.

Auf das Gestell wirken keine resultierenden Kräfte, wenn der Gesamtschwerpunkt bei der Bewegung des Getriebes in Ruhe bleibt. Die Schwerpunktlage ergibt sich in Abhängigkeit von den Getriebestellungen analog zu Gl. (2.69) zu

$$(m_2 + m_3 + m_4)\, \tilde{r}_s = m_2 \tilde{r}_{s2} + m_3 \tilde{r}_{s3} + m_4 \tilde{r}_{s4} \tag{2.74}$$

Die Schwerpunkte der Getriebeglieder bewegen sich folgendermaßen (vgl. Bild 2.7a):

$$\tilde{r}_{s2} = \xi_{s2}\, \mathrm{e}^{\mathrm{j}\varphi_2}; \quad \tilde{r}_{s3} = l_2\, \mathrm{e}^{\mathrm{j}\varphi_2} + \xi_{s3}\, \mathrm{e}^{\mathrm{j}\varphi_3}; \quad \tilde{r}_{s4} = l_2\, \mathrm{e}^{\mathrm{j}\varphi_2} + l_3\, \mathrm{e}^{\mathrm{j}\varphi_3} \tag{2.75}$$

Einsetzen liefert die Schwerpunktbewegung

$$(m_2 + m_3 + m_4)\, \tilde{r}_s = m_2 \xi_{s2}\, \mathrm{e}^{\mathrm{j}\varphi_2} + m_3(l_2\, \mathrm{e}^{\mathrm{j}\varphi_2} + \xi_{s3}\, \mathrm{e}^{\mathrm{j}\varphi_3}) + m_4(l_2\, \mathrm{e}^{\mathrm{j}\varphi_2} + l_3\, \mathrm{e}^{\mathrm{j}\varphi_3})$$

$$= \mathrm{e}^{\mathrm{j}\varphi_2}(m_2 \xi_{s2} + m_3 l_2 + m_4 l_2) + \mathrm{e}^{\mathrm{j}\varphi_3}(m_3 \xi_{s3} + m_4 l_3) \tag{2.76}$$

Der Schwerpunkt bleibt in Ruhe (und es treten keine resultierenden Massenkräfte auf das Gestell auf), wenn folgende Bedingungen erfüllt sind:

$$m_2 \xi_{s2} + (m_3 + m_4)\, l_2 = 0 \tag{2.72a}$$

$$m_3 \xi_{s3} + m_4 l_3 \quad\quad = 0 \tag{2.73a}$$

Aus ihnen ergeben sich die Schwerpunktabstände von den Drehgelenken beim vollständigen Ausgleich zu

$$\xi_{s2} = -\frac{m_3 + m_4}{m_2}\, l_2; \quad \xi_{s3} = -\frac{m_4}{m_3}\, l_3 \tag{2.77}$$

Sie entsprechen der Forderung, den gemeinsamen Schwerpunkt der Massen m_3 und m_4 in das Gelenk $(2; 3)$ zu legen.

Falls nur Gl. (2.73a) erfüllt ist, bewegt sich der Schwerpunkt auf einer Kreisbahn und ruft harmonische Erregerkräfte hervor. Liegt der Schwerpunkt der Massen m_3 und m_4 im Gelenk $(2, 3)$, so kann er durch die Gegenmasse m_2 in den Punkt $(1; 2)$ verlegt werden, so daß er seine Lage nicht ändert.

Dieser beschriebene vollständige Massenausgleich wird praktisch kaum angewendet. Wichtiger, weil einfacher realisierbar, ist der teilweise Ausgleich der Massenkräfte. Die Kräfte F_x; F_y und das Moment M_z setzen sich in ihrem zeitlichen Ablauf aus mehreren Harmonischen zusammen.

Die erste harmonische Komponente wird als *Massenkraft erster Ordnung* bezeichnet. Der zweite Term in der Fourierentwicklung ändert sich mit der doppelten Frequenz und wird deshalb als *Massenkraft zweiter Ordnung* bezeichnet.

Die Massenkraft erster Ordnung der Kraft F_x wird ausgeglichen, wenn die Bedingung (2.72a) erfüllt ist, d. h. wenn nur an der Kurbel eine Ausgleichsmasse angebracht wird. Nach Gl. (2.77) befindet sich die Ausgleichsmasse dann auf der Gegenseite der Kurbel. Sie wird praktisch oft durch ein Kreissegment konstruktiv realisiert.

Die Massenkraft erster Ordnung von F_y ist ausgeglichen, wenn die Bedingung

$$m_2\xi_{s2} + m_3 l_2 \left(1 - \frac{\xi_{s3}}{l_3}\right) = 0 \tag{2.78}$$

erfüllt ist.

Das Moment M_z läßt sich nicht vollständig ausgleichen. Es entsteht infolge der Normalkraft, die der Kolben auf seine Gleitführung ausübt und ist ebensogroß wie das Antriebsmoment M_{an}.

Ein Vergleich von Gl. (2.76) und Gl. (2.73a) lehrt, daß die Massenkräfte höherer als erster Ordnung ausgeglichen sind, wenn die Bedingung (2.73a) erfüllt ist.

Weitere Möglichkeiten des Massenausgleichs sind durch die in Bild 2/36 gezeigten Ausführungen praktisch angewendet worden. Die konstruktive Verwirklichung scheitert oft an dem zu hohen ökonomischen Aufwand. Der Konstrukteur muß von Fall zu Fall entscheiden, welche Methode im konkreten Fall am geeignetsten ist und ob der Aufwand in vertretbarem Verhältnis zum erreichbaren Nutzen steht.

2.5.3.3.   Bedingungen für den Ausgleich verschiedener Harmonischer bei Mehrzylindermaschinen

Im Motoren- und Kompressorenbau werden oft Mehrzylindermaschinen angewendet, bei denen mehrere Schubkurbelgetriebe durch eine gemeinsame Welle verbunden sind. Dadurch, daß die relative Lage der einzelnen Getriebeebenen und die relative Verdrehung der Kurbelwinkel günstig gewählt werden, ist ein gegenseitiger Ausgleich einiger Harmonischer möglich.

Es muß betont werden, daß der Massenausgleich lediglich das Fundament entlastet. Die Kräfte auf die Kurbelwelle und die dynamischen Lagerbelastungen einzelner Gelenke können sich bei einem solchen Ausgleich durchaus auch verschlechtern und damit die Leistungsfähigkeit der Maschine beschränken. Bei Anwendung des Massenausgleichs ist also stets der Zusammenhang mit anderen Nebenwirkungen zu bedenken (beispielsweise auch der Einfluß auf die Eigenfrequenzen).

Für die folgenden Ableitungen wird angenommen, daß die Zylinderachsen und die Kurbelwellenachse in einer Ebene, der y,z-Ebene, liegen. Damit wird der Fall des Reihenmotors mit k Zylindern erfaßt. Der interessante Fall des V-Motors oder Sternmotors, bei dem die Richtungen der Kolben einen bestimmten Winkel zueinander bilden, wird aus den Betrachtungen hier ausgeschlossen. Weiterhin wird vorausgesetzt, daß alle umlaufenden Massen, also die Kurbelwelle mit den umlaufenden Pleuelanteilen (vgl. m_{32} Bild 2/9) vollständig ausgeglichen sind. Alle Triebwerke sollen außerdem gleichartig sein (gleiche Massen und gleiche Geometrie) und nur unterschiedliche Kurbelwinkel haben können (vgl. Bild 2/37). Der Winkel zwischen der ersten Kurbel ($j = 1$) und der j-ten Kurbel wird mit γ_j bezeichnet.

Die Massenkräfte der hin- und hergehenden Massen (Kolben und Pleuelanteil m_{34} Bild 2/9) lassen sich in Form einer *Fourier*-Reihe angeben. Für jedes Triebwerk gilt, ($j = 1 \ldots k$)

$$F_j(t) = \sum_{n=1}^{\infty} A_n \cos n(\Omega t + \gamma_j) + B_n \sin n(\Omega t + \gamma_j) \tag{2.79}$$

Dabei bezeichnet n die Ordnung der Harmonischen. Wird davon ausgegangen, daß die Kurbelwelle sich mit konstanter Winkelgeschwindigkeit Ω dreht, so sind die einzelnen Kurbelwinkel $\varphi_j = \Omega t + \gamma_j$. Für den ersten Zylinder gilt $\gamma_1 = 0$. Die *Fourier*-Koeffizienten $(A_n; B_n)$ sind nach den in 1.5.1. gezeigten Methoden zu berechnen, für den Nachweis des Massenausgleichs jedoch uninteressant.

Die resultierenden dynamischen Kräfte und Momente, die auf das Fundament übertragen werden, ergeben sich bei k Zylindern zu

$$F_y = \sum_{j=1}^{k} F_j; \quad M_x = \sum_{j=1}^{k} F_j z_j \tag{2.80}$$

Dabei ist z_j der Abstand der Getriebeebene von der x,y-Ebene des Koordinatensystems (vgl. Bild 2/22, Bild 2/37).

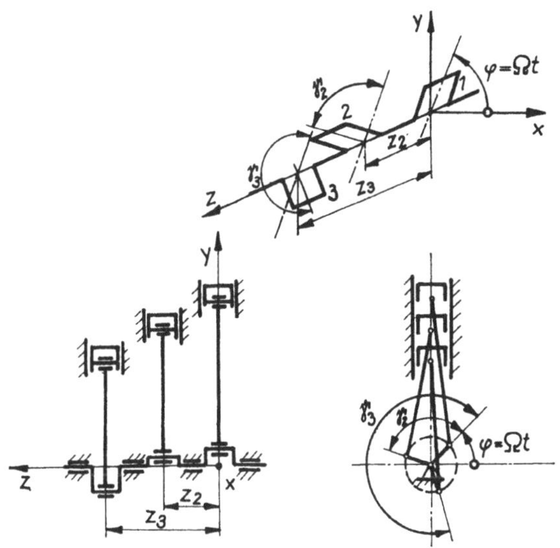

Bild 2/37. Zur Ableitung der Ausgleichsbedingungen bei einer Mehrzylindermaschine

Einsetzen von Gl. (2.79) in Gl. (2.80) liefert unter Verwendung von Additionstheoremen und einigen Umstellungen

$$F_y = \sum_j \sum_n [A_n(\cos n\Omega t \cos n\gamma_j - \sin n\Omega t \sin n\gamma_j)$$
$$+ B_n(\sin n\Omega t \cos n\gamma_j + \cos n\Omega t \sin n\gamma_j)] \tag{2.81}$$

$$F_y = \sum_n \big[(A_n \cos n\Omega t + B_n \sin n\Omega t) \sum_j \cos (n\gamma_j)$$
$$+ [-A_n \sin n\Omega t + B_n \cos n\Omega t] \sum_j \sin (n\gamma_j)\big] \tag{2.82}$$

Daraus folgt durch einen Koeffizientenvergleich, daß die Harmonische n-ter Ordnung der resultierenden Kraft einer Mehrzylindermaschine vollständig ausgeglichen ist, wenn folgende zwei Gleichungen erfüllt sind:

$$\boxed{\sum_{j=1}^{k} \cos n\gamma_j = 0} \tag{2.83}; \qquad \boxed{\sum_{j=1}^{k} \sin n\gamma_j = 0} \tag{2.84}$$

Analog sind die Harmonischen n-ter Ordnung des Momentes M_x vollständig ausgeglichen, falls gilt

$$\sum_{j=1}^{k} z_j \cos n\gamma_j = 0 \quad (2.85); \qquad \sum_{j=1}^{k} z_j \sin n\gamma_j = 0 \qquad (2.86)$$

Dies sind die wichtigen Bedingungen für den Ausgleich von Massenkräften n-ter Ordnung von Mehrzylindermaschinen. Interessanterweise gehen die Massen der Getriebeglieder, die Drehzahl und geometrische Abmessungen in diese Formel nicht ein. Zur Berechnung der Kurbelwinkel γ_j und der Abstände z_j (das sind bei k Getrieben $2k$ Unbekannte), die für einen vollkommenen Massenausgleich vorliegen müssen, stehen demnach vier transzendente Gleichungen für jede Ordnung n zur Verfügung. Allerdings verbleiben, auch wenn diese Bedingungen erfüllt sind, Restkräfte und -momente, wenn alle Getriebe nicht völlig gleich (Fertigungstoleranzen) sind. Die Literatur (z. B. [2/8]; [2/10]) enthält weiterführende Angaben zu dem umfangreichen Gebiet des Massenausgleichs und Auswuchtens.

2.5.3.4.   Optimaler Massenausgleich

In der Praxis sprechen gegen den vollständigen Ausgleich die genannten Schwierigkeiten. Die Berücksichtigung der stets existierenden Einschränkungen und Begrenzungen erlaubt der optimale Ausgleich, der mathematische Optimierungsmethoden verwendet und den Einsatz einer EDVA verlangt.
Sowohl die Massen m_i und das Massenträgheitsmoment J_{si} jedes Getriebegliedes als auch die Koordinaten der körperfesten Gliedschwerpunkte (ξ_{si}; η_{si}) können praktisch nur innerhalb von gewissen Grenzen verändert werden, die der Konstrukteur kennt.
Diese Beschränkungen werden beschrieben durch die unteren und oberen Grenzen der sogenannten Massenparameter:

$$m_{i\,\text{min}} \leqq m_i \leqq m_{i\,\text{max}}; \quad J_{si\,\text{min}} \leqq J_{si} \leqq J_{si\,\text{max}}$$

$$\xi_{si\,\text{min}} \leqq \xi_{si} \leqq \xi_{si\,\text{max}}; \quad \eta_{si\,\text{min}} \leqq \eta_{si} \leqq \eta_{si\,\text{max}} \quad \text{für} \quad i = 2, 3, \ldots, I \quad (2.87)$$

Die auf das Maschinengestell wirkenden Kräfte sind eine Funktion der Drehzahl, der geometrischen Abmessungen des Mechanismus und der o. g. Massenparameter.
Die Massenparameter, die an dem Getriebe als veränderlich gelten, werden zum Vektor

$$\boldsymbol{X}^\mathrm{T} = (\ldots m_i; J_{si}; \xi_{si}; \eta_{si}; \ldots) \qquad (2.88)$$

zusammengefaßt. Betrachtet man nur ein ebenes Getriebe, so läßt sich die Bedingung für den optimalen Massenausgleich mathematisch folgendermaßen ausdrücken:

$$f(\boldsymbol{X}) = w_1 \sum_j F_x{}^2(\boldsymbol{X}; t_j) + w_2 \sum_j F_y{}^2(\boldsymbol{X}; t_j) + w_3 \sum_j M_z{}^2(\boldsymbol{X}; t_j) \doteq \text{Minimum} \qquad (2.89)$$

Die Faktoren w_1, w_2 und w_3 sind dabei Bewertungsfaktoren, die ausdrücken, wie stark der Konstrukteur die Forderung nach der Minimierung einer dieser Kraftgrößen betont. Sie sind sämtlich positiv. Ist ein Bewertungsfaktor gleich Null, so heißt das, daß die betreffende Kraftgröße bei der Optimierung nicht beachtet wird [der Summand liefert dann keinen Beitrag zur Zielfunktion $f(\boldsymbol{X})$].
Die Anwendung des optimalen Massenausgleichs ist durch Programme soweit mathematisch-rechentechnisch aufbereitet, daß sich die Arbeit des Konstrukteurs

darauf reduziert, lediglich sinnvolle und praktisch realisierbare Grenzen für die Massenparameter anzugeben und die zweckmäßige Wahl der Bewertungsfaktoren zu überlegen [2/6]; [2/11]; [2/13] [vgl. Anhang (P 2/1)].
Der eleganteste Weg besteht darin, Probleme des Massenausgleichs von Koppelgetrieben mit Hilfe eines Bildschirmgerätes im Dialogverkehr zu lösen [2/9] (vgl. Anhang (P 2/2)).

2.5.4. Aufgaben A 2/7 und A 2/8

A 2/7: Die Massenkräfte einer Maschine wurden durch konstruktive Maßnahmen ausgeglichen. Man beurteile die Wirksamkeit des Massenausgleichs bei einer Drehzahlhalbierung der Maschine für die Fälle des vollständigen Ausgleichs und des Ausgleichs der Massenkräfte erster Ordnung.

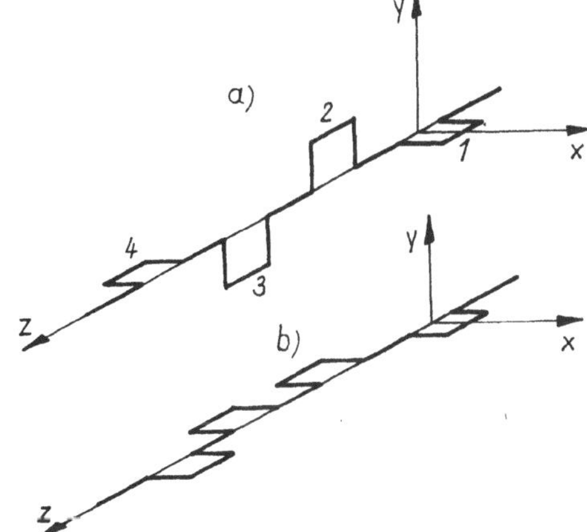

Bild 2/38. Mögliche Kurbelanordnungen bei einer Vierzylindermaschine
a) Variante *1*
b) Variante *2*

A 2/8: Zum Ausgleich einzelner Harmonischer stehen bei einer Vierzylindermaschine folgende Größen der Kurbelwinkel zur Diskussion (vgl. Bild 2/38).

1. Variante: $\gamma_1 = 0°$; $\gamma_2 = 90°$; $\gamma_3 = 270°$; $\gamma_4 = 180°$
2. Variante: $\gamma_1 = 0°$; $\gamma_2 = 180°$; $\gamma_3 = 180°$; $\gamma_4 = 0°$

Man ermittle, welche Ordnungen der Kräfte und Momente bei diesen Varianten ausgeglichen werden (gleiche Zylinderabstände).

2.5.5. Lösungen L 2/7 und L 2/8

L 2/7: Im Falle des vollständigen Ausgleichs ist der Massenausgleich bei allen Drehzahlen vorhanden. Beim Ausgleich einzelner Harmonischer verändert sich der Zustand des Ausgleichs mit der Drehzahl. Bei Drehzahlhalbierung erreicht die unausgeglichene Massenkraft zweiter Ordnung die Erregerfrequenz der ursprünglich ausgeglichenen ersten Ordnung, ihre Amplitude sinkt auf 1/4 des ursprünglichen Wertes.

L 2/8: Ohne Einschränkung der Allgemeinheit kann der Winkel $\gamma_1 = 0$ gesetzt werden. Legt man weiterhin das Koordinatensystem in das 1. Triebwerk (Bild 2/38), so gilt $z_1 = 0$. Die allgemeinen Ausgleichbedingungen nach Gln. (2.83) bis (2.86) für eine Vierzylindermaschine lauten dann:

$$1 + \cos n\gamma_2 + \cos n\gamma_3 + \cos n\gamma_4 = 0 \left.\right\}\ \text{Kräfte } n\text{-ter Ordnung}$$
$$0 + \sin n\gamma_2 + \sin n\gamma_3 + \sin n\gamma_4 = 0$$

$$0 + z_2 \cos n\gamma_2 + z_3 \cos n\gamma_3 + z_4 \cos n\gamma_4 = 0 \left.\right\}\ \text{Momente } n\text{-ter Ordnung}$$
$$0 + z_2 \sin n\gamma_2 + z_3 \sin n\gamma_3 + z_4 \sin n\gamma_4 = 0$$

Für Variante *1* gilt mit den angegebenen Winkeln für

$n = 1:$

$$1 + 0 + 0 - 1 = 0$$
$$0 + 1 - 1 + 0 = 0$$
$$0 + 0 + 0 - z_4 \neq 0$$
$$0 + z_2 - z_3 + 0 \neq 0$$

für $n = 2:$

$$1 - 1 - 1 + 1 = 0$$
$$0 + 0 + 0 + 0 = 0$$
$$0 - z_2 - z_3 + z_4 = 0$$
$$0 + 0 + 0 + 0 = 0$$

Es sind also die Kräfte erster und zweiter Ordnung und die Momente zweiter Ordnung ausgeglichen. Die Momente erster Ordnung sind wegen der Nichterfüllbarkeit der Bedingungen $z_4 = 0$ und $z_2 = z_3$ nicht auszugleichen.

Bei anderer Wahl der Winkel (Variante *2*) ergibt sich:

$n = 1:$

$$1 - 1 - 1 + 1 = 0$$
$$0 + 0 + 0 + 0 = 0$$
$$0 - z_2 - z_3 + z_4 = 0$$
$$0 + 0 + 0 + 0 = 0$$

$n = 2:$

$$1 + 1 + 1 + 1 \neq 0$$
$$0 + 0 + 0 + 0 = 0$$
$$0 + z_2 + z_3 + z_4 \neq 0$$
$$0 + 0 + 0 + 0 = 0$$

Bei dieser Variante sind die Kräfte und Momente erster Ordnung beide ausgeglichen, während die Kräfte und Momente zweiter Ordnung nicht ausgeglichen sind.

3. Aufstellung der starren Maschine

3.1. Aufgabenstellung

Die Aufstellung von Maschinen interessiert den Maschinenhersteller, den Projektanten und den Betreiber. Ihre Problematik gehört deshalb zu den wichtigsten Aufgaben der Maschinendynamik. Jeder Aufstellungsort, ob der direkte Baugrund, eine Bauwerksdecke oder eine Tragkonstruktion, ist elastisch. Mit der aufgestellten Maschine ergibt sich also ein Schwingungssystem, dessen dynamische Eigenschaften

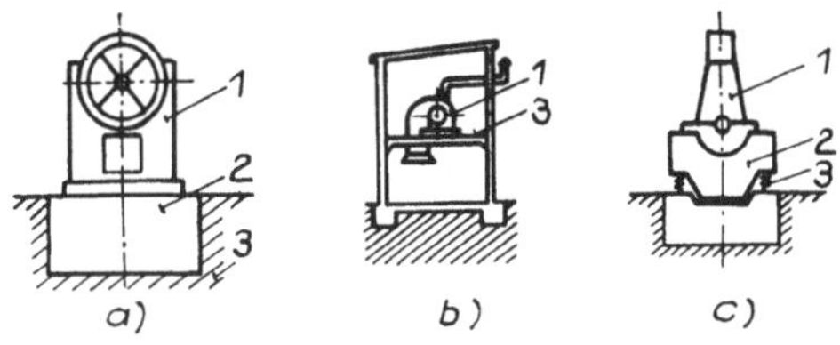

Bild 3/1. Beispiele für Maschinenaufstellungen

1 Maschine; *2* Fundament; *3* Federung

a) Aufstellung direkt auf den Baugrund
b) Aufstellung auf eine Bauwerksdecke
c) Aufstellung auf Federelementen

bekannt sein müssen. Bild 3/1 zeigt verschiedene Beispiele für Maschinenaufstellungen. In diesem Abschnitt wird nur die Aufstellung der starren Maschine betrachtet. Das bedeutet, daß es sich entweder um eine starre Maschine im Sinne von Abschnitt 2. handelt oder zumindest eine gegenseitige Beeinflussung von Schwingungen innerhalb der Maschine und den Fundamentschwingungen nicht auftritt. Die Fundamentierungsaufgabe besteht zunächst im Nachweis der Zulässigkeit von Maschinenaufstellungen, die ohne Isoliermaßnahmen durchgeführt werden. Machen sich diese jedoch erforderlich, spricht man von aktiver und passiver Schwingungsisolierung.
Bei der aktiven Schwingungsisolierung will man den Aufstellungsort vor den von der Maschine ausgehenden dynamischen Kräften schützen. Die passive Schwingungsisolierung soll Bewegungen des Aufstellungsortes von der Maschine (oder beispielsweise auch einem Meßgerät) fernhalten. Im ersten Fall wirkt also im Berechnungsmodell eine Krafterregung, während im zweiten Wegerregung vorliegt.
Die Erregung der Fundamentschwingung bei aktiver Schwingungsisolierung erfolgt entweder periodisch oder stoßartig. Periodische Erregungen treten durch nichtausgeglichene Massenbewegungen auf. An- und Abtriebsmomente sind dann zu beachten, wenn Motor und Maschine nicht auf einem gemeinsamen Fundament stehen. Man legt deshalb zur Beurteilung häufig die Drehzahl der Maschine zugrunde. Stoßerregungen treten bei Pressen, Stanzen, Scheren und Hämmern auf.

Tabelle 3/1. Überblick über die allgemein angewendeten Grundsätze zur aktiven Schwingungsisolierung bei verschiedenen Aufstellungsarten (nach [3/1])

Erreger-drehzahl in 1/min	Aufstellung direkt auf dem Baugrund		Aufstellen auf Bauwerksdecke oder Tragkonstruktionen	
	kleine Erregerkräfte, (gut ausgewuchtet, Massenausgleich)	große Erregerkräfte, (nicht ausgewuchtet, kein Massenausgleich)	kleine Erregerkräfte, (gut ausgewuchtet, Massenausgleich)	große Erregerkräfte; (nicht ausgewuchtet, kein Massenausgleich)
0 bis 500	Fundamentplatte; statische Berechnung bei Resonanzfreiheit	hohe Abstimmung; kleiner Fundamentblock; Baugrundfeder mit großer Sohlfläche	Verankerung; statische Berechnung bei Resonanzfreiheit	tiefe Abstimmung; großer Fundamentblock; Stahlfedern
300 bis 1000	hohe, tiefe oder gemischte Abstimmung; kleiner Fundamentblock; Baugrundfeder; auf Resonanzfreiheit achten	hohe oder gemischte Abstimmung kleiner Fundamentblöcke; Baugrundfeder **oder** tiefe Abstimmung; großer Fundamentblock; Stahl- oder Gummifedern	tiefe Abstimmung; kleiner oder kein Fundamentblock; Stahl- oder Gummifedern **oder** hohe Abstimmung; Verankerung; Resonanzfreiheit	tiefe Abstimmung; große Fundamentmasse; Stahl- oder Gummifedern
über 1000	tiefe Abstimmung; kleiner oder kein Fundamentblock; Baugrundfederung bei kleiner Sohlfläche; federnde Zwischenschichten oder Einzelfedern	tiefe Abstimmung; großer Fundamentblock Baugrundfederung; federnde Zwischenschicht oder Einzelfedern	tiefe Abstimmung; kleiner oder kein Fundamentblock; Stahl- oder Gummifedern; elast. Zwischenschichten; Tragkonstruktionen	tiefe Abstimmung; großer Fundamentblock; Stahl- oder Gummifedern

Jede Fundamentierung hat das Ziel, die auf den Aufstellungsort übertragenen dynamischen Kräfte zu beschränken und dabei auch die Bewegung der Maschine in bestimmten Größen zu halten. Dies wird durch entsprechende Abstimmung der Fundament-Eigenfrequenzen gegenüber den durch die Maschine festgelegten Erregerfrequenzen und die Größe der Fundamentmasse erreicht. Die Dämpfung des Systems spielt dabei eine relativ geringe Rolle. Für periodische Erregungen gibt Tabelle 3/1 einen Überblick über die allgemein angewendeten Grundsätze bei verschiedenen Aufstellungsarten (nach [3/1]). Dabei gelten folgende Begriffe.

Tiefe Abstimmung: Die höchste Eigenfrequenz der Fundamentschwingung ist kleiner als die niedrigste Erregerfrequenz.

Hohe Abstimmung: Die Eigenfrequenzen der Fundamentschwingungen liegen über dem Erregerfrequenzspektrum.

Gemischte Abstimmung: Die Spektren der Eigen- und Erregerfrequenzen überlagern sich teilweise, es tritt aber keine Resonanz auf.

Wie man aus Tabelle 3/1 ersieht, werden alle Abstimmungsarten angewendet. Es ist jedoch erforderlich, sowohl alle Eigenfrequenzen als auch die Erregerfrequenzen zu bestimmen, damit wirklich die gewählte Abstimmung auch realisiert wird. Die in Tabelle 3/1 angegebenen Grundsätze sind von der Maschinendrehzahl, die meist der niedrigsten Erregerdrehzahl entspricht, abhängig. Dies wird durch die unterschiedliche Realisierungsmöglichkeit bedingt, da eine tiefe Abstimmung bei kleiner Erregerfrequenz einen großen konstruktiven Aufwand erfordert. Folgende Überlegung macht dies deutlich. Geht man von dem Minimalmodell einer elastisch aufgestellten Maschine (Tabelle 3/2) aus, lautet die Bewegungsgleichung der freien Schwingung unter Vernachlässigung der Dämpfung:

$$\ddot{x} + \omega^2 x = 0; \qquad \omega^2 = c/m \tag{3.1}$$

Die Federsteifigkeit kann bei linearer Feder auch durch die Federdurchsenkung in der statischen Ruhelage dargestellt werden. Es gilt dann unter der Voraussetzung,

Tabelle 3/2. Parameterzuordnung für das Minimalmodell bei harmonischer Erregung

Modell		Aufstellung auf Baugrund	Direkte Aufstellung auf Bauwerksdecke	Aufstellung über elastische Zwischenschicht
Schwingungsisolierung aktiv	m	Masse von Maschine und Fundament	Masse von Maschine und Anteil der Geschoßdecke	Masse von Maschine und Fundament
	c	Steifigkeit des Baugrundes	Federung der Bauwerksdecke	Federung der elastischen Zwischenschicht
Schwingungsisolierung passiv	b	Dämpfung des Baugrundes	Dämpfung der Bauwerksdecke. Einfluß der Maschinenbefestigung	Dämpfung der elastischen Zwischenschicht
Interessierende Größen		Schwingweg, Schwinggeschwindigkeit, Schwingbeschleunigung (spektral)		dynamische Kraft auf den Boden

daß die Federkonstante unabhängig von der Frequenz ist:

$$mg - cx_{st} = 0; \qquad c = mg/x_{st} \tag{3.2}$$

Damit folgt für die Eigenfrequenz

$$\omega^2 = g/x_{st}; \qquad f = \sqrt{g/x_{st}}/2\pi \tag{3.3}$$

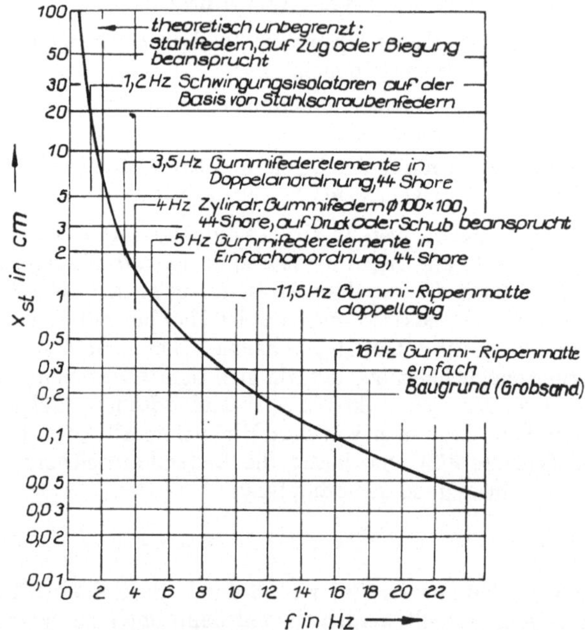

Bild 3/2. Eigenfrequenzen der Maschinenaufstellung in Abhängigkeit von der statischen Federverformung mit Angabe der Grenzen für verschiedene Federelemente (Schwingungsisolatoren) [3/2]

Setzt man $g = 100\,\pi^2$ cm/s², ergibt sich mit x_{st} in cm die bekannte Beziehung

$$\boxed{f = 5/\sqrt{x_{st}}\ \text{Hz}}$$

oder für die entsprechende Drehzahl:

$$n = 300/\sqrt{x_{st}}\ 1/\text{min} \tag{3.4}$$

Bild 3/2 zeigt diesen Zusammenhang, der gleichzeitig auf die Möglichkeiten der konstruktiven Ausführung elastischer Zwischenschichten hinweist. Da für eine tiefe Abstimmung ein Verhältnis

$$\eta = \text{Erregerfrequenz/Eigenfrequenz} \geq 3$$

sinnvoll ist, ergibt sich bereits für $n_{err} = 300$ 1/min eine erforderliche Eigenfrequenz von $f = 1,6$ Hz, wofür ein Federvorspannweg von $x_{st} = 9,0$ cm benötigt wird.

Die passive Schwingungsisolierung gewinnt gerade im Hinblick auf den Einsatz empfindlicher Meß-, Steuer- und Regelungsgeräte im Maschinenbau an Bedeutung. Auch die Erhöhung des Fahrkomforts für die Bedienung von Land- und Baumaschinen gehört in diesen Aufgabenkomplex. Die Bewegungsgleichungen der entsprechenden Modelle führen jedoch zu den gleichen Ergebnissen wie bei der Krafterregung, sie können also gemeinsam diskutiert werden. Es sollen deshalb zunächst die dynamischen Grundlagen der Fundamentierung behandelt und daraus Schlußfolgerungen für die Ausführung von Fundamenten gezogen werden. In der DDR ist hierfür der Fachbereich-Standard TGL 25731 maßgebend.

3.2. Dynamische Grundlagen der Fundamentierung bei periodischer Erregung

3.2.1. Minimalmodelle mit periodischer Erregung

3.2.1.1. Modellbeschreibung

Es wurde bereits gesagt, daß jeder Aufstellungsort eine Federwirkung hat. Geht man von einer elastisch aufgestellten starren Maschine aus, so würde sich ein Berechnungsmodell von 6 Freiheitsgraden ergeben. Für die Klärung prinzipieller Fragen der aktiven und passiven Schwingungsisolierung unter periodischer Erregung (Kraft- bzw. Wegerregung) genügt jedoch ein Modell von einem Freiheitsgrad, während die Stoßerregung meist ein Minimalmodell von zwei Massen mit je einem Freiheitsgrad erfordert. In diesen Modellen haben die Parameter Masse m, Federkonstante c (es wird von einer linearen Federkennlinie ausgegangen) und Dämpfungskonstante b verschiedene Zuordnungen zum System. Sie sind für periodische Schwingungen in der Tabelle 3/2 zusammengestellt. Über die Bestimmung der Parameter wurde im Abschnitt 1. gesprochen. Bei der Behandlung dieser Modelle unterscheidet man zwei Fragestellungen:

Für die Beurteilung der Baugrundbelastung oder der Belastung einer Bauwerksdecke bei direkter Aufstellung sind die Bewegungsgrößen gesucht. Dabei ist der Schwingweg für die Belastung des Bauwerkes maßgebend, die Schwinggeschwindigkeit ein Maß der Maschinenbelastung und die Schwingbeschleunigung ein Maßstab für die Baugrundbelastung. Richtwerte hierfür findet man in [37]. Wird zwischen Aufstellungsort und Maschine eine elastische Zwischenschicht gebracht, deren Steifigkeit klein gegenüber der des Aufstellungsortes ist, interessiert noch die Kraft auf den Boden, die dann zur Beurteilung der Belastung herangezogen wird. Elastische Zwischenschichten können durch Einzelfedern (Schraubenfedern, Gummifedern) oder Isoliermatten realisiert werden.

Die periodischen Kräfte werden in *Fourier-Reihen* dargestellt. Da ein lineares Berechnungsmodell vorliegt, kann jede Harmonische einzeln berücksichtigt werden (vgl. 1.5.1.).
Man unterscheidet zwei Kraftannahmen:

Die erste $\quad F = \hat{F} \sin \Omega t$ \hfill (3.5)

wird angewendet, wenn eine Maschine mit konstanter Drehzahl läuft und die Unwuchtkräfte damit konstant sind. Weiterhin gilt sie für die beispielsweise durch den Antrieb auf das Fundament übertragenen Momente und andere äußere Kräfte.

Die zweite $\quad F = m_{\mathrm{u}} r_{\mathrm{u}} \Omega^2 \sin \Omega t$ \hfill (3.6) benutzt man für Maschinen, die ständig ihre Drehzahl in einem Drehzahlbereich ändern, beispielweise bei Kraftfahrzeugmotoren. Auch für die Anpassung einer Maschinendrehzahl an ein bestehendes Fundament ist sie geeignet. Der Ausdruck $m_u r_u$ ist dabei die Unwucht, die für ausgewuchtete Rotoren durch die Masse des Rotors und die Restunwucht festliegt [vgl. Gl. (2.66)].

3.2.1.2.   Modellberechnung für harmonische Erregung

Für das auf Tabelle 3/2 dargestellte Berechnungsmodell mit Krafterregung gilt die Bewegungsgleichung

$$m\ddot{x} + b\dot{x} + cx = F \tag{3.7}$$

Darin kann F nach Gl. (3.5) oder Gl. (3.6) festgelegt werden. Allgemein soll gelten:

$$F = Q \sin\Omega t$$

Für den stationären, also eingeschwungenen Zustand, genügt als Lösung das partikuläre Integral (vgl. [39]). Stellt man Gl. (3.7) um

$$\ddot{x} + 2\delta\dot{x} + \omega_0{}^2 x = \frac{Q}{m} \sin \Omega t \tag{3.8}$$

$$2\delta = b/m; \quad \omega_0{}^2 = c/m$$

folgt mit den Abkürzungen

$$\vartheta = \delta/\omega_0 = b/2\, m\omega_0; \quad \eta = \Omega/\omega_0 \tag{3.9}$$

für die stationäre Lösung:

$$x = \frac{Q}{c}\, \frac{1}{\sqrt{(1 - \eta^2)^2 + 4\vartheta^2\eta^2}}\, \sin(\Omega t - \varphi) \tag{3.10}$$

$$\tan \varphi = 2\vartheta\eta/(1 - \eta^2) \tag{3.11}$$

Die dynamische Kraft auf den Boden ergibt sich mit

$$F_B = cx + b\dot{x} \tag{3.12}$$

zu

$$F_B = Q \sqrt{\frac{1 + 4\vartheta^2\eta^2}{(1 - \eta^2)^2 + 4\vartheta^2\eta^2}}\, \sin(\Omega t + \gamma - \varphi) \tag{3.13}$$

Darin ist γ die Phasenverschiebung, die durch die Zusammenfassung der Federkraft cx und der Dämpfungskraft $b\dot{x}$ entsteht, während die Phasenverschiebung φ zwischen Erregerkraft und Bewegung liegt. Die Bewegung des stationären Zustandes erfolgt nach Gl. (3.10) in der Frequenz der Erregung.
Setzt man

$$x = \hat{x} \sin(\Omega t - \varphi) \tag{3.14}$$

$$F_B = \hat{F}_B \sin(\Omega t + \gamma - \varphi) \tag{3.15}$$

so folgt für die Amplituden bei den verschiedenen Kraftannahmen Gl. (3.5); Gl. (3.6):

Für $Q = \hat{F}$:

$$\hat{x} = \frac{\hat{F}}{c} \frac{1}{\sqrt{(1 - \eta^2)^2 + 4\vartheta^2\eta^2}} = \frac{\hat{F}}{c} V_1 \tag{3.16}$$

$$\hat{F}_\mathrm{B} = \hat{F} \sqrt{\frac{1 + 4\vartheta^2\eta^2}{(1 - \eta^2)^2 + 4\vartheta^2\eta^2}} = \hat{F} V_2 \tag{3.17}$$

Für $Q = m_\mathrm{u} r_\mathrm{u} \Omega^2$:

$$\hat{x} = \frac{m_\mathrm{u} r_\mathrm{u}}{m} \frac{\eta^2}{\sqrt{(1 - \eta^2)^2 + 4\vartheta^2\eta^2}} = \frac{m_\mathrm{u} r_\mathrm{u}}{m} V_3 \tag{3.18}$$

$$\hat{F}_\mathrm{B} = \frac{m_\mathrm{u} r_\mathrm{u}}{m} c\eta^2 \sqrt{\frac{1 + 4\vartheta^2\eta^2}{(1 - \eta^2)^2 + 4\vartheta^2\eta^2}} = \frac{m_\mathrm{u} r_\mathrm{u}}{m} c V_4 \tag{3.19}$$

Die Maschinenschwingung und die Kraft auf den Boden werden durch die Vergrößerungsfunktionen V_1, V_2, V_3, V_4 dynamisch bestimmt. Sie sind auf Bild 3/3 dargestellt. Bevor jedoch die Gln. (3.16) bis (3.19) diskutiert werden, soll noch die Bewegung bei Stützenerregung (passive Schwingungsisolierung) bestimmt werden. Für das in Tabelle 3/2 dargestellte Berechnungsmodell mit Wegerregung $s = \hat{s} \sin \Omega t$ gilt die Bewegungsgleichung für den Absolutausschlag x:

$$m\ddot{x} + b(\dot{x} - \dot{s}) + c(x - s) = 0$$

$$\ddot{x} + 2\delta\dot{x} + \omega_0^2 x = 2\delta\hat{s}\Omega \cos \Omega t + \omega_0^2\hat{s} \sin \Omega t \tag{3.20}$$

Gl. (3.20) läßt sich zusammenfassen

$$\ddot{x} + 2\delta\dot{x} + \omega_0^2 x = \hat{s} \sqrt{\omega_0^4 + (2\delta\Omega)^2} \sin (\Omega t + \gamma) \tag{3.21}$$

Vergleicht man Gl. (3.21) mit Gl. (3.8), so wird deutlich, daß die Lösung Gl. (3.10) benutzt werden kann, wenn gesetzt wird

$$Q = m\hat{s} \sqrt{\omega_0^4 + (2\delta\Omega)^2} \tag{3.22}$$

Mit den Abkürzungen Gl. (3.9) ergibt sich also für die Amplitude der Absolutbewegung, die Maßstab für die Schwingungsisolierung der Masse ist,

$$\hat{x} = \hat{s} \sqrt{\frac{1 + 4\vartheta^2\eta^2}{(1 - \eta^2)^2 + 4\vartheta^2\eta^2}} = \hat{s} V_2 \tag{3.23}$$

Es tritt somit dieselbe Vergrößerungsfunktion wie für die dynamische Bodenkraft bei konstanter Amplitude der Erregerkraft auf.
Zunächst soll die konstante Amplitude der Erregerkraft $Q = \hat{F}$ diskutiert werden.

Gleichung (3.16) ist für die direkte Aufstellung auf den Baugrund oder eine Bauwerksdecke maßgebend. Es muß nun davon ausgegangen werden, daß die Dämpfung klein ist und auch nicht durch entsprechende Bauelemente vergrößert werden kann. (Die schon große Dämpfung des Baugrundes hat ein logarithmisches Dekrement in der Größenordnung von $\Lambda = 0{,}4$, das entspricht einer Dämpfung $\vartheta \approx \Lambda/2\pi = 0{,}064$.)

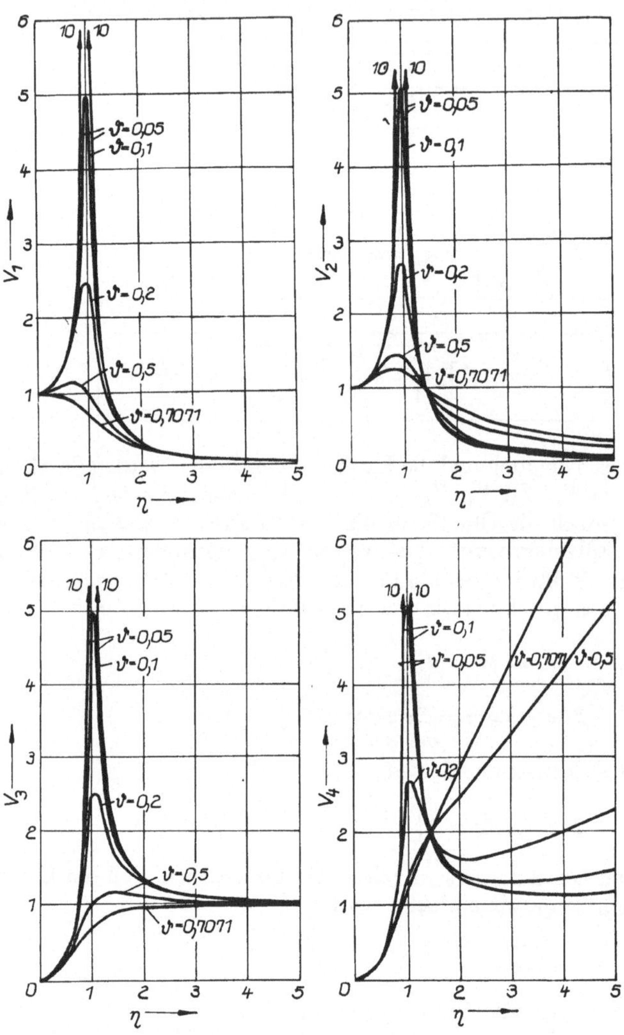

Bild 3/3. Vergrößerungsfunktionen des Modells mit einem Freiheitsgrad

Man erkennt, daß die Ausschläge im Bereich $\eta = 1$, also in Resonanznähe sehr groß werden. Für den praktischen Betrieb kommen nur die hohe oder tiefe Abstimmung in Frage.

Für $\eta \ll 1$ (hohe Abstimmung) geht $V_1 \to 1$. Man erreicht dies durch eine steife Feder und Verzicht auf eine Fundamentmasse. Bei der Aufstellung direkt auf den Baugrund muß dazu eine große Auflagefläche vorliegen, bei Bauwerksdecken wird dies erreicht durch entsprechende Deckenversteifung. Im günstigsten Fall beträgt $\hat{x} = \hat{F}/c$, was der statischen Durchbiegung unter der Kraft $\hat{F}$ entspricht. Auf Grund der Vergrößerungsfunktion V_1 bietet sich auch die tiefe Abstimmung ($\eta \gg 1$) an. Um den dabei maximal erreichbaren Effekt abschätzen zu können, wird von $\eta \to \infty$ ausgegangen.

Aus Gl. (3.16) ergibt sich:

$$\hat{x} = \frac{\hat{F}}{c\eta^2} \frac{1}{\sqrt{\left(\frac{1}{\eta^2} - 1\right)^2 + \frac{4\vartheta^2}{\eta^2}}} \; ; \qquad \eta^2 = \frac{\Omega^2}{\omega_0^2}$$

$$\hat{x} = \frac{\hat{F}}{m\Omega^2} \frac{1}{\sqrt{\left(\frac{1}{\eta^2} - 1\right)^2 + \frac{4\vartheta^2}{\eta^2}}} \; ; \qquad \lim_{\eta \to \infty} \hat{x} = \frac{\hat{F}}{m\Omega^2} \tag{3.24}$$

Die kleinste Schwingungsamplitude im tief abgestimmten Bereich wird bei großer Masse erreicht. Zur Vergrößerung der Maschinenmasse setzt man diese deshalb auf Fundamentblöcke mit einer mehrfach größeren Masse. In den meisten Fällen wird jedoch dadurch die statische Belastbarkeit des Aufstellungsortes (etwa der Bauwerksdecke) überschritten. Dies führt zur Notwendigkeit, die Tragfunktion von der Federfunktion zu trennen, was man durch elastische Zwischenschichten (Einzelfedern oder Isoliermatten) zwischen Fundament und Aufstellungsort erreicht. Wird nun angenommen, daß ihre Steifigkeit klein gegenüber der Steifigkeit des Aufstellungsortes ist, kommt man zu der zweiten Fragestellung, die die Kraft auf den Boden beinhaltet. Nach Gl. (3.17) ist sie unmittelbar proportional zur Vergrößerungsfunktion V_2. Man erkennt aus Bild 3/3, daß die kleinste dynamische Bodenkraft bei kleiner Dämpfung auftritt. Es muß deshalb, vor allem bei kleinen η-Werten im tiefabgestimmten Bereich ($\eta \approx 3$), eine dämpfungsarme Federung erreicht werden. Man wird daher Einzelfedern und besonders Schraubenfedern oder Federpaketen den Vorzug vor Isoliermatten geben. Sollen hohe Frequenzen, etwa Körperschallschwingungen isoliert werden, ist das zugehörige η meist so groß, daß dann die Dämpfung keine Bedeutung hat.

Für Krafterregung mit frequenzabhängiger Amplitude

$$Q = m_\mathrm{u} r_\mathrm{u} \Omega^2$$

ergibt sich folgendes:

Die Vergrößerungsfunktion V_3 erreicht für die tief abgestimmte Aufstellung den Wert $V_3 = 1$. Dieser Wert wird bei hochabgestimmter Aufstellung für $\eta < \sqrt{1/2} \cong 0{,}7$ unterschritten. Dazwischen liegen größere Werte, die in Resonanznähe ($\eta = 1$) erheblich ansteigen. Für die Fundamentierung kommen nur die Bereiche $0 < \eta < \sqrt{1/2}$, $\eta > 3$ in Frage. Ist $V_3 = 1$, gilt für die Bewegungsamplitude der Schwerpunktsatz $\hat{x}m = m_\mathrm{u} r_\mathrm{u}$.

Man wird nun zunächst versuchen, im hoch abgestimmten Bereich zu fahren. Dies ist jedoch dann schwierig, wenn die Erregerkraft mehrere, von der Drehzahl abhängige Harmonische hat, wie beispielsweise der Kolbenmotor, da für die hohe Abstimmung die höchste Harmonische herangezogen werden muß. In einem Fahrzeug erreicht man dies nicht und wählt deshalb wieder elastische Zwischenschichten in Form von Einzelfedern. Dafür ist jedoch die dynamische Kraft auf den Boden

Gl. (3.19) maßgebend. Sie hängt von der Vergrößerungsfunktion V_4 ab. Aus Bild 3/3 erkennt man den starken Einfluß der Dämpfung bei tief abgestimmter Aufstellung. Dies ist ein Grund dafür, daß der Geräuschpegel des Motoranteiles im Kraftfahrzeug mit steigender Drehzahl steigt.

Für die passive Schwingungsisolierung gilt Gl. (3.23), sie wird bestimmt durch die Vergrößerungsfunktion V_2. Die beste Isolierwirkung tritt somit bei schwach gedämpfter, tief abgestimmter Aufstellung ein.

Bei dieser Diskussion ist jedoch zu beachten, daß die Gln. (3.16) bis (3.19), (3.23) nur für den stationären Zustand gelten. Fragen des Resonanzdurchlaufes können damit nicht beantwortet werden, und es muß auch gewährleistet sein, daß eine gewisse Dämpfung vorliegt, die die Anlaufstörungen abbaut. Bei allen behandelten Fällen der aktiven und passiven Schwingungsisolierung trat die Bedeutung einer tiefabgestimmten Aufstellung hervor. Für die praktische Ausführung sei jedoch darauf hingewiesen, daß dafür natürlich eine freie Bewegung des Fundamentblockes gewährleistet sein muß. Rohrleitungen oder andere Verbindungen müssen entweder flexibel sein oder in die Berechnung der Federwerte mit eingehen. Auf jeden Fall ist zu beachten, daß beim Durchfahren der Resonanz eine hohe Beanspruchung in steifen Verbindungen auftritt.

Zum Abschluß wird noch ein Beispiel, das für die Fragestellung bei Fundamentierungsaufgaben typisch ist, vorgestellt.

Ein Sägegatter soll tief abgestimmt aufgestellt werden. Durch das hin- und hergehende Gatter entsteht die Kraft $F = \hat{F} \sin \Omega t$. Das Sägegatter läuft mit der Drehzahl n. Wie groß muß die Masse von Fundament und Sägegatter sein und welche Gesamtfederkonstante muß vorliegen, damit nur 5 % der Erregerkraft in den Baugrund eingehen und die Amplitude des Fundamentes nicht größer als $\hat{x}$ wird?

Gegeben: $\hat{F} = 16 \cdot 10^4\ \text{N}$; $n = 600\ 1/\text{min}$;

$\hat{F}_\text{B} = 0{,}05\ \hat{F}$; $\hat{x} = 1\ \text{mm}$

Es wird von einer dämpfungsfreien Aufstellung ausgegangen, da die Dämpfung außerhalb einer Resonanz keinen merklichen Einfluß hat.

Für die Berechnung liegt das Modell mit Krafterregung (Tabelle 3/2) zugrunde. Außerhalb der Resonanz wird die Dämpfung vernachlässigt. Es gilt $\vartheta = 0$ und nach Gln. (3.16); (3,17):

$$\hat{x} = \frac{\hat{F}}{c}\,\frac{1}{1-\eta^2} \qquad \qquad ①$$

$$\hat{F}_\text{B} = \hat{F}\,\frac{1}{1-\eta^2} \qquad \qquad ②$$

Da die dynamische Kraft auf den Boden verringert werden soll, muß tiefe Abstimmung gewählt werden. Die dabei auftretende Phasenverschiebung zwischen Erregerkraft und Verschiebung wird durch ein negatives Vorzeichen der Bodenkraft berücksichtigt. Man erhält somit aus Gl. ②:

$$\eta^2 = 1 + \frac{\hat{F}}{\hat{F}_\text{B}} = 1 + \frac{1}{0{,}05}$$

$$\eta^2 = 21; \quad \underline{\underline{\eta = 4{,}58}}$$

Aus Gl. ① läßt sich nun die Federkonstante bei vorgegebener Amplitude $\hat{x}$ bestimmen.

$$c = \frac{\hat{F}}{\hat{x}} \frac{1}{\eta^2 - 1} = \frac{\hat{F}}{\hat{x}} \, 0{,}05$$

$$c = \frac{16 \cdot 10^4 \, \text{N}}{1 \cdot 10^{-3} \, \text{m}} \cdot 0{,}05 = \underline{\underline{8 \cdot 10^6 \, \text{Nm}^{-1}}}$$

Mit dem Abstimmungsverhältnis η und der Federkonstanten c läßt sich die Gesamtmasse bestimmen.

$$\eta^2 = \Omega^2/\omega_0{}^2; \qquad \omega_0{}^2 = c/m;$$

$$\Omega = \pi n/30; \qquad \Omega = 62{,}8 \, \text{s}^{-1};$$

$$m = \eta^2 c/\Omega^2 = \frac{21 \cdot 8 \cdot 10^6 \, \text{Nm}^{-1}}{62{,}8^2 \cdot \text{s}^{-2}} = \underline{\underline{42{,}5 \cdot 10^3 \, \text{kg}}}$$

Der Vorspannweg, den die Ersatzfeder im eingebauten Zustand hat, beträgt

$$x_{\text{st}} = \frac{mg}{c} = \frac{42{,}5 \cdot 10^3 \cdot \text{kg} \cdot 9{,}81 \cdot \text{ms}^{-2}}{8 \cdot 10^6 \cdot \text{Nm}^{-1}}$$

$$x_{\text{st}} = 0{,}052 \, \text{m}; \quad x_{\text{st}} = 5{,}2 \, \text{cm}.$$

Diesen Wert erhält man auch aus Bild 3/2, wenn man als erforderliche Eigenfrequenz $f = n/60\eta = 2{,}18$ Hz einsetzt.

3.2.2. Eigenfrequenzen und Kopplungsfragen des Blockfundamentes mit 6 Freiheitsgraden

Jede elastisch aufgestellte starre Maschine hat, wenn man die elastischen Elemente als masselos ansieht, 6 Freiheitsgrade. Dies trifft auch für die Aufstellung des starren Blockfundamentes auf Federelementen zu.

Für ein Berechnungsmodell mit 6.Freiheitsgraden gibt es 6 Eigenfrequenzen. Fordert man nun eine tiefe Abstimmung, so muß gewährleistet sein, daß die höchste Eigenfrequenz kleiner als die niedrigste Erregerfrequenz ist. Bei einer gemischten Abstimmung muß erreicht werden, daß alle Eigenfrequenzen genügend weit von den Erregerfrequenzen entfernt sind. Bei einer hohen Abstimmung muß die niedrigste Eigenfrequenz über dem Erregerfrequenzspektrum liegen.

Daraus folgt, daß alle 6 Eigenfrequenzen berechnet werden müssen. Das Berechnungsmodell zeigt Bild 3/4. Es wird von folgenden Voraussetzungen ausgegangen:

1. Der Koordinatenursprung liegt im Schwerpunkt des in der statischen Ruhelage befindlichen starren Systems, das sich aus starrer Maschine und Fundamentmasse (kurz Blockfundament) zusammensetzt.

2. Die Koordinaten x; y; z; entsprechen der Lage der Trägheitshauptachsen am ruhenden Blockfundament. Der Neigungswinkel φ_k beschreibt eine Drehung um die Achse k ($k = x$; y; z).

3. Alle nach außen abgegebenen Kräfte und Momente sind auf dieses Koordinatensystem reduziert, sie wirken als Erregung.

4. Sollen erzwungene Schwingungen berechnet werden, so erfolgt dies für jede Harmonische einzeln.

5. Jede masselos gedachte Feder hat Federkonstanten in den drei Koordinatenrichtungen. Über die Bestimmung der Querfederkonstanten wird in 3.3.1.3. gesprochen.

6. Der Angriffspunkt der Federkräfte am Blockfundament liegt im elastischen Zentrum, das sich bei zylindrischen Schraubenfedern in der Mitte der statisch zusammengedrückten Federn befindet. Er wird für jede Feder durch drei Abstände l_{mn} bestimmt. Dabei bedeutet m die Koordinatenrichtung der Federkraft und n die Koordinatenrichtung des Abstandes. So hat eine bestimmte Feder mit der Federkonstante c_x die (vorzeichenbehafteten) Abstände l_{xy}; l_{xz}. Die Federungshauptachsen sind parallel zu den Achsen des Systems [3/7].

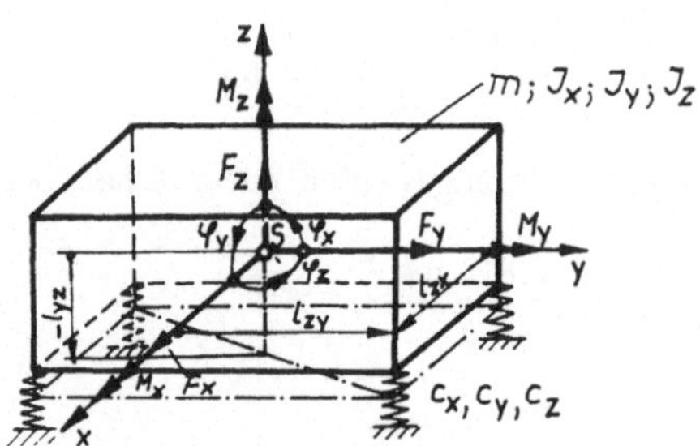

Bild 3/4. Berechnungsmodell der elastisch aufgestellten starren Maschine (Blockfundament)

7. Von den Masseparametern sind neben der Lage des Schwerpunktes die Masse m und die Hauptträgheitsmomente J_x; J_y; J_z gegeben (Bestimmung vgl. 1.2.5. und [39]).

8. Die Dämpfung wird vernachlässigt. Sie hat auf die Eigenfrequenzen nur einen geringen, zu vernachlässigenden Einfluß. Da auf Grund der Voraussetzungen Resonanzen vermieden werden, ist sie auch für die Berechnung der erzwungenen Schwingungen nicht erforderlich.

9. Es werden kleine Bewegungsamplituden vorausgesetzt.

10. Der Schwerkrafteinfluß auf die Schwingbewegung wird nicht berücksichtigt.

11. Die Bewegungsgleichungen sind linear.

Auf Grund der Koordinatenfestlegung lassen sich die Bewegungsgleichungen einfach mit Hilfe des *d'Alembertschen Prinzipes* anschreiben. Geht man von willkürlichen Koordinaten, die nicht den Trägheitshauptachsen entsprechen, aus, ist es günstiger, die *Lagrangeschen Gleichungen* zu benutzen. Es treten dann die Deviationsmomente mit in Erscheinung. Ausführlicher wird die Ableitung der Bewegungsgleichungen bei willkürlicher Koordinatenvorgabe in [14] beschrieben. Die Bewegungsgleichungen sind auf Tabelle 3/3 zusammengestellt. Dabei erfolgt die Summation über die Anzahl der Federn. Für die Berechnung der Eigenfrequenzen wird nur das homogene Gleichungssystem benötigt. Man setzt also alle Erregungen (F_x; F_y; F_z; M_x; M_y; M_z) Null und macht einen Fundamentalansatz

$$x = \hat{x} \sin \omega t; \qquad \varphi_x = \hat{\varphi}_x \sin \omega t$$
$$y = \hat{y} \sin \omega t; \qquad \varphi_y = \hat{\varphi}_y \sin \omega t \qquad (3.25)$$
$$z = \hat{z} \sin \omega t; \qquad \varphi_z = \hat{\varphi}_z \sin \omega t$$

Tabelle 3/3. Bewegungsgleichungen des Blockfundamentes für Bewegung im Hauptachsensystem

$$F_x = m\ddot{x} + x\sum c_x \qquad\qquad\qquad\qquad + \varphi_y \sum c_x l_{xz} \qquad - \varphi_z \sum c_x l_{xy}$$

$$F_y = \qquad\qquad m\ddot{y} + y\sum c_y \qquad - \varphi_x \sum c_y l_{yz} \qquad\qquad + \varphi_z \sum c_y l_{yx}$$

$$F_z = \qquad\qquad m\ddot{z} + z\sum c_z + \varphi_x \sum c_z l_{zy} \qquad - \varphi_y \sum c_z l_{zx}$$

$$M_x = \; -y\sum c_y l_{yz} + z\sum c_z l_{zy} + J_x\ddot{\varphi}_x + \varphi_x\left(\sum c_z l_{zy}^2 + \sum c_y l_{yz}^2\right) - \varphi_y \sum c_z l_{zy} l_{zx} - \varphi_z \sum c_y l_{yz} l_{yx}$$

$$M_y = x\sum c_x l_{xz} \qquad - z\sum c_z l_{zx} - \varphi_x \sum c_z l_{zy} l_{zx} + J_y\ddot{\varphi}_y + \varphi_y\left(\sum c_z l_{zx}^2 + \sum c_x l_{xz}^2\right) - \varphi_z \sum c_x l_{xy} l_{xz}$$

$$M_z = -x\sum c_x l_{xy} + y\sum c_y l_{yx} \qquad - \varphi_x \sum c_y l_{yz} l_{yx} - \varphi_y \sum c_y l_{xy} l_{xz} + J_z\ddot{\varphi}_z + \varphi_z\left(\sum c_y l_{yx}^2 + \sum c_x l_{xy}^2\right)$$

Setzt man diesen in die homogenen Bewegungsgleichungen ein, erhält man ein homogenes Gleichungssystem für die Unbekannten $\hat{x}$; $\hat{y}$; $\hat{z}$; $\hat{\varphi}_x$; $\hat{\varphi}_y$; $\hat{\varphi}_z$.
Dieses hat nur dann eine von Null verschiedene Lösung, wenn die Koeffizientendeterminante Null ist. Sie ist auf Tabelle 3/4 dargestellt. Die Auflösung ergibt ein Polynom sechsten Grades für (ω^2), dessen Wurzeln die Quadrate der Eigenkreisfrequenzen sind. Da alle sechs Bewegungsgleichungen miteinander verkoppelt sind, hängen natürlich auch alle Eigenfrequenzen von allen Parametern des Modells ab. Dies ist aber von großem Nachteil, wenn sich herausstellt, daß verschiedene Eigenfrequenzen verändert werden müssen, um die Abstimmungsbedingungen zu erfüllen.

Tabelle 3/4. Koeffizientendeterminante zur Eigenfrequenzberechnung

i	k					
	1	2	3	4	5	6
1	$\sum c_x - m\omega^2$	0	0	0	$\sum c_x l_{xz}$	$-\sum c_x l_{xy}$ △
2	0	$\sum c_y - m\omega^2$	0	$-\sum c_y l_{yz}$	0	$\sum c_y l_{yx}$ □
3	0	0	$\sum c_z - m\omega^2$	$\sum c_z l_{zy}$ △	$-\sum c_z l_{zx}$ □	0
4	0	$-\sum c_y l_{yz}$	$\sum c_z l_{zy}$ △	$\sum c_z l_{zy}^2 + \sum c_y l_{yz}^2 - J_x\omega^2$	$-\sum c_z l_{zy} l_{zx}$ △	$-\sum c_y l_{yz} l_{yx}$ □
5	$\sum c_x l_{xz}$	0	$-\sum c_z l_{zx}$ □	$-\sum c_z l_{zy} l_{zx}$ △	$\sum c_z l_{zx}^2 + \sum c_x l_{xz}^2 - J_y\omega^2$	$-\sum c_x l_{xy} l_{xz}$ △
6	$-\sum c_x l_{xy}$ △	$\sum c_y l_{yx}$ □	0	$-\sum c_y l_{yz} l_{yx}$ □	$-\sum c_x l_{xy} l_{xz}$ △	$\sum c_y l_{yx}^2 + \sum c_x l_{xy}^2 - J_z\omega^2$

$= 0$

Man wird deshalb versuchen, die Parameter von Anfang an so zu wählen, daß eine Entkopplung der Bewegungsgleichungen eintritt. Da die Federabstände vorzeichenbehaftet sind, können sie so gewählt werden, daß bestimmte Summenausdrücke zu Null werden. Setzt man beispielsweise die mit Δ in Tabelle 3/4 bezeichneten Felder Null, so zerfällt die Koeffizientendeterminante in zwei dreireihige Determinanten, die zur Berechnung aller Eigenfrequenzen beide Null sein müssen.

$$\begin{vmatrix} e_{11} & e_{13} & e_{15} \\ e_{31} & e_{33} & e_{35} \\ e_{51} & e_{53} & e_{55} \end{vmatrix} = 0; \qquad \begin{vmatrix} e_{22} & e_{24} & e_{26} \\ e_{42} & e_{44} & e_{46} \\ e_{62} & e_{64} & e_{66} \end{vmatrix} = 0 \tag{3.26}$$

Das Element e_{ik} kann man der i-ten Zeile und der k-ten Spalte von Tabelle 3/4 entnehmen. Jetzt sind nur noch zweimal drei Bewegungsgleichungen miteinander gekoppelt, somit hängen nur noch je 3 Eigenfrequenzen von den gleichen Parametern ab. Diese Entkopplung wurde erreicht durch

$$\begin{aligned} \sum c_x l_{xy} &= 0; & \sum c_x l_{xy} l_{xz} &= 0 \\ \sum c_z l_{zy} &= 0; & \sum c_z l_{zy} l_{zx} &= 0 \end{aligned} \tag{3.27}$$

Physikalisch bedeutet dies aber, daß eine Symmetrie der Aufstellung (Federanordnung) zur x,z-Ebene besteht. Die resultierenden Federkräfte in x- und z-Richtung liegen in der x,z-Ebene, ihre Momente sind Null.

Fordert man nun noch zusätzlich eine Symmetrie der Aufstellung zur y,z-Ebene, so werden alle mit $\square$ bezeichneten Felder Null. Es kommen somit zu den Forderungen Gl. (3.27) noch hinzu

$$\begin{aligned} \sum c_y l_{yx} &= 0; & \sum c_y l_{yx} l_{yz} &= 0 \\ \sum c_z l_{zx} &= 0; & \sum c_z l_{zx} l_{zy} &= 0 \end{aligned} \tag{3.28}$$

Die Koeffizientendeterminante zerfällt jetzt in

$$\begin{vmatrix} e_{11} & e_{15} \\ e_{51} & e_{55} \end{vmatrix} = 0; \quad \begin{vmatrix} e_{22} & e_{24} \\ e_{42} & e_{44} \end{vmatrix} = 0; \qquad \begin{aligned} e_{33} &= 0 \\ e_{66} &= 0 \end{aligned} \tag{3.29}$$

Es treten also zweimal zwei zusammenhängende Eigenfrequenzen und zwei freie Eigenfrequenzen auf.

Rein formal läßt sich natürlich auch noch durch eine Symmetrie zur x,y-Ebene eine vollständige Entkopplung erreichen. Dies ließe sich jedoch, von Spezialfällen abgesehen, nur durch zwei Federebenen, die ober- und unterhalb der x,y-Ebene liegen müßten, erreichen, was konstruktiv jedoch nicht sinnvoll ist. Man beschränkt sich deshalb meist auf die Symmetrie der Aufstellung zu zwei Ebenen und ist damit in der Lage, gezielt Eigenfrequenzen zu beeinflussen. In vielen Fällen sind Fundamente symmetrisch aufgebaut, so daß ihre Hauptachsen leicht gefunden werden. Man sollte dann auch versuchen, die Federanordnung symmetrisch zu den Hauptachsen vorzunehmen.

Für die gesamte Berechnung des elastisch aufgestellten Blockfundamentes liegen Rechenprogramme vor. [Vgl. Anhang (P 2/4); (P 2/5); (P 2/6).] Mit (P 2/6) ist es möglich, sowohl die Masseparameter als auch die Eigenfrequenzen und die Bewegung an jeder Stelle des Fundamentes bei Vorgabe von Erregung und Dämpfung zu ermitteln. Auch werden die Federwerte unter Berücksichtigung von Anschlußelementen (z. B. Rohrleitungen) bestimmt. Das Programm enthält weiterhin die Möglichkeit, aus gemessenen Bewegungen auf die Erregerkräfte zu schließen. Dieses Programm benutzt nicht die hier gemachte Voraussetzung der Hauptachsen, sondern geht von beliebigen Achsen aus [3/6]; [3/7]. Bild 6/18 zeigt Eigenschwingformen eines Blockfundamentes, die damit berechnet wurden.

3.3.   Ausführung periodisch erregter Fundamente

3.3.1.   Blockfundamente

3.3.1.1.   Ausführungsformen

Bei den Blockfundamenten unterscheidet man im wesentlichen drei Ausführungsgruppen. Die erste Gruppe bilden die unmittelbar auf dem Baugrund stehenden Fundamente. Will man damit eine hohe Abstimmung erreichen (vgl. Tabelle 3/1), so muß die Fundamentmasse klein sein. Um jedoch eine entsprechend steife „Bodenfeder" zu erhalten (vgl. 3.3.1.3.), wird eine große Sohlfläche benötigt. Die Fundamentform wird deshalb in erster Linie durch die benötigte Sohlfläche und die geforderte Steifigkeit des Blockes bestimmt. Zur zweiten Gruppe gehören die Maschinen, die ohne ein spezielles Fundament über Federelemente aufgestellt werden. Dazu sind verschiedene Bedingungen zu erfüllen. Die Erregeramplitude darf nur so groß sein, daß die Maschinenmasse auf der tiefabgestimmten Aufstellung die zulässige Schwingungsamplitude nicht überschreitet. Die Erregerfrequenz muß so groß sein, daß eine tiefabgestimmte, stabile Aufstellung möglich ist. Weiter muß das Maschinengestell so steif sein, daß durch die Punktaufstellung auf Einzelfedern keine Funktionsstörungen entstehen. Beispiele hierfür sind die Aufstellung von Fahrzeugmotoren im Rahmen über drei oder vier Einzelfederelemente, die Aufstellung von schnelllaufenden Werkzeugmaschinen, Lüftern usw. Es handelt sich in den meisten Fällen um hochtourige Maschinen mit kleinen Erregerkräften. Die dritte Gruppe benötigt neben der Maschinenmasse eine Fundamentmasse. Diese Ausführung ist auch für niedrige Erregerfrequenzen und große Erregerkräfte geeignet. Bild 3/5 zeigt die Aufstellung eines Schiffsdieselmotors mit Generator und Erregermaschine in einem

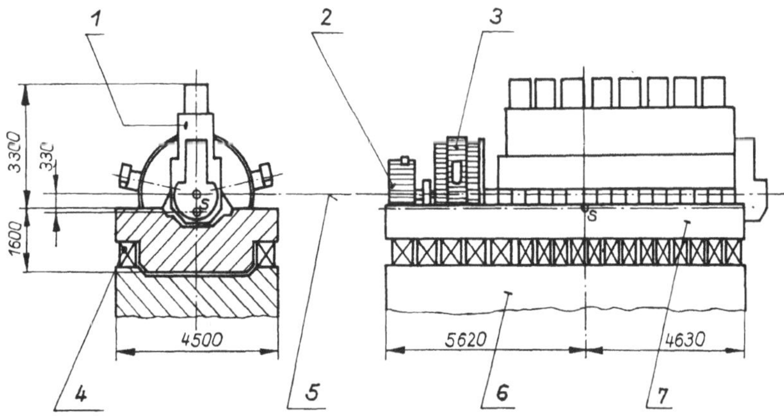

Bild 3/5. Beispiel für ein Blockfundament mit einem Diesel-Spitzenlast-Aggregat
1 Dieselmotor; *2* Erregermaschine; *3* Generator; *4* Federpakete; *5* Kurbelwellenachse; *6* Unterfundament; *7* Oberfundament

Spitzenlastkraftwerk (Betriebsdrehzahl $n \doteq 300\ 1/\text{min}$). Auf Bild 3/6 sind die Fundamentfedern im Fundamentkeller und die elastischen Verbindungsstücke zu den Rohrleitungen des Oberfundamentes zu sehen. Da die Federn zugänglich sein müssen, baut man auch häufig hängende Fundamente, Bild 3/7. Der Schwerpunkt liegt dabei unter der Federebene, und die bei stehenden Fundamenten möglichen Stabilitätsprobleme interessieren nicht.

Bild 3/6. Blick in den Fundamentkeller des Diesel-Spitzenlast-Aggregates

Häufig stellt der Maschinenbauer im Hinblick auf die zulässige Schwingungsamplitude des Fundamentblockes sehr harte Forderungen. Diese bedingen eine Überprüfung der Voraussetzung, daß der Fundamentblock als starrer Körper angesehen werden kann. Es muß dann eine Überschlagsrechnung zur Bestimmung seiner Eigenfrequenz durchgeführt werden.

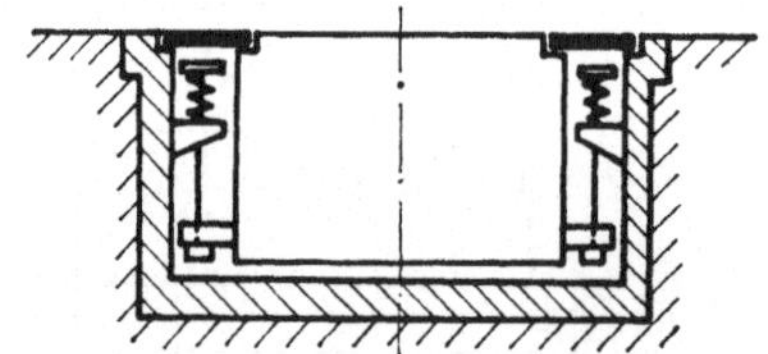

Bild 3/7. Beispiel für ein hängendes Fundament

Masselose Federn dürfen nur vorausgesetzt werden, solange die Frequenzen der Fundamentschwingung klein gegenüber den Eigenfrequenzen der vorgespannten Feder sind. Besonders bei Körperschallschwingungen wird diese Voraussetzung oft verletzt. Die Feder kann dann zu Resonanzschwingungen kommen. In diesen „Einbruchsfrequenzen", die bei Stahlfedern im Bereich $f = 100$ bis $1000\ \text{Hz}$ und für Gummifedern im Bereich von $f = 200$ bis $4000\ \text{Hz}$ liegen, ist die Schwingungsisolierung wirkungslos [3/8]. Es sei noch vermerkt, daß auf Druck beanspruchte Federn, wie sie für Blockfundamente häufig verwendet werden, natürlich auch auf Knicksicherheit überprüft werden müssen.

3.3.1.2. Ausführung des Fundamentblockes

Die Größe und Ausführung des Fundamentblockes richtet sich nach der Art der Aufstellung. Wird dieser direkt auf den Baugrund aufgestellt, ist die zulässige Flächenpressung maßgebend. Sie liegt in der Größenordnung von $\sigma = 20\,\mathrm{N/cm^2}$ (Sand); $\sigma = 30\,\mathrm{N/cm^2}$ (Ton); $\sigma > 60\,\mathrm{N/cm^2}$ (Fels) [3/5]. Fragen der Bodenstabilität werden in TGL 25731 angesprochen. Außerdem sind die Federungszahl des Bodens und die erreichbare Eigenfrequenz von der Fundamentfläche abhängig (vgl. 3.3.1.3.). Weiterhin muß der Fundamentblock so gestaltet werden, daß der Gesamtschwerpunkt (Maschine und Fundament) über dem Schwerpunkt der Fundamentfläche liegt. Als Richtwert für die Größe der Fundamentmasse m_F kann in Abhängigkeit von der Maschinendrehzahl n gelten:

für $\qquad\qquad n < 300\ 1/\mathrm{min}\colon\quad m_\mathrm{F} = (5\ \mathrm{bis}\ 10)\ m_\mathrm{M}$

für $\qquad\qquad n > 1000\ 1/\mathrm{min}\colon\quad m_\mathrm{F} = (10\ \mathrm{bis}\ 20)\ m_\mathrm{M}$

(m_M ist die Masse der Maschine.)

Für tiefabgestimmte Fundamente wird die Gesamtmasse durch die zulässige Schwingungsamplitude des Fundamentes bestimmt. Die bisherigen Ableitungen wurden unter der Voraussetzung der elastisch aufgestellten starren Maschine durchgeführt. Das bedeutet, daß die niedrigste Eigenfrequenz von Maschine und Fundamentblock groß gegenüber der höchsten Erregerfrequenz sein muß. Für den Fundamentblock rechnet man mit einem Frequenzverhältnis

$$f_{\mathrm{err\ max}}/f_1 \leqq 0{,}2\cdots0{,}33 \tag{3.30}$$

Für die Ermittlung der niedrigsten Eigenfrequenz genügt jedoch eine Abschätzung. Während bei Fundamentblöcken, bei denen Höhe, Breite und Länge in der gleichen Größenordnung liegen, die Eigenfrequenzen meist hoch genug sind, treten an schlanken und besonders langen Fundamenten durchaus Abstimmungsschwierigkeiten auf.
Für die Überschlagsrechnung wird das Fundament als Stab mit konstantem Querschnitt und Masseverteilung angenommen. Da der Fundamentblock tief abgestimmt aufgestellt ist, trifft das Modell des frei-freien Balkens zu. Ausführlich wird der schwingende Balken in 5.3. behandelt.
Unter diesen Voraussetzungen läßt sich die niedrigste Eigenfrequenz angeben. Für ein Blockfundament der Länge l, der Höhe h und der Breite b ergibt sich

$$\boxed{f_1 = 1{,}029\,\frac{h}{l^2}\sqrt{\frac{E}{\varrho}}\ \mathrm{Hz}} \tag{3.31}$$

E Elastizitätsmodul des Blockes $\mathrm{N/m^2}$
ϱ Dichte des Blockes $\mathrm{kg/m^3}$

[vgl. auch Gl. (3.47)]

Für das auf Bild 3/5 dargestellte Fundament soll eine Nachrechnung der Steifigkeit erfolgen. Mit den angegebenen Abmessungen $h = 1{,}6\,\mathrm{m}$; $l = 10{,}25\,\mathrm{m}$, der Dichte $\varrho = 1{,}8\,\mathrm{t/m^3}$, dem Elastizitätsmodul $E = 3\cdot10^{10}\,\mathrm{N/m^2}$ (Betongüte B 300 nach

TGL 25 731)

$$f_1 = 1{,}029 \frac{1{,}6}{10{,}25^2} \sqrt{\frac{3 \cdot 10^{10}}{1{,}8 \cdot 10^3}} \text{ Hz} \cong \underline{\underline{64 \text{ Hz}}}$$

Als Erregung kämen die freien Massenkräfte des Achtzylindermotors in Frage. Wie in 2.5.3.3. dargestellt wurde, hat der Motor bei vollständig gleichen Triebwerken keine freien Massenkräfte. Es zeigt sich jedoch bei Messungen, daß auf Grund der fertigungsbedingten Abweichungen die 1. und 2. Erregerordnung auch bei theoretisch vollständig ausgeglichenen Motoren auftreten.
Setzt man als höchste Erregerordnung die 2. an, gilt bei der Drehfrequenz von
$f = n/60 = 300/60 = 5$ Hz: $f_{\text{err max}} = \underline{\underline{10 \text{ Hz}}}$

$$f_{\text{err max}}/f_1 = \underline{\underline{0{,}156}} < 0{,}2$$

Die Forderung für ein starres Fundament ist somit erfüllt.

3.3.1.3.   Steifigkeit von Fundamentfederungen

Die Federung des Fundamentblockes erfolgt entweder durch den Baugrund, durch Dämmplatten, durch Einzelfederelemente oder durch eine Baukonstruktion. Hier sollen nur Hinweise auf Sonderheiten dieser Gruppen gegeben werden, da die Spezialliteratur und Herstellerangaben genügend Zahlenmaterial enthalten [3/1]; [3/3]; [3/4].
Die dynamische Steifigkeit des Baugrundes oder von Dämmplatten hängt von dem dynamischen Elastizitätsmodul des Materials und der Größe der Auflagefläche ab. Sie wird ausgedrückt durch die Bettungsziffer C. Da der Elastizitätsmodul für Druckbelastung ermittelt wird, geht man von der Bettungsziffer in z-Richtung (Bild 3/4) aus.

$$C_z = \frac{E}{k\sqrt{A}} \tag{3.32}$$

Darin ist E der dynamische Elastizitätsmodul (N/m²), A die Grundfläche (m²) und k ein die Form der Grundfläche charakterisierender Faktor. Für Überschlagsrechnungen kann gesetzt werden $k = 0{,}4$. Tabelle 3/5 gibt Bereiche für den Elastizitätsmodul an. Die Bettungsziffern in den Richtungen x; y setzt man

$$\begin{aligned} \text{bei körnigen Böden} \quad & C_x = C_y = 2C_z/3 \\ \text{bei bindigen Böden} \quad & C_x = C_y = C_z/3 \end{aligned} \tag{3.33}$$

Aus Gl. (3.32) erkennt man, daß die Bettungsziffer die Einheit N/m³ hat. Es handelt sich also um eine auf das Flächenelement bezogene Federsteifigkeit, die für C_x; C_y experimentell ermittelt wurde. Um damit eine Schwingungsberechnung mit Hilfe der Koeffizientendeterminante Tabelle 3/4 durchführen zu können, muß eine Verbindung zwischen den Summenausdrücken der Einzelfedern und den Bettungsziffern hergestellt werden. Diese Überlegung soll unter der Voraussetzung, daß der Massenschwerpunkt (Koordinatenursprung Bild 3/4) über dem Schwerpunkt der Auflagefläche liegt, angestellt werden. Es gilt dann die Entkopplung durch Symmetrie in zwei Ebenen, die auf Gl. (3.29) führt. Für die Transformation muß beachtet werden, daß die Federabstände $l_{xz} = l_{yz} = l_z$, die bis zur Sohlfläche gerechnet werden, für jedes Flächenelement gleich, also Konstante sind, während l_{zx}; l_{zy} von der Lage der Flächenelemente abhängen. Es gilt somit für die Federausdrücke in Gl. (3.29):

$$e_{11}: \quad \sum c_x = \int C_x \, dA = C_x A$$
$$e_{15} = e_{51}: \quad \sum c_x l_{xz} = \int C_x l_z \, dA = C_x l_z A \tag{3.34}$$
$$e_{55}: \quad \sum c_z l_{zx}^2 + \sum c_x l_{xz}^2 = \int C_z l_{zx}^2 \, dA + \int C_x l_z^2 \, dA = C_z I_y + C_x l_z^2 A$$

Tabelle 3/5. Dynamischer Elastizitätsmodul für verschiedene Bodenarten

Bodenart	Elastizitätsmodul in N/m²
Körnige Böden	
Sand, locker	$(15 \cdots 30) \cdot 10^7$
Sand, mitteldicht	$(20 \cdots 50) \cdot 10^7$
Kies ohne Sand	$(30 \cdots 80) \cdot 10^7$
Naturschotter, scharfkantig	$(30 \cdots 80) \cdot 10^7$
Bindige Böden	
Ton, Lehm, hart	$(10 \cdots 50) \cdot 10^7$
Ton, Lehm, weich	$(4 \cdots 15) \cdot 10^7$
Schluff	$(3 \cdots 10) \cdot 10^7$
Schlick, Klei, org. mager	$(1 \cdots 3) \ \cdot 10^7$

Darin bedeutet I_y das Flächenträgheitsmoment der Auflagefläche, bezogen auf die zur y-Achse parallele Flächenachse. Mit dem Trägheitsradius $i_y^2 = I_y/A$ schreibt man:

$$C_z I_y + C_x l_z^2 A = I_y (C_z + C_x l_z^2 / i_y^2) = C_{\varphi y} I_y \tag{3.35}$$

Da l_z die Höhe des Massenschwerpunktes über der Fundamentfläche ist, gilt in den meisten Fällen $l_z^2 / i_y^2 \ll 1$.
Analog dazu ergibt sich:

$$\sum c_y = C_y A; \quad \sum c_z = C_z A$$
$$\sum c_y l_{yz} = C_y A l_z;$$
$$\sum c_z l_{zy}^2 + \sum c_y l_{yz}^2 = C_{\varphi x} I_x \tag{3.36}$$
$$\sum c_y l_{yx}^2 + \sum c_x l_{xy}^2 = C_{\varphi z} I_z$$

Da die Bettungsziffern ohnehin stark streuen, nimmt man häufig an:

$$C_{\varphi x} = C_{\varphi y} = 2C_z; \quad C_{\varphi z} = 1{,}5 C_z \tag{3.37}$$

Für die Abschätzung der Eigenfrequenzen kann nun die Hauptdiagonale der Determinante Tabelle 3/4 verwendet werden.
Für die in vielen Fällen hauptsächlich interessierende Eigenfrequenz der Schwingung in z-Richtung gilt dann unter Beachtung von Gl. (3.32):

$$f_z = \frac{1}{2\pi} \sqrt{\frac{A C_z}{m}} = \frac{1}{2\pi} \sqrt{\frac{\sqrt{A} \, E}{km}} \tag{3.38}$$

und für eine Kippfrequenz um die x-Achse

$$f_{\varphi x} = \frac{1}{2\pi} \sqrt{\frac{I_x 2 C_z}{J_x}} = \frac{1}{2\pi} \sqrt{\frac{2 I_x}{\sqrt{A}} \frac{E}{k J_x}} \qquad (3.39)$$

Man erkennt daraus, daß eine Änderung der Fundamentfläche auf die Eigenfrequenz der Hubschwingung (f_z) nur geringen Einfluß hat. Für die Kippschwingungen (z. B. $f_{\varphi x}$) ist der Einfluß durch das Flächenträgheitsmoment wesentlich stärker als durch die Fläche. Wie man aus diesen Überlegungen ersieht, stellt die Theorie der Bettungsziffern eine Linearisierung des wirklichen Baugrundverhaltens dar. Ausführlich wird darauf in [3/5]; [3/10] eingegangen. Für *Schraubenfedern* können die geometrischen Abmessungen und die Federkonstanten den Angaben der Hersteller entnommen werden (z. B. VEB Schwingungsisolatorenbau, Radebeul). Die TGL 18395 (Druckfedern) und TGL 18397 (Zugfedern) enthalten ebenfalls Angaben über die Hauptfederkonstante c, die die Federeigenschaft bei Belastung in Richtung der Federachse durch eine Kraft F bestimmt. In [1/6] wird für zylindrische Schraubenfedern folgende Näherungsformel angegeben (vgl. Tabelle 1/3, Fall 2.2):

$$\boxed{c = \frac{d^4 G}{64 \, i r^3}} \qquad (3.40)$$

d Drahtdurchmesser
r mittlerer Radius der Feder
i Anzahl der wirksamen Federwindungen
G Gleitmodul (für gehärteten Walzstahl gilt: $G = 7{,}9 \cdot 10^{10}$ N/m²)

Für die Berechnung der Eigenfrequenzen des tiefabgestimmten Blockfundamentes benötigt man jedoch noch die Querfederkonstante c_q, die die Federwirkung der durch die Kraft F in Richtung der Federachse zusammengedrückten Feder senkrecht dazu beschreibt. Nach *Haringx* (vgl. [3/7]) kann gesetzt werden

$$\frac{1}{c_q} = \frac{L}{F} \left[\left(1 + \frac{F}{S} \right) \frac{\tan \Theta}{\Theta} - 1 \right] \qquad (3.41)$$

oder für Stahlfedern

$$\boxed{\frac{c}{c_q} = \frac{1}{2{,}6} \left[(1 + K) \frac{\tan \Theta}{\Theta} - K \right]; \quad K = \frac{2{,}6 L c}{F}} \qquad (3.42)$$

Darin bedeuten:

$$B = \frac{1 + \nu}{2(2 + \nu)} D^2 c L \qquad \text{Biegesteifigkeit} \qquad (3.43)$$

$$S = 2(1 + \nu)\, c L \qquad \text{Schubsteifigkeit} \qquad (3.44)$$

$$L = L_0 - \frac{F}{c} - d \qquad \text{effektive Federlänge} \qquad (3.45)$$

$$\Theta = \frac{L}{2} \sqrt{\frac{F}{B} \left(1 + \frac{F}{S} \right)} \qquad (3.46)$$

L_0 Länge der unbelasteten Feder
ν Querkontraktionszahl (für Stahl $\nu \approx 0{,}3$)
D Mittlerer Windungsdurchmesser ($D = 2r$)

Die Beziehung gilt für Druckfedern mit parallel geführten Federenden (vgl. Bild 3/8).

Wie aus Bild 3/2 ersichtlich ist, hängt die niedrigste erreichbare Eigenfrequenz einer Fundamentierung mit der Verformbarkeit der Feder zusammen. Sie ist bei Schraubenfedern am größten. Man erreicht mit ihnen Fundamenteigenfrequenzen von 1 Hz. Der dabei gemessene Dämpfungsgrad liegt in der Größenordnung $\vartheta = 0{,}001$ bis 0,01.

Als Einzelfederelemente werden noch *Gummifedern* oder Gummi-Metall-Verbindungen verwendet. Auf Grund der geringen maximal zulässigen Beanspruchung ist ihre Verformbarkeit geringer, und es können nur Eigenfrequenzen der Fundamente über 5 Hz erreicht werden. Der Dämpfungsgrad der damit ausgestatteten Anlagen liegt bei $\vartheta = 0{,}01$ bis 0,1.

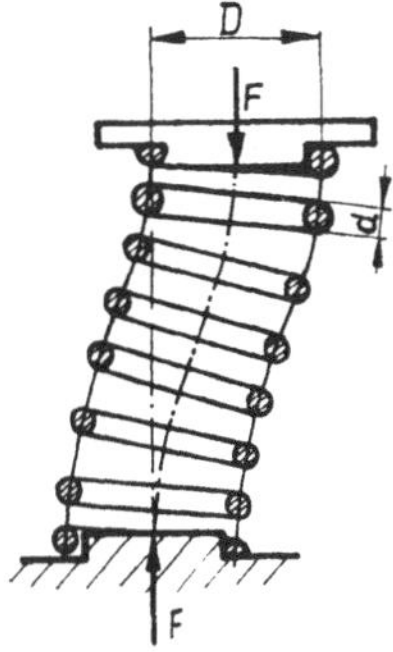

Bild 3/8. Querdeformation der zylindrischen Schraubenfeder mit parallel geführten Federenden

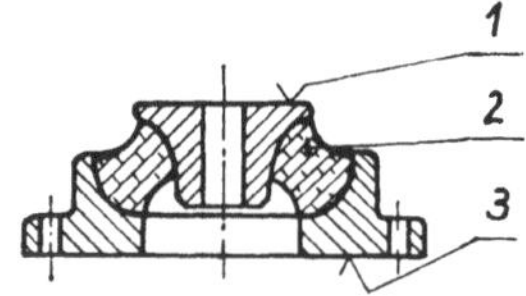

Bild 3/9. Gummifeder des VEB Schwingungsdämpfer, Dresden
1 Fundament oder Maschine;
2 Gummifeder; *3* Aufstellungsort

In 1.3.3. wird über die Berechnung von Gummifedern gesprochen. Es sei nur noch darauf hingewiesen, daß bei größerem Wert $k_{\mathrm{dyn}} = c_{\mathrm{dyn}}/c_{\mathrm{stat}}$ die statische Durchsenkung als Maß der zu isolierenden Frequenz ungeeignet ist (Bild 3/2, vgl. auch Lösung L/3/1). Bild 3/9 zeigt eine Gummifeder des VEB Schwingungsdämpfer, Dresden, die häufig für Fundamentierungsaufgaben verwendet wird.

3.3.2. Tragkonstruktionen

3.3.2.1. Ausführungsformen

Für Maschinen mit hohen Drehzahlen und kleinen Erregerkräften (klein gegenüber der statischen Belastung) verwendet man im zunehmenden Maße elastische Konstruktionen zur Aufstellung. Als Beispiele können Turbinen und Turboverdichter angesehen werden. Zunächst verwendete man Tischfundamente, um unter der Turbine Nebenaggregate unterbringen zu können (vgl. Bild 3/10). Dabei wurde die Tischplatte starr ausgeführt. Sie stand auf elastischen Stützen, die für die Schwingungsberechnung als masselos angesehen wurden.

Mit zunehmender Durchsetzung der Prinzipe des Leichtbaues und der Materialökonomie waren verfeinerte Berechnungsverfahren erforderlich, die zu Stabwerks-
konstruktionen führten.
Bild 3/11 zeigt das Fundament einer 50-MW-Turbine, für das als Berechnungsmodell
ein räumliches Stabzugsystem angenommen wurde. Die Sohlplatte galt als starr
und in 6 Freiheitsgraden auf dem elastischen Baugrund beweglich. Ein derartiges

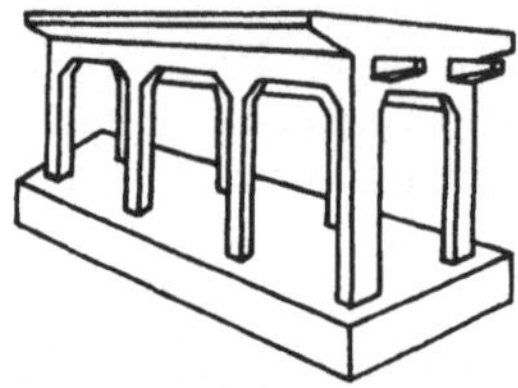

Bild 3/10. Tischfundament für einen Turbosatz

System hat eine Vielzahl von Eigenfrequenzen. Die Berechnungen lassen sich jedoch
nur mit Rechenprogrammen ausführen. Im Anhang (P 3/28) ist ein Programm für
Stabwerksberechnungen aufgeführt. Es soll jedoch darauf hingewiesen werden,
daß eine große Unsicherheit in der Festlegung des Berechnungsmodells an den
Befestigungsstellen der Stäbe besteht. Derartige Programme enthalten dort meist

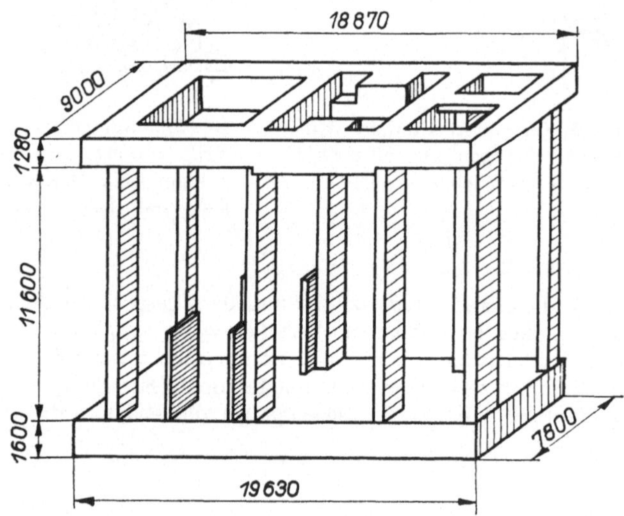

Bild 3/11. Tischfundament für eine 50-MW-Turbine

Federanschlüsse, deren Steifigkeiten jedoch vorgegeben werden müssen. Es empfiehlt
sich deshalb, alle Möglichkeiten zur meßtechnischen Überprüfung zu nutzen, um
die Modellannahmen überprüfen und verbessern zu können.
Bild 3/12 zeigt das Fundament eines Turboverdichters mit einer der vielen Eigenschwingformen. Der Dämpfungsgrad in den verschiedenen Eigenschwingformen
liegt in der Größenordnung $\vartheta_k = \delta/\omega_k = 0,06$ bis $0,09$. Einen Einblick in die Behandlung solcher Systeme gibt [3/6].

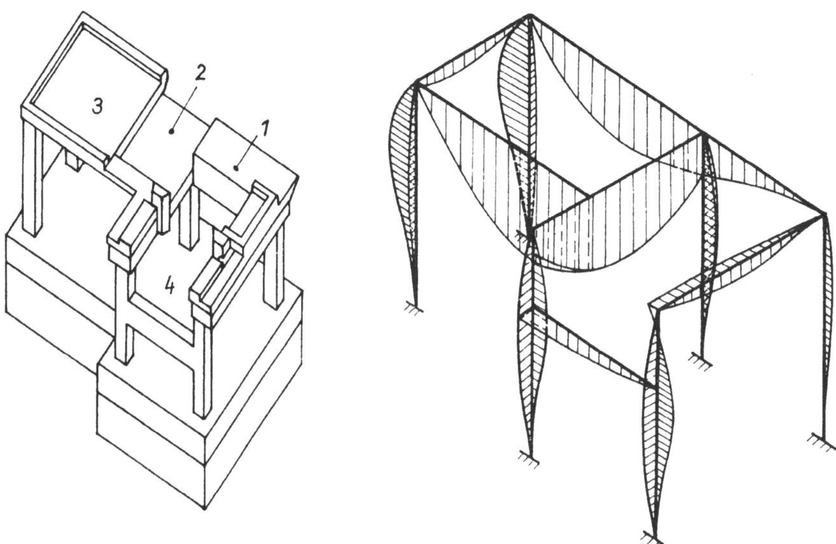

Bild 3/12. Fundament eines Turboverdichters mit einer Eigenschwingform
1 Turboverdichter; *2* Getriebe; *3* Antriebsmotor; *4* Kühler

3.3.2.2. Eigenfrequenzen von Stäben

Betrachtet man die Schwingformen von Tragkonstruktionen, fällt auf, daß ganz
bestimmte Eigenschwingungen von Bauteilen hervortreten. So läßt sich oft feststellen, daß im wesentlichen eine Schwingung der Stützen vorliegt. Zur Abschätzung
von Frequenzen kann man deshalb zunächst die Schwingung der Tischplatte
auf den (masselosen) Stützen und dann die Eigenschwingungen der elastischen
massebehafteten Stützen berechnen. Dabei interessiert nicht nur die Grundschwingung, sondern auch die Oberschwingungen, da in einem gemischt abgestimmten
System auf jeden Fall vermieden werden muß, daß Resonanz im stationären Betrieb
auftritt. Wird von einem prismatischen Balken der Länge l ausgegangen, lassen sich
für die verschiedenen Randbedingungen die Eigenkreisfrequenzen berechnen nach

$$\omega_k = \frac{\lambda_k{}^2}{l^2} \sqrt{\frac{EI}{\varrho A}} \tag{3.47}$$

[vgl. 5.3.1., Gl. (5.65)].
Der zur k-ten Eigenkreisfrequenz gehörige Eigenwert λ_k hängt von den Randbedingungen ab und kann aus Tabelle 5.5 entnommen werden. Dort sind auch die Lagen
der Schwingungsknoten, bezogen auf eine Balken-Einheitslänge $l = 1$ m, eingetragen.
Weiterhin gilt

E Elastizitätsmodul (Baustahl: $E = 2{,}06 \cdot 10^{11}$ N/m²)
ϱ Dichte (Baustahl $\varrho = 7{,}81 \cdot 10^6$ kg/m³)
A Querschnittsfläche in m²
I Flächenträgheitsmoment des Balkens, bezogen auf die Biegeachse der
  Schwingung in m⁴

Die Eigenfrequenz berechnet sich aus Gl. (3.47) nach $f_k = \omega_k/2\pi$. Für den frei-freien Balken gilt beispielsweise für den ersten von Null verschiedenen Eigenwert $\lambda_3{}^2 = 22{,}4$ (Tabelle 5/6). Hat der Balkenquerschnitt die Höhe h und die Breite b, so ist $I = bh^3/12$; $A = bh$. Dann gilt für die Grundschwingungsfrequenz

$$f_1 = \frac{22{,}4}{2\pi\,\sqrt{12}}\,\frac{h}{l^2}\,\sqrt{\frac{E}{\varrho}} = 1{,}029\,\frac{h}{l^2}\,\sqrt{\frac{E}{\varrho}}\ \text{Hz}$$

Dies entspricht der Gl. (3.31).

Bild 3/13. Auf die Maschinenmasse reduzierte Ersatzmasse von Trägern [3/1]

Sollen Maschinen auf Träger oder Decken, die als Träger betrachtet werden können, aufgestellt werden, so benötigt man neben der Deckensteifigkeit die auf die Maschine reduzierte Deckenmasse (vgl. Tabelle 3/2). Bild 3/13 zeigt die für eine Überschlagsrechnung möglichen Modelle. Sie sind nur zur Abschätzung der niedrigsten Eigenfrequenz geeignet.

3.4.   Fundamente mit Stoßbelastung

3.4.1.   Modellbeschreibung

Eine Stoßbelastung des Fundamentes entsteht bei Schmiedehämmern, Schlagscheren, Pressen und Stanzen. Dabei geht man im allgemeinen davon aus, daß die Stoßzeit klein gegenüber einer halben Schwingungsperiode der größten Eigenfrequenz des für die Fundamentauslegung verwendeten Modells ist. Die Aufgabe der Fundamentierung besteht nun darin, die Beanspruchung des Aufstellungsortes in zulässigen Grenzen zu halten, Erschütterungsübertragung zu vermeiden und die Bewegung der Maschine den zulässigen Werten anzupassen. Keine Maßnahme darf jedoch eine Beeinträchtigung der technologischen Forderungen (z. B. guter Schmiedewirkungsgrad) zur Folge haben. Als Beispiel soll das Problem an einem Schmiedehammer erläutert werden.
Der prinzipielle Aufbau ist auf Bild 3/14 wiedergegeben. Das Gestell des Schmiedehammers steht fest auf dem Fundamentblock. In ihm befindet sich der Hub- oder Beschleunigungsmechanismus für den Hammer (Bär). Dabei unterscheidet man frei fallende oder durch Antrieb (z. B. Druckluft) beschleunigte Hämmer. Beim Auftreffen des Hammers auf den Amboß hat dieser eine bestimmte kinetische Energie, die mit möglichst gutem Wirkungsgrad in Verformungsenergie des Werkstückes umzusetzen ist. Die Schabotte, die den Amboß trägt, steht gesondert über einer

elastischen Zwischenschicht auf dem Fundamentblock. Um die Federung des Fundamentblockes gegen Feuchtigkeit zu schützen, befindet sich dieser meist in einer Fundamentwanne, die auf dem Baugrund steht. Es liegen drei Federschichten vor. Die Federung zwischen Schabotte und Fundamentblock wird meist durch Gummi-Gewebematten, Hammerfilz oder auch Holz gebildet. Zur Federung des Fundamentes im Fundamenttrog dienen sowohl dickere Dämmplatten als auch Einzelfederelemente. Der Fundamenttrog steht auf der Federung des Baugrundes.

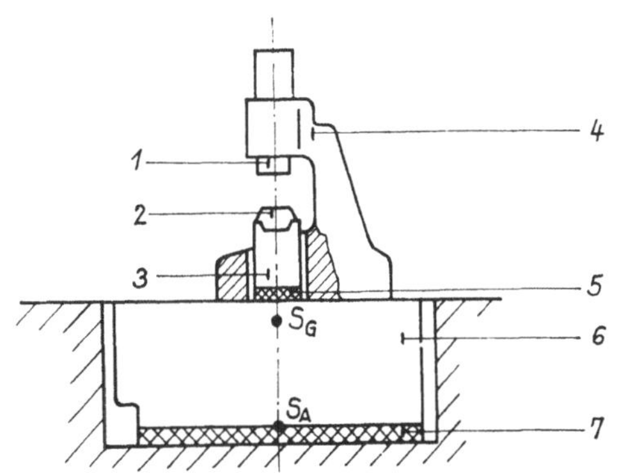

Bild 3/14. Aufbau der Aufstellung eines Schmiedehammers [3/1]
1 Bär; 2 Amboß;
3 Schabotte; 4 Gestell;
5 Federung;
6 Fundamentblock;
7 Federung
S_G Schwerpunkt der Gesamtmasse
S_A Schwerpunkt der Sohlfläche

Für die einzelnen Massen gelten folgende Richtwerte:

Die Masse des Bären m_B wird durch die geforderte Schlagenergie bestimmt. Die Masse von Amboß und Schabotte liegt, um einen guten Schmiedewirkungsgrad zu erhalten, in der Größenordnung von $m_A = 20\ m_B$. Für die Masse des Fundamentes wird angegeben

$$m_F > 60\ m_B \quad \text{oder}$$
$$m_F = 2,4\ v_B{}^2 m_B \tag{3.48}$$

darin ist v_B die Bärgeschwindigkeit unmittelbar vor dem Aufschlag in m/s. Gl. (3.48) gilt jedoch nicht für Schnellschlaghämmer oder Gegenschlaghämmer. Die Fundamentmasse sollte so ausgeführt werden, daß der Gesamtschwerpunkt und der Flächenschwerpunkt der Federungen (elastisches Zentrum) auf einer Linie mit der Schlagrichtung liegen. Man erreicht damit eine gleichmäßige Belastung und vermeidet Kippbewegungen.

Je nach der Art des Schmiedevorganges entsteht eine andere Stoßzahl. Da die dynamische Durchrechnung als Schwingungssystem mit Anfangsbedingungen erfolgt, ist die Stoßzahl für die Anfangsgeschwindigkeit der Schabotte maßgebend. Als Berechnungsmodell müßte danach ein Dreimassenmodell (Schabotte-Fundament-Fundamenttrog) untersucht werden. Wegen der Massenunterschiede $m_F > m_A$ und der großen Steifigkeitsunterschiede (die Federung der Schabotte c_A ist wesentlich steifer als die Federung des Fundamentes c_F) begnügt man sich für eine Überschlagsrechnung häufig mit einem Zweimassenmodell. Dabei kommt es zunächst darauf an, die Eigenfrequenzen und die maximalen dynamischen Verschiebungen zu bestimmen. Hierzu ist die Dämpfung nicht erforderlich. Will man jedoch, was für Schnellschlaghämmer erforderlich ist, überprüfen, ob die Schwingungen zwischen zwei Schlägen genügend abklingen, muß die Dämpfung einbezogen werden. Für diesen Fall empfiehlt sich die Verwendung des Dreimassenmodells unter Beachtung der Bodendämpfung.

3.4.2.   Dynamische Berechnung

Das der Berechnung zugrunde gelegte Modell zeigt Bild 3/15, dabei können die Massen m_1; m_2 und die Steifigkeiten c_1; c_2 des Modells je nach der Aufgabenstellung a) oder b) gewählt werden. Diese richten sich nach den Steifigkeits- und Massenverhältnissen des Systems. Der Ursprung der Koordinaten x_1; x_2 liegt in der statischen Ruhelage vor dem Auftreffen der Bärmasse. Da $m_0 \ll m_1$ und $m_0 \ll m_2$ gilt, werden die geringe statische Durchsenkung und der dynamische Einfluß durch m_0 nach dem Stoß vernachlässigt.

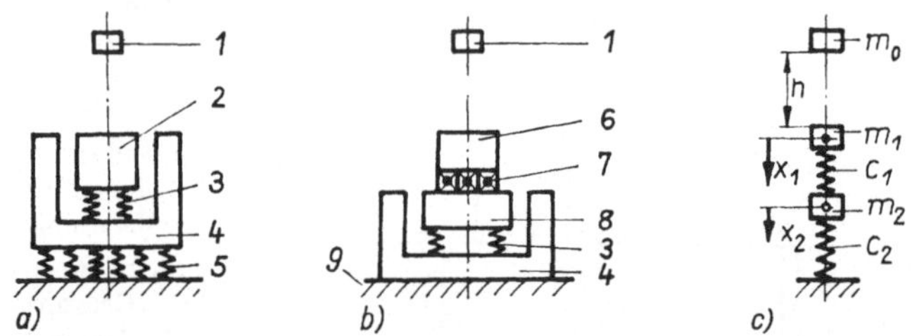

Bild 3/15. Berechnungsmodell c) für den Schmiedehammer bei verschiedenen Aufgabenstellungen a) und b)

1 Bär;   *2* Amboß und Fundament;   *3* Fundamentfeder;   *4* Fundamenttrog;
5 Bodenfeder;   *6* Amboß;   *7* Balkenlage (Feder);   *8* Fundament;   *9* Boden starr

Die Bewegungsgleichungen lauten

$$m_1\ddot{x}_1 + c_1(x_1 - x_2) = 0$$
$$m_2\ddot{x}_2 - c_1(x_1 - x_2) + c_2 x_2 = 0 \tag{3.49}$$

Sie müssen mit den Anfangsbedingungen:

$$t = 0: \quad x_1 = 0; \quad x_2 = 0$$
$$\dot{x}_1 = u; \quad \dot{x}_2 = 0 \tag{3.50}$$

gelöst werden. Die Anfangsgeschwindigkeit u wird durch den Stoß des Bären auf den Amboß bestimmt. Unter der Voraussetzung eines kurzen Stoßes gilt für die beiden Massen m_0 und m_1 der Impulssatz:

$$m_0 u_{v0} + m_1 u_{v1} = m_0 u_0 + m_1 u_1 \tag{3.51}$$

Darin sind u_{v0} und u_{v1} die Geschwindigkeiten unmittelbar vor dem Stoß und u_0; u_1 die Geschwindigkeiten nach dem Stoß.

Im allgemeinen wird als zusätzliche Gleichung zur Berechnung von u_0; u_1 die *Newtonsche Stoßhypothese* verwendet.

$$k = -\frac{u_0 - u_1}{u_{v0} - u_{v1}} \tag{3.52}$$

Für die Stoßzahl k sind folgende Werte bekannt:

$k = 0,2$ für leichtes Warmrecken

$k = 0,5$ für Kaltrecken

$k = 0,8$ für schwere Gesenkarbeiten

Für die vorliegende Aufgabenstellung gilt $u_{v1} = 0$. Die Geschwindigkeit u_{v0} kann bei Freifallhämmern gesetzt werden: $u_{v0} = \sqrt{2gh}$ (h Fallhöhe). Für angetriebene Hämmer findet man u_{v0} aus einer Energiebetrachtung. Für die Geschwindigkeit des Amboß nach dem Stoß $u_1 = u$ findet man somit aus den Gln. (3.51); (3.52):

$$u = (1 + k)\, u_{v0} m_0 / (m_1 + m_0) \tag{3.53}$$

Für die Lösung des Gleichungssystems Gl. (3.49) werden zunächst die Eigenfrequenzen bestimmt. (Die Lösung der Bewegungsgleichungen gefesselter 2-Massensysteme wird ausführlich in [39] behandelt. Auch in 4.2.1.2. wird das gleiche System für Torsionsschwingungen diskutiert.)
Fundamentalansatz:

$$x_1 = A^*\, e^{j\omega t}; \qquad x_2 = B^*\, e^{j\omega t} \tag{3.54}$$

In Gl. (3.49) eingesetzt ergibt:

$$\begin{aligned}
-m_1\omega^2 A^* + c_1(A^* - B^*) &= 0 \\
-m_2\omega^2 B^* + c_2 B^* - c_1(A^* - B^*) &= 0
\end{aligned} \tag{3.55}$$

Nullsetzen der Koeffizientendeterminante

$$\begin{vmatrix} c_1 - m_1\omega^2 & -c_1 \\ -c_1 & c_1 + c_2 - m_2\omega^2 \end{vmatrix} = 0$$

Daraus folgt die Frequenzgleichung:

$$\omega_{1,2}^2 = \frac{1}{2}\left(\frac{c_1 + c_2}{m_2} + \frac{c_1}{m_1}\right) \mp \sqrt{\frac{1}{4}\left(\frac{c_1 + c_2}{m_2} + \frac{c_1}{m_1}\right)^2 - \frac{c_1 c_2}{m_1 m_2}} \tag{3.56}$$

Führt man zur Abschätzung der Eigenfrequenzen die Beziehungen

$$m_1/m_2 = \mu; \qquad c_1/c_2 = \gamma; \qquad c_2/m_2 = \omega^{*2} \tag{3.57}$$

ein, so ergibt sich nach einer Umstellung aus Gl. (3.56)

$$\left(\frac{\omega_{1,2}}{\omega^*}\right)^2 = \frac{1}{2}\left(1 + \gamma + \frac{\gamma}{\mu}\right)\left[1 \mp \sqrt{1 - \frac{4\gamma}{\mu\left(1 + \gamma + \frac{\gamma}{\mu}\right)^2}}\,\right] \tag{3.58}$$

Gilt für das Hammerfundament $\mu \ll 1$; $\gamma \gg 1$, so kann der Wurzelausdruck in einer *Taylor*-Reihe entwickelt werden, und man erhält als Näherungslösung:

$$\frac{1}{\omega_1{}^2} = \frac{m_1}{c_1} + \frac{(m_1 + m_2)}{c_2} \tag{3.59}$$

$$\omega_2{}^2 = \frac{c_2}{m_2} + c_1 \frac{m_1 + m_2}{m_1 m_2} \tag{3.60}$$

Beide Beziehungen entsprechen den *Neuber*schen Grenzwerten [4/5]. Gl. (3.59) wird für Schwingungsketten sehr häufig verwendet, sie entspricht Gl. (4.60) und Gl. (6.100).

Nach der Bestimmung der Eigenkreisfrequenzen ω_1; ω_2 Gl. (3.56) kann jetzt die Lösung aus dem Fundamentalsystem zusammengesetzt werden. Geht man dabei auf trigonometrische Funktionen über (vgl. [39]), so folgt

$$x_1 = A_1 \cos \omega_1 t + A_2 \sin \omega_1 t + A_3 \cos \omega_2 t + A_4 \sin \omega_2 t$$
$$x_2 = B_1 \cos \omega_1 t + B_2 \sin \omega_1 t + B_3 \cos \omega_2 t + B_4 \sin \omega_2 t$$

$$(3.61)$$

Die darin auftretenden 2×4 Konstanten müssen natürlich den linearen Abhängigkeiten nach Gl. (3.55) genügen.

$$A_1(c_1 - m_1\omega_1{}^2) = c_1 B_1; \quad A_3(c_1 - m_1\omega_2{}^2) = c_1 B_3$$
$$A_2(c_1 - m_1\omega_1{}^2) = c_1 B_2; \quad A_4(c_1 - m_1\omega_2{}^2) = c_1 B_4$$

$$(3.62)$$

Damit wird:

$$x_1 = A_1 \cos \omega_1 t + A_2 \sin \omega_1 t + A_3 \cos \omega_2 t + A_4 \sin \omega_2 t$$
$$x_2 = v_{21}(A_1 \cos \omega_1 t + A_2 \sin \omega_1 t) + v_{22}(A_3 \cos \omega_2 t + A_4 \sin \omega_2 t)$$

$$(3.63)$$

mit
$$v_{21} = \left(1 - \frac{m_1\omega_1{}^2}{c_1}\right); \quad v_{22} = \left(1 - \frac{m_1\omega_2{}^2}{c_1}\right)$$

$$(3.64)$$

Setzt man nun die Anfangsbedingungen Gl. (3.50) ein, ergibt sich für die Integrationskonstanten

$$A_1 = 0; \quad A_3 = 0$$
$$A_2 = \frac{u(c_1/m_1 - \omega_2{}^2)}{\omega_1(\omega_1{}^2 - \omega_2{}^2)}; \quad A_4 = -\frac{u(c_1/m_1 - \omega_1{}^2)}{\omega_2(\omega_1{}^2 - \omega_2{}^2)}$$

$$(3.65)$$

Setzt man Gl. (3.65) in Gl. (3.63) ein, so wird deutlich, daß sich die Schwingbewegung beider Massen aus zwei harmonischen Anteilen, die mit den Eigenfrequenzen schwingen, zusammensetzen. Beide Massen werden im allgemeinen nichtperiodische Bewegungen ausführen. Wie bereits gesagt, gilt jedoch für Hammerfundamente $\omega_1 \ll \omega_2$ und $m_1\omega_1{}^2/c_1 \ll 1$. Das bedeutet für die Maximalamplituden, daß die beiden Teilschwingungen zusammengefaßt werden können. Für die Relativverschiebung Δx zwischen Schabotte und Amboß ist dann nur die Schwingung in der zweiten Eigenfrequenz, bei der beide Massen gegeneinander schwingen, interessant. Danach gilt

$$x_{1\max} = A_2 + A_4; \quad x_{2\max} = A_2 + |v_{22}A_4|$$
$$\Delta x = A_4(1 - v_{22}) = A_4 m_1\omega_2{}^2/c_1$$

$$(3.66)$$

Richtwerte für Maximalausschläge der Hammerfundamente sind in Tabelle 3/6 zusammengestellt.

Tabelle 3/6. Richtwerte für zulässige Ausschläge an Hammerfundamenten

Zulässige Maximalausschläge der Schabotte (m_1) auf dem Fundament-Modell a, b	Zulässige Maximalausschläge des Fundamentes (m_2) (Modell a)
$\Delta x = 1$ mm ($m_0 < 1$ t) $\Delta x = 2$ mm ($m_0 = 1 \cdots 2$ t)	$x_{2\max} = 0{,}5 \cdots 2$ mm für Reckhämmer
$\Delta x = 3 \cdots 4$ mm ($m_0 > 3$ t)	$x_{2\max} = 3 \cdots 4$ mm für Gesenkhämmer

Die bisherige Rechnung erfolgte ohne Berücksichtigung der Dämpfung und ergab somit Amplitudenwerte, die über den wirklichen liegen. Weiterhin wurde durch die Anfangsbedingungen Gl. (3.50) festgelegt, daß nur eine durch den Stoß bedingte Anfangsgeschwindigkeit vorliegt. Die Schwingungen, die vom vorangegangenen Stoß herrühren, müssen also schon abgeklungen sein. Die Abschätzung dieses Vorganges erfolgt an einem gedämpften System mit einem Freiheitsgrad, für das die niedrigste Eigenfrequenz zugrunde gelegt wird. Zunächst wird die Anzahl der Schwingungen zwischen zwei Stößen festgelegt.

$$z = T_{\text{Schlag}}/T_0 \tag{3.67}$$

T_{Schlag} Zeit zwischen 2 Stößen
T_0 Eigenschwingungszeit, die der niedrigsten Eigenfrequenz entspricht.

Die Amplitudenabnahme zwischen zwei aufeinander folgenden positiven Maxima beträgt (vgl. [39] oder 1.6.2., Bild 1/26)

$$\frac{x_k}{x_{k+2}} = e^{\frac{2\pi\vartheta}{\sqrt{1-\vartheta^2}}} \tag{3.68}$$

oder für $\vartheta \ll 1$: $x_k/x_{k+2} = e^{2\pi\vartheta}$.

Es muß der Wert x_{min}, auf den die Amplitude beim nächsten Schlag abgeklungen sein soll, vorgegeben werden. Zwischen x_{max} [vgl. (3.66)] und x_{min} liegen z Vollschwingungen. Somit gilt

$$x_{\text{max}}/x_{\text{min}} = e^{2\pi z\vartheta}$$

$$\vartheta = \frac{1}{2\pi}\,\frac{T_0}{T_{\text{Schlag}}}\,\ln\left(\frac{x_{\text{max}}}{x_{\text{min}}}\right) \tag{3.69}$$

Gibt man beispielsweise vor:

$$x_{\text{max}}/x_{\text{min}} = 10; \quad T_0/T_{\text{Schlag}} = 1/3$$

so muß ein Dämpfungsgrad $\vartheta = 0{,}12$ vorliegen. Dieser Wert wird meist durch die natürliche Dämpfung erreicht.

3.5. Beurteilungsmaßstäbe

3.5.1. Allgemeines

Die Güte einer Maschinenaufstellung wird nach ihrer Auswirkung auf den Menschen, die Maschine und den Aufstellungsort beurteilt. Dazu dienen Beurteilungsmaßstäbe, die, sobald ein exakter Nachweis der Auswirkungen nicht möglich ist, herangezogen werden. Sie sind für den Ingenieur auch deshalb wichtig, weil er sich mit ihrer Hilfe einen schnellen Überblick über die Gefährlichkeit der Schwingungen verschaffen kann. Beurteilungsmaßstäbe sind in Standards festgelegt. Es wird deshalb hier nur kurz darauf eingegangen. Weitergehende Hinweise findet man in [37], [3/9].

3.5.2.   Beurteilung der Schwingungseinwirkung auf den Menschen

Für die Beurteilung der Schwingungseinwirkung auf den Menschen am Arbeitsplatz
gilt TGL 22312. Er gliedert sich in die zwei Teile: Ganzkörperschwingungen und
Schwingungen des Hand-Arm-Systems. Beurteilungsgröße ist der Effektivwert der
Schwingbeschleunigung a_e, für den zulässige Werte durch Grenzkurven (Bild 3/16)
angegeben werden. Diese Werte gelten für harmonische Schwingungen bei 8stündiger
Einwirkungszeit. Sie vergrößern sich bei kürzerer Einwirkungszeit.

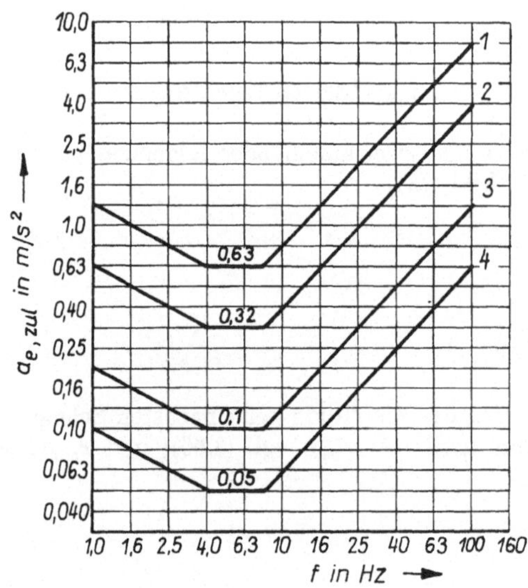

Bild 3/16. Grenzkurven der zulässigen Schwingbeschleunigung $a_{e,zul}$ für Ganzkörperschwingungen in vertikaler Richtung bei 8stündiger Einwirkungszeit
auf den Menschen

1 Erträglichkeitsgrenze; *2* Grenze der verminderten Leistung (Ermüdungsgrenze);
3 Grenze der verminderten Behaglichkeit; *4* Grenze für geistig schöpferische
Arbeit

Setzt sich die Schwingung aus n Harmonischen mit den Einzeleffektivwerten $a_{i,e}$
zusammen, so gilt in Bild 3/16

$$a_{e,zul} = \sqrt{\sum_{i=1}^{n} (a_{i,e}^2 w_i^2)} \tag{3.70}$$

Der Bewertungsfaktor w_i bestimmt sich aus dem Verhältnis der zulässigen Beschleunigungen bei der Frequenz 4 bis 8 Hz und der zulässigen Beschleunigung der i-ten
Komponente, er ist also nur frequenzabhängig

$$w_i = \frac{a_{e,zul}(4 \text{ bis } 8 \text{ Hz})}{a_{i,e,zul}} \tag{3.71}$$

Für Wohnbauten existieren noch keine Grenzwerte. Die Wahrnehmungsschwelle
liegt bei $a_e = 0{,}01$ m/s².

Man geht also folgendermaßen vor:

1. Bestimmung von a_e des Gesamtsignales
2. Filtern des Signals, beispielsweise mit einem Oktavfilter und Bestimmen der $a_{i,e}$ und der Mittenfrequenz
3. Bestimmen der zu den Mittenfrequenzen gehörigen Werte $a_{i,e,zul}$ nach Bild 3/16
4. Berechnen von w_i nach Gl. (3.71)
5. Berechnen von $a_{e,zul}$ nach Gl. (3.70)
6. Vergleich von a_e mit $a_{e,zul}$.

3.5.3. Beurteilung der Schwingungseinwirkung auf Gebäude und Baugrund

Auf Grund der Komplexität der Aufgabe wurde in der DDR noch kein Standard für die Beurteilung der Schwingungseinwirkung auf Gebäude erarbeitet. Am weitesten verbreitet ist die Skala der Schwingstärkemaße nach *Risch* und *Zeller*, die auf die Schwingleistung zurückführt [3/11].

Es gilt:
$$S = 10 \lg \frac{\varkappa}{\varkappa_0} \text{ in vibrar} \tag{3.72}$$

$$\varkappa = a^2/f; \quad \varkappa_0 = 10^{-5} \text{ m}^2/\text{s}^3$$

a Amplitude der Beschleunigung
f Frequenz

Bei der Überlagerung mehrerer Harmonischer gilt

$$\varkappa = \sum_i \varkappa_i \tag{3.73}$$

Gl. (3.72) existiert in verschiedenen Darstellungen. Da die Schwinggeschwindigkeit meßtechnisch gut erfaßt werden kann, ist Gl. (3.72) auf Bild 3/17 im Geschwindigkeits-Frequenz-Schaubild aufgetragen.
Als Bewertungskriterium gilt Tabelle 3/7.

Tabelle 3/7. Bewertungskriterien nach der Vibrarskala

Vibrar	Kennzeichen
10···20	leichte Erschütterungen, noch keine Gebäudeschäden
20···30	mittelstarke Erschütterungen, noch keine Gebäudeschäden
30···40	starke Erschütterungen, leichte Gebäudeschäden (Risse in leichten Mauern, Verputzrisse)
40···50	schwere Erschütterungen, schwere Gebäudeschäden (Risse in tragenden Wänden)
50···60	sehr schwere Erschütterungen, Gebäudezerstörung

Für die Beurteilung der Schwingungswirkung auf den Baugrund wird in Abhängigkeit von einem Dichteindex I_D eine zulässige Grenzgeschwindigkeit (Effektivwert in mm/s) angegeben.
Dabei gilt:
$$v_{e,Gr} = 3{,}71 \, e^{1{,}54 I_D} \tag{3.74}$$

11*

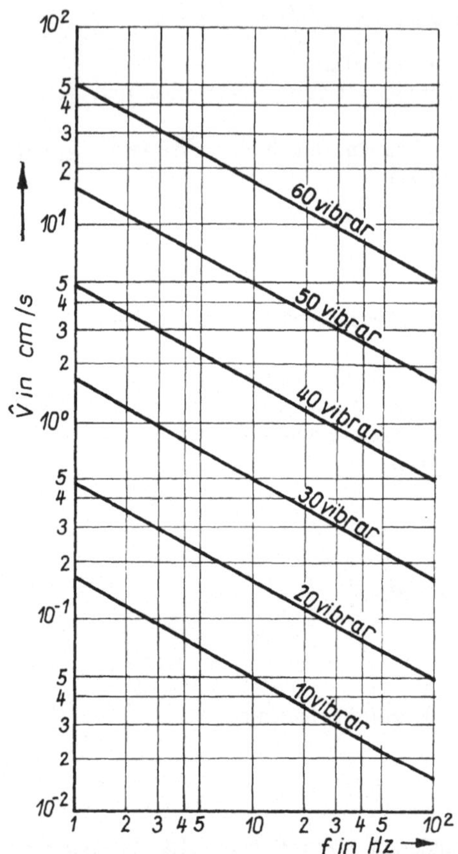

Bild 3/17. Schwingstärkemaß zur Beurteilung der Bauwerksgefährdung

I_D liegt in der Größenordnung von 0,1 bis 0,7 (vgl. [3/12]). Damit liegt $v_{e,Gr}$ je nach Bodenzustand und -art im Bereich

$$v_{e,Gr} = 4{,}3 \text{ bis } 11{,}0 \text{ mm/s}$$

3.5.4. Beurteilung der Schwingungseinwirkung auf Maschinen

Die Beurteilungsmaßstäbe wurden für wesentliche Maschinengruppen in Standards festgelegt. So gilt für Elektromotoren TGL 20675/02; TGL 22423/03 und für Turbogeneratoren TGL 78-24633.

Für die optimale Dimensionierung des Fundamentes gelten Richtwerte für die zulässige Amplitude der Fundamentschwingung $\hat{s}$. Wenn keine anderen Forderungen bestehen, kann dabei auf TGL 25731 zurückgegriffen werden. Eine auszugsweise Zusammenstellung zeigt Tabelle 3/8. Für den Fall, daß Maschinen durch Schwingungen des Aufstellungsortes gestört werden, gibt [3/9] Richtwerte an. Für Hammerfundamente kann auch Tabelle 3/6 als Richtwert dienen.

Tabelle 3/8. Zulässige Fundamentschwingungen an den Stützpunkten der Maschine nach TGL 25731

	n in 1/min	$\hat{s}$ in mm
Maschinen mit Rotoren:		
Motoren, Energieerzeuger	$500\cdots1000$	0,1
Webereimaschinen	$100\cdots150$	0,3
Spinnereimaschinen	$200\cdots500$	$0,1\cdots0,12$
Saugzüge, Ventilatoren	$750\cdots1000$	0,1
Fräsen, Bohrmaschinen	$750\cdots1000$	0,03
sonstige Maschinen	<1000	0,1
	>1000	0,04
Maschinen mit Kurbel-Pleuel-	<1000	0,25
Mechanismen	1200	0,18
	1400	0,14
	1600	0,11
	1800	0,08
	2000	0,07
Schmiedehämmer		5,0

3.6.   Aufgaben A 3/1 bis A 3/3

A 3/1:   Der Steuerschrank einer Werkzeugmaschine soll schwingungsisoliert auf einer schwingenden Geschoßdecke aufgestellt werden. Die Deckenschwingungen werden durch einen mit $n = 960$ 1/min laufenden Motor erregt, es wurde eine Deckenamplitude von $\hat{s} = 20\,\mu\text{m}$ gemessen. Die senkrechte Amplitude des Schrankes soll nicht größer als $\hat{x} = 2\,\mu\text{m}$ sein. Der Schrank hat die Masse $m = 300$ kg, er soll auf 4 Einzelfedern aufgestellt werden. Mit Hilfe einer Überschlagsrechnung gebe man die Federkonstante der Federn an.

A 3/2:   Für die Aufstellung eines Lufthammers (vgl. Bild 3/14) sind die maximalen Schwingungsausschläge abzuschätzen. Als Berechnungsmodell dient Bild 3/15.

Gegeben: Bärmasse: $m_0 = 0,1$ t; Masse von Amboß und Schabotte: $m_1 = 1,5$ t; Masse von Hammer und Fundament: $m_2 = 22,1$ t; Schlagzahl je Minute: $n = 190$, Schlagenergie: $W = 1,6 \cdot 10^3$ Nm
Elastische Schicht zwischen Schabotte und Fundament: Hammerfilz 4 cm dick; dynamischer Elastizitätsmodul des Hammerfilzes: $E = 8 \cdot 10^7$ N/m²
Fläche zwischen Schabotte und Hammer: $A = 0,5$ m²
Das Fundament steht auf 6 Federkörpern. Ihre Gesamtfederkonstante beträgt $c_2 = 4 \cdot 10^6$ N/m. Als Stoßzahl wird $k = 0,6$ angenommen.

A 3/3:   Ein liegender Kolbenkompressor mit der Drehzahl $n = 258$ 1/min soll hoch abgestimmt auf den Baugrund gestellt werden. Aus dem Richtwert $m_\text{F} = (5$ bis $10)\, m_\text{M}$ für $n < 300$ 1/min wurde die Größe des Fundamentblockes bestimmt.
Die Abmessungen des Systems sind aus Bild 3/18 zu entnehmen. Der Schwerpunkt des Gesamtsystems liegt über dem Flächenschwerpunkt. Die eingezeichneten Achsen sind Trägheitshauptachsen. Es liegen folgende Parameter vor:

Maschinenmasse: $m_\text{M} = 1500$ kg
Fundamentmasse: $m_\text{F} = 12000$ kg

Hauptträgheitsmomente des Systems:

$$J_x = 1{,}483 \cdot 10^4 \text{ kgm}^2; \quad J_y = 0{,}725 \cdot 10^4 \text{ kgm}^2; \quad J_z = 2{,}014 \cdot 10^4 \text{ kgm}^2.$$

Bei der Bestimmung der Massen und Massenträgheitsmomente wurden konstruktionsbedingte Hohlräume berücksichtigt.

Schwerpunktabstand vom Baugrund: $s_z = 47$ cm

Fundamentaußenabmessungen:

Höhe: $l_1 = 80$ cm; Breite: $l_2 = 240$ cm; Länge: $l_3 = 350$ cm
Baugrund: Sehr weicher Ton mit einem dynamischen Elastizitätsmodul
$E = 5 \cdot 10^7$ N/m² (vgl. Tabelle 3/5)

Unter Berücksichtigung der zweiten Erregerharmonischen soll überprüft werden, ob eine hochabgestimmte Aufstellung vorliegt. (Die Aufgabe wurde auf der Grundlage von [3/1] formuliert.)

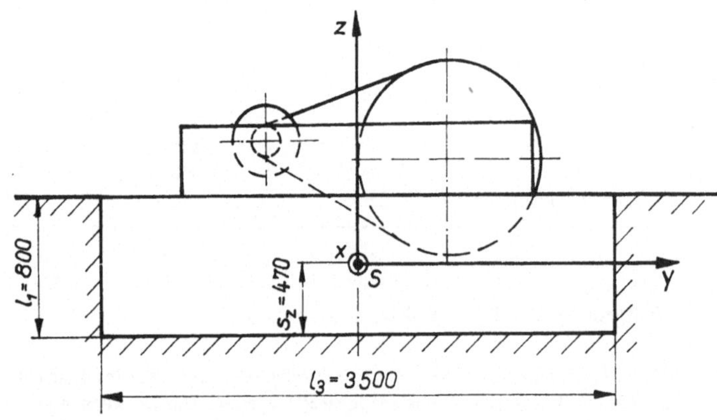

Bild 3/18. Fundament zur Aufgabe A 3/3·(Maße in mm)

3.7.   Lösungen L 3/1 bis L 3/3

L 3/1:   Die Aufgabe gehört in die passive Schwingungsisolierung. Da nur die Masse und weder Schwerpunktslage noch Trägheitsmomente bekannt sind, erfolgt eine Überschlagsrechnung für die lotrechte Schwingbewegung des Modells mit einem Freiheitsgrad bei symmetrischer Federanordnung. Die zulässige Amplitude des Schrankes soll kleiner als die der Decke sein, es kommt daher nur eine tiefabgestimmte Aufstellung in Frage. Die Aufstellung auf 4 Einzelfedern hat eine so kleine Dämpfung, daß sie für den stationären Betrieb keine Rolle spielt. Es wird deshalb zunächst aus Gl. (3.23) die erforderliche Abstimmung berechnet. Für die tiefe Abstimmung gilt, für $\vartheta = 0$:

$$\hat{x}/\hat{s} = 1/(\eta^2 - 1); \quad \eta = \sqrt{1 + \hat{s}/\hat{x}}$$

Mit den Zahlenwerten findet man: $\eta = 3,32$.
Die Erregerkreisfrequenz beträgt: $\Omega = \pi n/30$; $\Omega = 100,5$ 1/s. Die Eigenkreisfrequenz der Aufstellung ergibt sich zu

$$\eta = \Omega/\omega; \quad \omega = \Omega/\eta = 30,3 \text{ 1/s}$$

und damit die Gesamtfederkonstante

$$\omega^2 = c_{ges}/m; \quad \underline{c_{ges} = \omega^2 m = \underline{27,54 \cdot 10^4 \text{ N/m}}}$$

Jede Einzelfeder hat dann die Federkonstante

$$\underline{\underline{c = c_{ges}/4 = \underline{\underline{6,88 \cdot 10^4 \text{ N/m}}}}}$$

Die Durchsenkung unter der statischen Last beträgt bei Stahlfedern:

$$x_{st} = mg/4c = 0{,}01 \text{ m}; \quad x_{st} = 1 \text{ cm}$$

Sollen Gummifedern verwendet werden, ist zu beachten, daß die erforderliche Steifigkeit c_{ges} eine dynamische Federkonstante darstellt, die Durchsenkung unter der Last jedoch mit der statischen berechnet werden muß. Handelt es sich um einen hohen Schrank, wird die Nachrechnung der Kippschwingungen empfohlen. Gegebenenfalls stellt man ihn auf einen Rahmen, der größer als die Grundfläche ist. Dabei muß jedoch die Biegegrundfrequenz des Rahmens kontrolliert werden.

L 3/2:   Um mit dem Berechnungsmodell Bild 3/15 arbeiten zu können, ist die Auftreffgeschwindigkeit des Bären aus der Schlagenergie zu berechnen. Es gilt:

$$W = m_0 u_{v0}^2/2; \quad u_{v0} = \sqrt{2W/m_0}; \quad u_{v0} = 5{,}65 \text{ m/s}$$

Die Anfangsgeschwindigkeit von Amboß und Schabotte bestimmt man nach Gl. (3.53):

$$u = (1 + 0{,}6)\, 5{,}65 \text{ m/s} \cdot 0{,}1 \text{ t}/1{,}6 \text{ t} = 0{,}57 \text{ m/s}$$

Die Federkonstante zwischen Schabotte und Fundament berechnet sich zu

$$\dot{c}_1 = \frac{AE}{d} = \frac{0{,}5 \text{ m}^2 \cdot 8 \cdot 10^7 \cdot \text{N/m}^2}{0{,}04 \text{ m}} = 10^9 \text{ N/m}$$

Für die Eigenkreisfrequenzen erhält man nach Gl. (3.56):

$$\omega_1 = 13{,}02 \text{ 1/s}; \quad \omega_2 = 843{,}36 \text{ 1/s}$$

Führt man die Überschlagsrechnung nach Gln. (3.59) und (3.60) aus, ergibt sich

$$\omega_1 = 13{,}02 \text{ 1/s}; \quad \omega_2 = 843{,}85 \text{ 1/s}$$

Man erkennt, daß wegen der sehr unterschiedlichen Federwerte die Näherungsrechnung genügend genaue Werte liefert.

Für die Bestimmung der Schwingungsausschläge werden x_1 und x_2 nach Gl. (3.63) berechnet.

Mit Gl. (3.65) findet man

$$A_2 = 2{,}74 \cdot 10^{-3} \text{ m}; \quad A_4 = 6{,}33 \cdot 10^{-4} \text{ m}$$

und nach Gl. (3.64)

$$v_{21} = 1; \quad v_{22} = -0{,}067$$

Somit gilt:

$$x_1 = 2{,}74 \sin \omega_1 t + 0{,}63 \sin \omega_2 t \text{ mm}$$

$$x_2 = 2{,}74 \sin \omega_1 t - 0{,}04 \sin \omega_2 t \text{ mm}$$

In der ersten Eigenfrequenz tritt praktisch keine Relativverschiebung zwischen Schabotte und Fundament auf. Die in der zweiten Eigenfrequenz vorliegende Bewegung der Schabotte gegenüber dem Fundament von $(0{,}63 + 0{,}04)$ mm ist nach Tabelle 3/6 zulässig. Auch die Amplitude der Fundamentschwingung in der Grundfrequenz liegt im möglichen Bereich.

Interessant ist noch die Frage der Abstimmung. Die Erregerkreisfrequenz 1. Ordnung ergibt sich aus der Schlagzahl:

$$\Omega = \pi n/30 = 19{,}88 \text{ 1/s}$$

Für die Grundschwingung gilt:

$$\eta = \Omega/\omega_1 = 1{,}5$$

Es liegt also geringe tiefe Abstimmung vor. Ein Herabsetzen der Eigenfrequenz wäre zu empfehlen, um nicht durch Unsicherheiten in den Modellparametern zu nahe an die Resonanz zu kommen.

L 3/3:   Bevor die Eigenfrequenzen bestimmt werden, soll eine Überschlagsrechnung vorgenommen werden. Das Verhältnis von Fundament- zu Maschinenmasse liegt im angegebenen Bereich für $n < 300$ U/min:

$$m_\mathrm{F}/m_\mathrm{M} = 8$$

Die Fundamentfläche beträgt:

$$A = 84\,000 \text{ cm}^2 = 8{,}4 \text{ m}^2$$

Gesamtmasse: $m = m_\mathrm{M} + m_\mathrm{F} = 13\,500$ kg

Flächenpressung: $\sigma = mg/A = \underline{1{,}57 \text{ N/cm}^2}$

Sie liegt weit unter der zulässigen Grenze (vgl. 3.3.1.2.).
Bettungsziffer in senkrechter Richtung Gl. (3.32):

$$C_z = \frac{E}{k\sqrt{A}} = \frac{5 \cdot 10^7 \text{ N/m}^2}{0{,}4 \cdot \sqrt{8{,}4} \text{ m}} = 4{,}31 \cdot 10^7 \text{ N/m}^3$$

Durch den Kurbeltrieb kommt eine Erregung in z-Richtung und durch die Kolbenbewegung eine Erregung der Kippung φ_x zustande. Beide Eigenfrequenzen werden überschläglich bestimmt. Nach Gl. (3.38) gilt:

$$f_z = \frac{1}{2\pi} \sqrt{\frac{AC_z}{m}} = \frac{1}{2\pi} \sqrt{\frac{8{,}4 \text{ m}^2 \cdot 4{,}31 \cdot 10^7 \text{ N/m}^3}{13\,500 \text{ kg}}}$$

$$f_z = 26{,}1 \text{ Hz}$$

Für die Eigenfrequenz $f_{\varphi x}$ ist das Flächenträgheitsmoment I_x erforderlich.

$$I_x = \frac{l_2 l_3^3}{12} = \frac{2{,}4 \text{ m} \cdot 3{,}5^3 \text{ m}^3}{12} = 8{,}57 \text{ m}^4$$

Somit gilt nach Gl. (3.39)

$$f_{\varphi x} = \frac{1}{2\pi} \sqrt{\frac{I_x 2 C_z}{J_x}} = \frac{1}{2\pi} \sqrt{\frac{8{,}57 \text{ m}^4 \cdot 2 \cdot 4{,}31 \cdot 10^7 \cdot \text{N/m}^3}{1{,}483 \cdot 10^4 \text{ kg/m}^2}}$$

$$f_{\varphi x} = 35{,}5 \text{ Hz}$$

Die erregende zweite Ordnung der Drehfrequenz beträgt

$$f_\mathrm{err} = 2n/60 = 8{,}6 \text{ Hz}$$

Es liegt eine hohe Abstimmung $f_\mathrm{err} < f_z$ vor. Für die genauere Berechnung der Eigenfrequenzen wird unter Beachtung der Beziehungen Gln. (3.34) bis (3.36) das Gleichungssystem Gl. (3.29) herangezogen. Die Koeffizienten e_{ik} werden der Tabelle 3/4 entnommen, vgl. Gln. (3.34) bis (3.36).
Damit findet man die 6 Eigenfrequenzen:

$$e_{33} = 0: \quad \sum c_z - m\omega^2 = 0$$

$$\underline{f_1} = \frac{1}{2\pi} \sqrt{\frac{AC_z}{m}} = \underline{26{,}1 \text{ Hz}}$$

$$e_{66} = 0: \quad \sum c_y l_{yx}^2 + \sum c_x l_{xy}^2 - J_z \omega^2 = 0$$

$$f_2 = \frac{1}{2\pi} \sqrt{\frac{1{,}5\, C_x I_z}{J_z}}$$

$$I_z = I_x + I_y = l_2 l_3^3/12 + l_3 l_2^3/12$$

$$I_z = 8{,}57 \text{ m}^4 + 4{,}03 \text{ m}^4 = 12{,}6 \text{ m}^4$$

Da es sich um bindigen Boden handelt, wird angenommen

$$C_x = C_y = C_z/3$$

Damit wird:

$$f_2 = \frac{1}{2\pi} \sqrt{\frac{1{,}5 \cdot 4{,}31 \cdot 10^7 \text{ N/m}^3 \cdot 12{,}6 \text{ m}^4}{3 \cdot 2{,}014 \cdot 10^4 \text{ kgm}^2}}$$

$$\underline{\underline{f_2 = 18{,}5 \text{ Hz}}}$$

$$\begin{vmatrix} e_{11} & e_{15} \\ e_{51} & e_{55} \end{vmatrix} = 0: \quad \begin{vmatrix} C_x A - m\omega^2 & C_x A l_z \\ C_x A l_z & C_{\varphi y} I_y - J_y \omega^2 \end{vmatrix} = 0$$

Setzt man nun nach Gln. (3.34); (3.35)

$$c_x = C_x A; \quad C_{\varphi y} I_y = c_{\varphi y}; \quad l_z = -s_z, \quad \text{ergibt sich}$$

$$\omega_{3,4}^2 = \frac{1}{2}\left(\frac{c_{\varphi y}}{J_y} + \frac{c_x}{m}\right) \mp \sqrt{\frac{1}{4}\left(\frac{c_{\varphi y}}{J_y} + \frac{c_x}{m}\right)^2 - \frac{c_x c_{\varphi y}}{m J_y}\left(1 - \frac{c_x l_z^2}{c_{\varphi y}}\right)}$$

Für die Zahlenwerte gilt:

$$c_x = C_z A/3 = 12{,}07 \cdot 10^7 \text{ N/m}$$

$$c_{\varphi y} = 2 C_z I_y = 34{,}73 \cdot 10^7 \text{ Nm}$$

$$l_z = -0{,}47 \text{ m}$$

Damit findet man

$$\omega_3 = 90{,}0 \text{ 1/s}; \quad \underline{\underline{f_3 = 14{,}3 \text{ Hz}}}$$

$$\omega_4 = 220{,}7 \text{ 1/s}; \quad \underline{\underline{f_4 = 35{,}2 \text{ Hz}}}$$

Entsprechend gilt für ω_5; ω_6:

$$\begin{vmatrix} e_{22} & e_{24} \\ e_{42} & e_{44} \end{vmatrix} = 0: \quad \begin{vmatrix} C_y A - m\omega^2 & -C_y A l_z \\ -C_y A l_z & C_{\varphi x} I_x - J_x \omega^2 \end{vmatrix} = 0$$

Setzt man nun nach Gl. (3.36)

$$c_y = C_y A; \quad c_{\varphi x} = C_{\varphi x} I_x; \quad l_z = -s_z, \quad \text{so}$$

ergibt sich

$$\omega_{5,6}^2 = \frac{1}{2}\left(\frac{c_{\varphi x}}{J_x} + \frac{c_y}{m}\right) \mp \sqrt{\frac{1}{4}\left(\frac{c_{\varphi x}}{J_x} + \frac{c_y}{m}\right)^2 - \frac{c_y c_{\varphi x}}{m J_x}\left(1 - \frac{c_y l_z^2}{c_{\varphi x}}\right)}$$

Es gelten folgende Zahlenwerte:

$$c_y = C_z A/3 = 12{,}07 \cdot 10^7 \text{ N/m}$$

$$c_{\varphi x} = 2 C_z I_x = 73{,}87 \cdot 10^7 \text{ Nm}; \quad l_z = -0{,}47 \text{ m}$$

Damit findet man

$$\omega_5 = 92,3 \ 1/\text{s}; \qquad \underline{\underline{f_5 = 14,7 \ \text{Hz}}}$$

$$\omega_6 = 223,5 \ 1/\text{s}; \qquad \underline{\underline{f_6 = 35,6 \ \text{Hz}}}$$

Vergleicht man den Schätzwert der Frequenz $f_{\varphi x}$ mit dem entsprechenden Wert f_6, kommt die schwache Kopplung zum Ausdruck. Die niedrigste Eigenfrequenz beträgt: $f_3 = 14,3$ Hz. Es liegt ein Frequenzverhältnis

$$f_{\text{err}}/f_3 = 8,6/14,3 = 0,6$$

gegenüber der zweiten Ordnung der Drehfrequenz vor, was einer hohen Abstimmung entspricht.

4. Torsionsschwingungen in Antriebssystemen

4.1. Einleitung

4.1.1. Aufgaben und Modelle

Torsionsschwingungsberechnungen für Kolbenmaschinen gehören historisch zu den ersten Aufgaben der Maschinendynamik. Auch heute steht diese Problematik noch im Vordergrund, wobei es jedoch darauf ankommt, nicht nur den Motor, sondern die ganze Antriebsanlage zu untersuchen. Dadurch entstehen Berechnungsmodelle mit einer großen Anzahl von Freiheitsgraden, die nur mit Hilfe von EDV-Anlagen behandelt werden können. In zunehmendem Maße werden aber Torsionsschwingungen auch in Antriebsanlagen anderer Maschinenarten interessant. So ist beispielsweise durch die ständige Erhöhung der Druckgeschwindigkeit und die steigenden Ansprüche an die Druckqualität die dynamische Berechnung einer Druckmaschine heute unumgänglich, und die steigenden Forderungen der Materialökonomie zwingen zu einer möglichst genauen Erfassung der Dynamik von Antriebssystemen an Kranen, Baggern und Absetzern. Man kann allgemein feststellen, daß Torsionsschwingungen in fast allen Maschinengruppen, bei denen rotierende Bewegung auftritt, beachtet werden müssen. Ihre mathematische Behandlung ist jedoch davon unabhängig, ob es sich um Werkzeugmaschinen, Zementmühlen, Schiffsantriebe oder Motorradmotoren handelt.

Im folgenden Abschnitt wird ein lineares Berechnungsmodell mit konstanten Parametern vorausgesetzt. Auch wird stets von einem diskreten Modell ausgegangen. In Antriebssystemen kommen häufig Getriebe vor, über deren Gehäuse die Differenz von An- und Abtriebsmoment abgestützt werden muß. Ist das Getriebe elastisch aufgehängt oder hat es eine im Rahmen der Torsionssteifigkeiten elastische Momentenstütze, so muß die Gehäusebewegung bei der Aufstellung der Bewegungsgleichungen berücksichtigt werden. Dies führt jedoch zu sehr allgemeinen Massen- und Steifigkeitsmatrizen, bei denen typische Merkmale für Torsionssysteme (z. B. Massenmatrix ist eine Diagonalmatrix) verlorengehen. Sie werden deshalb in diesem Abschnitt nicht berücksichtigt, sondern gehören zu den im Abschnitt 6. behandelten Problemen.

Natürlich sind alle dort vorgestellten Berechnungsverfahren auch für Torsionsmodelle einsetzbar. Es erweist sich aber als günstig, vor der Behandlung allgemeiner Schwingungsprobleme der Maschinendynamik die Torsionsmodelle zu untersuchen, da sie wegen des übersichtlichen Aufbaues ihrer Bewegungsgleichungen ein Einarbeiten leicht ermöglichen. Diesem Ziele soll auch der vorliegende Abschnitt dienen.

Setzt man ein Berechnungsmodell mit diskreten Massen und masselosen Federn voraus, läßt sich eine Anzahl *Standardmodelle* angeben, worauf die verschiedensten Torsionssysteme reduziert werden können. Beispiele dafür zeigt Bild 4/1.

Es gilt:

Modell A: Glatter Wellenstrang. Dieses Modell gilt beispielsweise für einen Kolben-Reihenmotor ohne Berücksichtigung von Nebentrieben.

Modell B: Wellenstrang mit Übersetzung. Dieses Modell gilt immer, wenn keine Leistungsverzweigung auftritt und an dem Getriebe eine vergleichsweise starre Momentenabstützung vorliegt. Das Modell kann auf Modell A reduziert werden.

Modell C: Verzweigter Antrieb. Dieses Modell gilt, solange beliebig viele Leistungsverzweigungen auftreten, ohne daß die Zweige wieder zusammentreffen. Beispiele sind hierfür ein Fahrzeugantrieb mit Lastverteilungsgetriebe und Vorder- und Hinterradantrieb, bzw. ein Schiffsantrieb mit mehreren Antriebswellen. Dabei können die Trägheitsmomente der Getrieberäder berücksichtigt oder vernachlässigt werden.

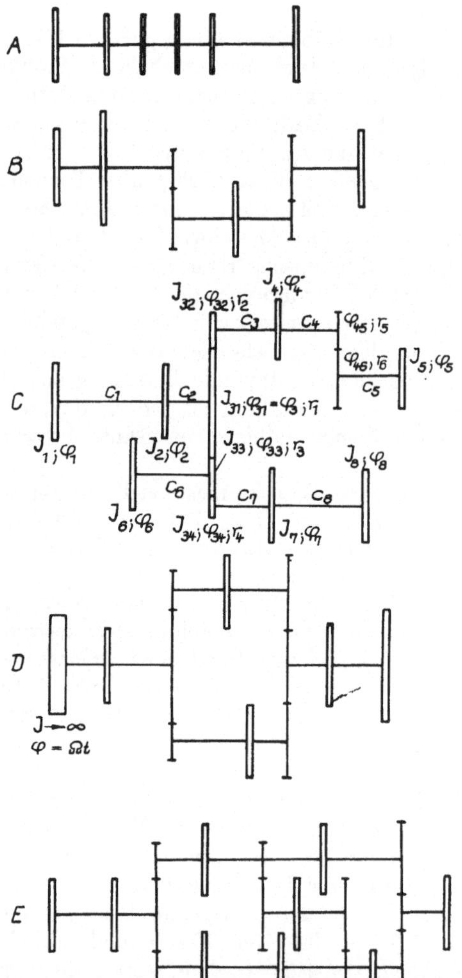

Bild 4/1. Standardmodelle für Antriebssysteme

Modell D: Vermaschter Antrieb. Dieses Modell gilt, wenn nach einer Verzweigung wieder eine Zusammenfassung auf einen Wellenstrang erfolgt. Dafür findet man Beispiele im Druckmaschinenbau, an Verspannungsgetrieben zur Zahnradprüfung und bei Lastausgleichsgetrieben.

Modell E: Vermaschter Antrieb mit Querverbindung. Die praktische Bedeutung dieses Modells ist gegenüber den Modellen A, B, C gering. Derartige Antriebe treten bei speziellen Druckmaschinenkonstruktionen auf.

Bei dieser Modelleinteilung spielt die Dämpfung keine Rolle, sie kann entweder an den Massen direkt (Absolutdämpfung) oder zwischen den Massen (Relativdämpfung) wirken. Erregermomente greifen stets an Massen an.

Die in der Antriebsdynamik wesentliche Unterscheidung in gefesselte und freie Modelle wird in 4.2.1.2. behandelt. Am häufigsten treten freie Modelle, bei denen keine Verbindung zu einem Festpunkt besteht, (Bild 4/1, A; B; C; E) auf. Gefesselte Modelle (Bild 4/1 D) werden unter anderem verwendet, wenn eine Masse so groß ist, daß ihre Bewegung mit vorgegebener Winkelgeschwindigkeit angenommen werden kann.

Liegt das Berechnungsmodell vor, ergeben sich für die Modellberechnung zwei Aufgabengruppen, die Berechnung der freien und der erzwungenen Schwingungen. Die Bedeutung der damit gewonnenen Ergebnisse wird in den entsprechenden Abschnitten angegeben.

4.1.2. Das auf eine Welle reduzierte Berechnungsmodell, Bildwelle

Im Abschnitt 1. wurde die Ermittlung von Kennwerten der Massen, Steifigkeiten, Dämpfungen und Erregungen besprochen. In Antriebssystemen treten nun sehr häufig Übersetzungsgetriebe auf. In 2.2.2. ist gezeigt worden, daß dadurch bedingte Drehzahländerungen die Massenwirkungen wesentlich beeinflussen. Um das Schwingungsverhalten eines Systemes abschätzen zu können, benötigt man jedoch eine Vergleichsmöglichkeit zwischen den verschiedenen Steifigkeiten und Massen. Dazu ist es günstig, zunächst eine Reduzierung des gesamten Systems auf eine Welle vorzunehmen.

Bild 4/2a zeigt das Ausgangsmodell und Bild 4/2b das reduzierte Modell. Es müssen daher Reduktionsbeziehungen für Trägheitsmomente, Torsionssteifigkeiten, Relativ- und Absolutdämpfungen (b_a; b_r) sowie Erregermomente aufgestellt werden.

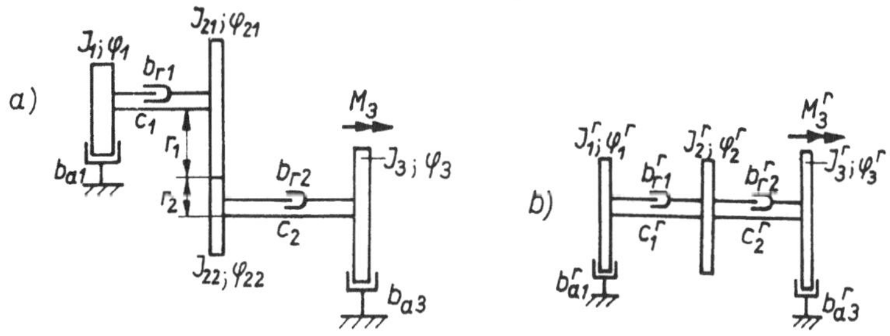

Bild 4/2. Reduzierung von Torsionsschwingungssystemen
a) Ausgangsmodell b) Reduziertes Modell

Die Reduktion erfolgt stets über Arbeitsbetrachtungen. Zwischen den Koordinaten des Ausgangsmodells und des reduzierten Modells gelten folgende Beziehungen, wenn auf die Welle *1* reduziert wird. Dabei sind die Momente und Drehwinkel in gleicher Richtung positiv.

$$\varphi_1^{\text{r}} = \varphi_1; \quad \varphi_2^{\text{r}} = \varphi_{21}; \quad \varphi_{22} = -\varphi_{21} r_1/r_2$$
$$\varphi_3^{\text{r}} = -\varphi_3 r_2/r_1$$

$$(4.1)$$

Reduktion von Trägheitsmomenten

Die kinetische Energie soll für jede Masse beim Ausgangsmodell und reduzierten Modell gleich sein.
Die Reduktion erfolgt wie bei der starren Maschine (vgl. 2.2.) und ergibt

$$J_1^{\text{r}} = J_1; \quad J_2^{\text{r}} = J_{21} + J_{22}(r_1/r_2)^2; \quad J_3^{\text{r}} = J_3(r_1/r_2)^2 \qquad (4.2)$$

Es geht also das Quadrat des Übersetzungsverhältnisses ein. Dabei steht der Index der Welle, auf die reduziert wird, im Zähler.

Reduktion von Torsionsfederkonstanten

Zur Reduktion dient die potentielle Energie. Es gilt

$$c_1^{\text{r}} \frac{(\varphi_1^{\text{r}} - \varphi_2^{\text{r}})^2}{\cdot\, 2} = c_1 \frac{(\varphi_1 - \varphi_{21})^2}{2}$$

$$c_2^{\text{r}} \frac{(\varphi_2^{\text{r}} - \varphi_3^{\text{r}})^2}{2} = c_2 \frac{(\varphi_{22} - \varphi_3)^2}{2}$$

Mit den Gln. (4.1) findet man:

$$c_1^{\text{r}} = c_1; \quad c_2^{\text{r}} = c_2(r_1/r_2)^2 \qquad (4.3)$$

Für die Reduktion der Torsionsfederkonstanten gilt demnach das gleiche wie für die Trägheitsmomente.

Reduktion von Dämpferkonstanten

Zur Reduktion dient die Arbeit des Dämpfungsmomentes.
Für die Absolutdämpfung gilt somit:

$$b_{\text{a1}}^{\text{r}} \dot{\varphi}_1^{\text{r}} \varphi_1^{\text{r}} = b_{\text{a1}} \dot{\varphi}_1 \varphi_1$$

$$b_{\text{a3}}^{\text{r}} \dot{\varphi}_3^{\text{r}} \varphi_3^{\text{r}} = b_{\text{a3}} \dot{\varphi}_3 \varphi_3$$

Mit den Gln. (4.1) findet man

$$b_{\text{a1}}^{\text{r}} = b_{\text{a1}}; \quad b_{\text{a3}}^{\text{r}} = b_{\text{a3}}(r_1/r_2)^2 \qquad (4.4)$$

Analog gilt für die Relativdämpfung

$$b_{\text{r1}}^{\text{r}} = b_{\text{r1}}; \quad b_{\text{r2}}^{\text{r}} = b_{\text{r2}}(r_1/r_2)^2$$

Die Dämpferkonstanten reduziert man wie die Federkonstanten und Trägheitsmomente.

Reduktion der Erregung

Die Arbeit des Erregermomentes bleibt erhalten, es gilt demnach:

$$M_3{}^r\varphi_3{}^r = M_3\varphi_3; \quad M_3{}^r = -M_3(r_1/r_2) \tag{4.5}$$

Bei der Reduktion der Erregermomente geht somit das Übersetzungsverhältnis linear ein. Das Vorzeichen hat Bedeutung, wenn auch am Wellenstrang *1* Momente angreifen, weil dadurch die gegenseitige Phasenverschiebung beeinflußt wird.

Bildwelle

Hat man die Reduktion auf eine Welle durchgeführt, läßt sich unter Verwendung der reduzierten Längen die Bildwelle zeichnen. Sie kann zur Abschätzung der niedrigsten Eigenfrequenz und der zugehörigen Schwingform dienen und vereinfacht außerdem die Aufstellung der Bewegungsgleichung (reduzierte Längen vgl. 1.3.1.).
Die *Bildwelle* ist die Darstellung des auf eine Welle reduzierten Berechnungsmodells unter Einführung maßstäblicher Verhältnisse der reduzierten Längen und der Trägheitsmomente.

Beispiel: Gegeben ist das auf Bild 4/3 dargestellte Ausgangsmodell mit den Werten:

$$J_1 = 2J; \qquad c_1{}' = 3c$$
$$J_{21} = J; \qquad c_1{}'' = c$$
$$J_{22} = 3J; \qquad c_2 = c$$
$$J_{23} = 2J; \qquad r_1/r_2 = 1/2$$
$$J_{24} = 3J; \qquad r_3/r_4 = 1/3$$
$$J_3 = 12J$$

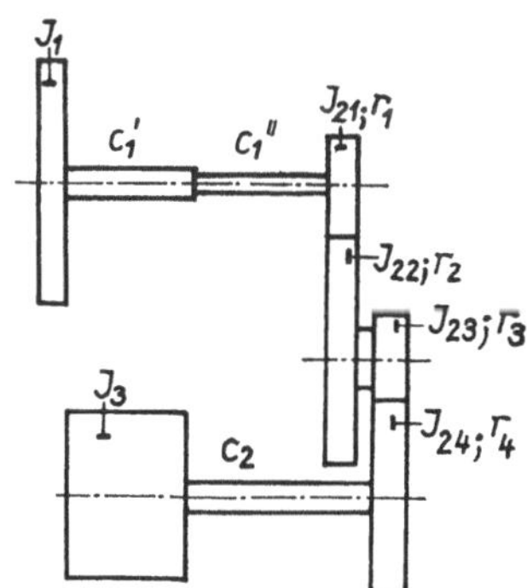

Bild 4/3. Ausgangsmodell zum Beispiel

Gesucht ist die Bildwelle.

Lösung: Die Reduktion erfolgt auf die Welle *1* gemäß Bild 4/2. Für die Federkonstante c_1 müssen $c_1{}'$ und $c_1{}''$ nach Gl. (1.28) zusammengefaßt werden.

$$c_1 = c_1{}'c_1{}''/(c_1{}' + c_1{}'') = 3c/4$$

Für die Reduktion der Federwerte gilt:

$$c_1{}^r = c_1 = 3c/4; \quad c_2{}^r = c_2(r_1/r_2)^2 \, (r_3/r_4)^2 = c/36$$

Für die Reduktion der Trägheitsmomente ist:

$$J_1{}^r = J_1 = 2J$$
$$J_2{}^r = J_{21} + (J_{22} + J_{23}) \, (r_1/r_2)^2 + J_{24}(r_1/r_2)^2 \, (r_3/r_4)^2$$
$$J_2{}^r = 7J/3$$
$$J_3{}^r = J_3(r_1/r_2)^2 \, (r_3/r_4)^2 = J/3$$

Für das Zeichnen der Bildwelle werden die reduzierten Längen (vgl. 1.3.1.) benötigt. Es gilt:

$$c_1{}^r/c_2{}^r = l_{2\,\mathrm{red}}/l_{1\,\mathrm{red}} = 27$$

Für die Trägheitsmomente ist:

$$J_1{}^r/J_3{}^r = 6; \quad J_2{}^r/J_3{}^r = 7$$

Bild 4/4 zeigt die Bildwelle. Bei der Abschätzung der Eigenfrequenzen (s. 4.2.5.) wird auf das Beispiel zurückgegriffen.

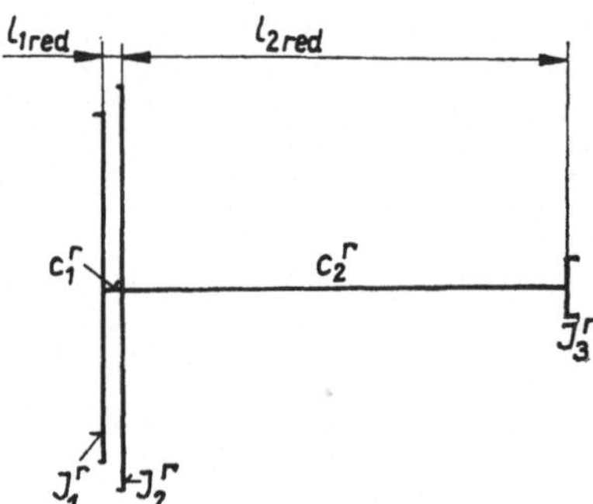

Bild 4/4. Bildwelle zum Beispiel

4.1.3.   Reduktion des Kurbeltriebes

Alle Antriebssysteme mit Kolbenmotoren enthalten den Kurbeltrieb. Er wird bei der Drehschwingungsberechnung als Drehmasse mit konstantem Trägheitsmoment und einem periodischen Erregermoment berücksichtigt. Diese Annahme führt das eigentlich rheolineare Berechnungsmodell (vgl. 7.3.) auf ein Modell mit konstanten Parametern, sie ist nur unter bestimmten Voraussetzungen möglich.
Die Reduktion erfolgt auf der Grundlage der Ersatzmassenbildung (vgl. 2.2.2.). Dort wurde in der Lösung L 2/2 zunächst das Trägheitsmoment für den ganzen Kurbeltrieb und danach unter der Annahme, daß das Pleuel durch ein Zweimassenmodell ersetzt wird, angegeben (vgl. Bild 2/9). Für den Kolbenmotor geht man allgemein von diesem vereinfachten Modell aus. Das so gefundene Trägheitsmoment ist drehwinkelabhängig

$$J(\varphi_2) = J_0 + J_1(\varphi_2)$$

Eine einfache Mittelwertbildung, die unter der Voraussetzung $J_0 \gg J_{1max}$ gemacht werden kann, liefert das für den Kurbeltrieb anzusetzende Trägheitsmoment bezüglich der Drehachse

$$J = J_A + m_2 r^2 + (m_k + m_1)\, r^2/2 \tag{4.6}$$

J_A Trägheitsmoment der Kurbel bezüglich der Drehachse
m_2 Pleuelmassenanteil an der Kurbel
m_k Kolbenmasse
m_1 Pleuelmassenanteil am Kolben
r Kurbelradius

Von dem bewegten Kurbeltrieb wird ein periodisches Moment auf die Kurbelwelle, die mit der Winkelgeschwindigkeit Ω umläuft, ausgeübt. Dafür gilt (vgl. *L 2/2*).

$$M = (m_k + m_1)\, r^2 \Omega^2 \left[\frac{1}{4} \lambda \sin \Omega t - \frac{1}{2} \sin 2\Omega t - \frac{3}{4} \lambda \sin 3\Omega t \right] \tag{4.7}$$

Das Schubstangenverhältnis $\lambda = r/l$ ist dabei $\lambda \ll 1$.

4.2. Freie Schwingungen diskreter linearer Torsionssysteme

4.2.1. Einleitung

4.2.1.1. Aufgabenstellung

Die zunächst wesentlichste Frage, die vor der dynamischen Untersuchung einer Maschine beantwortet werden muß, betrifft die Zuordnung des Problems in die Komplexe *Starre Maschine* oder *Schwingungssystem*. Dazu benötigt man die Eigenfrequenzen, die mit den Erregerfrequenzen verglichen werden. Da Maschinensysteme im wesentlichen schwach gedämpft sind, lassen sich die Eigenfrequenzen unter Vernachlässigung der Dämpfung berechnen, man benötigt also nur Angaben über die Steifigkeiten und Drehmassen des Berechnungsmodells. Bei der Berechnung erhält man gleichzeitig die Eigenschwingformen, aus denen wichtige Schlüsse auf die Beeinflussung der Eigenfrequenzen gezogen werden können. Auch für eine Abschätzung der erzwungenen Schwingungen und des Verhaltens eines Systems unter vorgegebenen Anfangsbedingungen, was beispielsweise bei Kupplungsvorgängen auftritt, verwendet man die Eigenschwingformen.

4.2.1.2. Betrachtungen am Minimalmodell

Um das Schwingungsverhalten von Berechnungsmodellen mit n Freiheitsgraden zu charakterisieren, genügt es, bei Torsionsschwingungen ein *Minimalmodell* mit zwei Freiheitsgraden zu betrachten. Dies geschieht in ([39] 7.1.) ausführlich. Deshalb sollen nur hier die Ergebnisse zusammengestellt und allgemeine Folgerungen über Eigenfrequenzen und Eigenschwingformen gezogen werden.
Bei Antriebssystemen unterscheidet man gefesselte und freie Modelle.

Gefesselte Modelle werden verwendet, wenn entweder mindestens eine Feder fest
eingespannt ist, also keine freie Drehung des starr gedachten Systems (Starrkörperbewegung) auftreten kann, oder mindestens eine Feder an einer mit bekannter
Bewegung rotierenden Drehmasse anschließt. Torsionsmodelle mit Bewegungserregung gelten somit als gefesselte Modelle. Auch das Gesamtantriebssystem eines
Kraftwagens ergibt, wenn die Räder nicht rutschen, ein gefesseltes Modell. Ein
gefesseltes Modell für zwei Freiheitsgrade zeigt Bild 4/5a.

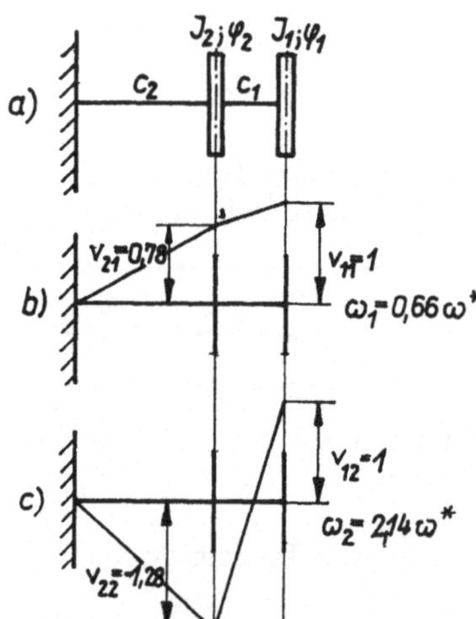

Bild 4/5. Gefesseltes Modell mit zwei
Freiheitsgraden und die Eigenschwingformen des Beispiels

Freie Modelle werden verwendet, wenn eine Drehung des starr gedachten Systems
möglich ist, beispielsweise beim im Leerlauf laufenden Kolbenmotor oder bei einem
vollständigen Schiffsantriebssystem. Es kommt jedoch auch vor, daß ein System
(etwa ein Kolbenmotor) über eine sehr weiche Feder (Kupplung) mit dem Gesamtsystem verbunden ist. Die Eigenfrequenzen des Motormodells liegen dann wesentlich
höher als die des Gesamtmodells. Auch hierfür trennt man häufig an der Kupplung
ab und verwendet ein freies Modell. Ein derartiges Modell mit zwei Freiheitsgraden
zeigt Bild 4/6a.

Die Bewegungsgleichungen für das gefesselte Modell lauten:

$$J_1\ddot{\varphi}_1 + c_1(\varphi_1 - \varphi_2) = 0$$

$$J_2\ddot{\varphi}_2 - c_1(\varphi_1 - \varphi_2) + c_2\varphi_2 = 0$$

$$(4.8)$$

oder in Matrizenschreibweise

$$\begin{pmatrix} J_1 & 0 \\ 0 & J_2 \end{pmatrix} \begin{pmatrix} \ddot{\varphi}_1 \\ \ddot{\varphi}_2 \end{pmatrix} + \begin{pmatrix} c_1 & -c_1 \\ -c_1 & c_1 + c_2 \end{pmatrix} \begin{pmatrix} \varphi_1 \\ \varphi_2 \end{pmatrix} = 0 \qquad (4.9)$$

Als Lösung dieses homogenen, linearen Dgls.-Systemes ergibt sich nach [39]:
(vgl. auch 3.4.2.)

$$\varphi_1 = A_1 \cos \omega_1 t + A_2 \sin \omega_1 t + A_3 \cos \omega_2 t + A_4 \sin \omega_2 t \qquad (4.10)$$

$$\varphi_2 = v_{21}(A_1 \cos \omega_1 t + A_2 \sin \omega_1 t) + v_{22}(A_3 \cos \omega_2 t + A_4 \sin \omega_2 t)$$

mit

$$\omega_{1,2}^2 = \frac{1}{2}\left[\left(\frac{c_1 + c_2}{J_2} + \frac{c_1}{J_1}\right) \mp \sqrt{\left(\frac{c_1 + c_2}{J_2} + \frac{c_1}{J_1}\right)^2 - \frac{4c_1c_2}{J_1J_2}}\right] \tag{4.11}$$

und

$$v_{21} = 1 - \omega_1^2\,\frac{J_1}{c_1}; \quad v_{22} = 1 - \omega_2^2\,\frac{J_1}{c_1} \tag{4.12}$$

Die Integrationskonstanten A_1; A_2; A_3; A_4 ergeben sich aus den Anfangsbedingungen (Ausschläge φ_1; φ_2 und Winkelgeschwindigkeiten $\dot{\varphi}_1$; $\dot{\varphi}_2$ zur Zeit $t = 0$).

Es kann somit festgestellt werden:

Die Bewegung jeder der zwei Drehmassen setzt sich aus zwei harmonischen Schwingungen mit den Eigenkreisfrequenzen ω_1 und ω_2 zusammen.
Schwingt das Modell nur in einer Eigenfrequenz, was man durch entsprechende Anfangsbedingungen erreichen kann, so liegen feste Amplitudenverhältnisse vor. Man bezeichnet sie als Eigenschwingform der entsprechenden Eigenfrequenz. Es gilt

dann für ω_1: $\varphi_1 = \hat{\varphi}_1 \sin \omega_1 t$; $\varphi_2 = \hat{\varphi}_2 \sin \omega_1 t$

und für ω_2: $\varphi_1 = \hat{\varphi}_1 \sin \omega_2 t$; $\varphi_2 = \hat{\varphi}_2 \sin \omega_2 t$

und für die Ausschlagsverhältnisse:

$$(\hat{\varphi}_2/\hat{\varphi}_1)_{\omega_1} = v_{21}; \quad (\hat{\varphi}_2/\hat{\varphi}_1)_{\omega_2} = v_{22} \tag{4.13}$$

Aus Gl. (4.11) erhält man mit

$$J_1/J_2 = \mu; \quad c_1/c_2 = \gamma; \quad c_2/J_2 = \omega^{*2}$$

$$\left(\frac{\omega_{1,2}}{\omega^*}\right)^2 = \frac{1}{2}\left[\left(1 + \gamma + \frac{\gamma}{\mu}\right) \mp \sqrt{\left(1 + \gamma + \frac{\gamma}{\mu}\right)^2 - \frac{4\gamma}{\mu}}\right] \tag{4.11a}$$

Für $\mu = 1$ und $\gamma = 2$ ergibt sich

$$\left(\frac{\omega_{1,2}}{\omega^*}\right)^2 = \frac{1}{2}\left(5 \mp \sqrt{17}\right); \quad \omega_1^2 = 0{,}438\omega^{*2}; \quad \omega_1 = 0{,}66\omega^*$$

$$\omega_2^2 = 4{,}562\omega^{*2}; \quad \omega_2 = 2{,}14\omega^* \tag{4.12a}$$

$$\left(\frac{\hat{\varphi}_2}{\hat{\varphi}_1}\right)_{\omega_1} = v_{21} = 1 - \left(\frac{\omega_1}{\omega^*}\right)^2\frac{\mu}{\gamma}; \quad \left(\frac{\hat{\varphi}_2}{\hat{\varphi}_1}\right)_{\omega_2} = v_{22} = 1 - \left(\frac{\omega_2}{\omega^*}\right)^2\frac{\mu}{\gamma}$$

$$v_{21} = 0{,}781; \quad v_{22} = -1{,}281$$

Die Eigenschwingformen sind auf Bild 4/5b und Bild 4/5c dargestellt. Da das elastische Moment in der (masselosen) Feder der Federkonstante c_k den örtlich konstanten Wert $M_k = c_k(\varphi_k - \varphi_{k+1})$ hat, ist die Schwingform ein an den Massen geknickter Geradenzug. Die Anzahl der Schwingungsknoten richtet sich nach der Stellung der zugehörigen Eigenfrequenz im Frequenzspektrum. Im Schwingungsknoten ist der Ausschlagswinkel Null.

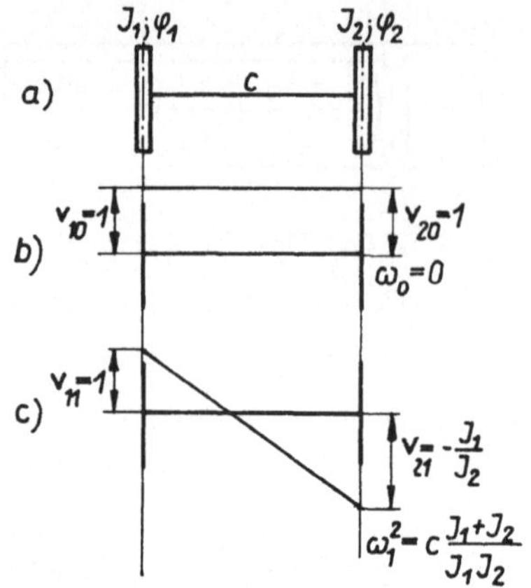

Bild 4/6. Freies Modell mit zwei Freiheitsgraden und die Eigenschwingformen des Beispiels

Die Bewegungsgleichungen für das freie Modell (Bild 4/6) lauten:

$$J_1\ddot{\varphi}_1 + c(\varphi_1 - \varphi_2) = 0$$
$$J_2\ddot{\varphi}_2 - c(\varphi_1 - \varphi_2) = 0 \tag{4.14}$$

oder in Matrizenschreibweise

$$\begin{pmatrix} J_1 & 0 \\ 0 & J_2 \end{pmatrix} \begin{pmatrix} \ddot{\varphi}_1 \\ \ddot{\varphi}_2 \end{pmatrix} + \begin{pmatrix} c & -c \\ -c & c \end{pmatrix} \begin{pmatrix} \varphi_1 \\ \varphi_2 \end{pmatrix} = 0 \tag{4.15}$$

Als Lösung ergeben sich nach [39] die Eigenkreisfrequenzen aus der Koeffizientendeterminante.

$$\omega_{0,1}^2 = \frac{1}{2}\left[\left(\frac{c}{J_1} + \frac{c}{J_2}\right) \mp \sqrt{\left(\frac{c}{J_1} + \frac{c}{J_2}\right)^2}\right] \tag{4.16}$$

$$\omega_0 = 0; \qquad \boxed{\omega_1{}^2 = c\,\frac{J_1 + J_2}{J_1 J_2}} \tag{4.17}$$

und die von den Anfangsbedingungen abhängigen Bewegungen

$$\varphi_1 = A_1 + A_2 t + A_3 \cos \omega_1 t + A_4 \sin \omega_1 t$$
$$\varphi_2 = v_{20}(A_1 + A_2 t) + v_{21}(A_3 \cos \omega_1 t + A_4 \sin \omega_1 t) \tag{4.18}$$

Weiterhin gilt

$$v_{20} = 1 - \frac{\omega_0{}^2 J_1}{c} = 1$$

$$\boxed{v_{21} = 1 - \frac{\omega_1{}^2 J_1}{c} = -\frac{J_1}{J_2}} \tag{4.19}$$

Für das freie Modell kann somit festgestellt werden:

Es ist stets eine Eigenfrequenz Null; die zugehörige Eigenschwingform entspricht der Drehung des starren Körpers (Bild 4/6b). Da diese Drehung kein Schwingungsvorgang ist, wurde die Kreisfrequenz mit ω_0 bezeichnet. Die Schwingform der Eigenkreisfrequenz ω_1 hat einen Knoten (Bild 4/6c). Da am freien Modell keine Einspannmomente angreifen, muß gelten:

$$J_1\ddot\varphi_1 + J_2\ddot\varphi_2 = 0$$

$$\ddot\varphi_1\left(J_1 + J_2\frac{\ddot\varphi_2}{\ddot\varphi_1}\right) = 0$$

$$(J_1 + J_2 v_{21}) = 0; \quad v_{21} = -\frac{J_1}{J_2} \tag{4.20}$$

Dieses Ergebnis entspricht Gl. (4.19).

Es sei noch darauf hingewiesen, daß die Bewegung eines freien Modells instabil ist. Man erkennt das aus Gl. (4.18), in der die Drehwinkel ständig mit der Zeit zunehmen.

Überträgt man nun die Ergebnisse am Minimalmodell auf ein diskretes Torsionsschwingungsmodell mit n Freiheitsgraden, ergibt sich folgendes:

Geht man von der Bildwelle aus, in der Übersetzungsstufen bereits zusammengefaßt sind, entspricht bei reinen Torsionsmodellen die Anzahl der Drehmassen der der Freiheitsgrade. Ein gefesseltes Modell mit n Freiheitsgraden hat n, ein freies Modell $(n-1)$ von Null verschiedene Eigenfrequenzen. Dabei besteht jedoch, besonders bei Modellen mit Verzweigung, die Möglichkeit, daß mehrere Eigenfrequenzen betragsgleich sind.

Für freie Modelle ist stets die niedrigste Eigenfrequenz Null; sie entspricht der Drehung des starren Modells. Zu jeder Eigenfrequenz existiert eine Eigenschwingform. Sie gibt die häufig auf den Ausschlag der Drehmasse 1 bezogenen Amplitudenverhältnisse an, wenn das Modell nur in der zugehörigen Eigenfrequenz schwingt. Die Anzahl der Knoten gibt unmittelbar die Ordnung der zugehörigen Eigenfrequenz an.

Bild 4/7 zeigt die Bildwelle eines freien Modells mit vier Freiheitsgraden mit den

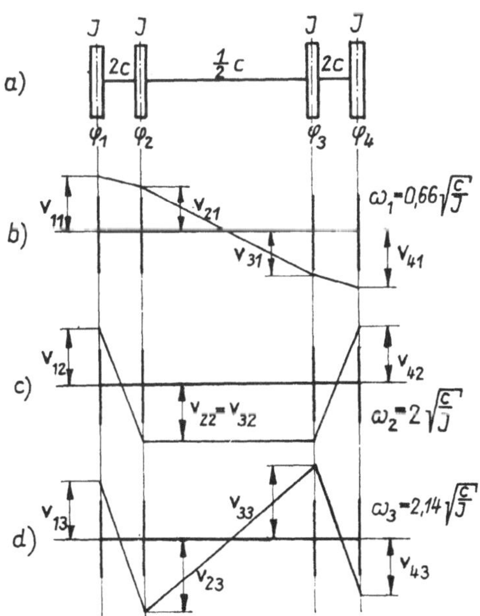

Bild 4/7. Eigenschwingformen eines freien Modells mit vier Freiheitsgraden

Eigenschwingformen. Im Schwingungsknoten ist der Ausschlag Null. Unter Berücksichtigung dieses Zusammenhangs zwischen Eigenfrequenz und Eigenschwingform lassen sich, vor allem bei symmetrischen Modellen, die Eigenfrequenzen abschätzen, für die die Lage der Schwingungsknoten angegeben werden kann.

Als Beispiel soll wieder das Modell von Bild 4/7 dienen. Die erste von Null verschiedene Eigenschwingform hat einen Knoten, der wegen der Symmetrie in der Mitte liegen muß. Am Knoten kann das Modell als eingespannt angenommen werden. Es ergibt sich ein gefesseltes Modell mit zwei Freiheitsgraden, dessen niedrigste Frequenz die zugehörige Eigenkreisfrequenz ω_1 ist. Da das Ersatzmodell dem oben gerechneten gefesselten Modell entspricht gilt

$$\omega_1 = 0{,}66 \sqrt{\frac{c}{J}}; \quad \left(\frac{\phi_1}{\phi_1}\right)_{\omega_1} = v_{11} = 1; \quad \left(\frac{\phi_2}{\phi_1}\right)_{\omega_1} = v_{21} = 0{,}78$$

$$\left(\frac{\phi_3}{\phi_1}\right)_{\omega_1} = v_{31} = -0{,}78; \quad \left(\frac{\phi_4}{\phi_1}\right)_{\omega_1} = v_{41} = -1$$

Für die der zweiten Eigenkreisfrequenz ω_2 entsprechende Eigenschwingform müssen zwei Knoten vorliegen, die Ausschlagsverhältnisse der Drehmassen *2* und *3* sind also auf Grund der symmetrischen Schwingform gleich. Das bedeutet aber, daß von der dazwischen liegenden Feder kein Moment übertragen wird, das Modell zerfällt somit in zwei gleiche freie Modelle. Da diese gleiche Massen haben, liegt der Knoten in der Mitte.

Es gilt

$$\omega_2 = 2 \sqrt{c/J}; \quad v_{12} = 1; \quad v_{22} = -1$$

$$v_{32} = -1; \quad v_{42} = 1$$

Für die Eigenkreisfrequenz ω_3 muß wieder ein Knoten in der Mitte des Gesamtmodells liegen. Dort entsteht eine Einspannung. Die beiden anderen symmetrischen Knoten und die Eigenkreisfrequenz kann man nun als 2. Eigenkreisfrequenz des gefesselten Teilmodells finden.

$$\omega_3 = 2{,}14 \sqrt{c/J}; \quad v_{13} = 1; \quad v_{23} = -1{,}28;$$

$$v_{33} = 1{,}28; \quad v_{43} = -1$$

4.2.2.   Matrizengleichungen für n Freiheitsgrade

Die Gln. (4.9); (4.15) geben die Bewegungsgleichungen in Matrizenschreibweise wieder. Führt man einen Beschleunigungsvektor $\ddot{\varphi}$, einen Koordinatenvektor (Vektor der Schwingwinkel) φ, eine Massenmatrix M und eine Steifigkeitsmatrix C ein, dann entspricht sowohl Gl. (4.9) als auch Gl. (4.15) der Matrizengleichung

$$M\ddot{\varphi} + C\varphi = 0 \tag{4.21}$$

Für beliebige Antriebssysteme mit n Freiheitsgraden lassen sich die Massen- und Steifigkeitsmatrizen aus den Bewegungsgleichungen ermitteln. Bei geeigneter Koordinatenwahl wird man dabei feststellen, daß für reine Torsionsschwingungsmodelle und Schwingerketten die Massenmatrix immer eine Diagonalmatrix ist, im allgemeinen Fall ist sie stets positiv definit. Die Feder- oder Steifigkeitsmatrix ist nach dem Satz von *Maxwell-Betti* immer symmetrisch, es besteht aber ein wesentlicher Unterschied zwischen der Steifigkeitsmatrix C des gefesselten und der des freien Modells.

Berechnet man aus Gl. (4.9) die Determinante von C, folgt

$$\det C = \begin{vmatrix} c_1 & -c_1 \\ -c_1 & c_1 + c_2 \end{vmatrix} = c_1 c_2 > 0 \tag{4.22}$$

Ist die Determinante einer Matrix positiv, so spricht man von einer regulären Matrix.

Für die Determinante von C aus Gl. (4.15) gilt:

$$\det C = \begin{vmatrix} c & -c \\ -c & c \end{vmatrix} = 0 \tag{4.23}$$

Man spricht von einer singulären Matrix, wenn ihre Determinante Null ist.

Allgemein läßt sich feststellen, daß für alle freien Modelle eine singuläre Steifigkeitsmatrix auftritt. Dies bedeutet, wie man über Arbeitsbetrachtungen nachweisen kann, daß Eigenwerte, und damit Eigenfrequenzen Null werden [vgl. Gln. (4.16); (4.17)].

Das Bestimmen der Massen- und Steifigkeitsmatrizen kann durch die Aufstellung der Bewegungsgleichungen erfolgen. Für Torsionsschwingungsmodelle lassen sie sich mit Hilfe eines Berechnungsprogrammes finden, das im Anhang (P 3/7) aufgeführt ist. In 6.2. erfolgt die Bestimmung über Energiebetrachtungen. Als größeres Beispiel für die Aufstellung der Massen- und Steifigkeitsmatrizen soll Modell C (Bild 4/1) dienen. Es handelt sich um ein ungefesseltes Modell mit 8 Freiheitsgraden, einer massebehafteten Verzweigungsstufe und einer Übersetzung, deren Drehmassen vernachlässigt werden sollen.

Als Koordinaten dienen die Drehwinkel der Drehmassen J_1 bis J_8, die alle in gleicher Richtung positiv angenommen werden. Es soll keine Reduktion auf eine Bildwelle erfolgen. Die Bewegungsgleichungen werden nach dem *d'Alembert*schen Prinzip aufgestellt.

Die Momentengleichgewichtsbedingungen lauten: Drehmassen *1*; *2*:

$$J_1 \ddot{\varphi}_1 + c_1(\varphi_1 - \varphi_2) = 0; \quad J_2 \ddot{\varphi}_2 - c_1(\varphi_1 - \varphi_2) + c_2(\varphi_2 - \varphi_3) = 0$$

Drehmasse *3* (Verzweigungsfeld): Zunächst wird eine Massenreduktion aller Getrieberäder auf die Koordinate φ_3 vorgenommen. Mit den Übersetzungsverhältnissen

$$(i_{1,k})^2 = (r_1/r_k)^2 \quad \text{folgt} \quad J_3 = J_{31} + \sum_{k=2}^{4} J_{3k} i_{1,k}^2$$

(Im Gegensatz zu Abschnitt 2. richten sich hier die Indizes des Übersetzungsverhältnisses nach denen der Radien.)

Die Schnittmomente in den Federn c_3; c_6; c_7 werden ebenfalls auf die Koordinate φ_3 reduziert [vgl. Gl. (4.7)]. Mit den Übersetzungsverhältnissen

$$i_{1,2} = -r_1/r_2; \quad i_{1,3} = -r_1/r_3; \quad i_{1,4} = +r_1/r_4$$

ergibt sich:

$$J_3 \ddot{\varphi}_3 - c_2(\varphi_2 - \varphi_3) + c_3 i_{1,2}(\varphi_{32} - \varphi_4) + c_6 i_{1,3}(\varphi_{33} - \varphi_6)$$
$$+ c_7 i_{1,4}(\varphi_{34} - \varphi_7) = 0$$

Eliminiert man noch $\varphi_{32} = i_{1,2}\varphi_3$; $\varphi_{33} = i_{1,3}\varphi_3$; $\varphi_{34} = i_{1,4}\varphi_3$, so folgt:

$$J_3\ddot\varphi_3 - c_2(\varphi_2 - \varphi_3) + c_3 i_{1,2}(i_{1,2}\varphi_3 - \varphi_4) + c_6 i_{1,3}(i_{1,3}\varphi_3 - \varphi_6)$$
$$+\, c_7 i_{1,4}(i_{1,4}\varphi_3 - \varphi_7) = 0$$

Drehmasse 4: $J_4\ddot\varphi_4 - c_3(i_{1,2}\varphi_3 - \varphi_4) + c_4(\varphi_4 - \varphi_{43}) = 0$

Drehmasse 5: $J_5\ddot\varphi_5 - c_5(\varphi_{46} - \varphi_5) = 0$

Für das masselose Getriebe gilt:

$$i_{5,6} = -r_5/r_6; \quad \varphi_{46} = -r_5\varphi_{45}/r_6 = i_{5,6}\varphi_{45}$$

Momentengleichgewicht: $-c_4(\varphi_4 - \varphi_{45}) + c_5 i_{5,6}(\varphi_{46} - \varphi_5) = 0$

Damit lassen sich φ_{45}; φ_{46} eliminieren.
Es folgt:

$$J_4\ddot\varphi_4 - c_3(i_{1,2}\varphi_3 - \varphi_4) + c_{45}(i_{5,6}^2\varphi_4 - i_{5,6}\varphi_5) = 0$$

$$J_5\ddot\varphi_5 - c_{45}(i_{56}\varphi_4 - \varphi_5) = 0$$

mit

$$c_{45} = \frac{c_4 c_5}{c_4 + c_5 i_{56}^2}$$

Für die Drehmassen 6; 7; 8 erhält man:

$$J_6\ddot\varphi_6 - c_6(i_{1,3}\varphi_3 - \varphi_6) = 0$$

$$J_7\ddot\varphi_7 - c_7(i_{1,4}\varphi_3 - \varphi_7) + c_8(\varphi_7 - \varphi_8) = 0$$

$$J_8\ddot\varphi_8 - c_8(\varphi_7 - \varphi_8) = 0$$

Aus diesen 8 Bewegungsgleichungen lassen sich nun die Massen- und die Steifigkeitsmatrix ablesen.

$$M = \begin{bmatrix} J_1 & 0 & 0 & 0 & 0 & 0 & 0 & 0 \\ 0 & J_2 & 0 & 0 & 0 & 0 & 0 & 0 \\ 0 & 0 & J_3 & 0 & 0 & 0 & 0 & 0 \\ 0 & 0 & 0 & J_4 & 0 & 0 & 0 & 0 \\ 0 & 0 & 0 & 0 & J_5 & 0 & 0 & 0 \\ 0 & 0 & 0 & 0 & 0 & J_6 & 0 & 0 \\ 0 & 0 & 0 & 0 & 0 & 0 & J_7 & 0 \\ 0 & 0 & 0 & 0 & 0 & 0 & 0 & J_8 \end{bmatrix} = \mathrm{diag}(J_i) \tag{4.24}$$

$$C = \begin{bmatrix} c_1 & -c_1 & 0 & 0 & 0 & 0 & 0 & 0 \\ -c_1 & c_1 + c_2 & -c_2 & 0 & 0 & 0 & 0 & 0 \\ 0 & -c_2 & c_2 + c_3 i_{1,2}^2 + c_6 i_{1,3}^2 + c_7 i_{1,4}^2 & -c_3 i_{1,2} & 0 & -c_6 i_{1,3} & -c_7 i_{1,4} & 0 \\ 0 & 0 & -c_3 i_{1,2} & c_3 + c_{45} i_{5,6}^2 & -c_{45} i_{5,6} & 0 & 0 & 0 \\ 0 & 0 & 0 & -c_{45} i_{5,6} & c_{45} & 0 & 0 & 0 \\ 0 & 0 & -c_6 i_{1,3} & 0 & 0 & c_6 & 0 & 0 \\ 0 & 0 & -c_7 i_{1,4} & 0 & 0 & 0 & c_7 + c_8 & -c_8 \\ 0 & 0 & 0 & 0 & 0 & 0 & -c_8 & c_8 \end{bmatrix} \tag{4.25}$$

Als Ergebnis erhält man eine diagonale Massenmatrix und eine symmetrische Steifigkeitsmatrix.

Reduziert man vor dem Aufstellen der Matrizen auf eine Bildwelle, entstehen neue Koordinaten und damit andere Bewegungsgleichungen. Ihre Aufstellung ist jedoch wesentlich einfacher, da die Eliminationsschritte für das masselose Getriebe entfallen. Durch entsprechende Wahl der Koordinatenfolge kann die Bandbreite in Gl. (4.25) verringert werden.

4.2.3. Prinzipielles zur Lösung der Matrizengleichung

Die Matrizengleichung (4.21) gilt allgemein für die Berechnung von Eigenfrequenzen und Eigenschwingformen beliebiger ungedämpfter Schwingungssysteme mit diskreten Massen. Auf ihre Lösung wird deshalb in 6.3.1. ausführlich eingegangen. Unter den dort aufgeführten Formen der Bewegungsgleichung entspricht sie der Gl. (6.18). Mit dem Ansatz Gl. (6.50) führt dies zu der sogenannten Eigenwertgleichung (6.52), die dem allgemeinen Eigenwertproblem nach Gl. (6.55) entspricht.

Für Torsionssysteme, bei denen die Massenmatrix eine Diagonalmatrix ist, läßt sich der Übergang zum speziellen Eigenwertproblem in der Form Gl. (6.56) so durchführen, daß die Matrix A symmetrisch bleibt.

In der Ausgangsgleichung

$$(C - \omega^2 M)\,\hat{\varphi} = 0 \tag{4.26}$$

werden neue Koordinaten q_i gemäß

$$M^{1/2}\hat{\varphi} = \hat{q}; \quad \hat{\varphi} = M^{-1/2}\hat{q} \tag{4.27}$$

eingeführt. Damit wird aus Gl. (4.26)

$$CM^{-1/2}\hat{q} = \omega^2 MM^{-1/2}\hat{q} \tag{4.28}$$

Nach Linksmultiplikation mit $M^{-1/2}$ ergibt sich daraus:

$$M^{-1/2}CM^{-1/2}\hat{q} = \omega^2 E\hat{q} \tag{4.29}$$

Vergleicht man dies mit Gl. (6.56), so folgt:

$$A = M^{-1/2}CM^{-1/2} \tag{4.30}$$

Die Matrix $M^{-1/2}$ ist allerdings nur für eine Diagonalmatrix erklärt. Es gilt dann

$$M = \mathrm{diag}\,(J_i); \quad M^{-1/2} = \mathrm{diag}\left(1/\sqrt{J_i}\right) \tag{4.31}$$

An einem einfachen Beispiel soll das Vorgehen nach 6.3.1. demonstriert werden. Für das auf Bild 4/5 dargestellte gefesselte Modell sollen die Eigenfrequenzen und Eigenschwingformen berechnet und das spezielle Eigenwertproblem mit symmetrischer Matrix formuliert werden.

$$C = \begin{pmatrix} c_1 & -c_1 \\ -c_1 & c_1 + c_2 \end{pmatrix}; \quad M = \begin{pmatrix} J_1 & 0 \\ 0 & J_2 \end{pmatrix} \tag{4.32}$$

$\det (C - \omega^2 M) = 0$:

$$\begin{vmatrix} (c_1 - J_1\omega^2) & -c_1 \\ -c_1 & (c_1 + c_2) - J_2\omega^2 \end{vmatrix} = 0 \tag{4.33}$$

$$(c_1 - J_1\omega^2)(c_1 + c_2 - J_2\omega^2) - c_1{}^2 = 0$$

Daraus folgt:

$$(\omega^2)^2 - \omega^2 \left[\frac{c_1}{J_1} + \frac{(c_1 + c_2)}{J_2} \right] + \frac{c_1 c_2}{J_1 J_2} = 0$$

$$\omega_{1,2}^2 = \frac{1}{2} \left[\left(\frac{c_1}{J_1} + \frac{c_2 + c_1}{J_2} \right) \mp \sqrt{\left(\frac{c_1}{J_1} + \frac{c_1 + c_2}{J_2} \right)^2 - \frac{4 c_1 c_2}{J_1 J_2}} \right] \tag{4.34}$$

Das Ergebnis entspricht Gl. (4.11).
Die Berechnung der Eigenschwingform liefert mit $(\hat{\varphi}_2/\hat{\varphi}_1)_{\omega_1} = (\hat{\varphi}_{21}/\hat{\varphi}_{11})$:

$$\begin{pmatrix} c_1 - J_1\omega_1{}^2 & -c_1 \\ -c_1 & (c_1 + c_2) - J_2\omega_1{}^2 \end{pmatrix} \begin{pmatrix} \hat{\varphi}_{11} \\ \hat{\varphi}_{21} \end{pmatrix} = 0 \tag{4.35}$$

$$(c_1 - J_1\omega_1{}^2)\,\hat{\varphi}_{11} - c_1\hat{\varphi}_{21} = 0; \quad \frac{\hat{\varphi}_{21}}{\hat{\varphi}_{11}} = 1 - \omega_1{}^2 \frac{J_1}{c_1} = v_{21} \tag{4.36}$$

bzw.

$$\frac{\hat{\varphi}_{22}}{\hat{\varphi}_{12}} = 1 - \omega_2{}^2 \frac{J_1}{c_1} = v_{22} \tag{4.37}$$

Dies entspricht Gl. (4.12).
Für die Überführung in das spezielle Eigenwertproblem $(A - \omega^2 E)\,\hat{q} = 0$ findet man mit den Gln. (4.31); (4.30):

$$M^{-1/2} = \begin{pmatrix} 1/\sqrt{J_1} & 0 \\ 0 & 1/\sqrt{J_2} \end{pmatrix} \tag{4.38}$$

$$A = \begin{pmatrix} c_1/J_1 & -c_1/\sqrt{J_1 J_2} \\ -c_1/\sqrt{J_1 J_2} & (c_1 + c_2)/J_2 \end{pmatrix} \tag{4.39}$$

Die Rücktransformation von $\hat{q}$ nach $\hat{\varphi}$ erfolgt mit Gl. (4.27).
Es sei noch darauf hingewiesen, daß bei einer allgemeinen symmetrischen Massenmatrix, für die Gl. (4.31) nicht mehr gilt, eine entsprechende Ähnlichkeitstransformation mit Hilfe der *Cholesky*-Zerlegung durchgeführt werden kann (vgl. [8]).
Über die Lösung des Eigenwertproblems gibt es eine umfangreiche Literatur (vgl. 6.4.). Rechenprogramme, speziell für Torsionssysteme, sind in [4/1] zusammengestellt [s. Anhang (P 3/7); (P 3/8)].

4.2.4.   Übertragungsmatrizen für freie Schwingungen

Für die Behandlung des allgemeinen und speziellen Eigenwertproblems war die Kenntnis der Steifigkeits- und Massenmatrizen des Gesamtmodells erforderlich.
Das Verfahren der Übertragungsmatrizen behandelt nun das Problem „stückweise" und benötigt nur die Angaben zu bestimmten Abschnitten des Modells. Die Über-

tragungsmatrizen werden trotz der noch zu zeigenden Mängel für die Berechnung der Eigenfrequenzen und Eigenschwingformen von Torsionssystemen häufig noch eingesetzt. Das Verfahren ist vor allem auch für Kleinrechner geeignet. Aus diesem Grunde erfolgt eine kurze Einführung.

Wie bei den bisherigen Überlegungen wird ein lineares Berechnungsmodell vorausgesetzt. Sein dynamischer Zustand ist eindeutig beschrieben, wenn bestimmte *Zustandsgrößen* an bestimmten Schnittstellen bekannt sind. Es treten stets Zustandsgrößen der Verformung und der Kräfte auf. Für die Torsion gilt als Verformungsgröße der Drehwinkel φ und als Kraftgröße das elastische Moment M.

Man trennt nun das Berechnungsmodell in Felder auf, für die an den Schnittstellen der Zusammenhang der Zustandsgrößen eindeutig gegeben ist.

Solche Felder sind: Starre Drehmasse; masselose Torsionsfeder; massebehaftete Torsionsfeder; starre Übersetzung; starre Verzweigung.

Bild 4/8 zeigt ein Berechnungsmodell mit Schnittstellen und Feldern.

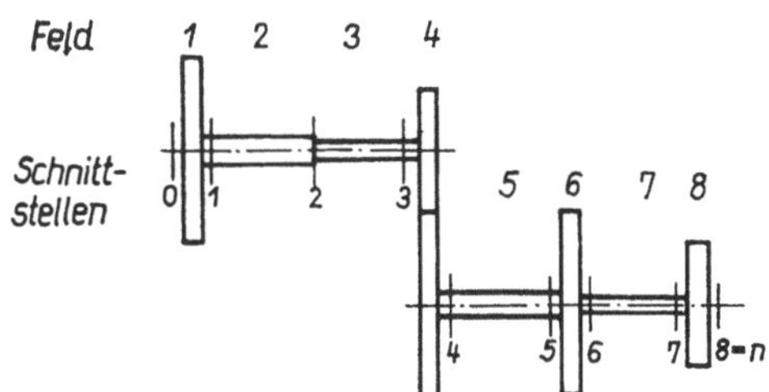

Bild 4/8. Unterteilung des Berechnungsmodells in Schnittstellen und Felder

Zwischen den Zustandsgrößen an den Schnittstellen besteht nun ein linearer Zusammenhang, der durch die Art des Feldes bestimmt wird. So gilt beispielsweise für das Feld k der masselosen Torsionsfeder (Bild 4/9):

$$M_{i-1} = c_k(\varphi_{i-1} - \varphi_i) \tag{4.40}$$
$$M_i = M_{i-1}$$

Bild 4/9. Feld einer masselosen Torsionsfeder (lies c_k)

oder
$$\varphi_i = \varphi_{i-1} - \frac{1}{c_k} M_{i-1} \tag{4.41}$$
$$M_i = M_{i-1}$$

Für die starre Drehmasse mit dem Trägheitsmoment J_k ist (Bild 4/10):

$$\varphi_i = \varphi_{i-1} \tag{4.42}$$
$$M_i + J_k\ddot{\varphi}_k - M_{i-1} = 0$$

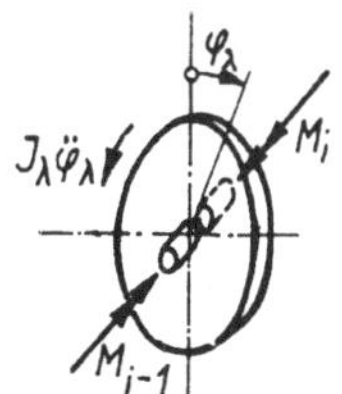

Bild 4/10. Feld einer starren Drehmasse (lies $J_k\ddot{\varphi}_{ki}\varphi_k$)

Mit
folgt
$$\varphi_k = \varphi_i = \varphi_{i-1}; \quad \ddot{\varphi}_{i-1} = -\varphi_{i-1}\omega^2 \tag{4.43}$$

$$\varphi_i = \varphi_{i-1}$$

$$M_i = J_k\omega^2\varphi_{i-1} + M_{i-1} \tag{4.44}$$

Allgemein kann also geschrieben werden:

$$\varphi_i = e_{11}\varphi_{i-1} + e_{12}M_{i-1}$$

$$M_i = e_{21}\varphi_{i-1} + e_{22}M_{i-1}$$

oder
$$\begin{pmatrix} \varphi \\ M \end{pmatrix}_i = \begin{pmatrix} e_{11} & e_{12} \\ e_{21} & e_{22} \end{pmatrix} \begin{pmatrix} \varphi \\ M \end{pmatrix}_{i-1} \tag{4.45}$$

$$\boldsymbol{y}_i = \boldsymbol{U}_k\boldsymbol{y}_{i-1}$$

Man bezeichnet nun $\boldsymbol{y}_i$ und $\boldsymbol{y}_{i-1}$ als Zustandsvektor an den Schnittstellen i und $i - 1$ und $\boldsymbol{U}_k$ als Übertragungsmatrix.
Für die masselose Torsionsfeder gilt nach Gl. (4.41):

$$\boldsymbol{U}_k = \begin{pmatrix} 1 & -1/c_k \\ 0 & 1 \end{pmatrix} \tag{4.46}$$

und für die starre Drehmasse nach Gl. (4.44)

$$\boldsymbol{U}_k = \begin{pmatrix} 1 & 0 \\ J_k\omega^2 & 1 \end{pmatrix} \tag{4.47}$$

An der ersten Schnittstelle 0 des Berechnungsmodells ist der Zustandsvektoren teilweise bekannt.
Nach Bild (4/11) ist für die Einspannung:

$$\varphi = 0; \quad M = M_0; \quad \boldsymbol{y}_0 = M_0 \begin{pmatrix} 0 \\ 1 \end{pmatrix} \tag{4.48}$$

und für das freie Wellenende:

$$\varphi = \varphi_0; \quad M = 0; \quad \boldsymbol{y}_0 = \varphi_0 \begin{pmatrix} 1 \\ 0 \end{pmatrix} \tag{4.49}$$

Bei einer Einspannung kann es sich auch um eine große umlaufende Drehmasse mit dem Bewegungsgesetz $\varphi = \omega_0 t$ handeln. Die Zustandsvektoren lassen sich jetzt

	Zustandsvektor der ersten Schnittstelle	Endrand- bedingung
Ein- spannung:	$\boldsymbol{y}_0 = M_0 \begin{pmatrix} 0 \\ 1 \end{pmatrix}$	$\varphi_n = 0$
Freies Ende:	$\boldsymbol{y}_0 = \varphi_0 \begin{pmatrix} 1 \\ 0 \end{pmatrix}$	$M_n = 0$

Bild 4/11. Zustandsvektoren an der ersten Schnittstelle und Endrandbedingungen

schrittweise berechnen, und zwar gilt:

$$y_1 = U_1 y_0$$
$$y_2 = U_2 U_1 y_0$$
$$\vdots$$
$$y_n = U_n U_{n-1} \cdots U_2 U_1 y_0$$

(4.50)

Für den Zustandsvektor an der letzten Schnittstelle n

$$y_n = \binom{\varphi}{M}_n$$

sind jetzt wieder Zustandsgrößen bekannt. Es gilt für die Einspannung $\varphi_n = 0$ und das freie Wellenende $M_n = 0$. Da wegen der Matrizenmultiplikation nach Gl. (4.50) die Zustandsgrößen φ_n und M_n als Funktionen der Eigenkreisfrequenz vorliegen (die Eigenkreisfrequenz wird mit jeder Massenmatrix erneut einmultipliziert), liefert die Endrandbedingung ein Polynom zur Berechnung der Eigenkreisfrequenzen ω_i^2, die Frequenzgleichung.

Das einfache Beispiel Bild 4/12 soll das Vorgehen verdeutlichen:

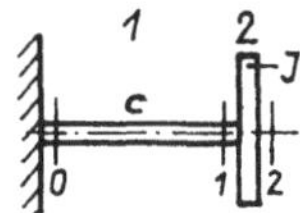

Bild 4/12. Elementares Beispiel für das Vorgehen beim Rechnen mit Übertragungsmatrizen

Es ergeben sich drei Schnittstellen und zwei Felder. Der Zustandsvektor der ersten Schnittstelle lautet:

$$y_0 = M_0 \binom{0}{1}$$

Das *Falk*sche Schema zur Ausführung der Matrizenmultiplikation nach Gl. (4.50) zeigt Tabelle 4/1. An der letzten Schnittstelle gilt

$$M_2 = 0$$

*Tabelle 4/1. Falk*sches Schema für das Beispiel Bild 4/12

Feld	Übertragungs-matrix		Zustandsvektor	
			M_0 (Unbekannte)	
			$\begin{matrix}0\\1\end{matrix}$	y_0
1	1	$-\dfrac{1}{c}$	$-\dfrac{1}{c}$	y_1
	0	1	1	
2	1	0	$-\dfrac{1}{c}$	y_2
	$J\omega^2$	1	$-\dfrac{J\omega^2}{c} + 1$	

Das bedeutet:

$$M_0 \left(-\frac{J\omega^2}{c} + 1 \right) = 0$$

$M_0 = 0$ wäre die triviale Lösung, die nicht interessiert.
Es gilt somit

$$\left(-\frac{J\omega^2}{c} + 1 \right) = 0; \quad \omega^2 = \frac{c}{J}$$

Feld k	Übertragungsmatrix $\bar{u}_k$	Abkürzungen
Masseloser Torsionsstab 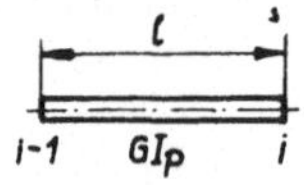 (ℓ, $i{-}1$, GI_p, i)	$\bar{u}_k = \begin{pmatrix} 1 - \dfrac{1}{\bar{c}_k} \\ 0 \quad 1 \end{pmatrix}$	$\bar{c}_k = \dfrac{c_k}{c^*}$ $c_k = \dfrac{GI_p}{\ell}$
Starre Drehmasse ($i{-}1$, i, J_k) 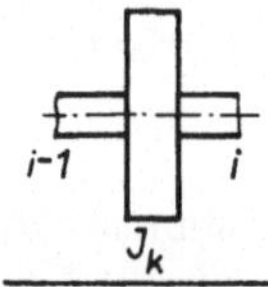	$\bar{u}_k = \begin{pmatrix} 1 & 0 \\ J_k \bar{\omega}^2 & 1 \end{pmatrix}$	$\bar{J}_k = \dfrac{J_k}{J^*}$ $\bar{\omega}^2 = \dfrac{\omega^2}{\omega^{*2}}$ $\omega^{*2} = \dfrac{c^*}{J^*}$
Massebehaftete Übersetzung 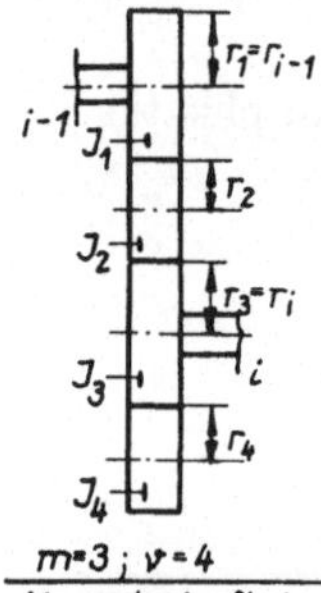 ($r_1 = r_{i-1}$, $i{-}1$, J_1, r_2, J_2, $r_3 = r_i$, J_3, i, r_4, J_4) $m = 3;\ \nu = 4$	$\bar{u}_k = \begin{pmatrix} i_k & 0 \\ \dfrac{1}{i_k} \bar{J}_{kred}\,\bar{\omega}^2 & \dfrac{1}{i_k} \end{pmatrix}$	$i_k = \left(\dfrac{r_{i-1}}{r_i}\right)(-1)^{m-1}$ $\bar{J}_{kred} = \dfrac{J_{kred}}{J^*}$ $J_{kred} = \sum\limits_{s=1}^{\nu} J_s\, i^2_{(i-1),s}$ $i^2_{(i-1),s} = \left(\dfrac{r_{i-1}}{r_s}\right)^2; i$ $m = $ Anzahl der Räder zwischen $(i{-}1)$ und i $\nu = $ Anzahl der Räder im Übersetzungsfeld
Massebehaftete Verzweigung 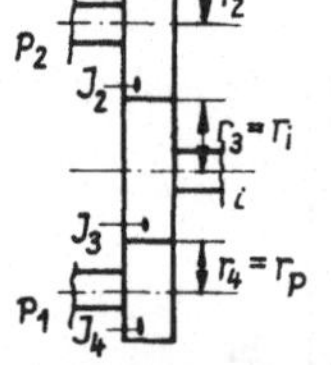 ($r_1 = r_{i-1}$, $i{-}1$, J_1, r_2, P_2, J_2, $r_3 = r_i$, i, J_3, $r_4 = r_p$, P_1, J_4)	$\bar{u}_k = \begin{pmatrix} i_k & 0 \\ \dfrac{1}{i_k}\left[\bar{J}_{kred}\,\bar{\omega}^2 + \sum\limits_f \left(i_p \dfrac{\eta}{\xi}\right)\right] & \dfrac{1}{i_k} \end{pmatrix}$ $\bar{\varphi}_p = \bar{q}_0\,\xi; \quad \bar{M}_p = \bar{q}_0\,\eta$ $\bar{q}_0 = $ Unbekannte des Nebenstranges (Winkel oder Moment)	$i_k = \left(\dfrac{r_{i-1}}{r_i}\right)(-1)^{m-1}$ $\bar{J}_{kred} = \dfrac{J_{kred}}{J^*}$ $J_{kred} = \sum\limits_{s=1}^{\mu} J_s\, i^2_{(i-1),s}$ $i^2_{(i-1),s} = \left(\dfrac{r_{i-1}}{r_s}\right)^2$ $i_p = \left(\dfrac{r_{i-1}}{r_p}\right)(-1)^{\bar{m}-1}$
$\mu = $ Anzahl der Räder im Verzweigungsfeld $f = $ Anzahl der Nebenstränge		$m = $ Anzahl der Räder zwischen $(i{-}1)$ und i $\bar{m} = $ Anzahl der Räder zwischen $(i{-}1)$ und p

Bild 4/13. Tabelle der reduzierten Übertragungsmatrizen

Für die praktische Durchführung des Verfahrens rechnet man nun nicht mit dimensionsbehafteten Werten, sondern führt frei wählbare Reduktionsgrößen ein. Sie lauten

$$J^*; \quad c^*; \quad \omega^{*2} = c^*/J^*$$

Damit ergeben sich die reduzierten Zustandsvektoren $\bar{y}_i$ und Übertragungsmatrizen $\bar{U}_k$ mit den Elementgrößen

$$\bar{c}_k = c_k/c^*; \quad \bar{J}_k = J_k/J^*; \quad \bar{\omega}^2 = \omega^2/\omega^{*2}$$

Die reduzierten Zustandsgrößen sind dann

$$\bar{\varphi} = \varphi; \quad \bar{M} = M/c^*; \quad \bar{y} = \begin{pmatrix} \bar{\varphi} \\ \bar{M} \end{pmatrix}$$

Bild 4/13 gibt die wesentlichsten reduzierten Übertragungsmatrizen an.
Auf die Probleme der Verzweigung soll hier nicht näher eingegangen werden. Es sei jedoch kurz auf einige Sonderheiten hingewiesen. Bild 4/14 zeigt ein verzweigtes

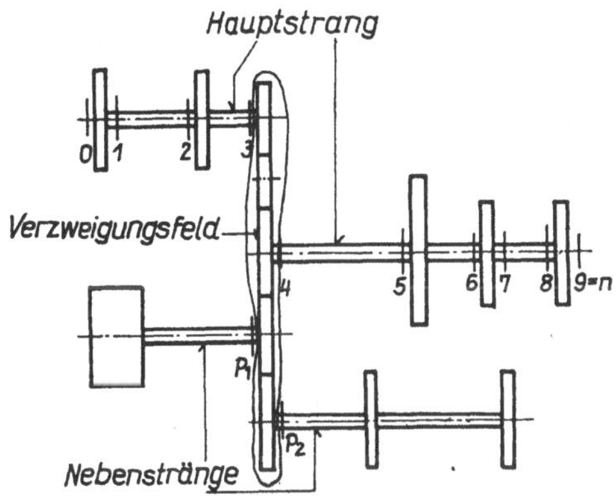

Bild 4/14. Modell eines verzweigten Systems

Modell. Es wird ein Hauptstrang festgelegt, an dem entlang die Schnittstellen abgezählt werden. Alle anderen in das Verzweigungsfeld einlaufenden Stränge bezeichnet man als *Nebenstränge*. In der Übertragungsmatrix des Verzweigungsfeldes (Bild 4/13) gehen die Anschlußwerte der Nebenstränge ein. Es müssen erst alle Nebenstränge errechnet werden, um die Quotienten (η/ξ) zu kennen. Da $\eta = \eta(\bar{\omega}^2)$ und $\xi = \xi(\bar{\omega}^2)$ entsteht nach Erfüllung der Randbedingung an der letzten Schnittstelle die Frequenzgleichung als gebrochene rationale Funktion. Dadurch ist die Möglichkeit des Auftretens von Lücken- und Polstellen neben den Nullstellen gegeben. Bei der numerischen Abarbeitung können dabei Eigenfrequenzen „verloren" gehen. Eine ausführliche Beschreibung des Effektes bringt [4/2].
Aus diesem Grunde wird für verzweigte Modelle von der Anwendung des Übertragungsmatrizen-Verfahrens zur Berechnung der Eigenfrequenzen abgeraten. Bei unverzweigten Modellen treten keine Komplikationen auf.
Die Behandlung eines Modells mit Übersetzung (Bild 4/15) soll das folgende Beispiel

zeigen [33]. Tabelle 4/2 zeigt die Modellparameter, Reduktionsgrößen und reduzierte Größen zur Aufstellung der Übertragungsmatrizen.

Die Eigenfrequenzen und die Eigenschwingform der 1. Eigenfrequenz sind zu bestimmen.

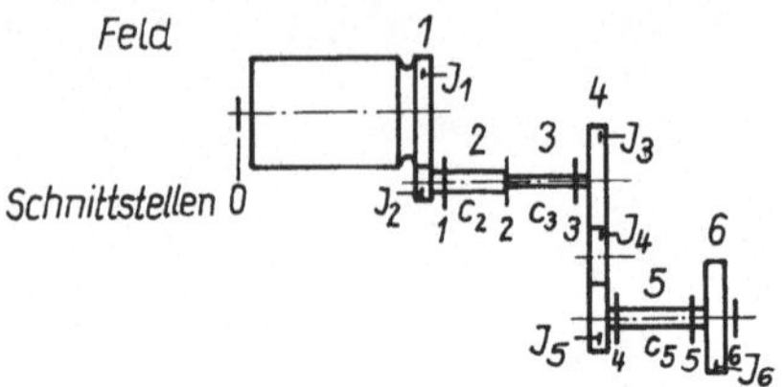

Bild 4/15. Beispiel zur Berechnung von Eigenfrequenzen und Eigenschwingformen mit Übertragungsmatrizen, Einteilung in Schnittstellen und Felder

Tabelle 4/2. Angaben zum Beispiel Bild 4/15

Modellparameter		
$J_1 = 1024$ kgm²	$r_1 = 40$ cm	$c_2 = 6{,}40 \cdot 10^6$ Nm
$J_2 = 16$ kgm²	$r_2 = 10$ cm	$c_3 = 2{,}133 \cdot 10^6$ Nm
$J_3 = 64$ kgm²	$r_3 = 40$ cm	$c_5 = 0{,}40 \cdot 10^6$ Nm
$J_4 = 12$ kgm²	$r_4 = 20$ cm	
$J_5 = 12$ kgm²	$r_5 = 20$ cm	
$J_6 = 40$ kgm²		

Reduktionsgrößen $J^* = 4$ kgm²; $c^* = 1{,}6 \cdot 10^6$ Nm

Feld 1: $\bar{J}_{1\mathrm{red}} = \dfrac{1}{J^*} \left[J_1 + J_2 \left(\dfrac{r_1}{r_2} \right)^2 \right]$; $\bar{J}_{1\mathrm{red}} = 320$

$\qquad\qquad i_1 = -4$

Feld 2: $\bar{c}_2 = c_2/c^*$; $\bar{c}_2 = 4$

Feld 3: $\bar{c}_3 = c_3/c^*$; $\bar{c}_3 = 4/3$

Feld 4: $\bar{J}_{4\mathrm{red}} = \dfrac{1}{J^*} \left[J_3 + J_4 \left(\dfrac{r_3}{r_4} \right)^2 + J_5 \left(\dfrac{r_3}{r_5} \right)^2 \right]$

$\qquad\qquad \bar{J}_4 = 40; \; i_4 = 2$

Feld 5: $\bar{c}_5 = c_5/c^*$; $\bar{c}_5 = 1/4$

Feld 6: $\bar{J}_6 = J_6/J^*$; $\bar{J}_6 = 10$

Das *Falk*sche Schema zeigt Tabelle 4/3.

Für die erste Schnittstelle lautet der reduzierte Zustandsvektor

$$\bar{y}_0 = \bar{\varphi}_0 \begin{pmatrix} 1 \\ 0 \end{pmatrix}$$

Die Endrandbedingung ist: $M_6 = 0$.

*Tabelle 4/3. Falk*sches Schema für das Beispiel Bild 4/15

Feld	Übertragungsmatrix		Reduzierter Zustandsvektor		Schwingform für $\bar\omega_1^2 = 0{,}0345$
			$\bar\varphi_0$ (Unbekannte)		
			1	$\bar{y}_0$	$\varphi_0 = \varphi_0$
			0		$M_0 = 0$
1	-4	0	-4	$\bar{y}_1$	$\varphi_1 = -4\varphi_0$
	$-80\bar\omega^2$	$-\dfrac{1}{4}$	$-80\bar\omega^2$		$M_1 = -2{,}76\varphi_0 c^*$
2	1	$-\dfrac{1}{4}$	$-4 + 20\bar\omega^2$	$\bar{y}_2$	$\varphi_2 = -3{,}31\varphi_0$
	0	1	$-80\bar\omega^2$		$M_2 = -2{,}76\varphi_0 c^*$
3	1	$-\dfrac{3}{4}$	$-4 + 80\bar\omega^2$	$\bar{y}_3$	$\varphi_3 = -1{,}24\varphi_0$
	0	1	$-80\bar\omega^2$		$M_3 = -2{,}76\varphi_0 c^*$
4	2	0	$-8 + 160\bar\omega^2$	$\bar{y}_4$	$\varphi_4 = -2{,}48\varphi_0$
	$20\bar\omega^2$	$\dfrac{1}{2}$	$-120\bar\omega^2 + 1600\bar\omega^4$		$M_4 = -2{,}24\varphi_0 c^*$
5	1	-4	$-8 + 640\bar\omega^2 - 6400\bar\omega^4$	$\bar{y}_5$	$\varphi_5 = 6{,}47\varphi_0$
	0	1	$-120\bar\omega^2 + 1600\bar\omega^4$		$M_5 = -2{,}24\varphi_0 c^*$
6	1	0	$-8 + 640\bar\omega^2 - 6400\bar\omega^4$	$\bar{y}_6$	$\varphi_6 = 6{,}47\varphi_0$
	$10\bar\omega^2$	1	$-200\bar\omega^2 + 8000\bar\omega^4 - 64000\bar\omega^6$		$M_6 = 0$

Daraus folgt

$$\varphi_0 c^*(-200\bar\omega^2 + 8000\bar\omega^4 - 64000\bar\omega^6) = 0$$

$$-\bar\omega^2 + 40\bar\omega^4 - 320\bar\omega^6 = 0$$

Man erkennt, daß ein Eigenwert Null ist, wie dies für freie Modelle bei derartiger Koordinatenvorgabe bereits erklärt wurde.
Für die beiden anderen gilt

$$(\bar\omega^2)^2 - \frac{1}{8}\,\bar\omega^2 + \frac{1}{320} = 0; \quad \bar\omega_1^2 = 0{,}0345; \quad \bar\omega_2^2 = 0{,}0905$$

Die zugehörigen Eigenfrequenzen bestimmen sich nach:

$$f_k = \frac{1}{2\pi}\,\bar\omega_k \sqrt{c^*/J^*}; \quad \underline{f_1 = 18{,}7\ \text{Hz}}; \quad \underline{f_2 = 30{,}3\ \text{Hz}}$$

Setzt man die Eigenwerte in die Zustandsvektoren ein, findet man die Winkel und elastischen Momente an den Schnittstellen, wenn das Modell in der entsprechenden

Eigenfrequenz schwingt. Natürlich sind sie abhängig von der Unbekannten, hier φ_0. Der Quotient φ_k/φ_0 stellt aber unmittelbar die Schwingform dar. In Tabelle 4/3 ist diese für die erste Eigenfrequenz angegeben. Da nicht auf die Bildwelle reduziert worden ist, dient ein Auftragen nur dem Ermitteln der Welle, in der der Schwingungsknoten liegt. Dabei muß jedoch beachtet werden, daß durch die vorzeichenbehafteten Übersetzungsverhältnisse auch Vorzeichenwechsel an Schnittstellen von Übersetzungsfeldern auftreten, die jedoch mit dem Schwingungsknoten nichts zu tun haben. Zur Kontrolle kann dienen, daß die elastischen Momente an den Schnittstellen *1*; *2*; *3* sowie *4*; *5* gleich sein müssen. Dasselbe gilt für die Drehwinkel an den Schnittstellen *5*; *6*.

Die Durchrechnung mit einer EDV-Anlage erfolgt für vorgegebene $\overline{\omega}^2$-Werte. Die Endrandbedingung ist dann nur erfüllt, wenn $\overline{\omega}^2 = \overline{\omega}_k{}^2$, d. h. ein Eigenwert erreicht ist. Für andere Werte ergibt sich ein von Null verschiedener Restwert.

Das Verfahren liefert also eine Restwertkurve $R = R(\overline{\omega}^2)$. Sie beginnt für freie Modelle mit Winkelkoordinaten stets im Nullpunkt und läuft zuerst in den positiven Bereich. Physikalisch stellt der Restwert den Verlauf des elastischen Momentes bei freiem Endrand oder des Drehwinkels bei eingespanntem Endrand an der letzten Schnittstelle dar. Bild 4/16 zeigt die Restwertkurve für das Beispiel. Ein Rechenprogramm ist im Anhang (P 3/6) aufgeführt.

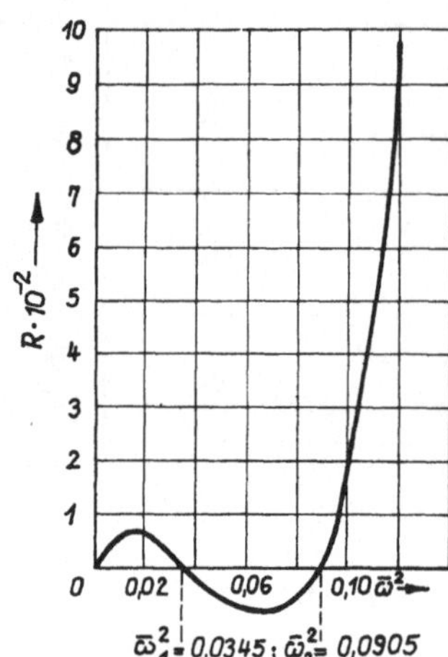

Bild 4/16. Restwertkurve zum Beispiel Bild 4/15

4.2.5.   Abschätzung der niedrigsten Eigenfrequenz

Um feststellen zu können, ob ein System als starre Maschine anzusehen ist oder ob eine Abbildung auf ein Schwingungsmodell erfolgen muß, ist es erforderlich, die niedrigste Eigenfrequenz zu kennen. Hierfür genügt jedoch eine Abschätzung, die dann besonders günstig ist, wenn sie einen unteren Grenzwert der tiefsten Eigenfrequenz darstellt. Eine derartige Abschätzung ist auch für Kontrollüberlegungen geeignet und vor allem zur Gewinnung einer Einschätzung des Schwingungsproblems vor der eigentlichen Berechnung vorteilhaft. Auch kann sie Startwerte für die Rechnung mit Übertragungsmatrizen liefern.

Der erfahrene Ingenieur nimmt solche Abschätzungen häufig unmittelbar durch Vereinfachung des Berechnungsmodells vor. Man sollte dabei jedoch stets von der

Bildwelle ausgehen. Für das auf Bild 4/3 dargestellte Modell kann man beispielsweise nach Aufstellung der Bildwelle (Bild 4/4) sofort abschätzen, daß die niedrigste
Eigenfrequenz durch ein System von zwei Massen $(J_1{}^r + J_2{}^r)$ und $J_3{}^r$ mit der Feder
$c_2{}^r$ beschrieben wird. Der Schätzwert beträgt dann

$$\omega_s{}^2 = c_2{}^r \frac{(J_1{}^r + J_2{}^r) + J_3{}^r}{(J_1{}^r + J_2{}^r)\, J_3{}^r} \tag{4.51}$$

Das vereinfachte Berechnungsmodell entstand durch „Versteifen" der Feder $c_1{}^r$.

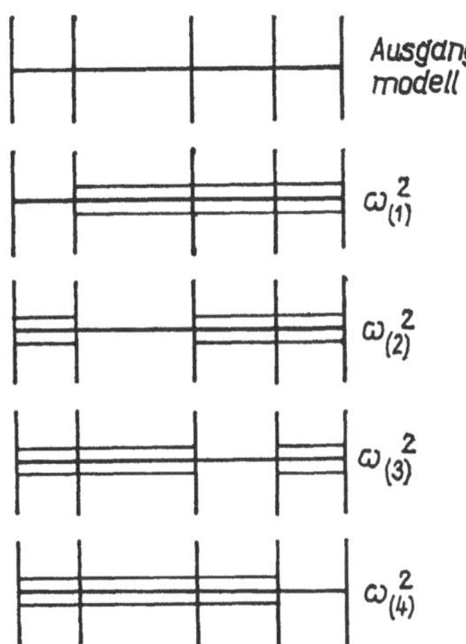

Bild 4/17. Aufteilung eines Modells
durch Erstarrung von Feldern
zur Bestimmung des *Neuberschen*
Grenzwertes

Jede Federversteifung bringt jedoch eine Anhebung der Eigenfrequenzen. Es ist
damit zu rechnen, daß die geschätzte Frequenz über der niedrigsten Eigenfrequenz
des Modells liegt. Eine Frequenz, die einen unteren Grenzwert für ω_1 liefert, ist der
*Neuber*sche Grenzwert, der in 6.4.2. zusammen mit dem Verfahren von *Dunkerley*
vorgestellt wird.
Nach Gl. (6.100) gilt

$$\boxed{\omega_1{}^2 > \omega_u{}^2; \quad \omega_u{}^2 = \frac{1}{\sum\limits_{i=1}^{n} 1/\omega_{(i)}^2} = \frac{a_0}{a_1}} \tag{4.52}$$

Dabei sind die $\omega_{(i)}$ Eigenkreisfrequenzen von Zweimassenmodellen, die durch schrittweise Erstarrung von Federn auftreten. Bild 4/17 stellt ein ungefesseltes 5-Massen-
Modell mit vier Ersatzmodellen zur Bestimmung der vier Werte $\omega_{(i)}$ dar. Der Quotient
a_0/a_1 bezieht sich auf die Frequenzgleichung (6.57). Man kann an Hand des einfachen
Beispiels Bild 4/18 die Richtigkeit der Aussage Gl. (4.52) leicht überprüfen. Die

Bild 4/18. Beispiel zur Bestimmung
des *Neuber*schen Grenzwertes

13*

Frequenzgleichung dafür lautet, wenn man beachtet, daß eine Eigenfrequenz des ungefesselten Systems Null ist:

$$c_1 c_2(J_1 + J_2 + J_3) - \omega^2[J_1 J_2 c_2 + (c_1 + c_2)\, J_1 J_3 + J_3 J_2 c_1]$$
$$+ (\omega^2)^2\, J_1 J_2 J_3 = 0 \tag{4.53}$$

Vergleicht man Gl. (4.53) mit Gl. (6.57) für $\lambda = \omega^2$, so läßt sich direkt ablesen

$$\frac{a_1}{a_0} = \frac{c_1 J_3(J_2 + J_1) + c_2 J_1(J_3 + J_2)}{c_1 c_2(J_1 + J_2 + J_3)} \tag{4.54}$$

oder

$$\frac{a_1}{a_0} = \frac{J_3(J_2 + J_1)}{c_2(J_1 + J_2 + J_3)} + \frac{J_1(J_3 + J_2)}{c_1(J_1 + J_2 + J_3)} \tag{4.55}$$

Ein Vergleich von Gl. (4.55) mit der Beziehung für die Eigenkreisfrequenz eines freien 2-Massen-Modells $\omega^2 = \dfrac{c(J_1 + J_2)}{J_1 J_2}$ liefert:

$$\frac{a_1}{a_0} = \frac{1}{\omega_{(1)}^2} + \frac{1}{\omega_{(2)}^2} \tag{4.56}$$

Dabei stellt $\omega_{(1)}$ die Eigenkreisfrequenz dar, die man erhält, wenn die Feder c_1 als starr angenommen wird. $\omega_{(2)}$ gilt für das Modell mit starrer Feder c_2.

Für das Beispiel in 4.1.2., Bild 4/4 würde sich damit ergeben: Abschätzung nach Bildwelle: $\omega_\mathrm{s}^2 = 8{,}97 \cdot 10^{-2}\, c/J$. Für den *Neuber*schen Grenzwert nach Gl. (4.52) findet man

$$\frac{1}{\omega_\mathrm{u}^2} = \frac{J}{c} \cdot 10^2 \left(\frac{1}{8{,}97} + \frac{1}{65{,}63}\right); \quad \omega_\mathrm{u}^2 = 7{,}89 \cdot 10^{-2}\, c/J$$

Da die Abschätzung nach der Bildwelle einen zu hohen Wert liefert, muß also gelten

$$7{,}89 \cdot 10^{-2} \cdot c/J < \omega_1^2 < 8{,}97 \cdot 10^{-2} c/J$$

Selbst für das ungünstig erscheinende Beispiel, Bild 4/5, $(J_1 = J_2;\ c_1 = 2c_2)$ liefert der *Neuber*sche Grenzwert:

$$1/\omega_\mathrm{u}^2 = [(J_1 + J_2)/c_2 + J_1/c_1]; \quad \omega_\mathrm{u}^2 = 0{,}400 c_2/J_2 = 0{,}400\,\omega^{*2}$$

Der exakte Wert wurde in 4.2.1. ermittelt zu

$$\omega_1^2 = 0{,}438\,\omega^{*2}$$

4.2.6.   Aussagen der freien Schwingungen

Jede Schwingungsberechnung setzt die Abbildung des Systems durch ein Berechnungsmodell voraus. Ist ein solches gefunden, wird in den meisten Fällen die Berechnung der freien Schwingungen am Anfang stehen. Sie liefert die Eigenfrequenzen und die zugehörigen Eigenschwingformen. Das dazu erforderliche Berechnungsmodell besteht nur aus Massen und Federn, enthält also nicht die häufig sehr schwer erfaßbaren Werte für Dämpfung und Erregung. Kennt man die Eigenfrequenzen, lassen sich mehrere Aussagen über das Modell machen. Zunächst wird man die niedrigste

Eigenfrequenz mit der höchsten interessierenden Erregerfrequenz vergleichen. Liegt die niedrigste Eigenfrequenz weit über dieser, so kann als starre Maschine gerechnet werden. Zur Abschätzung von ω_1 genügt der *Neuber*sche Grenzwert. Liegen Eigenfrequenzen im Bereich der Erregerfrequenzen, so lassen sich Resonanzfrequenzen angeben (vgl. 4.3.1.2.).

Liegen höhere Eigenfrequenzen des Modells weit über dem Feld der Erregerfrequenzen, so enthält das Berechnungsmodell unnötig viele Freiheitsgrade. Andererseits hat das Modell zu wenige Freiheitsgrade, wenn die höchste berechnete Eigenfrequenz im Bereich der Erregerfrequenzen liegt. Bild 4/19 demonstriert diese verschiedenen

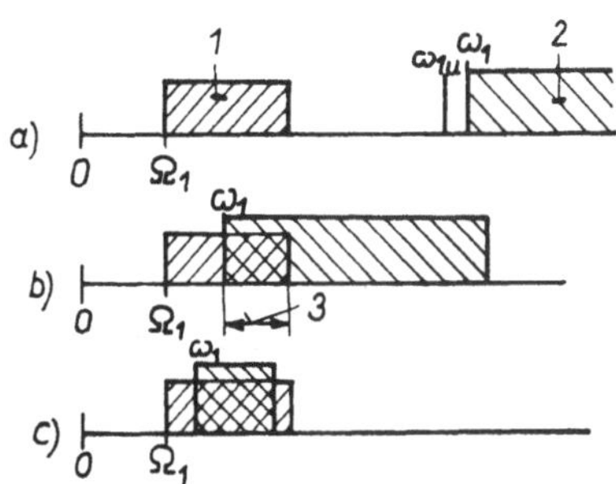

Bild 4/19.   Aussagen der Eigenfrequenzberechnung

a) Starre Maschine
b) Modell mit zu vielen Freiheitsgraden, Resonanzbereich maßgeblich
c) Modell mit zu wenig Freiheitsgraden, Änderung erforderlich

1 Erregerfrequenzen; *2* Eigenfrequenzen; *3* Resonanzbereich

Fälle. Häufig werden die berechneten Eigenfrequenzen auch zur Modellüberprüfung verwendet, indem man am System gemessene Eigenfrequenzen zum Vergleich benutzt. Da Modelle mit vielen Freiheitsgraden jedoch häufig direkt benachbarte Eigenfrequenzen haben, ist der Vergleich nur unter Hinzuziehung der Eigenschwingformen sinnvoll, die jedoch oft meßtechnisch nur schwer zu erfassen sind.

Die Eigenschwingformen verwendet man sowohl für die schon erwähnte Einordnung der Eigenfrequenzen als auch für die Parameterdiskussion und die Berechnung von Resonanzausschlägen. Während über den letzten Punkt in 4.3.1.3. gesprochen wird, soll hier auf die Parameterdiskussion hingewiesen werden. Zunächst ist festzustellen, daß jede Steifigkeitserhöhung und jede Massenverringerung die Eigenfrequenzen anheben (vgl. 6.5.). Die Wirksamkeit derartiger Maßnahmen hängt jedoch wesentlich von der Schwingform ab.

So gilt:

Steifigkeitsänderungen sind am wirkungsvollsten im Wellenstück, in dem die größte Differenz der verhältnismäßigen Ausschläge auftritt. Wie man aus dem folgenden Beispiel erkennt, muß dies nicht mit der Lage der Schwingungsknoten übereinstimmen. Massenänderungen sind am wirkungsvollsten im Schwingungsbauch, d. h. an der Stelle des größten relativen Ausschlages der Eigenschwingform. Massenänderungen im Schwingungsknoten beeinflussen die zur diskutierten Eigenschwingform gehörige Eigenfrequenz nicht.

An einem Beispiel soll dies gezeigt werden.

Bild 4/31 zeigt das Modell eines Kolbenmotors mit vier Zylindern, Riemenscheibe und Schwungrad. Im Ausgangszustand lagen folgende Werte vor:

$$J_1 = 4{,}611 \cdot 10^{-2}\,\text{kgm}^2; \qquad c_1 = 16{,}19 \cdot 10^4\,\text{Nm}; \qquad v_{11} = 1{,}000$$

$$J_2 = 1{,}305 \cdot 10^{-2}\,\text{kgm}^2; \qquad c_2 = 76{,}03 \cdot 10^4\,\text{Nm}; \qquad v_{21} = 0{,}427$$

$$J_3 = 1{,}305 \cdot 10^{-2}\,\text{kgm}^2; \qquad c_3 = 61{,}61 \cdot 10^4\,\text{Nm}; \qquad v_{31} = 0{,}290$$

$$J_4 = 1{,}305 \cdot 10^{-2}\,\text{kgm}^2; \qquad c_4 = 76{,}03 \cdot 10^4\,\text{Nm}; \qquad v_{41} = 0{,}109$$

$$J_5 = 1{,}305 \cdot 10^{-2}\,\text{kgm}^2; \qquad c_5 = 110{,}85 \cdot 10^4\,\text{Nm}; \qquad v_{51} = -0{,}041$$

$$J_6 = 39{,}34 \cdot 10^{-2}\,\text{kgm}^2; \qquad\qquad\qquad\qquad\qquad v_{61} = -0{,}143.$$

Dafür wurde mit dem Programm (P 3/7) die niedrigste Eigenkreisfrequenz zu

$$\omega_1 = 1418\ 1/\text{s}$$

und die zugehörige, über der Bildwelle (vgl. Bild 4/33) aufgetragene Eigenschwingform mit den oben angegebenen Werten v_{k1} berechnet. Diese Eigenfrequenz soll beeinflußt werden.

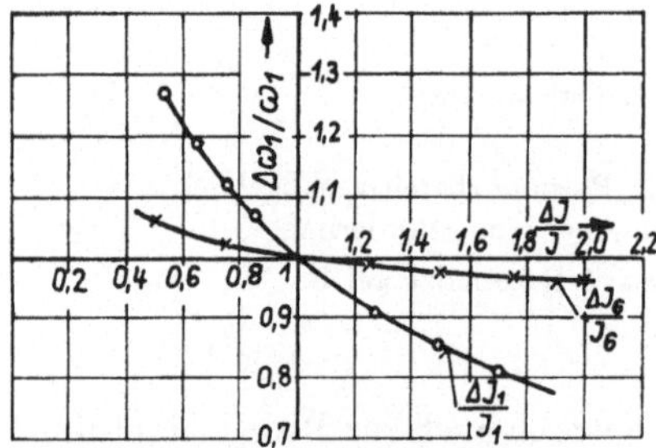

Bild 4/20. Beeinflussung der niedrigsten Eigenfrequenz durch Massenänderung an einem Vier-Zylinder-Motor

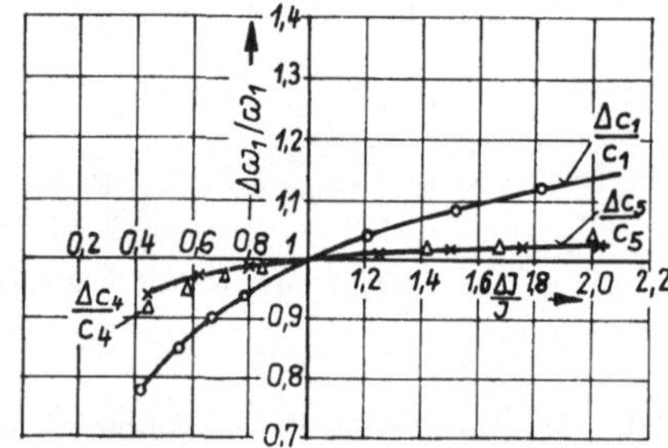

Bild 4/21. Beeinflussung der niedrigsten Eigenfrequenz durch Federänderung an einem Vier-Zylinder-Motor (für $\Delta J/J$ lies $\Delta c/c$)

Am wirkungsvollsten erscheint die Veränderung des Trägheitsmomentes der Riemenscheibe J_1, die im Schwingungsbauch liegt. Eine Änderung von J_6 des in Knotennähe liegenden Schwungrades ist demgegenüber ohne Bedeutung. Bild 4/20 zeigt die Einflüsse der Änderung, dabei bedeuten ΔJ_1; ΔJ_6; $\Delta\omega_1$ die Werte nach der Änderung.

Bild 4/21 zeigt die Einflüsse von Federänderungen. Die Differenzen der relativen Ausschläge über den einzelnen Federn betragen

$$c_1:\ v_{11} - v_{21} = 0{,}573; \qquad c_2:\ v_{21} - v_{31} = 0{,}136$$

$$c_3:\ v_{31} - v_{41} = 0{,}182; \qquad c_4:\ v_{41} - v_{51} = 0{,}150$$

$$c_5:\ v_{51} - v_{61} = 0{,}102$$

Die Wirkung einer Änderung von c_1 wird daher bedeutend größer sein als die von c_5 oder auch der Feder, in der der Schwingungsknoten liegt, c_4.

Es sei noch vermerkt, daß bei der Änderung eines Schwingungssystems viele fertigungs- und maschinentechnische Belange berücksichtigt werden müssen, so daß von daher die Möglichkeiten oft recht beschränkt sind.

In Gl. (4.20) ist gezeigt, daß für jede Eigenkreisfrequenz ω_i eines freien Modells gelten muß:

$$\sum_{k=1}^{n} J_k v_{ki} = 0 \qquad (4.57)$$

Wendet man diese Beziehung auf das vorliegende Beispiel an, ergibt sich

$$\sum_{k=1}^{6} J_k v_{k1} = 0{,}0098$$

Diese Abweichung von Null entsteht sich auf Grund des Abbruchfehlers bei der Angabe der Amplitudenverhältnisse v_{k1}.

4.2.7. Aufgaben A 4/1 bis A 4/3

A 4/1: Für das auf Bild 4/5 dargestellte Berechnungsmodell sind gegeben:

$$J_1 = \frac{1}{2} J; \quad J_2 = J; \quad c_1 = c_2 = c$$

Gesucht: 1. Eigenfrequenzen f_1 und f_2

2. Bewegungs-Zeit-Funktionen $\varphi_1(t)$; $\varphi_2(t)$ für die Anfangsbedingungen

$$t = 0: \quad \varphi_1 = \varphi_{10}; \quad \varphi_2 = 0; \quad \dot{\varphi}_1 = 0; \quad \dot{\varphi}_2 = 0$$

3. Man zeichne die Funktion

$$\varphi_1(t)/\varphi_{10} = f(\omega^* t) \text{ im Bereich } 0 \leq t \leq 10 \sqrt{J/c}$$

und diskutiere den Verlauf $\left(\omega^* = \sqrt{c/J}\right)$.

A 4/2: An das in Ruhe befindliche Teilsystem mit den Kennwerten $J_1 - c_1 - J_2$ wird eine Drehmasse J_3, die sich mit der Drehzahl n_3 dreht, schlagartig über eine elastische Bolzenkupplung mit der Federsteifigkeit c_2 gekuppelt (Bild 4/22).

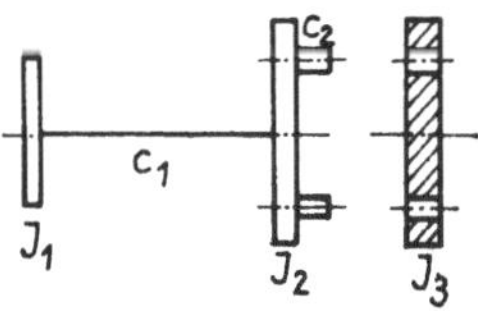

Bild 4/22. Antriebssystem zur Aufgabe A 4/2

Gegeben: $J_1 = J_2 = J_3 = J$; $c_1 = 10c$; $c_2 = c$; $n = \dfrac{30}{\pi} \dfrac{c}{J}$

Gesucht sind die Eigenkreisfrequenzen und Schwingformen, die Bewegungs-Zeit-Funktion $\varphi_1(t)$ und das elastische Moment in der Kupplung.

A 4/3: Für das Antriebssystem des auf Bild 4/23 dargestellten Modells wurde in der Welle mit der Federkonstanten c_1 in der Eigenkreisfrequenz $\omega = \sqrt{c/J}$ ein Moment $M_1 = \hat{M}_1 \sin \sqrt{c/J} \, t$ gemessen.

Gegeben: $J_1 = J_3 = J_4 = J_2{}' = J$; $J_2{}'' = 3/4\,J$; $r_2{}' = 4r$; $r_2{}'' = 2r$; $c_1 = c_3 = 2c$; $c_2 = c$.

Wie groß ist bei dieser Resonanzschwingung der Ausschlag der Drehmasse mit dem Trägheitsmoment J_3?

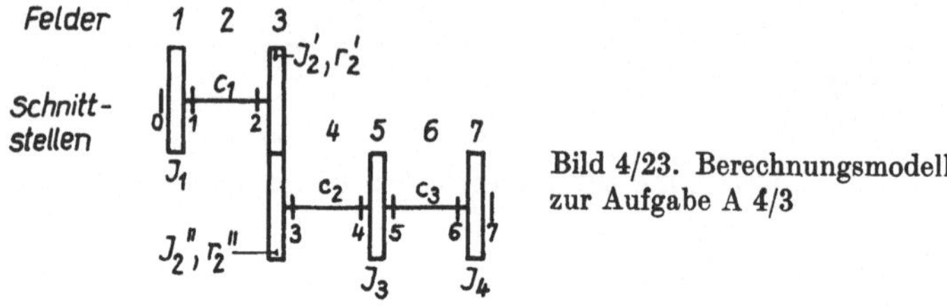

Bild 4/23. Berechnungsmodell zur Aufgabe A 4/3

4.2.8. Lösungen L 4/1 bis L 4/3

L 4/1: Es handelt sich um ein gefesseltes Modell mit zwei Drehmassen, das zwei von Null verschiedene Eigenfrequenzen hat. Die Kreisfrequenzen berechnen sich nach Gln. (4.11) bzw. (4.11 a).
Setzt man:

$$J_1/J_2 = \mu = 1/2; \quad c_1/c_2 = \gamma = 1; \quad \omega^{*2} = c_2/J_2 = c/J \text{ so folgt:}$$

$$\omega_{1,2}^2/\omega^{*2} = \frac{1}{2}\left[4 \mp \sqrt{8}\right]; \quad (\omega_1/\omega^*)^2 = 0{,}586; \quad \omega_1 = 0{,}765\,\sqrt{c/J}$$

$$(\omega_2/\omega^*)^2 = 3{,}414; \quad \omega_2 = 1{,}848\,\sqrt{c/J}$$

Die Eigenfrequenzen betragen somit

$$\text{mit } f_k = \omega_k/2\pi; \quad \underline{f_1 = 0{,}122\,\sqrt{c/J}}; \quad \underline{f_2 = 0{,}294\,\sqrt{c/J}}$$

Die Bewegungs-Zeit-Funktionen lassen sich nach Gln. (4.10); (4.12 a) bestimmen, und nach Einsetzen der Zahlenwerte für μ und γ findet man:

$$v_{21} = 0{,}707$$

$$v_{22} = -0{,}707$$

Mit den Anfangsbedingungen findet man aus Gl. (4.10)

$$\varphi_{10} = A_1 + A_3; \qquad 0 = \omega_1 A_2 + \omega_2 A_4$$

$$0 = v_{21} A_1 + v_{22} A_3; \qquad 0 = v_{21}\omega_1 A_2 + v_{22}\omega_2 A_4$$

Daraus folgt: $A_2 = A_4 = 0$

$$A_1 = \varphi_{10} v_{22}/(v_{22} - v_{21}); \quad A_3 = -\varphi_{10} v_{21}/(v_{22} - v_{21}); \quad A_1 = 0{,}5\varphi_{10};$$

$$A_3 = 0{,}5\varphi_{10}$$

Einsetzen der Zahlenwerte in Gl. (4.10) liefert:

$$\varphi_1(t) = 0{,}5\varphi_{10}\left[\cos 0{,}765\,\sqrt{\frac{c}{J}}\,t + \cos 1{,}848\,\sqrt{\frac{c}{J}}\,t\right]$$

$$\varphi_2(t) = 0{,}354\varphi_{10}\left[\cos 0{,}765\,\sqrt{\frac{c}{J}}\,t - \cos 1{,}848\,\sqrt{\frac{c}{J}}\,t\right]$$

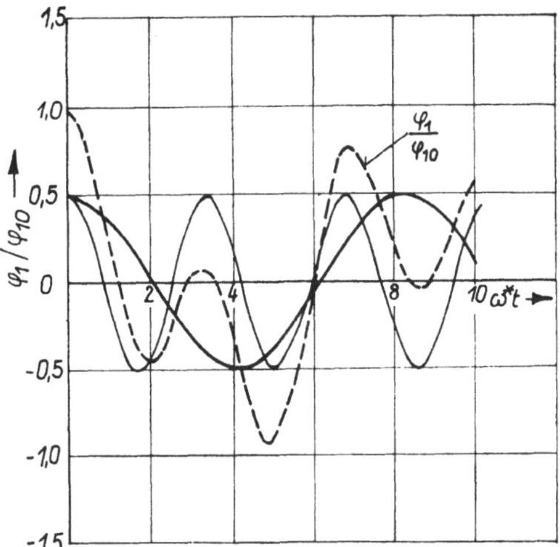

Bild 4/24. Gesamtbewegung φ_1/φ_{10} der Drehmasse *1* mit den beiden Harmonischen $A_1 \cos \omega_1 t$ und $A_3 \cos \omega_2 t$ (zu L 4/1)

Bild 4/24 zeigt den Verlauf von $\varphi_1(t)$ im Bereich $0 \leqq t \leqq 10 \sqrt{\dfrac{J}{c}}$. Wie man aus der Lösung erkennt, setzt sich die Bewegung aus zwei harmonischen Schwingungen zusammen, deren Kreisfrequenzen nicht im ganzzahligen Verhältnis stehen. Nach [39] ergibt dies jedoch eine nichtperiodische Summenschwingung, was aus Bild 4/24 auch erkennbar ist (vgl. auch 6.3.2., Bild 6/5).

L 4/2: Die Aufgabenstellung führt auf ein ungefesseltes Modell nach Bild 4/25, dessen Anfangsbedingungen lauten:

$$t = 0: \qquad \varphi_1 = 0; \quad \varphi_2 = 0; \quad \varphi_3 = 0$$

$$\dot{\varphi}_1 = 0; \quad \dot{\varphi}_2 = 0; \quad \dot{\varphi}_3 = \Omega_3 = \pi n_3/30$$

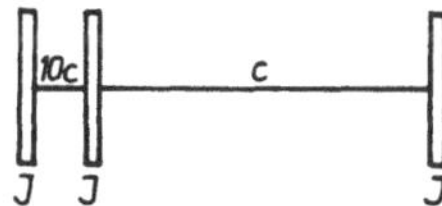

Bild 4/25. Berechnungsmodell zur Aufgabe A 4/2

Die Aufgabe soll zur Übung unter Benutzung der Matrizenschreibweise gelöst werden.

Die Massenmatrix und die Federmatrix lauten:

$$\boldsymbol{M} = J \begin{pmatrix} 1 & 0 & 0 \\ 0 & 1 & 0 \\ 0 & 0 & 1 \end{pmatrix}; \quad \boldsymbol{C} = c \begin{pmatrix} 10 & -10 & 0 \\ -10 & 11 & -1 \\ 0 & -1 & 1 \end{pmatrix}$$

Das Eigenwertproblem nach Gl. (4.29) hat mit $\omega^{*2} = \dfrac{c}{J}$ die Form

$$\begin{pmatrix} [10 - (\omega/\omega^*)^2] & -10 & 0 \\ -10 & [11 - (\omega/\omega^*)^2] & -1 \\ 0 & -1 & [1 - (\omega/\omega^*)^2] \end{pmatrix} \begin{pmatrix} \hat{\varphi}_1 \\ \hat{\varphi}_2 \\ \hat{\varphi}_3 \end{pmatrix} = \boldsymbol{0} \qquad (4.58)$$

Die Frequenzgleichung lautet nach Abspaltung von $\omega_0{}^2 = 0$:

$$(\omega/\omega^*)^4 - 22(\omega/\omega^*)^2 + 30 = 0$$

Somit gilt:

$$\omega_0{}^2 = 0; \quad \omega_1{}^2 = 1{,}461\,\omega^{*2}; \quad \omega_2{}^2 = 20{,}539\,\omega^{*2}$$

$$\underline{\underline{\omega_1 = 1{,}209\,\omega^*}}; \quad \underline{\underline{\omega_2 = 4{,}532\,\omega^*}}$$

Die Eigenschwingformen können nun aus Gl. (4.58) berechnet werden.
Für $(\omega_1/\omega^*)^2 = 1{,}461$ erhält man die Amplitudenverhältnisse der 1. Eigenschwingform

$$(\hat{\varphi}_2/\hat{\varphi}_1)_{\omega_1} = \underline{\underline{v_{21} = 0{,}854}} \qquad (\hat{\varphi}_3/\hat{\varphi}_1)_{\omega_1} = \underline{\underline{v_{31} = -1{,}855}}$$

Für $(\omega_2/\omega^*)^2 = 20{,}539$ folgt für die 2. Eigenschwingform

$$(\hat{\varphi}_2/\hat{\varphi}_1)_{\omega_2} = \underline{\underline{v_{22} = -1{,}054}} \qquad (\hat{\varphi}_3/\hat{\varphi}_1)_{\omega_2} = \underline{\underline{v_{32} = 0{,}053}}$$

Als Kontrolle von ω_1 kann eine Abschätzung nach der Bildwelle dienen. Es gilt für die reduzierten Längen:

$$l_{2\mathrm{red}} = 10\,l_{1\mathrm{red}}$$

Man kann somit zur Abschätzung ein Zwei-Massen-Modell $(J_1 + J_2) - c_2 - J_3$ verwenden.
Seine Eigenkreisfrequenz beträgt

$$\omega_s{}^2 = 1{,}5\,c/J; \quad \omega_s = 1{,}225\,\sqrt{c/J}$$

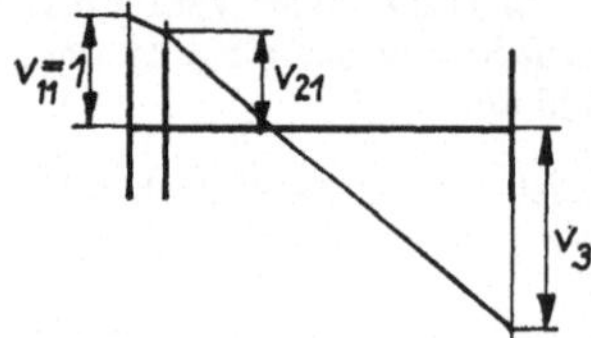

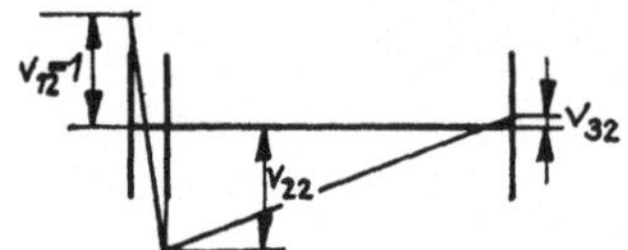

Bild 4/26. Eigenschwingformen zur Lösung L 4/2

Bild 4/26 zeigt die Eigenschwingformen.
Die vollständige Lösung lautet analog zu Gl. (4.18)

$$\varphi_1 = A_1 + A_2 t + A_3 \cos \omega_1 t + A_4 \sin \omega_1 t + A_5 \cos \omega_2 t + A_6 \sin \omega_2 t$$

$$\varphi_2 = A_1 + A_2 t + v_{21}(A_3 \cos \omega_1 t + A_4 \sin \omega_1 t) + v_{22}(A_5 \cos \omega_2 t + A_6 \sin \omega_2 t)$$

$$\varphi_3 = A_1 + A_2 t + v_{31}(A_3 \cos \omega_1 t + A_4 \sin \omega_1 t) + v_{32}(A_5 \cos \omega_2 t + A_6 \sin \omega_2 t)$$

Mit den Anfangsbedingungen ergeben sich folgende Integrationskonstanten:

$$A_1 = 0; \quad A_3 = 0; \quad A_5 = 0$$

$$A_4 = -\frac{\Omega_3}{\omega_1}\,\frac{(v_{22} - 1)}{(v_{21} - 1)(v_{32} - 1) - (v_{31} - 1)(v_{22} - 1)} = -0{,}297\,\Omega_3/\omega^*$$

$$A_6 = \frac{\Omega_3}{\omega_2}\,\frac{(v_{21} - 1)}{(v_{21} - 1)(v_{32} - 1) - (v_{31} - 1)(v_{22} - 1)} = 0{,}0056\,\Omega_3/\omega^*$$

$$A_2 = -\omega_1 A_4 - \omega_2 A_6 = 0{,}334\,\Omega_3$$

Mit $\Omega_3 = \pi n_3/30 = \sqrt{c/J} = \omega^*$ folgt:

$A_2 = 0{,}334\,\sqrt{c/J}$; $A_4 = -0{,}297$: $A_6 = 0{,}0056$

Die Masse 1 führt somit folgende Bewegung aus:

$$\varphi_1 = 0{,}334\,\sqrt{c/J}\,t - 0{,}297 \sin 1{,}209\,\sqrt{c/J}\,t + 0{,}0056 \sin 4{,}532\,\sqrt{c/J}\,t \tag{4.60}$$

Das elastische Moment in der Kupplung ergibt sich zu

$$M_2 = c_2(\varphi_3 - \varphi_2)$$

$$M_2 = c_2[A_4(v_{31} - v_{21}) \sin \omega_1 t + A_6(v_{32} - v_{22}) \sin \omega_2 t]$$

$$M_2 = c\left[0{,}805 \sin 1{,}209\,\sqrt{c/J}\,t + 0{,}006 \sin 4{,}532\,\sqrt{c/J}\,t\right] \tag{4.61}$$

Das Ergebnis zeigt zunächst in der Bewegung die Überlagerung von einer Drehung mit konstanter Winkelgeschwindigkeit $\Omega = 0{,}334\,\sqrt{c/J}$ und den beiden Schwingbewegungen in den Eigenfrequenzen. Das Moment besteht aus zwei Schwinganteilen. Dabei ist die Amplitude der ersten Harmonischen gegenüber der zweiten weitaus größer, was nach den Eigenschwingformen auch vermutet werden kann.

$L\,4/3$: Bei der Lösung dieser Aufgabe kann man mit den Verfahren der freien Schwingungen arbeiten, da bei schwacher Dämpfung angenommen wird, daß die Eigenschwingform mit der Resonanzschwingform übereinstimmt. Für die Lösung ist das Übertragungsmatrizenverfahren besonders geeignet.
Der Gang der Rechnung ist folgender:
Zunächst wird mit der Unbekannten der ersten Schnittstelle $\bar{\varphi}_0$ und der Eigenkreisfrequenz das *Falk*sche Schema berechnet. Natürlich ist die Endrandbedingung erfüllt. Die Unbekannte $\bar{\varphi}_0$ läßt sich nun aus dem gegebenen Moment an der Schnittstelle 1 oder 2 berechnen und damit der Ausschlag an der Schnittstelle 4 (oder 5) angeben.
Reduktionsgrößen: $J^* = J$; $c^* = c$; $\omega^{*2} = c/J$.
Die Resonanzkreisfrequenz beträgt: $\omega = \sqrt{c/J}$,
somit gilt: $\bar{\omega}^2 = \omega^2/\omega^{*2} = 1$
Das *Falk*sche Schema zeigt Tabelle 4/4. Man entnimmt daraus das Moment an der Schnittstelle 1

$$\bar{M}_1 = \bar{\varphi}_0;   M_1 = \bar{\varphi}_0 c^*$$

Es wurde gemessen zu $M_1 = \hat{M}_1 \sin \sqrt{c/J}\,t$

Somit gilt für die Winkelamplitude:

$$\bar{\varphi}_0 = \frac{\hat{M}_1}{c}$$

Der Ausschlag der Drehmasse Feld 5 beträgt nach Tabelle 4/4:

$$\bar{\varphi}_5 = \bar{\varphi}_0/2$$

Somit gilt für den gesuchten Ausschlag der Drehmasse mit dem Trägheitsmoment J_3:

$$\varphi_5 = \frac{1}{2}\frac{\hat{M}_1}{c}$$

Diese Aufgabe ist für die Maschinendynamik von Bedeutung, da sehr häufig zwar festgestellt wird, daß eine Resonanzschwingung vorliegt, aber nur an einigen

Tabelle 4/4. Falksches Schema zur Lösung L 4/3

Feld	Übertragungs-matrix		Zustandsvektor	
			$\bar{\varphi}_0$ (Unbekannte)	
			1	$\bar{y}_0$
			0	
1	1	0	1	$\bar{y}_1$
	1	1	1	
2	1	$-\dfrac{1}{2}$	$\dfrac{1}{2}$	$\bar{y}_2$
	0	1	1	
3	-2	0	-1	$\bar{y}_3$
	-2	$-\dfrac{1}{2}$	$-\dfrac{3}{2}$	
4	1	-1	$\dfrac{1}{2}$	$\bar{y}_4$
	0	1	$-\dfrac{3}{2}$	
5	1	0	$\dfrac{1}{2}$	$\bar{y}_5$
	1	1	-1	
6	1	$-\dfrac{1}{2}$	1	$\bar{y}_6$
	0	1	-1	
7	1	0	1	$\bar{y}_7$
	1	1	0	

Stellen des Systems eine Messung erfolgen kann. So sind beispielsweise beim Kolbenmotor häufig nur Messungen am freien Wellenende möglich, während die elastischen Momente in den Kurbelwellenabschnitten interessieren.

4.3.   Erzwungene Schwingungen diskreter linearer Torsionssysteme

4.3.1.   Periodische Erregung

4.3.1.1.   Aufgabenstellung

Erzwungene Schwingungen werden durch Dgln. mit konstanten Koeffizienten beschrieben, in denen eine explizite Zeitfunktion, die Erregung, auftritt.
Für eine große Gruppe von Antriebssystemen liegen periodische Erregerfunktionen vor. Hierzu gehören die Kolbenmotoren, die durch Gas- und Massenkräfte erregt

werden, die Kolbenpumpen und Pressen sowie unter bestimmten Bedingungen auch Antriebssysteme mit Mechanismen, bei denen periodische Bewegungserregung eine Rolle spielt.

Neben diesen von „außen" wirkenden Erregermomenten spielt die Erregung durch Zahnstöße in Getrieben eine Rolle. Die dadurch auftretenden, meist sehr hochfrequenten Schwingungen beeinträchtigen teilweise die Funktionsgüte (beispielsweise bei Druckmaschinen) und haben zusätzliche Zahnbelastungen zur Folge.

Bei Anfahr- und Bremsvorgängen sind die Erregerfunktionen nicht periodisch; man hat es hier mit transienten Vorgängen zu tun.

Neben den erzwungenen Schwingungen gehören in das Gebiet der erregten Schwingungen noch die parametererregten Schwingungen. Auf sie soll kurz in 7.3.2. eingegangen werden.

Für die Behandlung von Torsionsschwingungen mit periodischer Erregung ist folgender Ablauf vorteilhaft:

Nach der Bestimmung der Modellparameter und der Erfassung der Erregung in Form einer *Fourier*-Reihe (vgl. 1.5.1.) werden die Resonanzfrequenzen mit Hilfe eines Resonanzschaubildes bestimmt. Danach wird mit Hilfe eines Energievergleiches eine Abschätzung der Resonanzamplituden durchgeführt. Zeigt es sich, daß eine genauere Berechnung interessant ist, wendet man das Übertragungsmatrizenverfahren oder die allgemeine Matrizengleichung (vgl. 6.7.3.) an. Hierbei ist man nicht mehr an die Resonanzfrequenz gebunden. Bei allen Verfahren wird die Berechnung für jede Harmonische einzeln durchgeführt. Eine Superposition ist bei Verfahren möglich, die Lösungen auch außerhalb einer Resonanz liefern (vgl. 4.3.1.6.).

4.3.1.2.   Resonanzschaubild

Wie bereits in 1.5.1. beschrieben, kann jede periodische Erregung mit Hilfe einer *Fourier*-Reihe in eine Summe harmonischer Glieder zerlegt werden. Für nichtanalytisch gegebene Funktionen, zum Beispiel ein gemessenes Indikatordiagramm, liegen Rechenprogramme vor, die aus diskreten Meßwerten die *Fourier*-Koeffizienten bestimmen [vgl. Anhang (P 1/9); (P 1/15); (P 1/21)]. Damit erhält man das Erregermoment in der Form:

$$M(t) = M_{\mathrm{st}} + \sum_{x=1}^{m} \overline{M}_x \cos x\Omega t + \sum_{x=1}^{m} \overline{\overline{M}}_x \sin x\Omega t \tag{4.62}$$

oder

$$M(t) = M_{\mathrm{st}} + \sum_{x=1}^{m} \hat{M}_x \sin (x\Omega t + \gamma_x) \tag{4.63}$$

Es gilt: $\quad \hat{M} = \sqrt{\overline{M}_x{}^2 + \overline{\overline{M}}_x{}^2}; \quad \tan \gamma_x = \overline{\overline{M}}_x / \overline{M}_x \tag{4.64}$

In Gl. (4.63) stellt M_{st} das statische Moment dar, das meist als Nutz- oder Arbeitsmoment dient. Es bewirkt, daß das ganze Antriebssystem unter Vorspannung läuft. Die durch das Spiel entstehenden Nichtlinearitäten sind dann beseitigt, und ein lineares Modell ist in den meisten Fällen gewährleistet. Die Kreisfrequenz Ω ist die Grundfrequenz des periodischen Vorganges. Im Maschinenbau wird sie häufig aus der Drehzahl abgeleitet. Bei Kolbenviertaktmotoren ist dabei zu beachten, daß die Grundfrequenz eines Arbeitsspieles über zwei Umdrehungen läuft. Bezieht man trotzdem auf die Drehzahl, so tritt der (mathematisch unglückliche) Effekt gebrochener Ordnungen auf. Während normalerweise die Ordnungszahl x nur aus ganzen Zahlen besteht, $x = 1; 2; 3; ...$, gibt es dann auch $x = 0,5; 1; 1,5; 2, ...$

Resonanz liegt nun vor, wenn eine Erregerkreisfrequenz $x\Omega$ mit einer Eigenkreisfrequenz ω_k übereinstimmt, also wenn gilt:

$$\boxed{\omega_k = x\Omega} \tag{4.65}$$

Bezieht man Ω auf die Drehzahl, sind folgende Drehzahlen Resonanzdrehzahlen

$$\Omega = \omega_k/x; \quad n = 30\omega_k/\pi x \;\; 1/\mathrm{min} \quad \text{für } \omega \text{ in } 1/\mathrm{s} \tag{4.66}$$

Dieser Zusammenhang läßt sich übersichtlich im Resonanzschaubild erfassen. Hierbei werden die Eigenfrequenzen (oder Kreisfrequenzen) auf der Ordinate und die Drehzahlen auf der Abszisse aufgetragen. Die Ordnungsgeraden schneiden dann die Eigenfrequenzen bei den kritischen Drehzahlen. Diese Darstellung ist vor allem dann vorteilhaft, wenn die Eigenfrequenzen drehzahlabhängig sind, wie beispielsweise bei Turbinenschaufeln.

Ein Beispiel soll dies demonstrieren:

Für einen Zweitakt-Motorradmotor (freies Dreimassenmodell Bild 4/38) wurde ermittelt:

$$\text{Eigenkreisfrequenzen:} \quad \omega_1 = 2301 \; 1/\mathrm{s}$$
$$\omega_2 = 5360 \; 1/\mathrm{s}$$

Der Motor arbeitet im Drehzahlbereich $n_{\min} = 2000\;1/\mathrm{min}$ bis $n_{\max} = 6000\;1/\mathrm{min}$. Es sind die Anzahl der möglichen Resonanzen und die niedrigste Resonanzordnung zu bestimmen.

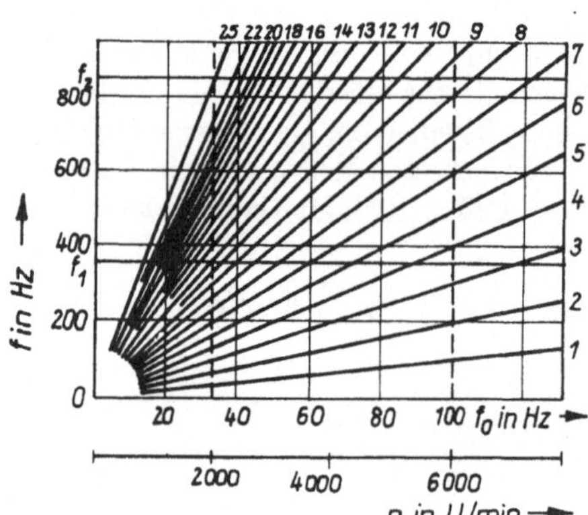

Bild 4/27. Resonanzschaubild für einen Motorradmotor

Bild 4/27 zeigt das Resonanzschaubild. Man erkennt daraus, daß mit der 1. Eigenfrequenz 8 Resonanzen (4. bis 11. Ordnung) und mit der 2. Eigenfrequenz 17 Resonanzen (9. bis 25. Ordnung) möglich sind. Da die Erregeramplituden der einzelnen Ordnungen mit steigender Ordnungszahl abfallen, haben natürlich die Resonanzen der höheren Ordnungen kleinere Ausschläge zur Folge. Es ist jedoch interessant, daß sie sich noch recht gut meßtechnisch nachweisen lassen.

Bild 4/28 zeigt die gemessene Resonanzkurve für das angegebene Beispiel. Man erkennt daraus deutlich, daß die Resonanzausschläge gegenüber den erregten Schwingungen außerhalb einer Resonanz hervortreten. Sie haben deshalb für die Gefährdung

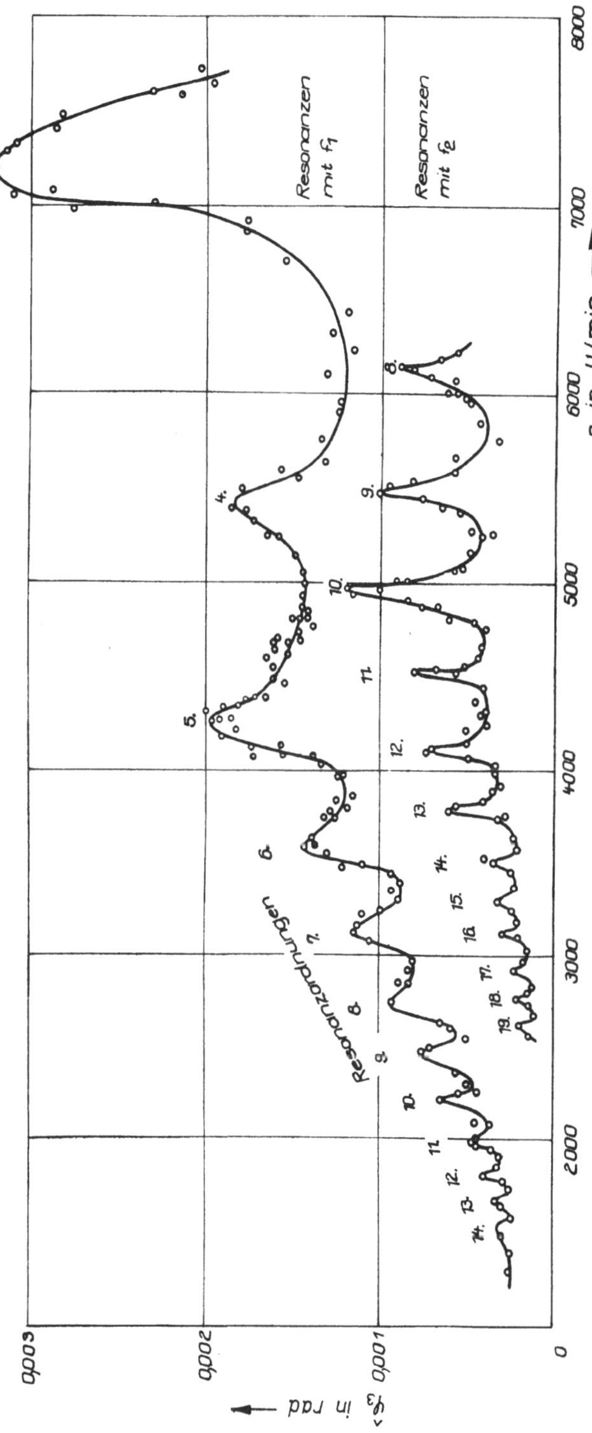

Bild 4/28. Gemessene Resonanzkurve für den Motorradmotor. Dabei wurden die Schwingungen mit den Frequenzen f_1 und f_2 meßtechnisch getrennt.

des Systems eine besondere Bedeutung. Weiterhin wird deutlich, daß im Betriebs-
bereich viele Resonanzdrehzahlen liegen. Es ist nun Aufgabe des Ingenieurs, die
Kurbelwelle so zu gestalten oder das Schwingungssystem so zu beeinflussen, daß
auch in der Resonanz keine Schädigung auftritt.

4.3.1.3.   Energieverfahren für harmonische Erregung

Die Grundlagen des Energieverfahrens werden in [39], Abschnitt 7.2.3. behandelt.
Sie sollen hier zunächst kurz zusammengestellt werden.
Schwingt ein System im stationären Zustand, muß die durch die Erregung zugeführte
Arbeit mit der durch die Dämpfung in Wärme umgewandelten, d. h. abgeführten
Arbeit im Gleichgewicht stehen.
Es soll gelten:

Erregermoment an der Drehmasse j: $M_j = \hat{M}_j \sin \Omega t$ (4.67)

Schwingwinkel der Drehmasse j: $\varphi_j = \hat{\varphi}_j \sin (\Omega t - \alpha)$ (4.68)

Der Phasenverschiebungswinkel α entsteht durch die im System enthaltene Dämpfung.
Für die Erregerarbeit gilt:

$$W_{\mathrm{E},j} = \int\limits_{\varphi(t)}^{\varphi(t+T)} M_j \, \mathrm{d}\varphi_i = \int\limits_{0}^{2\pi} M_j [\mathrm{d}\varphi_j / \mathrm{d}(\Omega t)] \, \mathrm{d}(\Omega t)$$ (4.69)

Mit den Gln. (4.67); (4.68) folgt:

$$\boxed{W_{\mathrm{E},j} = \pi \hat{M}_j \hat{\varphi}_j \sin \alpha}$$ (4.70)

Trägt man die Bewegung und die Erregung in einem Zeigerdiagramm auf (Bild 4/29),
so wird deutlich, daß die größte Arbeit geleistet wird, wenn das Erregermoment
senkrecht auf dem Bewegungsvektor steht, d. h. $\alpha = \pi/2$; $\sin \alpha = 1$ gilt. Diese
maximale Arbeit wird aber in der Resonanz von der Erregung an das System abgegeben; es stellt sich dabei die Schwingbewegung so ein, daß $\alpha = \pi/2$ vorliegt.

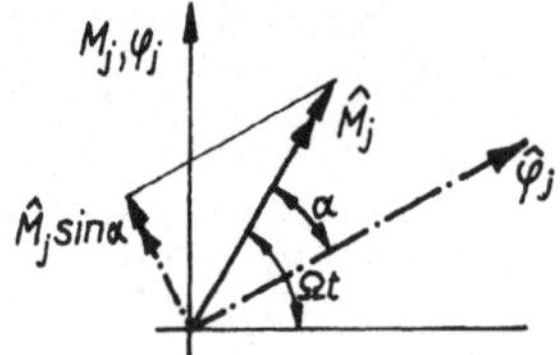

Bild 4/29. Zeigerdiagramm
zur Arbeitsermittlung

Für eine an der Drehmasse j wirkende Absolutdämpfung mit dem Dämpfungsmoment

$$M_{\mathrm{Da},j} = -b_{\mathrm{a},j} \dot{\varphi}_j$$ (4.71)

gilt dann entsprechend

$$\boxed{W_{\mathrm{Da},j} = -\pi b_{\mathrm{a},j} \hat{\varphi}_j^2 \Omega}$$ (4.72)

Für eine zwischen den Drehmassen j und $j + 1$ wirkende Relativdämpfung mit dem Dämpfungsmoment

$$M_{\mathrm{Dr},j} = -b_{\mathrm{r},j}(\dot{\varphi}_j - \dot{\varphi}_{j-1}). \tag{4.73}$$

findet man

$$\boxed{W_{\mathrm{Dr},j} = -\pi b_{\mathrm{r},j}\hat{\varphi}_{\mathrm{rel}}^2 \Omega} \tag{4.74}$$

Dabei ist die Amplitude $\hat{\varphi}_{\mathrm{rel}}$ des Differenzwinkels wegen der Dämpfung ungleich der Differenz der Einzelamplituden.

$$\hat{\varphi}_{\mathrm{rel}} \neq \hat{\varphi}_j - \hat{\varphi}_{j+1}$$

Für das Gesamtsystem gilt

$$\boxed{\sum_j W_{\mathrm{E},j} + \sum_j W_{\mathrm{Da},j} + \sum_j W_{\mathrm{Dr},j} = 0} \tag{4.75}$$

In dieser Gleichung kommen die (unbekannten) Amplituden aller Massen, an denen Erregungen oder Dämpfungen angreifen, vor. Zu ihrer Bestimmung müssen also noch andere Annahmen getroffen werden.

Man nimmt nun an, daß die Schwingform in der Resonanz gleich der der Eigenschwingform ist, die zur in Resonanz befindlichen Eigenfrequenz gehört. Diese Annahme ist für die niedrigste Eigenfrequenz bei schwacher Dämpfung meist erfüllt. Damit beschränkt man allerdings das Verfahren auf die Berechnung von Resonanzamplituden und kann den Phasenverschiebungswinkel $\alpha = \dfrac{\pi}{2}$, d. h. $\sin \alpha = 1$ setzen.

Die Eigenschwingform erhält man aus der Berechnung der freien Schwingungen. Sie fällt, wie bereits in 4.2. gezeigt wurde, bei der Eigenfrequenzermittlung mit an.

Unter dieser Bedingung besteht jedoch zwischen $\hat{\varphi}_j$ und $\hat{\varphi}_{j+1}$ keine Phasenverschiebung, so daß in Gl. (4.74) gesetzt werden kann

$$\hat{\varphi}_{\mathrm{rel}} = (\hat{\varphi}_j - \hat{\varphi}_{j+1})$$

Ein einfaches Beispiel soll zur Erläuterung dienen. Bild 4/30 zeigt ein Torsionsmodell, für das die Resonanzamplituden berechnet werden sollen.

Bild 4/30. Berechnungsmodell für ein Beispiel zum Energieverfahren

Die Eigenkreisfrequenz beträgt nach Gl. (4.17): $\omega^2 = c(J_1 + J_2)/J_1 J_2$.
Die Eigenschwingform nach Gl. (4.19): $v_{21} = (\hat{\varphi}_2/\hat{\varphi}_1)_{\omega_1} = -J_1/J_2$
Die Energiebeziehung Gl. (4.75) liefert

$$\pi \hat{M}\hat{\varphi}_1 - \pi b \hat{\varphi}_2^2 \Omega = 0; \quad \hat{\varphi}_1 = \frac{\hat{M}}{b\Omega}\left(\frac{\hat{\varphi}_1}{\hat{\varphi}_2}\right)^2$$

Da dies Ergebnis nur für $\omega = \Omega$ gilt, erhält man mit $J_1/J_2 = \mu$; $c/J_2 = \omega^{*2}$

$$\hat\varphi_1 = \hat{M}/\mu^2 b\omega^* \sqrt{1 + \frac{1}{\mu}}; \quad \hat\varphi_2 = -\hat{M}/\mu b\omega^* \sqrt{1 + \frac{1}{\mu}}$$

Eine besondere Bedeutung hat das Energieverfahren im Kolbenmaschinenbau erlangt [4/3].

Wird ein Kolbenmotor mit gleichen Triebwerken ohne einen speziellen Dämpfer betrachtet, so geht man von dem Modell Bild 4/31 aus. Als Dämpfung wird nur

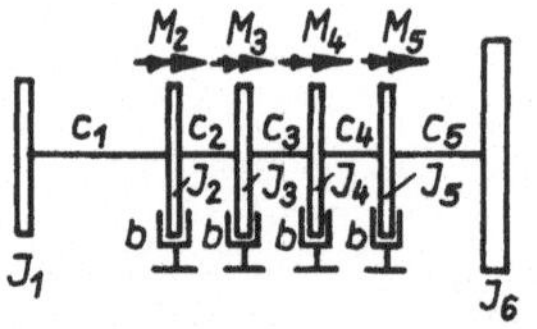

Bild 4/31. Modell eines Kolbenmotors
zur Berechnung von Resonanzamplituden
mit dem Energieverfahren

die Triebwerksdämpfung als Absolutdämpfung mit gleicher Dämpfungskonstante b betrachtet. Die Dämpfungsarbeit beträgt

$$W_{\mathrm{D}} = -\pi b\Omega \sum_{i=1}^{z} \hat\varphi_i{}^2 \tag{4.76}$$

Der Index i bezieht sich dabei auf den Zylinder, z ist die Zylinderanzahl. Für die Dämpfungskonstante b können nur Richtwerte angegeben werden. In 1.4.2. findet man dazu Angaben.

In den meisten Fällen werden jedoch die Dämpfungswerte aus einem Vergleich von Berechnung und Drehschwingungsmessung für jeden Motortyp gesondert bestimmt.

Besitzt die Anlage einen federlosen Dämpfer, so läßt sich der Ausdruck für die Dämpferenergie erweitern [4/4]. Die Wirkungsweise eines federlosen Dämpfers (Viskositätsdrehschwingungsdämpfer nach Bild 4/58) wird in 4.4. behandelt; ein Berechnungsmodell ist in Bild 4/36 dargestellt.

Unter Berücksichtigung von Absolutdämpfungen $b_{\mathrm{a},j}$ Relativdämpfungen $b_{\mathrm{r},j}$ und einer Dämpferdämpfung b_H ergibt sich die Dämpfungsarbeit zu [vgl. Gln. (4.74); (4.72)]

$$W_{\mathrm{D}} = -\pi \left\{ \sum_j \Omega[b_{\mathrm{a},j}\hat\varphi_j{}^2 + b_{\mathrm{r},j}(\hat\varphi_j - \hat\varphi_{j+1})^2] + \frac{b_H\Omega^3\hat\varphi_H{}^2 J_H{}^2}{b_H{}^2 + J_H{}^2\Omega^2} \right\} \tag{4.77}$$

Darin ist J_H das Trägheitsmoment des losen Dämpferringes und b_H die Dämpfungskonstante des Viskositätsdrehschwingungsdämpfers. $\hat\varphi_H$ ist die Amplitude der Masse, an der der Dämpfer sitzt (Ableitung, vgl. Aufgabe A 4/6).

Für die Erregerarbeit der Harmonischen x gilt nach Gl. (4.70):

$$W_{\mathrm{E}x} = \pi \sum_{i=1}^{z} \hat{M}_{xi}\hat\varphi_i \sin \alpha_{xi} \tag{4.78}$$

Dabei sind die Winkel α_{xi} Phasenverschiebungswinkel zwischen Erregung und Bewegung des i-ten Zylinders in der x-ten Ordnung. Sie setzen sich zusammen aus der Phasenverschiebung der Schwingung und einem konstruktionsbedingten Winkel ψ_{xi}, der durch Zündwinkel δ, Zündfolge und Ordnungszahl bestimmt wird. Nur in der Resonanz, wenn das System in einer Eigenfrequenz schwingt, sind alle Phasenverschiebungen der Schwingung der einzelnen Modelldrehmassen gleich oder in Gegenphase. Die Schwingbewegung der Welle stellt sich dann so ein, daß das resultierende „Erregerersatzmoment" im Zeigerdiagramm senkrecht auf der Bewegung steht. Wendet man nun Gl. (4.75) an, so folgt mit den Gln. (4.76); (4.78) für ein Modell nach Bild 4/31:

$$\pi b \Omega \sum_{i=1}^{z} \dot{\varphi}_i^2 = \pi \sum_{i=1}^{z} \hat{M}_{xi} \dot{\varphi}_i \sin \alpha_{xi} \tag{4.79}$$

Setzt man für die Eigenschwingform der ersten Eigenfrequenz $\left(\dfrac{\dot{\varphi}_i}{\dot{\varphi}_1}\right)_{\omega_1} = v_{i1}$, wird aus Gl. (4.79) unter der Voraussetzung gleicher Triebwerke ($\hat{M}_{xi} = \hat{M}_x$) und der Resonanz ($\Omega = \omega_1$ für Resonanz mit der niedrigsten Eigenfrequenz)

$$\dot{\varphi}_1 = \frac{\hat{M}_x \sum_{i=1}^{z} v_{i1} \sin \alpha_{xi}}{b \omega_1 \sum_{i=1}^{z} v_{i1}^2} \tag{4.80}$$

Der Ausdruck

$$M_{rx} = \hat{M}_x \sum_{i=1}^{z} v_{i1} \sin \alpha_{xi} \tag{4.81}$$

ist das Ersatzerregermoment, es bringt in Resonanz die gleiche Arbeit wie die Einzelerregermomente in das System.

Unter der Voraussetzung gleicher Triebwerke hat das spezifische Ersatzerregermoment

$$M_{rax} = \sum_{i=1}^{z} v_{i1} \sin \alpha_{xi} \tag{4.82}$$

noch Bedeutung. Zu seiner Bestimmung soll der Winkel α_{xi} näher untersucht werden. In Resonanz gilt auf Grund des oben Gesagten

$$\alpha_{x(i-1)} - \alpha_{xi} = \psi_x \tag{4.83}$$

Der Winkel ψ_x ist demnach der Winkel, den die Erregermomente x-ter Ordnung zweier benachbarter Zylinder zueinander bilden. Dabei muß berücksichtigt werden, daß sich die Zylinderzählung nach der Zündfolge richtet. Wird als Zündwinkel δ der Winkel zwischen zwei nacheinander zündenden Zylindern bezeichnet, so gilt

$$\psi_x = x \delta \tag{4.84}$$

Es läßt sich nun ein Phasendiagramm für jede Ordnung x zeichnen, indem man, vom 1. Zylinder ausgehend, die Strahlen der aufeinander zündenden Zylinder unter dem Winkel ψ_x aufträgt. Dabei entstehen die Richtungssterne der Harmonischen, wie sie für verschiedene Kurbelwellen auf Bild 4/32 dargestellt sind. Für das Bestimmen der spezifischen Ersatzerregerkraft mit Gl. (4.82) ist nun die Kenntnis der Absolutwerte α_{xi} nicht nötig. Man bildet vielmehr ein Vektordiagramm, in dem die einzelnen Vektoren durch die Amplitudenverhältnisse v_{i1} in Richtung des zur Ordnung

212   *4. Torsionsschwingungen in Antriebssystemen*

gehörigen Sternstrahles dargestellt werden. Die Resultierende ist dann $M_{\mathrm{ra}x}$ bzw. nach Multiplikation mit $\hat{M}_x$ das Ersatzerregermoment M_{rx}. Damit läßt sich natürlich wieder ein Zeigerdiagramm gemäß Bild 4/29 zeichnen, indem man von M_{rx} aus um 90° zurückgedreht den für alle Zylinder gleichen Bewegungszeiger einträgt. Von da aus sind dann auch die Winkel α_{xi} abzulesen, was jedoch keine Bedeutung hat, da letztlich nur M_{rx} interessiert.

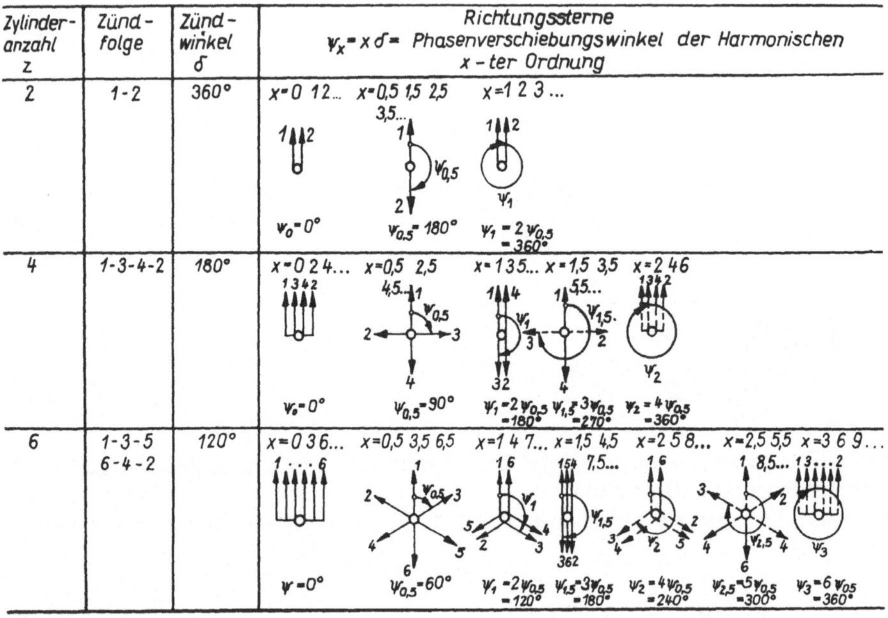

Zylinder-anzahl z	Zünd-folge	Zünd-winkel δ	Richtungssterne $\psi_x = x\,\delta =$ Phasenverschiebungswinkel der Harmonischen x-ter Ordnung
2	1-2	360°	$x=0\ 1\ 2\ldots$; $x=0,5\ 1,5\ 2,5\ 3,5\ldots$; $x=1\ 2\ 3\ldots$ — $\psi_0=0°$, $\psi_{0,5}=180°$, $\psi_1=2\psi_{0,5}=360°$
4	1-3-4-2	180°	$x=0\ 2\ 4\ldots$; $x=0,5\ 2,5\ 4,5\ldots$; $x=1\ 3\ 5\ldots$; $x=1,5\ 3,5$; $x=2\ 4\ 6$ — $\psi_0=0°$, $\psi_{0,5}=90°$, $\psi_1=2\psi_{0,5}=180°$, $\psi_{1,5}=3\psi_{0,5}=270°$, $\psi_2=4\psi_{0,5}=360°$
6	1-3-5 6-4-2	120°	$x=0\ 3\ 6\ldots$; $x=0,5\ 3,5\ 6,5$; $x=1\ 4\ 7\ldots$; $x=1,5\ 4,5$; $x=2\ 5\ 8\ldots$; $x=2,5\ 5,5$; $x=3\ 6\ 9\ldots$ — $\psi=0°$, $\psi_{0,5}=60°$, $\psi_1=2\psi_{0,5}=120°$, $\psi_{1,5}=3\psi_{0,5}=180°$, $\psi_2=4\psi_{0,5}=240°$, $\psi_{2,5}=5\psi_{0,5}=300°$, $\psi_3=6\psi_{0,5}=360°$

Bild 4/32. Richtungssterne der Harmonischen für verschiedene Kurbelwellen

An einem Beispiel soll das Bestimmen des spezifischen Ersatzerregermomentes gezeigt werden. Für einen 4-Zylinder-Viertakt-Motor (Modell Bild 4/31) wurden für die Eigenkreisfrequenz $\omega_1 = 1418\ \mathrm{1/s}$ folgende relativen Ausschläge der zugehörigen Schwingform berechnet (vgl. S. 198):

$$v_{11} = 1; \qquad v_{21} = 0{,}427; \qquad v_{31} = 0{,}290$$

$$v_{11} = 0{,}109; \qquad v_{51} = -0{,}041; \qquad v_{61} = -0{,}143$$

Bild 4/33 zeigt die Schwingform über der Bildwelle aufgetragen. Der Zündwinkel dieser Kurbelwelle beträgt $\delta = 180°$, die Zündfolge *1—3—4—2*. Damit lassen sich die Richtungssterne der Harmonischen zeichnen. Man beginnt dabei mit der niedrigsten Ordnung $x = 0$.
Trägt man nun die relativen Ausschläge in Richtung der Sternarme ab, so muß beachtet werden, daß in Gl. (4.82) die v_{i1} auf die Zylinder bezogen sind. Für den ersten Zylinder gilt

$$v^{(1)} = v_{21} = 0{,}427$$

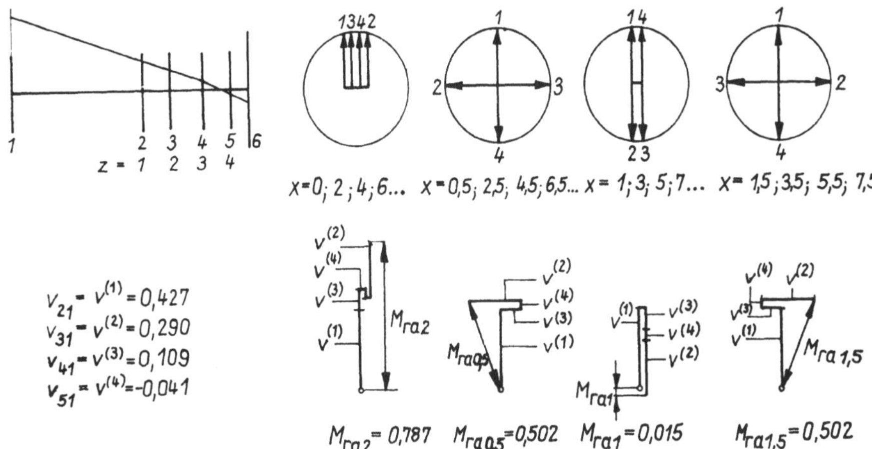

Bild 4/33. Beispiel zur Bestimmung des spezifischen Ersatzerregermomentes

Bild 4/33 zeigt die zu den verschiedenen Ordnungen gehörigen Vektordiagramme. Aus ihnen lassen sich die M_{rax} ablesen (bzw. berechnen). Man findet

$$x = 0;\ 2;\ 4;\ 6\ldots \qquad M_{rax} = 0,787$$

$$x = 0,5;\ 2,5;\ 4,5;\ 6,5\ldots \qquad M_{rax} = 0,502$$

$$x = 1;\ 3;\ 5;\ 7\ldots \qquad M_{rax} = 0,015$$

$$x = 1,5;\ 3,5;\ 5,5;\ 7,5\ldots \qquad M_{rax} = 0,502$$

Aus dem Beispiel ist zu erkennen, daß es bestimmte Ordnungen gibt, bei denen alle Sternstrahlen in einer Richtung stehen und die deshalb besonders große spezifische Ersatzerregermomente haben, wenn der Knoten außerhalb der Triebwerke liegt. Man nennt diese die *Hauptharmonischen*.

Auch für das Energieverfahren zur Berechnung von Resonanzschwingungen in Kolbenmotor-Anlagen sind Rechenprogramme erstellt worden [vgl. Anhang (P 3/15)]. Sie dienen in erster Linie zur Abschätzung der Resonanzausschläge bei der konstruktiven Entwicklung. Es läßt sich mit ihnen der Einfluß verschiedener Zündfolgen, Variantenvergleiche usw. abschätzen. Für den Spannungsnachweis bedient man sich der im folgenden angeführten Verfahren.

4.3.1.4.   Allgemeine Matrizengleichung für harmonische Erregung

In 4.2.3. wurde zur Berechnung der Eigenfrequenzen und Eigenschwingformen von dem ungedämpften Berechnungsmodell ausgegangen. Die Matrizengleichung enthielt die Massen- und die Steifigkeitsmatrizen. Sollen erzwungene Schwingungen berechnet werden, müssen die Dämpfungsmatrix und ein Erregervektor hinzugenommen werden. Gemäß Gl. (4.26) ergibt sich:

$$\boldsymbol{M\ddot{\varphi} + B\dot{\varphi} + C\varphi = F} \tag{4.85}$$

Für das auf Bild 4/31 dargestellte Modell findet man beispielsweise aus den Bewegungsgleichungen neben den bekannten Matrizen M und C die Dämpfungsmatrix:

$$B = \text{diag.}\ (0,\, b,\, b,\, b,\, b,\, 0) \tag{4.86}$$

und den Erregervektor

$$F^{\mathrm{T}} = [0;\ M_2(t);\ M_3(t);\ M_4(t);\ M_5(t);\ 0] \tag{4.87}$$

In 6.7.3. wird die Lösung der allgemeinen Matrizengleichung für gedämpfte, erzwungene Schwingungen behandelt. Setzt man einen Erregervektor mit harmonischen Elementen voraus, hat dann Gl. (4.85) die Gestalt (6.161). Liegt eine periodische Erregung vor, muß jede Harmonische der *Fourier*-Reihe gesondert behandelt werden. Zur Berechnung der stationären Bewegung bedient man sich am besten der komplexen Rechnung und findet (vgl. Gl. (6.164))

$$(-\Omega^2 M + \mathrm{j}\Omega B + C)\,\tilde{\varphi} = \tilde{F} \quad (4.88); \qquad\qquad \tilde{S}\tilde{\varphi} = \tilde{F} \tag{4.89}$$

Dabei ist $\tilde{F}$ der Vektor der komplexen Erregeramplituden

$$\tilde{F}^{\mathrm{T}} = (\tilde{F}_1, \tilde{F}_2, \ldots, \tilde{F}_n) \quad (4.90) \quad \text{und} \quad \tilde{\varphi}^{\mathrm{T}} = (\tilde{\varphi}_1, \tilde{\varphi}_2, \ldots, \tilde{\varphi}_n) \tag{4.91}$$

der komplexe Winkelamplitudenvektor. Ω ist die Erregerkreisfrequenz. Liegt ein Rechenprogramm für komplexe Algebra vor, kann $\tilde{\varphi}$ direkt aus dem linearen Gleichungssystem Gl. (4.88) berechnet werden. Ist dies nicht der Fall, muß eine Aufteilung in Real- und Imaginärteil erfolgen. Man setzt dann

$$\tilde{\varphi} = \hat{\varphi}_{\mathrm{r}} + \mathrm{j}\hat{\varphi}_i; \quad \tilde{F} = \hat{F}_{\mathrm{r}} + \mathrm{j}\hat{F}_i; \quad \tilde{S} = S_{\mathrm{r}} + \mathrm{j}S_i \tag{4.92}$$

Es muß jetzt ein Gleichungssystem mit $2n$ Unbekannten gelöst werden. Als Beispiel eines Rechenprogrammes sei (P 3/8) (vgl. Anhang) genannt.
Zur Durchführung der Rechnung müßte die Dämpfungsmatrix B bekannt sein. In den meisten Fällen ist es jedoch nicht möglich, alle Dämpfungswerte anzugeben. Da die Absolutdämpfungen in der Hauptdiagonalen auftreten und die in der Haupt- und den Nebendiagonalen liegenden Relativdämpfungen, die meist von der Werkstoffdämpfung herrühren, ohnehin sehr klein sind, rechnet man oft mit einer Diagonalmatrix. Macht man dann noch die Annahme, daß die Dämpfungsmatrix proportional. der Massen- und (oder) Steifigkeitsmatrix ist, so kann Gl. (4.85) auf Hauptachsen transformiert werden (vgl. 6.7.). Für die Dämpfungsmatrix gilt dann Gl. (6.151).
Liegen Angaben über die Dämpfungselemente überhaupt nicht vor und sollen solche aus dem Vergleich mit Messungen am Gesamtsystem gefunden werden, so hat ein Ansatz nach Gl. (6.151) den Vorteil, daß nur eine oder zwei Konstante bestimmt werden müssen, die jedoch dann frequenzabhängig sind.

4.3.1.5.   Übertragungsmatrizen für harmonische Erregung

Während für die Berechnung der Eigenfrequenzen und Schwingformen die Verfahren zur Lösung des allgemeinen oder speziellen Eigenwertproblems den Übertragungsmatrizenverfahren meist vorgezogen werden, sind letztere bei der Berechnung periodisch erzwungener Schwingungen sehr häufig im Einsatz. Sie sind besonders dann geeignet, wenn eine Rechenanlage für komplexe Algebra verfügbar ist. Es soll hier jedoch auf reelle Matrizen zurückgegangen werden.

Der Grundgedanke des Übertragungsmatrizenverfahrens wurde schon in 4.2.4. behandelt.
Als Beispiel für die Aufstellung der Übertragungsmatrizen sollen hier nur das masselose Federfeld und das Massenfeld dienen.
Nimmt man als Erregung das Moment W_k an der Drehmasse des Feldes k an, erhält man nach Bild 4/34

$$\varphi_i = \varphi_{i-1} \tag{4.93}$$

$$J_k\ddot{\varphi}_{i-1} + M_i - M_{i-1} + b_{ak}\dot{\varphi}_{i-1} = W_k \tag{4.94}$$

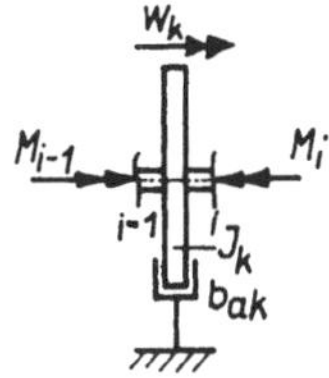
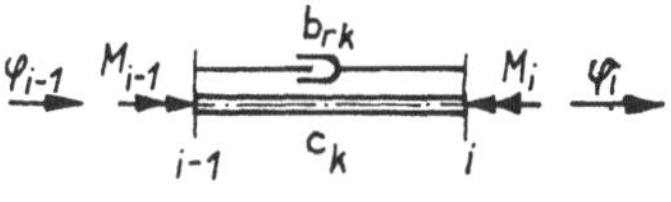

Bild 4/34. Modell des
Massenfeldes

Bild 4/35. Modell des masselosen
Federfeldes

Für das Federfeld nach Bild 4/35 gilt:

$$M_i = M_{i-1} \tag{4.95}$$

$$M_{i-1} = c_k(\varphi_{i-1} - \varphi_i) + b_{rk}(\dot{\varphi}_{i-1} - \dot{\varphi}_i)$$

Analog zu Gl. (4.88) wird für das harmonische Erregermoment eine komplexe Amplitude eingeführt. Es ist

$$W_k = \widetilde{W}_k\, e^{j\Omega t} \tag{4.96}$$

Somit gelten für Schwingwinkel und elastisches Moment:

$$\varphi_i = \tilde{\varphi}_i\, e^{j\Omega t}; \quad M_i = \tilde{M}_i\, e^{j\Omega t} \tag{4.97}$$

Setzt man Gln. (4.96); (4.97) in Gln. (4.93); (4.94) ein, ergibt sich für das Massenfeld

$$\tilde{\varphi}_i = \tilde{\varphi}_{i-1}$$
$$\tilde{M}_i = J_k\Omega^2\tilde{\varphi}_{i-1} + \tilde{M}_{i-1} - j\Omega b_{ak}\tilde{\varphi}_{i-1} + \widetilde{W}_k \tag{4.98}$$

Für das Federfeld gilt mit Gl. (4.95):

$$\tilde{\varphi}_i = \tilde{\varphi}_{i-1} - \frac{\tilde{M}_{i-1}}{c_k + j\Omega b_{rk}} \tag{4.99}$$
$$\tilde{M}_i = \tilde{M}_{i-1}$$

Die beiden Zustandsgrößen $\tilde{\varphi}$ und $\tilde{M}$ haben als komplexe Größen je zwei Komponenten. Sie werden durch die Trennung von Real- und Imaginärteil deutlich.
Um gleichzeitig die Reduktion der Zustandsgrößen auf die Winkeleinheit vorzunehmen, setzt man

$$\tilde{\varphi}_i = \bar{\varphi}_i + j\bar{\bar{\varphi}}_i \tag{4.100}$$
$$\tilde{M}_i/c^* = \bar{M}_i + j\bar{\bar{M}}_i$$
$$\widetilde{W}_k/c^* = \bar{W}_k + j\bar{\bar{W}}_k$$

Damit entsteht ein Zustandsvektor mit den vier reduzierten Zustandsgrößen $\bar{\varphi}$; $\bar{\bar{\varphi}}$; $\overline{M}$; $\overline{\overline{M}}$.

Setzt man Gl. (4.100) in Gl. (4.98) ein, ergibt sich nach Trennung in Real- und Imaginärteil für das Massenfeld:

$$\bar{\varphi}_i = \bar{\varphi}_{i-1}$$

$$\bar{\bar{\varphi}}_i = \bar{\bar{\varphi}}_{i-1} \tag{4.101}$$

$$\overline{M}_i = \bar{J}_k \bar{\Omega}^2 \bar{\varphi}_{i-1} + \bar{\Omega}\bar{b}_{ak}\bar{\bar{\varphi}}_{i-1} + \overline{M}_{i-1} + \overline{W}_k$$

$$\overline{\overline{M}}_i = -\bar{\Omega}\bar{b}_{ak}\bar{\varphi}_{i-1} + \bar{J}_k\bar{\Omega}^2\bar{\bar{\varphi}}_{i-1} + \overline{\overline{M}}_{i-1} + \overline{\overline{W}}_k$$

Unter Verwendung der Reduktionsgrößen

$$J^*;\ c^*;\ \omega^{*2} = c^*/J^*$$

wurden dabei folgende reduzierte Größen eingeführt:

$$\bar{J}_k = J_k/J^*;\quad \bar{\Omega} = \Omega/\omega^*;\quad \bar{b}_{ak} = b_{ak}/\sqrt{c^*J^*} \tag{4.102}$$

Betrachtet man das Gleichungssystem Gl. (4.101), so fällt auf, daß durch die Erregung eine Übertragungsmatrix mit fünf Spalten und vier Zeilen entsteht. Um eine quadratische Matrix zu erhalten, wird die Beziehung $1 = 1$ formal dazu genommen. Damit läßt sich Gl. (4.101) in Matrizenschreibweise angeben:

$$\begin{pmatrix} \bar{\varphi} \\ \bar{\bar{\varphi}} \\ \overline{M} \\ \overline{\overline{M}} \\ 1 \end{pmatrix}_i = \begin{pmatrix} 1 & 0 & 0 & 0 & 0 \\ 0 & 1 & 0 & 0 & 0 \\ \bar{J}_k\bar{\Omega}^2 & \bar{b}_{ak}\bar{\Omega} & 1 & 0 & \overline{W}_k \\ -\bar{b}_{ak}\bar{\Omega} & \bar{J}_k\bar{\Omega}^2 & 0 & 1 & \overline{\overline{W}}_k \\ 0 & 0 & 0 & 0 & 1 \end{pmatrix} \begin{pmatrix} \bar{\varphi} \\ \bar{\bar{\varphi}} \\ \overline{M} \\ \overline{\overline{M}} \\ 1 \end{pmatrix}_{i-1} \tag{4.103}$$

Die Übertragungsmatrix für das Massenfeld ist also gefunden. Mit den reduzierten Größen:

$$\bar{c}_k = c_k/c^*;\quad \bar{b}_{rk} = b_{rk}/\sqrt{c^*J^*} \tag{4.104}$$

und den Abkürzungen:

$$\bar{q}_k = \frac{\bar{c}_k}{\bar{c}_k{}^2 + \bar{b}_{rk}^2\bar{\Omega}^2};\quad \bar{\bar{q}}_k = -\frac{\bar{b}_{rk}\Omega}{\bar{c}_k{}^2 + \bar{b}_{rk}^2\bar{\Omega}^2} \tag{4.105}$$

ergibt sich analog für das Federfeld aus den Gln. (4.99); (4.100):

$$\begin{pmatrix} \bar{\varphi} \\ \bar{\bar{\varphi}} \\ \overline{M} \\ \overline{\overline{M}} \\ 1 \end{pmatrix}_i = \begin{pmatrix} 1 & 0 & -\bar{q}_k & \bar{\bar{q}}_k & 0 \\ 0 & 1 & -\bar{\bar{q}}_k & -\bar{q}_k & 0 \\ 0 & 0 & 1 & 0 & 0 \\ 0 & 0 & 0 & 1 & 0 \\ 0 & 0 & 0 & 0 & 1 \end{pmatrix} \begin{pmatrix} \bar{\varphi} \\ \bar{\bar{\varphi}} \\ \overline{M} \\ \overline{\overline{M}} \\ 1 \end{pmatrix}_{i-1} \tag{4.106}$$

Damit liegt die Übertragungsmatrix für das Federfeld vor.

Der Ablauf der Berechnung soll an einem einfachen Beispiel demonstriert werden. Bild 4/36 stellt das Modell einer Maschine dar, die durch das Erregermoment $W_3 = \widetilde{W}_0 e^{j\Omega t}$ in Resonanz schwingt. Durch den angebauten Viskositätsdrehschwingungsdämpfer (Felder *4* und *5*) sollen die Ausschläge der Drehmasse (Feld *3*) auf einen zulässigen Wert gebracht werden (über Viskositätsdrehschwingungsdämpfer,

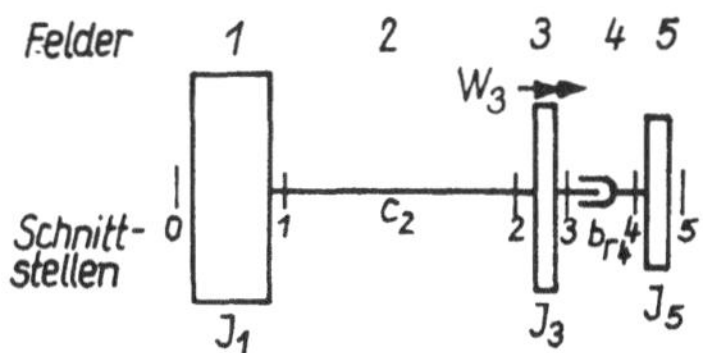

Bild 4/36. Modell des Beispiels zur Anpassung eines Viskositätsdrehschwingungsdämpfers

vgl. 4.4.5.). Man bestimme das Verhältnis des elastischen Momentes M_2 (Feld *2*) zum Erregermoment in Abhängigkeit von der reduzierten Dämpfung $\bar{b}_{r4}$ und dem Massenverhältnis $J_5/J_3 = \mu$.
Das Ergebnis und die Bedeutung des Modells werden am Ende diskutiert.
Folgende Werte sind gegeben:

Feld 1: Die Drehmasse J_1 soll so groß sein, daß sie eine Drehung mit konstanter Winkelgeschwindigkeit ausführt. Sie kann als drehende Einspannung angesehen werden, so daß Schnittstelle *1* den ersten Zustandsvektor liefert.

Feld 2: Federkonstante c_2. Wählt man $c^* = c_2$, so gilt nach Gl. (4.105) $\bar{q}_2 = 1$; $\bar{\bar{q}}_2 = 0$, da $\bar{b}_{r2} = 0$.

Feld 3: Trägheitsmoment J_3. Mit $J^* = J_3$ gilt $\bar{J}_3 = 1$. Da Resonanz des ungedämpften Systems vorliegt, gilt: $\Omega = \sqrt{c_2/J_3} = \sqrt{c^*/J^*} = \omega^*$; $\bar{\Omega} = 1$. Es liegt nur ein Erregermoment vor, man kann sich deshalb die Koordinate so gedreht denken, daß $\widetilde{W}_0$ nur eine Komponente W_0 hat. Danach wird

$$\overline{W}_3 = W_0/c^* = \overline{W}_0; \quad \overline{\overline{W}} = 0; \quad \bar{b}_{a3} = 0$$

Feld 4: Gegeben ist die Relativdämpfung b_{r4}. Da es sich um einen federlosen Dämpfer handelt, ist: $\bar{q}_4 = 0$; $\bar{\bar{q}}_4 = -1/\bar{b}_{r4}$

Feld 5: Trägheitsmoment $J_5 = \mu J_3 = \mu J^*$; somit gilt: $\bar{J}_5 = \mu$.

An der Schnittstelle *1* kann der reduzierte Zustandsvektor für eine Einspannung verwendet werden. Somit wird:

$$\bar{y}_1 = \begin{pmatrix} 0 \\ 0 \\ \overline{M} \\ \overline{\overline{M}} \\ 1 \end{pmatrix}_1 = \overline{M}_1 \begin{pmatrix} 0 \\ 0 \\ 1 \\ 0 \\ 0 \end{pmatrix} + \overline{\overline{M}}_1 \begin{pmatrix} 0 \\ 0 \\ 0 \\ 1 \\ 0 \end{pmatrix} + \begin{pmatrix} 0 \\ 0 \\ 0 \\ 0 \\ 1 \end{pmatrix}$$

Tabelle 4/5 zeigt das *Falk*sche Schema.
Die Endrandbedingungen lauten (freier Rand)

$$\overline{M}_5 = 0; \quad \overline{\overline{M}}_5 = 0$$

Tabelle 4/5. Falksches Schema für das Beispiel einer erzwungenen gedämpften Schwingung

Feld	Übertragungsmatrix					Unbekannte			Zustands-vektor
						$\bar{M}_1$	$\bar{\bar{M}}_1$	1	
1						0	0	0	
						0	0	0	
						1	0	0	$\bar{y}_1$
						0	1	0	
						0	0	1	
2	1	0	-1	0	0	-1	0	0	
	0	1	0	-1	0	0	-1	0	
	0	0	1	0	0	1	0	0	$\bar{y}_2$
	0	0	0	1	0	0	1	0	
	0	0	0	0	1	0	0	1	
3	1	0	0	0	0	-1	0	0	
	0	1	0	0	0	0	-1	0	
	1	0	1	0	$\bar{W}_0$	0	0	$\bar{W}_0$	$\bar{y}_3$
	0	1	0	1	0	0	0	0	
	0	0	0	0	1	0	0	1	
4	1	0	0	$-\dfrac{1}{\bar{b}_{r4}}$	0	-1	0	0	
	0	1	$\dfrac{1}{\bar{b}_{r4}}$	0	0	0	-1	$\bar{W}_0/\bar{b}_{r4}$	$\bar{y}_4$
	0	0	1	0	0	0	0	$\bar{W}_0$	
	0	0	0	1	0	0	0	0	
	0	0	0	0	1	0	0	1	
5	1	0	0	0	0	-1	0	0	
	0	1	0	0	0	0	-1	$\bar{W}_0/\bar{b}_{r4}$	
	μ	0	1	0	0	$-\mu$	0	$\bar{W}_0$	$\bar{y}_5$
	0	μ	0	1	0	0	$-\mu$	$\mu\bar{W}_0/\bar{b}_{r4}$	
	0	0	0	0	1	0	0	1	

Dafür ergibt sich aus Tabelle 4/5:

$$-\mu\bar{M}_1 + \bar{W}_0 = 0; \quad \bar{M}_1 = \bar{W}_0/\mu$$

$$-\mu\bar{\bar{M}}_1 + \mu\bar{W}_0/\bar{b}_{r4} = 0; \quad \bar{\bar{M}}_1 = \bar{W}_0/\bar{b}_{r4}$$

Das Moment in der Welle (Feld *2*) findet man aus Tabelle 4/5 zu:

$$\bar{M}_2 = \bar{M}_1; \quad \bar{\bar{M}}_2 = \bar{\bar{M}}_1$$

$$M_2/c^* = \sqrt{\bar{M}_2{}^2 + \bar{\bar{M}}_2{}^2} = \sqrt{(\bar{W}_0/\mu)^2 + (\bar{W}_0/\bar{b}_{r4})^2}$$

$$M_2/c^*\bar{W}_0 = M_2/W_0 = \sqrt{(1/\mu^2) + (1/\bar{b}_{r4}^2)}$$

Das durchgerechnete Beispiel kann als Ersatzmodell für einen Motor zur Anpassung eines Dämpfers dienen. Die Reduktionsbedingungen werden in 4.4.2. angegeben.

Dabei stellt der Teil $J_1 - c_2 - J_3$ das Ersatzmodell des Motors und $b_{r4} - J_5$ den Dämpfer dar.

M_2/W_0 ist dann ein Maß für die Belastung der Kurbelwelle. Man erkennt aus dem Ergebnis, daß diese um so kleiner ist, je größer das Trägheitsmoment J_5 des Dämpferringes, d. h. je größer μ ist, eine Forderung, die dem Streben nach einem leichten Motor widerspricht. Für $\mu = 0$ ist keine Dämpferwirkung da, für das dann ungedämpft in Resonanz schwingende Modell gilt $W_2/W_0 \rightarrow \infty$. Das gleiche gilt für $\bar{b}_{r4} = 0$. Für sehr große Dämpfung klebt die Dämpfermasse J_5 an der Drehmasse J_3. Durch die Erhöhung des Trägheitsmomentes fällt das System aus der Resonanz. Es handelt sich also nicht um eine Dämpfung, sondern um eine Verstimmung.

Aus diesem Beispiel ersieht man, daß zur Berechnung der erzwungenen Schwingungen mit Übertragungsmatrizen nur ein einmaliger Durchlauf des *Falk*schen Schemas zur Berechnung der Unbekannten erforderlich ist. Auch können die Zustandsgrößen für jede beliebige Erregerfrequenz bestimmt werden. Die bei Eigenfrequenzberechnungen auftretenden Schwierigkeiten an verzweigten Modellen entstehen nicht, wenn die Nebenzweige gedämpft sind. Für das Übertragungsmatrizenverfahren zur Berechnung harmonisch erzwungener Schwingungen liegen Programme sowohl für komplexe als auch reelle Matrizen vor; sie sind im Anhang aufgeführt (P 3/16); (P 3/17).

4.3.1.6. Gegenüberstellung der Verfahren und Berücksichtigung periodischer Erregung

Es wurden das Energieverfahren, die allgemeine Matrizengleichung und das Übertragungsmatrizenverfahren vorgestellt. Das Energieverfahren fußt auf der Annahme, daß die Schwingform der erzwungenen Schwingung gleich der Eigenschwingform ist. Da dies nur in der Resonanz mit genügender Genauigkeit zutrifft, können also auch nur Resonanzausschläge mit diesem Verfahren bestimmt werden. Wegen des sehr aussagefähigen Begriffes des Ersatzerregermomentes ist man jedoch in der Lage, mit Hilfe der Eigenschwingform die Bedeutung der einzelnen Harmonischen abzuschätzen, ohne eine Berechnung der erzwungenen Schwingungen durchführen zu müssen. Die beiden Matrizenverfahren liefern für jede Erregerfrequenz Lösungen. Dabei kann man außerhalb einer Resonanz häufig die Dämpfung vernachlässigen, wenn nicht ein spezieller Dämpfer vorgesehen ist. Die Rechnung vereinfacht sich dann wesentlich. Es müssen auch in beiden Verfahren alle Erregerharmonische einzeln berücksichtigt werden.

Für große Anlagen hat sich das Übertragungsmatrizenverfahren bewährt, vor allem auch dann, wenn Parameterdiskussionen durchgeführt werden sollen.

Es hat sich jedoch gezeigt, daß die Gesamtbelastung außerhalb einer Resonanz durchaus nicht immer klein gegenüber der Resonanzbelastung ist. Dies erkennt man auch deutlich aus den gemessenen Amplituden Bild 4/28. Dieser Fall tritt vor allem dann auf, wenn zwei Resonanzfrequenzen dicht beieinander liegen.

Darum ist es erforderlich, zur Erfassung der Gesamtbelastung eine Superposition der harmonischen Teilergebnisse vorzunehmen [4/4]. Dies kann sowohl im Zeitbereich als auch im Frequenzbereich geschehen. Da der Rechenaufwand im Frequenzbereich bedeutend geringer ist, wurde ein Programm (P 3/17) dafür aufgestellt. Es arbeitet auf der Grundlage der diskreten *Fourier*-Transformation (DFT) mit dem für digitale Rechenautomaten optimierten Algorithmus der schnellen *Fourier*-Transformation (FFT). Bild 4/37 zeigt die Überlagerung am Torsionsmodell eines

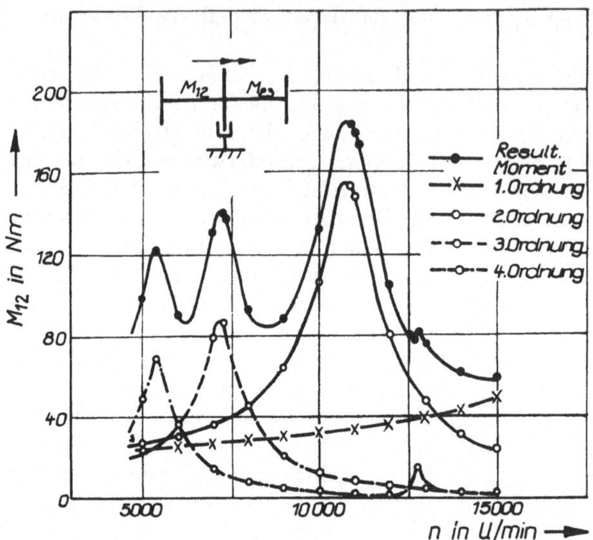

Bild 4/37. Torsionsmoment in der Welle eines Motorradmodells,
Wirkung der Einzelharmonischen und Superposition

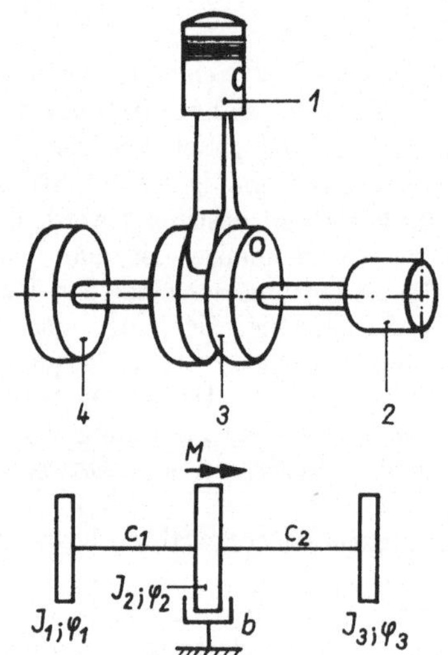

Bild 4/38. Triebwerk eines Motorradmotors mit seinem Torsionsmodell

1 Kolben; *2* Lichtmaschinenanker;
3 Kurbeltrieb; *4* Kupplung

Motorradmotors Bild 4/38. Dabei wird die prinzipielle Übereinstimmung mit Bild 4/28
deutlich.

Auffallender ist die Diskrepanz zwischen Einzelberechnung und Superposition aus
Bild 4/39 festzustellen. Es handelt sich dabei um einen 6-Zylinder-Viertakt-Diesel-
motor, bei dem Resonanzen mit der ersten und der zweiten Eigenfrequenz auftraten.
Aufgetragen wurde das elastische Moment an einer Schnittstelle im Motor. Besonders
bei den dicht benachbarten Resonanzen der 4, 5. Ordnung mit der II. Eigenfrequenz

und der 3. Ordnung mit der I. Eigenfrequenz zeigt sich fast eine Verdopplung der Belastung im Bereich von 4200 1/min und damit eine Überschreitung des zulässigen Momentes, die ohne Superposition nicht bemerkt worden wäre.

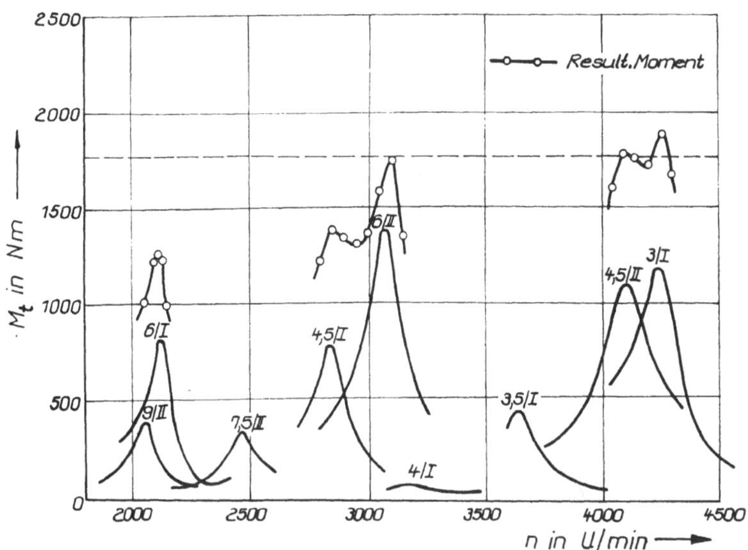

Bild 4/39. Resonanzmomente haupt- und nebenkritischer Ordnungen eines 6-Zylinder-Viertakt-Dieselmotors und Superposition der Harmonischen

4.3.2. Transiente Erregung

4.3.2.1. Aufgabenstellung

Nichtperiodische Erregungen treten im wesentlichen während der Anfahr- und Bremsperioden auf. Sie sind deshalb besonders an Antriebssystemen von Unstetigförderern und an Systemen mit Schaltmechanismen interessant. Dabei wird meist nach den in den Wellen wirkenden elastischen Momenten und nach der Anfahrbewegung gefragt.

Bei der durch eine Reihe harmonischer Komponenten dargestellten periodischen Erregung ist die Aufstellung des partikulären Integrals einfach. Da weiterhin nur der eingeschwungene, stationäre Zustand interessiert, kann auf den homogenen Lösungsanteil verzichtet werden.

Liegt nun eine nichtperiodische Erregung vor, entfallen beide Vorzüge und das Aufstellen der vollständigen Lösung ist bedeutend aufwendiger.

Für größere Berechnungsmodelle kommen dann neben den numerischen Integrationsverfahren [z. B. Anhang (P 3/13)] nur solche Methoden in Frage, die auf einer Hauptachsentransformation aufbauen. Darüber wird im Abschnitt 6. gesprochen. Hier sollen deshalb nur ganz einfache Modelle behandelt werden, die jedoch schon wesentliche Schlüsse über die Belastung und Bewegung des Systems zulassen.

Das auf Bild 4/40 dargestellte Modell entspricht dem System von Motor-Kupplung-Arbeitsmaschine. Es kann verwendet werden, wenn eine starre Maschine über eine elastische Kupplung angetrieben wird. Die Trägheitsmomente J_1 und J_2 sollen konstant sein. Auf die Einführung von Dämpfungen wird zunächst verzichtet. Dies ist sinnvoll, wenn es darauf ankommt, die maximale Belastung der Kupplung zu bestimmen. Das Moment M_1 ist das vom Motor abgegebene Moment, M_2 das zum Antrieb der Arbeitsmaschine erforderliche Moment. Im stationären Betriebszustand muß die

Bild 4/40. Modell für Motor — elastische Kupplung — Arbeitsmaschine

1 Motor; *2* Arbeitsmaschine; *3* Kupplung

Arbeit beider Momente über einer Arbeitsperiode gleich sein. Im Anfahrzustand ist die Arbeit von M_1 größer als die von M_2. Die Bewegungsgleichungen lauten:

$$J_1\ddot{\varphi}_1 + c(\varphi_1 - \varphi_2) = M_1 \tag{4.107}$$

$$J_2\ddot{\varphi}_2 - c(\varphi_1 - \varphi_2) = -M_2 \tag{4.108}$$

Das elastische Moment in der Kupplung beträgt

$$M = c(\varphi_1 - \varphi_2) = c\,\Delta\varphi \tag{4.109}$$

Um die neue Koordinate $\Delta\varphi$ einführen zu können, multipliziert man Gl. (4.107) mit J_2 und Gl. (4.108) mit J_1 und subtrahiert Gl. (4.108) von Gl. (4.107). Dabei findet man

$$\Delta\ddot{\varphi} + c\,\frac{(J_1 + J_2)}{J_1 J_2}\,\Delta\varphi = \frac{1}{J_1}\left(M_1 + M_2\,\frac{J_1}{J_2}\right) \tag{4.110}$$

Die zur Beschreibung der Bewegung erforderliche zweite Gleichung ergibt sich durch Addition von Gln. (4.107) und (4.108).

$$J_1\ddot{\varphi}_1 + J_2\ddot{\varphi}_2 = M_1 - M_2 \tag{4.111}$$

Zunächst wird Gl. (4.110) weiter untersucht. Man erkennt die schon mehrfach berechnete Eigenkreisfrequenz [vgl. Gl. (4.17)]:

$$\omega^2 = c\,\frac{(J_1 + J_2)}{J_1 J_2}$$

Führt man noch das Massenverhältnis $\mu = J_1/J_2$ und die Bezugskreisfrequenz $\omega^{*2} = c/J_1$ ein, folgt aus Gl. (4.110)

$$\Delta\ddot{\varphi} + \omega^2\Delta\varphi = (M_1 + \mu M_2)/J_1 \tag{4.112}$$

mit $\qquad \omega^2 = \omega^{*2}(1 + \mu) \tag{4.113}$

Gl. (4.112) ist eine inhomogene lineare Dgl. 2. Ordnung. Ihre Lösung richtet sich nach den Verläufen der An- und Abtriebsmomente M_1; M_2.
Für verschiedene Abhängigkeiten der Erregermomente (Bild 4/41) sollen nun das elastische Moment und die Bewegung des Systems untersucht werden (vgl. 1.5.2.).

4.3.2.2. Konstantes und von der Winkelgeschwindigkeit abhängendes Erregermoment

Zunächst wird angenommen: $M_1 = $ konst.; $M_2 = $ konst. (Bild 4/41a). Mit dieser Annahme erfaßt man den härtesten Grenzfall, sie ist jedoch zur Abschätzung der Maximalbeanspruchung möglich. Die Lösung von Gl. (4.112) setzt sich aus der

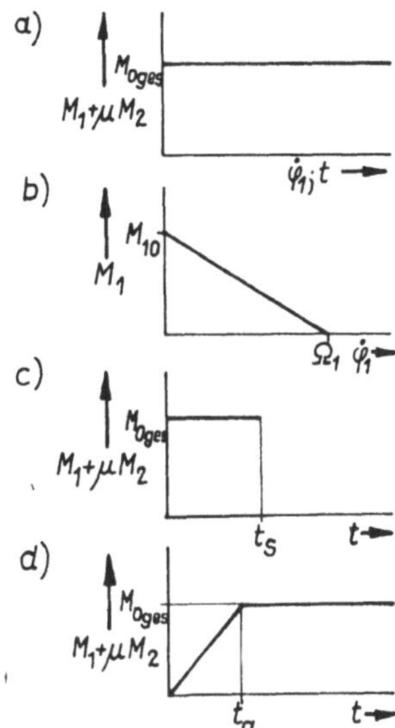

Bild 4/41. Untersuchte Abhängigkeiten der Erregermomente

homogenen Lösung und dem partikulären Integral zusammen und enthält die Integrationskonstanten A_1; A_2.

$$\Delta\varphi = A_1 \cos \omega t + A_2 \sin \omega t + \Delta\varphi_{\text{part}} \tag{4.114}$$

Das partikuläre Integral muß wegen der konstanten rechten Seite von Gl. (4.112) eine Konstante sein. Man findet:

$$\Delta\varphi_{\text{part}} = \frac{1}{J_1\omega^2}\,(M_1 + M_2\mu) = \frac{M_1 + \mu M_2}{c(1 + \mu)} \tag{4.115}$$

Für den Anlauf aus der Ruhelage gelten als Randbedingungen:

$$t = 0: \quad \Delta\varphi = 0; \quad \Delta\dot{\varphi} = 0$$

Dies liefert die Integrationskonstanten von Gl. (4.114)

$$A_1 = -\frac{M_1 + \mu M_2}{c(1 + \mu)}; \quad A_2 = 0$$

Damit ergibt sich die vollständige Lösung von Gl. (4.112)

$$\Delta\varphi = \frac{M_1 + \mu M_2}{c(1 + \mu)}\,(1 - \cos \omega t) \tag{4.116}$$

Führt man jetzt noch einen Lastfaktor $\varkappa = M_2/M_1$ $(0 \leq \varkappa \leq 1)$ und das elastische Moment in der Kupplung M nach Gl. (4.109) ein, so gilt:

$$\frac{M}{M_1} = \frac{1 + \varkappa\mu}{1 + \mu} \, (1 - \cos \omega t) \tag{4.117}$$

$$\left(\frac{M}{M_1}\right)_{\mathrm{max}} = 2 \, \frac{1 + \varkappa\mu}{1 + \mu} \tag{4.118}$$

Zur Beurteilung von Gl. (4.118) ist ein Vergleich mit dem elastischen Moment in der Welle unter Annahme der starren Maschine günstig. Dafür gilt: $\varphi_1 = \varphi_2 = \varphi$

$$(J_1 + J_2) \, \ddot{\varphi} = M_1 - M_2; \quad \ddot{\varphi} = \frac{M_1 - M_2}{J_1 + J_2} \tag{4.119}$$

$$M = M_1 - J_1\ddot{\varphi}; \quad \frac{M}{M_1} = \frac{1 + \varkappa\mu}{1 + \mu} \tag{4.120}$$

Ein Vergleich zwischen Gl. (4.118) und Gl. (4.120) zeigt: Der Maximalwert des Momentes in der Welle ist doppelt so groß wie die statische Belastung. Er hängt nicht von der Federsteifigkeit c, sondern nur vom Verhältnis der Drehmassen μ und dem Lastfaktor $\varkappa$ ab. Bild (4/42) zeigt diese Abhängigkeiten.

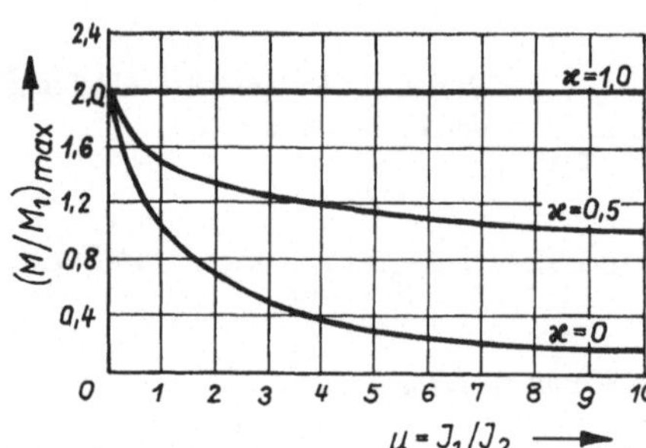

Bild 4/42. Maximales elastisches Moment in der Kupplung in Abhängigkeit vom Lastfaktor $\varkappa$ und dem Massenverhältnis μ

Man erkennt daraus, daß vor allem bei kleinem Lastfaktor $(M_1 \gg M_2)$, durch den ein schneller Anlauf erreicht wird, das Verhältnis der Trägheitsmomente von großem Einfluß auf die Wellenbelastung ist. Für die Belastung in der angetriebenen Maschine ist dieses Moment jedoch nicht aussagefähig. Man benötigt dazu den Zeitverlauf des Drehwinkels φ_2.

Aus Gl. (4.111) folgt

$$\mu\ddot{\varphi}_1 + \ddot{\varphi}_2 = \frac{1}{J_2} \, (M_1 - M_2) \tag{4.121}$$

Durch Differentiation von Gl. (4.116) erhält man

$$\ddot{\varphi}_1 - \ddot{\varphi}_2 = \frac{M_1 + \mu M_2}{c(1 + \mu)} \, \omega^2 \cos \omega t \tag{4.122}$$

Aus den Gln. (4.121); (4.122) lassen sich nun $\ddot{\varphi}_1$; $\ddot{\varphi}_2$ berechnen. Nach der Integration und Berücksichtigung der Anfangsbedingungen $t = 0$: $\varphi_1 = 0$; $\dot{\varphi}_1 = 0$; $\varphi_2 = 0$;

$\dot{\varphi}_2 = 0$ erhält man

$$\varphi_1 = \frac{M_1 + \mu M_2}{c(1 + \mu)^2}\,(1 - \cos \omega t) + \frac{M_1 - M_2}{J_1 + J_2}\,\frac{t^2}{2} \tag{4.123}$$

$$\varphi_2 = -\mu\,\frac{(M_1 + \mu M_2)}{c(1 + \mu)^2}\,(1 - \cos \omega t) + \frac{M_1 - M_2}{J_1 + J_2}\,\frac{t^2}{2} \tag{4.124}$$

Daraus erkennt man deutlich die Beschleunigung der starren Maschine, die verschwindet, wenn $M_1 = M_2$ ist.

Dieser beschleunigten Anlaufbewegung ist eine Schwingbewegung in der Eigenfrequenz überlagert, deren Ausschläge durch die Schwingform

$$(\hat{\varphi}_2/\hat{\varphi}_1) = -J_1/J_2 = -\mu$$

bestimmt werden [vgl. Gl. (4.20)].

Wie bereits dargelegt, stellt das konstante Anfahrmoment einen Extremfall für eine Motorkennlinie dar. Im Abschnitt 1. wurden Kennlinien von Asynchronmotoren mit Schleifringläufern aufgezeigt (Bild 1/38). Diese Kennlinien hängen von der Größe des Läuferwirkwiderstandes ab und können somit durch Einschalten von Zusatzwiderständen im Läuferkreis verändert werden. Der Anlaufvorgang erfolgt nun in mehreren Stufen, wobei jeweils eine lineare Abhängigkeit des Antriebsmomentes M_1 von der Drehzahl des Motors (entspricht $\dot{\varphi}_1$) besteht.

Es gilt also

$$M_1 = M_{10}\left(1 - \frac{\dot{\varphi}_1}{\Omega_1}\right) \tag{4.125}$$

Darin sind M_{10}; Ω_1 Konstante, die der Kennlinie entsprechen (vgl. Bild 4/41b). Nimmt man wieder ein konstantes Lastmoment M_2 an und behält das Modell Bild 4/40 bei, gelten folgende Bewegungsgleichungen

$$J_1\ddot{\varphi}_1 + M_{10}\dot{\varphi}_1/\Omega_1 + c(\varphi_1 - \varphi_2) = M_{10} \tag{4.126}$$

$$J_2\ddot{\varphi}_2 - c(\varphi_1 - \varphi_2) = -M_2 \tag{4.127}$$

Vergleicht man diese beiden Beziehungen mit den Gln. (4.107); (4.108), erkennt man den Kennlinieneinfluß in Form einer Dämpfung. Die maximalen Beanspruchungen unter Beachtung der Motorkennlinie werden danach unter denen bei konstantem Motormoment liegen. Auf die Lösung dieser Dgl. soll jedoch nicht eingegangen werden (vgl. [4/6]).

4.3.2.3. Zeitabhängiges Erregermoment

Zur Beschreibung von Anlauf- und Bremsvorgängen werden häufig zeitabhängige, nichtperiodische Erregermomente verwendet. Es soll wieder vom Modell Bild 4/40 ausgegangen werden. Nach Gln. (4.110); (4.112) gilt dann für die Ausschlagsdifferenz:

$$\Delta\ddot{\varphi} + \omega^2\,\Delta\varphi = (M_1 + \mu M_2)/J_1$$

$$\omega^2 = \frac{c(J_1 + J_2)}{J_1 J_2}$$

Durch Multiplikation dieser Beziehung mit der Federsteifigkeit c erhält man daraus eine Dgl. für die Koordinate des elastischen Momentes [vgl. Gl. (4.109)]. Sind die Erregermomente zeitabhängig, so folgt:

$$\ddot{M} + \omega^2 M = \omega^{*2}[M_1(t) + \mu M_2(t)]; \quad \omega^{*2} = c/J_1 \tag{4.128}$$

Setzt man für die Anfangsbedingungen

$$t = 0: \quad M = M_0; \quad \dot{M} = \dot{M}_0 \tag{4.129}$$

lautet die Lösung von Gl. (4.128) [vgl. dazu Gl. (6.127)]:

$$M(t) = M_0 \cos \omega t + \frac{\dot{M}_0}{\omega} \sin \omega t + \frac{\omega^{*2}}{\omega} \int\limits_0^t [M_1(t') + \mu M_2(t')] \sin \omega(t - t') \, dt' \tag{4.130}$$

Man erkennt daraus den homogenen Lösungsanteil und das partikuläre Integral, das für beliebige Zeitfunktionen mit Hilfe des Verfahrens der Variation der Konstanten in der Form des *Duhamel*schen Integrals entsteht. Auf dessen Ableitung soll hier nicht näher eingegangen werden (vgl. [40]).
Werden Anfahrvorgänge aus dem Ruhezustand untersucht, so gelten als Anfangsbedingungen

$$t = 0: \quad M_0 = 0; \quad \dot{M}_0 = 0 \tag{4.131}$$

Es verbleibt das partikuläre Integral.

Faßt man noch zusammen

$$M_{\text{ges}}(t') = M_1(t') + \mu M_2(t'), \tag{4.132}$$

so folgt aus Gl. (4.130):

$$M(t) = \frac{\omega^{*2}}{\omega} \int\limits_0^t M_{\text{ges}}(t') \sin \omega(t - t') \, dt' \tag{4.133}$$

oder

$$M(t) = \frac{\omega^{*2}}{\omega} \left[\sin \omega t \int\limits_0^t M_{\text{ges}}(t') \cos \omega t' \, dt' - \cos \omega t \int\limits_0^t M_{\text{ges}}(t') \sin \omega t' \, dt' \right]$$

Da über t' integriert wird, sind $\sin \omega t$ und $\cos \omega t$ natürlich als Konstanten zu betrachten.
Gl. (4.133) soll jetzt für verschiedene Verläufe von $M_{\text{ges}}(t')$ diskutiert werden.
Zunächst wird ein konstantes Moment mit beschränkter Wirkungsdauer angenommen (vgl. Bild 4/41c).

$$M_{\text{ges}} = \begin{cases} M_{0\text{ges}} & \text{für} \quad 0 \leq t \leq t_s \\ 0 & \text{für} \quad t \geq t_s \end{cases} \tag{4.134}$$

Für den Bereich $0 \leq t \leq t_s$ gelten die Anfangsbedingungen Gl. (4.131).

Damit wird

$$M = M_{0\text{ges}} \frac{1}{1 + \mu} (1 - \cos \omega t) \tag{4.135}$$

Dies entspricht unter Beachtung von Gl. (4.132) dem Ergebnis von Gl. (4.116).
Für den Bereich $t \geqq t_\text{s}$ ist $M_\text{ges} = 0$. Es verschwindet das partikuläre Integral Gl. (4.133), und als Anfangsbedingungen für Gl. (4.130) muß der Endzustand des Bereiches $0 \leqq t \leqq t_\text{s}$ genommen werden. Nach Gl. (4.135) ist:

$$t = t_\text{s}: \; M = M_{0\text{ges}} \frac{1}{1 + \mu} (1 - \cos \omega t_\text{s})$$

$$\dot{M} = \omega M_{0\text{ges}} \frac{1}{1 + \mu} \sin \omega t_\text{s}$$

Damit gilt im Bereich $t \geqq t_\text{s}$:

$$M(t) = M_{0\text{ges}} \frac{1}{1 + \mu} [(1 - \cos \omega t_\text{s}) \cos \omega t + \sin \omega t_\text{s} \sin \omega t] \tag{4.136}$$

$$M(t) = M_{0\text{ges}} \frac{1}{1 + \mu} [\cos \omega t - \cos \omega (t_\text{s} + t)]$$

$$M(t) = 2 M_{0\text{ges}} \frac{1}{1 + \mu} \sin \frac{\omega t_\text{s}}{2} \sin \omega \left(t + \frac{t_\text{s}}{2} \right) \tag{4.137}$$

Besonders interessieren die Maximalwerte von M aus Gln. (4.135) und (4.137).
Für $t_\text{s} \geqq T/2$ $(T = 2\pi/\omega)$ gilt im Bereich $0 \leqq t \leqq t_\text{s}$

$$M_{\max} = 2 M_{0\text{ges}} \frac{1}{1 + \mu} \tag{4.138}$$

Ist dagegen $t_\text{s} < T/2$, gilt im gleichen Bereich

$$M_{\max} = M_{0\text{ges}} \frac{1}{1 + \mu} \left(1 - \cos 2\pi \frac{t_\text{s}}{T} \right) \tag{4.138a}$$

Für $t \geqq t_\text{s}$ erhält man

$$M_{\max} = 2 M_{0\text{ges}} \frac{1}{1 + \mu} \sin \frac{\omega t_\text{s}}{2}$$

oder mit $\quad \omega = \dfrac{2\pi}{T}:$

$$M_{\max} = 2 M_{0\text{ges}} \frac{1}{1 + \mu} \sin \frac{\pi t_\text{s}}{T} \tag{4.139}$$

Die maximale Belastung hängt also wesentlich vom Verhältnis der Stoßzeit t_s zur Periodendauer T ab.
Für $t_\text{s} \ll T/2$ lassen sich die Winkelfunktionen in den Gln. (4.138a) und (4.139) in Reihen entwickeln. Es ist dann:

Bereich $0 \leqq t \leqq t_\text{s}$:

$$\boxed{M_{\max} = 2 M_{0\text{ges}} \frac{1}{1 + \mu} \frac{\pi^2 t_\text{s}{}^2}{T^2}} \tag{4.140}$$

15*

Bereich $t > t_s$:

$$\boxed{M_{\max} = 2M_{0\text{ges}} \frac{1}{1+\mu} \frac{\pi t_s}{T}} \tag{4.141}$$

In diesem Bereich wird die absolute Maximalbelastung auftreten, solange $\pi t_s < T$ ist.

Als nächstes soll ein linearer Momentenanstieg mit begrenzter Anlaufzeit t_a untersucht werden. Dieser Belastungsfall tritt beim Einschalten von Kupplungen und Bremsen auf (Bild 4/41d). Es wird gesetzt

$$M_{\text{ges}} = \begin{cases} M_{0\text{ges}}t/t_a & \text{für} \quad 0 \leqq t \leqq t_a \\ M_{0\text{ges}} & \text{für} \quad t \geqq t_a \end{cases} \tag{4.142}$$

Man kann sich diesen Verlauf am besten für $M_2 = 0$; $M_{0\text{ges}} = M_1$ vorstellen; dies entspricht einem Anlauf ohne Lastmoment. Für den ersten Bereich $0 \leqq t \leqq t_a$ gelten wieder die Anfangsbedingungen Gl. (4.131).
Aus Gl. (4.133) berechnet man:

$$M = M_{0\text{ges}} \frac{1}{1+\mu} \left(\frac{t}{t_a} - \frac{\sin \omega t}{\omega t_a} \right) \tag{4.143}$$

Für den zweiten Bereich $t \geqq t_a$ gelten als Anfangsbedingungen für $t = t_a$:

$$M = M_{0\text{ges}} \frac{1}{1+\mu} \left(1 - \frac{\sin \omega t_a}{\omega t_a} \right) \tag{4.144}$$

$$\dot{M} = M_{0\text{ges}} \frac{1}{1+\mu} \frac{1}{t_a} (1 - \cos \omega t_a) \tag{4.145}$$

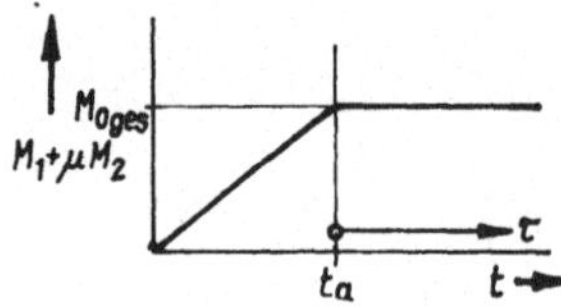

Bild 4/43. Koordinaten der zusammengesetzten Anfahrerregung

Führt man nach Bild (4/43) eine neue Zeitkoordinate τ ein, lautet die Lösung nach Gl. (4.130)

$$M = M_0 \cos \omega\tau + \frac{\dot{M}_0}{\omega} \sin \omega\tau + \frac{\omega^{*2}}{\omega} M_{0\text{ges}} \int_0^\tau \sin \omega(\tau - t') \, dt'$$

Setzt man $\tau = t - t_a$ ein, findet man mit den Anfangswerten Gl. (4.144); Gl. (4.145): für den Bereich $t \geqq t_a$:

$$M = M_{0\text{ges}} \frac{1}{1+\mu} \left\{ 1 + \frac{1}{\omega t_a} [\sin \omega(t - t_a) - \sin \omega t] \right\} \tag{4.146}$$

oder bei Einsatz der Periodendauer: $T = 2\pi/\omega$

$$\boxed{\overline{M} = \frac{M}{M_{0\text{ges}}} (1 + \mu) = 1 + 2\pi \frac{T}{t_a} \left(\sin 2\pi \left(\frac{t}{T} - \frac{t_a}{T} \right) - \sin 2\pi \frac{t}{T} \right)} \tag{4.147}$$

Aus dieser Beziehung erkennt man durch den Vergleich mit Gl. (4.120) für $M_2 = 0$, daß dem Moment der starren Maschine noch eine Schwingbewegung mit der Eigenkreisfrequenz des betrachteten Modells überlagert ist. Die Schwingbewegung hängt von dem Verhältnis von Anlaufzeit t_a und Periodendauer T ab und kann, da sie durch eine Differenz bestimmt wird, zu Null werden. Es gilt dann:

$$\sin 2\pi \left(\frac{t}{T} - \frac{t_a}{T} \right) - \sin 2\pi \frac{t}{T} = 0$$

$$2\pi n + 2\pi \left(\frac{t}{T} - \frac{t_a}{T} \right) = 2\pi \qquad \frac{t}{T}; \cdot \frac{t_a}{T} = n; \quad n = 1, 2 \cdots \qquad (4.148)$$

Die Schwingbewegung tritt nicht auf, wenn das Verhältnis von Anlaufzeit zu Schwingungszeit gleich einer ganzen Zahl n ist. Läßt man t_a gegen Null gehen, was einem schlagartigen Anlauf entspricht, gilt für den Klammerausdruck in Gl. (4.146):

$$\lim_{t_a \to \infty} \left\{ 1 + \frac{1}{\omega t_a} \left[\sin \omega(t - t_a) - \sin \omega t \right] \right\} = 2 \qquad (4.149)$$

Damit geht aber Gl. (4.146) in Gl. (4.118) über. Ein ganz langsamer Hochlauf verursacht praktisch keine Schwingungen ($t_a/T \to \infty$). Bild 4/44 zeigt die Momenten-Zeit-Funktion in Abhängigkeit von der Anlaufzeit t_a.

Alle bisherigen Überlegungen wurden ohne Berücksichtigung der Dämpfung durchgeführt. Darauf soll auch weiterhin verzichtet werden. Man kann jedoch zeigen, daß für die im Maschinenbau auftretenden schwachen Dämpfungen die Maximalbelastung nur unwesentlich beeinflußt wird. Für den Ausschwingvorgang nach dem Einschalt- oder Bremsstoß ist sie jedoch von großem Einfluß, der sich durch die Berechnung der freien Schwingungen abschätzen läßt.

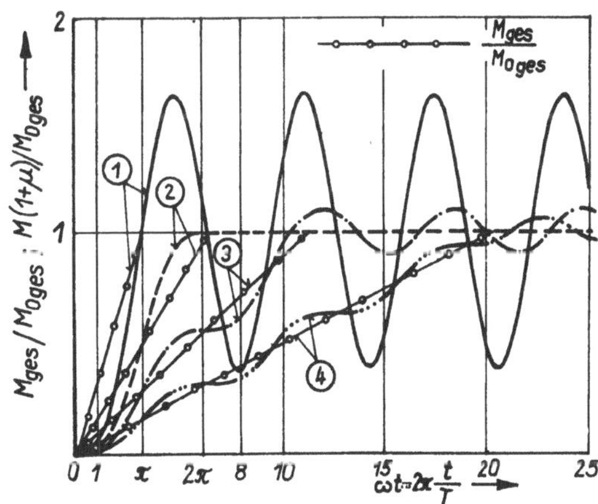

Bild 4/44. Einfluß verschiedener Anfahrzeitverhältnisse t_a/T auf die Schwingbelastung $M(1 + \mu)/M_{0ges}$ und Verlauf des erregenden Moments M_{ges}/M_{0ges} (aus [4/6])

① $\omega t_a = 2\pi t_a/T = \pi$ ③ $\omega t_a = 2\pi t_a/T = 3,6\,\pi$

② $\omega t_a = 2\pi t_a/T = 2\pi$ ④ $\omega t_a = 2\pi t_a/T = 6,4\,\pi$

Zum Abschluß dieses Abschnittes wird noch darauf hingewiesen, daß zur Berechnung transienter Vorgänge für nicht zu große Modelle (Anzahl der Freiheitsgrade < 10) der Analogrechner oder die Simulationsprogramme für Digitalrechner sehr geeignet sind. Man kann dabei sowohl beliebige Erregerfunktionen, als auch Dämpfungen und Nichtlinearitäten berücksichtigen. In [4/6] sind dazu mehrere Beispiele angeführt.

4.3.3.   Aufgaben A 4/4 bis A 4/6

A 4/4:   Für das in Bild 4/51 dargestellte Modell zur Anpassung eines federgefesselten Dämpfers an ein Ersatzsystem (vgl. 4.4.4.) ist der Ausschlag der Drehmasse J_2 zu bestimmen. Dabei soll, von den Bewegungsgleichungen ausgehend, die Matrizengleichung aufgestellt und gelöst werden.

Gegeben: Parameter: c_1; c_2; J_1; J_2; b;
Erregung: $M = \hat{M} \cos \Omega t$

A 4/5:   Bild 4/38 zeigt das Triebwerk eines Motorradmotors mit seinem Berechnungsmodell. Welche Momentenamplituden treten in den Wellen auf, wenn sich das System in Resonanz befindet? Der Motor arbeitet im 2-Takt-Verfahren. Es liegt eine periodische Erregung mit 4 Harmonischen vor:

$$M = \sum_{x=1}^{4} \hat{M}_x \sin(x\Omega t + \alpha_x)$$

Gegeben: $J_1 = 1{,}027 \cdot 10^{-2}\ \mathrm{kgm^2}$; $c_1 = 25{,}90 \cdot 10^3\ \mathrm{Nm}$

$J_2 = 0{,}835 \cdot 10^{-2}\ \mathrm{kgm^2}$; $c_2 = 20{,}60 \cdot 10^3\ \mathrm{Nm}$

$J_3 = 0{,}079 \cdot 10^{-2}\ \mathrm{kgm^2}$; $b = 6\ \mathrm{Nms}$

$\hat{M}_1 = 53{,}17\ \mathrm{Nm}$; $\hat{M}_2 = 43{,}65\ \mathrm{Nm}$

$\hat{M}_3 = 24{,}53\ \mathrm{Nm}$; $\hat{M}_4 = 20{,}21\ \mathrm{Nm}$

Drehzahlbereich: $n_{\min} = 5\,000\ \mathrm{1/min}$; $n_{\max} = 15\,000\ \mathrm{1/min}$

A 4/6:   Für das Energieverfahren ist die Dämpferenergie für einen federlosen Dämpfer nach Bild 4/54 abzuleiten. Dabei gilt: b Dämpfungskonstante des Dämpfers; $J_1 = J_H$ Trägheitsmoment der Drehmasse des Dämpfers; $\hat{\varphi}_2 = \hat{\varphi}_H$ Amplitude der Drehmasse, an der der Dämpfer sitzt.

4.3.4.   Lösungen L 4/5 bis L 4/6

L 4/4:   Die Bewegungsgleichungen lauten

$$J_1\ddot{\varphi}_1 + b(\dot{\varphi}_1 - \dot{\varphi}_2) + c_1(\varphi_1 - \varphi_2) = 0$$

$$J_2\ddot{\varphi}_2 - b(\dot{\varphi}_1 - \dot{\varphi}_2) - c_1(\varphi_1 - \varphi_2) + c_2\varphi_2 = \hat{M} \cos \Omega t$$

Damit ergeben sich folgende Matrizen

$$M = \begin{pmatrix} J_1 & 0 \\ 0 & J_2 \end{pmatrix}; \quad C = \begin{pmatrix} c_1 & -c_1 \\ -c_1 & c_1 + c_2 \end{pmatrix}$$

$$B = \begin{pmatrix} b & -b \\ -b & b \end{pmatrix}; \quad F = \begin{pmatrix} 0 \\ \hat{M}\,e^{j\Omega t} \end{pmatrix}$$

Nach Gl. (4.88) folgt die Matrizengleichung

$$\begin{pmatrix} (c_1 - J_1\Omega^2) + jb\Omega & -c_1 - jb\Omega \\ -c_1 - jb\Omega & (c_1 + c_2) - J_2\Omega^2 + jb\Omega \end{pmatrix} \begin{pmatrix} \hat{\varphi}_1 \\ \hat{\varphi}_2 \end{pmatrix} = \begin{pmatrix} 0 \\ \hat{M} \end{pmatrix}$$

Daraus findet man

$$(c_1 - J_1\Omega^2 + jb\Omega)\,\tilde{\varphi}_1 - (c_1 + jb\Omega)\,\tilde{\varphi}_2 = 0$$

$$-(c_1 + jb\Omega)\,\tilde{\varphi}_1 + (c_1 + c_2 - J_2\Omega^2 + jb\Omega)\,\tilde{\varphi}_2 = \hat{M}$$

und für die unbekannte komplexe Amplitude $\tilde{\varphi}_2$:

$$\tilde{\varphi}_2 = +\frac{\hat{M}(c_1 - J_1\Omega^2 + jb\Omega)}{(c_1 - J_1\Omega^2 + jb\Omega)(c_1 + c_2 - J_2\Omega^2 + jb\Omega) - (c_1 + jb\Omega)^2}$$

Für eine komplexe Zahl der Form $\tilde{z} = (a + jb)/(c + jd)$ gilt

$$z^2 = (a^2 + b^2)/(c^2 + d^2)$$

Für diese Rechnung muß der Nenner von $\tilde{\varphi}_2$ noch umgeformt werden. Es ergibt sich

$$\tilde{\varphi}_2 = \frac{\hat{M}(c_1 - J_1\Omega^2 + jb\Omega)}{(c_2 - J_2\Omega^2)(c_1 - J_1\Omega^2) - c_1 J_1\Omega^2 + jb\Omega(c_2 - J_2\Omega^2 - J_1\Omega^2)}$$

Mit $\hat{\varphi}_{st} = \dfrac{\hat{M}}{c_2}$ folgt daraus

$$\frac{\hat{\varphi}_2}{\hat{\varphi}_{st}} = \sqrt{\frac{c_2^2[(c_1 - J_1\Omega^2)^2 + b^2\Omega^2]}{[(c_2 - J_2\Omega^2)(c_1 - J_1\Omega^2) - c_1 J_1\Omega^2]^2 + b^2\Omega^2[c_2 - J_2\Omega^2 - J_1\Omega^2]^2}}$$

Die Diskussion dieses Ausdruckes erfolgt in 4.4.4.

L 4/5: Zunächst muß festgestellt werden, wieviel Resonanzen im Drehzahlbereich liegen. Die Berechnung der Resonanzausschläge soll dann mit dem Energieverfahren erfolgen. Dazu müssen Eigenkreisfrequenzen und Eigenschwingformen bekannt sein.

Die von Null verschiedenen Eigenkreisfrequenzen berechnen sich aus der Frequenzgleichung (4.53):

$$\omega_{1,2}^2 = \frac{1}{2}\left[\left(\frac{c_1}{J_1} + \frac{c_1 + c_2}{J_2} + \frac{c_2}{J_3}\right)\right.$$
$$\left.\mp \sqrt{\left(\frac{c_1}{J_1} + \frac{c_1 + c_2}{J_2} + \frac{c_2}{J_3}\right)^2 - \frac{4c_1 c_2(J_1 + J_2 + J_3)}{J_1 J_2 J_3}}\,\right]$$

Mit den angegebenen Zahlenwerten folgt:

$$\omega_1^2 = 5{,}294 \cdot 10^6 \ 1/\text{s}^2; \quad \omega_1 = 2301 \ 1/\text{s}; \quad n_{e1} = 21984 \ 1/\text{min}$$

$$\omega_2^2 = 28{,}872 \cdot 10^6 \ 1/\text{s}^2; \quad \omega_2 = 5373 \ 1/\text{s}; \quad n_{e2} = 51337 \ 1/\text{min}$$

Verwendet man die Eigendrehzahlen n_{e1}; n_{e2}, ergibt sich für die kritischen Ordnungen nach Gl. (4.65):

Resonanzordnungen mit der 1. Eigenfrequenz

$$x_{max} = n_{e1}/n_{min} = 4{,}39; \quad x_{min} = n_{e1}/n_{max} = 1{,}46;$$

$$x = 2; 3; 4$$

Resonanzordnungen mit der 2. Eigenfrequenz:

$$x_{max} = n_{e2}/n_{min} = 10{,}26; \quad x_{min} = n_{e2}/n_{max} = 3{,}42;$$

$$x = 4, 5, \cdots, 10$$

Im Drehzahlbereich liegen 10 kritische Drehzahlen. Die Eigenschwingformen lassen sich aus den Bewegungsgleichungen der 1. und 3. Drehmasse finden. Es gilt:

$$(\phi_2/\phi_1)_i = v_{2i} = 1 - J_1\omega_i{}^2/c_1; \quad (\phi_2/\phi_3)_i = 1 - J_3\omega_i{}^2/c_2$$

$$(\phi_3/\phi_1)_i = (\phi_2/\phi_1)_i \cdot (\phi_3/\phi_2)_i = v_{3i}$$

Somit ist: $v_{11} = 1$; $v_{21} = -1{,}1$; $v_{31} = -1{,}38$; $v_{12} = 1$; $v_{22} = -10{,}4$; $v_{32} = 97{,}2$. Für die verschiedenen Eigenfrequenzen und die Resonanzordnungen x gilt die Arbeitsgleichung (4.75). Mit den Gln. (4.70) und (4.72) folgt:

$$\pi\hat{M}\phi_{2i} - \pi b\phi_{2i}^2\omega_i = 0; \quad \varphi_{2i} = \frac{\hat{M}_x}{b\omega_i}$$

Die elastischen Momente betragen:

Welle *1:* $\hat{M}_{12} = c_1(\phi_{1i} - \phi_{2i}) = c_1\phi_{2i}[(\phi_1/\phi_2)_i - 1]$

$$\hat{M}_{12} = \frac{\hat{M}_x}{b\omega_i}\, c_1 \left[\left(\frac{\phi_1}{\phi_2}\right)_i - 1 \right]$$

Welle *2:* $\hat{M}_{23} = c_2(\phi_{2i} - \phi_{3i}) = \frac{\hat{M}_x}{b\omega_i}\, c_2 \left[1 - \left(\frac{\phi_3}{\phi_2}\right)_i \right]$

Damit ergeben sich für die drei in Resonanz befindlichen Ordnungen, deren Erregermomente bekannt sind, die in Tabelle 4/6 angegebenen elastischen Momente.
Bild 4/45 zeigt die Schwingformen über der Bildwelle. Dabei wurden die verhältnismäßigen Amplituden auf ϕ_2 bezogen, da diese Amplitude unmittelbar aus

Tabelle 4/6. Elastische Momente des Motorradmotors zur Lösung L 4/5 (Beträge)

	Resonanzordnungen					
	2		3		4	
	$\hat{M}_{12}$ in Nm	$\hat{M}_{23}$ in Nm	$\hat{M}_{12}$ in Nm	$\hat{M}_{23}$ in Nm	$\hat{M}_{12}$ in Nm	$\hat{M}_{23}$ in Nm
ω_1	156	17	88	9	72	8
ω_2	—	—	—	—	18	134

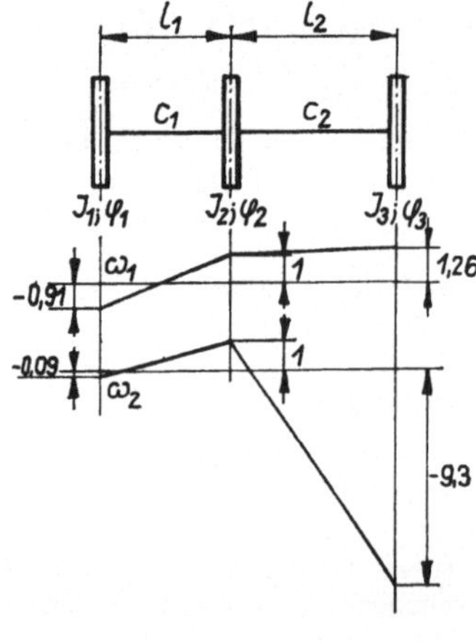

Bild 4/45. Eigenschwingformen
zur Lösung L 4/5

der Arbeitsbetrachtung zu ermitteln war. Es gilt:

$$(\dot{\varphi}_1/\dot{\varphi}_2)_1 = -0{,}91; \qquad (\dot{\varphi}_3/\dot{\varphi}_2)_1 = 1{,}26$$

$$(\dot{\varphi}_1/\dot{\varphi}_2)_2 = -0{,}09; \qquad (\dot{\varphi}_3/\dot{\varphi}_2)_2 = -9{,}3$$

Man kann daraus erkennen, daß für Resonanzen mit der Eigenkreisfrequenz ω_1 die höchste Beanspruchung in der Welle *1* und für Resonanzen mit der Eigenkreisfrequenz ω_2 in der Welle *2* liegen muß. Dies wird durch die Ergebnisse in Tabelle 4/6 bestätigt. Bild 4/37 zeigt die Momentenverläufe der einzelnen Harmonischen in der Welle *1* (Rechnung erfolgte mit Übertragungsmatrizen). Die Resonanzmomente entsprechen den für ω_1 in Tabelle 4/6 angegebenen Werten.

L 4/6:   Der federlose Dämpfer hat eine Relativdämpfung. Für seine Arbeit gilt nach Gl. (4.74):

$$W_{\mathrm{Dr},j} = -\pi b_{\mathrm{r},j}\dot{\varphi}_{\mathrm{rel}}^2\,\Omega$$

Für das Modell Bild 4/54 gilt $b_{\mathrm{r},j} = b$.

Diese Beziehung ist jedoch nicht unmittelbar anzuwenden, da die Drehmasse J_1, die nicht mit einer Feder an das Modell gekoppelt ist, bei der späteren Schwingformberechnung nicht in Erscheinung tritt. Man stellt deshalb die Verbindung zwischen φ_1 und φ_2 durch eine Betrachtung des Momentengleichgewichtes her. Dafür gilt an der Drehmasse J_1:

$$J_1\ddot{\varphi}_1 + b(\dot{\varphi}_1 - \dot{\varphi}_2) = 0$$

und mit dem Ansatz $\varphi_k = \tilde{\varphi}_k\,e^{j\omega t}$ ($\tilde{\varphi}_k$ komplexe Amplitude)

$$-J_1\omega^2\tilde{\varphi}_1 + j\omega b(\tilde{\varphi}_1 - \tilde{\varphi}_2) = 0$$

$$\tilde{\varphi}_1 = \frac{jb}{jb - J_1\omega}\,\tilde{\varphi}_2 = \frac{1}{1 + jz}\,\tilde{\varphi}_2; \quad z = \frac{J_1\omega}{b}$$

Zur Bestimmung der Amplitude $\dot{\varphi}_{\mathrm{rel}}$ wird zunächst die Differenz der Schwingwinkel gebildet.

$$\varphi_1 - \varphi_2 = (\tilde{\varphi}_1 - \tilde{\varphi}_2)\,e^{j\omega t} = \tilde{\varphi}_2\,e^{j\omega t}\left(\frac{1}{1 + jz} - 1\right)$$

$$\dot{\varphi}_1 - \dot{\varphi}_2 = -\dot{\varphi}_2\left(\frac{jz}{1 + jz}\right) = -\dot{\varphi}_2\left(\frac{z^2}{1 + z^2} + j\,\frac{z}{1 + z^2}\right) = -\dot{\varphi}_2(\bar{A} + j\bar{\bar{A}})$$

Damit ergibt sich aber für $\dot{\varphi}_{\mathrm{rel}}^2$

$$\dot{\varphi}_{\mathrm{rel}}^2 = \dot{\varphi}_2^2(\bar{A}^2 + \bar{\bar{A}}^2) = \dot{\varphi}_2^2\,\frac{z^4 + z^2}{(1 + z^2)^2} = \dot{\varphi}_2^2\,\frac{1}{1 + \dfrac{1}{z^2}}$$

$$\dot{\varphi}_{\mathrm{rel}}^2 = \dot{\varphi}_2^2\,\frac{J_1^2\omega^2}{b^2 + J_1^2\omega^2}$$

Setzt man diesen Ausdruck in die Energiegleichung ein und beachtet, daß gilt $\omega - \Omega$, so folgt:

$$W_{\mathrm{Dr}} = -\pi b\dot{\varphi}_2^2\,\frac{J_1^2\Omega^3}{b^2 + J_1^2\Omega^2}$$

Für den allgemeinen Fall des Viskositätsdrehschwingungsdämpfers gilt somit:

$$W_H = -\frac{\pi b_H\Omega^3 J_H^2\dot{\varphi}_H^2}{b_H^2 + J_H^2\Omega^2}; \qquad [\text{vgl. Gl. (4.77)}]$$

4.4.   Tilger und Dämpfer in Antriebssystemen

4.4.1.   Aufgabenstellung

Tilger und Dämpfer sind Bauelemente, die an das Schwingungssystem gebaut werden, um eine Verminderung der Schwingungsamplituden des Ausgangssystems zu erreichen. Dazu kennt man zwei Wege, einmal die Verstimmung des Systems, d. h. Verschiebung der Eigenfrequenzen durch Anbau von Tilgern und zum anderen die Umwandlung von Schwingungsenergie in Wärmeenergie, was mit Hilfe von Dämpfern geschieht. Um einen Tilger oder Dämpfer an ein System mit mehreren Freiheitsgraden anzupassen, kann dieses auf ein Ersatzmodell reduziert werden. Das Problem wird somit auf zwei Freiheitsgrade zurückgeführt und ist nun leicht zu übersehen.

4.4.2.   Reduktion auf ein Modell mit zwei Freiheitsgraden

Das Berechnungsmodell, das der Diskussion zugrunde liegen soll, besteht aus dem Anteil des Ersatzmodells und dem angekoppelten Modell des Tilgers bzw. Dämpfers.

Somit ist das Ausgangsmodell in ein gefesseltes Modell mit einem Freiheitsgrad (Ersatzmodell) zu überführen (Bild 4/46). Dazu dienen folgende Reduktionsbedingungen:

1. Die Schwingungsamplitude $\hat{\varphi}_\mathrm{ers}$ der Ersatzmasse J_ers soll gleich sein dem Ausschlag $\hat{\varphi}_\mathrm{M}$ der Masse J_M, an der der Dämpfer sitzt.
2. Die Arbeit der Erregermomente des Ausgangsmodells ist gleich der Arbeit des Ersatzmomentes.
3. Die Eigenfrequenz des Ersatzmodells ist gleich der betrachteten Eigenfrequenz des Ausgangsmodells.
4. Die Federenergien sollen bei maximalem Ausschlag gleich sein.

Damit findet man folgende Ersatzwerte:

$\hat{\varphi}_\mathrm{ers} = \hat{\varphi}_M$ (4.150)	$c_\mathrm{ers} = \dfrac{1}{v_{\mathrm{M}1}^2} \displaystyle\sum_{k=1}^{n-1} c_k (v_{k1} - v_{k+1,1})^2$	(4.151)
$J_\mathrm{ers} = c_\mathrm{ers}/\omega_1^2$ (4.152)	$M_\mathrm{ers} = M_x \displaystyle\sum_{i=1}^{z} v_{i1} \sin\alpha_{xi}$	(4.153)

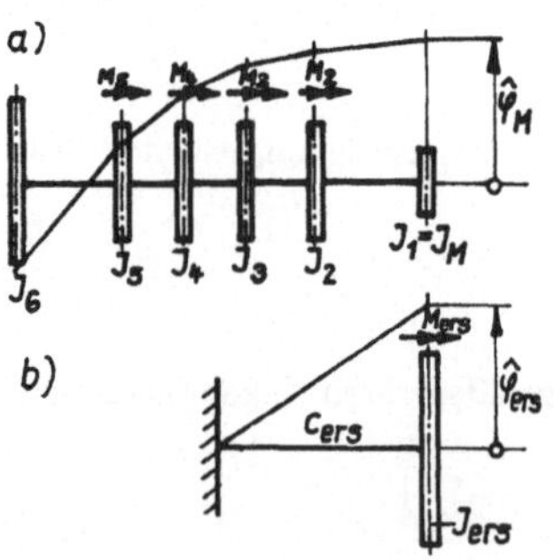

Bild 4/46. Überführung eines Ausgangsmodells in ein Ersatzmodell zur Anpassung eines Tilgers oder Dämpfers
a) Ausgangsmodell
b) Ersatzmodell

Aus Gl. (4.151) und Gl. (4.152) erkennt man, daß es nur sinnvoll ist, das Ersatzsystem für den Resonanzzustand mit ω_1 des Ausgangssystems aufzustellen. Gleichung (4.153) zeigt das aus Gl. (4.81) bekannte Ersatzerregermoment. Man erkennt daraus, daß für Kolbenmotoren der Dämpfer zur Beeinflussung einer ganz bestimmten, in Resonanz befindlichen Ordnung der Erregung ausgelegt wird.

4.4.3. Auslegung eines linearen Tilgers

Bild 4/47 zeigt das für die Diskussion verwendete Modell. Seine freien Schwingungen wurden bereits in 4.2.1.2. behandelt.

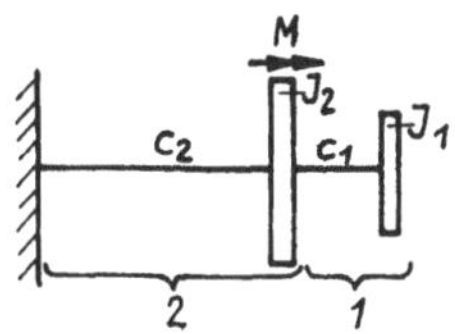

Bild 4/47. Anpassungsmodell eines linearen Tilgers
1 Tilger; *2* Ersatzmodell

Die Bewegungsgleichungen lauten

$$J_1\ddot{\varphi}_1 + c_1(\varphi_1 - \varphi_2) = 0 \tag{4.154}$$

$$J_2\ddot{\varphi}_2 - c_1(\varphi_1 - \varphi_2) + c_2\varphi_2 = M$$

Für ein harmonisches Erregermoment $M = \hat{M}\cos\Omega t$ kann für die partikuläre Lösung des ungedämpften Modells der Ansatz $\varphi_k = \hat{\varphi}_k \cos\Omega t$ ($k = 1, 2$) gemacht werden.

Mit den Abkürzungen $J_1/J_2 = \mu$; $c_1/c_2 = \gamma$; $c_2/J_2 = \omega^{*2}$ findet man folgende Schwingungsamplituden:

$$\hat{\varphi}_1 = \frac{\hat{M}}{c_2} \cdot \frac{\gamma}{\left(1 + \gamma - \left(\frac{\Omega}{\omega^*}\right)^2\right)\left(\gamma - \mu\left(\frac{\Omega}{\omega^*}\right)^2\right) - \gamma^2}$$

$$\hat{\varphi}_2 = \frac{\hat{M}}{c_2} \cdot \frac{\left(\gamma - \mu\left(\frac{\Omega}{\omega^*}\right)^2\right)}{\left(1 + \gamma - \left(\frac{\Omega}{\omega^*}\right)^2\right)\left(\gamma - \mu\left(\frac{\Omega}{\omega^*}\right)^2\right) - \gamma^2} \tag{4.155}$$

Dieses Ergebnis läßt nun folgende Diskussion zu:
Die Amplitude $\hat{\varphi}_2$ des Ersatzmodells — sie ist Maßstab für die Schwingungsbeanspruchung des Ausgangssystems — wird Null, wenn gilt:

$$[\gamma - \mu(\Omega/\omega^*)^2] = 0; \qquad \boxed{\Omega^2 = \gamma\omega^{*2}/\mu = c_1/J_1 = \omega_T^2} \tag{4.156}$$

Die Amplitude der Tilgermasse $\hat{\varphi}_1$ beträgt dann:

$$\boxed{\hat{\varphi}_1 = -\hat{M}/c_2\gamma = -\hat{M}/c_1} \tag{4.157}$$

Man erkennt daraus, daß es möglich ist, den Tilger $(c_1; J_1)$ so auf die Erregerfrequenz abzustimmen, daß die Schwingbeanspruchung des Ersatzmodells verschwindet. Die Tilgerfeder muß dann jedoch die ganze Belastung des Ersatzmomentes M aufnehmen.

Wird der Nenner von Gl. (4.155) zu Null, gehen beide Amplituden gegen unendlich. Ein Vergleich mit Gl. (4.11a) zeigt, daß dann gilt $\omega_{1,2}^2 = \Omega^2$; es liegt Resonanz des Gesamtmodells vor.

Die praktische Bedeutung dieses Tilgers ist jedoch geringer als die Gln. (4.156); (4.157) vermuten lassen. Dies wird deutlich, wenn man die Gln. (4.155) in der Form

$$\phi_1/\phi_{st} = \frac{\zeta^2}{(1 + \gamma - \eta^2)(\zeta^2 - \eta^2) - \gamma\zeta^2} \tag{4.158}$$

$$\phi_2/\phi_{st} = \frac{\zeta^2 - \eta^2}{(1 + \gamma - \eta^2)(\zeta^2 - \eta^2) - \gamma\zeta^2} \tag{4.159}$$

aufträgt. Darin gilt $\phi_{st} = \dfrac{\hat{M}}{c_2}$; $\dfrac{\gamma}{\mu} = \zeta^2$; $\dfrac{\Omega}{\omega^*} = \eta$.

Zur Festlegung des Bereiches, in dem γ und μ variiert werden sollen, geht man von der Überlegung aus, daß von besonderem Interesse der Resonanzfall des Ersatzmodells, d. h. $\Omega^2 = \dfrac{c_2}{J_2} = \omega^{*2}$ ist. Mit Gl. (4.156) bedeutet das

$$c_2/J_2 = c_1/J_1; \quad c_1/c_2 = J_1/J_2; \quad \gamma = \mu \tag{4.160}$$

Das Trägheitsmoment des Tilgers muß aber auf jeden Fall kleiner als das der Ersatzmasse sein, damit gilt

$$\mu < 1; \quad \gamma < 1$$

Setzt man jetzt in Gln. (4.158); (4.159) gemäß Gl. (4.160) $\dfrac{\gamma}{\mu} = \zeta^2 = 1$, so lassen sich als erstes die zwei Eigenfrequenzen des Gesamtmodells in Abhängigkeit von μ berechnen. Mit $\omega_{1,2}^2 = \Omega^2$ findet man durch Nullsetzen des Nenners den in Bild 4/48 angegebenen Verlauf $(\omega^2{}_T = c_1/J_1)$. Man sieht daraus, daß mit kleiner werdendem μ (und nur $\mu \ll 1$ ist technisch interessant) die beiden Eigenfrequenzen dichter aneinanderrücken. Trägt man nun, etwa für $\mu = 0{,}2$, die relativen Amplituden über dem Frequenzverhältnis auf (Bilder 4/49; 4/50), so lassen sich folgende Schlußfolgerungen ziehen:

Durch die Ankopplung eines Tilgers entsteht eine Erweiterung des Modells um einen Freiheitsgrad. Die betrachtete Resonanzfrequenz spaltet sich in zwei auf, die kurz

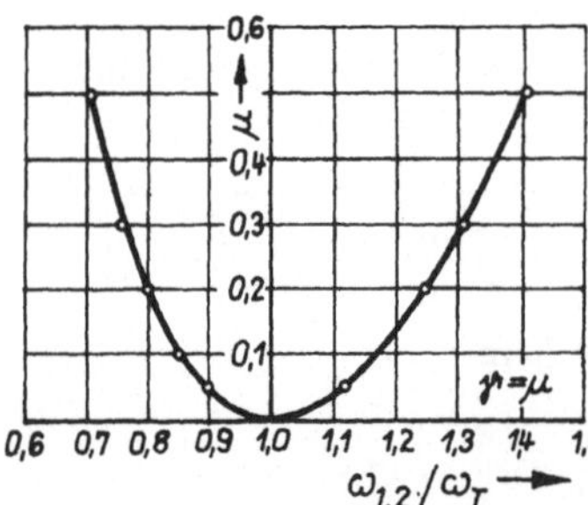

Bild 4/48. Eigenfrequenzen des getilgten Modells bei optimaler Anpassung

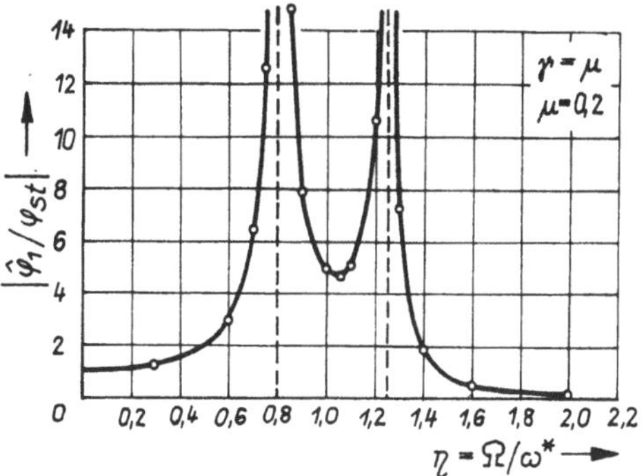

Bild 4/49. Relative Amplitude der Drehmasse des Tilgers für $\mu = J_1/J_2 = 0,2$ bei optimaler Anpassung

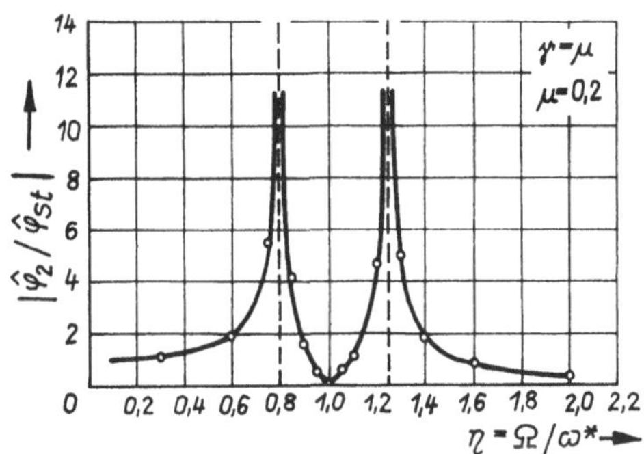

Bild 4/50. Relative Amplitude der Drehmasse des Ersatzmodells für $\mu = J_1/J_2 = 0,2$ bei optimaler Anpassung

über und unter der ursprünglichen liegen. Einen großen Abstand erreicht man nur durch eine große Tilgermasse.

In der Betriebsfrequenz, auf die der Tilger abgestimmt ist, bleibt das Ausgangssystem in Ruhe, während der Tilger mit großer, aber endlicher Amplitude schwingt. Vor Erreichen der Betriebsfrequenz muß jedoch eine Resonanz durchfahren werden.

Der hier besprochene lineare Tilger ist deshalb nur einsetzbar in Antriebssystemen, die konstant in einer Betriebsfrequenz laufen, wobei die Schwankungsbreite nur gering sein darf. Auch muß Dauerbetrieb vorliegen, da beim An- und Abfahren ständig der Resonanzbereich durchlaufen wird. Der Tilgerkonstruktion ist wegen der hohen Beanspruchung der Tilgerfeder große Aufmerksamkeit zu schenken. Auf jeden Fall ist es angebracht, den Tilger mit einer Dämpfung zu versehen, um die Resonanzausschläge zu verkleinern. Ein derartiges Bauelement ist der federgefesselte Dämpfer. Auf die Pendeltilger, die auf Grund der Drehzahlabhängigkeit ihrer Eigenfrequenz gute dynamische Eigenschaften haben, soll hier nicht eingegangen werden. Sie haben sich im Kolbenflugmotor bei langen Laufzeiten ohne Stillstand bewährt, finden aber im Fahrzeugmotor kaum Verwendung, da die Probleme der Belastung beim An- und Abfahren erheblich sind. Konstruktive Ausführungen sind unter dem Namen *Sarazin*-Pendel, *Salomon*-Pendel bekannt (vgl. [33]; [4/3]). Neuerdings begegnet man ihnen an Druckmaschinen [6/24].

4.4.4.   Auslegung eines federgefesselten Dämpfers

Der Dämpfer unterscheidet sich vom Tilger durch eine Relativdämpfung mit der Dämpfungskonstanten b zwischen den Drehmassen des Modells. Es entsteht das auf Bild 4/51 dargestellte Berechnungsmodell.

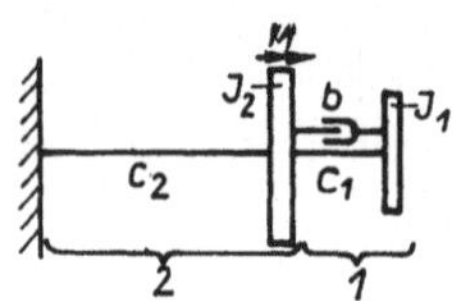

Bild 4/51. Anpassungsmodell eines federgefesselten Dämpfers

1 Dämpfer (federgefesselt); *2* Ersatzmodell

Die Bewegungsgleichungen für ein harmonisches Erregermoment lauten:

$$J_1\ddot{\varphi}_1 + b(\dot{\varphi}_1 - \dot{\varphi}_2) + c_1(\varphi_1 - \varphi_2) = 0$$

$$J_2\ddot{\varphi}_2 - b(\dot{\varphi}_1 - \dot{\varphi}_2) - c_1(\varphi_1 - \varphi_2) + c_2\varphi_2 = \hat{M}\cos\Omega t \tag{4.161}$$

Dabei ist nur die Dämpfung des Dämpfers berücksichtigt; die des Ersatzmodells kann demgegenüber vernachlässigt werden.

Die Lösung von Gl. (4.161) ist in der Lösung L 4/4 dargestellt. Danach ergibt sich für den relativen Ausschlag der Drehmasse *2*

$$V = \frac{\hat{\varphi}_2}{\hat{\varphi}_{\mathrm{st}}} = \sqrt{\frac{c_2{}^2[(c_1 - J_1\Omega^2)^2 + b^2\Omega^2]}{[(c_2 - J_2\Omega^2)(c_1 - J_1\Omega^2) - c_1 J_1\Omega^2]^2 + b^2\Omega^2[c_2 - J_2\Omega^2 - J_1\Omega^2]^2}} \tag{4.162}$$

Führt man wieder folgende Abkürzungen ein:

$$J_1/J_2 = \mu; \quad c_1/c_2 = \gamma; \quad c_2/J_2 = \omega^{*2}; \quad c_1/J_1 = \omega_{\mathrm{T}}{}^2; \quad \Omega/\omega^* = \eta$$

$$(\omega_{\mathrm{T}}/\omega^*)^2 = \gamma/\mu = \zeta^2; \quad 2\vartheta = b/J_1\omega^*, \tag{4.163}$$

so wird

$$V = \frac{\hat{\varphi}_2}{\hat{\varphi}_{\mathrm{st}}} = \sqrt{\frac{(2\vartheta\eta)^2 + (\zeta^2 - \eta^2)^2}{(2\vartheta\eta)^2[\eta^2(1 + \mu) - 1]^2 + [\mu\zeta^2\eta^2 - (\eta^2 - 1)(\eta^2 - \zeta^2)]^2}} \tag{4.164}$$

Wie leicht erkennbar, geht Gl. (4.164) für $\vartheta = 0$ in Gl. (4.159) über.
Für den Tilger trat die größte Wirkung für $\zeta^2 = 1$ auf. Bild 4/52 zeigt deshalb $V = V(\eta; \vartheta)$ für $\zeta^2 = 1$. Das Massenverhältnis soll, wie für Bild 4/50, $\mu = 0{,}2$ betragen.
Die Kurven wurden für $\vartheta = 0$; 0,1; 0,3 und $\vartheta \to \infty$ aufgetragen.
Für $\vartheta = 0$ ergibt sich der schon in Bild 4/50 dargestellte Verlauf. Für $\vartheta \to \infty$ „klebt" die Dämpfermasse J_1 fest an der Drehmasse J_2. Es entsteht ein ungedämpftes Einmassenmodell, dessen Eigenkreisfrequenz $\omega^2 = c/(J_1 + J_2)$ beträgt. Für $\vartheta = 0{,}1$; 0,3 ist bemerkenswert, daß beide Kurven sich mit den Kurven für $\vartheta = 0$; $\vartheta \to \infty$ in den Punkten P und Q schneiden. Es handelt sich somit um Schnittpunkte, die von der Dämpfung unabhängig sind. Sie können für eine Dämpferoptimierung herangezogen werden, zumal sie sich aus den Kurven für $\vartheta = 0$; $\vartheta \to \infty$ leicht bestimmen lassen. Es muß mit Gln. (4.159) und (4.164) gelten:

$$\frac{\zeta^2 - \eta_{P,Q}^2}{(1 + \mu\zeta^2 - \eta_{P,Q}^2)(\zeta^2 - \eta_{P,Q}^2) - \mu\zeta^4} = \frac{1}{\eta_{P,Q}^2(1 + \mu) - 1} \tag{4.165}$$

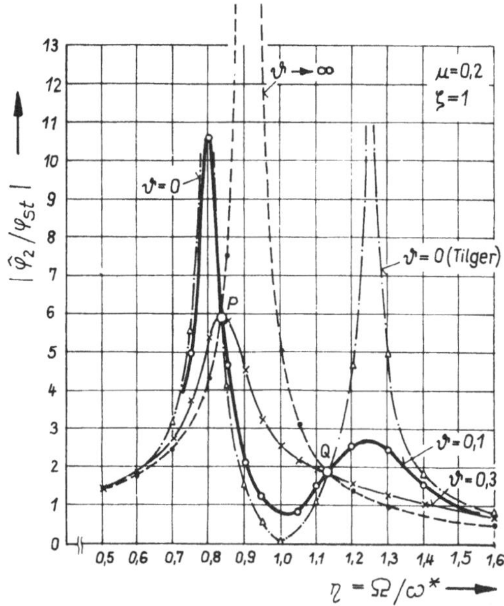

Bild 4/52. Vergrößerungsfunktionen für ein Modell mit federgefesseltem Dämpfer

Daraus folgt

$$\eta^2_{P,Q} = \frac{1}{2+\mu}\left[\zeta^2(1+\mu) + 1 \mp \sqrt{\zeta^4(1+\mu)^2 - 2\zeta^2 + 1}\right] \tag{4.166}$$

Für das Beispiel Bild 4/52 gilt $\eta_P = 0,836$, $\eta_Q = 1,141$. Jedem η-Wert entspricht eine Vergrößerung $V = \dfrac{\hat{\varphi}_2}{\hat{\varphi}_{st}}$. Die Dämpferwirkung wird dann am größten sein, wenn beide Punkte P und Q auf gleicher Höhe liegen, wenn $V_P = V_Q$ gilt. Daraus läßt sich ein optimaler Wert für die Abstimmung ζ festlegen. Man findet

$$\boxed{\zeta_{opt} = \frac{1}{1+\mu}} \tag{4.167}$$

Die Größe des Massenverhältnisses wird durch die Einbauverhältnisse am Motor bestimmt. Dadurch wird in den meisten Fällen $\mu \ll 1$, ζ_{opt} liegt dann in der Nähe von $\zeta = 1$. Die optimale Dämpfung würde sich nun aus der Forderung ergeben, daß bei gleich hoher Lage von P und Q die Vergrößerungsfunktion dort eine horizontale Tangente hat. Für diese Berechnung wird gebildet

$$\frac{dV}{d\eta} = 0$$

und für $\eta = \eta_{P,Q}$; $\zeta = \zeta_{opt}$ eingesetzt. Dies liefert eine Beziehung $\vartheta_{opt} = \vartheta_{opt}(\mu)$. Die recht aufwendige Rechnung ergibt für eine waagerechte Tangente im Punkt P:

$$\vartheta^2_{opt} = \frac{\mu\left(3 - \sqrt{\dfrac{\mu}{\mu+2}}\right)}{8(1+\mu)^3} \tag{4.168}$$

und für eine solche im Punkt Q:

$$\vartheta_{\text{opt}}^2 = \frac{\mu\left(3 + \sqrt{\dfrac{\mu}{\mu + 2}}\right)}{8(1 + \mu)^3} \tag{4.169}$$

In [5] wird als Mittelwert vorgeschlagen

$$\boxed{\vartheta_{\text{opt}}^2 = \frac{3\mu}{8(1 + \mu)^3}} \tag{4.170}$$

Die damit eintretende Vergrößerung stellt den optimal erreichbaren Wert dar. Man findet ihn am günstigsten, wenn man Gl. (4.167) in Gl. (4.166) einsetzt und die Vergrößerungsfunktion für $\vartheta \to \infty$ verwendet.
Es ergibt sich:

$$V_{\text{opt}} = \left|\frac{\Phi_2}{\Phi_{\text{st}}}\right|_{\text{opt}} = \frac{1}{\eta_{P,Q}^2(1 + \mu) - 1}; \qquad \boxed{V_{\text{opt}} = \sqrt{1 + \frac{2}{\mu}}} \tag{4.171}$$

Man erkennt aus dieser einfachen Beziehung die Bedeutung einer großen Dämpfermasse, die jedoch andererseits eine oft nur schwer zu realisierende Dämpfung ϑ_{opt} bedingt. Von federgefesselten Dämpfern gibt es verschiedene konstruktive Ausführungen. Am besten haben sich Dämpfer mit Gummi-Elementen als Feder-Dämpfer-Glied bewährt.

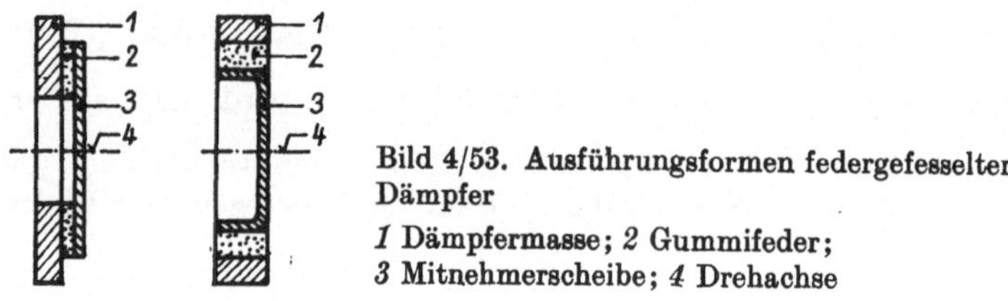

Bild 4/53. Ausführungsformen federgefesselter Dämpfer

1 Dämpfermasse; *2* Gummifeder;
3 Mitnehmerscheibe; *4* Drehachse

Bild 4/53 bringt verschiedene Ausführungsformen. Es sei noch darauf hingewiesen, daß die Dämpferfeder einer hohen Beanspruchung unterliegt. Sie läßt sich mit den angegebenen Verfahren für das Gesamtsystem berechnen. Anrisse in der Gummifeder sind jedoch erst nach Ausbau des Dämpfers feststellbar. Auf das Schwingungsverhalten haben sie jedoch einen wesentlichen Einfluß, da durch Änderung der Abstimmung die Dämpferwirkung verringert wird. Das Ausgangssystem ist dann weit höher belastet, was zu Brucherscheinungen führen kann.

4.4.5.   Auslegung eines federlosen Dämpfers

Um den Bruch der Dämpferfeder mit seinen Auswirkungen zu vermeiden, haben federlose Dämpfer, deren Dämpferdrehmasse nur über ein Dämpferglied mit dem Ausgangssystem gekoppelt ist, besondere Bedeutung. Bild 4/54 zeigt das für die Diskussion verwendete Modell. Zu seiner Auslegung können prinzipiell die gleichen

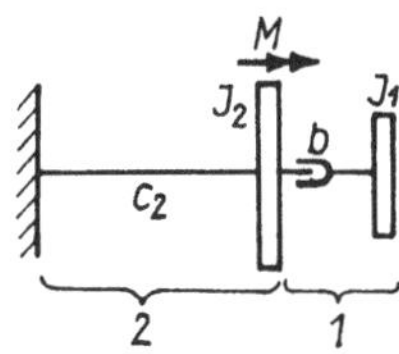

Bild 4/54. Anpassungsmodell eines federlosen Dämpfers
1 Dämpfer (federlos); *2* Ersatzmodell

Überlegungen wie in 4.4.4. dienen. Da jedoch $c_1 = 0$, gilt mit Gl. (4.163):

$$\gamma = 0; \quad \omega_\mathrm{T}^2 = 0; \quad \zeta^2 = 0$$

Gemäß Gl. (4.164) berechnet sich die Vergrößerungsfunktion damit aus:

$$V = \frac{\hat{\varphi}_2}{\hat{\varphi}_\mathrm{st}} = \sqrt{\frac{4\vartheta^2 + \eta^2}{4\vartheta^2\big(\eta^2(1+\mu) - 1\big)^2 + \eta^2(\eta^2 - 1)^2}} \tag{4.172}$$

Die Lage der dämpfungsunabhängigen Punkte findet man aus Gl. (4.166)

$$\eta_{P,Q}^2 = \frac{1}{2+\mu}\,(1 \mp 1)$$

der Punkt P liegt also bei $\eta = 0$, während für Q gilt:

$$\eta_Q^2 = \frac{2}{2+\mu} \tag{4.173}$$

Für $\vartheta = 0$ und $\vartheta \to \infty$ ergeben sich je Einmassenmodelle, so daß die Forderung nach einem Minimum in der Vergrößerung eindeutig erfüllt ist, wenn die Vergrößerungsfunktion im Punkt Q ihr Maximum hat. Diese Vergrößerung läßt sich sofort angeben, wenn Gl. (4.173) in die Gleichung für $\vartheta \to \infty$ eingesetzt wird [vgl. Gl. (4.171)]. Man findet:

$$\boxed{V_\mathrm{opt} = 1 + \frac{2}{\mu}} \tag{4.174}$$

Vergleicht man dies Ergebnis mit Gl. (4.171), so wird deutlich, daß die Wirkung eines federgefesselten Dämpfers bei gleicher Drehmasse wesentlich besser ist oder bei gleicher Dämpferwirkung der federlose Dämpfer eine größere Masse verlangt. Die optimale Dämpfung, bei der die Vergrößerungsfunktion ihr Maximum in Q hat, läßt sich nach dem oben angegebenen Weg bestimmen. Man findet:

$$\boxed{\vartheta_\mathrm{opt}^2 = \frac{1}{2(1+\mu)(2+\mu)}} \tag{4.175}$$

Nimmt man an, daß $\mu \ll 1$, gilt $\vartheta_\mathrm{opt}^2 = 1/4$. Die Größe der Dämpfungskonstante des Dämpferelementes beträgt dann:

$$b^2/4J_1^2\omega^{*2} = 1/4; \quad \boxed{b = J_1\omega^*} \tag{4.176}$$

Diese einfache Beziehung, in die nur die Drehmasse des Dämpfers und, für Mehrmassensysteme, die Resonanzfrequenz eingehen, wird häufig verwendet.
Bild 4/55 zeigt Vergrößerungsfunktionen für das Modell mit federlosem Dämpfer für $\mu = 0{,}2$ und verschiedene Werte des Dämpfungsgrades ϑ.

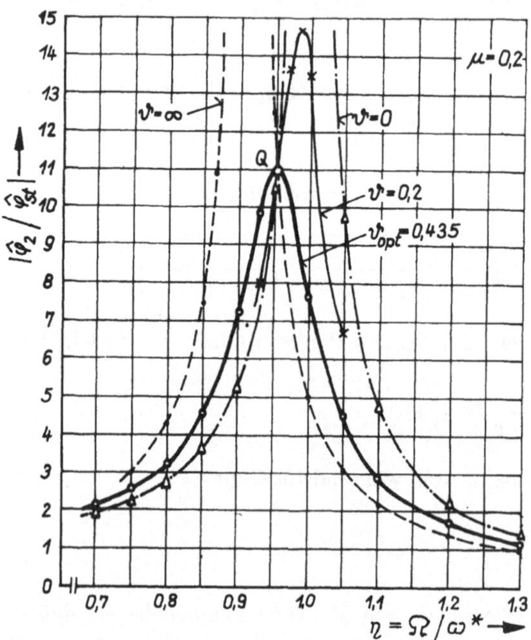

Bild 4/55. Vergrößerungsfunktionen für ein Modell mit federlosem Dämpfer für $\mu = 0{,}2$

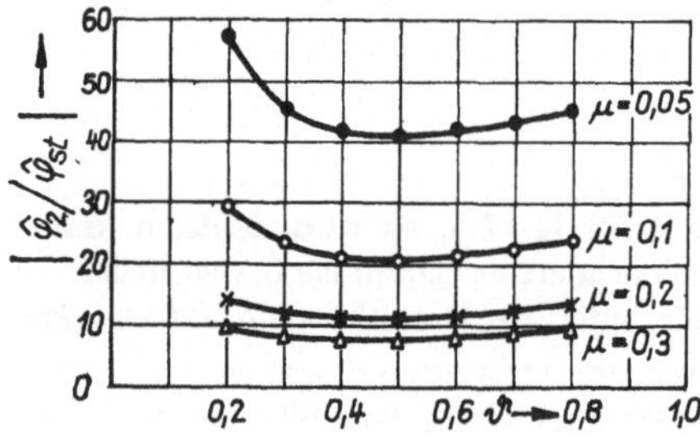

Bild 4/56. Maximale Resonanzvergrößerung als Funktion des Massenverhältnisses μ und des Dämpfungsgrades ϑ

Die Realisierung einer bestimmten Dämpfungskonstante in einem Dämpfer ist wegen der starken Abhängigkeit von Fertigungs- und Betriebsparametern schwierig. Deshalb interessiert der Einfluß, den eine Abweichung auf die Resonanzvergrößerung

$$V_{\max} = \left(\frac{\hat{\varphi}_2}{\hat{\varphi}_{st}} \right)_{\max}$$

hat. Bild 4/56 zeigt diese Funktion. Man erkennt daraus, daß ein gegenüber ϑ_{opt} zu großer Dämpfungsgrad günstiger ist als ein zu kleiner.

Federlose Dämpfer werden entweder mit Reibungsdämpfung oder mit Flüssigkeits-
dämpfung ausgeführt. Bei dem Reibungsdämpfer, Bild 4/57, besteht zwischen
der Dämpfermasse und der Mitnehmerscheibe über den Bremsbelag Reibschluß,
der durch die Federkraft erzeugt wird.

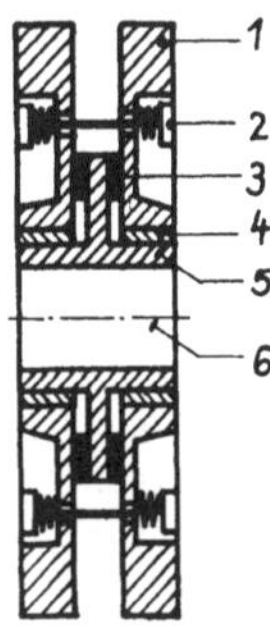

Bild 4/57. Reibungsdämpfer
1 Dämpfermasse; *2* Anpreßfeder; *3* Bremsbelag;
4 Laufbuchse; *5* Mitnehmerscheibe; *6* Drehachse

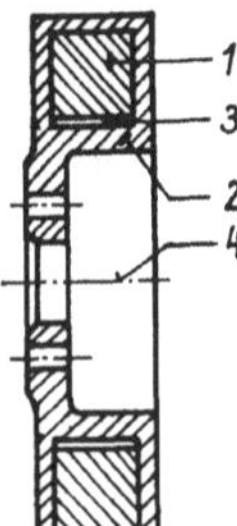

Bild 4/58. Flüssigkeitsdämpfer
(Viskositätsdrehschwingungsdämpfer)
1 Dämpfermasse; *2* Gehäuse; *3* Dämpferflüssigkeit;
4 Drehachse

Der Flüssigkeitsdämpfer (Viskositätsdrehschwingungsdämpfer), Bild 4/58, hat eine
Kopplung zwischen Dämpfermasse und dem auf der Welle sitzenden Gehäuse durch
die Viskosität des Dämpferöles. Sie ist bei Silikonölen in weiten Grenzen beeinfluß-
bar. Diese Dämpfer finden hauptsächlich bei großen Dieselmotoren Verwendung.
Sie arbeiten im wesentlichen wartungsfrei, sind jedoch in der Fertigung aufwendig.
Diese Dämpfer werden bis zur Größenordnung von 2 m Durchmesser hergestellt.
(Masse etwa 6000 kg).

5. Biegeschwingungen

5.1. Zur Entwicklung der Problemstellung

In Verbindung mit dem sich schnell entwickelnden Turbinenbau entstanden in den siebziger Jahren des 19. Jahrhunderts in England und Deutschland die ersten theoretischen Arbeiten, die sich mit der Bestimmung kritischer Drehzahlen von Wellen mit veränderlichen Querschnitten befaßten. Kritische Drehzahlen sind Drehzahlen, mit denen eine Maschine mit Rücksicht auf ihre Betriebssicherheit nicht längere Zeit betrieben werden darf, weil gefährliche Resonanzzustände auftreten. Die ersten Untersuchungen spezieller Fragen von Biegeschwingungen, die von *Rankine* (1869) und *de Laval* (1889) stammen, wurden fortgesetzt durch Arbeiten von *A. Stodola*, der viele bedeutsame Erscheinungen klärte und seine Forschungsergebnisse 1924 in einem fundamentalen Werk [1] niederlegte. Weitere Fortschritte bei der Berechnung kritischer Drehzahlen von Wellen wurden in den dreißiger und vierziger Jahren unseres Jahrhunderts durch zahlreiche Forscher erzielt. Sie wurden in klassischer Form von *Biezeno* und *Grammel* [6] zusammengefaßt.
Die weitere Entwicklung war einerseits dadurch charakterisiert, daß als wesentlich erkannte Einflußgrößen theoretisch und experimentell genauer untersucht wurden. Die Ergebnisse dieser Arbeiten sind in den Büchern von *Dimentberg* [5/1]; *Kožešnik* [14]; *Koritysskij* [5/2]; *Kušul* [5/3]; *Tondl* [5/4]; *Niordson* [5/5] und *Ragulskis* [5/6] zusammenfassend dargestellt.
Andererseits wurden die Berechnungsmethoden mit dem Aufkommen der EDVA vervollkommnet, wobei sich vielfach die Methoden der Übertragungsmatrizen durchgesetzt haben, die in den Büchern von *Klotter* [4]; *Zurmühl* [7]; [8]; *Ivovič* [18] und *Dietrich/Stahl* [26] ausführlich beschrieben sind.
Die Biegeschwingungen von (nicht rotierenden) Balken und Balkensystemen, deren Berechnung eng mit der von Wellen verbunden ist, haben vor allem in der Baudynamik, aber auch für Maschinengestelle Bedeutung. Das Buch von *Hohenemser/Prager* [5/8] enthielt die erste zusammenfassende Darstellung der Schwingungen von Stabwerken. Die Behandlung von Biegeschwingungssystemen (ohne Benutzung moderner EDVA) fand durch die Darstellung von *Koloušek* [5/9] ihren Abschluß. Vom Standpunkt der Mechanik stellt die Monografie von *Filippow* [20] eine sehr gute Übersicht über die Schwingungen von Stäben, Balken und Platten dar, wobei den technisch besonders wichtigen Biegeschwingungen besondere Aufmerksamkeit gewidmet wird.
Mit der Entwicklung der EDVA haben neben dem Verfahren der Übertragungsmatrizen auch die Methoden der finiten Elemente die Biegeschwingungsberechnung beeinflußt. Der gegenwärtige Stand ist dadurch charakterisiert, daß in den hochindustrialisierten Ländern praktisch für die meisten auftretenden und theoretisch geklärten Problemstellungen Rechenprogramme für moderne EDVA vorliegen [5/17]. Die in der DDR verfügbaren Rechenprogramme sind im Anhang zusammengestellt, vgl. (P 3/9) bis (P 3/12); (P 3/26) bis (P 3/30). Eine gute Übersicht über die bis etwa 1970 auf dem Gebiet der Rotordynamik vorliegenden Forschungsergebnisse

gibt die Arbeit [5/10], welche 765 Literaturstellen enthält (darunter allein 59 Bücher aus den Jahren 1948 bis 1970), sowie [5/16]. Eine moderne Einführung in das Gebiet der Rotordynamik stellt das Buch von *Gasch/Pfützner* [5/12] dar.

Methoden zur Berechnung von Biegeschwingungen werden bei der Konstruktion und Berechnung spezieller Maschinen benutzt (z. B. [5/2]; [5/11]; [5/14]; [5/15]; [5/20]; [5/22]; [5/23]). In mehreren Hand- und Taschenbüchern (z. B. [9]; [17]; [20]; [22]; [29]; [33]) kann der Praktiker benötigte Formeln nachlesen. Für manche Tragwerke gibt es Berechnungstafeln ([5/24]; [5/25]).

Die in der Fachliteratur behandelten Probleme dienen letztlich der Konstruktion zuverlässiger Stabtragwerke, Wellen und Rotoren und lassen sich in folgende Gruppen einteilen:

1. Wahl angemessener Berechnungsmodelle, welche mit vertretbarem Aufwand die beobachteten und experimentell untersuchten Erscheinungen erfassen
2. Berechnung von kritischen Drehzahlen (bzw. Eigenfrequenzen) für gegebene Berechnungsmodelle und Parameterwerte
3. Berechnung tatsächlicher Bewegungen und Kraftgrößen (Lagerkräfte und -ausschläge, Spindelbewegungen, Rotorfestigkeit, ...) bei erzwungenen, parametererregten oder selbsterregten Biegeschwingungen.
4. Auswahl günstiger Parameterwerte einer Konstruktion, vgl. [5/13].

5.2.   Grundlegende Zusammenhänge

5.2.1.   Rotierende symmetrische Welle mit Unwuchterregung

Aus 2.5.2. ist bekannt, daß praktisch immer eine Restunwucht bei Rotoren verbleibt, weil eine vollständige Auswuchtung nicht erreichbar ist. Hier soll nun an einem einfachen Rotor mit einer Scheibe demonstriert werden, wie sich eine Unwuchterregung auswirkt.

Zur Vereinfachung wird angenommen, daß die Scheibe in der Mitte einer zweifach gelagerten Welle konstanter Biegesteifigkeit EI sitzt, sich nicht neigt und somit die Einflüsse der Kreiselwirkung entfallen.

Bild 5/1 zeigt die aus der statischen Gleichgewichtslage ausgelenkte Scheibe im raumfesten Koordinatensystem. Die Scheibe dreht sich mit der Winkelgeschwindigkeit Ω. Die Durchbiegungen im mitrotierenden Bezugssystem werden mit r bezeichnet. Ihr Schwerpunkt S liegt außerhalb des Wellenmittelpunktes W (Exzentrizität e). Auf die Scheibe wird ein Drehmoment M übertragen. Die Scheibenmasse ist m, das Massenträgheitsmoment um die Drehachse ist J_p. Die masselose Welle ist isotrop, d. h., ihre Federkonstante c ist in x-, y- und r-Richtung gleich groß. Da die Wellenneigung entfällt, werden keine anderen Federungszahlen benötigt.

Das Kräftegleichgewicht am Schwerpunkt der in horizontaler Ebene rotierenden Scheibe ergibt (vgl. Bild 5/1)

$$m\ddot{x}_s + cx_w = 0 \tag{5.1}$$

$$m\ddot{y}_s + cy_w = 0 \tag{5.2}$$

Aus dem Momentengleichgewicht um die Schwerachse folgt

$$J_\mathrm{p}\ddot{\varphi} + cx_w e \sin\varphi - cy_w e \cos\varphi = M \tag{5.3}$$

Mit Berücksichtigung der Zwangsbedingungen (vgl. Bild 5/1)

$$x_w = x_s - e\cos\varphi, \quad y_w = y_s - e\sin\varphi \tag{5.4}$$

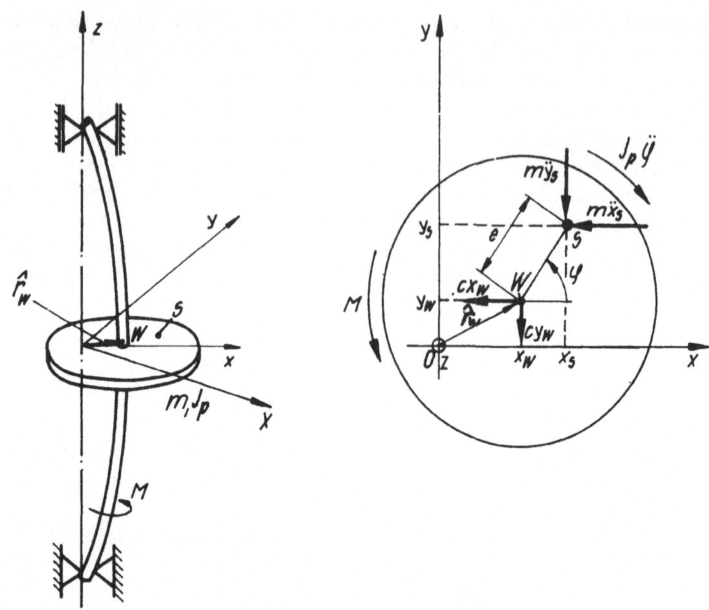

Bild 5/1. Bezeichnung geometrischer Größen an einer symmetrisch gelagerten Welle mit einer Scheibe

folgen daraus die Bewegungsgleichungen

$$m\ddot{x}_s + cx_s = ce\cos\varphi \tag{5.5}$$

$$m\ddot{y}_s + cy_s = ce\sin\varphi \tag{5.6}$$

$$J_\mathrm{p}\ddot{\varphi} - ce(y_s\cos\varphi - x_s\sin\varphi) = M \tag{5.7}$$

Hier soll nur die stationäre Bewegung mit konstanter Winkelgeschwindigkeit ($\dot{\varphi} = \Omega$) untersucht werden. Setzt man eine Dämpfung innerhalb der Welle voraus, die dafür sorgt, daß die freien Schwingungen abklingen, dann können die stationären Bewegungen als die partikulären Lösungen der Gln. (5.5) und (5.6) ermittelt werden. Aus beiden ergibt sich die Eigenkreisfrequenz zu

$$\omega_1 = \sqrt{\frac{c}{m}} = \sqrt{\frac{cg}{mg}} = \sqrt{\frac{g}{f}} \tag{5.8}$$

Dabei ist $f = mg/c$ die statische Durchsenkung an der Masse m infolge einer Kraft von der Größe mg in der Richtung der Durchbiegung.

Bezeichnet man das Verhältnis von Dreh- zu Eigenkreisfrequenz mit $\eta = \Omega/\omega_1$ (Abstimmungsverhältnis), so lauten die Lösungen der Gln. (5.5) und (5.6) mit $\varphi = \Omega t$

$$x_s = \frac{e\omega_1^2}{\omega_1^2 - \Omega^2}\cos\Omega t = \frac{e}{1 - \eta^2}\cos\Omega t = \hat{r}_s\cos\Omega t$$

$$y_s = \frac{e\omega_1^2}{\omega_1^2 - \Omega^2}\sin\Omega t = \frac{e}{1 - \eta^2}\sin\Omega t = \hat{r}_s\sin\Omega t \tag{5.9}$$

und das Antriebsmoment ergibt sich nach Gl. (5.7) für $\Omega \neq \omega_1$ zu $M = 0$. Für $\Omega = \omega_1$ ($\eta = 1$) tritt Resonanz ein, und die erzwungenen Schwingungsausschläge wachsen unbegrenzt. Diese Drehgeschwindigkeit ist für die Welle sehr gefährlich. Deshalb nennt man

$$\frac{n}{1/\text{min}} = \frac{30}{\pi}\,\omega_1 = \frac{30}{\pi}\sqrt{\frac{g}{f}} \approx \frac{300}{\sqrt{f/\text{cm}}} \tag{5.10}$$

die *kritische Drehzahl* dieser Welle.

Die Gl. (5.9) zeigt, daß der Schwerpunkt eine Kreisbahn mit der Winkelgeschwindigkeit Ω durchläuft. Der Radius dieses Kreises beträgt

$$\hat{r}_s = \sqrt{x_s{}^2 + y_s{}^2} = e\omega_1{}^2/(\omega_1{}^2 - \Omega^2) = e/(1 - \eta^2) \tag{5.11}$$

Die Bewegung des Scheibenmittelpunktes W ergibt sich aus Gl. (5.4) mit Gl. (5.9) zu

$$x_w = \hat{r}_w \cos \Omega t; \quad y_w = \hat{r}_w \sin \Omega t; \quad \hat{r}_w = e\eta^2/(1 - \eta^2) \tag{5.12}$$

Der Radius r_w entspricht der Auslenkung im rotierenden System der Polarkoordinaten $(r;\varphi)$.

Die Amplituden der Bewegungen von S und W sind in Bild 5/2 mit den Bahnen dieser Punkte in Abhängigkeit vom Abstimmungsverhältnis η dargestellt. Die Punkte O, S und W liegen (außerhalb der Resonanz) auf einer Geraden, wenn das Berechnungsmodell keine Dämpfung enthält. Die Welle rotiert im gebogenen Zustand und wird dabei nur statisch beansprucht. Für die Festigkeitsberechnung solcher rotierender Wellen ist von Bedeutung, daß keine Biegewechsel zu berücksichtigen sind.

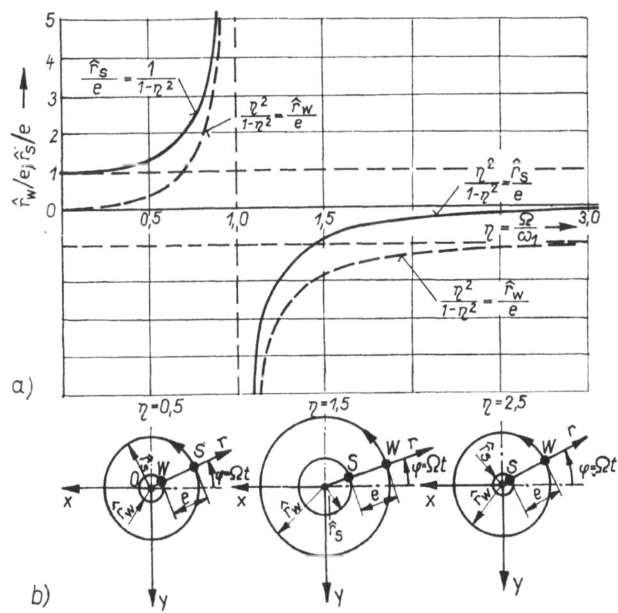

Bild 5/2. Bewegung der Welle in Abhängigkeit vom Abstimmungsverhältnis
a) Amplituden-Frequenzgang
b) Bahn der Punkte W und S bei $\eta = 0,5$; $1,5$; $2,5$
$\left(\text{Statt } \dfrac{\eta^2}{1 - \eta^2} = \dfrac{\hat{r}_s}{e} \text{ lies } \dfrac{1}{1 - \eta^2} = \dfrac{\hat{r}_s}{e}\right)$

Aus Bild 5/2 geht hervor, daß sich bei großen Drehzahlen die Welle zentriert. Im überkritischen Drehzahlbereich ($\Omega \gg \omega_1$) wird sich die Scheibe um ihre Schwerachse drehen. Man wendet diese Tatsache bei Zentrifugen und anderen Maschinen an, bei denen infolge des exzentrischen Verarbeitungsgutes eine Auswuchtung nicht möglich ist (Bild 5/3). Das System wird dabei meist durch weiche Halslagerfedern so abgestimmt, daß es überkritisch läuft. Die Scheibe rotiert dann um die Schwer-

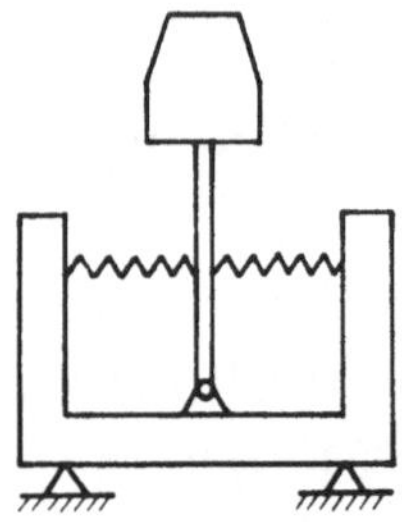

Bild 5/3. Schematische Darstellung der Lagerung einer Zentrifuge

achse, d. h., die Halslagerfedern werden in der Umlauffrequenz um den Betrag der Exzentrizität ausgelenkt und bewirken eine entsprechende Kraft auf das Gestell. Diese ist bei sehr weichem Halslager bedeutend kleiner als die entsprechende Unwuchtkraft bei starrer Lagerung.

Bei jedem tiefabgestimmten System muß allerdings die Resonanzstelle $\Omega = \omega_1$ durchfahren werden. Es ist deshalb von Interesse, wie sich das System in der Resonanz verhält. Für $\Omega = \omega_1$ und $\varphi = \omega_1 t$ wird für die Gln. (5.5) und (5.6) folgender partikulärer Lösungsansatz gemacht:

$$x_s = \frac{1}{2}\, e\omega_1 t \sin \omega_1 t; \quad y_s = -\frac{1}{2}\, e\omega_1 t \cos \omega_1 t \tag{5.13}$$

Man setze Gl. (5.13) in Gln. (5.5) und (5.6) ein und überprüfe die Richtigkeit des Ansatzes.

Die Radiusauslenkung beträgt

$$r_s = \sqrt{x_s{}^2 + y_s{}^2} = e\omega_1 t/2 \tag{5.14}$$

Die Amplitude wächst im Resonanzfall linear mit der Zeit. Aus dieser Formel kann die maximal zulässige Zeit t_zul zum Durchfahren der Resonanz berechnet werden, wenn ein zulässiger Ausschlag r_zul vorgegeben ist:

$$t_\mathrm{zul} \leqq 2r_\mathrm{zul}/e\omega_1 \tag{5.15}$$

Um während der Resonanz die Winkelgeschwindigkeit $\dot\varphi = \Omega = \omega_1$ aufrechtzuerhalten, muß ein Moment wirken, das aus Gl. (5.7) durch Einsetzen von Gl. (5.13) gefunden wird:

$$M = \frac{1}{2}\, ce^2\omega_1 t = \frac{1}{2}\, e^2 m\omega_1{}^3 t \tag{5.16}$$

Die „Momentgeschwindigkeit" müßte somit zum Durchfahren der Resonanz

$$\dot M > \frac{1}{2}\, e^2 m\omega_1{}^3 \tag{5.17}$$

sein, damit der Rotor überhaupt beschleunigt wird.

Wegen des kubischen Einflusses von ω_1 ist das Durchfahren der Resonanz mit hoher Frequenz schwierig. Mehr zu Problemen der Resonanzdurchfahrt findet man in [20]; [24].

Die bisherigen Erkenntnisse lassen sich entsprechend ([6], S. 159) in den Sätzen von *de Laval* (1845 bis 1913) zusammenfassen:

1. Die Drehgeschwindigkeit $\Omega = \omega_1 = \sqrt{c/m}$ ist kritisch. Sie liegt um so höher, je steifer die Welle und je kleiner die Masse ist.
2. Oberhalb von ω_1 nähert sich der Scheibenschwerpunkt S auch bei vorhandener Exzentrizität e der Drehachse, es tritt Selbstzentrierung ein.
3. Der tatsächliche gefährliche Drehzahlbereich beginnt schon ein wenig unterhalb von ω_1 und endet ein wenig oberhalb von ω_1. Soll der Maximalausschlag $\hat{r}_s < \hat{r}_{\text{zul}}$ bleiben, muß man den Bereich

$$\frac{c}{m}\left(1 - \frac{e}{r_{\text{zul}}}\right) < \Omega^2 < \frac{c}{m}\left(1 + \frac{e}{r_{\text{zul}}}\right) \tag{5.18}$$

vermeiden.

4. Um die Welle durch den kritischen Bereich hindurchzufahren, muß in der Umgebung von ω_1 das Antriebsmoment M mindestens mit der Geschwindigkeit gemäß Gl. (5.17) gesteigert werden.

In der Praxis vorkommende Wellen sind bedeutend komplizierter als der hier behandelte Sonderfall, so daß sich ihr Verhalten bei erzwungenen Schwingungen nicht so übersichtlich darstellen läßt. Es tritt dann nicht nur eine Eigenkreisfrequenz ω_1, sondern i. allg. ein ganzes Spektrum (ω_1, ω_2, ..., ω_n) von Eigenkreisfrequenzen bzw. kritischen Drehzahlen auf.

Wesentlich bei der Konstruktion von Wellen ist die Kenntnis der Lage der Eigenfrequenzen. Die folgende Darstellung befaßt sich deshalb zum großen Teil mit deren Ermittlung.

5.2.2. Kritische Drehzahlen einer mit einer Scheibe besetzten Welle unter Berücksichtigung der Kreiselwirkung

Das Schwingungsverhalten einer rotierenden Welle unterscheidet sich prinzipiell von dem eines nichtrotierenden Balkens, weil bei großen Drehzahlen an den räumlich ausgedehnten Scheiben sogenannte Kreiselmomente (auch „gyroskopische Momente" genannt) das dynamische Verhalten beeinflussen.

Kreiselmomente entstehen, wenn die Scheiben auf die Welle schräg montiert sind oder wenn sich die Scheiben während der Schwingung um die x- oder y-Achse neigen (vgl. Bild 5/4). Zur Ableitung der Bewegungsgleichungen wird angenommen, daß die Scheibe um die Wellenachse mit konstanter Winkelgeschwindigkeit $\dot{\varphi} = \Omega$ rotiert, in x- und y-Richtung durchgebogen wird und gleichzeitig um die Winkel ψ_x und ψ_y kippt. Dann wirken folgende Kräfte und Momente von der Scheibe auf die Welle (vgl. Bild 5/4 und [39]):

$$F_x = -m\ddot{x}; \quad F_y = -m\ddot{y} \tag{5.19}$$

$$M_x = -J_a\ddot{\psi}_x - J_p\Omega\dot{\psi}_y; \quad M_y = -J_a\ddot{\psi}_y + J_p\Omega\dot{\psi}_x \tag{5.20}$$

In diesen Gleichungen ist J_p das Massenträgheitsmoment der Scheibe bezüglich der Rotationsachse. J_a ist das bezüglich der x- bzw. y-Achse vorhandene Massenträgheitsmoment der als rotationssymmetrisch vorausgesetzten Scheibe. Formeln zur Berechnung der Massen und Massenträgheitsmomente häufig vorkommender Rotorbauformen sind in Tabelle 5/1 angegeben ($x;y$ sind Schwerpunktachsen).

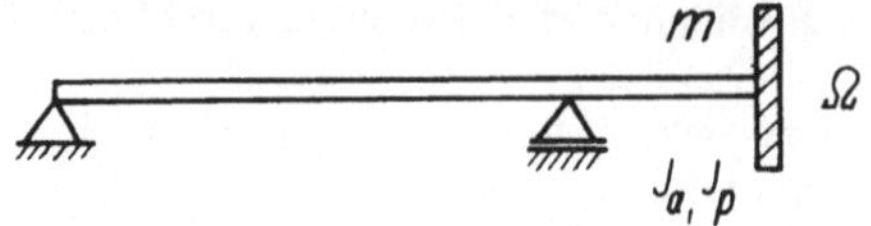

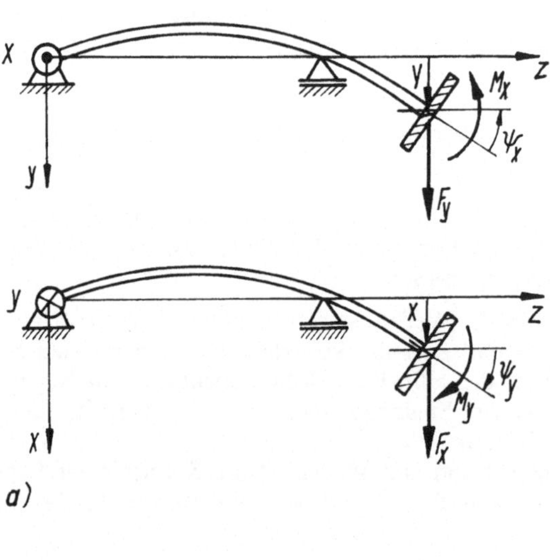

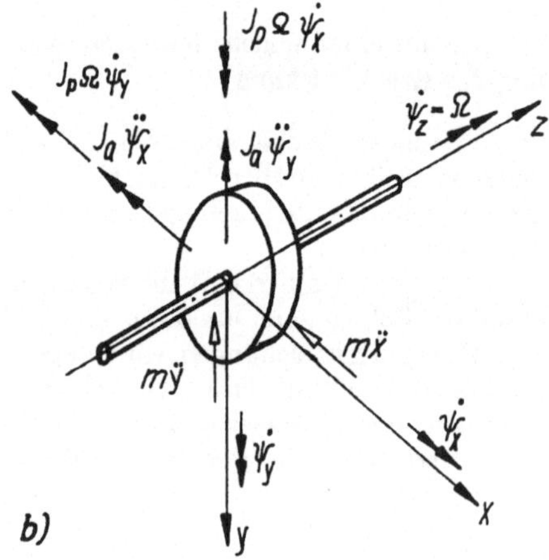

Bild 5/4. Bezeichnung der Kraftgrößen und Deformationsgrößen
an einer mit einer Scheibe besetzten Welle

a) Koordinaten und Bezeichnungen
b) Kräfte und Momente an der Scheibe

Tabelle 5/1. Massen, Massenträgheitsmomente und Schwerpunktabstände von symmetrischen Rotoren

Bauelement	Schwerpunktsabstand t / Masse m	Polares Massenträgheitsmoment $J_{zz}=J_p$	Axiales Massenträgheitsmoment $J_{yy}=J_{xx}=J_a$
Vollzylinder	$t=\dfrac{h}{2}$ $m=\rho\,\dfrac{\pi}{4}\,d^2 h$	$m\,\dfrac{d^2}{8}$	$m\,\dfrac{3d^2+4h^2}{48}$
Hohlzylinder	$t=\dfrac{h}{2}$ $m=\rho\,\dfrac{\pi}{4}\,(d_1^2-d_2^2)\,h$	$m\,\dfrac{d_1^2+d_2^2}{8}$	$m\,\dfrac{3d_1^2+3d_2^2+4h^2}{48}$
Dünnwand. Hohlzylind.	$(d_1\approx d_2=d)$ $\left(\dfrac{d_1-d_2}{2}=s\right)$ $t=\dfrac{h}{2}$ $m=\rho\cdot\pi\cdot d\,s\cdot h$	$m\,\dfrac{d^2}{4}$	$m\,\dfrac{3d^2+2h^2}{24}$
Dünnwand. Kegelstumpf	$t=\dfrac{h}{3}\cdot\dfrac{d_1+2d_2}{d_1+d_2}$ $m=\rho\,\dfrac{\pi}{4}\,(d_1+d_2)\,s\cdot\sqrt{4h^2+(d_1+d_2)^2}$	$m\,\dfrac{d_1^2+d_2^2}{8}$	$\dfrac{m}{18}\left[\dfrac{9}{8}(d_1^2+d_2^2)+h^2+4\,\dfrac{d_1 d_2 h^2}{(d_1+d_2)^2}\right]$
Nabenstern (n Rippen)	$t=\dfrac{h}{2}+\dfrac{d_1-d_2}{4}\tan\alpha$ $m=\rho\cdot h\,s\,\dfrac{d_1-d_2}{2}\cdot n$	$\dfrac{m}{12}\,\dfrac{d_1^3-d_2^3}{d_1-d_2}$	$a=(d_1-d_2)\cdot\tan\alpha$ $b=4-3\cdot\cos\alpha$ $m\cdot\dfrac{b}{3\cdot\cos\alpha}\left[\dfrac{h^2}{4}+\dfrac{a^2}{16}+\dfrac{3}{4}\cdot\dfrac{ah(1-\cos\alpha)}{b}\right]$

Die Beziehungen zwischen den Kraftgrößen (F_x; F_y; M_x; M_y) und Deformationsgrößen (x; y; ψ_x; ψ_y) werden als linear angenommen (wie dies für viele Wellen zutrifft):

$$y = \alpha_y F_y - \gamma_y M_x; \quad x = \alpha_x F_x + \gamma_x M_y \tag{5.21}$$

$$\psi_x = -\delta_y F_y + \beta_y M_x; \quad \psi_y = \delta_x F_x + \beta_x M_y \tag{5.22}$$

Die unterschiedlichen Vorzeichen in beiden Ebenen erklären sich daraus, daß die positiven Kraft- und Momentrichtungen in positiver x- bzw. y-Achse liegen (vgl. Bild 5/4a).
Die aus der Festigkeitslehre bekannten Einflußzahlen α, β und $\gamma=\delta$ sind bei manchen Konstruktionen von der Koordinatenrichtung abhängig und wurden deshalb mit den Indizes x und y versehen. Bei einer solchen anisotropen Lagerung treten zusätzliche dynamische Effekte auf.
Bei isotroper Lagerung sind die Einflußzahlen in beiden Ebenen gleich. Formeln zur Berechnung der Einflußzahlen bei häufig vorkommenden Wellenlagerungen enthält Tabelle 5/2. Aus Gl. (5.19) bis (5.22) folgt bei isotroper Lagerung

$$y = \alpha F_y - \gamma M_x = -\alpha m\ddot{y} - \gamma(-J_a\ddot{\psi}_x - J_p\Omega\dot{\psi}_y) \tag{5.23}$$

$$\psi_x = -\delta F_y + \beta M_x = \delta m\ddot{y} + \beta(-J_a\ddot{\psi}_x - J_p\Omega\dot{\psi}_y) \tag{5.24}$$

$$x = \alpha F_x + \gamma M_y = -\alpha m\ddot{x} + \gamma(-J_a\ddot{\psi}_y + J_p\Omega\dot{\psi}_x) \tag{5.25}$$

$$\psi_y = \delta F_x + \beta M_y = -\delta m\ddot{x} + \beta(-J_a\ddot{\psi}_y + J_p\Omega\dot{\psi}_x) \tag{5.26}$$

Tabelle 5/2. Einflußzahlen von zweifach gelagerten Wellen

Nr.	Skizze des Systems	d_{11}
1		$\alpha_{11} = \dfrac{(l - l_1)^2}{c_1 l^2} + \dfrac{l_1^2}{c_2 l^2} + \dfrac{l_1^2(l - l_1)^2}{3EIl}$
2		$\alpha_{11} = \dfrac{l_2^2}{c_1(l_1 + l_2)^2} + \dfrac{l_1^2}{c_2(l_1 + l_2)^2} + \dfrac{l_1^2 l_2^2}{3EI_1(l_1 + l_2)}$
3		$\alpha_{11} = \dfrac{l_2^2}{c_1(l_1 + l_2)^2} + \dfrac{l_1^2}{c_2(l_1 + l_2)^2} + \dfrac{l_1^2 l_2^2}{3EI(l_1 + l_2)}$
4		$\alpha_{11} = \dfrac{l_2^2}{c_1 l_1^2} + \dfrac{(l_1 + l_2)^2}{c_2 l_1^2} + \dfrac{l_1 l_2^2}{3EI_1} + \dfrac{l_2^3 - l_3^3}{3EI_2}$
5		$\alpha_{11} = \dfrac{(l - l_1)^2}{c_1 l^2} + \dfrac{l_1^2}{c_2 l^2} + \dfrac{l_1^2(l_2 + l_3)^2}{3EIl}$
6		$\alpha_{11} = \dfrac{l_2^2}{c_1(l_1 + l_2)^2} + \dfrac{l_1^2}{c_2(l_1 + l_2)^2} + \dfrac{l_1^2 l_2^2}{3EI_1(l_1 + l_2)}$

Die Kopplung, die zwischen den 4 Gleichungen besteht, wird durch das Kreiselmoment hervorgerufen. Man sieht, daß für $\Omega = 0$ (nichtrotierende Welle) eine Entkopplung auftritt, so daß sich nur Verschiebung und Neigung innerhalb einer Ebene gegenseitig beeinflussen (y und ψ_x bzw. x und ψ_y). Die Schwingungen in den um 90° versetzten Ebenen lassen sich dann unabhängig voneinander untersuchen. Die Kreiselmomente sind bei Rotoren, bei denen $J_p \ll J_a$ ist, relativ klein gegenüber den anderen Momenten, so daß sie ohne wesentlichen Verlust an Genauigkeit dann vernachlässigt werden können (z. B. Textilspindeln), vgl. Bild 5/5.

Die Gln. (5.23) bis (5.26) lassen sich vereinfachen, wenn man mit $j = \sqrt{-1}$ die komplexen Veränderlichen $\tilde{r} = x + jy$ und $\tilde{\psi} = \psi_y - j\psi_x$ einführt. Faßt man die

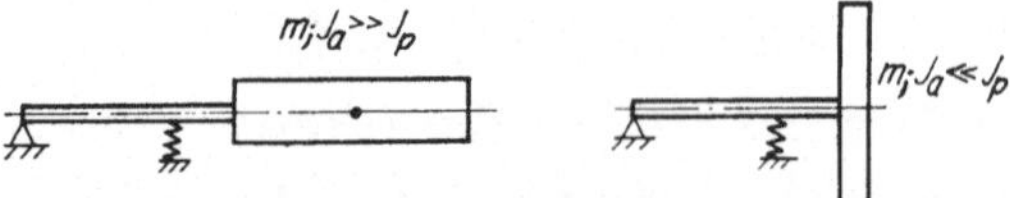

Bild 5/5. Verschiedene Rotorformen

d_{12}	d_{22}
$\alpha_{12} = \dfrac{(l_2 + l_3)\,l_3}{c_1 l^2} + \dfrac{l_1(l_1 + l_2)}{c_2 l^2} + \dfrac{l_1 l_3(l^2 - l_1{}^2 - l_3{}^2)}{6EIl}$	$\alpha_{22} = \dfrac{l_3{}^2}{c_1 l^2} + \dfrac{(l - l_3)^2}{c_2 l^2} + \dfrac{l_3{}^2(l_1 + l_2)^2}{3EIl}$
$\alpha_{12} = -\dfrac{l_2 l_3}{c_1(l_1 + l_2)^2} + \dfrac{(l_1 + l_2 + l_3)\,l_1}{c_2(l_1 + l_2)^2} - \dfrac{l_1 l_2 l_3(2l_1 + l_2)}{6EI_1(l_1 + l_2)}$	$\alpha_{22} = \dfrac{l_3{}^2}{c_1(l_1 + l_2)^2} + \dfrac{(l_1 + l_2 + l_3)^2}{c_2(l_1 + l_2)^2} + \dfrac{(l_1 + l_2)\,l_3{}^2}{3EI_1} + \dfrac{l_3{}^3}{3EI_2}$
$\gamma_{11} = \delta_{11} = \dfrac{l_2}{c_1(l_1 + l_2)^2} - \dfrac{l_1}{c_2(l_1 + l_2)^2} + \dfrac{l_1 l_2(l_2 - l_1)}{3EI(l_1 + l_2)}$	$\beta_{11} = \left(\dfrac{1}{c_1} + \dfrac{1}{c_2}\right)\dfrac{1}{(l_1 + l_2)^2} + \dfrac{l_1{}^3 + l_2{}^3}{3EI(l_1 + l_2)^2}$
$\gamma_{11} = \delta_{11} = \dfrac{l_2}{c_1 l_1{}^2} + \dfrac{l_1 + l_2}{c_2 l_1{}^2} + \dfrac{l_1 l_2}{3EI_1} + \dfrac{l_2{}^2 - l_3{}^2}{2EI_2}$	$\beta_{11} = \left(\dfrac{1}{c_1} + \dfrac{1}{c_2}\right)\dfrac{1}{l_1{}^2} + \dfrac{l_1}{3EI_1} + \dfrac{l_2 - l_3}{EI_2}$
$\gamma_{12} = \delta_{21} = \dfrac{l_2 + l_3}{c_1 l^2} - \dfrac{l_1}{c_2 l^2} + \dfrac{l_1(l^2 - l_1{}^2 - 3l_3{}^2)}{6EIl}$	$\beta_{22} = \left(\dfrac{1}{c_1} + \dfrac{1}{c_2}\right)\dfrac{1}{l^2} + \dfrac{(l_1 + l_2)^3 + l_3{}^3}{3EIl^3}$
$\gamma_{12} = \delta_{21} = -\dfrac{l_2}{c_1(l_1 + l_2)^2} + \dfrac{l_1}{c_2(l_1 + l_2)^2} - \dfrac{l_1 l_2(2l_1 + l_2)}{6EI_1(l_1 + l_2)}$	$\beta_{22} = \left(\dfrac{1}{c_1} + \dfrac{1}{c_2}\right)\dfrac{1}{(l_1 + l_2)^2} + \dfrac{l_1 + l_2}{3EI^1} + \dfrac{l_3}{EI_2}$

Gln. (5.25) mit (5.23) und (5.24) mit (5.26) zusammen, so ergeben sich zwei Gleichungen:

$$\tilde{r} = -\alpha m \ddot{\tilde{r}} - \gamma(J_a \ddot{\tilde{\psi}} - \mathrm{j}J_p \Omega \dot{\tilde{\psi}}) \tag{5.27}$$

$$\tilde{\psi} = -\delta m \ddot{\tilde{r}} - \beta(J_a \ddot{\tilde{\psi}} - \mathrm{j}J_p \Omega \dot{\tilde{\psi}})$$

Werden die Lösungsansätze $\tilde{r} = \hat{r}\,\mathrm{e}^{\mathrm{j}\omega t}$; $\tilde{\psi} = \hat{\psi}\,\mathrm{e}^{\mathrm{j}\omega t}$ $\tag{5.28}$

in Gl. (5.27) eingesetzt, entsteht ein homogenes lineares Gleichungssystem für die Amplituden $\hat{r}$ und $\hat{\psi}$:

$$\hat{r} = \alpha m \omega^2 \hat{r} + \gamma(J_a \omega^2 - J_p \Omega \omega)\,\hat{\psi}$$

$$\hat{\psi} = \delta m \omega^2 \hat{r} + \beta(J_a \omega^2 - J_p \Omega \omega)\,\hat{\psi} \tag{5.29}$$

Die Eigenfrequenzen ergeben sich durch Nullsetzen der Koeffizientendeterminante

$$\begin{vmatrix} \alpha m \omega^2 - 1 & \gamma(J_a - J_p \Omega/\omega)\,\omega^2 \\ \delta m \omega^2 & \beta(J_a - J_p \Omega/\omega)\,\omega^2 - 1 \end{vmatrix} = 0 \tag{5.30}$$

Interessant an dieser Determinante ist, daß an der Stelle, wo beim nichtrotierenden $(\Omega = 0)$ Balken nur das Massenträgheitsmoment J_a auftritt, hier die Größe

$$\boxed{J_\mathrm{R} = J_\mathrm{a} - J_\mathrm{p}\Omega/\omega} \tag{5.31}$$

erscheint. Führt man nach einem Vorschlag von *O. Föppl* (1948) den Begriff des reduzierten Trägheitsmomentes J_R ein, so kann man bei vorgegebenem Verhältnis Ω/ω mit Hilfe von J_R so rechnen, als ob ein nichtrotierender starrer Körper vorliegt. Wegen $\delta = \gamma$ folgt aus der Determinante (5.30) nach der Auflösung und kurzen Umformungen die Frequenzgleichung

$$\omega^4 m J_\mathrm{a}(\alpha\beta - \gamma^2) - \omega^3 m J_\mathrm{p}\Omega(\alpha\beta - \gamma^2) - \omega^2(\alpha m + \beta J_\mathrm{a}) + \omega\beta J_\mathrm{p}\Omega + 1 = 0 \tag{5.32}$$

bzw. mit Gl. (5.31)

$$\boxed{\frac{1}{\omega^4} - \frac{1}{\omega^2}\,(\alpha m + \beta J_\mathrm{R}) + m J_\mathrm{R}(\alpha\beta - \gamma^2) = 0} \tag{5.33}$$

Es gibt also insgesamt vier Eigenkreisfrequenzen, die man durch Auflösung dieser Gleichung ermitteln kann. Sie hängen von der Drehgeschwindigkeit Ω der Welle ab und ergeben sich unter den Voraussetzungen

$$\frac{\gamma^2 J_\mathrm{a}}{\alpha^2 m} \ll 1;\quad \frac{\gamma^2 J_\mathrm{p}\Omega}{2\alpha\,\sqrt{\alpha m}} \ll 1 \tag{5.34}$$

angenähert zu

$$\omega_1 = \frac{1}{\sqrt{\alpha m}}\left[1 - \frac{\gamma^2 J_\mathrm{a}}{2\alpha^2 m}\left(1 - \frac{J_\mathrm{p}\Omega}{J_\mathrm{a}}\,\sqrt{\alpha m}\right) + \cdots\right] \tag{5.35}$$

$$\omega_2 = \frac{1}{\sqrt{\beta J_\mathrm{a}(1 - \gamma^2/\alpha\beta)}}\left[1 + \frac{\Omega}{2}\,\sqrt{\frac{J_\mathrm{p}}{J_\mathrm{a}}}\,\sqrt{\beta J_\mathrm{a}(1 - \gamma^2/\alpha\beta)} + \cdots\right] \tag{5.36}$$

$$\omega_3 = \frac{-1}{\sqrt{\alpha m}}\left[1 - \frac{\gamma^2 J_\mathrm{a}}{2\alpha^2 m}\left(1 + \frac{J_\mathrm{p}\Omega}{J_\mathrm{a}}\,\sqrt{\alpha m}\right) + \cdots\right] \tag{5.37}$$

$$\omega_4 = \frac{-1}{\sqrt{\beta J_\mathrm{a}(1 - \gamma^2/\alpha\beta)}}\left[1 - \frac{\Omega}{2}\,\sqrt{\frac{J_\mathrm{p}}{J_\mathrm{a}}}\,\sqrt{\beta J_\mathrm{a}(1 - \gamma^2/\alpha\beta)} + \cdots\right] \tag{5.38}$$

Diese Näherungslösungen gestatten die Beurteilung des Einflusses der einzelnen Parameter. Für den Sonderfall der nur durch eine Punktmasse besetzten Scheibe $(J_\mathrm{a} = J_\mathrm{p} = 0)$ ergibt sich die aus Gl. (5.8) bekannte Kreisfrequenz, da $c = 1/\alpha$ ist, aus den Gln. (5.35) und (5.37). Für die nichtrotierende Scheibe ist der Einfluß des Massenträgheitsmoments J_a erkennbar. Der Einfluß der Kreiselwirkung geht aus den Ausdrücken mit Ω hervor, d. h., er wird wesentlich von dem Verhältnis $J_\mathrm{p}/J_\mathrm{a}$ und Ω bestimmt.

Um die Abhängigkeit für beliebige Drehzahlen übersichtlich darstellen zu können, wird Gl. (5.32) nach Ω/ω aufgelöst:

$$\frac{\Omega}{\omega} = \frac{-1 + \omega^2(\alpha m + \beta J_\mathrm{a}) - (\alpha\beta - \gamma^2)\,m J_\mathrm{a}\omega^4}{\omega^2\beta J_\mathrm{p} - (\alpha\beta - \gamma^2)\,m J_\mathrm{p}\omega^4} \tag{5.39}$$

Nach einigen Umformungen erhält man dafür die Form

$$\Omega = \frac{J_\mathrm{a}}{J_\mathrm{p}}\,\omega + \frac{-1 + \omega^2 \alpha m}{[\beta - (\alpha\beta - \gamma^2)\,m\omega^2]\,J_\mathrm{p}\omega} \tag{5.40}$$

Daraus ergibt sich das Diagramm der zugeordneten Drehzahlen (Bild 5/6). Für $\Omega = 0$ erhält man die beiden Eigenkreisfrequenzen ω_{10} und ω_{20}, die den beiden Freiheitsgraden der nichtrotierenden Welle entsprechen. Sie sind in beiden Ebenen gleich und ergeben sich aus Gl. (5.33) für $J_\mathrm{R} = J_\mathrm{a}$ [vgl. den Zähler von Gl. (5.39)]. Es ist zu unterscheiden, ob die Richtungen der Wellendrehung und der Umlaufrichtung der Wellenmittelpunktbahn gleichgerichtet (sog. „Gleichlauf") oder entgegengerichtet (sog. „Gegenlauf") sind. Ein Spezialfall des Gleichlaufs ist der synchrone Gleichlauf. Dabei erregt die Unwucht die Biegeschwingungen, weil die Winkelgeschwindigkeit Ω der rotierenden Welle und die Winkelgeschwindigkeit ω des umlaufenden Wellenmittelpunktes gerade gleich sind ($\Omega = \omega$). Dabei ist gemäß Gl. (5.31) mit $J_\mathrm{R} = J_\mathrm{a} - J_\mathrm{p}$ zu rechnen. Der synchrone Gegenlauf, bei dem $\Omega = -\omega$ gilt, ist technisch meist ebenso wenig bedeutsam wie alle Eigenfrequenzen im Gegenlaufgebiet, da er nicht durch die Unwucht, sondern nur bei zusätzlichen anderen Erregungen (z. B. Stützenbewegung der Lager) zu kritischen Belastungen führt.
Erfolgt die Stützenbewegung mit der Erregerkreisfrequenz Ω durch die Fundamentschwingung, ist synchroner Gegenlauf möglich.
Man erkennt aus Bild 5/6, daß sowohl im Gleich- als auch im Gegenlaufgebiet zwei Eigenfrequenzen der rotierenden Welle liegen, deren Größe von der Drehgeschwindigkeit Ω abhängt.
Aus diesem Bild folgt auch, daß infolge der Kreiselwirkung bei Gleichlauf eine Erhöhung der Eigenfrequenzen gegenüber der nichtrotierenden Welle auftritt. Für sehr große Drehzahlen ($\Omega \to \infty$) existiert praktisch nur noch eine Eigenkreis-

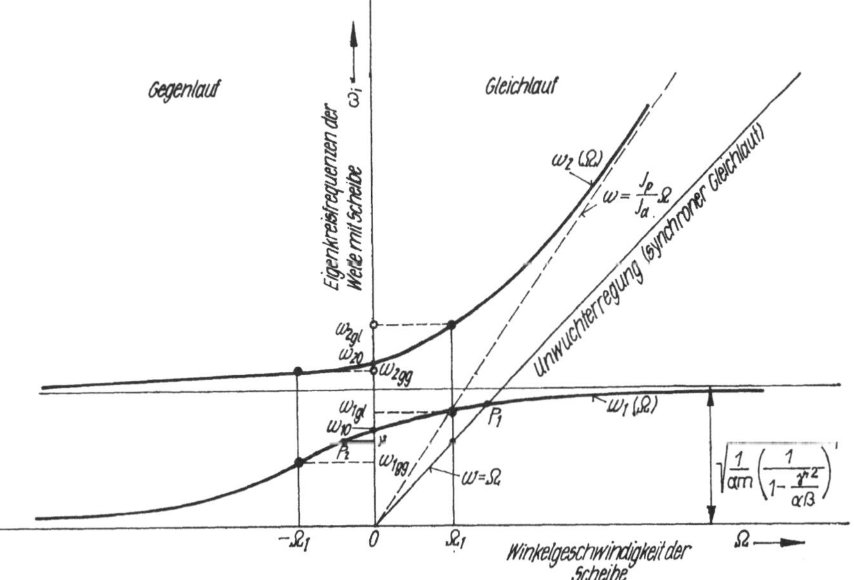

Bild 5/6. Abhängigkeit der vier Eigenkreisfrequenzen einer mit einer Scheibe besetzten Welle von der Drehgeschwindigkeit („Diagramm der zugeordneten Drehzahlen")

frequenz, weil das große Kreiselmoment keine Neigung der Scheibe zuläßt und wie eine Einspannung wirkt.

Der obere Kurvenast legt sich asymptotisch an eine Gerade an, die sich aus Gl. (5.40) zu $\omega = J_p\Omega/J_a$ ergibt. Biegekritische Drehzahlen treten auf, wenn die rotierende Welle mit einer ihrer Eigenfrequenzen erregt wird. Dabei ist zwischen Haupt- und Nebenerregung zu unterscheiden.

Die *Haupterregung* einer rotierenden Welle stellt die Unwuchterregung dar. Da dann eine Eigenkreisfrequenz ω_i mit der Winkelgeschwindigkeit Ω der Welle übereinstimmt, findet man die Resonanzstelle als Schnittpunkt der Geraden $\omega = \Omega$ mit den Kurven gemäß Gl. (5.40). Die kritischen Drehzahlen des Gleichlaufs ergeben sich somit aus Gl. (5.32) mit $J_R = J_a - J_p$ zu

$$\frac{1}{\omega_{1,2}^2} = \frac{1}{2}\left[\alpha m + \beta(J_a - J_p)\right.$$

$$\left. \pm \sqrt{[\alpha m + \beta(J_a - J_p)]^2 - 4(\alpha\beta - \gamma^2)\, m(J_a - J_p)}\right] \tag{5.41}$$

Für alle Rotoren mit $J_p/J_a > 1$, zu denen auch die Scheiben zählen (Tabelle 5/1 mit $h \ll d : J_p/J_a = 2$, wird der Wurzelausdruck größer als die davor stehenden Terme und es entsteht ein negatives ω^2, das physikalisch keinen Sinn hat. Mit anderen Worten: Für scheibenförmige Rotoren existiert nur eine Resonanz des synchronen Gleichlaufs (Bild 5/6, Punkt P_1). Für trommelförmige Rotoren kann $J_a > J_p$ werden. Dann treten auch im synchronen Gleichlauf *zwei* Resonanzstellen auf, weil die Kurve von $\omega_2(\Omega)$ flacher verläuft (vgl. Bild 5/6).

Bemerkenswert ist der Sonderfall $J_a \approx J_p$, weil dabei die Unwuchterregerfrequenz sich bei großen Drehzahlen der zweiten Eigenfrequenz asymptotisch annähert (Bild 5/6). Das bedeutet, daß bei solchen Rotoren, z. B. Milchzentrifugen und Wäscheschleudern, bei denen J_a/J_p vom Beladungszustand abhängt und dadurch in die Nähe von Eins kommen kann, Resonanz bei allen höheren Drehzahlen auftritt und das Durchfahren der zweiten kritischen Drehzahl unmöglich wird. Der Konstrukteur sollte solche Erscheinungen durch günstige Wahl der Parameter des Systems vermeiden. Die Resonanz im synchronen Gleichlauf ist gefährlich, weil dabei keine Dämpfungen aus der Deformation der Welle entstehen. Die Welle läuft im gebogenen Zustand um und wird sozusagen nur statisch belastet. Lediglich die Lagerdämpfung wird wirksam. Die Gegenlaufresonanzen sind stärker gedämpft, weil infolge der dabei auftretenden Wechselverformung der Welle die Werkstoffdämpfung wirksam wird (vgl. Bild 5/7). Falls die rotierende Welle nicht durch die Unwucht, sondern durch andere Kräfte von außen erregt wird, spricht man von *Neben-* oder *Fremderregung*. Nebenerregungen stellen z. B. Bewegungen des Aufstellortes dar, die als Stützenbewegung auf die Welle wirken (z. B. Welle auf schwingendem Maschinengestell, Zentrifugen oder Lüfter in vibrierenden Fahrzeugen). Nebenerregungen können auch durch Antriebs- oder Abtriebskräfte eines Rotors bedingt sein, z. B. die Kräfte mit der Eingriffsfrequenz der Zähne oder der Kette des Antriebs, die Massenkräfte eines Koppelgetriebes (Kurbelwelle in Kolbenmaschinen) u. a. Dabei ist im Gegensatz zur Unwucht auch mit höheren Harmonischen der Erregerkräfte zu rechnen.

Die Kreisfrequenz ν der Nebenerregung braucht nicht mit der Drehfrequenz Ω der Welle übereinzustimmen, sie ist meist unabhängig von ihr. Es ist damit zu rechnen, daß auch schon bei einer Welle mit einer Scheibe infolge der höheren Harmonischen, z. B. bei Koppelgetrieben mehrere kritische Drehzahlen des Gleich- und Gegenlaufs auftreten.

Der Ingenieur muß deshalb prüfen, nachdem er die Eigenkreisfrequenzen ω_i für die

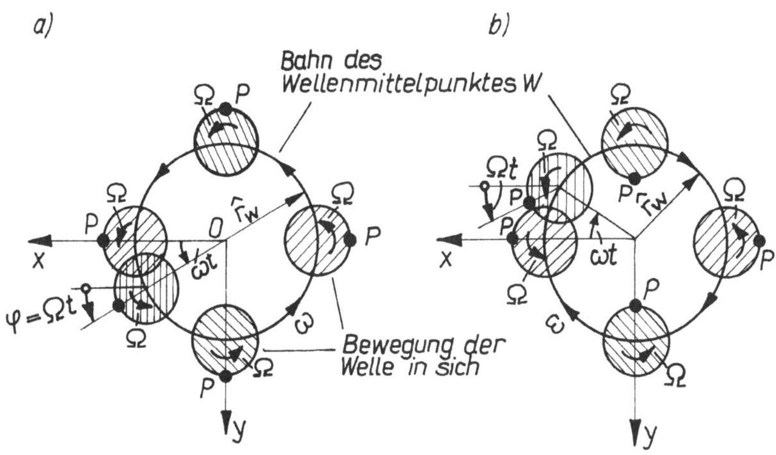

Bild 5/7. Bewegung der Scheibe bei synchronem Gleich- und Gegenlauf

feste Betriebsdrehgeschwindigkeit Ω berechnet hat, ob sie mit einem ganzzahligen Vielfachen der Erregerkreisfrequenz ν zusammenfällt. Es muß vermieden werden, daß

$$\omega_i(\Omega) = k \cdot \nu; \quad k = 1, 2, \ldots \tag{5.42}$$

ist.

Der Einfluß der Kreiselwirkung auf die Lage der ersten kritischen Drehzahl hängt davon ab, ob sich der Rotor senkrecht zur Wellenachse stark (z. B. bei fliegender Anordnung) oder schwach (z. B. bei mittiger Anordnung zwischen den Lagern) neigt. Dies wird durch das Verhältnis $J_\mathrm{p}/J_\mathrm{a}$ und die Einflußzahlen bestimmt, wie aus den Termen in Gln. (5.35) bis (5.38) hervorgeht.

Im Falle genauer symmetrischer Anordnung zwischen den Lagern ist $\gamma = \delta = 0$ und somit bei beliebigem J_p kein Einfluß der Kreiselwirkung auf ω_1 vorhanden [vgl. Gln. (5.35) bis (5.38)].

In Bild 5/6 sind die 4 Eigenkreisfrequenzen, die die Welle bei einer Winkelgeschwindigkeit Ω_1 hat, durch Kreise gekennzeichnet. Es liegen zwei im Gegenlaufgebiet ($\omega_{1\mathrm{gg}}$, $\omega_{2\mathrm{gg}}$) und zwei im Gleichlaufgebiet ($\omega_{1\mathrm{gl}}$, $\omega_{2\mathrm{gl}}$). Da die Kreisfrequenz ν der Fremderregung mit keiner Eigenkreisfrequenz zusammenfällt (vgl. Schnittpunkt P_2), obwohl sie der Eigenkreisfrequenz ω_{10} der nichtrotierenden Welle benachbart ist, besteht also keine Resonanzgefahr.

Zur Verbesserung der Anschaulichkeit trägt es bei, wenn man sich die auf die Scheibe wirkenden Kräfte und Momente vorstellt, die sich aus den Gln. (5.19) und (5.20) bei den Bewegungen entsprechend Gl. (5.28) ergeben. Sie sind in Bild 5/8 eingezeichnet.

Es wirken dann die Fliehkraft in Richtung der Auslenkung

$$\tilde{F}_\mathrm{r} = F_x + \mathrm{j}F_y = -m\ddot{\tilde{r}} = m\omega^2\hat{r}\,\mathrm{e}^{\mathrm{j}\omega t} = m\omega^2\hat{r}\,(\cos\omega t + \mathrm{j}\sin\omega t) \tag{5.43}$$

und ein Moment senkrecht dazu, das vom Verhältnis Ω/ω abhängt [vgl. Gl. (5.31)]:

$$\tilde{M}_\varphi = M_y - \mathrm{j}M_x = -J_\mathrm{R}\ddot{\tilde{\psi}} = J_\mathrm{R}\omega^2\hat{\psi}\,\mathrm{e}^{\mathrm{j}\omega t} = J_\mathrm{R}\omega^2\hat{\psi}(\cos\omega t + \mathrm{j}\sin\omega t) \tag{5.44}$$

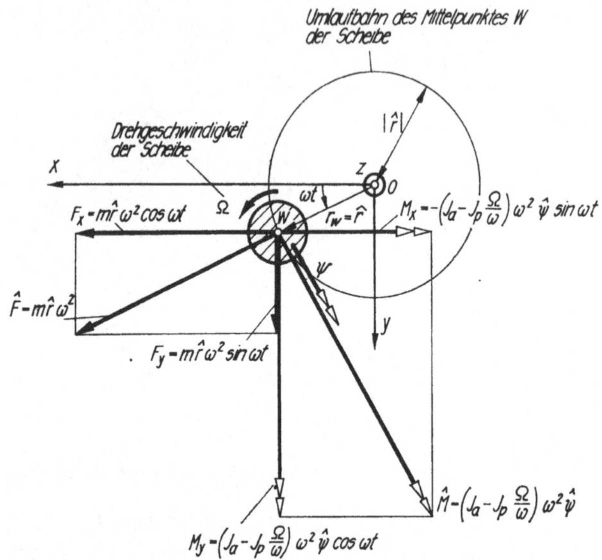

Bild 5/8. Belastung der mit der Winkelgeschwindigkeit ω umlaufenden Welle

Beide laufen mit der gebogenen Welle um. Der Scheibenmittelpunkt dreht sich mit der Winkelgeschwindigkeit ω, die Scheibe mit der Winkelgeschwindigkeit Ω um ihre Schwerachse.

Für die Berechnung ist es zulässig, anstelle der beiden raumfesten Ebenen $(x, z; y, z)$ die umlaufende Ebene $(r; z)$ zu benutzen, die durch die z-Achse und die elastische Linie gebildet wird. Als Koordinaten sind deshalb die radiale Verschiebung r des Wellenmittelpunktes und der Winkel ψ des Kegels, der durch die umlaufende Tangente gebildet wird, zweckmäßigerweise verwendbar.

Liegt eine Welle waagerecht, dann biegt sie sich statisch infolge ihres Eigengewichtes. Hier wurde nur die freie Schwingung der kinetischen Wellendurchbiegung betrachtet, mit der sich die Welle um die statische Biegelinie bewegt. Wenn der Schwerpunkt S mit dem Wellendurchstoßpunkt W nicht zusammenfällt, treten bei vorhandener statischer und dynamischer Unwucht (vgl. 2.5.2.) der Scheibe harmonische Erregerkräfte auf. Die dabei entstehenden erzwungenen Schwingungen können mit den in 6.6.3. und 6.7.3. dargestellten Methoden berechnet werden, vgl. [5/7].

5.2.3. Biegeschwingungen mit endlich vielen Freiheitsgraden

Es wird von einem Berechnungsmodell ausgegangen, das aus masselosen Wellenabschnitten, auf denen n Scheiben sitzen, besteht (vgl. Bild 5/9). Die Massenträgheitsmomente J_{Rk} sind auf die Schwerpunktachse bezogen, die senkrecht zur Biegeebene steht, vgl. Gl. (5.31). Da zwischen den Kraft- und Deformationsgrößen lineare Beziehungen gelten, ergibt sich für $i = 1, 2, \ldots, n$, vgl. Gln. (5.29), (5.43) und (5.44):

$$\hat{r}_i = \sum_{k=1}^{n} (\alpha_{ik} F_{rk} + \gamma_{ik} M_{\psi k}) = \omega^2 \sum_{k=1}^{n} (\alpha_{ik} m_k \hat{r}_k + \gamma_{ik} J_{Rk} \hat{\psi}_k) \qquad (5.45)$$

$$\hat{\psi}_i = \sum_{k=1}^{n} (\delta_{ik} F_{rk} + \beta_{ik} M_{\psi k}) = \omega^2 \sum_{k=1}^{n} (\delta_{ik} m_k \hat{r}_k + \beta_{ik} J_{Rk} \hat{\psi}_k) \qquad (5.46)$$

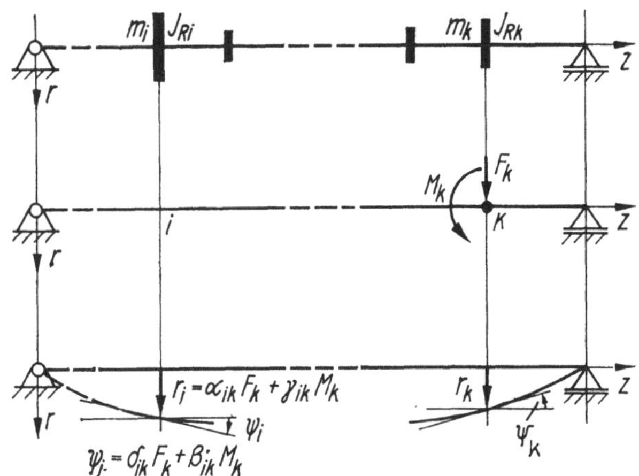

Bild 5/9. Berechnungsmodell der masselosen Welle mit n Scheiben ($i = 1, 2, \ldots, n$)

Diese Gleichungen sind linear unabhängig und haben nichttriviale Lösungen, wenn die Koeffizientendeterminante des Gleichungssystems Null ist.

Die Auflösung dieser sog. Frequenzdeterminante liefert eine Gleichung $2n$-ten Grades für ω^2. Sie hat $2n$ reelle Wurzeln, die den Eigenkreisfrequenzen ω_i dieses Schwingers mit $2n$ Freiheitsgraden entsprechen.

Biegeschwinger sind Sonderfälle der Schwinger mit endlich vielen Freiheitsgraden, die in Abschnitt 6. eingehend behandelt werden. Hier soll nur auf Biegeschwinger mit 2 Freiheitsgraden näher eingegangen werden, die nicht rotieren, d. h. auf schwingende Balken.

Ist ein Balken mit $n = 2$ Punktmassen besetzt, so sind alle $J_{Rk} = 0$, und aus Gl. (5.45) folgt:

$$i = 1: \quad (1 - \omega^2 \alpha_{11} m_1)\, \hat{r}_1 - \omega^2 \alpha_{12} m_2 \hat{r}_2 = 0 \tag{5.47}$$

$$i = 2: \quad -\omega^2 \alpha_{21} m_1 \hat{r}_1 + (1 - \omega^2 \alpha_{22} m_2)\, \hat{r}_2 = 0 \tag{5.48}$$

Nullsetzen der Koeffizientendeterminante liefert die Frequenzgleichung (mit $\alpha_{12} = \alpha_{21}$)

$$\begin{vmatrix} 1 - \omega^2 \alpha_{11} m_1 & -\omega^2 \alpha_{12} m_2 \\ -\omega^2 \alpha_{21} m_1 & 1 - \omega^2 \alpha_{22} m_2 \end{vmatrix}$$

$$- \omega^4 m_1 m_2 (\alpha_{11}\alpha_{22} - \alpha_{12}^2) - \omega^2 (\alpha_{11} m_1 + \alpha_{22} m_2) + 1 = 0 \tag{5.49}$$

Durch Lösung dieser quadratischen Gleichung findet man die Gleichung zur Berechnung der beiden Eigenkreisfrequenzen:

$$\omega_{1,2}^2 = \frac{\alpha_{11} m_1 + \alpha_{22} m_2}{2 m_1 m_2 (\alpha_{11}\alpha_{22} - \alpha_{12}^2)} \left(1 \mp \sqrt{1 - \frac{4 m_1 m_2 (\alpha_{11}\alpha_{22} - \alpha_{12}^2)}{(\alpha_{11} m_1 + \alpha_{22} m_2)^2}} \right) \tag{5.50}$$

Ein mit einer Scheibe besetzter Balken entspricht auch einem Biegeschwinger mit 2 Freiheitsgraden. In diesem Fall folgt aus den Gln. (5.45) und (5.46) für $i = 1$ und $k = 1$ (mit $J_{R1} = J_{a1} = J_1$, und $\gamma_{11} = \delta_{11} = \gamma$):

$$\omega_{1,2}^2 = \frac{\alpha_{11} m_1 + \beta_{11} J_1}{2 m_1 J_1 (\alpha_{11}\beta_{11} - \gamma^2)} \left(1 \mp \sqrt{1 - \frac{4 m_1 J_1 (\alpha_{11}\beta_{11} - \gamma^2)}{(\alpha_{11} m_1 + \beta_{11} J_1)^2}} \right) \tag{5.51}$$

Die Amplitudenverhältnisse, die sich bei einer Eigenschwingung des Balkens mit 2 Punktmassen einstellen, folgen aus den Gln. (5.47), (5.48), wenn dort $\omega = \omega_i$ gesetzt wird.

$$\left(\frac{\hat{r}_2}{\hat{r}_1}\right)_i = \frac{1 - \omega_i^2\alpha_{11}m_1}{\omega_i^2\alpha_{12}m_2} = \frac{\omega_i^2\alpha_{21}m_1}{1 - \omega_i^2\alpha_{22}m_2}; \quad i = 1, 2 \tag{5.52}$$

Falls der Biegeschwinger mit einer seiner Eigenfrequenzen schwingt, stellt sich die sog. Eigenschwingform ein, bei welcher die Amplituden in dem durch Gl. (5.52) gegebenen festen Zahlenverhältnis stehen. Die Berechnung der Eigenfrequenzen und Eigenschwingformen geht bei Biegeschwingern von den Einflußzahlen aus.
In Tabelle 5/2 sind für zweifach gelagerte Wellen die Einflußzahlen unter Berücksichtigung der Lagerelastizität angegeben. Die starre Lagerung ergibt sich daraus als Sonderfall ($1/c_1 = 0$ bzw. $1/c_2 = 0$). Im Fall 4 in Tabelle 5/2 wurde berücksichtigt, daß die Verbindungsstelle Rotor—Welle nicht mit dem Schwerpunkt des Rotors zusammenfällt, wie es z. B. bei Zentrifugentrommeln und Spindeln der Fall ist ([5/2]; [5/14]; [5/15]; [5/20]).

5.2.4.   Beispiel: Milchzentrifuge

Die in Bild 5/10 dargestellte Milchzentrifuge wird zum Scheiden von Flüssigkeiten eingesetzt. Das elastische Halslager wurde im Jahre 1889 im Zentrifugenbau eingeführt, nachdem man erkannt hatte, daß ein überkritischer Lauf möglich und günstig ist (vgl. die Sätze von *de Laval*). Bei optimaler Auslegung der Konstruktion spielen

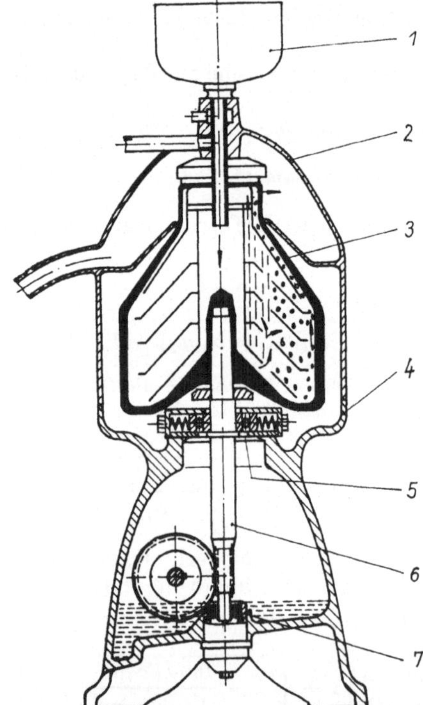

Bild 5/10. Vereinfachte Zeichnung einer Milchzentrifuge

1 Einlaufgerät mit Armaturen; *2* Trommelhaube; *3* Trommel; *4* Gestell; *5* Halslager; *6* Spindel; *7* Fußlager

Fragen der Aufstellung, Dimensionierung von Spindel, Halslager und Trommel eine wesentliche Rolle. Um mit einfachen Mitteln die typischen dynamischen Eigenschaften erfassen zu können, kann sie auf das Modell aus Tabelle 5/2, Fall 4 abgebildet werden (mit $c_1 \to \infty$). Mit diesem Modell von 4 Freiheitsgraden wurde das Diagramm der zugeordneten Drehzahlen gemäß Gl. (5.40) berechnet und in Bild 5/11 dargestellt. Die Gerade $n = n_k$ ergibt als Schnittpunkt mit der Kurve n_k die kritische Drehzahl des synchronen Gleichlaufs, die bei Unwuchterregung entsteht.

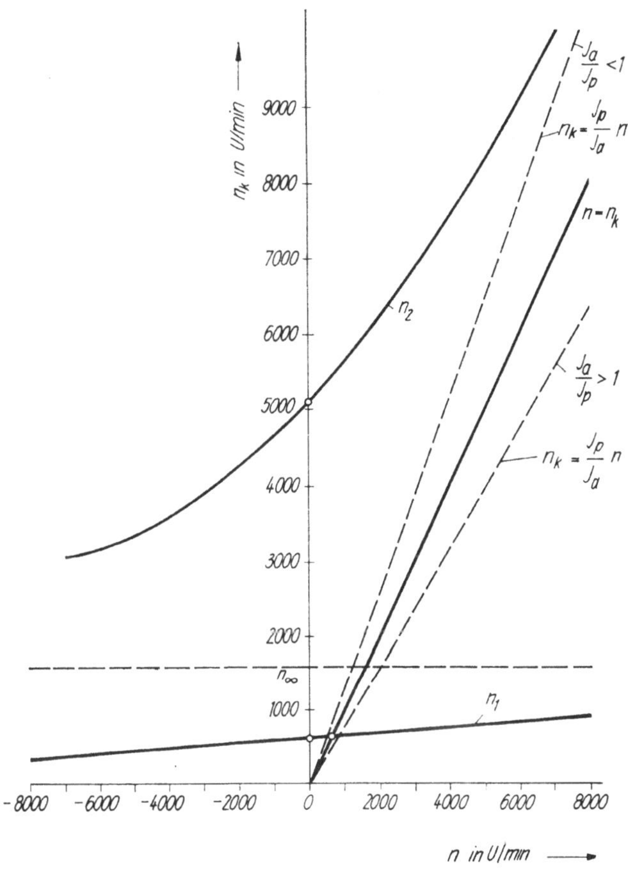

Bild 5/11. Diagramm der zugeordneten Drehzahlen des Milchseparators

Die Resonanzstelle liegt bedeutend unter der Betriebsdrehzahl von $n = 7000$ 1/min. Es zeigte sich [5/20], daß diese kritische Drehzahl in erster Näherung schon durch die Annahme einer starren Spindel berechnet werden kann, weil die Nachgiebigkeit im wesentlichen durch die Halslagerfeder bestimmt wird. Es gilt dann (für $c_1 \to \infty$; $EI_1 = EI_2 \to \infty$) $\alpha_{11}\beta_{11} = \gamma_{11}^2$ (Tabelle 5/2), und aus Gl. (5.51) folgt

$$\omega_1^2 \approx \frac{1}{\alpha_{11}m + \beta_{11}(J_a - J_p)} = \frac{c_2 l_1^2}{m(l_1 + l_2)^2 + J_a - J_p}; \quad (n_k = 30\omega_1/\pi)$$

Allerdings sind nicht sämtliche experimentell festgestellten dynamischen Erscheinungen an Separatoren mit diesem einfachen Modell erklärbar. Es wurden Resonanzstellen der nichtrotierenden Trommel ($\Omega = 0$) bei $f_1 = 11,5\,\text{Hz}$ ($\triangle\ 690\ 1/\text{min}$), $f_2 = 41\,\text{Hz}$ ($\triangle\ 2460\ 1/\text{min}$) und $f_3 = 62\,\text{Hz}$ ($\triangle\ 3720\ 1/\text{min}$) gemessen. Dabei entsprechen f_1 und f_3 dem Biegeschwingungssystem der Welle, während f_2 durch die elastische Lagerung des Gehäuses verursacht wurde. Weiterhin wurde als Schwingungsform eine Drehung des gesamten Gestells ermittelt, die bislang unbekannt war.

Zur genauen Klärung aller dynamischer Einflüsse ist ein Berechnungsmodell mit 8 Freiheitsgraden erforderlich, das die elastische Aufstellung des Gehäuses, die Nachgiebigkeit der Trommel und andere Effekte berücksichtigt [5/20]. Es kann mit den in Abschnitt 6. dargestellten Methoden untersucht werden.

5.2.5.   Aufgaben A 5/1 bis A 5/5

A 5/1:   Ein starrer nicht ausgewuchteter Rotor mit einem elastischen Lager (vgl. Bilder 5/3 und 5/5) ruft bei einer Drehzahl $n = 30000\ 1/\text{min}$ eine achtmal kleinere dynamische Lagerbelastung als bei starrer Lagerung hervor. Man erkläre diese Tatsache und berechne die Eigenfrequenz des elastisch gelagerten Rotors unter der Annahme, daß er sich wie ein Schwinger mit einem Freiheitsgrad verhält.

A 5/2:   Von dem in Bild 5/12a dargestellten Berechnungsmodell einer Maschinenwelle sind folgende Parameterwerte gegeben:

$l_1 = 300\ \text{mm}$ $d = 25\ \text{mm}$ $E = 2,1 \cdot 10^5\ \text{N/mm}^2$

$l_2 = 200\ \text{mm}$ $m_1 = 6\ \text{kg}$

$l_3 = 500\ \text{mm}$ $m_2 = 4\ \text{kg}$

Auf die Punktmassen ist der Anteil der Wellenmasse von 3,8 kg mit aufgeteilt worden. Man berechne die Einflußzahlen, die beiden kritischen Drehzahlen und die Eigenschwingformen.

A 5/3:   Um einen Vergleich der elastischen und gyroskopischen Einflüsse zu erhalten, sollen an den in Bild 5/13 dargestellten Modellen die beiden Eigenkreisfrequenzen für den Fall der rotierenden und der nichtrotierenden Welle berechnet werden. Man verwende die Parameter m, l, EI und die in Tabelle 5/3 angegebenen Zahlenwerte. Für die rotierende Welle gilt synchroner Gleichlauf.

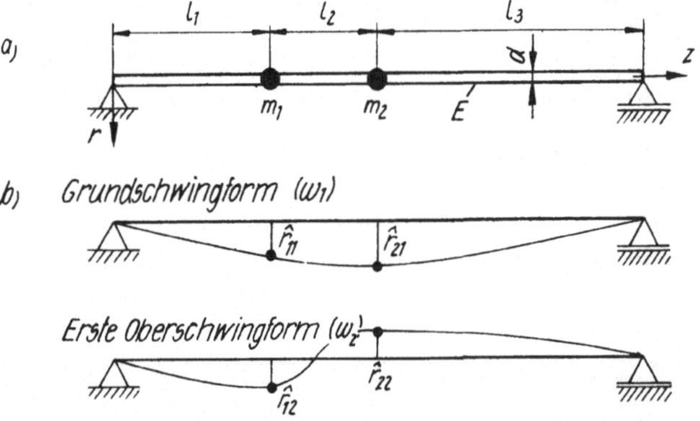

Bild 5/12. Berechnungsmodell einer Maschinenwelle mit zwei Freiheitsgraden

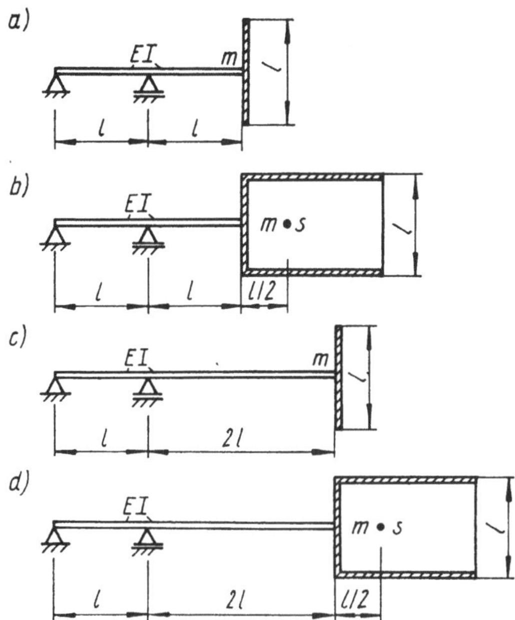

Bild 5/13. Berechnungsmodelle zur Illustration des Einflusses von Kreiselwirkung und Nachgiebigkeit

Tabelle 5/3. Zahlenwerte für die Berechnungsmodelle von Bild 5/13

Modell	$\alpha \dfrac{EI}{l^3}$	$\beta \dfrac{EI}{l}$	$\gamma \dfrac{EI}{l^2}$	$\dfrac{J_\mathrm{a}}{ml^2}$	$\dfrac{J_\mathrm{p}}{J_\mathrm{a}}$	$\dfrac{\beta J_\mathrm{a}}{\alpha m}$	$1 - \dfrac{\gamma^2}{\alpha\beta}$
Bild 5/13 a	0,6667	1,3333	0,8333	0,2500	2	0,5000	0,2188
Bild 5/13 b	0,6250	0,8333	0,7083	0,3410	0,857	0,4547	0,0368
Bild 5/13 c	4,0000	2,3333	2,6667	0,2500	2	0,1458	0,2381
Bild 5/13 d	3,9583	1,8333	2,5417	0,3410	0,857	0,1579	0,1098

A 5/4: Von einer rotierenden Welle sind die in dem Modell in Bild 5/14 angegebenen Parameter gegeben (Maße in mm). Die Dichte des Werkstoffs ist $\varrho = 7{,}85 \cdot 10^{-6}$ kg/mm³,
der Elastizitätsmodul ist $E = 2{,}1 \cdot 10^5$ N/mm². Unter Vernachlässigung der
Wellenmasse sind das Diagramm der zugeordneten Drehzahlen sowie die kritische
Drehzahl des synchronen Gleichlaufs zu berechnen.

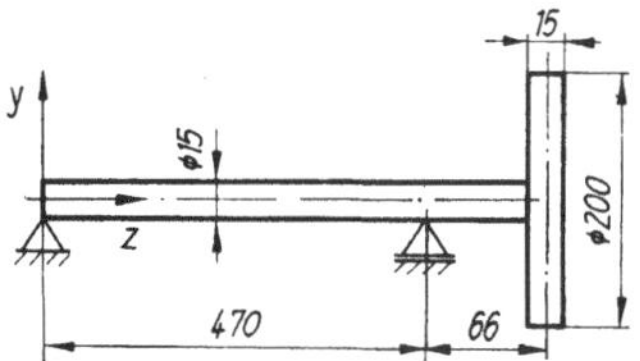

Bild 5/14. Abmessungen einer Welle

A 5/5:   Man schlage ein Berechnungsmodell für die in Bild 5/15 dargestellte Säurekreiselpumpe vor und begründe die getroffenen Vereinfachungen.

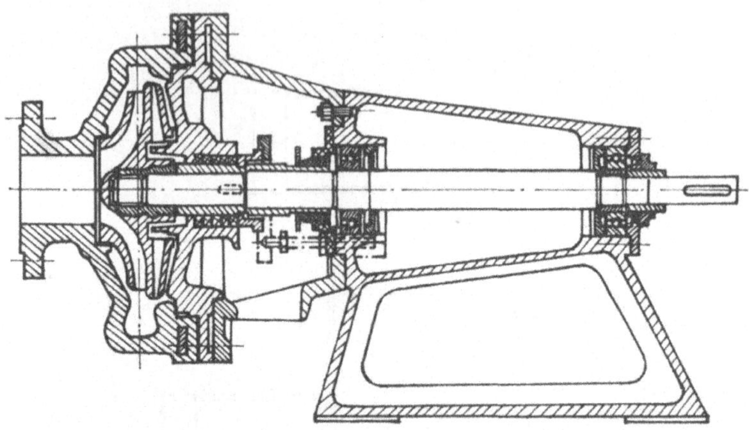

Bild 5/15. Zeichnung einer Säurekreiselpumpe

5.2.6.   Lösungen L 5/1 bis L 5/5

L 5/1:   Beim starren Rotor in starren Lagern wachsen die dynamischen Lagerbelastungen infolge der Fliehkräfte der Unwuchten mit dem Quadrat der Drehzahl. Beim starren Rotor mit elastischer Lagerung resultieren die Lagerkräfte aus der Fliehkraft und der (im überkritischen Drehzahlbereich) entgegengesetzt wirkenden Massenkraft aus der Eigenschwingung.

Die Lagerbelastungen am starren [vgl. 2.5.2., Gln. (2.55) und (2.64)] und elastisch gelagerten starren Rotor verhalten sich [vgl. Gln. (5.8) und (5.9)] wie

$$\frac{F_{el}}{F_{st}} = \frac{m\sqrt{\ddot{x}_s{}^2 + \ddot{y}_s{}^2}}{me\Omega^2} = \frac{me\Omega^2\omega_1{}^2}{me\Omega^2(\omega_1{}^2 - \Omega_1{}^2)} = \frac{1}{1 - \eta^2} = -0,125$$

Daraus folgt $\Omega/\omega_1 = \eta = 3$, und somit ist die Eigenfrequenz

$$\underline{\underline{f_1}} = \frac{\omega_1}{2\pi} = \frac{\Omega}{2\pi \cdot 3} = \frac{\pi n}{30 \cdot 2\pi \cdot 3} = \underline{\underline{166,7 \text{ Hz}}}$$

L 5/2:   Die Einflußzahlen lassen sich aus Tabelle 5/2 entnehmen (Modell 1). Für $c_1 = c_2 \to \infty$ und $l = l_1 + l_2 + l_3$ ergibt sich mit $I = \pi d^4/64$:

$$\alpha_{11} = \frac{l_1{}^2(l - l_1)^2}{3EIl} = 3,651 \cdot 10^{-3} \frac{\text{mm}}{\text{N}}; \quad \alpha_{22} = \frac{l_3{}^2(l_1 + l_2)^2}{3EIl} = 5,174 \cdot 10^{-3} \frac{\text{mm}}{\text{N}}$$

$$\alpha_{12} = \frac{l_1 l_3(l^2 - l_1{}^2 - l_3{}^2)}{6EIl} = 4,098 \cdot 10^{-3} \frac{\text{mm}}{\text{N}}$$

Die Eigenkreisfrequenzen errechnen sich aus Gl. (5.50) zu $\omega_1 = 155,4 \text{ s}^{-1}$, $\omega_2 = 906,8 \text{ s}^{-1}$, d. h., die kritischen Drehzahlen sind $\underline{n_1 = 1484 \text{ 1/min}}$ und $\underline{n_2 = 8659 \text{ 1/min}}$. Die Amplitudenverhältnisse folgen aus Gl. (5.52) zu

$$\underline{\left(\frac{\hat{r}_2}{\hat{r}_1}\right)_1 = 1,188}, \quad \underline{\left(\frac{\hat{r}_2}{\hat{r}_1}\right)_2 = -1,262}$$

und entsprechen den in Bild 5/12b dargestellten Eigenschwingformen.

L 5/3: Die Eigenkreisfrequenzen der nichtrotierenden Wellen ($\Omega = 0$) ergeben sich mit $J_R = J_a$, und die Kreisfrequenzen des synchronen Gleichlaufs ($\Omega = \omega$) ergeben sich mit $J_R = J_a(1 - J_p/J_a)$ aus Gl. (5.33). Die Zahlenwerte enthält Tabelle 5/4. Man sieht daraus, daß ω_1 mit größer werdendem Abstand der Masse von den Lagern sinkt und daß die Kreiselwirkung die Kreisfrequenzen des

Tabelle 5/4. Eigenfrequenzen der Berechnungsmodelle von Bild 5/13

Modell	$\omega_1/\sqrt{EI/ml^3}$		$\omega_2/\sqrt{EI/ml^3}$	
	$\Omega = 0$	$\Omega = \omega$	$\Omega = 0$	$\Omega = \omega$
Bild 5/13a	1,027	1,502	4,418	imaginär
Bild 5/13b	1,053	1,227	11,769	26,707
Bild 5/13c	0,474	0,529	2,833	imaginär
Bild 5/13d	0,047	0,498	4,080	10,193

synchronen Gleichlaufs erhöht (vgl. dazu auch Bild 5/6). Die Kreiselwirkung ändert die zweite Eigenfrequenz sehr stark, weil dabei die Neigung des Rotors größer ist. Weil für die Fälle a) und c) $J_p > J_a$ gilt, tritt keine zweite Resonanzstelle des synchronen Gleichlaufs auf.

L 5/4: Die in Bild 5/14 dargestellte Welle entspricht dem Berechnungsmodell *4* in Tabelle 5/2. Die Parameterwerte ergeben sich (vgl. Tabelle 5/1) zu

$$m_1 = \frac{\pi D^2 h}{4} \varrho = \frac{3,14 \cdot 200^2 \cdot 15}{4} \cdot 7,85 \cdot 10^{-6}\,\text{kg} = 3,70\,\text{kg}$$

$$J_a = \frac{m_1}{16}\left(D^2 + \frac{4}{3}h^2\right) \approx \frac{m_1}{16}D^2 = \frac{3,70}{16}200^2\,\text{kg mm}^2 = 9250\,\text{kg mm}^2$$

$$I = \frac{\pi d^4}{64} = \frac{3,14}{64}15^4\,\text{mm}^4 = 2480\,\text{mm}^4, \quad J_p = \frac{m_1 D^2}{8} = 18500\,\text{kg mm}^2$$

$$\alpha_{11} = \frac{l_1 l_2^2 + l_2^3}{3EI} = \frac{470 \cdot 66^2 + 66^3}{3 \cdot 2,1 \cdot 10^5 \cdot 2480}\,\text{mm/N} = 1,494 \cdot 10^{-3}\,\text{mm/N}$$

$$\gamma_{11} = \frac{2l_1 l_2 + 3l_2^2}{6EI} = \frac{2 \cdot 470 \cdot 66 + 3 \cdot 66^2}{6 \cdot 2,1 \cdot 10^5 \cdot 2480}\,\text{N}^{-1} = 2,404 \cdot 10^{-5}\,\text{N}^{-1}$$

$$\beta_{11} = \frac{l_1 + 3l_2}{3EI} = \frac{470 + 3 \cdot 66}{3 \cdot 2,1 \cdot 10^5 \cdot 2480}\,\text{mm}^{-1}\text{N}^{-1} = 4,275 \cdot 10^{-7}\,\text{mm}^{-1}\text{N}^{-1}$$

Einsetzen dieser Zahlenwerte in Gl. (5.39) liefert die Zahlenwertgleichung (ω in s^{-1})

$$\frac{f_w}{f_e} = \frac{\Omega}{\omega} = \frac{-1 + 9,482 \cdot 10^{-6}\omega^2 - 2,080 \cdot 10^{-12}\omega^4}{7,909 \cdot 10^{-6}\omega^2 - 4,159 \cdot 10^{-12}\omega^4}$$

Mit mehreren Zahlenwerten für ω im Bereich von 0 bis 5000 s^{-1} werden die zugehörigen Werte für Ω/ω berechnet und damit die Kurvenverläufe bestimmt (Bild 5/16). Die kritische Drehzahl des Gleichlaufs ($\Omega/\omega = 1$) ergibt sich zu $n_k = 6127$ 1/min ($\triangleq f_w = 102,1$ Hz)

L 5/5: Als Berechnungsmodell für diese Pumpe kann der Fall in Tabelle 5/2 benutzt werden. Die Elastizität der Kugellager wird berücksichtigt, ebenso der Einfluß des Massenträgheitsmoments der Scheibe, obwohl bei diesen Abmessungen der

Einfluß voraussichtlich klein bleiben wird. Vernachlässigt wird die Masse der gepumpten Flüssigkeit, und die Nachgiebigkeit der Stopfbuchsen. Für die Welle wird ein konstanter Durchmesser angenommen, weil die Hülsen auf dem linken überkragenden Absatz teilweise mit tragen.

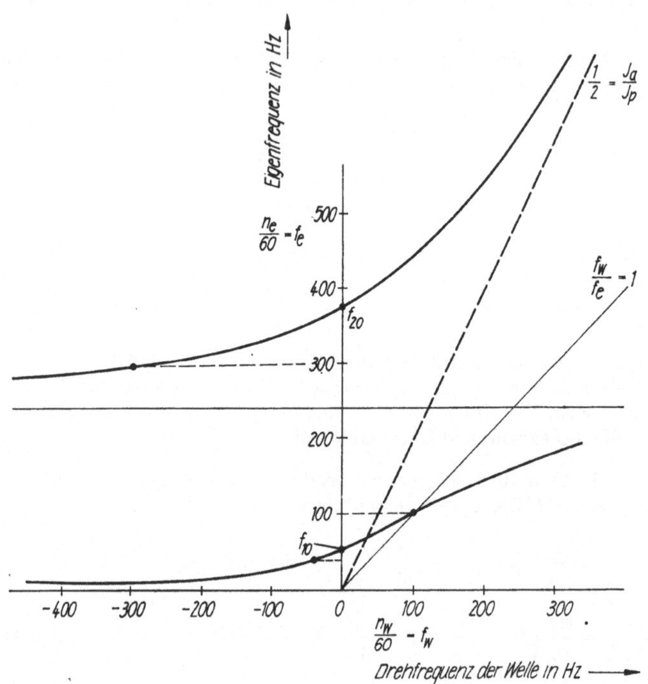

Bild 5/16. Diagramm der zugeordneten Drehzahlen für die Welle von Bild 5/14

5.3.   Biegeschwingungen des massebelegten Balkens (Kontinuum)

5.3.1.   Allgemeine Zusammenhänge

In den Fällen, wo sich ein Maschinenbauteil nicht unmittelbar in masselose Federn und starre Massen aufteilen läßt, wird mit dem Berechnungsmodell des Kontinuums gearbeitet. Bei diesem Modell sind Masse und Elastizität längs der Stabachse kontinuierlich verteilt. Das Schwingungsverhalten des Balkens wird wesentlich bestimmt durch den Verlauf der Biegesteifigkeit $EI(z)$, der Massebelegung $\varrho A(z)$ und durch die Lagerbedingungen.
Im folgenden wird vorausgesetzt, daß der schwingende Balken einen doppelt symmetrischen Querschnitt hat, wie z. B. Kreis, Rechteck, Doppel-T. Dabei kann man sich auf die Untersuchung der Schwingungen in einer Ebene beschränken. Balken mit unsymmetrischem Profil oder mit einfacher Symmetrie, wie U-Profil und Winkeleisen schwingen i. allg. nicht in einer Ebene. Bei ihnen können gekoppelte Biege- und Torsionsschwingungen auftreten, weil der Schubmittelpunkt mit dem Schwerpunkt nicht zusammenfällt. Auch verwundene Profile, wie sie bei Turbinenschaufeln vorkommen, werden aus den folgenden Betrachtungen ausgeschlossen. Wer sich mit derartigen Problemen befassen muß, findet Hinweise in [20]; [5/26].

Die Differentialgleichung der Biegelinie eines Balkens ist aus der Festigkeitslehre bekannt ([39], S. 166) und lautet

$$(EIv'')'' = q \tag{5.53}$$

Ersetzt man die Flächenlast q durch die bei den Schwingungen auf den Balken wirkenden spezifischen Trägheitskräfte

$$q = -\varrho A\ddot{v}, \tag{5.54}$$

so entsteht die partielle Dgl. für die freien Biegeschwingungen des Balkens:

$$(EIv'')'' + \varrho A\ddot{v} = 0 \tag{5.55}$$

$EI(z)$ Biegesteifigkeit des Balkens in der Schwingungsebene
$\varrho A(z)$ Masse je Längeneinheit
$v(z, t)$ Durchbiegung (man verwechsle v nicht mit der normierten Schwingform)
$(\ )'$ entspricht der Ableitung nach der z-Koordinate

Der den Eigenschwingungen entsprechende Lösungsansatz lautet:

$$v(z, t) = r(z) \sin(\omega t + \beta) \tag{5.56}$$

Dabei ist $r(z)$ die Amplitudenfunktion und ω die Kreisfrequenz der Schwingung. Nach dem Einsetzen des Ansatzes Gl. (5.56) in die Gl. (5.55) erhält man die gewöhnliche Dgl.

$$(EIr'')'' - \varrho A\omega^2 r = 0 \tag{5.57}$$

Die Eigenfrequenzen und Eigenschwingformen $r_k(z)$ von Balken, für welche die Voraussetzungen der elementaren Balkentheorie zutreffen, können aus dieser Dgl. in Verbindung mit den Randbedingungen des jeweiligen konkreten Falles berechnet werden.
Die Tabelle 5/5 zeigt in übersichtlicher Form die möglichen Lagerbedingungen und die ihnen entsprechenden Randbedingungen.

5.3.2.   Prismatischer Balken auf zwei Stützen

Bild 5/17b zeigt für den beiderseits gelenkig gelagerten prismatischen Balken (Bild 5/17a) die ersten 3 Eigenschwingformen $r_k(z)$ und Bild 5/17c die Grundschwingung zu 3 verschiedenen Zeiten (t_1, t_2, t_3).
Die tatsächliche Bewegung des Balkens bei freien Schwingungen ergibt sich als Überlagerung [vgl. Gl. (5.56)] zu

$$v(z, t) = \sum_{k=1}^{\infty} a_k r_k(z) \sin(\omega_k t + \beta_k) \tag{5.58}$$

Die Eigenkreisfrequenzen ergeben sich bei prismatischen Balken stets aus Gleichungen der Form

$$\omega_k = \lambda_k{}^2 \sqrt{EI/\varrho Al^4} \quad (k = 1, 2, \ldots) \tag{5.59}$$

Man beachte den Einfluß von Biegesteifigkeit EI und Massebelegung ϱA in dieser Gleichung: Wie beim einfachen Schwinger steht im Zähler die Steifigkeit und im Nenner die Masse. In Handbüchern, wie z. B. [9]; [17]; [22]; [29] und [33] sind die Eigenwerte und Eigenschwingformen für alle möglichen Lagerbedingungen des einfachen Balkens angegeben. Tabelle 5/6 enthält davon einige Beispiele.

Tabelle 5/5. Randbedingungen von Balken

Rand	Skizze	Randbedingungen	Zustandsvektoren $\bar{z}$		
Ein-spannung $z=0$		$\bar{r}_0 = 0$ $\bar{\psi}_0 = 0$ $\bar{M}_0$ $\bar{F}_{Q0}$	$\begin{pmatrix} 0 \\ 0 \\ \bar{M}_0 \\ \bar{F}_{Q0} \end{pmatrix}$	$-\bar{M}_0 \begin{pmatrix} 0 \\ 0 \\ 1 \\ 0 \end{pmatrix}$	$+\bar{F}_{Q0} \begin{pmatrix} 0 \\ 0 \\ 0 \\ 1 \end{pmatrix}$
Drehgelenk $z=0$		$\bar{r}_0 = 0$ $\bar{\psi}_0$ $,\bar{M}_0 = 0$ $\bar{F}_{Q0}$	$\begin{pmatrix} 0 \\ \bar{\psi}_0 \\ 0 \\ \bar{F}_{Q0} \end{pmatrix}$	$-\bar{\psi}_0 \begin{pmatrix} 0 \\ 1 \\ 0 \\ 0 \end{pmatrix}$	$+\bar{F}_{Q0} \begin{pmatrix} 0 \\ 0 \\ 0 \\ 1 \end{pmatrix}$
Schubgelenk $z=0$		$\bar{r}_0$ $\bar{\psi}_0 = 0$ $\bar{M}_0$ $\bar{F}_{Q0} = 0$	$\begin{pmatrix} \bar{r}_0 \\ 0 \\ \bar{M}_0 \\ 0 \end{pmatrix}$	$-\bar{r}_0 \begin{pmatrix} 1 \\ 0 \\ 0 \\ 0 \end{pmatrix}$	$+\bar{M}_0 \begin{pmatrix} 0 \\ 0 \\ 1 \\ 0 \end{pmatrix}$
freies Ende $z=0$		$\bar{r}_0$ $\bar{\psi}_0$ $\bar{M}_0 = 0$ $\bar{F}_{Q0} = 0$	$\begin{pmatrix} \bar{r}_0 \\ \bar{\psi}_0 \\ 0 \\ 0 \end{pmatrix}$	$-\bar{r}_0 \begin{pmatrix} 1 \\ 0 \\ 0 \\ 0 \end{pmatrix}$	$+\bar{\psi}_0 \begin{pmatrix} 0 \\ 1 \\ 0 \\ 0 \end{pmatrix}$
elastisch durch Dreh- und Längsfedern gelagerter starrer Körper	m_1, J_1 c_{T1} c_1 ($z=0$)	$(\bar{m}_1 \bar{\omega}^2 - \bar{c}_1)\bar{r}_0 = \bar{F}_{Q0}$ $(\bar{J}_1 \bar{\omega}^2 - \bar{c}_{T1})\bar{\psi}_0 = -\bar{M}_0$	$\begin{pmatrix} \bar{r}_0 \\ \bar{\psi}_0 \\ \bar{M}_0 \\ \bar{F}_{Q0} \end{pmatrix}$	$-\bar{r}_0 \begin{pmatrix} 1 \\ 0 \\ 0 \\ \bar{m}_1 \bar{\omega}^2 - \bar{c}_1 \end{pmatrix}$	$+\bar{\psi}_0 \begin{pmatrix} 0 \\ 1 \\ \bar{J}_1 \bar{\omega}^2 + \bar{c}_{T1} \\ 0 \end{pmatrix}$
	m_2, J_2 c_{T2} c_2 ($z=l$)	$(\bar{m}_2 \bar{\omega}^2 - \bar{c}_2)\bar{r}_l = -\bar{F}_{Ql}$ $(\bar{J}_2 \bar{\omega}^2 - \bar{c}_{T2})\bar{\psi}_l = \bar{M}_l$	$\begin{pmatrix} \bar{r}_l \\ \bar{\psi}_l \\ \bar{M}_l \\ \bar{F}_{Ql} \end{pmatrix}$	$-\bar{r}_l \begin{pmatrix} 1 \\ 0 \\ 0 \\ -\bar{m}_2 \bar{\omega}^2 + \bar{c}_2 \end{pmatrix}$	$+\bar{\psi}_l \begin{pmatrix} 0 \\ 1 \\ \bar{J}_2 \bar{\omega}^2 - \bar{c}_{T2} \\ 0 \end{pmatrix}$

Das Berechnungsmodell des Kontinuums hat im Laufe der Entwicklung an Bedeutung verloren, da bei der praktischen Berechnung mit Hilfe von EDVA die Diskretisierungsverfahren vorteilhafter sind (weniger Rechenzeit).

Es ist noch zu bemerken, daß eine enge innere Verwandtschaft zwischen dem Berechnungsmodell des Systems mit n Freiheitsgraden und dem des Kontinuums besteht. Durch einen Grenzübergang für unendlich viele Einzelmassen gehen die Gleichungen des diskreten Systems in die des Kontinuums über.

In der **Praxis** tritt eine Reihe von Einflüssen auf, die in der Bewegungsgl. (5.55) des elementaren Biegeschwingers nicht erfaßt sind. Auf sie wird in 5.5.1. eingegangen.

5.3.3.   Eingrenzung der niedrigsten Eigenfrequenzen mit dem Verfahren von Dunkerley

Das Verfahren von *Dunkerley* wird zur Abschätzung der tiefsten Eigenfrequenz verwendet. Es liefert eine *untere* Schranke für die tiefste Eigenfrequenz und gestattet, den Einfluß von Massen und Steifigkeiten auf die Grundfrequenz abzuschätzen. Für manche Zwecke genügt die beschränkte Genauigkeit dieses Verfahrens. Man kann den Näherungswert für ω_1 auch als Eingabewert für genauere Verfahren (Rechen-

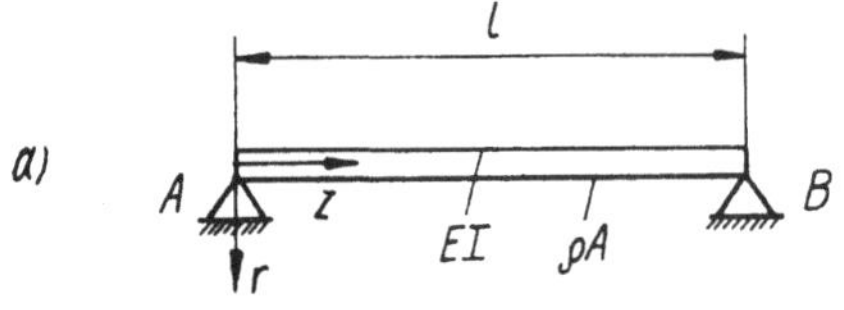

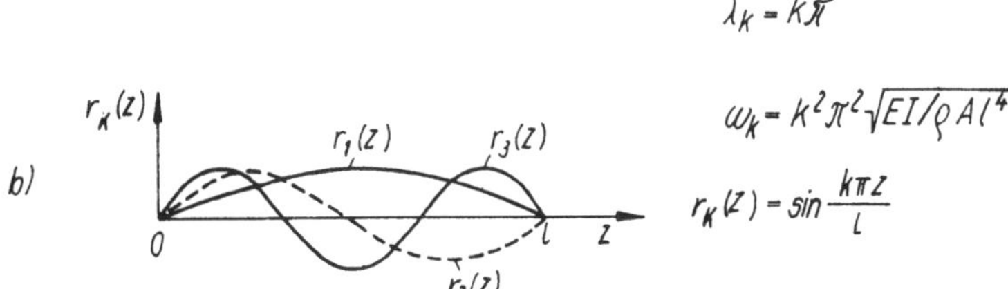

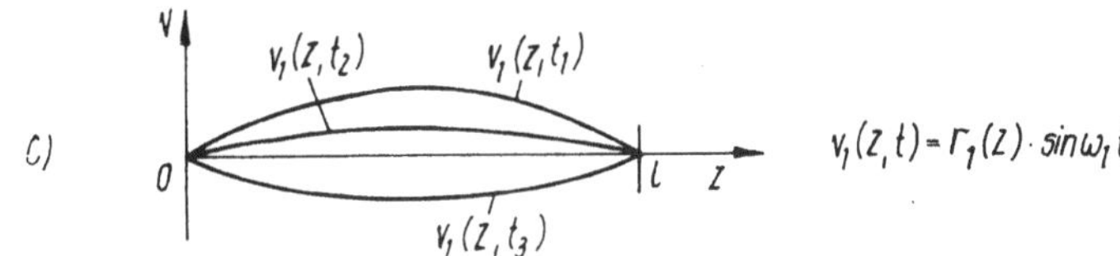

Bild 5/17. Beiderseits gelenkig gelagerter Balken

a) Balken, b) erste 3 Eigenschwingformen, $\left(\text{lies } r_k(z) = \hat{r}_k \sin\dfrac{k\pi z}{l}\right)$,
c) Bewegung bei erster Eigenschwingung

programme) benutzen. Vorausgesetzt wird die Kenntnis der Massebelegung $\varrho A(z)$ und der Biegsteifigkeit $EI(z)$ eines Balkens. Für den mit Einzelscheiben besetzten masselosen Balken entsprechen die hier dargestellten Methoden Sonderfällen der in 6.4. bewiesenen Näherungsmethoden. Die Näherungen gehen entweder von der Kenntnis der Einflußzahlen α_{ii} aus oder von einer Näherung für die Grundschwingungsform $r_1(z)$. Es wird sich zeigen, daß beide Näherungen die tatsächlichen Eigenfrequenzen eingrenzen.

Analog zu den Torsionsschwingern mit n Freiheitsgraden (vgl. 4.2.5.) kann man mit Hilfe des *Vietaschen* Wurzelsatzes für Gln. (5.45) und (5.46) beweisen, daß die Summe der Diagonalglieder so groß ist wie die Summe der Kehrwerte der Quadrate der Eigenkreisfrequenzen. Daraus folgt die Abschätzung

$$\omega_1{}^2 > \omega_D{}^2 = \cfrac{1}{\displaystyle\sum_{i=1}^{n}(m_i\alpha_{ii} + J_i\beta_{ii}) + \int\limits_0^l \varrho A(z)\,\alpha(z)\,\mathrm{d}z} = \cfrac{1}{\displaystyle\sum\frac{1}{\omega_{(i)}^2}} \qquad (5.60)$$

Dies ist die Abschätzung von *Dunkerley* aus dem Jahre 1894.

Wird ein massebelegter Balken in mehrere Abschnitte mit den Längen l_i $(i = 1, 2, \ldots, n)$ aufgeteilt, so läßt sich das Integral in Gl. (5.60) zerlegen:

$$\int\limits_0^l \varrho A(z)\,\alpha(z)\,\mathrm{d}z = \int\limits_0^{l_1} \varrho A\alpha\,\mathrm{d}z + \int\limits_{l_1}^{l_1+l_2} \varrho A\alpha\,\mathrm{d}z + \cdots + \int\limits_{l-l_n}^{l} \varrho A\alpha\,\mathrm{d}z \qquad (5.61)$$

Tabelle 5/6. Eigenwerte und Eigenschwingformen prismatischer Balken bei verschiedenen Randbedingungen.
Es gilt $\omega_k = \lambda_k^2 \sqrt{EI/\varrho Al^4}$

	$k=1$	$k=2$	$k=3$	$k=4$	$k=5$	$k \gtrless 6$
frei – frei	$\lambda_1^2 = 0$	$\lambda_2^2 = 0$	0,224 0,776 $\lambda_3^2 = 22{,}4$	0,132 0,500 0,868 $\lambda_4^2 = 61{,}7$	0,094 0,356 0,644 0,906 $\lambda_5^2 = 121$	$\lambda_k^2 = \left(k-\tfrac{3}{2}\right)^2 \pi^2$
Gelenk – frei	$\lambda_1^2 = 0$	0,736 $\lambda_2^2 = 15{,}4$	0,446 0,853 $\lambda_3^2 = 50{,}0$	0,308 0,616 0,898 $\lambda_4^2 = 104$	0,235 0,471 0,707 0,922 $\lambda_5^2 = 178$	$\lambda_k^2 = \left(k-\tfrac{3}{4}\right)^2 \pi^2$
Einspannung – frei	$\lambda_1^2 = 3{,}52$	0,784 $\lambda_2^2 = 22{,}4$	0,500 0,868 $\lambda_3^2 = 61{,}7$	0,356 0,644 0,906 $\lambda_4^2 = 121$	0,279 0,500 0,723 0,926 $\lambda_5^2 = 200$	$\lambda_k^2 = \left(k-\tfrac{1}{2}\right)^2 \pi^2$
Gelenk – Gelenk	$\lambda_1^2 = 9{,}87$	0,500 $\lambda_2^2 = 39{,}5$	0,333 0,667 $\lambda_3^2 = 88{,}8$	0,25 0,50 0,75 $\lambda_4^2 = 158$	0,20 0,40 0,60 0,80 $\lambda_5^2 = 247$	$\lambda_k^2 = k^2 \pi^2$
Einspannung – Gelenk	$\lambda_1^2 = 15{,}4$	0,560 $\lambda_2^2 = 50$	0,384 0,692 $\lambda_3^2 = 104$	0,294 0,529 0,765 $\lambda_4^2 = 178$	0,238 0,429 0,619 0,810 $\lambda_5^2 = 272$	$\lambda_k^2 = \left(k+\tfrac{1}{4}\right)^2 \pi^2$
Einspannung – Einspannung	$\lambda_1^2 = 22{,}4$	0,500 $\lambda_2^2 = 61{,}7$	0,359 0,641 $\lambda_3^2 = 121$	0,278 0,500 0,722 $\lambda_4^2 = 200$	0,227 0,409 0,591 0,773 $\lambda_5^2 = 298$	$\lambda_k^2 = \left(k+\tfrac{1}{2}\right)^2 \pi^2$

Teilt man die Einflußzahlen in ihre k Summanden auf (vgl. Tabelle 5/2), wobei jeder Summand einem Nachgiebigkeitsparameter $d_i{}^*$ (z. B. $1/c_1$; $1/c_2$; EI_1; ...) entspricht, so ergibt sich wegen der Zerlegung

$$\alpha(z) = d_1{}^* f_1(z) + d_2{}^* f_2(z) + \cdots + d_k{}^* f_k(z) \tag{5.62}$$

$$\int_0^l \varrho A(z)\,\alpha(z)\,\mathrm{d}z = d_1{}^* \int_0^l \varrho A f_1(z)\,\mathrm{d}z + d_2{}^* \int_0^l \varrho A f_2(z)\,\mathrm{d}z + \cdots$$

$$+ d_k{}^* \int_0^l \varrho A f_k(z)\,\mathrm{d}z \tag{5.63}$$

Hieraus folgt, daß bei Zerlegung eines massebelegten Balkens in eine Anzahl von Teilsystemen, für welche die Eigenkreisfrequenzen $\omega_{(i)}$ berechnet werden können, eine Formel zur Abschätzung der Grundkreisfrequenz ω_1 gewonnen werden kann.
Es gilt dann für die Eigenkreisfrequenz eines Teilsystems, je nachdem, wie die Zerlegung erfolgt:

$$\frac{1}{\omega_{(i)}^2} = \alpha_{ii} m_i \quad (5.64); \qquad\qquad \frac{1}{\omega_{(i)}^2} = J_i \beta_{ii} \tag{5.65}$$

$$\frac{1}{\omega_{(i)}^2} = \int_{l_k}^{l_k+l_i} \varrho A \alpha\,\mathrm{d}z \quad (5.66); \qquad\qquad \frac{1}{\omega_{(i)}^2} = d_i{}^* \int_0^l \varrho A f_i(z)\,\mathrm{d}z \tag{5.67}$$

$\alpha(z)$ ist die Einflußzahl einer Kraft an der Stelle z auf die Durchbiegung bei z. (Entsprechend dem α_{ii} einer diskreten Masse.)

5.3.4. Rayleigh-Quotient (Energiemethode)

Wenn sich ein Balken mit einer bestimmten Schwingform harmonisch bewegt [vgl. Gl. (5.56)]

$$v(z, t) = r(z) \sin(\omega t + \beta) \tag{5.68}$$

dann schwingen alle seine Punkte mit derselben Kreisfrequenz, und sie befinden sich alle in derselben Phasenlage β. Sämtliche Punkte erreichen gleichzeitig ihre größte Auslenkung, so daß die potentielle Energie in dieser Stellung als Summe der Formänderungsarbeit des Balkens

$$U_{\max} = \frac{1}{2} \int_0^l EI r''^2\,\mathrm{d}z \tag{5.69}$$

beträgt. Die kinetische Energie ist in der Umkehrlage Null. Alle Punkte des Balkens erreichen auch zum gleichen Zeitpunkt die statische Gleichgewichtslage, in der die potentielle Energie Null ist. Die Geschwindigkeit der Punkte ergibt sich zu

$$\dot{v}(z, t) = \omega r(z) \cos(\omega t + \beta) \tag{5.70}$$

Die maximale kinetische Energie des Balkens beträgt

$$T_{\max} = \frac{\omega^2}{2} \left[\int\limits_0^l \varrho A(z)\, r^2(z)\, \mathrm{d}z + \sum_{i=1}^n m_i r_i{}^2(z_i) \right] \qquad (5.71)$$

Dabei werden außer der kontinuierlichen Massebelegung $\varrho A(z)$ noch n Einzelmassen m_i des Balkens berücksichtigt.

Da auf Grund des Energiesatzes die Summe der mechanischen Energie bei ungedämpften Schwingungen erhalten bleibt, gilt

$$U_{\max} = T_{\max} \qquad (5.72)$$

Daraus folgt eine wichtige Formel zur Abschätzung der Grundkreisfrequenz

$$\boxed{\; \omega_1{}^2 \leqq \omega^2{}_R = \frac{\displaystyle\int\limits_0^l EI(z)\, r''^2(z)\, \mathrm{d}z}{\displaystyle\int\limits_0^l \varrho A(z)\, r^2(z)\, \mathrm{d}z + \sum_{i=1}^n m_i r_i{}^2(z_i)} \;} \qquad (5.73)$$

Dies ist der sogenannte *Rayleigh*-Quotient. Wenn man in ihn den genauen Verlauf für die Grundschwingungsform $r_1(z)$ einsetzt, liefert er den exakten Wert für die Grundkreisfrequenz ω_1. Jeder Näherungsansatz $\bar{r}_1(z)$ liefert einen Näherungswert für ω_1. Man kann beweisen, daß für beliebige Näherungsansätze für die Grundschwingungsform der *Rayleigh*-Quotient im Gegensatz zur Formel (5.60) von *Dunkerley* immer Näherungswerte ergibt, die *größer* als die Grundfrequenz sind. Die Ansätze für die Schwingform müssen die geometrischen Randbedingungen erfüllen. Sie können dimensionslos angegeben werden, da sich eine freie Konstante nach dem Einsetzen in Gl. (5.73) herauskürzt. Erfüllen sie auch die sog. dynamischen Randbedingungen (bezüglich r'' und r'''), so erhöht sich die Genauigkeit der Näherung.

5.3.5.   Beispiele: Abgesetzter Balken, konische Welle

Mit Hilfe der Abschätzungen von *Dunkerley* und *Rayleigh* sollen Näherungsformeln zur Berechnung der Grundfrequenz eines Balkens mit stückweise konstantem Querschnitt abgeleitet werden (vgl. Bild 5/18). Die exakte Behandlung dieses Beispiels

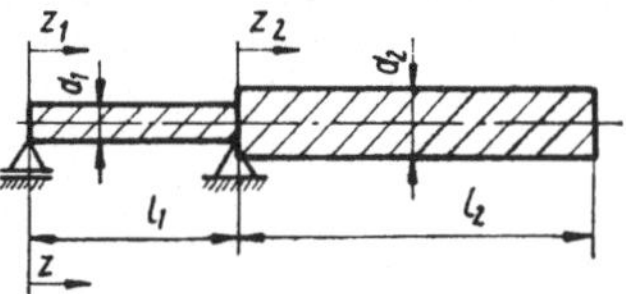

Bild 5/18. Bezeichnung der Parameter des abgesetzten Balkens

erfordert bei Anwendung der in 5.3.1. dargestellten Methode schon einen relativ großen Aufwand bis zur Aufstellung der Frequenzgleichung, weil ein überkragendes Ende und ein Querschnittssprung vorhanden sind. Die Auflösung der entstehenden transzendenten Frequenzgleichung würde weiteren Rechenaufwand kosten.

Die Einflußzahlen der abgesetzten Welle enthält Tabelle 5/2. Dabei sind 2 Bereiche zu unterscheiden. Es gilt für

$$0 < z_1 < l_1: \quad \alpha(z_1) = \frac{(l_1 - z_1)^2 z_1^2}{3EI_1 l_1} \tag{5.74}$$

$$0 < z_2 < l_2: \quad \alpha(z_2) = \frac{l_1 z_2^2}{3EI_1} + \frac{z_2^3}{3EI_2} \tag{5.75}$$

Mit Hilfe von Gl. (5.61) berechnet man daraus

$$B_1 = \int_0^l \varrho A(z)\, \alpha(z)\, dz = \int_0^{l_1} \varrho A_1 \alpha(z_1)\, dz_1 + \int_0^{l_2} \varrho A_2 \alpha(z_2)\, dz_2 \tag{5.76}$$

Die Integration liefert zunächst

$$\frac{1}{\omega_D^2} = B_1 = \frac{\varrho A_1 l_1^4}{90 EI_1} + \varrho A_2 l_2^3 \left(\frac{l_1}{9EI_1} + \frac{l_2}{12EI_2} \right) \tag{5.77}$$

bzw. gemäß Gl. (5.60)

$$\omega_1^2 > \omega_D^2 = \frac{1}{\dfrac{\varrho A_1 l_1^4}{90 EI_1} + \dfrac{\varrho A_2 l_2^3 l_1}{9EI_1} + \dfrac{\varrho A_2 l_2^4}{12 EI_2}} \tag{5.78}$$

Um den *Rayleigh*-Quotienten anwenden zu können, ist ein Ansatz für die Grundschwingform anzunehmen. Dazu wird eine Funktion gewählt, die in beiden Lagerstellen den Wert Null hat und deren Ableitung an der Übertragungsstelle ($z_1 = l$; $z_2 = 0$) stetig ist.

$$\bar{r}_1(z) = \begin{cases} z_1(1 - z_1^2/l_1^2) & \text{für} \quad 0 < z_1 < l_1 \\ -z_2(2 + 3z_2/l_1 - z_2^2/l_1 l_2) & \text{für} \quad 0 < z_2 < l_2 \end{cases} \tag{5.79} \tag{5.80}$$

Damit kann das im Nenner von Gl. (5.73) stehende Integral berechnet werden:

$$N = \int_0^l \varrho A \bar{r}_1^2\, dz = \int_0^{l_1} \varrho A_1 z_1^2 (1 - z_1^2/l_1^2)^2\, dz_1 + \int_0^{l_2} \varrho A_2 z_2^2 (2 + 3z_2/l_1$$

$$- z_2^2/l_1 l_2)^2\, dz_2 \tag{5.81}$$

Die Berechnung der Integrale ergibt

$$N = \frac{\varrho}{105} \left[8 A_1 l_1^3 + A_2 l_2^3 (140 + 231\, l_2/l_1 + 99\, l_2^2/l_1^2) \right] \tag{5.82}$$

Zur Berechnung des im Zähler von Gl. (5.73) stehenden Integrals wird die zweite Ableitung der angenäherten Grundschwingform benötigt:

$$\bar{r}_1''(z) = \begin{cases} -6z_1/l_1^2 & \text{für} \quad 0 < z_1 < l_1 \\ -6(1 - z_2/l_2)/l_1 & \text{für} \quad 0 < z_2 < l_2 \end{cases} \tag{5.83} \tag{5.84}$$

Damit ergibt sich

$$Z = \int_0^l EI \bar{r}_1''^2\, dz = \frac{36E}{l_1^2} \left[\int_0^{l_1} I_1 \left(\frac{z_1}{l_1} \right)^2 dz_1 + \int_0^{l_2} I_2 (1 - z_2/l_2)^2\, dz_2 \right]$$

$$= \frac{12E}{l_1^2} (I_1 l_1 + I_2 l_2) \tag{5.85}$$

Aus dem *Rayleigh*-Quotienten [Gl. (5.73)] ergibt sich also

$$\omega_1{}^2 \leqq \omega_R{}^2 = \frac{Z}{N} = \frac{105EI_1(1 + I_1 l_2/I_1 l_1)}{\varrho A_1 l_1{}^4 \left[\dfrac{2}{3} + \dfrac{A_2 l_2{}^3}{A_1 l_1{}^3}\left(\dfrac{35}{3} + \dfrac{77 l_2}{4 l_1} + \dfrac{33 l_2{}^2}{4 l_1{}^2}\right)\right]} \tag{5.86}$$

Setzt man in die Gl. (5.78) und (5.86) die Flächen und Flächenträgheitsmomente des Kreisquerschnitts ein, so ergibt sich folgende Eingrenzung:

$$\frac{90}{1 + 10 \dfrac{d_2{}^2 l_2{}^3}{d_1{}^2 l_1{}^3} + \dfrac{15}{2}\dfrac{d_1{}^2 l_2{}^4}{d_2{}^2 l_1{}^4}} < \frac{16 \varrho l_1{}^4 \omega_1{}^2}{E d_1{}^2}$$

$$< \frac{105(1 + d_2{}^4 l_2/d_1{}^4 l_1)}{\dfrac{2}{3} + \dfrac{d_2{}^2 l_2{}^3}{d_1{}^2 l_1{}^3}\left(\dfrac{35}{3} + \dfrac{77}{4}\dfrac{l_2}{l_1} + \dfrac{33}{4}\dfrac{l_2{}^2}{l_1{}^2}\right)} \tag{5.87}$$

Eine Veranschaulichung findet man für den Sonderfall $l_2 = 2 l_1$; $d_1 = d_2$. Dafür wird aus Gl. (5.87)

$$0{,}448 < \frac{16 \varrho l_1{}^4 \omega_1{}^2}{E d_1{}^2} < 0{,}473$$

Beide Grenzwerte liegen so eng beieinander, daß sich eine exakte Berechnung von $\omega_1{}^2$ erübrigt.

In der Konstruktionspraxis sind solche expliziten Formeln, aus denen die Parameterabhängigkeit hervorgeht, oft erwünscht, da sie als Grundlage zum Variantenvergleich, zur Aufstellung von Arbeitsblättern und Diagrammen und zur Optimierung dienen können.

Als nächstes Beispiel wird eine konische Welle betrachtet, wie sie auch bei Textilspindeln verwendet wird (Bild 5/19). Für diese Welle mit linear veränderlichem Durchmesser soll mit Hilfe der Näherung von *Dunkerley* eine Näherungsformel für die Grundfrequenz gewonnen werden.

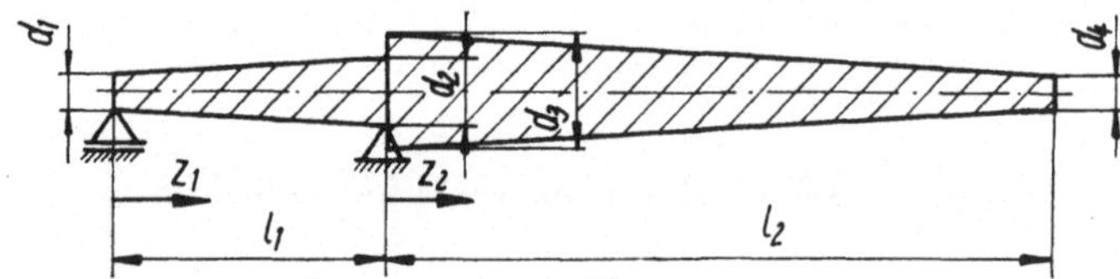

Bild 5/19. Konische Welle

Da bei den üblichen Konstruktionen $l_2 > l_1$ ist, kann man einen aus Gl. (5.87) erkennbaren Sachverhalt ausnutzen: Die Masse des zwischen den Lagern befindlichen Teils der Spindel hat praktisch keinen Einfluß auf die Grundfrequenz, weil

$$1 \ll \frac{d_2{}^2 l_2{}^3}{d_1{}^2 l_1{}^3} \tag{5.88}$$

Allerdings wirkt dieses Teil durch seine Elastizität [vgl. den Zähler von Gl. (5.86)].

Die Einflußzahl hängt folgendermaßen von der laufenden Koordinate z_2 ab:

$$\alpha(z) = \frac{64z_2^2}{3\pi E}\left(\frac{l_1}{d_1 d_2^3} + \frac{z_2}{d(z)d_3^3}\right) \tag{5.89}$$

Der Wellendurchmesser ändert sich linear; die Fläche quadratisch mit z_2:

$$d(z) = d_3 - \frac{z_2}{l_2}(d_3 - d_4) \tag{5.90}$$

$$A(z) = \frac{\pi}{4}d^2(z) \tag{5.91}$$

Somit ist für Gl. (5.60) folgendes Integral zu lösen:

$$B_1 = \int_0^{l_2} \varrho A(z)\,\alpha(z)\,\mathrm{d}z = \int_0^{l_2} \frac{\varrho\pi 64 z_2^2}{4\cdot 3\pi E}\left(\frac{l_1 d^2(z)}{d_1 d_2^3} + \frac{z d(z)}{d_3^3}\right)\mathrm{d}z_2 \tag{5.92}$$

Da die Veränderliche z_2 nur im Zähler dieser Brüche in Form von Potenzen auftritt, ist die Integration leicht ausführbar. Nach kurzer Rechnung ergibt sich die gesuchte Abschätzformel:

$$\frac{1}{\omega_1^2} < B_1 = \frac{4\varrho l_2^4}{15 E d_2^3}\left[\frac{d_3^4}{3 d_1 d_2^3}\left(2 + 6\frac{d_4}{d_3} + 12\frac{d_4^2}{d_2^3}\right)\frac{l_1}{l_2} + 1 + 4\frac{d_4}{d_3}\right] \tag{5.93}$$

5.3.6.   Aufgaben A 5/6 bis A 5/8

A 5/6:   Man bestimme einen Näherungswert für die Grundfrequenz der in Bild 5/20 dargestellten masselosen Welle unter Benutzung von Gl. (5.60).

Gegeben: EI — konst., m_1; m_2; m_3; l_1; l_2; l_3; l_4

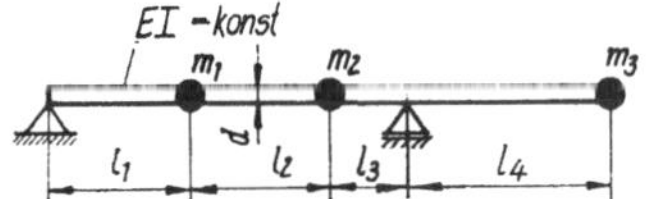

Bild 5/20. Welle mit 3 Einzelmassen

A 5/7:   Man ermittle, wie sich die Eigenfrequenzen einer Welle in Abhängigkeit vom Durchmesser ändern, wenn die Lagerbedingungen beibehalten werden. Wie vergrößert oder verkleinert sich die zweite Eigenfrequenz, wenn der Wellendurchmesser verdoppelt wird?

A 5/8:   Für die in Bild 5/21 dargestellte abgesetzte Welle ist mit Hilfe des *Rayleigh*-Quotienten eine Formel zur Berechnung der niedrigsten Eigenkreisfrequenz anzugeben, die zur Berechnung derartiger Wellen allgemein angewendet werden kann. Als Näherungsansatz ist eine trigonometrische Funktion zu wählen.

Gegeben: d_1; d_2; l_1; l_2; E; ϱ

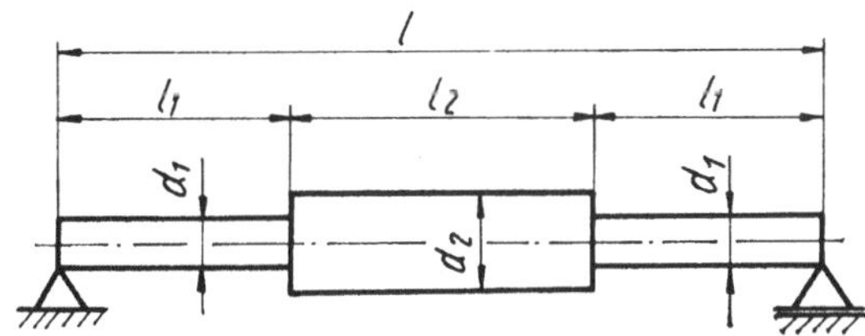

Bild 5/21. Abgesetzte symmetrische Welle

18*

5.3.7.   Lösungen L 5/6 bis L 5/8

L 5/6:   Die Einflußzahlen ergeben sich als Sonderfälle für die starre Lagerung ($1/c_1 = 1/c_2 = 0$) aus Tabelle 5/2.

$$\alpha_{11} = \frac{l_1{}^2(l_1 + l_2)^2}{3EI(l_1 + l_2 + l_3)}; \quad \alpha_{22} = \frac{l_3{}^2(l_1 + l_2)^2}{3EI(l_1 + l_2 + l_3)}; \quad \alpha_{33} = \frac{(l_1 + l_2 + l_3 + l_4)\, l_4{}^2}{3EI}$$

Damit wird nach Gl. (5.60) und (5.64) berechnet

$$\omega_1{}^2 > 1\left/ \sum_{i=0}^{n} m_i \alpha_{ii}\right., \quad \text{d. h.}$$

$$f_1 = \frac{\omega_1}{2\pi} > \frac{1}{2\pi} \sqrt{\frac{3EI}{\dfrac{(m_1 l_1{}^2 + m_2 l_3{}^2)\,(l_1 + l_2)^2}{(l_1 + l_2 + l_3)} + m_3(l_1 + l_2 + l_3 + l_4)\, l_4{}^2}}$$

L 5/7:   Die Eigenfrequenzen von massebelegten Wellen ergeben sich aus der Formel (5.59) zu:

$$\omega_k{}^2 = \lambda_k{}^4 \frac{EI}{\varrho A l^4},$$

wobei der Eigenwert λ_k eine Konstante ist, die von der Ordnung k und von den Lagerbedingungen abhängt. Beim Kreisquerschnitt gilt: $I = \pi d^4/64$ und $A = \pi d^2/4$. Demzufolge ergibt sich

$$\omega_k{}^2 = \frac{\lambda_k{}^4 E}{\varrho l^4} \frac{\pi d^4/64}{\pi d^2/4} = \frac{\lambda_k{}^4 E}{16 \varrho l^4}\, d^2 \quad \text{bzw.} \quad \underline{\underline{\omega_k \sim d}}, \quad \text{d. h.}$$

die Eigenkreisfrequenzen sind dem Wellendurchmesser proportional. Bei einer Verdopplung des Wellendurchmessers verdoppeln sich alle Eigenfrequenzen, also auch die zweite Eigenfrequenz.

L 5/8:   Als Näherungsansatz für die Grundschwingform wird die des Balkens mit konstantem Querschnitt benutzt, der die Randbedingungen erfüllt. Auf die dimensionsbehaftete Konstante des Schwingweges kann beim Rayleigh-Quotienten verzichtet werden.

$$\bar{r}(z) = \sin \frac{\pi z}{l}, \quad \bar{r}''(z) = -\frac{\pi^2}{l^2} \sin \frac{\pi z}{l}$$

Einsetzen in den *Rayleigh*-Quotient ergibt

$$\int_0^l EI\bar{r}''^2 \, dz = \int_0^{l_1} EI_1 \left(\frac{\pi}{l}\right)^4 \sin^2 \left(\frac{\pi z}{l}\right) dz + \int_{l_1}^{l_1+l_2} EI_2 \left(\frac{\pi}{l}\right)^4 \sin^2 \left(\frac{\pi z}{l}\right) dz$$

$$+ \int_{l_1+l_2}^{l} EI_1 \left(\frac{\pi}{l}\right)^4 \sin^2 \left(\frac{\pi z}{l}\right) dz$$

$$\int_0^l \varrho A\bar{r}^2 \, dz = \int_0^{l_1} \varrho A_1 \sin^2 \left(\frac{\pi z}{l}\right) dz + \int_{l_1}^{l_1+l_2} \varrho A_2 \sin^2 \left(\frac{\pi z}{l}\right) dz + \int_{l_1+l_2}^{l} \varrho A_1 \sin^2 \left(\frac{\pi z}{l}\right) dz$$

Die Ausrechnung verlangt die Kenntnis des Integrals

$$\int \sin^2 \left(\frac{\pi z}{l}\right) dz = \frac{1}{2} \left(z - \frac{l}{\pi} \sin \frac{\pi z}{l} \cos \frac{\pi z}{l}\right)$$

Nach einigen Umformungen erhält man mit Gl. (5.70) den *Rayleigh*-Quotienten mit $\bar{l} = 2\pi l_1/(2l_1 + l_2)$, $\bar{d} = d_2/d_1$ zu

$$\omega_1{}^2 < \omega_R{}^2 = \frac{E}{\varrho}\,\frac{\pi^4 d_1{}^2}{16 l^4}\cdot\frac{(\bar{l} - \sin\bar{l})\,(1 - \bar{d}^4) + \pi\bar{d}^4}{(\bar{l} - \sin\bar{l})\,(1 - \bar{d}^2) + \pi d^2}$$

Für $\bar{d} = 1$ ergibt sich die exakte Lösung (vgl. Bild 5/17).

5.4. Das Verfahren der Übertragungsmatrizen

5.4.1. Grundgedanke des Verfahrens

Das Verfahren der Übertragungsmatrizen dient sowohl zur Bestimmung der Eigenfrequenzen und Eigenschwingformen, als auch zur Berechnung erzwungener Schwingungen bei Unwuchterregung. Die Eigenfrequenzen werden iterativ nach einem Restwertverfahren unter Umgehung der expliziten Aufstellung der Frequenzgleichung $f(\bar{\omega}) = 0$ berechnet.

Die Grundzüge dieses Verfahrens sind schon in 4.2.4. behandelt worden. Im Gegensatz zu Torsionsschwingungssystemen treten bei Biegeschwingern jedoch 4 Zustandsgrößen auf: zwei Deformationsgrößen (Auslenkung $\hat{r}$, Neigungswinkel $\hat{\psi}$) und zwei Kraftgrößen (Biegemoment $\hat{M}$, Querkraft $\hat{F}_Q$). Bei allen folgenden Überlegungen wird von dem mit konstanter Winkelgeschwindigkeit Ω rotierenden Koordinatensystem (vgl. Bild 5/8) ausgegangen. Es treten als Belastung zeitlich konstante Kräfte und Momente auf, die mit der Biegelinie umlaufen.

Man teilt den Biegeschwinger in Felder auf, die durch Schnittstellen voneinander getrennt sind (Bild 5/22b). Innerhalb jedes Feldes ist der Verlauf aller 4 Zustands-

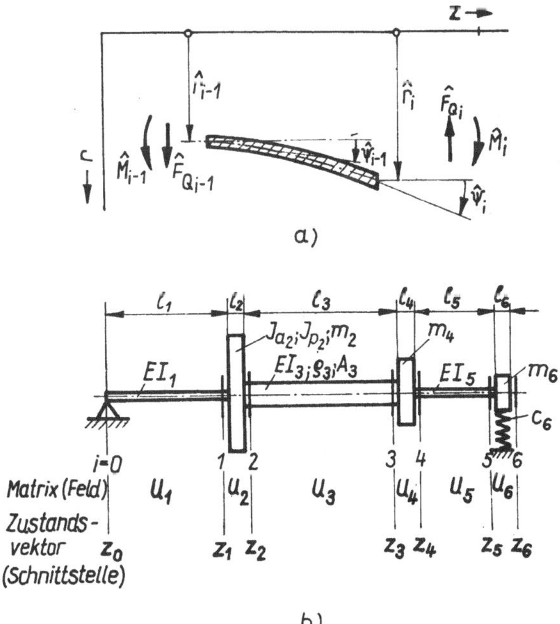

Bild 5/22. Zum Verfahren der Übertragungsmatrizen

größen stetig. Der lineare Zusammenhang zwischen den Zustandsgrößen an den beiden Schnittstellen eines Feldes der Nummer i wird durch eine Übertragungsmatrix U_i ausgedrückt:

$$z_i = U_i z_{i-1} \tag{5.94}$$

Diese sind durch die Dgl. der Balkenbiegung miteinander verbunden. Legt man die Vorzeichen nach Bild 5/22a fest, dann gilt ganz allgemein:

Auslenkung r

$$\text{Neigungswinkel } \psi = \frac{\mathrm{d}r}{\mathrm{d}z} = r' \tag{5.95}$$

$$\text{Biegemoment } \quad M = EIr'' \tag{5.96}$$

$$\text{Querkraft} \quad\quad F_Q = EIr''' \tag{5.97}$$

Als Bezugsgrößen werden l^* und EI^* eingeführt. Die dimensionsgleichen (reduzierten) Zustandsgrößen lauten dann

$$\bar{r} = \hat{r}; \quad \bar{\psi} = l^* \hat{\psi}; \quad \overline{M} = \frac{l^{*2}}{EI^*}\, \hat{M}; \quad \overline{F}_Q = \frac{l^{*3}}{EI^*}\, \hat{F}_Q \tag{5.98}$$

Der Vektor der Zustandsgrößen, kurz Zustandsvektor genannt (an der Schnittstelle i) geht dann über in den reduzierten Zustandsvektor:

$$z_i = \begin{pmatrix} \hat{r}_i \\ \hat{\psi}_i \\ \hat{M}_i \\ \hat{F}_{Qi} \end{pmatrix}; \quad \bar{z}_i = \begin{pmatrix} \hat{r}_i \\ l\hat{\psi}_i \\ \dfrac{l^{*2}}{EI^*}\,\hat{M}_i \\ \dfrac{l^{*3}}{EI^*}\,\hat{F}_{Qi} \end{pmatrix} = \begin{pmatrix} \bar{r}_i \\ \bar{\psi}_i \\ \overline{M}_i \\ \overline{F}_{Qi} \end{pmatrix} = \begin{pmatrix} \bar{r} \\ \bar{\psi} \\ \overline{M} \\ \overline{F}_Q \end{pmatrix}_i \tag{5.99}$$

Zuerst werden die Übertragungsmatrizen für die einzelnen Felder aufgestellt. Häufig vorkommende Felder sind der masselose elastische Balken, der massebelegte elastische Balken, die elastisch gelagerte starre Scheibe (die als Sonderfall u. a. die Punktmasse und das elastische Lager enthält) und der starre Rotor. Eine dieser Übertragungsmatrizen wird im folgenden noch abgeleitet.

Außer den Übertragungsmatrizen mit ihren Zahlenwerten .braucht man für die Rechnung noch die Zustandsvektoren am Anfangsrand (z_0) und Endrand (z_n). Von jedem von ihnen sind stets zwei Elemente bekannt (vgl. Tabelle 5/5). Die zwei unbekannten Elemente des Zustandsvektors z_0 gehen als Unbekannte in die Rechnung ein.

Man beginnt die Rechnung mit dem Zustandsvektor am Anfangsrand. Durch fortlaufende Matrizenmultiplikation, die nach dem sog. *Falk*schen Schema durchgeführt wird (vgl. [26]), errechnet man die Zustandsgrößen an den einzelnen Schnittstellen bis zur letzten Schnittstelle am Endrand. Diese sind dann eine Funktion der vom Anfangsrand „mitgeschleppten" Unbekannten. Es wird berechnet:

$$z_1 = U_1 z_0 \tag{5.100}$$

$$z_2 = U_2 z_1 = U_2 U_1 z_0 \tag{5.101}$$

$$\vdots$$

$$z_n = U_n U_{n-1} \cdots U_2 U_1 z_0 = U z_0 \tag{5.102}$$

Die Übertragungsmatrix U des Gesamtsystems ergibt sich als Produkt aus den Übertragungsmatrizen aller Felder.

Am Endrand sind vom Zustandsvektor z_n wieder 2 Zustandsgrößen bekannt. Man erhält daraus 2 Gleichungen für die 2 Unbekannten des Anfangsrandes. Dieses Gleichungssystem, dessen Koeffizienten Funktionen der Eigenfrequenz sind, ist homogen. Es hat nur dann eine nichttriviale Lösung, wenn seine Koeffizientendeterminante Null ist. Diese Bedingung liefert die Frequenzgleichung, deren Wurzeln die Eigenkreisfrequenzen bzw. Eigenwerte sind [$f(\overline{\omega}) = 0$].

Wie bei den Torsionssystemen wird auch hier das Restwertverfahren angewendet. Man gibt einen geschätzten Wert für die Eigenfrequenz vor, berechnet damit alle Übertragungsmatrizen, führt dann die Matrizenmultiplikation aus und erhält aus der Koeffizientendeterminante einen Restwert. Für die Eigenfrequenzen ist der Restwert genau Null. Trägt man nach mehrmaliger Durchrechnung die Restwerte über den Frequenzen auf, so liefern die grafisch oder rechnerisch ermittelbaren Nullstellen dieser Kurve die gesuchten Eigenfrequenzen.

Das Verfahren ist ausführlich in [4] (2. Band); [8]; [18]; [23] und [26] beschrieben. Dort findet man auch Aussagen über die weitere Anwendbarkeit dieses Verfahrens auf Schwingungsberechnungen von Platten, Scheiben, Schalen und Rahmentragwerke sowie weiterführende Literatur.

Der in der Praxis tätige Ingenieur hat nur selten die Aufgabe, Übertragungsmatrizen aufzustellen, da er in der genannten Literatur solche Zusammenstellungen findet. Trotzdem soll hier für das Feld „elastisch gelagerte starre Scheibe" die Herleitung der Übertragungsmatrix gezeigt werden, damit das Wesen dieser Vorgehensweise besser verstanden wird.

Die Scheibe hat die Masse m_i und das reduzierte Massenträgheitsmoment $J_{\mathrm{R}i}$ [vgl. Gl. (5.31)].

Sie wird durch eine Längsfeder mit der Federkonstanten c_i und eine Drehfeder mit der Federkonstanten c_{Ti} gestützt (vgl. Bild 5/23). Als Sonderfall sind darin die Übertragungsmatrizen für die Punktmasse, die Scheibe und das elastische Lager enthalten.

Man beachte, daß c_i und c_{Ti} verschiedene Dimensionen besitzen. Die Schnittstellen werden als eng benachbart angesehen.

Es gelten dann für die Deformationsgrößen die Zwangsbedingungen

$$\hat{r}_i = \hat{r}_{i-1} \tag{5.103}$$

$$\hat{\psi}_i = \hat{\psi}_{i-1} \tag{5.104}$$

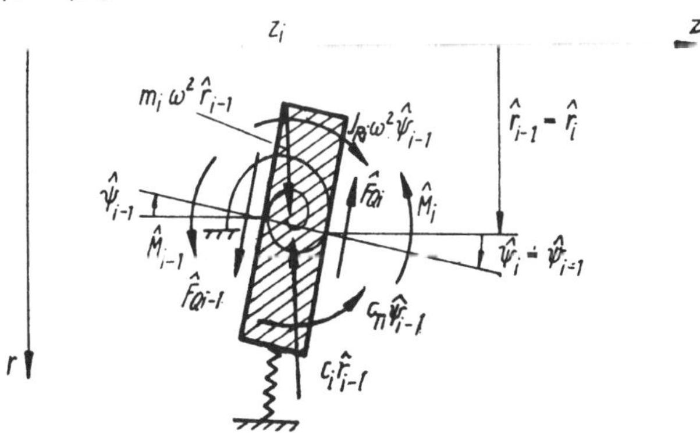

Bild 5/23. Schnittgrößen an einer elastisch gelagerten Scheibe

Aus dem Kräfte- und Momentengleichgewicht ergibt sich, vgl. Bild 5/23:

$$\hat{M}_i = c_{Ti}\hat{\psi}_{i-1} - J_{Ri}\omega^2\hat{\psi}_{i-1} + \hat{M}_{i-1} \tag{5.105}$$

$$\hat{F}_{Qi} = m_i\omega^2\hat{r}_{i-1} - c_i\hat{r}_{i-1} + \hat{F}_{Qi-1} \tag{5.106}$$

Multipliziert man Gl. (5.105) mit l^{*2}/EI^* und Gl. (5.106) mit l^{*3}/EI^* und führt noch die Abkürzungen

$$\overline{\omega}^2 = \frac{\omega^2 m^* l^{*3}}{EI^*}, \quad \overline{m}_i = \frac{m_i}{m^*}, \quad \overline{J}_i = \frac{J_{Ri}}{m^* l^{*2}}, \quad \overline{c}_i = \frac{c_i l^{*3}}{EI^*}, \quad \overline{c}_{Ti} = \frac{c_{Ti} l^*}{EI^*}$$

ein, so ergibt sich Gl. (5.98)

$$\tag{5.107}$$

$$\overline{r}_i = \overline{r}_{i-1} \tag{5.108}$$

$$\overline{\psi}_i = \overline{\psi}_{i-1} \tag{5.109}$$

$$\overline{M}_i = (\overline{c}_{Ti} - \overline{J}_i\overline{\omega}^2)\,\overline{\psi}_{i-1} + \overline{M}_{i-1} \tag{5.110}$$

$$\overline{F}_{Qi} = -(\overline{c}_i - \overline{m}_i\overline{\omega}^2)\,\overline{r}_{i-1} + \overline{F}_{Qi-1} \tag{5.111}$$

Dieses Gleichungssystem hat in Matrizenschreibweise die Form

$$\begin{pmatrix} \overline{r} \\ \overline{\psi} \\ \overline{M} \\ \overline{F}_Q \end{pmatrix}_i = \begin{pmatrix} 1 & 0 & 0 & 0 \\ 0 & 1 & 0 & 0 \\ 0 & \overline{c}_{Ti} - \overline{J}_i\overline{\omega}^2 & 1 & 0 \\ -(\overline{c}_i - \overline{m}_i\overline{\omega}^2) & 0 & 0 & 1 \end{pmatrix} \begin{pmatrix} \overline{r} \\ \overline{\psi} \\ \overline{M} \\ \overline{F}_Q \end{pmatrix}_{i-1} \tag{5.112}$$

oder kurz

$$\overline{z}_i = \overline{U}\overline{z}_{i-1} \tag{5.113}$$

Die Übertragungsmatrix stellt also die Beziehung zwischen den Zustandsgrößen zweier Ränder her und erfaßt die mechanischen Eigenschaften des betreffenden Feldes. In Tabelle 5/7 sind einige häufig vorkommende Übertragungsmatrizen zusammengestellt.

Man beachte, daß bei einem starren Rotor der Wert J_R nach Gl. (5.31) einzusetzen ist. Somit können die Eigenfrequenzen der nichtrotierenden ($\Omega = 0$), der im synchronen Gleichlauf ($\Omega = \omega$) und der beliebig rotierenden Welle (Ω beliebig, d. h. $\omega_i = f(\Omega)$-interessant bei Fremderregung) auch mit dem Verfahren der Übertragungsmatrizen berechnet werden.

5.4.2.   Berechnungsbeispiel: Maschinenwelle

Für das aus zwei Scheiben und drei masselosen elastischen Balken bestehende Berechnungsmodell einer Welle nach Bild 5/24 sind mit dem Verfahren der Übertragungsmatrizen die niedrigste Eigenfrequenz der nichtrotierenden Welle und die dazugehörige Eigenschwingform zu bestimmen. Gegeben sind die Parameter des Berechnungsmodells gemäß Tabelle 5/8. Da für die nichtrotierende Welle $\Omega/\omega = 0$ ist, gilt nach Gl. (5.31) $J_{Ri} = J_{ai} = J_i$. Als Bezugsgrößen werden gewählt:

$$l^* = 400 \text{ mm}; \quad EI^* = 8{,}5 \cdot 10^{10} \text{ Nmm}^2; \quad m^* = 40 \text{ kg}$$

Damit sind entsprechend den Formeln in Tabelle 5/7 die bezogenen Größen $l_i, \overline{EI}, \overline{m}_i, \overline{J}_i$ berechenbar.

Tabelle 5/7. Übertragungsmatrizen einiger Felder

i–tes Feld	Übertragungsmatrix $\bar{U}_i$
Masseloser elastischer Balken EI_i l_i	$\begin{pmatrix} 1 & \bar{l}_i & \dfrac{\bar{l}_i^2}{2\overline{EI}_i} & \dfrac{\bar{l}_i^3}{6\overline{EI}_i} \\[2mm] 0 & 1 & \dfrac{\bar{l}_i}{\overline{EI}_i} & \dfrac{\bar{l}_i^2}{2\overline{EI}_i} \\[2mm] 0 & 0 & 1 & \bar{l}_i \\[2mm] 0 & 0 & 0 & 1 \end{pmatrix}$
Massebelegter elastischer Stab $EI_i\,,\,\varrho A_i$ l_i	$\begin{pmatrix} f_{1i} & \bar{l}_i f_{2i} & \dfrac{\bar{l}_i^2 f_{3i}}{\overline{EI}_i} & \dfrac{\bar{l}_i^3 f_{4i}}{\overline{EI}_i} \\[2mm] \dfrac{\lambda_i^4 f_{4i}}{\bar{l}_i} & f_{1i} & \dfrac{\bar{l}_i f_{2i}}{\overline{EI}_i} & \dfrac{\bar{l}_i^2 f_{3i}}{\overline{EI}_i} \\[2mm] \dfrac{\lambda_i^4 \overline{EI}_i f_{3i}}{\bar{l}_i^2} & \dfrac{\lambda_i^4 \overline{EI}_i f_{4i}}{\bar{l}_i} & f_{1i} & \bar{l}_i f_{2i} \\[2mm] \dfrac{\lambda_i^4 \overline{EI}_i f_{2i}}{\bar{l}_i^3} & \dfrac{\lambda_i^4 \overline{EI}_i f_{3i}}{\bar{l}_i^2} & \dfrac{\lambda_i^4 f_{4i}}{\bar{l}_i} & f_{1i} \end{pmatrix}$
Elastisch gelagerte Scheibe $c_{Ti}\quad m_i$ $c_i\quad J_{Ri}$	$\begin{pmatrix} 1 & 0 & 0 & 0 \\[2mm] 0 & 1 & 0 & 0 \\[2mm] 0 & \bar{c}_{Ti}-\bar{J}_i\bar{\omega}^2 & 1 & 0 \\[2mm] -\bar{c}_i+\bar{m}_i\bar{\omega}^2 & 0 & 0 & 1 \end{pmatrix}$
Starrer Rotor l_{si} m_i J_{Ri} l_i	$\begin{pmatrix} 1 & \bar{l}_i & 0 & 0 \\[2mm] 0 & 1 & 0 & 0 \\[2mm] \bar{m}_i \bar{l}_{si}\bar{\omega}^2 & [\bar{m}_i \bar{l}_{si}(\bar{l}_i-\bar{l}_{si})-\bar{J}_i]\bar{\omega}^2 & 1 & \bar{l}_i \\[2mm] \bar{m}_r\bar{\omega}^2 & \bar{m}_i(\bar{l}_i-\bar{l}_{si})\bar{\omega}^2 & 0 & 1 \end{pmatrix}$

Abkürzungen für die eingeführten Größen

$$\bar{l}_i = \frac{l_i}{l^*};\quad \overline{EI}_i = \frac{EI_i}{EI^*};\quad \bar{m}_i = \frac{m_i}{m^*};\quad \bar{\omega}^2 = \frac{m^* l^{*3}}{EI^*}\,\omega^2;\quad \bar{l}_{si} = \frac{l_{si}}{l^*};\quad \bar{c}_i = \frac{c_i l^{*3}}{EI^*}$$

$$\bar{J}_i = \frac{J_{Ri}}{m^* l^{*2}};\quad \lambda_i^4 = \frac{\varrho A_i l_i^4 \omega^2}{EI_i};\quad \bar{c}_{Ti} = \frac{c_{Ti} l^*}{EI^*};\quad J_{Ri} = J_{ai} - J_{pi}\Omega/\omega$$

$$f_{1i} = \frac{1}{2}\,(\cosh\lambda_i + \cos\lambda_i) = 1 + \frac{\lambda_i^4}{4!} + \frac{\lambda_i^8}{8!} + \cdots \qquad \text{Bezugsgrößen } l^*,\ EI^*,\ m^*$$

$$f_{2i} = \frac{1}{2\lambda_i}\,(\sinh\lambda_i + \sin\lambda_i) = 1 + \frac{\lambda_i^4}{5!} + \frac{\lambda_i^8}{9!} + \cdots$$

$$f_{3i} = \frac{1}{2\lambda_i^2}\,(\cosh\lambda_i - \cos\lambda_i) = \frac{1}{2} + \frac{\lambda_i^4}{6!} + \frac{\lambda_i^8}{10!} + \cdots$$

$$f_{4i} = \frac{1}{2\lambda_i^3}\,(\sinh\lambda_i - \sin\lambda_i) = \frac{1}{6} + \frac{\lambda_i^4}{7!} + \frac{\lambda_i^8}{11!} + \cdots$$

Die Übertragungsmatrizen der masselosen Wellenabschnitte haben unveränderliche Elemente, die sich gemäß den Gleichungen in Tabelle 5/7 ergeben. Die zwei Matrizenelemente der beiden Scheiben sind von der Kreisfrequenz ω abhängig, so daß diese Matrizen lauten:

$$\bar{U}_2 = \begin{pmatrix} 1 & 0 & 0 & 0 \\ 0 & 1 & 0 & 0 \\ 0 & -0{,}46875\bar{\omega}^2 & 1 & 0 \\ 0{,}75\bar{\omega}^2 & 0 & 0 & 1 \end{pmatrix}; \quad \bar{U}_4 = \begin{pmatrix} 1 & 0 & 0 & 0 \\ 0 & 1 & 0 & 0 \\ 0 & -0{,}39062\bar{\omega}^2 & 1 & 0 \\ \bar{\omega}^2 & 0 & 0 & 1 \end{pmatrix}$$

$$(5.114)$$

Zur Benutzung des Restwertverfahrens muß ein Wert für ω, der nahe der Grundkreisfrequenz liegen soll, abgeschätzt werden. Dazu kann ein vereinfachtes Berechnungsmodell mit 2 Freiheitsgraden (vgl. Tabelle 5/2) benutzt werden bzw. die Verfahren von *Dunkerley* oder *Rayleigh*. Nach dieser Abschätzung wird die Rechnung mit dem Wert $\omega^2 = 2{,}5 \cdot 10^4 \, \mathrm{s}^{-2}$ begonnen. Der dimensionslose Wert $\bar{\omega}^2$, der in Gl. (5.114) einzusetzen ist, ergibt sich [vgl. Tabelle 5/7] zu

$$\bar{\omega}^2 = \frac{\omega^2 m^* l^{*3}}{EI^*} = \frac{2{,}5 \cdot 10^4 \, \mathrm{s}^{-2} \cdot 40 \, \mathrm{kg} \cdot 400^3 \, \mathrm{mm}^3}{8{,}5 \cdot 10^{10} \, \mathrm{Nmm}^2} \cdot \frac{10^{-3} \, \mathrm{m}}{\mathrm{mm}} = 0{,}75294$$

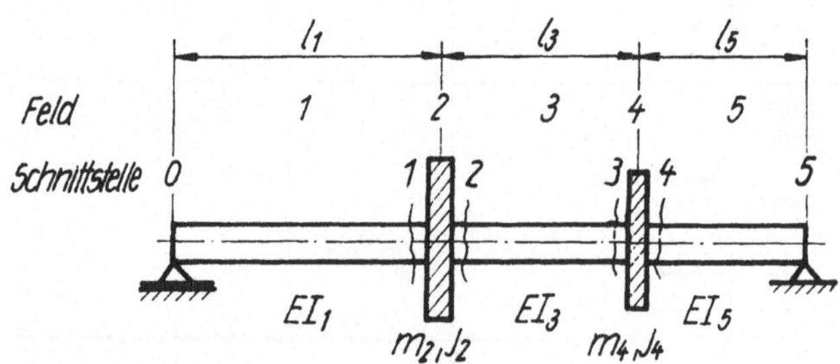

Bild 5/24. Einteilung eines Berechnungsmodells einer Maschinenwelle in einzelne Felder und Schnittstellen

Tabelle 5/8. Zahlenwerte des Berechnungsmodells von Bild 5/24

Feld	Längen		Massen		Massenträgheitsmomente		Biegesteifigkeiten	
i	l_i	$\dfrac{l_i}{l^*} = \bar{l}_i$	m_i	$\dfrac{m_i}{m^*} = \bar{m}_i$	$J_{\mathrm{a}i} \cdot 10^{-3}$	$\dfrac{J_{\mathrm{a}i}}{m^* l^{*2}} = \bar{J}_i$	$EI_i \cdot 10^{-6}$	$\dfrac{EI_i}{EI^*} = \overline{EI}_i$
	in mm		in kg		in kg mm²		in N mm²	
1	500	1,25					60000	0,70588
2			30	0,75	3000	0,46875		
3	400	1					85000	1
4			40	1	2500	0,39062		
5	350	0,875					45000	0,52941
	$l^* = 400$ mm		$m^* = 40$ kg		$m^* l^{*2} = 6{,}4 \cdot 10^6$ kg mm²		$EI^* = 8{,}5 \cdot 10^{10}$ N mm²	

Der Zustandsvektor am Anfangsrand lautet (vgl. Tabelle 5/5 und Bild 5/24)

$$\bar{z}_0 = \begin{pmatrix} 0 \\ \bar{\psi} \\ 0 \\ \bar{F}_Q \end{pmatrix}_0 = \bar{\psi}_0 \begin{pmatrix} 0 \\ 1 \\ 0 \\ 0 \end{pmatrix} + \bar{F}_{Q0} \begin{pmatrix} 0 \\ 0 \\ 0 \\ 1 \end{pmatrix}$$

Für $\bar{\omega}^2 = 0{,}75294$ folgt Tabelle 5/9.

Tabelle 5/9. Falksches Schema zur Berechnung der Eigenfrequenzen

				$\bar{\psi}_0$	$\bar{F}_{Q0}$	S	k
$\bar{\omega}^2 = 0{,}75294$				0	0	0	
				1	0	1	
				0	0	0	
Übertragungsmatrizen U_k				0	1	1	0
1	1,25	1,10677	0,46116	1,25	0,46116	1,71116	
0	1	1,77084	1,10677	1	1,10677	2,10677	
0	0	1	1,25	0	1,25	1,25	
0	0	0	1	0	1	1	1
1	0	0	0	1,25	0,46116	1,71116	
0	1	0	0	1	1,10677	2,10677	
0	−0,35294	1	0	−0,35294	0,85938	0,50644	
0,56471	0	0	1	0,70589	1,26042	1,96631	2
1	1	0,5	0,16667	2,19118	2,20769	4,39887	
0	1	1	0,5	1,00001	2,59636	3,59637	
0	0	1	1	0,35295	2,11980	2,47275	
0	0	0	1	0,70589	1,26042	1,96631	3
1	0	0	0	2,19118	2,20769	4,39887	
0	1	0	0	1,00001	2,59636	3,59637	
0	−0,29411	1	0	0,05884	1,35618	1,41502	
0,75294	0	0	1	2,35572	2,92268	5,27840	4
1	0,875	0,72310	0,21090	3,60555	6,07655	9,68210	
0	1	1,65278	0,72310	—	—	—	
0	0	1	0,875	2,12010	3,91353	6,03363	
0	0	0	1	—	—	—	5

Die Spalte S stellt die Summenprobe der Rechnung dar: Man bildet die Zeilensummen für $\bar{z}_k$ (beginnend bei $\bar{z}_0$) und dehnt die Matrizenmultiplikation auf die Spalte S aus. Die dort erscheinenden Zahlenwerte müssen dann wieder gleich den Zeilensummen von $\bar{z}_{k+1}$ sein. Die durch Striche ersetzten Glieder des letzten Zustandsvektors von $\bar{z}_5$ brauchen nicht berechnet zu werden, da sie für das Aufstellen der Eigenwertdeterminante nicht benötigt werden. Diese ergibt sich auf Grund der Randbedingungen $\bar{r}_5 = 0$, $\bar{M}_5 = 0$ zu:

$$\bar{r}_5 = 0 = 3{,}60555\bar{\psi}_0 + 6{,}07655\bar{F}_{Q0}$$

$$\bar{M}_5 = 0 = 2{,}12010\bar{\psi}_0 + 3{,}91353\bar{F}_{Q0}$$

$$f(\bar{\omega}^2) = \begin{vmatrix} 3{,}60555 & 6{,}07655 \\ 2{,}12010 & 3{,}91353 \end{vmatrix} = 1{,}22753$$

Die Rechnung wird mit dem Wert $\overline{\omega}^2 = 0{,}92$ wiederholt und liefert den Restwert $f(\overline{\omega}^2) = -0{,}20076$. Der gesuchte Wert muß also zwischen diesen beiden Werten liegen, da sich das Vorzeichen von f ändert. Weitere Berechnungen liefern eine Wertetabelle, die ein grafisches Auftragen der Funktion $f(\overline{\omega}^2)$ gestattet (Bild 5/25).

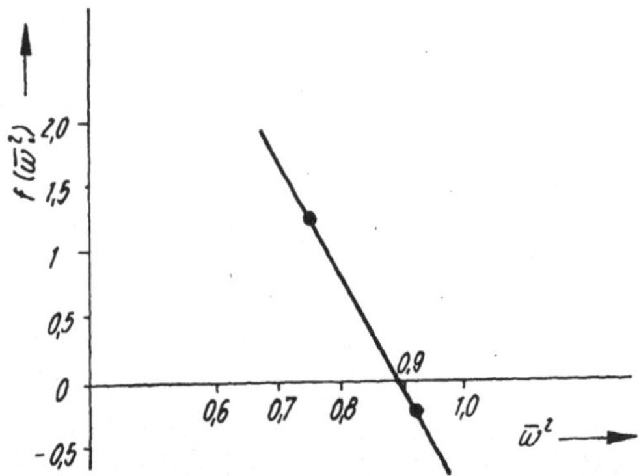

Bild 5/25. Restwertkurve für das Beispiel von Bild 5/24

Der Nulldurchgang, der sich um so genauer ermitteln läßt, je mehr Kurvenpunkte bekannt sind, liefert den gesuchten Wert $\overline{\omega}^2 = 0{,}8954 = \dfrac{\omega_e^2 m^* l^{*3}}{EI^*}$ bzw. $\omega_e^2 = 2{,}917 \cdot 10^4\ \mathrm{s}^{-2}$ und damit $\omega_e = 170{,}8\ \mathrm{s}^{-1} = 2\pi f_e$.

Nachdem diese Eigenfrequenz bekannt ist, soll die dazugehörige Schwingform bestimmt werden. Aus diesem Grunde ist die Rechnung noch einmal mit dem gefundenen Eigenwert durchzuführen, wobei jetzt allerdings der letzte Zustandsvektor voll anzugeben ist (Tabelle 5/10).

Die Schnittgrößen aller Zustandsvektoren $\overline{z}_0$, $\overline{z}_1$, ..., $\overline{z}_5$ liegen als Funktionen von $\overline{\psi}_0$ und $\overline{F}_{Q0}$ vor. Die Randbedingungen am Endrand gestatten, $\overline{F}_{Q0}$ durch $\overline{\psi}_0$ auszudrücken, weil gilt:

$$\overline{r}_5 = 0 = 3{,}69436\overline{\psi}_0 + 5{,}96616\overline{F}_{Q0}$$

$$\overline{M}_5 = 0 = 2{,}51249\overline{\psi}_0 + 4{,}05742\overline{F}_{Q0}$$

Da das letzte Schema mit einer Eigenfrequenz berechnet wurde, liefern beide Gleichungen übereinstimmend den Wert

$$\overline{F}_{Q0} = -0{,}61922\overline{\psi}_0.$$

Mit dieser Beziehung lassen sich jetzt die Zustandsgrößen an allen Stellen nur noch durch $\overline{\psi}_0$ ausdrücken, z. B.

$$\overline{r}_1 = \overline{r}_2 = 1{,}25000\overline{\psi}_0 + 0{,}46116\overline{F}_{Q0} = 0{,}96445\overline{\psi}_0$$

$$\overline{r}_3 = \overline{r}_4 = 2{,}18005\overline{\psi}_0 + 2{,}17895\overline{F}_{Q0} = 0{,}83084\overline{\psi}_0$$

Sie sind in der letzten Spalte aufgeführt. Die Amplituden aller Schwingungsgrößen sind also der Anfangsneigung $\overline{\psi}_0$ proportional. $\overline{\psi}_0$ stellt weiter nichts als einen Maßstabsfaktor dar, der nur bei Kenntnis von Anfangsbedingungen (bzw. durch Messungen) zu bestimmen ist.

Tabelle 5/10. Falksches Schema zur Berechnung einer Eigenschwingform

$\bar{\omega}^2 = 0{,}8954$				$\bar{\psi}_0$	$\bar{F}_{Q_0}$	S	$\bar{z}_k/\bar{\psi}_0$	k
Übertragungsmatrizen $\bar{U}_k$				0	0	0	0	
				1	0	1	1	
				0	0	0	0	
				0	1	1	−0,61922	0
1	1,25000	1,10677	0,46116	1,25000	0,46116	1,71116	0,96445	
0	1	1,77084	1,10677	1	1,10677	2,10677	0,31469	
0	0	1	1,25000	0	1,25000	1,25000	−0,77400	
0	0	0	1	0	1	1	−0,61922	1
1	0	0	0	1,25000	0,46116	1,71116	0,96445	
0	1	0	0	1	1,10677	2,10677	0,31469	
0	−0,41972	1	0	−0,41972	0,78547	0,36575	−0,90608	
0,67155	0	0	1	0,83944	1,30969	2,14913	0,02848	2
1	1	0,5	0,16667	2,18005	2,17895	4,35900	0,83084	
0	1	1	0,5	1,00000	2,54709	3,54709	−0,57716	
0	0	1	1	0,41972	2,09516	2,51488	−0,87760	
0	0	0	1	0,83944	1,30969	2,14913	0,02848	3
1	0	0	0	2,18005	2,17895	4,35900	0,83084	
0	1	0	0	1,00000	2,54709	3,54709	−0,57716	
0	−0,34976	1	0	0,06996	1,20429	1,27425	0,67574	
0,89540	0	0	1	2,79146	3,26072	6,05218	0,77242	4
1	0,87500	0,72310	0,21090	3,69436	5,96616	9,66052	∼0	
0	1	1,65278	0,72310	3,13413	6,89534	10,02948	−1,13547	
0	0	1	0,87500	2,51249	4,05742	6,56991	∼0	
0	0	0	1	2,79146	3,26072	6,05218	0,77242	5

5.5.   Probleme der Modellfindung

5.5.1.   Zur Erfassung der wesentlichsten Parameter

Die erste Aufgabe bei der theoretischen Untersuchung ist auch bei Biegeschwingungen von Wellen die Ermittlung eines angemessenen Berechnungsmodells. Das Berechnungsmodell soll „so fein wie nötig und so grob wie möglich" sein, weil es nur die Aufgabe hat, der Vorhersage des dynamischen Verhaltens eines realen Objektes im Hinblick auf gewisse Kriterien zu dienen.

Bei Biegeschwingungen kommt es z. B. darauf an zu wissen, wie die Größe der *Eigenfrequenzen* und die Eigenschwingformen von den Parametern des realen Objekts abhängen. Das Berechnungsmodell muß alle die für diese Aufgabe wesentlichen Parameter enthalten. Die bisher behandelten Berechnungsmodelle gestatten es, folgende Parameter bei der Berechnung der Eigenfrequenzen isotrop gelagerter Wellen mit symmetrischem Querschnitt zu berücksichtigen

Massen m_i, Massenträgheitsmomente J_{ai}, J_{pi}, Längen l_i, Lagerfederkonstanten c_i, Dichte ϱ, Elastizitätsmodul E, Veränderlichkeit der Fläche $A(z)$, Veränderlichkeit des Flächenträgheitsmomentes $I(z)$, die Drehgeschwindigkeit Ω, Rotorabmessungen (vgl. Tabellen 5/1 und 5/2).

Das Berechnungsmodell soll gestatten, durch Variation der Parameter vorauszubestimmen, wie sich eine reale Welle physikalisch verhalten wird, ohne daß alle Änderungen am Objekt selbst ausprobiert werden. Die ökonomische Bedeutung zutreffender Berechnungsmodelle wird daraus ersichtlich, daß aufwendige experimentelle Untersuchungen an den teuren Maschinen unterbleiben können, wenn die wesentlichen Parameter richtig erfaßt sind. Die obengenannten Parameter sind meist alle von Bedeutung. Nach dem bisher Gesagten muß man sich über ihren qualitativen Einfluß auf die Eigenfrequenzen ein Bild machen können. In der Praxis kann im konkreten Fall eine Anzahl weiterer Parameter von Einfluß sein. Der Ingenieur muß von Fall zu Fall abschätzen, welche Parameter wesentlich sind und diese evtl. in ein verfeinertes Berechnungsmodell einbeziehen.

In Tabelle 5/11 ist zusammengestellt, welche weiteren Parameter bei welchen Maschinenarten i. allg. berücksichtigt werden müssen. Diese Zusammenstellung ist im Rahmen dieser einführenden Darstellung als Anregung gedacht. Es ist nicht möglich, eine umfassende Darstellung der technisch bedeutsamen Parametereinflüsse zu geben, weil die Forschung auf diesem Gebiet noch im Gange ist und mit der Entwicklung des Maschinenbaus immer wieder neue Gesichtspunkte entstehen.

Tabelle 5/11 dient zur Orientierung auf Parameter, welche die Lage der kritischen Drehzahl und den Charakter der Schwingung (parametererregt, selbsterregt) beeinflussen (vgl. Abschnitt 7.). Diese Parameter sind gegebenenfalls in das Berechnungsmodell aufzunehmen. Wer sich tiefergehend mit derartigen Problemen befassen will, dem wird die Übersichtsarbeit [5/10] und der sich daran anschließende Literaturbericht [5/16] empfohlen.

5.5.2. Reduktion des Kontinuums auf ein diskretes Berechnungsmodell

Eine reale Welle mit ihren Lagerbedingungen liegt zunächst in Form einer Skizze oder technischen Zeichnung vor, aus der alle Parameterwerte (Daten) entnommen werden können. Bei der Modellbildung kommt es u. a. darauf an, daß die wesentlichen Eigenfrequenzen und Eigenschwingformen des Berechnungsmodells möglichst gut mit denen der realen Welle übereinstimmen. Die meisten Probleme entstehen bei Wellen mit veränderlichem Querschnitt (mehrfachen Absätzen, konischen Bereichen, ...). Eine entscheidende Frage ist dabei die Anzahl der Freiheitsgrade, die dem Berechnungsmodell zugebilligt werden. Mit der Anzahl der Freiheitsgrade steigt i. allg. die Genauigkeit, aber auch der Rechenaufwand. Um den Aufwand klein zu halten, wird die Anzahl der Freiheitsgrade möglichst niedrig gewählt. Der Aufwand vermindert sich nicht nur bei der Ermittlung der Kennwerte für die Elemente des Berechnungsmodells. Die Anzahl der Freiheitsgrade braucht nicht viel größer zu sein als die Anzahl der interessierenden Eigenfrequenzen. Je nachdem, wie groß diese Anzahl ist (bei vielen Wellen interessieren nur die beiden niedrigsten, bei Turbinen aber etwa 25 Eigenfrequenzen des Gesamtsystems), ist die Zahl der Freiheitsgrade zu wählen. Bild 5/26 zeigt schematisch, wie die Resonanzkurven einer Maschine aussehen, je nachdem, wieviel Freiheitsgrade ihrem Berechnungsmodell zugebilligt werden. Falls nur Frequenzen in der Nachbarschaft von f_1 interessieren, wäre in diesem Fall ein Modell mit 2 Freiheitsgraden ausreichend.

Geht man davon aus, daß eine Welle ein Kontinuum mit verteilter Masse und Steifigkeit ist, entsteht die Frage nach der zweckmäßigen Diskretisierung in Einzelmassen und Einzelfedern. Die Aufteilung in diskrete Elemente entspricht den realen Verhältnissen um so besser, je klarer man zwischen federnden Elementen mit kleiner Masse und praktisch starren Elementen mit großer Masse unterscheiden kann.

Tabelle 5/11. Übersicht über Parametereinflüsse

Einflußgröße (Parameter)	Wirkung auf kritische Drehzahl $n_k = \dfrac{30}{\pi}\,\Omega_k$	Beispiele
Axialkraft	Zug vergrößert, Druck verkleinert n_k	Stab im Fachwerk, Koppelstange in Kurbelgetrieben
Drehmomentschwankungen Ungleichförmigkeitsgrad	Kritische 2. Ordnung $\Omega_k = \omega/(n \pm 1)$ n Ordnung der Harmonischen der Schwankung	Kolbenmaschinen, ungleichmäßig übersetzende Getriebe
Magnetischer Zug (radial)	sinkt	Elektromotoren, Generatoren
Eigengewicht mg (horizontale Welle)	$\Omega_k = \omega/2$	Turbinenläufer
Kugelumlauffrequenz	$\Omega_k = \dfrac{\omega}{2(1 + d/D)}$	Kugellager d Kugeldurchmesser D Außendurchmesser des Innenrings
Zahneingriffsfrequenz	$\Omega_k = \omega/z$	Zahnradgetriebe z Zähnezahl
Anisotropie der Scheiben oder der Welle (verschiedene Hauptträgheitsmomente)	Aufspaltung des Spektrums in Instabilitätsbereiche ω_1, ω_2	Welle mit Nut, Ventilator mit zwei Flügeln, zweipolige Läufer von Synchronmaschinen
Lagerdämpfung	steigt	Textilspindeln
Innere Dämpfung	Selbsterregung	Materialdämpfung, Wellen-Naben-Verbindung
Elastizität der Scheiben	sinkt	Schaufeln von Lüftern und Turbinen, Sägeblätter
Kopplung mit anderen Einheiten	steigt oder sinkt, neues Spektrum	Motor-Pumpe, Verdichter, Turbine-Generator, Walzen gegenseitig
Ölfilm in Gleitlagern	vgl. 5.5.3.	Turbinen, Pumpen, Verdichter
Drehzahl (Kreiselwirkung der Scheiben)	vgl. 5.2.2.	Zentrifugen
Schubverformung	sinkt	kurze Balken, Schiffskörper

Maschinenelemente, wie Scheiben, Zahnräder, Kupplungen werden i. allg. als diskrete Elemente behandelt.

Das Kontinuum (massebelegter Balken) kann mit verschiedenen Methoden diskretisiert werden:

— Zerlegung in Punktmassen und masselose Biegefedern, wobei der Auslenkung jeder Masse eine Koordinate entspricht.

— Diskretisierung durch abschnittsweise Verwendung von Ansatzfunktionen (z. B. *Hermite*-Polynome [6/3])

— Aufteilung entsprechend den Eigenschwingformen, wobei für die Freiheitsgrade Hauptkoordinaten eingeführt werden. Der Begriff der Hauptkoordinaten wird in 6.3.4. ausführlich behandelt.

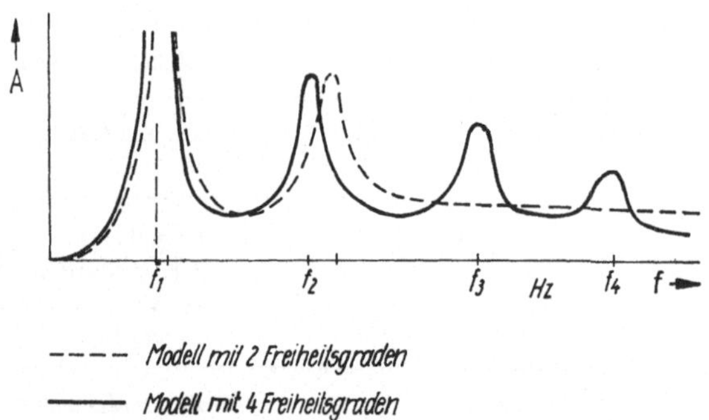

Bild 5/26. Zum Einfluß der Anzahl der Freiheitsgrade des Berechnungsmodells auf die Resonanzkurve

Bei der Zerlegung des Balkens in mehrere (meist äquidistante) Abschnitte ordnet man die Masse in der Mitte jedes Abschnittes an oder teilt sie auf seine beiden Enden auf. Damit hat das diskretisierte Berechnungsmodell meist *niedrigere* Eigenfrequenzen als das ursprüngliche Kontinuum. Auf diese Weise kann man eine *untere Schranke* für die Eigenfrequenzen ermitteln. Bild 5/27 zeigt, wie groß sich die Eigenfrequenzen beim prismatischen Stab, von dem die exakte Lösung bekannt ist (vgl. Bild 5/17), nach der Zerlegung ergeben. Je größer die Anzahl der Abschnitte ist, desto besser wird das Kontinuum durch ein diskretes System angenähert.

Die zweite Methode ist eine Verallgemeinerung der erstgenannten und hat enge Beziehungen zur Methode der finiten Elemente ([6/1]; [6/3]). Die dritte Methode der Diskretisierung kann angewendet werden, wenn man eine ungefähre Vorstellung von den Eigenschwingformen hat. Der Praktiker, der sich mit einem konkreten Erzeugnis befaßt, kennt diese Eigenschwingungsformen oft aus experimentellen Untersuchungen (vgl. auch Tabelle 5/6).

Bei der Aufteilung des Modells entsprechend den Eigenschwingformen geht man davon aus, daß die Welle praktisch nur mit wenigen Eigenschwingformen schwingt und sich somit auch nur mit wenig Koordinaten beschreiben läßt. Entwickelt man die Biegelinie nach den Eigenschwingformen $r_k(z)$, so ergibt sich

$$v(z,\, t) = \sum_{k=1}^{n} r_k(z)\, p_k(t) \tag{5.115}$$

Berechnungsmodell	Eigenkreisfrequenzen ω_i $\left(\omega^* = \sqrt{EI/ml^3}\right)$
$m/4 \qquad m/2 \qquad m/4$, $l/2 \quad l/2$	$\omega_1 = 9{,}789\,\omega^*$
$m/6 \quad m/3 \quad m/3 \quad m/6$, $l/3 \quad l/3 \quad l/3$	$\omega_1 = 9{,}859\,\omega^*$ $\omega_2 = 38{,}184\,\omega^*$
$m/8 \quad m/4 \quad m/4 \quad m/4 \quad m/8$, $l/4 \quad l/4 \quad l/4 \quad l/4$, $EI = \text{konst.}$	$\omega_1 = 9{,}868\,\omega^*$ $\omega_2 = 39{,}192\,\omega^*$ $\omega_3 = 83{,}237\,\omega^*$
$EI,\ \varrho A$, l	$\omega_1 = 9{,}8696\,\omega^*$ $\omega_2 = 39{,}4784\,\omega^*$ $\omega_3 = 88{,}826\,\omega^*$ $\omega_n = n^2\pi^2\,\omega^*$

Bild 5/27. Systematische Zerlegung eines prismatischen massebelegten Balkens

Dabei sind die p_k die Hauptkoordinaten. Sind die Eigenschwingformen näherungsweise bekannt, so ist der Ansatz verwendbar.
Unter der Bedingung, daß kinetische und potentielle Energie des Kontinuums und
des diskretisierten Systems übereinstimmen sollen, ergeben sich die Forderungen
[vgl. Gln. (5.69) und (5.71)]

$$T = \frac{1}{2}\int_0^l \varrho A v^2\,\mathrm{d}z = \frac{1}{2}\sum_{i=1}^{n}\sum_{k=1}^{n} m_{ik}\dot{p}_i\dot{p}_k \tag{5.116}$$

$$U = \frac{1}{2}\int_0^l EI v''^2\,\mathrm{d}z = \frac{1}{2}\sum_{i=1}^{n}\sum_{k=1}^{n} c_{ik}p_i p_k \tag{5.117}$$

Setzt man den Ansatz nach Gl. (5.115) in diese Energieausdrücke ein, so liefert nach
kurzer Rechnung ein Koeffizientenvergleich folgende Gleichungen zur Berechnung
der verallgemeinerten Massen und Federkonstanten des diskretisierten Systems:

$$m_{ik} = m_{ki} = \int_0^l \varrho A(z)\,r_i(z)\,r_k(z)\,\mathrm{d}z \tag{5.118}$$

$$c_{ik} = c_{ki} = \int_0^l EI(z)\,r_i''(z)\,r_k''(z)\,\mathrm{d}z \tag{5.119}$$

Wie in 6.3.1. allgemein gezeigt wird, ergeben sich dann die Eigenkreisfrequenzen ω_i durch das Nullsetzen der Koeffizientendeterminante:

$$\begin{vmatrix} c_{11} - \omega^2 m_{11} & c_{12} - \omega^2 m_{12} & \cdots & c_{1n} - \omega^2 m_{1n} \\ c_{21} - \omega^2 m_{21} & c_{22} - \omega^2 m_{22} & \cdots & c_{2n} - \omega^2 m_{2n} \\ \vdots & \vdots & & \vdots \\ c_{n1} - \omega^2 m_{n1} & c_{n2} - \omega^2 m_{n2} & \cdots & c_{nn} - \omega^2 m_{nn} \end{vmatrix} = 0 \tag{5.120}$$

Für den Fall $i = k = 1$ ergibt sich als Sonderfall der aus 5.3.4. bekannte *Rayleigh*-Quotient.

Die Federkonstanten c_{ik} und Massen m_{ik} sind hierbei weniger anschaulich als bei der erstgenannten Diskretisierungsmethode. Sie können berechnet werden, wenn die Eigenschwingformen $r_k(z)$ eines Balkens näherungsweise bekannt sind. Die sich aus Gl. (5.120) ergebende Frequenzgleichung liefert Näherungswerte für soviel Eigenfrequenzen wie Eigenschwingformen angenommen wurden.

Die Anwendung dieser zweiten Methode liefert im Gegensatz zur erstgenannten Zerlegung stets Eigenfrequenzen, die *größer* als die tatsächlichen des Kontinuums sind. Nur für den Sonderfall, daß für $\bar{r}_k(z)$ die genauen Eigenschwingungsformen eingesetzt werden, liefert die Rechnung auch die genauen Werte ω_i. Somit ergänzen sich beide Methoden, indem sie obere und untere Schranken für alle Eigenfrequenzen liefern.

5.5.3.   Einfluß der Gleitlagerung

Die Nachgiebigkeit des Ölpolsters in hydrodynamischen Lagern hat einen erheblichen Einfluß auf das dynamische Verhalten rotierender Wellen, wie *Stodola* bereits im Jahre 1925 erkannte. Der Grund dafür liegt vor allem in den anisotropen Federungs- und Dämpfungseigenschaften des Ölfilms. Wirkt in einem Gleitlager auf einen Wellenzapfen, der bei stationärem Betrieb eine bestimmte Gleichgewichtslage einnimmt, eine Kraft, so ruft diese eine Verschiebung hervor, die nicht mit der Kraftrichtung zusammenfällt.

Physikalisch bedeutet das, daß bei gewissen Bewegungen des Zapfens im Lager aus der Energiequelle des Antriebs der Welle (Torsion) Energie in die Querbewegung der Welle transportiert werden kann. Dadurch können selbsterregte Biegeschwingungen auftreten. Diesem Phänomen ist eine umfangreiche Literatur gewidmet, wovon hier nur die einführende Darstellung [5/12], die Arbeiten [5/18]; [5/19] sowie die Monografie [5/3] genannt seien.

Bild 5/28 zeigt ein Amplituden-Frequenzdiagramm, das bei den selbsterregten Schwingungen auftritt. Anfangs verhält sich die Welle wie ein zu erzwungenen Schwingungen erregter Schwinger: Das System bewegt sich mit der Erregerfrequenz, und es tritt der bekannte Amplituden-Frequenzgang auf (Resonanz, falls Erregerfrequenz gleich Eigenfrequenz).

Bei einer bestimmten überkritischen Drehzahl beginnen plötzlich Schwingungen mit der Eigenfrequenz des Systems, die sehr große Amplituden haben. Dies sind selbsterregte Schwingungen, deren Amplitude lediglich durch Anschlagen der Welle im Lager (bzw. des Rotors am Gehäuse) begrenzt werden.

Tondl [5/4] stellte fest, daß diese Schwingungen faktisch bei allen Drehzahlen oberhalb dieser Kritischen erhalten bleiben, so daß es ein nach oben unbegrenztes Resonanzgebiet gibt. Das Verhalten in diesem überkritischen Gebiet hängt von einer dimensionslosen Kennzahl

$$K = \frac{2gB\eta}{\Omega F_{\mathrm{st}}\psi^3}\ \text{ab.}$$

Bei kleinen K-Werten (große Lagerkraft F_{st} großes relatives Lagerspiel ψ, kleiner Ölzähigkeit η und kleiner Lagerbreite B) ändert sich die Amplitude der selbsterregten Schwingungen mit der Drehzahl weniger als bei großen K-Werten (vgl. Bild 5/28).

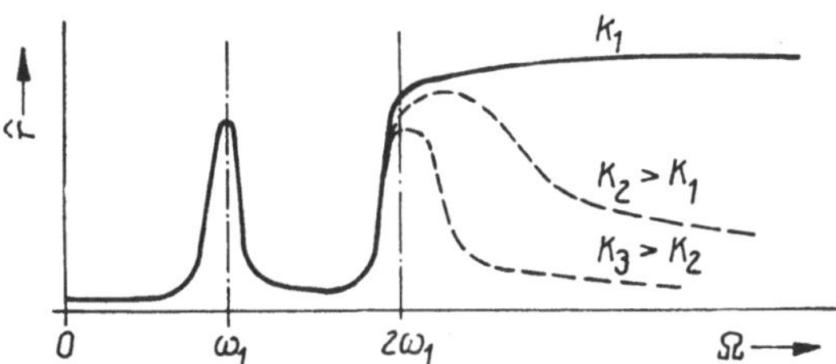

Bild 5/28. Zur Wirkung des Schmierfilms im Gleitlager

Die erst in den sechziger Jahren erzielten theoretischen und experimentellen Ergebnisse zeigten, daß solche selbsterregten Rotorschwingungen bei bestimmten Drehzahlen entweder mit der Eigenfrequenz oder mit der halben Drehfrequenz des Rotors verlaufen. Auf die Intensität selbsterregter Schwingungen hat bemerkenswerterweise der Auswuchtzustand des Rotors keinen Einfluß. Die selbsterregten Rotorschwingungen sind oft nicht nur intensiver, sondern auch gefährlicher als die Schwingungen schlecht ausgewuchteter Rotoren, weil die Welle dabei Wechselbelastungen ausgesetzt ist.
Eine Methode zur Berechnung der Drehzahl, bei welcher instabile selbsterregte Schwingungen auftreten, ist in [5/12] beschrieben.

5.5.4.   Beispiele: Ausleger eines Tagebau-Großgerätes, Ventilator, Schleifspindel

Der Ausleger eines Tagebau-Großgerätes stellt eine große räumliche Fachwerk-Konstruktion von mehr als 80 m Länge dar, die das Förderband trägt. Sie hängt an Seilen und ist seitlich durch Seile abgestützt. Beim Schwenken des Auslegers treten dynamische Belastungen auf, die nicht allein mit dem Modell „starre Maschine" (vgl. Aufgabe A 2/1) berechnet werden können. Experimentelle Untersuchungen zeigten, daß Schwingungen mit zwei Eigenfrequenzen angeregt werden [5/21].
Zur Untersuchung solcher Schwingungen reicht das Berechnungsmodell des Biegeschwingers mit 4 Freiheitsgraden aus, das in Bild 5/29 dargestellt ist. Es ist daher nicht nötig, ein kompliziertes Stabtragwerk mit vielen Stäben als Schwingungsmodell zu verwenden, wenn man die Massenkräfte berechnen will. Es reicht aus, das Auslegersystem auf dieses einfache System zu reduzieren und die berechneten Massenkräfte danach als Eingangsgrößen für ein Stabtragwerk-Programm zu benutzen.
Das Berechnungsmodell des in Bild 5/30 dargestellten Ventilators ist kein einfacher Biegeschwinger, wie er in diesem Abschnitt behandelt wurde. Bei der Modellbildung ist zu beachten, daß die Schaufeln dünne verwundene Schalen darstellen, die selbst schwingungsfähig sind. Die Schaufeln dürfen nicht einfach als starrer Rotor behandelt werden, wenn ihre eigenen Eigenfrequenzen nicht bedeutend über den Eigenfrequen-

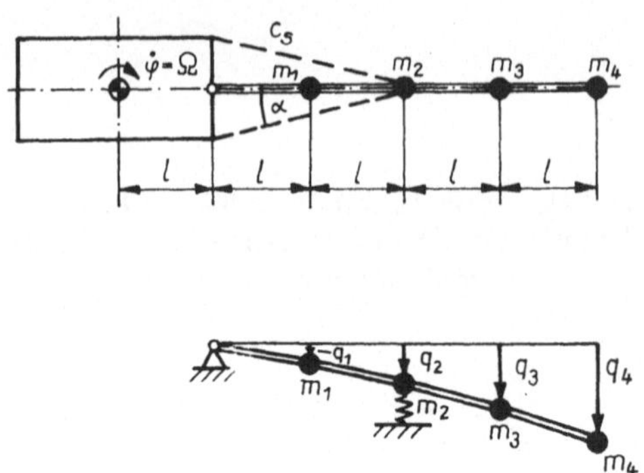

Bild 5/29. Berechnungsmodell des Auslegers eines Absetzers

zen der Antriebswelle liegen. Die Behandlung der Biegeschwingungen dieser Schaufeln erfordert auch die Berücksichtigung der versteifenden Wirkung der Fliehkräfte und der Theorie des verwundenen Biegestabes [20]; [5/26].

Es entsteht auch die Frage, wie der Keilriemenantrieb zu berücksichtigen ist. Erfahrungsgemäß ist die Nachgiebigkeit des Keilriemens bedeutend größer als die der Welle und der Lager, so daß die dort scheinbar vorhandene anisotrope federnde Lagerung nicht berücksichtigt zu werden braucht. Die Keilriemenscheibe könnte also als starrer Rotor angesetzt werden.

Der Ventilator kann unter Berücksichtigung der Schaufelelastizität auf das Modell

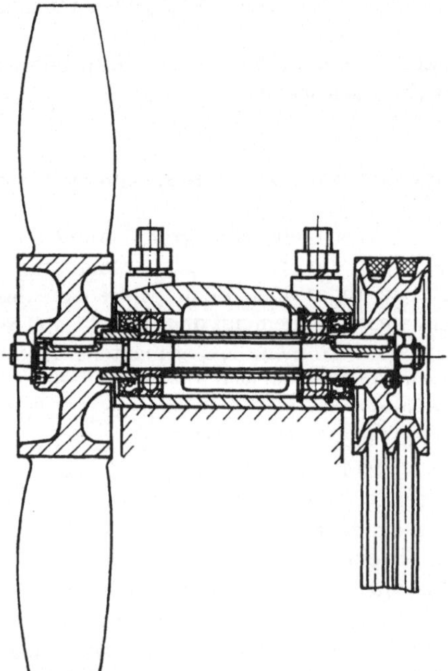

Bild 5/30. Ventilator

eines Schwingers mit endlich vielen Freiheitsgraden reduziert werden, das mit den in Abschnitt 6. erläuterten Methoden behandelt werden kann.

Zur Untersuchung des dynamischen Verhaltens einer Schleifspindel wurden die in Bild 5/31b bis h dargestellten Berechnungsmodelle benutzt, um den Einfluß der verschiedenen Modelle auf die Größe der kritischen Drehzahlen und die Eigenschwingformen zu illustrieren. Für die Berechnung wurde das Programm BIEGUNG verwendet [vgl. Anhang, (P 3/9)].

Bild 5/32 zeigt die berechneten kritischen Drehzahlen und Eigenschwingformen. Wenn man die erhaltenen Zahlenwerte vergleicht, fällt auf, daß die Federkonstante der Kugellager einen großen Einfluß hat. Die niedrigste kritische Drehzahl liegt etwa bei 17200 1/min (Modell b), denn die Aufteilung in Punktmassen liefert stets etwas zu hohe Eigenfrequenzen. Die mit den Modellen b, d, f und g erhaltenen Werte liegen für die (wichtigsten) ersten beiden kritischen Drehzahlen innerhalb der technisch vertretbaren 5% Genauigkeitsgrenze. Die mit den Modellen c, e und h erhaltenen

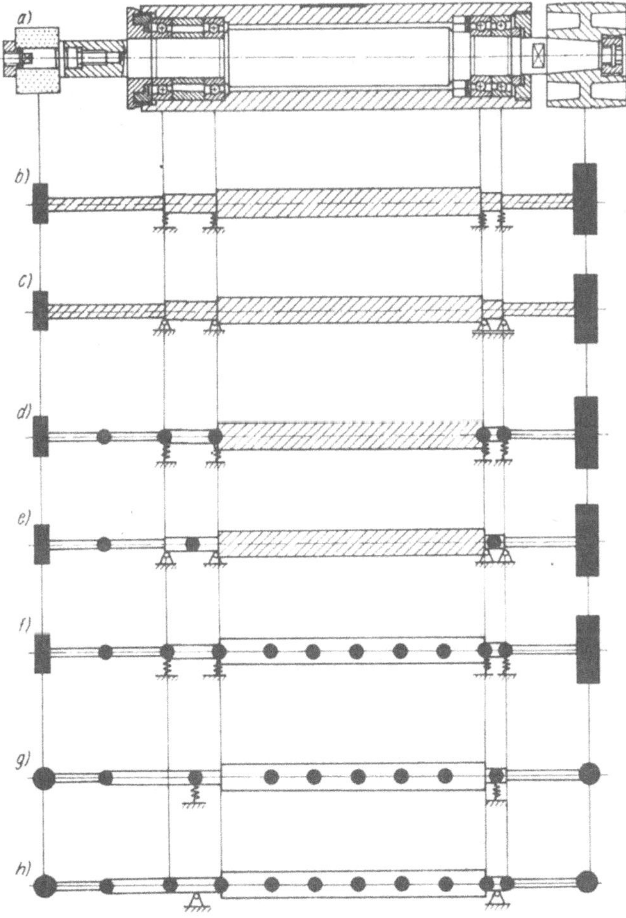

Bild 5/31. Berechnungsmodelle einer Schleifspindel (Die Schraffur im Modell gibt ein Kontinuum an.)

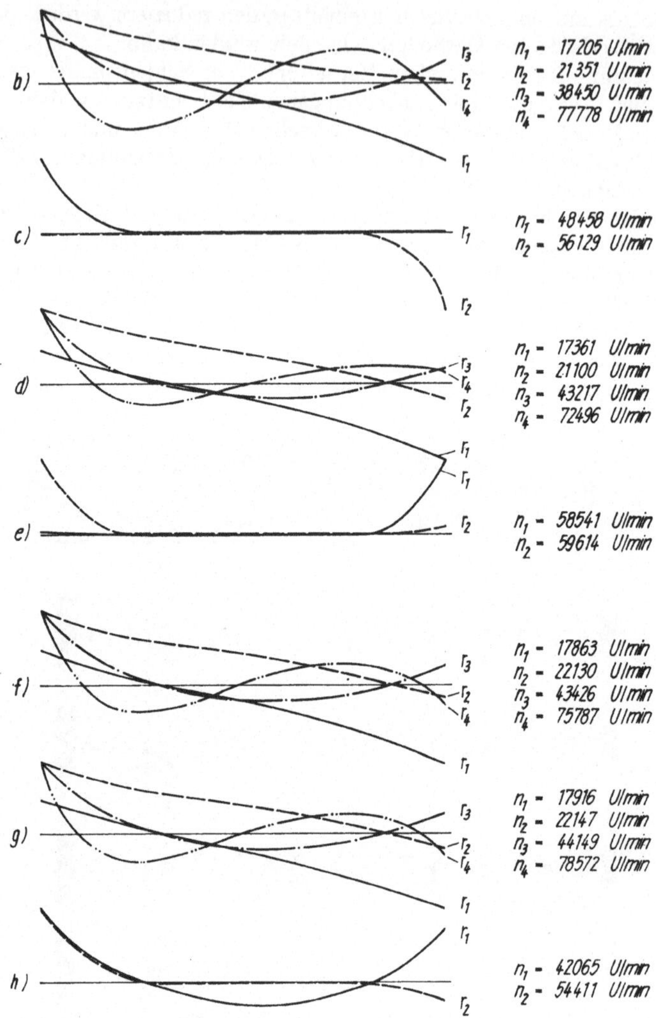

Bild 5/32. Eigenschwingformen und kritische Drehzahlen der Modelle der Schleifspindel von Bild 5/26

Werte entsprechen etwa den 3. Eigenfrequenzen der Modelle mit elastischer Lagerung und liefern ein falsches Bild, weil die Starrkörperschwingung fehlt.
Man überlege sich, warum die Werte beim Modell h kleiner als die von Modell c und e erhalten wurden.

5.5.5.   Aufgabe A 5/9

A 5/9:   Für den Antrieb einer Zerstäuberanlage wird im Drehzahlbereich zwischen 8000 1/min und 10000 1/min eine kritische Drehzahl vermutet. Das Berechnungsmodell zeigt Bild 5/33a. Es sind in diesem Drehzahlbereich die kritische Drehzahl des synchronen Gegenlaufs zu bestimmen und die dazugehörigen Amplitudenverläufe für die Durchbiegung, den Biegewinkel, das Biegemoment und die Querkraft zu berechnen.

Gegeben:

$m_1 = 6{,}2\ \text{kg};\quad m_2 = 2\ \text{kg};\quad m_3 = 4{,}88\ \text{kg}$

$l_1 = l_2 = 486\ \text{mm};\quad l_3 = 178\ \text{mm}$

$EI_1 = EI_2 = 1{,}730 \cdot 10^4\ \text{Nm}^2;\quad EI_3 = 0{,}4717 \cdot 10^4\ \text{Nm}^2$

$c_3 = 1{,}6 \cdot 10^6\ \text{N/m};\quad J_{a3} = 0{,}0155\ \text{kgm}^2;\quad J_{p3} = 2J_{a3} = 0{,}031\ \text{kgm}^2$

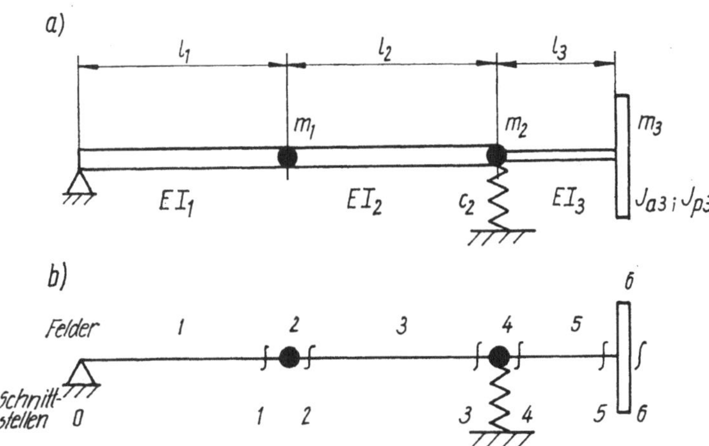

Bild 5/33.   Antriebswelle einer Zerstäuberanlage
a) Bezeichnung der Parameter
b) Schnittstellen und Felder für Übertragungsmatrizen

5.5.6.   Lösung L 5/9

L 5/9:   Mit den Bezugsgrößen

$m^* = 1\ \text{kg};\quad l^* = 1\ \text{m};\quad EI^* = 10^4\ \text{Nm}^2$

und den in Tabelle 5/7 angegebenen Formeln ergeben sich die für die Übertragungsmatrizen benötigten Werte

$\overline{m}_1 = m_1/m^* = 6{,}2;\quad \overline{m}_2 = m_2/m^* = 2;\quad \overline{m}_3 = m_3/m^* = 4{,}88$

$\overline{EI}_2 = \overline{EI}_1 = EI_1/EI^* = 1{,}730;\quad \overline{EI}_3 = EI_3/EI^* = 0{,}4717$

$\overline{l}_1 = l_1/l^* = 0{,}486;\quad \overline{c}_2 = c_2 l^{*3}/EI^* = 160;\quad J_{R3} = J_{a3} + J_{p3} = 0{,}0465\ \text{kg m}^2$

$\overline{J}_3 = J_{R3}/m^* l^{*2} = 0{,}0465;\quad \overline{l}_3 = l_3/l^* = 0{,}178;\quad \overline{l}_2 = \overline{l}_1$

Die Bezeichnung der Übertragungsmatrizen und die Feldeinteilung zeigt Bild 5/33 b. Der dimensionslose Anfangsvektor und der Endvektor lauten (vgl. dazu Tabelle 5/12):

$$\overline{z}_0 = \overline{\psi}_0 \begin{pmatrix} 0 \\ 1 \\ 0 \\ 0 \end{pmatrix} + \overline{F}_{Q0} \begin{pmatrix} 0 \\ 0 \\ 0 \\ 1 \end{pmatrix};\quad \overline{z}_6 = \begin{pmatrix} \overline{r}_6 \\ \overline{\psi}_6 \\ 0 \\ 0 \end{pmatrix}$$

Tabelle 5/12. *Falksches* Schema zur Berechnung der Eigenschwingform der Welle von Bild 5/33

$\overline{\omega}^2 = 81{,}31$ (synchroner Gegenlauf) Übertragungsmatrizen $\overline{U}_k$				$\overline{\psi}_0$	$\overline{F}_{Q0}$	$\overline{z}_k/\overline{\psi}_0$	k
				0	0	0	
				1	0	1	
				0	0	0	
				0	1	$-28{,}37$	0
1	0,4860	0,0682	0,0111	0,4860	0,0111	0,17	
0	1	0,2810	0,0682	1	0,0682	$-0{,}93$	
0	0	1	0,4860	0	0,4860	$-13{,}79$	
0	0	0	1	0	1	$-28{,}37$	1
1	0	0	0	0,4860	0,0111	0,17	
0	1	0	0	1	0,0682	$-0{,}93$	
0	0	1	0	0	0,4860	$-13{,}79$	
504,1220	0	0	1	245,0033	6,5958	57,85	2
1	0,4860	0,0682	0,0111	3,6915	0,1506	$-0{,}58$	
0	1	0,2810	0,0682	17,7092	0,6546	$-0{,}86$	
0	0	1	0,4860	119,0716	3,6916	$-14{,}32$	
0	0	0	1	245,0033	6,5958	$-57{,}85$	3
1	0	0	0	3,6915	0,1506	$-0{,}58$	
0	1	0	0	17,7092	0,6546	$-0{,}86$	
0	0	1	0	119,0716	3,6916	14,32	
2,62	0	0	1	254,6750	6,9904	56,32	4
1	0,1780	0,0336	0,0019	11,3513	0,4051	$-0{,}14$	
0	1	0,3780	0,0336	71,2753	2,2849	6,44	
0	0	0	0,1780	164,4037	4,9359	24,35	
0	0	1	1	254,6750	6,9904	56,32	5
1	0	0	0	11,3513	0,4051	$-0{,}14$	
0	1	0	0	71,2753	2,2849	6,44	
0	$-3{,}7809$	1	0	$-105{,}0810$	$-3{,}7031$	0,00	
396,7928	0	0	1	4758,7891	167,7312	$-0{,}41 \approx 0$	6

Mit den eingeführten Bezugsgrößen gilt für die dimensionslose Kreisfrequenz

$$\overline{\omega}^2 = \frac{m^* l^{*3} \omega^2}{EI^*} = 10^{-4}\,\mathrm{s}^2 \cdot \omega^2 \cdot \mathrm{s}^{-2}$$

Damit erhält man folgende Übertragungsmatrizen:

Masselose Welle
Feld 1, Feld 3

$$\overline{U}_1 = \begin{pmatrix} 1 & 0,486 & 0,0682 & 0,0111 \\ 0 & 1 & 0,281 & 0,0682 \\ 0 & 0 & 1 & 0,486 \\ 0 & 0 & 0 & 1 \end{pmatrix} = \overline{U}_3$$

Punktmasse Feld 2

$$\overline{U}_2 = \begin{pmatrix} 1 & 0 & 0 & 0 \\ 0 & 1 & 0 & 0 \\ 0 & 0 & 1 & 0 \\ 6{,}2\overline{\omega}^2 & 0 & 0 & 1 \end{pmatrix}$$

Punktmasse Feld 4 $\quad \overline{U}_4 = \begin{pmatrix} 1 & 0 & 0 & 0 \\ 0 & 1 & 0 & 0 \\ 0 & 0 & 1 & 0 \\ 2\overline{\omega}^2 - 160 & 0 & 0 & 1 \end{pmatrix}$

Masselose Welle Feld 5 $\quad \overline{U}_5 = \begin{pmatrix} 1 & 0,178 & 0,0336 & 0,00199 \\ 0 & 1 & 0,378 & 0,0336 \\ 0 & 0 & 1 & 0,178 \\ 0 & 0 & 0 & 1 \end{pmatrix}$

Scheibe Feld 6 $\quad \overline{U}_6 = \begin{pmatrix} 1 & 0 & 0 & 0 \\ 0 & 1 & 0 & 0 \\ 0 & -0,0465\overline{\omega}^2 & 1 & 0 \\ 4,88\overline{\omega}^2 & 0 & 0 & 1 \end{pmatrix}$

Durch Matrizenmultiplikation kann nun der Zustandsvektor am Wellenende (Stelle 6) als Funktion des Anfangsvektors ausgedrückt werden. Die Endbedingungen lauten für das freie Ende: $\overline{M}_6 = 0$ und $\overline{F}_{Q6} = 0$.
Aus diesen Bedingungen ergeben sich zwei lineare homogene Gleichungen für $\overline{\psi}_0$ und $\overline{F}_{Q0}$. Nichttriviale Lösungen folgen aus dem Verschwinden der Frequenz-

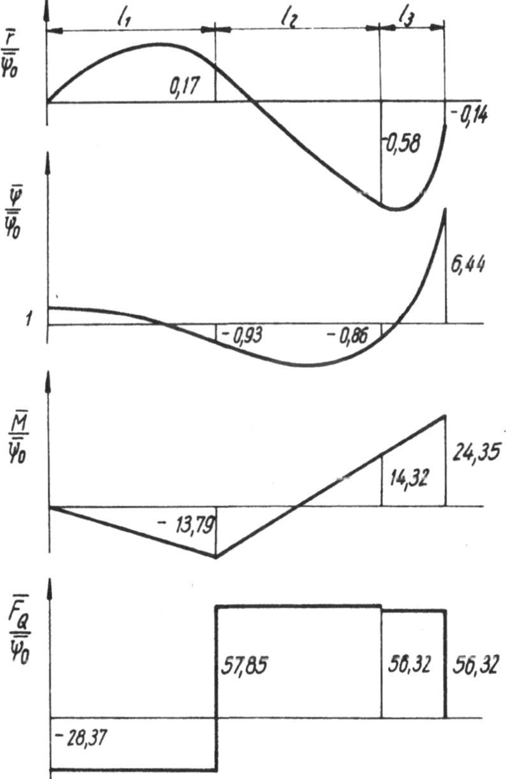

Bild 5/34. Eigenschwingform und deren Ableitungen bei der kritischen Drehzahl von $n_k = 8630$ 1/min für die Schnittstellen 0 bis 5

determinante. Hier werden Werte für $\overline{\omega}^2$ vorgegeben und die Restwertkurve der Koeffizientendeterminante gezeichnet.

Für $\overline{\omega}^2 = 81{,}31$ ist die Durchrechnung für synchronen Gegenlauf tabellarisch wiedergegeben (vgl. Tabelle 5/12).

Wie man aus dem Vektor $\overline{z}_6$ erkennt, handelt es sich dabei um eine Eigenfrequenz des synchronen Gegenlaufs. Die Eigenkreisfrequenz beträgt also

$$\overline{\omega}^2 = 81{,}31; \quad \omega^2 = 10^4\,\overline{\omega}^2\ 1/\text{s}^2 = 81{,}31 \cdot 10^4\ 1/\text{s}^2; \quad \underline{\underline{\omega = 904\ 1/\text{s}}}$$

$$\underline{\underline{n_{\text{krit}}}} = \frac{904 \cdot 30}{\pi} = \underline{\underline{8\,630\ 1/\text{min}}}$$

Die zu der kritischen Drehzahl $n = 8\,630\ 1/\text{min}$ ($\overline{\omega}^2 = 81{,}31$) gehörenden Größen $\overline{r}$, $\overline{\psi}$, $\overline{M}$, $\overline{F}_Q$ können an den einzelnen Stellen der Tabelle entnommen werden (Tabelle 5/12). Sie lassen sich durch $\overline{\psi}_0$ ausdrücken.

Aus $\overline{M}_6 = 0$ folgt:

$$(-105{,}1\overline{\psi}_0 - 3{,}703\overline{F}_{Q0}) = 0 \to \overline{F}_{Q0} = -28{,}37\overline{\psi}_0$$

Mit diesem Verhältnis lassen sich alle Zustandsgrößen als Funktion der Unbekannten $\overline{\psi}_0$ ausdrücken. Die Zahlenwerte zeigt die letzte Spalte der Tabelle 5/12. Die Darstellung der Verläufe ist aus Bild 5/34 zu entnehmen.

Bemerkung: Die Querkraft $\overline{F}_{Q6} = -0{,}41\,\overline{\psi}_0$ entspricht Null, da sie gegenüber den Querkräften an den anderen Schnittstellen sehr klein ist.

6. Schwingungssysteme mit endlich vielen Freiheitsgraden

6.1. Einleitung

Im folgenden Abschnitt werden Methoden behandelt, die es erlauben, die Schwingungsvorgänge vieler Maschinen zu verstehen und zu berechnen. Die meisten Maschinen lassen sich auf ein lineares Berechnungsmodell·mit endlich vielen Freiheitsgraden reduzieren. Solche Berechnungsmodelle bestehen aus diskreten Federn (Zug-, Druck-, Torsions- oder Biegefeder) und einzelnen starren Körpern (gekennzeichnet durch Masse, Schwerpunktlage, Trägheits- und Zentrifugalmomente). Nichtlinearitäten sollen hier außer Betracht bleiben (vgl. dazu Abschnitt 7.). Zur dynamischen Berechnung vieler Maschinen sind Berechnungsmodelle mit 3 bis 8 Freiheitsgraden ausreichend, aber es gibt auch Berechnungsmodelle mit einigen Dutzend Freiheitsgraden. Mit der Anzahl der Freiheitsgrade steigt in jedem Fall der Rechenaufwand, aber nicht immer die Genauigkeit der Ergebnisse. Die Genauigkeit hängt davon ab, ob die wesentlichen Einflußgrößen richtig erfaßt werden. Man kann mit einem Modell mit wenigen Freiheitsgraden das reale Verhalten oft schon hinreichend genau beschreiben, wenn man alle nebensächlichen Parameter vernachlässigt. Durch Berechnungsmodelle mit n Freiheitsgraden können

— Längsschwingungen (z. B. von gekoppelten Fahrzeugen)
— Torsionsschwingungen (z. B. von Wellen und Antriebssystemen)
— Biegeschwingungen (z. B. von Maschinengestellen, Balken, Rahmen, Platten)
— Schwingungen elastisch gekoppelter Körper (z. B. von Fundamentblöcken, Fahrzeugverbänden, Werkzeugmaschinen)

und beliebig gekoppelte Schwingungen von Modellen beliebiger geometrischer Struktur behandelt werden.

Diese linearen Schwingungserscheinungen sind im Grunde genommen von gleicher physikalischer Natur. Sie werden mathematisch einheitlich durch lineare Dgln. mit konstanten Koeffizienten beschrieben. Beispiele für solche Berechnungsmodelle zeigt Bild 6/1. Viele der in den bisherigen Abschnitten behandelten Berechnungsmodelle (vgl. 3.2.2.; 4.1.1.; 5.2.3.) lassen sich auch als lineare Schwinger mit n Freiheitsgraden einordnen. Das Schwingungssystem mit n Freiheitsgraden gestattet die Untersuchung des Verhaltens beliebig strukturierter ebener und räumlicher Antriebs- und Tragsysteme, bei denen Biege-, Längs- und Torsionsschwingungen gekoppelt sind.

Indem alle Schwingungssysteme von einem einheitlichen Gesichtspunkt aus betrachtet werden, können allgemeine Gesetzmäßigkeiten behandelt werden, z. B. über freie Schwingungen nach Stoßvorgängen, erzwungene Schwingungen bei periodischer Erregung oder bei beliebigem Kraft-Zeit-Verlauf. Praktisch sind damit kritische Drehzahlen, zeitliche Verläufe und Extremwerte der interessierenden Kräfte, Momente, Deformationen, Spannungen u. a. in Abhängigkeit von den Parametern der Maschine berechenbar.

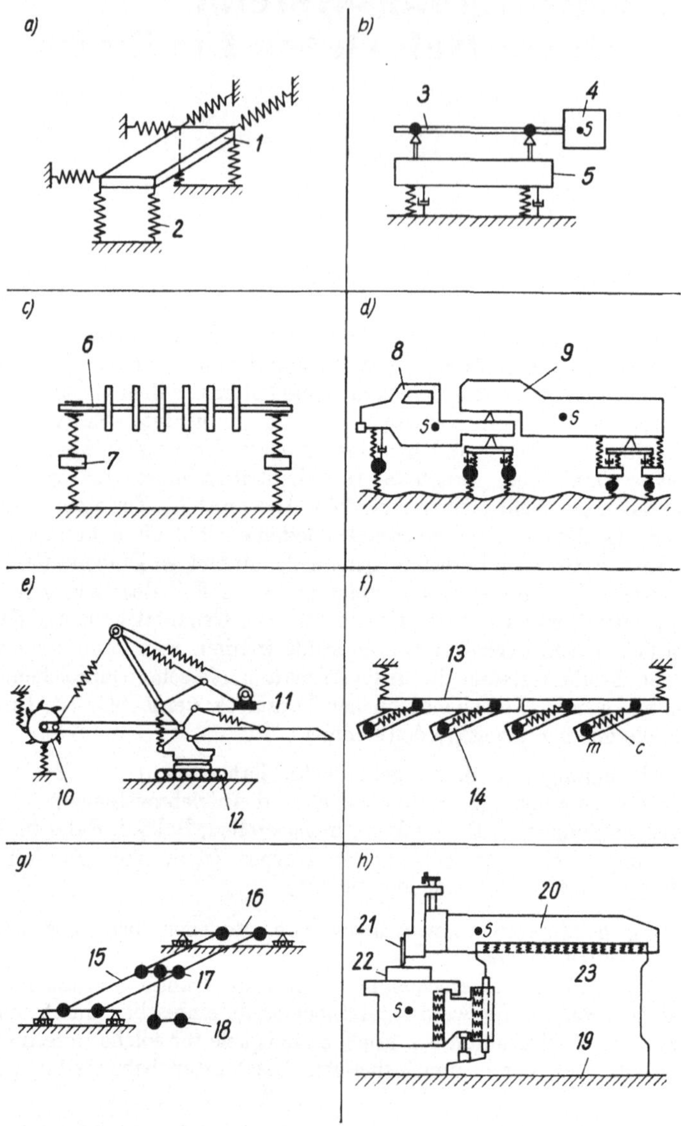

Bild 6/1. Beispiele für Berechnungsmodelle mit n Freiheitsgraden

1 Fundamentblock; *2* elastische Abstützung; *3* Welle; *4* Spindel; *5* Gehäuse; *6* Turbinenwelle; *7* Lager; *8* Fahrerhaus; *9* Wagenkasten; *10* Schaufelrad; *11* Gegengewicht; *12* Raupenfahrwerk; *13* Förderrinne; *14* elektromagnetische Schwingungserreger; *15* Kranbrücke; *16* Fahrwerk; *17* Laufkatze; *18* Chargierzange; *19* Gestell; *20* Schlitten; *21* Werkzeug; *22* Werkstück; *23* elastische und dämpfende Schichten

Diese allgemeine Behandlungsweise verlangt einen höheren Grad von Abstraktion. Es wird von der Matrizenrechnung Gebrauch gemacht, die eine sehr zweckmäßige und in der neueren technischen Fachliteratur international gebräuchliche Schreibweise ist und vor allem seit dem Aufkommen der elektronischen Digitalrechner an Bedeutung gewonnen hat. Die Matrizenschreibweise gestattet, die schwingungsfähigen Maschinen unabhängig von ihrer Struktur und der Anzahl ihrer Freiheitsgrade einheitlich und übersichtlich zu behandeln, was vor allem die Untersuchung von Systemen mit vielen Freiheitsgraden erleichtert. Trotz des hohen Abstraktionsgrades sind die konkreten Maschinen damit letzten Endes besser erfaßbar, weil ihre dynamische Untersuchung mit Hilfe von leistungsfähigen Rechenprogrammen auf ökonomische Weise möglich ist.

Um das Vorgehen zu erklären, werden in diesem Abschnitt bei Beispielen nur Modelle mit wenigen Freiheitsgraden verwendet. Es soll dem Studierenden möglich sein, diese Beispiele mit erträglichem Aufwand während des Studiums durchzurechnen. Er muß jedoch wissen, daß diese Beispiele nur dazu dienen sollen, ihn an die allgemeine Betrachtungsweise heranzuführen.

6.2. Bewegungsgleichungen für die freien ungedämpften Schwingungen in Matrizenschreibweise

6.2.1. Allgemeine Beziehungen, Ermittlung der Matrizen C, D, M

Die Bewegung des Systems mit n Freiheitsgraden ist eindeutig dadurch beschreibbar, daß der zeitliche Verlauf der Verschiebungen diskreter Punkte bzw. Drehwinkel um gegebene Achsen angegeben wird. Zur Beschreibung der Deformation des Systems werden verallgemeinerte Koordinaten q_1, q_2, ..., q_n benutzt, die Wege oder Winkel darstellen können. Die Gesamtheit dieser Koordinaten wird in übersichtlicher geordneter Form als Koordinatenvektor q zusammengefaßt:

$$q = \begin{pmatrix} q_1 \\ q_2 \\ \vdots \\ q_n \end{pmatrix} \quad \text{bzw.} \quad q^T = (q_1, q_2, \ldots, q_n) \tag{6.1}$$

Ebenso ist es zweckmäßig, verallgemeinerte Kräfte Q_1, Q_2, ..., Q_n einzuführen, die an den diskreten Punkten 1, 2, ..., n in Richtung der verallgemeinerten Koordinaten q_1, q_2, ..., q_n wirken. Verallgemeinerte Kräfte können Einzelkräfte oder Momente sein. Sie werden im *Kraftvektor*

$$Q = \begin{pmatrix} Q_1 \\ Q_2 \\ \vdots \\ Q_n \end{pmatrix}, \quad Q^T = (Q_1, Q_2, \ldots, Q_n) \tag{6.2}$$

zusammengefaßt.

Für die hier betrachteten Modelle von Maschinen, bei denen Schwingungen um die stabile Gleichgewichtslage $q^T = (0, 0, \ldots, 0)$ interessieren, bestehen zwischen den verallgemeinerten Kräften und den verallgemeinerten Koordinaten folgende lineare Beziehungen:

$$Q_p = \sum_{k=1}^{n} c_{pk} q_k \quad \text{bzw.} \quad Q = Cq, \tag{6.3}$$

oder anders ausgedrückt:

$$q_p = \sum_{k=1}^{n} d_{pk} Q_k \quad \text{bzw.} \quad \boldsymbol{q} = \boldsymbol{DQ} \tag{6.4}$$

Die das jeweilige System charakterisierenden verallgemeinerten *Federzahlen* c_{ik} erfaßt die Matrix $\boldsymbol{C}$, die verallgemeinerten Einflußzahlen d_{ik} enthält die Matrix $\boldsymbol{D}$. Die *Einflußzahlen* werden einheitlich d_{ik} genannt. Es ist

$$C = \begin{pmatrix} c_{11} & c_{12} & \cdots & c_{1n} \\ c_{21} & c_{22} & \cdots & c_{2n} \\ \vdots & & & \vdots \\ c_{n1} & c_{n2} & \cdots & c_{nn} \end{pmatrix} \quad (6.5) \quad \text{und} \quad D = \begin{pmatrix} d_{11} & d_{12} & \cdots & d_{1n} \\ d_{21} & d_{22} & \cdots & d_{2n} \\ \vdots & & & \vdots \\ d_{n1} & d_{n2} & \cdots & d_{nn} \end{pmatrix} \tag{6.6}$$

Die Matrix $\boldsymbol{C}$ ist die (statische) Federmatrix oder *Steifigkeitsmatrix*, die Matrix $\boldsymbol{D}$ wird (statische) *Nachgiebigkeitsmatrix* oder Flexibilitätsmatrix genannt. Beide Matrizen sind symmetrisch, wie aus dem Satz von *Maxwell-Betti* für elastische mechanische Systeme folgt.

Das heißt, es gilt $c_{ik} = c_{ki}$ und $d_{ik} = d_{ki}$. Die konkrete Wahl der Matrizen $\boldsymbol{C}$ und $\boldsymbol{D}$ hängt davon ab, ob sich die Feder- oder die Einflußzahlen bei praktischen Aufgaben leichter ermitteln lassen. So wird bei Torsionsschwingern i. allg. mit Federkonstanten und bei Biegeschwingern mit Einflußzahlen gerechnet.

Die in einem elastischen System gespeicherte Formänderungsarbeit ist abhängig von den Koordinaten oder den Kräften. Bei linearem elastischem Verhalten entstehen Gleichungen der Form

$$U = \frac{1}{2} \, \boldsymbol{q}^T \boldsymbol{C} \boldsymbol{q} \tag{6.7}$$

oder

$$U = \frac{1}{2} \, \boldsymbol{Q}^T \boldsymbol{D} \boldsymbol{Q} \tag{6.8}$$

Die Formänderungsarbeit U ist für alle möglichen Bewegungen und Belastungen stets positiv. Wenn man sie formuliert hat, kann man die Elemente der Matrizen $\boldsymbol{C}$ und $\boldsymbol{D}$ aus den zweiten partiellen Ableitungen errechnen:

$$c_{ik} = c_{ki} = \frac{\partial^2 U}{\partial q_i \, \partial q_k} \tag{6.9}$$

$$d_{ik} = d_{ki} = \frac{\partial^2 U}{\partial Q_i \, \partial Q_k} \tag{6.10}$$

Für Maschinen, bei denen eine statische Berechnung üblich ist, wie z. B. bei Rahmen und Stahltragwerken der Fördergeräte, Landmaschinen u. a. können die Einfluß-zahlen d_{ik} meist mit vorhandenen Rechenprogrammen in Verbindung mit der Festig-keitsberechnung ermittelt werden. Bei manchen Maschinen ist es auch möglich, die d_{ik} auf Grund von Gl. (6.4) aus einer statischen Deformationsmessung zu ermitteln. Kann bei gegebener Belastung (d. h. bekanntem $\boldsymbol{Q}$) die Deformation $\boldsymbol{q}$ des Systems gemessen werden (z. B. fotogrammetrisch), so ergeben sich die d_{ik} aus einem linearen Gleichungssystem [vgl. z. B. Gl. (1.39)]. Die Benutzung eines solchen experimentellen Verfahrens ist zur Kontrolle des tatsächlichen elastischen Verhaltens zu empfehlen. Für Systeme, die aus Stäben und Balken bestehen, stellt Tabelle 6/1 die Berechnungs-formeln für U und d_{ik} zusammen.

Tabelle 6/1. Formeln zur Berechnung der Formänderungsenergie U und der Einflußzahlen d_{ik} von Stäben und Balken

Beanspruchungsart	Formänderungsarbeit	Einflußzahlen
Zug- und Druckkräfte $F_{Nj}(s_j)$	$U = \sum\limits_{j=1}^{J} \int\limits_{l_j} \dfrac{F_{Nj}^2}{2E_jA_j}\, ds_j$	$d_{ik} = \sum\limits_{j=1}^{J} \int\limits_{l_j} \dfrac{\partial F_{Nj}}{\partial Q_i} \dfrac{\partial F_{Nj}}{\partial Q_k} \dfrac{ds_j}{E_jA_j}$
Schubkräfte $F_{Qj}(s_j)$	$U = \sum\limits_{j=1}^{J} \int\limits_{l_j} \dfrac{F_{Qj}^2}{2G_j\varkappa_jA_j}\, ds_j$	$d_{ik} = \sum\limits_{j=1}^{J} \int\limits_{l_j} \dfrac{\partial F_{Qj}}{\partial Q_j} \dfrac{\partial F_{Qj}}{\partial Q_k} \dfrac{ds_j}{G_j\varkappa_jA_j}$
Biegemomente $M_j(s_j)$	$U = \sum\limits_{j=1}^{J} \int\limits_{l_j} \dfrac{M_j^2}{2E_jI_j}\, ds_j$	$d_{ik} = \sum\limits_{j=1}^{J} \int\limits_{l_j} \dfrac{\partial M_j}{\partial Q_i} \dfrac{\partial M_j}{\partial Q_k} \dfrac{ds_j}{E_jI_j}$
Torsionsmomente $M_{tj}(s_j)$	$U = \sum\limits_{j=1}^{J} \int\limits_{l_j} \dfrac{M_{tj}^2}{2G_jI_{tj}}\, ds_j$	$d_{ik} = \sum\limits_{j=1}^{J} \int\limits_{l_j} \dfrac{\partial M_{tj}}{\partial Q_i} \dfrac{\partial M_{tj}}{\partial Q_k} \dfrac{ds_j}{G_jI_{tj}}$

Es bedeuten:

l_j	Stablänge	$Q_i; Q_k$	Kräfte oder Momente an den Stellen $i; k$
ds_j	Längenelement der Stabachse	J	Anzahl der Stäbe
A_j	Querschnittsfläche	E_j	Elastizitätsmodul
$\varkappa_jA_j$	reduzierte Querschnittsfläche (Schub)	G_j	Gleitmodul
j	laufende Nummer des Stabes	I_j	Flächenträgheitsmoment bezüglich einer Biege-Hauptachse
		I_{tj}	Torsionsträgheitsmoment

Es gilt wegen Gl. (6.3) und Gl. (6.4)

$$Q = Cq = CDQ = EQ; \quad CD = E \tag{6.11}$$

Mit E wird dabei die Einheitsmatrix bezeichnet.
Die Matrix der Federzahlen ist die Kehrmatrix der Einflußzahlen und umgekehrt:

$$C = D^{-1}; \quad D = C^{-1} \tag{6.12}$$

In Anlehnung an das *d'Alembert*sche Prinzip kann man einen Zusammenhang zwischen dem Beschleunigungsvektor $\ddot{q}$ und den bei der Bewegung von den Massen auf das elastische System wirkenden Kräften Q herstellen.
Wenn man erzwungene Bewegungen ausschließt, bei denen noch lineare oder quadratische Geschwindigkeitsglieder auftreten (Corioliskräfte, Kreiselmomente), gilt

$$Q = -M\ddot{q} \tag{6.13}$$

Dabei ist

$$M = \begin{pmatrix} m_{11} & m_{12} & \cdots & m_{1n} \\ m_{21} & m_{22} & \cdots & m_{2n} \\ \vdots & \vdots & & \vdots \\ m_{n1} & m_{n2} & \cdots & m_{nn} \end{pmatrix} \tag{6.14}$$

die Massenmatrix des Systems, die gewissermaßen seine Trägheitseigenschaften quantitativ erfaßt. Die Elemente der Massenmatrix sind Massen, Massenträgheitsmomente, Zentrifugalmomente oder Summen solcher Größen, die die Trägheit von diskreten Elementen erfassen, vgl. die Beispiele in Tabelle 6/2.

Die Elemente der Massenmatrix lassen sich auf zwei verschiedenen Wegen bestimmen. Der erste besteht darin, die kinetische Energie T eines Systemes allgemein zu formulieren und davon die partiellen Ableitungen zu bilden. Es gilt dann

$$m_{ik} = \frac{\partial^2 T}{\partial \dot{q}_i \, \partial \dot{q}_k} \tag{6.15}$$

Der zweite Weg geht von den Bewegungsgleichungen des Systems aus, die mit irgendeiner Methode aufgestellt sind. Aus ihnen lassen sich nach entsprechendem Sortieren gemäß dem Koordinatenvektor die Massen- und Steifigkeits- bzw. Nachgiebigkeitsmatrizen ablesen. Die kinetische Energie ergibt sich allgemein zu:

$$T = \frac{1}{2} \sum_{i=1}^{n} \sum_{k=1}^{n} m_{ik}\dot{q}_i\dot{q}_k \quad \text{bzw.} \quad T = \frac{1}{2}\,\dot{q}^T M \dot{q} \tag{6.16}$$

Die elastischen Rückstellkräfte halten in jedem Moment den Trägheitskräften das Gleichgewicht. Aus dieser Bedingung ergeben sich die Dgln., denen die Bewegungen und Kräfte eines Systems gehorchen. Aus den Gln. (6.4), (6.3) und (6.13) findet man:

$$Cq = -M\ddot{q} \quad \text{bzw.} \quad q = -DM\ddot{q} \tag{6.17}$$

Daraus folgen die Dgln. der freien Schwingungen für den Koordinatenvektor $q(t)$ in drei möglichen Formen:

$$M\ddot{q} + Cq = 0 \tag{6.18}$$

$$DM\ddot{q} + q = 0 \tag{6.19}$$

$$\ddot{q} + (DM)^{-1} q = 0 \quad \text{bzw.} \quad \ddot{q} + M^{-1}Cq = 0 \tag{6.20}$$

Der Schwingungsvorgang läßt sich durch den zeitlichen Verlauf der Bewegungsgrößen (Relativ- oder Absolutweg q, -geschwindigkeit $\dot{q}$, -beschleunigung $\ddot{q}$) oder Kraftgrößen (Kraftvektor Q u. Ableitungen $\dot{Q}$; $\ddot{Q}$) beschreiben. Analog lassen sich, da Kräfte und Deformationen sich wechselseitig bedingende Größen sind, Dgln. für die Kräfte $Q(t)$ aufstellen. Aus Gl. (6.3) folgt durch die Kombination mit Gl. (6.20):

$$\ddot{Q} = C\ddot{q} = -C(M^{-1}Cq) = -CM^{-1}Q \tag{6.21}$$

Daraus folgen die weiteren Formen:

$$\ddot{Q} + CM^{-1}Q = 0 \tag{6.22}$$

$$D\ddot{Q} + M^{-1}Q = 0 \tag{6.23}$$

$$MD\ddot{Q} + Q = 0 \tag{6.24}$$

Zusammenfassend soll festgehalten werden, daß die elastischen Eigenschaften eines linearen Schwingungssystems durch die Matrizen C oder D und die Trägheitseigenschaften durch die Massenmatrix M charakterisiert werden können. Die erste Aufgabe bei der Analyse eines linearen Schwingers mit endlich vielen Freiheitsgraden besteht darin, die Elemente der Matrizen C oder D und M aus den technischen Daten der realen Maschine zu bestimmen.

Tabelle 6/2. Beispiele für Matrizen von Berechnungsmodellen, die bei raumfesten bzw. körperfesten Koordinaten entstehen

System mit Parametern und Koordinaten	q	Steifigkeitsmatrix C	Massematrix M	Kehrmatrix M^{-1}
1. Fahrzeugmodell (Relativkoordinaten) (vgl. 6.2.2., 2. Beisp.)	ξ_1 ξ_2 ξ_3 ξ_4	vgl. Gl. (6.35) $$\begin{pmatrix} c_1 & 0 & 0 & 0 \\ 0 & c_2 & 0 & 0 \\ 0 & 0 & c_3 & 0 \\ 0 & 0 & 0 & c_4 \end{pmatrix}$$	vgl. Gl. (6.38) $$\begin{pmatrix} m_1+m_3 s_2^2+m & m_3 s_1 s_2-m & m_3 s_2^2+m & m_3 s_1 s_2-m \\ m_3 s_1 s_2-m & m_2+m_3 s_1^2+m & m_3 s_1 s_2-m & m_3 s_1^2+m \\ m_3 s_2^2+m & m_3 s_1 s_2-m & m_3 s_2^2+m & m_3 s_1 s_2-m \\ m_3 s_1 s_2-m & m_3 s_1^2+m & m_3 s_1 s_2-m & m_3 s_1^2+m \end{pmatrix}$$ $m = J_S/(l_1+l_2)^2$, $\; s_1 = l_1/(l_1+l_2)$, $\; s_2 = l_2/(l_1+l_2)$	
2. Fahrzeugmodell (Absolutkoordinaten) (vgl. 6.2.2., 2. Beisp.)	ξ_1 ξ_2 y_S $(l_1+l_2)\varphi$	vgl. Gl. (6.39) $$\begin{pmatrix} c_1+c_3 & 0 & -c_3 & -c_3 s_1 \\ 0 & c_2+c_4 & -c_4 & +c_4 s_2 \\ -c_3 & -c_4 & c_3+c_4 & +c_3 s_1 - c_4 s_2 \\ -s_1 c_3 & c_4 s_2 & -c_3 s_1 - c_4 s_2 & c_3 s_1^2 + c_4 s_2^2 \end{pmatrix}$$	vgl. Gl. (6.34) $$\begin{pmatrix} m_1 & 0 & 0 & 0 \\ 0 & m_2 & 0 & 0 \\ 0 & 0 & m_3 & 0 \\ 0 & 0 & 0 & m \end{pmatrix}$$ $m = J_S/(l_1+l_2)^2$	Durch Invertierung der aus Gl. (6.34) erhaltenen Matrix M folgt $$\begin{pmatrix} \dfrac{1}{m_1} & 0 & 0 & 0 \\ 0 & \dfrac{1}{m_2} & 0 & 0 \\ 0 & 0 & \dfrac{1}{m_3} & 0 \\ 0 & 0 & 0 & \dfrac{1}{m} \end{pmatrix}$$
3. Antriebswelle (vgl. 4.2.2.) (absolute Drehwinkel)	φ_1 φ_2 φ_3 φ_4	$$\begin{pmatrix} c_1 & -c_1 & 0 & 0 \\ -c_1 & c_1+c_2 & -c_2 & 0 \\ 0 & -c_2 & c_2+c_3 & -c_3 \\ 0 & 0 & -c_3 & c_3 \end{pmatrix}$$	$$\begin{pmatrix} J_1 & 0 & 0 & 0 \\ 0 & J_2 & 0 & 0 \\ 0 & 0 & J_3 & 0 \\ 0 & 0 & 0 & J_4 \end{pmatrix}$$	$$\begin{pmatrix} \dfrac{1}{J_1} & 0 & 0 & 0 \\ 0 & \dfrac{1}{J_2} & 0 & 0 \\ 0 & 0 & \dfrac{1}{J_3} & 0 \\ 0 & 0 & 0 & \dfrac{1}{J_4} \end{pmatrix}$$
4. Antriebswelle (vgl. 6.2.2.; 3. Beisp.; L 6/3) (Relative Drehwinkel)	φ_{12} φ_{23} φ_{34}	vgl. Gl. (6.43a) $$\begin{pmatrix} c_1 & 0 & 0 \\ 0 & c_2 & 0 \\ 0 & 0 & c_3 \end{pmatrix}$$	Durch Invertierung der aus Gln. (6.41) bis (6.43) erhaltenen Matrix M^{-1} folgt: $$\frac{1}{J_1+J_2+J_3+J_4}\begin{pmatrix} J_1(J_2+J_3+J_4) & J_1(J_3+J_4) & J_1 J_4 \\ J_1(J_3+J_4) & (J_1+J_2)(J_3+J_4) & J_4(J_1+J_2) \\ J_1 J_4 & J_4(J_1+J_2) & J_4(J_1+J_2+J_3) \end{pmatrix}$$	vgl. Gln. (6.41) bis (6.43) $$\begin{pmatrix} \dfrac{1}{J_1}+\dfrac{1}{J_2} & -\dfrac{1}{J_2} & 0 \\ -\dfrac{1}{J_2} & \dfrac{1}{J_2}+\dfrac{1}{J_3} & -\dfrac{1}{J_3} \\ 0 & -\dfrac{1}{J_3} & \dfrac{1}{J_3}+\dfrac{1}{J_4} \end{pmatrix}$$

Zur Gewinnung der Matrizenelemente wird folgendes Vorgehen empfohlen:

1. Skizze des Systems im deformierten Zustand
2. Eintragung der gewählten verallgemeinerten Koordinaten (einschließlich ihrer positiven Richtungen)
3. Aufstellung der Gleichungen für die kinetische Energie und die Formänderungsarbeit, gegebenenfalls unter Berücksichtigung von Zwangsbedingungen
4. Ausführung der Differentiationen gemäß Gln. (6.9) und (6.15) zur Gewinnung der Matrizenelemente.

Die Anwendung des Prinzips von *d'Alembert* (Aufstellung der Gleichgewichtsbedingungen) mit anschließendem Koeffizientenvergleich in den Gln. der Form (6.18), (6.19) oder (6.20) ist prinzipiell auch eine geeignete Methode. Sie ist jedoch bei gekoppelten Systemen umständlicher als die genannte energetische Methode, die mit den *Lagrange*schen Gleichungen 2. Art in enger Verbindung steht. Mit Hilfe der Methode der finiten Elemente kann ein Kontinuum (Stäbe, Balken, Scheiben, Platten, Schalen) auch auf ein Schwingungssystem mit endlich vielen Freiheitsgraden reduziert werden. Methoden zur Gewinnung der dabei auftretenden Matrizen M, C oder D sind z. B. in [32], [40], [6/1] und [6/3] beschrieben (vgl. auch [6/6]).

6.2.2.   Beispiele zur Aufstellung der Matrizen

Die folgenden Beispiele sollen lehren, wie man die Matrizen C und M bei einigen konkreten Fällen aufstellt, welche Zusammenhänge zu beachten sind, und daß es von der Wahl des Koordinatensystems abhängt, welche Form C und M bzw. D im konkreten Fall erhalten wird (vgl. auch 3.2.2. und 4.2.2.).
Als *erstes Beispiel* sind für das in Bild 6/2c skizzierte System, das aus Punktmassen und masselosen Balken besteht, die Matrizen D, C und M aufzustellen.

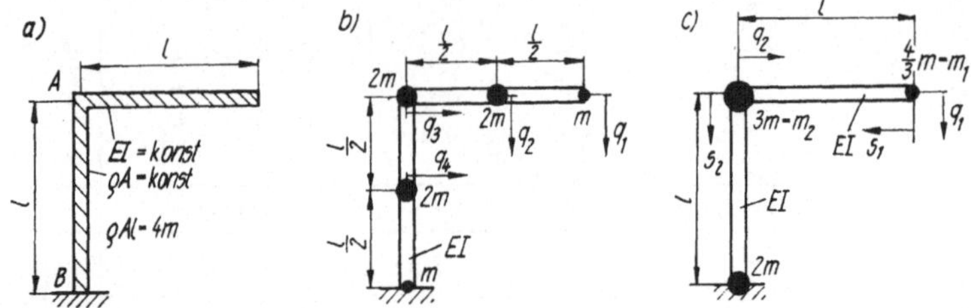

Bild 6/2. Mögliche Berechnungsmodelle eines Maschinengestells
a) Kontinuum
b) Schwinger mit vier Freiheitsgraden
c) Schwinger mit zwei Freiheitsgraden

Gegeben sind die Biegesteifigkeit EI, die Länge l, die Massen m_1 und m_2 und die zu verwendenden Koordinaten q_1 und q_2.
Die Beziehungen zwischen Kräften und Verschiebungen ergeben sich in der Form der Gl. (6.4). Die Einflußzahlen können nach Tabelle 6/1 berechnet werden. Zunächst werden in Richtung der Koordinaten q_1 und q_2 die Kräfte Q_1 und Q_2 angenommen. Sind s_1 und s_2 die Ortskoordinaten zur Beschreibung der Biegemomente (vgl. Tabelle 6/1), so lauten diese

$$M_1 = Q_1 s_1; \quad M_2 = Q_1 l + Q_2 s_2 \tag{6.25}$$

Die Formänderungsenergie (potentielle Energie) ergibt sich gemäß Tabelle 6/1 für die Biegebeanspruchung zu

$$U = \int_0^l \frac{M_1^2}{2EI}\, \mathrm{d}s_1 + \int_0^l \frac{M_2^2}{2EI}\, \mathrm{d}s_2$$

$$U = \frac{1}{2EI}\left[\int_0^l Q_1^2 s_1^2\, \mathrm{d}s_1 + \int_0^l (Q_1 l + Q_2 s_2)^2\, \mathrm{d}s_2 \right] \tag{6.26}$$

Die Integration ergibt die potentielle Energie in der Form von Gl. (6.8)

$$U = \frac{1}{2}\, \frac{4l^3}{3EI}\, Q_1^2 + \frac{l^3}{2EI}\, Q_1 Q_2 + \frac{1}{2}\, \frac{l^3}{3EI}\, Q_2^2 \tag{6.27}$$

Durch Bildung der ersten Ableitung entsteht entsprechend dem Satz von *Castigliano* zunächst analog Gl. (6.4)

$$\frac{\partial U}{\partial Q_1} = q_1 = \frac{4l^3}{3EI}\, Q_1 + \frac{l^3}{2EI}\, Q_2 \tag{6.28}$$

$$\frac{\partial U}{\partial Q_2} = q_2 = \frac{l^3}{2EI}\, Q_1 + \frac{l^3}{3EI}\, Q_2 \tag{6.29}$$

Aus den zweiten Ableitungen folgen dann gemäß Gl. (6.10) die Einflußzahlen zu

$$d_{11} = \frac{4l^3}{3EI};\; d_{12} = d_{21} = \frac{l^3}{2EI};\; d_{22} = \frac{l^3}{3EI} \tag{6.30}$$

Damit ergibt sich die Matrix $\boldsymbol{D}$ und nach kurzer Rechnung daraus deren Kehrmatrix $\boldsymbol{C}$ [vgl. Gl. (6.12)]

$$\boldsymbol{D} = \begin{pmatrix} \dfrac{4l^3}{3EI} & \dfrac{l^3}{2EI} \\[2mm] \dfrac{l^3}{2EI} & \dfrac{l^3}{3EI} \end{pmatrix} = \frac{l^3}{6EI}\begin{pmatrix} 8 & 3 \\ 3 & 2 \end{pmatrix};\; \boldsymbol{D}^{-1} = \boldsymbol{C} = \frac{6EI}{7l^3}\begin{pmatrix} 2 & -3 \\ -3 & 8 \end{pmatrix} \tag{6.31}$$

Die kinetische Energie des speziellen Systems beträgt

$$T = \frac{1}{2}\, m_1 \dot{q}_1^2 + \frac{1}{2}\, m_1 \dot{q}_2^2 + \frac{1}{2}\, m_2 \dot{q}_2^2 = \frac{1}{2}\, m_1 \dot{q}_1^2 + \frac{1}{2}\, (m_1 + m_2)\, \dot{q}_2^2 \tag{6.32}$$

Man beachte, daß dabei außer der Vertikalbewegung der Masse m_1 auch deren Horizontalbewegung zu berücksichtigen ist (Bild 6/2c). Durch Bildung der partiellen Ableitungen gemäß Gl. (6.15) folgt:

$$m_{11} = m_1;\;\; m_{12} = m_{21} = 0;\;\; m_{22} = m_1 + m_2$$

Die Massenmatrix lautet für $m_1 = 4m/3$; $m_2 = 3m$

$$\boldsymbol{M} = \begin{pmatrix} m_{11} & 0 \\ 0 & m_{22} \end{pmatrix} = \begin{pmatrix} m_1 & 0 \\ 0 & m_1 + m_2 \end{pmatrix} = \frac{m}{3}\begin{pmatrix} 4 & 0 \\ 0 & 13 \end{pmatrix} \tag{6.33}$$

Das *zweite Beispiel* entspricht dem Modell eines Fahrzeugs, bei dem die Radmassen berücksichtigt werden (Tabelle 6/2, Fall 1 und 2). Der Schwerpunkt ist in y-Richtung geführt.

Bei der Wahl raumfester Koordinaten (Fall 2) ist die doppelte kinetische Energie

$$2T = m_1\dot{\xi}_1{}^2 + m_2\dot{\xi}_2{}^2 + m_3\dot{y}_s{}^2 + J_s\dot{\varphi}^2 \tag{6.34}$$

Die potentielle Energie läßt sich einfacher allein mit den Koordinaten ξ_1, ξ_2, ξ_3 und ξ_4 ausdrücken (Fall 1):

$$2U = c_1\xi_1{}^2 + c_2\xi_2{}^2 + c_3\xi_3{}^2 + c_4\xi_4{}^2 \tag{6.35}$$

Zwischen den Koordinaten gelten folgende Zwangsbedingungen, die man aus einer geometrischen Betrachtung ableiten kann:

$$\varphi = \frac{\xi_1 + \xi_3 - \xi_2 - \xi_4}{l_1 + l_2}; \quad y_s = \frac{l_1(\xi_2 + \xi_4) + l_2(\xi_1 + \xi_3)}{l_1 + l_2} \tag{6.36}$$

$$\xi_3 = y_s + l_1\varphi - \xi_1; \quad \xi_4 = y_s - l_2\varphi - \xi_2 \tag{6.37}$$

Einsetzen von φ und y_s aus Gl. (6.36) in (6.34) liefert

$$2T = m_1\dot{\xi}_1{}^2 + m_2\dot{\xi}_2{}^2 + m_3\left[\frac{l_1(\dot{\xi}_2 + \dot{\xi}_4) + l_2(\dot{\xi}_1 + \dot{\xi}_3)}{l_1 + l_2}\right]^2$$

$$+ \frac{J_s}{(l_1 + l_2)^2}(\dot{\xi}_1 + \dot{\xi}_3 - \dot{\xi}_2 - \dot{\xi}_4)^2 \tag{6.38}$$

Einsetzen von ξ_3 und ξ_4 aus Gl. (6.37) in Gl. (6.35) liefert die potentielle Energie als Funktion der Absolutkoordinaten:

$$2U = c_1\xi_1{}^2 + c_2\xi_2{}^2 + c_3(y_s + l_1\varphi - \xi_1)^2 + c_4(y_s - l_2\varphi - \xi_2)^2 \tag{6.39}$$

Aus den Gln. (6.35) und (6.38) folgen durch die partiellen Ableitungen gemäß den Gln. (6.9) und (6.15) die Matrizen C und M für die Koordinaten, vgl. Tabelle 6/2, Fall 1.

Aus den Gln. (6.34) und (6.39) ergeben sich analog die Matrizen C und M für die Absolutkoordinaten, vgl. Tabelle 6/2, Fall 2.

Mit beiden Arten von Koordinaten lassen sich die Schwingungen dieses Systems untersuchen.

Das *dritte Beispiel* entspricht dem bereits aus Abschnitt 4. bekannten Torsionsschwinger. Hierbei ist die Steifigkeitsmatrix C bei Verwendung von Absolutkoordinaten (Fall 3) singulär (vgl. 4.2.2.). Führt man anstelle der Absolutwinkel als Koordinaten die Relativwinkel

$$\varphi_{12} = \varphi_1 - \varphi_2; \quad \varphi_{23} = \varphi_2 - \varphi_3; \quad \varphi_{34} = \varphi_3 - \varphi_4 \tag{6.40}$$

ein, so wird dies umgangen. Aus den ursprünglichen Bewegungsgleichungen entstehen durch eine Umformung die Bewegungsgleichungen der Form

$$\ddot{\varphi}_{12} + \left(\frac{c_1}{J_1} + \frac{c_1}{J_2}\right)\varphi_{12} - \frac{c_2}{J_2}\varphi_{23} = 0 \tag{6.41}$$

$$\ddot{\varphi}_{23} - \frac{c_1}{J_2}\varphi_{12} + \left(\frac{c_2}{J_2} + \frac{c_2}{J_3}\right)\varphi_{23} - \frac{c_3}{J_3}\varphi_{34} = 0 \tag{6.42}$$

$$\ddot{\varphi}_{34} - \frac{c_2}{J_3}\varphi_{23} + \left(\frac{c_3}{J_3} + \frac{c_3}{J_4}\right)\varphi_{32} = 0 \tag{6.43}$$

Es tritt hier also bei dem Koordinatenvektor $q^T = (\varphi_{12}, \varphi_{23}, \varphi_{34})$ die Matrix $M^{-1}C$ nach Gl. (6.20) direkt auf. Will man eine Trennung in M und C durchführen, ist es am günstigsten C über die energetische Methode zu gewinnen. Es gilt

$$2U = c_1\varphi_{12}^2 + c_2\varphi_{23}^2 + c_3\varphi_{34}^2 \tag{6.43a}$$

Daraus kann C mit Hilfe von Gl. (6.9) direkt abgelesen werden (vgl. Tabelle 6/2). Multipliziert man $(M^{-1}C)$ mit C^{-1} von rechts, erhält man M^{-1} und damit durch Invertieren M, so wie sie in Tabelle 6/2 angegeben sind (vgl. Lösung L 6/3).

Ein Torsionsschwinger läßt sich bei Verwendung relativer Drehwinkel mit Gln. (6.20), (6.22) und (6.23) behandeln. Die Torsionsmomente in den einzelnen Wellenabschnitten entsprechen den Größen $Q_1 = c_1\varphi_{12}$, $Q_2 = c_2\varphi_{23}$, $Q_3 = c_3\varphi_{34}$. Der Belastungszustand wird somit durch den Kraftvektor $Q^T = (Q_1, Q_2, Q_3)$ ausgedrückt und durch die Dgln. (6.22) bis (6.24) beschrieben. Das Beispiel zeigt, daß die Form der Matrizen nicht vom Schwingungssystem selbst, sondern von der Wahl der Koordinaten abhängt, denn Fall 3 und 4 in Tabelle 6/2 enthalten die gleichen Parameter desselben Schwingers.

Das *vierte Beispiel* stellt das Modell des Bandantriebes der Spindeln einer Spinnmaschine dar [6/2]. Es ist ein typisches gekoppeltes Schwingungssystem, das sich ohne weiteres in die hier behandelte Darstellungsform einordnen läßt, vgl. Tabelle 6/3, Fall 1.

Die kinetische Energie ist einfach die Summe aller Rotationsenergien

$$2T = J_1\dot\varphi_1^2 + 2J_2\dot\varphi_2^2 + 2J_3\dot\varphi_3^2 + J_4\dot\varphi_4^2 + J_5\dot\varphi_5^2 \tag{6.44}$$

Die potentielle Energie entspricht nur der Formänderungsenergie in den Bandabschnitten (da die Vorspannkraft durch den Spannhebel konstant bleibt):

$$2U = c\varphi_1^2 + c_1(r_1\varphi_1 - r_2\varphi_2)^2 + c_2(r_2\varphi_2 - r_3\varphi_3)^2 + c_3(r_3\varphi_3 - r_4\varphi_4 - l\varphi_5)^2$$
$$+ c_4(r_4\varphi_4 - l\varphi_5 \cos\alpha - r_1\varphi_1)^2 \tag{6.45}$$

Man beachte, daß c im Gegensatz zu c_k eine Drehfederkonstante ist.

Das *fünfte Beispiel* (vgl. Tabelle 6.3, Fall 2) entspricht einem Antriebssystem mit elastisch gelagertem Gehäuse, wie es bei manchen Krananttrieben verwendet wird. Es läßt sich nicht auf eine Torsionsschwinger-Kette zurückführen (vgl. Abschnitt 4.). Die Drehwinkel φ_1, φ_2, φ_3 und φ_7 sind Absolutkoordinaten, während $\varphi_4 = \varphi_5$ und φ_6 Relativdrehungen zwischen Motorwelle und Getriebegehäuse darstellen. Die kinetische Energie ist

$$2T = J_1\dot\varphi_1^2 + J_2\dot\varphi_2^2 + J_3\dot\varphi_3^2 + (J_4 + J_5)\,[\dot\varphi_4 + (1 + i_{35})\,\dot\varphi_7]^2 \tag{6.46}$$
$$+ J_6[\dot\varphi_6 + (1 + i_{36})\,\dot\varphi_7]^2 + J_7\dot\varphi_7^2$$

Man beachte, daß die Absolutdrehungen der Körper *4, 5* und *6* sich aus der Relativbewegung $\varphi_4 = \varphi_5$ bzw. φ_6 und der Gehäusedrehung φ_7 überlagern. Die potentielle Energie ist:

$$2U = c_{12}(\varphi_1 - \varphi_2)^2 + c_{23}(\varphi_2 - \varphi_3)^2 + c_4 l^2\varphi_4^2 \tag{6.47}$$

Zwischen den Koordinaten bestehen die Zwangsbedingungen

$$\varphi_4 = \varphi_5 = i_{35}\varphi_3 = -r_3\varphi_3/r_4; \quad \varphi_6 = i_{36}\varphi_3 = r_3 r_5\varphi_3/r_4 r_6$$

Damit kann die Koordinate φ_5 eliminiert werden und es entsteht

$$2T = J_1\dot\varphi_1^2 + J_2\dot\varphi_2^2 + J_3\dot\varphi_3^2 + (J_4 + J_5)\,[i_{35}\dot\varphi_3 + (1 + i_{35})\,\dot\varphi_7]^2$$
$$+ J_6[i_{36}\dot\varphi_6 + (1 + i_{36})\,\dot\varphi_7]^2 + J_7\dot\varphi_7^2 \tag{6.48}$$

Tabelle 6/3. Beispiele für Matrizen der Berechnungsmodelle von Maschinenbaugruppen

q	Steifigkeitsmatrix bzw. Nachgiebigkeitsmatrix	Massenmatrix M

1. Bandantrieb (vgl. 6.22.; 4. Beisp.)

q: $\varphi_1,\ \varphi_2,\ \varphi_3,\ \varphi_4,\ \varphi_5$

$$C=\begin{pmatrix} c+r_1^2(c_1+c_4) & -c_1 r_1 r_2 & 0 & c_4 r_1 r_4 & c_4 r_1 \ell \cos\alpha \\ -c_1 r_1 r_2 & (c_1+c_2)r_2^2 & -c_2 r_2 r_3 & 0 & 0 \\ 0 & -c_2 r_2 r_3 & (c_2+c_3)r_3^2 & -c_3 r_3 r_4 & -c_3 r_3 \ell \\ -c_4 r_1 r_4 & 0 & -c_3 r_3 r_4 & (c_3+c_4)r_4^2 & (c_3-c_4\cos\alpha)r_4 \ell \\ c_4 r_1 \ell \cos\alpha & 0 & -c_3 r_3 \ell & (c_3-c_4\cos\alpha)r_4 \ell & (c_3+c_4\cos^2\alpha)\ell^2 \end{pmatrix}$$

$$M=\begin{pmatrix} J_1 & 0 & 0 & 0 & 0 \\ 0 & 2J_2 & 0 & 0 & 0 \\ 0 & 0 & 2J_3 & 0 & 0 \\ 0 & 0 & 0 & J_4 & 0 \\ 0 & 0 & 0 & 0 & J_5 \end{pmatrix}$$

2. Kranmotor (vgl. 6.2.2.; 5. Beispiel)

q: $\varphi_1,\ \varphi_2,\ \varphi_3,\ \varphi_7$

$$C=\begin{pmatrix} c_{12} & -c_{12} & 0 & 0 \\ -c_{12} & c_{12}+c_{23} & -c_{23} & 0 \\ 0 & -c_{23} & c_{23} & 0 \\ 0 & 0 & 0 & c_4\ell^2 \end{pmatrix}$$

$$M=\begin{pmatrix} J_1 & 0 & 0 & 0 \\ 0 & J_2 & 0 & 0 \\ 0 & 0 & J_3+(J_4+J_5)i_{35}^2+J_6\,i_{36}^2 & (J_4+J_5)(1+i_{35})i_{35}+J_6(1+i_{36})i_{36} \\ 0 & 0 & (J_4+J_5)(1+i_{35})i_{35}+J_6(1+i_{36})i_{36} & (J_4+J_5)(1+i_{35})^2+J_6(1+i_{36})^2+J_7 \end{pmatrix}$$

3. Textilspindel (vgl. 6.7.4. Bild 6/20)

q: $q_1,\ q_2,\ q_3,\ q_4$

$$D=\begin{pmatrix} \dfrac{(\ell_2+\ell_1)^2}{c_H \ell_1^2}+\dfrac{\ell_2^2}{c_F \ell_1^2}+\dfrac{\ell_1 \ell_2^2}{3EI_1}+\dfrac{\ell_2^3}{3EI_2} & \dfrac{(\ell_1+\ell_2)(\ell_1+\ell_3)}{c_H \ell_1^2}+\dfrac{\ell_2 \ell_4}{c_F \ell_1^2}+\dfrac{\ell_1 \ell_2 \ell_4}{3EI_1}+\dfrac{2\ell_4^3+3\ell_3^2\ell_4}{6EI_2} & \dfrac{(\ell_1+\ell_2)}{c_H \ell_1} & \dfrac{-\ell_2}{c_F \ell_1} \\[2ex] \dfrac{(\ell_1+\ell_2)(\ell_1+\ell_3)}{c_H \ell_1^2}+\dfrac{\ell_2 \ell_4}{c_F \ell_1^2}+\dfrac{\ell_1 \ell_2 \ell_4}{3EI_1}+\dfrac{2\ell_4^3+3\ell_3^2\ell_4}{6EI_2} & \dfrac{(\ell_1+\ell_3)^2}{c_H \ell_1^2}+\dfrac{\ell_4^2}{c_F \ell_1^2}+\dfrac{\ell_1 \ell_4^2}{3EI_1}+\dfrac{\ell_4^3}{3EI_2} & \dfrac{(\ell_1+\ell_4)}{c_H \ell_1} & \dfrac{-\ell_4}{c_F \ell_1} \\[2ex] \dfrac{\ell_1+\ell_2}{c_H \ell_1} & \dfrac{\ell_1+\ell_4}{c_H \ell_1} & \dfrac{1}{c_H} & 0 \\[2ex] -\dfrac{\ell_2}{c_F \ell_1} & -\dfrac{\ell_4}{c_F \ell_1} & 0 & \dfrac{1}{c_F} \end{pmatrix}$$

$$M=\begin{pmatrix} \dfrac{m_2}{4}+\dfrac{J_2}{\ell_4^2} & \dfrac{m_2}{4}-\dfrac{J_2}{\ell_4^2} & 0 & 0 \\[2ex] \dfrac{m_2}{4}-\dfrac{J_2}{\ell_4^2} & \dfrac{m_2}{4}+\dfrac{J_2}{\ell_4^2} & 0 & 0 \\[2ex] 0 & 0 & m_1\dfrac{\ell_5^2}{\ell_1^2}+\dfrac{J_1}{\ell_1^2} & m_1\dfrac{\ell_5 \ell_6}{\ell_1^2}-\dfrac{J_1}{\ell_1^2} \\[2ex] 0 & 0 & m_1\dfrac{\ell_5 \ell_6}{\ell_1^2}-\dfrac{J_1}{\ell_1^2} & m_1\dfrac{\ell_6^2}{\ell_1^2}+\dfrac{J_1}{\ell_1^2} \end{pmatrix}$$

Daraus ergibt sich mit Gl. (6.15) die Massenmatrix in Tabelle 6.3, Fall 2. Typisch ist dabei, daß nicht nur die Hauptdiagonale besetzt ist.

Zusammenfassend läßt sich feststellen, daß die Matrizenschreibweise keine neuen mechanischen Sachverhalte beinhaltet. Die aus der Grundlagendynamik bekannten Prinzipien der Dynamik reichen aus, um die Bewegungsgleichungen aufzustellen. Die Matrizenschreibweise erlaubt jedoch, die verschiedensten praktischen Aufgaben unter demselben theoretischen Gesichtspunkt einfach darzustellen und das dynamische Verhalten einer großen Klasse von Maschinen einheitlich zu beschreiben.

6.2.3.　Aufgaben A 6/1 bis A 6/4

A 6/1:　Man berechne für das zweite Beispiel (Tabelle 6/2, Fall 1) die Elemente m_{23} und m_{24} der Massenmatrix.

A 6/2:　Für das Berechnungsmodell des Bandantriebes (Tabelle 6/3, Fall 1) der Spindel sollen die Elemente c_{1k} der Federmatrix C für $k = 1, 2, 3, 4, 5$ berechnet werden.

A 6/3:　Man berechne die Elemente m_{12} und m_{22} der Massematrix M aus M^{-1} für das Beispiel in Tabelle 6/2, Fall 4.

A 6/4:　Zu berechnen sind für das Berechnungsmodell eines Brückenkrans (Bild 6/3) die Elemente der Massematrix M und der Federmatrix C für den Koordinatenvektor $q^T = (x_1, x_2, r\varphi_M/i)$

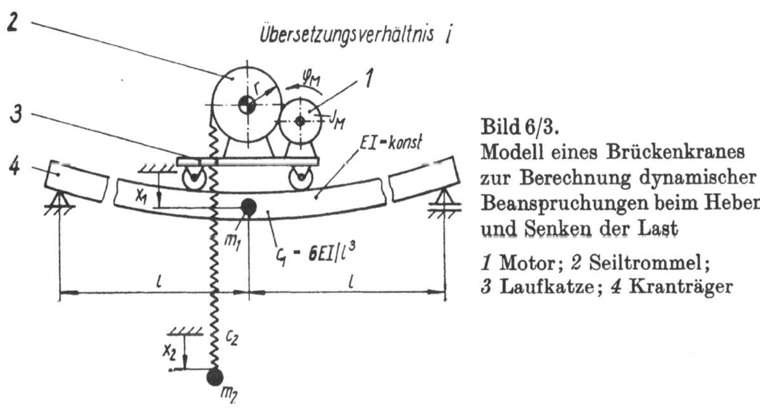

Bild 6/3.
Modell eines Brückenkranes zur Berechnung dynamischer Beanspruchungen beim Heben und Senken der Last

1 Motor; *2* Seiltrommel; *3* Laufkatze; *4* Kranträger

Gegeben:

Reduziertes Massenträgheitsmoment des Hubwerks J_M
Reduzierte Masse des Krans m_1 (bezogen auf die Stellung der Laufkatze)
Masse der Hublast m_2

Übersetzungsverhältnis $i = \left| \dfrac{n_{\text{Motor}}}{n_{\text{Seiltrommel}}} \right|$

Federkonstante des Kranträgers c_1 (bezogen auf die Stellung der Laufkatze)
Längsfederkonstante des Seils c_2
Seiltrommelradius r

Anmerkung: Die Einführung der Größe $r\varphi_M/i$ als verallgemeinerte Koordinate q_3 hat den Vorteil, daß alle Komponenten des Vektors q (und damit die Elemente von C und M) dimensionsgleich sind.

6.2.4.   Lösungen L 6/1 bis L 6/4

L 6/1:   Die erste partielle Ableitung der kinetischen Energie (vgl. Gl. (6.38)) liefert zunächst

$$\frac{\partial T}{\partial \dot{\xi}_2} = m_2 \dot{\xi}_2 + m_3 \, \frac{l_1(\dot{\xi}_2 + \dot{\xi}_4) + l_2(\dot{\xi}_1 + \dot{\xi}_3)}{l_1 + l_2} \, \frac{l_1}{l_1 + l_2}$$

$$- \frac{J_s}{(l_1 + l_2)^2} (\dot{\xi}_1 + \dot{\xi}_3 - \dot{\xi}_2 - \dot{\xi}_4)$$

Nach Umordnung entsteht mit den Abkürzungen

$$s_1 = l_1/(l_1 + l_2); \quad s_2 = l_2/(l_1 + l_2); \quad m = J_s/(l_1 + l_2)^2$$

die Form

$$\frac{\partial T}{\partial \dot{\xi}_2} = (m_3 s_1 s_2 - m) \, \dot{\xi}_1 + (m_2 + m_3 s_1{}^2 + m) \, \dot{\xi}_2 + (m_3 s_1 s_2 - m) \, \dot{\xi}_3 + (m_3 s_1{}^2 + m) \, \dot{\xi}_4$$

Gemäß Gl. (6.15) folgen daraus die Elemente der Massenmatrix

$$\underline{\underline{m_{23} = \frac{\partial^2 T}{\partial \dot{\xi}_2 \, \partial \dot{\xi}_3} = m_3 s_1 s_2 - m}}; \quad \underline{\underline{m_{24} = \frac{\partial^2 T}{\partial \dot{\xi}_2 \, \partial \dot{\xi}_4} = m_3 s_1{}^2 + m}}$$

L 6/2:   Da die Elemente der Federmatrix sich durch die partiellen Ableitungen der potentiellen Energie (Formänderungsenergie) ergeben, wird aus Gl. (6.45) zunächst berechnet:

$$\frac{\partial U}{\partial \varphi_1} = c\varphi_1 + c_1(r_1\varphi_1 - r_2\varphi_2) \, r_1 + c_4(r_4\varphi_4 - l\varphi_5 \cos \alpha - r_1\varphi_1) \, (-r_1)$$

Nach Umordnung der Terme entsteht dann

$$\frac{\partial U}{\partial \varphi_1} = [c + (c_1 + c_4) \, r_1{}^2] \, \varphi_1 - c_1 r_1 r_2 \varphi_2 - c_4 r_1 r_4 \varphi_4 + c_4 r_1 l \, \varphi_5 \, \cos \alpha$$

Durch Koeffizientenvergleich oder durch Bildung der zweiten partiellen Ableitungen gemäß Gl. (6.9) findet man (vgl. Tabelle 6/3, Fall 1; lies für $c_{14} = -c_4 r_1 r_4$)

$$\underline{\underline{c_{11} = c + (c_1 + c_4) \, r_1{}^2}}; \quad \underline{\underline{c_{12} = -c_1 r_1 r_2}}; \quad \underline{\underline{c_{13} = 0}}; \quad \underline{\underline{c_{14} = -c_4 r_1 r_4}};$$

$$\underline{\underline{c_{15} = c_4 r_1 l \cos \alpha}}$$

L 6/3:   Die Elemente der Massenmatrix berechnen sich aus den Elementen $\overline{m}_{ki}$ der Kehrmatrix $\boldsymbol{M}^{-1}$ gemäß $m_{ik} = (-1)^{i+k} \, \Delta \overline{m}_{ki}/\det (\boldsymbol{M}^{-1})$. Es gilt mit den Werten aus Tabelle 6/2, Fall 4:

$$\det (\boldsymbol{M}^{-1}) = \begin{vmatrix} 1/J_1 + 1/J_2 & -1/J_2 & 0 \\ -1/J_2 & 1/J_2 + 1/J_3 & -1/J_3 \\ 0 & -1/J_3 & 1/J_3 + 1/J_4 \end{vmatrix} = \frac{J_1 + J_2 + J_3 + J_4}{J_1 J_2 J_3 J_4}$$

$$\underline{\underline{m_{12}}} = \frac{(-1)^{1+2} \, \Delta \overline{m}_{21}}{\det (\boldsymbol{M}^{-1})} = \frac{- \begin{vmatrix} -1/J_2 & 0 \\ -1/J_3 & 1/J_2 + 1/J_4 \end{vmatrix}}{\det (\boldsymbol{M}^{-1})} = \underline{\underline{\frac{J_1(J_3 + J_4)}{J_1 + J_2 + J_3 + J_4}}}$$

$$\underline{\underline{m_{22}}} = \frac{(-1)^{2+2} \, \Delta \overline{m}_{22}}{\det (\boldsymbol{M}^{-1})} = \frac{\begin{vmatrix} 1/J_1 + 1/J_2 & 0 \\ 0 & 1/J_3 + 1/J_4 \end{vmatrix}}{\det (\boldsymbol{M}^{-1})} = \underline{\underline{\frac{(J_1 + J_2) \, (J_3 + J_4)}{J_1 + J_2 + J_3 + J_4}}}$$

Auf diese Weise wurden aus der ursprünglich anfallenden Matrix M^{-1} [vgl. Gl. (6.43)] alle Elemente der Massematrix M in Tabelle 6/2, Fall 4 berechnet.

L 6/4:   Die Translationsenergie von Kran und Last und die Rotationsenergie des Motors ergeben die gesamte kinetische Energie

$$2T = m_1\dot{x}_1{}^2 + m_2\dot{x}_2{}^2 + J_M\dot{\varphi}_M{}^2 = m_1\dot{x}_1{}^2 + m_2\dot{x}_2{}^2 + \frac{i^2 J_M}{r^2}\left(\frac{r\dot{\varphi}_M}{i}\right)^2$$

Die potentielle Energie bezüglich der statischen Ruhelage von Kran und Last entspricht der Formänderungsenergie innerhalb der Kranbrücke und des Seils. Das Seil wird um die Länge $(x_2 - x_1 + r\varphi_M/i)$ gedehnt. Man überlege sich die einzelnen Vorzeichen, indem man jeweils die anderen Koordinaten Null setzt. Somit gilt:

$$2U = c_1 x_1{}^2 + c_2(x_2 - x_1 + r\varphi_M/i)^2$$

Die ersten partiellen Ableitungen der Energien sind

$$\frac{\partial T}{\partial \dot{x}_1} = m_1\dot{x}_1; \quad \frac{\partial U}{\partial x_1} = c_1 x_1 - c_2(x_2 - x_1 + r\varphi_M/i)$$

$$\frac{\partial T}{\partial \dot{x}_2} = m_2\dot{x}_2; \quad \frac{\partial U}{\partial x_2} = c_2(x_2 - x_1 + r\varphi_M/i)$$

$$\frac{\partial T}{\partial\left(\dfrac{r\dot{\varphi}_M}{i}\right)} = \frac{i^2 J_M}{r^2}\left(\frac{r\dot{\varphi}_M}{i}\right); \quad \frac{\partial U}{\partial\left(\dfrac{r\varphi_M}{i}\right)} = c_2(x_2 - x_1 + r\varphi_M/i)$$

Gemäß Gln. (6.9) und (6.15) ergeben sich dann die Matrizen bezüglich des angegebenen Vektors q, dessen Elemente dimensionsgleich gewählt wurden.

$$M = \begin{pmatrix} m_1 & 0 & 0 \\ 0 & m_2 & 0 \\ 0 & 0 & i^2 J_M/r^2 \end{pmatrix} \qquad C = \begin{pmatrix} c_1 + c_2 & -c_2 & -c_2 \\ -c_2 & c_2 & c_2 \\ -c_2 & c_2 & c_2 \end{pmatrix}$$

6.3.   Freie Schwingungen ungedämpfter Systeme

6.3.1.   Allgemeines

Ein Schwingungssystem führt freie Schwingungen aus, wenn ihm allein zu Beginn der Bewegung entsprechend den Anfangsbedingungen Energie zugeführt wird. Die Bewegungen resultieren daraus, daß das System aus seiner Gleichgewichtslage ausgelenkt und sich selbst überlassen wird.

Dynamische Belastungen von Maschinen infolge freier Schwingungen interessieren in der Praxis vor allem nach stoßartigen Erregungen (z. B.: plötzliches Abbremsen einer Bewegung, Anstoßen an ein Hindernis, ...) oder nach plötzlichem Belasten oder Entlasten (z. B. Abfallen einer Last am Kran, Reißen eines Spannelementes, Bruch eines Bauteils, Kupplungsvorgänge, ...).

Bei stoßartigen Belastungen können die Anfangsbedingungen oft aus dem Impulssatz und/oder dem Drehimpulssatz berechnet werden. Es entstehen dann Schwingungen um die Gleichgewichtslage $q = 0$. Beim plötzlichen Be- oder Entlasten entsteht eine neue (veränderte) Gleichgewichtslage, auf welche sich das System einschwingt. Dabei ist zu beachten, daß die Bewegungsgleichungen für das veränderte System aufgestellt werden, weil dafür Schwingungen um die Lage $q = 0$ auftreten. Der interessierende zeitliche Verlauf der Deformationen und Kraftgrößen, der bei schwingungsfähigen Maschinen vielfach in der Praxis berechnet werden soll, ergibt sich als Lösung einer Dgl. vom Typ der Gln. (6.18) bis (6.24) unter Beachtung der Anfangsbedingungen. Welche dieser Gleichungen verwendet wird, hängt vom jeweiligen praktischen Problem bzw. vom Bearbeiter ab. Oft werden die Gleichungen der Form (6.18) bis (6.20) benutzt, aus denen der zeitliche Verlauf der Bewegungen folgt, und wenn Kraftgrößen interessieren, werden diese dann anschließend über die Gln. (6.3) oder (6.13) errechnet.

Neben den Bewegungsgleichungen sind die Anfangsbedingungen wesentlich, weil sie den Zustand des Schwingungssystems zur Zeit $t = 0$ definieren. In allgemeiner Form geben sie die Anfangsauslenkungen und Anfangsgeschwindigkeiten an:

$$t = 0: \quad \boldsymbol{q}(0) = \boldsymbol{q}_0; \quad \dot{\boldsymbol{q}}(0) = \boldsymbol{u}_0 \tag{6.49}$$

Zur Lösung der Bewegungsgleichungen wird der Ansatz

$$\boldsymbol{q} = \hat{\boldsymbol{q}} \sin (\omega t + \beta) \tag{6.50}$$

gemacht. Dieser Ansatz berücksichtigt die Tatsache, daß stabile Schwingungen um die Gleichgewichtslage $q = 0$ stattfinden. Dabei enthält der Vektor

$$\hat{\boldsymbol{q}}^T = (\hat{q}_1, \hat{q}_2, \ldots, \hat{q}_n) \tag{6.51}$$

die Schwingungsamplituden der Bewegungen der Koordinaten q_1, q_2, ..., q_4. Die Größe ω ist die Kreisfrequenz der Schwingungen und β der Phasenwinkel. Wird dieser Ansatz in die Bewegungsgleichung eingesetzt, erhält man mit

$$\ddot{\boldsymbol{q}} = -\omega^2 \hat{\boldsymbol{q}} \sin (\omega t + \beta) \text{ aus}$$

Gl. (6.18): $\boxed{(\boldsymbol{C} - \omega^2 \boldsymbol{M})\, \hat{\boldsymbol{q}} = 0}$ $\hspace{2cm}$ (6.52)

Gl. (6.19): $\boxed{(\boldsymbol{E} - \omega^2 \boldsymbol{DM})\, \hat{\boldsymbol{q}} = 0 \quad \text{bzw.} \quad \left(\boldsymbol{DM} - \frac{1}{\omega^2}\, \boldsymbol{E}\right) \hat{\boldsymbol{q}} = 0}$ (6.53)

Gl. (6.20): $\boxed{(\boldsymbol{M}^{-1}\boldsymbol{C} - \omega^2 \boldsymbol{E})\, \hat{\boldsymbol{q}} = 0}$ $\hspace{2cm}$ (6.54)

Dies sind lineare Gleichungssysteme für die Unbekannten $\hat{q}_1$, $\hat{q}_2$, ..., $\hat{q}_n$. Man bezeichnet sie in der Mathematik als *allgemeines* Eigenwertproblem, falls die Form

$$(\boldsymbol{A} - \lambda \boldsymbol{B})\, \hat{\boldsymbol{q}} = 0 \tag{6.55}$$

vorliegt, und als *spezielles* Eigenwertproblem, falls

$$(\boldsymbol{A} - \lambda \boldsymbol{E})\, \hat{\boldsymbol{q}} = 0 \tag{6.56}$$

gilt. Die Matrizen $\boldsymbol{A}$, $\boldsymbol{B}$ und der Vektor $\hat{\boldsymbol{q}}$ können dabei eine beliebige Bedeutung haben. Der Eigenwert λ ist dimensionslos. Bezieht man ω auf eine Bezugskreisfrequenz ω^*, so würde Gl. (6.52) mit $\lambda = \omega^2/\omega^{*2}$; $\boldsymbol{A} = \boldsymbol{C}$, $\boldsymbol{B} = \omega^{*2}\boldsymbol{M}$ in Gl. (6.55) übergehen. Sowohl Gl. (6.53) (mit $\lambda = \omega^{*2}/\omega^2$ und $\boldsymbol{A} = \omega^{*2}\boldsymbol{DM}$) als auch Gl. (6.54) (mit $\lambda = \omega^2/\omega^{*2}$ und $\boldsymbol{A} = \boldsymbol{M}^{-1}\boldsymbol{C}/\omega^{*2}$) entsprechen dem speziellen Eigenwertproblem von Gl. (6.56). Die Matrizen $\boldsymbol{DM}$ und $\boldsymbol{M}^{-1}\boldsymbol{C}$ in Gln. (6.53) und (6.54) sind i. allg. nicht symmetrisch, so daß die Vorteile, die es mathematisch und rechentechnisch bei der Behandlung symmetrischer Matrizen gibt, nicht genutzt werden können (vgl. 4.2.3.).

Die Gln. (6.55); (6.56) haben nur dann eine von Null verschiedene Lösung, wenn ihre Hauptdeterminante gleich Null ist. Aus dieser Bedingung erhält man folgende

Gleichung zur Bestimmung der Eigenwerte des Eigenwertproblems:

$$\boxed{\lambda^n + a_{n-1}\lambda^{n-1} + \cdots + a_1\lambda + a_0 = 0}$$
(6.57)

Die Gl. (6.57) entspricht einem Polynom n-ten Grades für λ. Diese Gleichung heißt *Frequenzgleichung*, weil man daraus alle Eigenfrequenzen des Systems berechnen kann. Die Gesamtheit der Eigenfrequenzen einer Maschine bezeichnet man als deren *Spektrum*. Die Wurzeln der Frequenzgleichung sind alle reell und positiv. Verfahren zu ihrer Berechnung behandelt 6.4. Hier soll zunächst vorausgesetzt werden, daß alle λ_i bekannt sind. Werden die λ_i nacheinander in die Matrizengl. (6.55) bzw. (6.56) eingesetzt, entstehen n verschiedene lineare homogene Gleichungssysteme, aus denen die Elemente der zugehörigen sogenannten Eigenvektoren $\hat{q}_i$ bestimmt werden können. Da es sich um homogene Gleichungssysteme handelt, kann eine beliebige Normierung erfolgen.
Es wird also $\hat{q}_i/\hat{p}_i = v_i$ gesetzt, wobei v_i die normierten Eigenvektoren darstellen, denen hier die Eigenschwingformen entsprechen.

$$v_1 = \begin{pmatrix} v_{11} \\ v_{21} \\ \vdots \\ v_{n1} \end{pmatrix}, \quad v_2 = \begin{pmatrix} v_{12} \\ v_{22} \\ \vdots \\ v_{n2} \end{pmatrix}, \quad \ldots, \quad v_n = \begin{pmatrix} v_{1n} \\ v_{2n} \\ \vdots \\ v_{nn} \end{pmatrix}$$
(6.58)

Dies entspricht der Bildung von Amplitudenverhältnissen, wie sie in Abschnitt 4. eingeführt wurden. Dann verbleiben $(n-1)$ lineare Gleichungen zur Berechnung der Amplituden v_{ki}.
Die Eigenwerte λ_i des Gleichungssystems

$$(A - \lambda_i E)\, v_i = 0; \quad i = 1, 2, \ldots, n$$
(6.59)

sind natürlich denen des nichtnormierten gleich.
Übliche Normierungsbedingungen sind:

$$v_i^T M v_i = \mu_i \quad \text{oder} \quad \sum_{k=1}^{n} v_{ki}^2 = 1 \quad \text{oder} \quad v_{k i_{\max}} = 1 \quad \text{oder} \quad v_{1i} = 1$$
(6.60)

Die partikulären Lösungen der Dgln. (6.19) für die freien Schwingungen lauten somit [vgl. Gl. (6.50)]:

$$q_i(t) = \hat{p}_i v_i \sin(\omega_i t + \beta_i)$$
(6.61)

Dabei ist i die Ordnung der Eigenschwingung. Die allgemeine Lösung ergibt sich als Überlagerung aller Teillösungen zu

$$q(t) = \sum_{i=1}^{n} \hat{p}_i v_i \sin(\omega_i t + \beta_i)$$
(6.62)

Die Koeffizienten $\hat{p}_i$, die dabei ausdrücken, wie groß der Anteil der einzelnen Eigenschwingungen ist, stellen Amplituden der Hauptkoordinaten dar (vgl. 6.3.4.), während β_i Phasenwinkel sind. Daraus folgt der Geschwindigkeitsvektor zu

$$\dot{q}(t) = \sum_{i=1}^{n} \hat{p}_i \omega_i v_i \cos(\omega_i t + \beta_i)$$
(6.63)

Die $2n$ unbekannten Konstanten p_i und β_i werden aus den $2n$ Anfangsbedingungen (6.49) bestimmt, die den Bewegungszustand des Systems zur Zeit $t = 0$ beschreiben:

$$q_k(0) = \sum_{i=1}^{n} p_i v_{ki} \sin \beta_i = q_{k0} \tag{6.64}$$

$$k = 1, 2, \ldots, n$$

$$\dot{q}_k(0) = \sum_{i=1}^{n} p_i \omega_i v_{ki} \cos \beta_i = u_{k0}$$

Die Gln. (6.64) stellen ein lineares Gleichungssystem dar, in dem v_{ki}, ω_i, q_{k0} und u_{k0} bekannt sind und woraus $p_i \sin \beta_i$ und $p_i \cos \beta_i$ berechnet werden können. Daraus lassen sich die Phasenwinkel β_i und die p_i bestimmen.

Die verallgemeinerten Kräfte folgen aus (6.3) und (6.62) zu

$$\boldsymbol{Q}(t) = \boldsymbol{C}\boldsymbol{q}(t) = \sum_{i=1}^{n} \boldsymbol{C} p_i \boldsymbol{v}_i \sin (\omega_i t + \beta_i) \tag{6.65}$$

Durch Einführung der (den Eigenvektoren der Deformationen $\boldsymbol{v}_i$ entsprechenden) Eigenvektoren der Kraftgrößen

$$\boldsymbol{X}_i = + \omega_i^2 \boldsymbol{M} \boldsymbol{v}_i = \boldsymbol{C} \boldsymbol{v}_i \tag{6.66}$$

kann man Gl. (6.65) auch schreiben als

$$\boldsymbol{Q}(t) = \sum_{i=1}^{n} p_i \boldsymbol{X}_i \sin (\omega_i t + \beta_i) = \sum_{i=1}^{n} \hat{\boldsymbol{Q}}_i \sin (\omega_i t + \beta_i) \tag{6.67}$$

Damit sind die Trägheitskräfte erfaßt, die in Richtung der Koordinaten q_i wirken. Aus ihnen kann die räumliche und zeitliche Verteilung der dynamischen Belastungen berechnet werden.

Analog zur Gl. (6.53), die aus Gl. (6.19) folgt, können aus Gl. (6.24) auch Eigenwertgleichungen der Form

$$\left(\boldsymbol{M}\boldsymbol{D} - \frac{1}{\omega_i^2} \boldsymbol{E} \right) \boldsymbol{X}_i = 0 \quad \text{bzw.} \quad (\boldsymbol{A}^T - \lambda_i \boldsymbol{E}) \boldsymbol{X}_i = 0 \tag{6.68}$$

gewonnen werden. Diese haben dieselben Eigenkreisfrequenzen ω_i wie Gl. (6.53), jedoch andere Eigenvektoren, und zwar entsprechen dann $\boldsymbol{X}_i$ den *Eigenkraftformen* als Gegenstück zu den Eigenschwingformen. Als Gleichung zur Bestimmung der Eigenfrequenzen erhielt man aus Gln. (6.55); (6.56) die Gl. (6.57). Gleiche Formen der Frequenzgleichungen folgen aus Gln. (6.52) bis (6.54), die in Gln. (6.55); (6.56) enthalten sind.

Zusammenfassend läßt sich feststellen, daß die Untersuchung freier Schwingungen einer Maschine, der ein Berechnungsmodell mit n Freiheitsgraden entspricht, in folgenden Schritten abläuft:

1. Es sind die Elemente der Matrizen $\boldsymbol{M}$ und $\boldsymbol{C}$ oder $\boldsymbol{D}$ für den gewählten Koordinatenvektor $\boldsymbol{q}$ zu bestimmen, evtl. daraus die Matrix $\boldsymbol{A}$.
2. Die Anfangsbedingungen sind zu definieren, d. h. $\boldsymbol{q}_0$ und $\dot{\boldsymbol{q}}_0 = \boldsymbol{u}_0$.
3. Es sind die Eigenkreisfrequenzen ω_i (bzw. Eigenwerte λ_i) und die Eigenschwingformen $\boldsymbol{v}_i$ zu berechnen.

4. Aus den Gln. (6.64) sind die Amplituden $\hat{p}_i$ und die Phasenwinkel β_i zu berechnen.
5. Aus bekannten $\hat{p}_i$, β_i, ω_i, $\boldsymbol{v}_i$ können aus Gl. (6.62) die zeitlich veränderlichen Deformationen $\boldsymbol{q}(t)$ und aus Gl. (6.65) oder (6.67) die dynamischen Kräfte $\boldsymbol{Q}(t)$ berechnet werden.
6. Die an bestimmten Stellen der Maschine interessierenden Bewegungen, Lagerreaktionen oder Schnittkräfte (z. B. Querkraft, Längskraft, Moment in Biegestäben) können aus dem bekannten $\boldsymbol{q}(t)$ bzw. $\boldsymbol{Q}(t)$ unter Beachtung geometrischer Zusammenhänge berechnet werden.

Ein prinzipiell anderer Weg zur Untersuchung freier Schwingungen besteht in der numerischen Integration der Differentialgleichungen, z. B. mit dem Verfahren von *Runge-Kutta* oder dessen Modifikationen. Dies kann in manchen Fällen rechentechnisch sogar einfacher als die hier beschriebene Methode sein, weil dann die Berechnung der Eigenfrequenzen und Eigenschwingformen entfällt. Zur numerischen Integration von Bewegungsgleichungen allgemeiner mechanischer Systeme wurde das Programm AIDAM [vgl. Anhang (P 3/13)] entwickelt. Es ist besonders bei nichtlinearen Problemen und für Lösungen, die nur in einem endlichen (begrenzten) Zeitintervall interessieren, anderen Methoden überlegen. Der Nachteil derartiger numerischer Verfahren ist jedoch, daß wesentliche physikalische Zusammenhänge schwerer überschaubar werden und die Analyse von Parameter-Einflüssen schwieriger wird, sowie die Gefahr der Divergenz der Lösung besteht.
Abschließend sei noch betont, daß es i. allg. nicht möglich ist, bei Schwingern mit mehreren Freiheitsgraden einfache Beziehungen zwischen den maximalen dynamischen Beanspruchungen (z. B. infolge eines Stoßes) und den statischen Beanspruchungen eines scheinbar vergleichbaren Belastungsfalles anzugeben. Damit ist erklärt, nach welchen Gesetzmäßigkeiten sich die dynamischen Deformationen oder Kräfte ergeben, und warum die Angabe von (in der Praxis gewünschten) dynamischen Faktoren oder Beiwerten nicht genügt, um z. B. dynamische Extrembelastungen zu berechnen.

6.3.2.   Beispiel: Stoß auf ein Gestell

Als Repräsentant eines Maschinengestells wird das Berechnungsmodell im Bild 6/2b betrachtet. Es resultiert aus dem in Bild 6/2a dargestellten Kontinuum und stimmt mit diesem in den elastischen Eigenschaften überein. Die Aufteilung der Massen erfolgte nach der Zerlegung des Kontinuums in 4 Abschnitte, entsprechend der in 5.5.2. erläuterten Methode.
In Wirklichkeit müssen wegen der veränderlichen Querschnitte der Maschinengestelle, die noch Rippen, Aussparungen, Schraubverbindungen u. a. enthalten, veränderliche Werte der Biegesteifigkeit EI (evtl. noch der Schubverformung) und der Massebelegung ϱA erfaßt werden. Bei Maschinengestellen kann man bei der Ermittlung der Systemparameter oft auf Ergebnisse vorausgegangener statischer Berechnungen oder Deformationsmessungen zurückgreifen, d. h. auf die Matrizenelemente d_{ik}. Am Wesen der Schwingungsvorgänge, an der Art der Rechenschritte zur Berechnung von Eigenfrequenzen, Eigenschwingformen und erzwungenen Schwingungen ändert sich nichts, wenn die Matrizenelemente schwieriger zu bestimmen sind. Hier soll das Modell mit $n = 4$ Freiheitsgraden untersucht werden. Welche freien Schwingungen entstehen, nachdem der Endpunkt des ruhenden Systems plötzlich die Geschwindigkeit $\dot{q}_1(0) = u_{10}$ erhält?

Gegeben sind der Koordinatenvektor $\boldsymbol{q}$ und die Elemente der Matrizen $\boldsymbol{M}$ und $\boldsymbol{D}$ dieses Berechnungsmodells:

$$\boldsymbol{q} = \begin{pmatrix} q_1 \\ q_2 \\ q_3 \\ q_4 \end{pmatrix}; \quad \boldsymbol{M} = m \begin{pmatrix} 1 & 0 & 0 & 0 \\ 0 & 2 & 0 & 0 \\ 0 & 0 & 5 & 0 \\ 0 & 0 & 0 & 2 \end{pmatrix}; \quad \boldsymbol{D} = \frac{l^3}{48EI} \begin{pmatrix} 64 & 29 & 24 & 6 \\ 29 & 14 & 12 & 3 \\ 24 & 12 & 16 & 5 \\ 6 & 3 & 5 & 2 \end{pmatrix}$$

Mit den Anfangsbedingungen (6.49) lauten die Anfangsvektoren für $t = 0$:

$$\boldsymbol{q}(0) = \begin{pmatrix} q_1(0) \\ q_2(0) \\ q_3(0) \\ q_4(0) \end{pmatrix} = \begin{pmatrix} 0 \\ 0 \\ 0 \\ 0 \end{pmatrix}; \quad \dot{\boldsymbol{q}}(0) = \begin{pmatrix} \dot{q}_1(0) \\ \dot{q}_2(0) \\ \dot{q}_3(0) \\ \dot{q}_4(0) \end{pmatrix} = \begin{pmatrix} u_{10} \\ 0 \\ 0 \\ 0 \end{pmatrix} = \boldsymbol{u}_0$$

Gesucht sind

1. Eigenkreisfrequenzen ω_1, ω_2, ω_3, ω_4
2. Eigenschwingformen $\boldsymbol{v}_i$, die Eigenkraftformen $\boldsymbol{X}_i$, die diesen entsprechen, und die zugehörigen Momentenverläufe
3. zeitliche Verläufe aller Deformationen $\boldsymbol{q}(t)$
4. zeitliche Verläufe aller Kräfte $\boldsymbol{Q}(t)$

Lösung:

Die Matrix $\boldsymbol{A}$ gemäß (6.56) ergibt sich durch eine Matrizenmultiplikation:

$$\boldsymbol{DM} = \frac{l^3}{48EI} \begin{pmatrix} 64 & 29 & 24 & 6 \\ 29 & 14 & 12 & 3 \\ 24 & 12 & 16 & 5 \\ 6 & 3 & 5 & 2 \end{pmatrix} m \begin{pmatrix} 1 & 0 & 0 & 0 \\ 0 & 2 & 0 & 0 \\ 0 & 0 & 5 & 0 \\ 0 & 0 & 0 & 2 \end{pmatrix}$$

$$= \frac{ml^3}{48EI} \begin{pmatrix} 64 & 58 & 120 & 12 \\ 29 & 28 & 60 & 6 \\ 24 & 24 & 80 & 10 \\ 6 & 6 & 25 & 4 \end{pmatrix} = \frac{1}{\omega^{*2}} \boldsymbol{A}$$

Wenn man den vor der Matrix $\boldsymbol{A}$ auftretenden Faktor als Bezugskreisfrequenz einführt,

$$\omega^* = \sqrt{\frac{48EI}{ml^3}}$$

hat man bei der weiteren Rechnung Vorteile, weil dann nur noch dimensionslose Größen auftreten. Man sieht, daß die Matrix $\boldsymbol{A}$ im Gegensatz zu $\boldsymbol{D}$ und $\boldsymbol{M}$ nicht symmetrisch ist. Als dimensionslose Größe wird der Eigenwert

$$\lambda = \frac{\omega^{*2}}{\omega^2} = \frac{48EI}{\omega^2 ml^3}$$

eingeführt. Damit erscheint Gl. (6.57) in der Form

$$\det(\boldsymbol{A} - \lambda\boldsymbol{E}) = \begin{vmatrix} 64 - \lambda & 58 & 120 & 12 \\ 29 & 28 - \lambda & 60 & 6 \\ 24 & 24 & 80 - \lambda & 10 \\ 6 & 6 & 25 & 4 - \lambda \end{vmatrix} = 0$$

Die Ausrechnung dieser Determinante liefert folgende Gleichung 4. Grades zur Berechnung der Eigenwerte, die Gl. (6.57) entspricht:

$$\lambda^4 - 176\lambda^3 + 3480\lambda^2 - 5456\lambda + 1940 = 0 \tag{6.69}$$

Die Wurzeln dieser Gleichung sind (abgerundet auf 4 Ziffern nach dem Komma):
$\lambda_1 = = 153{,}5702$; $\lambda_2 = 20{,}7505$; $\lambda_3 = 1{,}1499$; $\lambda_4 = 0{,}5294$. Daraus folgen die gesuchten Quadrate der Eigenkreisfrequenzen:

$$\omega_1{}^2 = 0{,}31256\,\frac{EI}{ml^3}; \quad \omega_2{}^2 = 2{,}31320\,\frac{EI}{ml^3}$$

$$\omega_3{}^2 = 41{,}7429\,\frac{EI}{ml^3}; \quad \omega_4{}^2 = 90{,}6687\,\frac{EI}{ml^3} \tag{6.70}$$

Für das Modell des Kontinuums (Bild 6/2a) ergeben sich die exakten Werte für die ersten 6 Eigenfrequenzen aus dem Rechenprogramm RASTADYN [vgl. Anhang (P3/29)]

$$\omega_1{}^2 = 0{,}34304\,\frac{EI}{ml^3}; \quad \omega_2{}^2 = 2{,}5418\,\frac{EI}{ml^3}; \quad \omega_3{}^2 = 62{,}162\,\frac{EI}{ml^3}$$

$$\omega_4{}^2 = 133{,}89\,\frac{EI}{ml^3}; \quad \omega_5{}^2 = 778{,}95\,\frac{EI}{ml^3}; \quad \omega_6{}^2 = 1436{,}1\,\frac{EI}{ml^3} \tag{6.71}$$

Daraus erkennt man, daß die Übereinstimmung bei den niedrigsten Eigenfrequenzen hinreichend genau ist und bei den höheren Eigenfrequenzen größere Abweichungen auftreten. f_5, f_6 und höhere Eigenfrequenzen werden durch das Modell mit 4 Freiheitsgraden gar nicht erfaßt.
Der zum Eigenwert λ_1 gehörende Eigenvektor $\boldsymbol{v}_1$ ergibt sich aus dem Gleichungssystem

$$(\boldsymbol{A} - \lambda_1\boldsymbol{E})\,\boldsymbol{v}_1 = 0$$

das ausführlich lautet:

$$(64 - 153{,}57)\,v_{11} + 58v_{21} + 120v_{31} + 12v_{41} = 0$$

$$29v_{11} + (28 - 153{,}57)\,v_{21} + 60v_{31} + 6v_{41} = 0$$

$$24v_{11} + 24v_{21} + (80 - 153{,}57)\,v_{31} + 10v_{41} = 0$$

$$6v_{11} + 6v_{21} + 25v_{31} + (4 - 153{,}57)v_{41} = 0$$

Da es sich um Eigenschwingungen handelt, können keine absoluten Größen der Amplituden v_{k1} errechnet werden. Mit der Normierung $v_{11} = 1$ gemäß Gl. (6.60) entstehen daraus 3 Gleichungen für die 3 Unbekannten v_{21}, v_{31} und v_{41}, weil eine dieser 4 Gleichungen nicht berücksichtigt zu werden braucht.

Werden z. B. die ersten 3 Gleichungen verwendet, so gilt:

$$58v_{21} + \quad 120v_{31} + 12v_{41} = 89{,}57$$

$$-125{,}57v_{21} + \quad 60v_{31} + \quad 6v_{41} = -29$$

$$24v_{21} - 73{,}57v_{31} + 10v_{41} = -24$$

Daraus erhält man die Lösung

$$\underline{v_{21} = 0{,}4774}; \quad \underline{v_{31} = 0{,}5014}; \quad \underline{v_{41} = 0{,}1431}. \tag{6.72}$$

Sinngemäß erhält man auf diesem Wege durch Lösung von jeweils einem linearen Gleichungssystem mit 3 Unbekannten die Vektoren der anderen Eigenschwingformen. Sie sind im Bild 6/4 angegeben. Das System führt gemäß Gl. (6.61) bei einer Eigenkreisfrequenz ω_i harmonische Schwingungen mit den normierten Amplituden v_i aus. Den Eigenschwingformen entsprechen an den Massenpunkten ganz bestimmte Kräfte. Ihre Amplituden ergeben sich gemäß Gl. (6.66). Für die erste

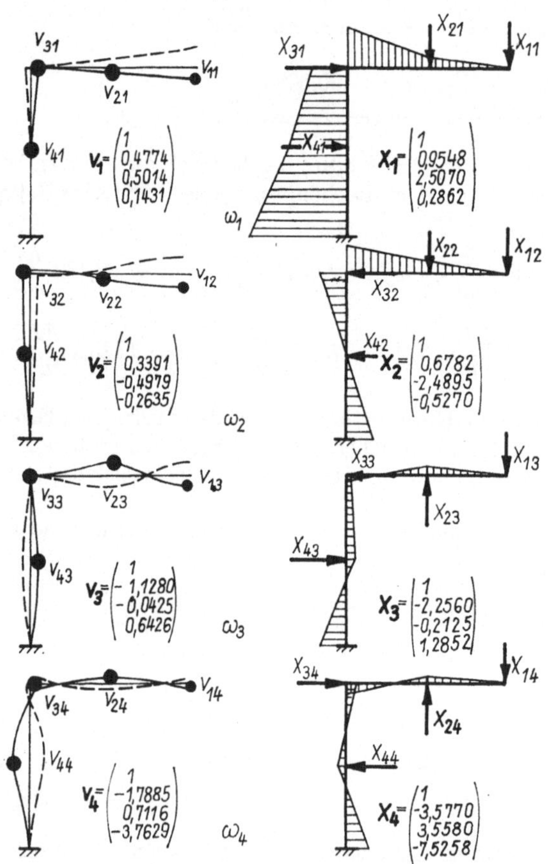

Bild 6/4. Eigenschwingformen v_i, Eigenkraftvektoren X_i und dadurch entstehende Deformations- und Momentenverläufe

Schwingform lautet Gl. (6.66) z. B. $X_1 = + \omega_1{}^2 M v_1$. Das ist die erste Eigenkraftform

$$X_1 = \begin{pmatrix} X_{11} \\ X_{21} \\ X_{31} \\ X_{41} \end{pmatrix} = + m\omega_1{}^2 \begin{pmatrix} 1 & 0 & 0 & 0 \\ 0 & 2 & 0 & 0 \\ 0 & 0 & 5 & 0 \\ 0 & 0 & 0 & 2 \end{pmatrix} \begin{pmatrix} 1 \\ 0{,}4774 \\ 0{,}5014 \\ 0{,}1431 \end{pmatrix} = + m\omega_1{}^2 \begin{pmatrix} 1 \\ 0{,}9548 \\ 2{,}5070 \\ 0{,}2862 \end{pmatrix}$$

Auch die Eigenkraftformen, die zu den 4 Eigenfrequenzen gehören, zeigt das Bild 6/4.

Um zu den realen Ausschlägen zu gelangen, die aus diesen Anfangsbedingungen resultieren, wird Gl. (6.62) angewendet:

$$q_1 = p_1 v_{11} \sin(\omega_1 t + \beta_1) + p_2 v_{12} \sin(\omega_2 t + \beta_2) + p_3 v_{13} \sin(\omega_3 t + \beta_3)$$
$$+ p_4 v_{14} \sin(\omega_4 t + \beta_4)$$

$$q_2 = p_1 v_{21} \sin(\omega_1 t + \beta_1) + p_2 v_{22} \sin(\omega_2 t + \beta_2) + p_3 v_{23} \sin(\omega_3 t + \beta_3)$$
$$+ p_4 v_{24} \sin(\omega_4 t + \beta_4)$$

$$q_3 = p_1 v_{31} \sin(\omega_1 t + \beta_1) + p_2 v_{32} \sin(\omega_2 t + \beta_2) + p_3 v_{33} \sin(\omega_3 t + \beta_3)$$
$$+ p_4 v_{34} \sin(\omega_4 t + \beta_4)$$

$$q_4 = p_1 v_{41} \sin(\omega_1 t + \beta_1) + p_2 v_{42} \sin(\omega_2 t + \beta_2) + p_3 v_{43} \sin(\omega_3 t + \beta_3)$$
$$+ p_4 v_{44} \sin(\omega_4 t + \beta_4)$$

Die Unbekannten p_i und β_i ergeben sich aus den gegebenen Anfangsbedingungen: Aus Gl. (6.64) folgt mit $q_{io} = 0$: $v_{i1} p_1 \sin \beta_1 + v_{i2} p_2 \sin \beta_2 + v_i p_3 \sin \beta_3 + v_{i4} p_4 \sin \beta_4 = 0$ für $i = 1, 2, 3, 4$.

Aus diesen 4 Gleichungen folgt wegen $p_i \neq 0$: $\beta_1 = \beta_2 = \beta_3 = \beta_4 = 0$.

Damit vereinfacht sich Gl. (6.64) wegen $\cos \beta_i = 1$ und $v_{1k} = 1$ zu

$$\dot{q}_1(0) = v_{11}\omega_1 p_1 + v_{12}\omega_2 p_2 + v_{13}\omega_3 p_3 + v_{14}\omega_4 p_4$$
$$= \omega_1 p_1 + \omega_2 p_2 + \omega_3 p_3 + \omega_4 p_4 = u_{10}$$

$$\dot{q}_2(0) = v_{21}\omega_1 p_1 + v_{22}\omega_2 p_2 + v_{23}\omega_3 p_3 + v_{24}\omega_4 p_4$$
$$= 0{,}4774\,\omega_1 p_1 + 0{,}3391\,\omega_2 p_2 - 1{,}1280\,\omega_3 p_3 - 1{,}7885\,\omega_4 p_4 = 0$$

$$\dot{q}_3(0) = v_{31}\omega_1 p_1 + v_{32}\omega_2 p_2 + v_{33}\omega_3 p_3 + v_{34}\omega_4 p_4$$
$$= 0{,}5014\,\omega_1 p_1 - 0{,}4979\,\omega_2 p_2 - 0{,}0425\,\omega_3 p_3 + 0{,}7116\,\omega_4 p_4 = 0$$

$$\dot{q}_4(0) = v_{41}\omega_1 p_1 + v_{42}\omega_2 p_2 + v_{43}\omega_3 p_3 + v_{44}\omega_4 p_4$$
$$= 0{,}1431\,\omega_1 p_1 - 0{,}2635\,\omega_2 p_2 + 0{,}6426\,\omega_3 p_3 - 3{,}7629\,\omega_4 p_4 = 0$$

Löst man diese 4 linearen Gleichungen, so ergibt sich:

$$\omega_1 p_1 = 0{,}3631 u_{10}; \qquad \omega_2 p_2 = 0{,}3306 u_{10}; \qquad \omega_3 p_3 = 0{,}2283 u_{10}$$
$$\underline{\underline{p_1 = 4{,}502 u_{10}/\omega^*}}; \qquad \underline{\underline{p_2 = 1{,}506 u_{10}/\omega^*}}; \qquad \underline{\underline{p_3 = 0{,}245 u_{10}/\omega^*}}$$

$$\omega_4 p_4 = 0{,}0260 u_{10}$$
$$\underline{\underline{p_4 = 0{,}019 u_{10}/\omega^*}}$$

Die gefundenen Ergebnisse sollen nun diskutiert werden. Im Bild 6/4 sind die 4 Eigenschwingformen des Systems, die Eigenkraftverhältnisse und die diesen Eigenkraftformen entsprechenden Momentenverläufe übersichtlich dargestellt. Man beachte, daß die Zahl der Schwingungsknoten bei den Eigenschwingformen der Ordnung i der Eigenfrequenzen entspricht.

Die tatsächlichen Bewegungen dieses Schwingungssystems stellen gemäß Gl. (6.62) eine Überlagerung aus den 4 Eigenschwingungen dar. Die resultierenden zeitlichen Verläufe der Bewegungen an den Punkten 1, 2, 3 und 4 sind in Bild 6/5 dargestellt. Die Kurven wurden auf einem rechnergesteuerten Zeichentisch nach der Gl. (6.62) gezeichnet. Im oberen Teil des Bildes 6/5 sind die einzelnen Komponenten der Bewegung $q_1(t)/q^*$ sowie die daraus resultierende tatsächliche Bewegung dargestellt.

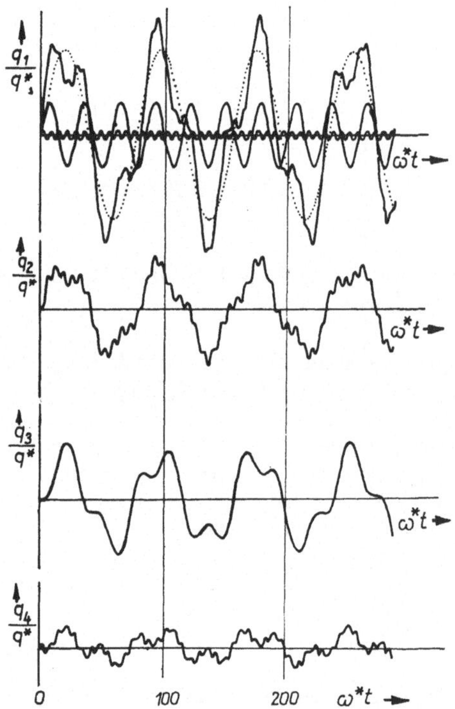

Bild 6/5. Zeitliche Verläufe der Koordinaten q_i (t) mit $q^* = u_{10}/\omega^*$

Dabei ist $q^* = u_{10}/\omega^*$. Die punktierte Sinuslinie entspricht der Komponente $p_1 v_{11} \sin \omega_1 t$. Die Amplitude dieser Sinuskurve erhält man zu $p v_{11}/q^* = 4{,}502/q^*$, ihre Kreisfrequenz beträgt ω_1. Es gilt also $\omega_1 T_1 = 2\Pi$; $\omega^* T_1 = 2\Pi/0{,}0806 = 77{,}9$, wie sich aus Bild 6/5 entnehmen läßt.

Weiterhin sind im oberen Teil des Bildes die Komponenten der Eigenschwingungen mit den Kreisfrequenzen ω_2 und ω_3 als voll ausgezogene Kurven erkennbar. Die Amplitude $p_4 v_{14}$ der höchsten Eigenschwingung ist so klein, daß sie in diesem Bild nicht mehr sichtbar ist. Der Verlauf der resultierenden Kurve $q_1(t)$ zeigt, daß die Bewegung dieser Masse im wesentlichen durch die erste und zweite Eigenschwingung bestimmt wird. Die resultierende Bewegung ist nicht periodisch, da die Eigenfrequenzen in keinem rationalen Verhältnis zueinander stehen.

Analog kann man den Verlauf von $q_2(t)$, $q_3(t)$ und $q_4(t)$ interpretieren. Bei diesen Kurven wurde aus Gründen der Übersichtlichkeit auf die Aufzeichnung der einzelnen Komponenten verzichtet. Bei $q_3(t)$ zeigt sich z. B. im Gegensatz zu q_1, q_2 und q_4 kein Anteil der dritten und vierten Eigenschwingung. Dies liegt daran, daß die Amplituden p_3v_{3i} und p_4v_{3i} wesentlich kleiner als die anderen Anteile sind.

Das Gegenstück zu Bild 6/5 ist Bild 6/6 mit dem Verlauf der im Vektor $\boldsymbol{Q}(t)$ zusammengestellten Kräfte, die sich aus Gl. (6.65) ergeben. Die Komponenten Q_1, Q_2, Q_3 und Q_4 stellen die Trägheitskräfte an den 4 betrachteten Punkten dar. Wie die Verschiebungen $\boldsymbol{q}(t)$ ergeben sich die Kräfte auch aus einer Überlagerung der 4 Eigenschwingungen. Dabei kommen die höheren Eigenschwingungen stärker zur Wirkung, denn die Kräfte sind proportional den Beschleunigungen, in welche die Kreisfrequenzen ω_i quadratisch eingehen, und es gilt $\omega_4{}^2 > \omega_3{}^2 > \omega_2{}^2 > \omega_1{}^2$. Zur Zeit $t = 0$ sind alle Kräfte Null, da auch die Koordinaten Null sind (vgl. die Anfangsbedingungen auf Seite 318). Der Anstieg der Kräfte hat einen endlichen Wert, der sich an Hand

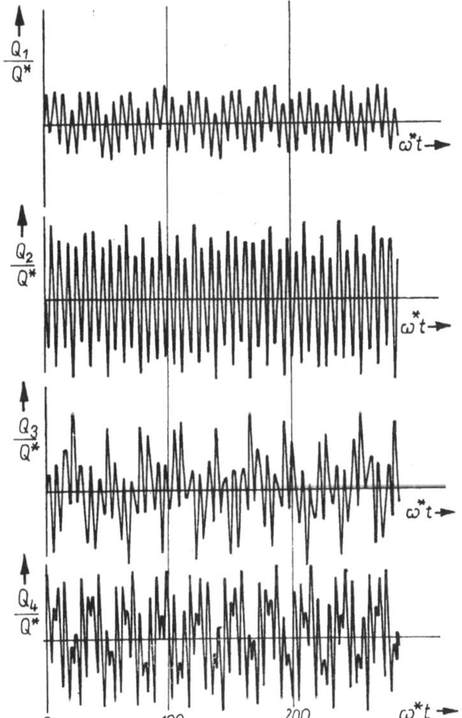

Bild 6/6. Zeitliche Verläufe der Kräfte $Q_i(\omega^*t)$ mit $Q^* = mu_{10}\omega^*$

der differenzierten Gl. (6.65) kontrollieren läßt. Es ist $\dot{\boldsymbol{Q}}(t) = \boldsymbol{C}\dot{\boldsymbol{q}}(t)$ und demzufolge $\dot{\boldsymbol{Q}}(0) = \boldsymbol{C}\dot{\boldsymbol{q}}(0)$. Ebenso wie man für die einzelnen Schwingungsformen die Momentenverläufe innerhalb des Systems berechnen kann (vgl. Bild 6/4), kann man nun mit den bekannten Kräften den zeitlichen Momentenverlauf an irgendeiner Stelle berechnen. Aus dem an dieser Stelle wirkenden Biegemoment ließe sich bei bekannten Querschnittswerten dann weiterhin die dort herrschende Biegespannung berechnen und damit ein Festigkeitsnachweis führen.

Die realen Maschinen sind manchmal so kompliziert aufgebaut, daß eine genaue theoretische Berechnung infolge der fehlenden oder ungenauen Angaben über die Matrizen $\boldsymbol{C}$, $\boldsymbol{D}$ und $\boldsymbol{M}$ nicht möglich ist. Trotzdem kann man beispielsweise durch die Messung der Eigenfrequenzen und Eigenschwingformen ein Bild von deren

Schwingungseigenschaften erhalten. Vor einer experimentellen Untersuchung sollte man sich auch bezüglich der zweckmäßigen Meßstellen-Anordnung davon leiten lassen, daß man möglichst auch Informationen über die Eigenschwingungen der Maschinen erhält, da sich viele Erscheinungen als deren Überlagerung deuten lassen.

Die an irgendeiner Maschine, die zu freien Schwingungen angeregt wurde (linear elastisches Verhalten sei vorausgesetzt), gemessenen zeitlich veränderlichen Kräfte, Spannungen, Wege, Geschwindigkeiten, Beschleunigungen usw. sollte man sich als Folge von deren Eigenschwingungen vorstellen und deuten. Die Kenntnis der Eigenfrequenzen und Eigenschwingformen einer Maschine erlaubt auch Aussagen über den Einfluß möglicher Parameteränderungen. Durch geschickte Anordnung und Dimensionierung von Massen oder Steifigkeiten gelingt es in der Praxis, Eigenfrequenzen in ungefährliche Bereiche zu verschieben, Eigenschwingformen zu beeinflussen und damit das Schwingungsverhalten auch im gewünschten Sinne zu beherrschen (vgl. 6.5.).

6.3.3.   Orthogonalität

Es soll nun ein wichtiger mathematischer Zusammenhang hergeleitet werden, der zwischen den Eigenvektoren der Schwingformen besteht. Für die i-te Eigenschwingform folgt aus Gl. (6.58) für den Deformationsvektor

$$Av_i = \lambda_i v_i \tag{6.73}$$

Analog folgt aus Gl. (6.68) für den Kraftvektor der k-ten Schwingform

$$A^T X_k = \lambda_k X_k \tag{6.74}$$

Multipliziert man Gl. (6.73) mit $X_k{}^T$ und Gl. (6.74) mit $v_i{}^T$, folgt

$$X_k{}^T A v_i = \lambda_i X_k{}^T v_i \tag{6.75}$$

$$v_i{}^T A^T X_k = \lambda_k v_i{}^T X_k \tag{6.76}$$

Auf der linken Seite der Gl. (6.75) kann man die Faktoren vertauschen, wenn statt A die transponierte Matrix A^T verwendet wird:

$$v_i{}^T A^T X_k = \lambda_i X_k{}^T v_i = \lambda_i v_i{}^T X_k \tag{6.77}$$

Bildet man die Differenz aus Gl. (6.76) und Gl. (6.77), so folgt

$$(\lambda_k - \lambda_i)\, v_i{}^T X_k = (\lambda_k - \lambda_i)\, X_k{}^T v_i = 0 \tag{6.78}$$

Für unterschiedliche Eigenwerte $(\lambda_i \neq \lambda_k)$ ergibt sich also

$$\boxed{v_i{}^T X_k = X_k{}^T v_i = 0} \tag{6.79}$$

und unter Benutzung von Gl. (6.66) erhält man die verallgemeinerten Orthogonalitätsrelationen für die Eigenvektoren (wegen $M^T = M$):

$$i \neq k: \quad v_i{}^T C v_k = 0 \tag{6.80} \qquad i \neq k: \quad v_i{}^T M v_k = 0 \tag{6.81}$$

$$v_i{}^T C v_i = \gamma_i \tag{6.80a} \qquad v_i{}^T M v_i = \mu_i \tag{6.81a}$$

$$i \neq k: \quad X_i{}^T D X_k = \omega_i{}^2 v_i{}^T M D M v_k \omega_k{}^2 = 0 \tag{6.82}$$

$$X_i{}^T D X_i = \omega_i{}^4 v_i{}^T M D M v_i = \gamma_i \tag{6.82a}$$

Damit sind die auf die i-te Eigenschwingform reduzierten Federkonstanten γ_i und die reduzierten Massen μ_i definiert.

Gl. (6.79) sagt aus, daß die Kräfte X_k der k-ten Eigenschwingform bezüglich der i-ten Eigenschwingform mit den Amplituden v_i keine Arbeit leisten. Mit anderen Worten heißt das, daß sich die Eigenschwingformen nicht gegenseitig beeinflussen, da kein Energieaustausch zwischen ihnen erfolgt.

Die Gln. (6.80) bis (6.82) stellen verallgemeinerte Orthogonalitätsrelationen dar, die physikalisch dasselbe wie Gl. (6.79) aussagen.

6.3.4.   Hauptkoordinaten

Aus Gl. (6.62) läßt sich eine wichtige Überlegung ableiten. Faßt man $\hat{p}_i \sin(\omega_i t + \beta_i)$ als Koordinate $p_i(t)$ auf, so kann man sie an Stelle der bisherigen verallgemeinerten Koordinaten $q_i(t)$ verwenden.

Der Zusammenhang zwischen diesen sogenannten Normal- oder Hauptkoordinaten, die im Vektor $p^T = (p_1, p_2, \ldots, p_n)$ zusammengefaßt sind, und den verallgemeinerten Koordinaten q_k ist folgender:

$$q_k = \sum_{i=1}^{n} v_{ki} p_i; \qquad \boxed{q = Vp \quad \text{bzw.} \quad p = V^{-1} q} \tag{6.83}$$

Die Matrix V, welche alle Eigenvektoren v_i zusammenfaßt, heißt Modalmatrix. Es gilt

$$V = (v_1, v_2, \ldots, v_n) = \begin{pmatrix} v_{11} & v_{12} & \cdots & v_{1n} \\ v_{21} & v_{22} & \cdots & v_{2n} \\ \vdots & \vdots & & \vdots \\ v_{n1} & v_{n2} & \cdots & v_{nn} \end{pmatrix} \tag{6.84}$$

Werden die Hauptkoordinaten benutzt, lautet die potentielle Energie [vgl. Gl. (6.7)]:

$$U = \frac{1}{2} q^T C q = \frac{1}{2} (Vp)^T CVp = \frac{1}{2} p^T V^T CVp \tag{6.85}$$

und die kinetische Energie [vgl. Gl. (6.16)]:

$$T = \frac{1}{2} \dot{q}^T M \dot{q} = \frac{1}{2} (V\dot{p})^T MV\dot{p} = \frac{1}{2} \dot{p}^T V^T MV\dot{p} \tag{6.86}$$

Bei der Ausführung der Matrizenmultiplikation $V^T CV$ ist zu beachten, daß V^T und V aus Vektoren zusammengesetzte Matrizen sind. Es ist dann

$$V^T CV = \begin{pmatrix} v_1^T \\ v_2^T \\ \vdots \\ v_n^T \end{pmatrix} (Cv_1, Cv_2, \ldots, Cv_n) = \begin{pmatrix} v_1^T Cv_1 & v_1^T Cv_2 & \cdots & v_1^T Cv_n \\ \vdots & \vdots & & \vdots \\ v_n^T Cv_1 & v_n^T Cv_2 & \cdots & v_n^T Cv_n \end{pmatrix}$$

$$\tag{6.87}$$

Infolge der besonderen Eigenschaften der Modalmatrix V vereinfachen sich die Beziehungen unter Beachtung der Orthogonalitätsrelationen Gln. (6.80) bis (6.82).

Alle Außendiagonalelemente sind gleich Null. Für die Diagonalelemente gilt jedoch $v_i{}^T C v_i = \gamma_i$ und $v_i{}^T M v_i = \mu_i$. Somit gilt:

$$V^T C V = \text{diag}\,(\gamma_i); \quad V^T M V = \text{diag}\,(\mu_i) \tag{6.88}$$

Die potentielle und die kinetische Energie lassen sich durch Quadrate der Hauptkoordinaten bzw. deren Geschwindigkeiten ausdrücken:

$$U = \frac{1}{2} \sum_{i=1}^{n} \gamma_i p_i{}^2; \quad T = \frac{1}{2} \sum_{i=1}^{n} \mu_i \dot{p}_i{}^2 \tag{6.89}$$

Die Bewegungsgleichungen für die freien Schwingungen eines Systems mit n Freiheitsgraden erhalten in Hauptkoordinaten'deshalb auch eine einfache Form.
Aus Gl. (6.18) folgt zunächst mit Gl. (6.83)

$$M V \ddot{p} + C V p = 0 \tag{6.90}$$

und nach Multiplikation dieser Gleichung mit V^T

$$V^T M V \ddot{p} + V^T C V p = 0 \tag{6.91}$$

oder einfach wegen Gl. (6.88)

$$\boxed{\mu_i \ddot{p}_i + \gamma_i p_i = 0} \qquad i = 1, 2, \ldots, n \tag{6.92}$$

Dabei sind die μ_i die auf die i-te Hauptkoordinate *reduzierten Massen* und die γ_i die darauf *reduzierten Federkonstanten* des Systems.
Die n Eigenkreisfrequenzen ergeben sich gemäß Gl. (6.92) aus

$$\omega_i{}^2 = \frac{\gamma_i}{\mu_i} = \frac{v_i{}^T C v_i}{v_i{}^T M v_i} \qquad i = 1, 2, \ldots, n \tag{6.93}$$

Die Lösungen der Dgln. (6.92) lauten mit den Anfangsbedingungen $t = 0$:

$$p_i = p_{i0}; \quad \dot{p}_i = \dot{p}_{i0}: \tag{6.94}$$

$$\boxed{p_i = p_{i0} \cos \omega_i t + \frac{\dot{p}_{i0}}{\omega_i} \sin \omega_i t = \hat{p}_i \sin (\omega_i t + \beta_i)} \tag{6.95}$$

Man kann also die Bewegung des Systems mit n Freiheitsgraden als Summe der Bewegungen von n Systemen mit je einem Freiheitsgrad auffassen. Wenn das System nur mit der Kreisfrequenz ω_i schwingt, nimmt es die Amplitudenverhältnisse des i-ten Eigenvektors v_i an, und man kann sagen, daß seine Bewegung eindeutig durch die Angabe der einen Hauptkoordinate p_i gekennzeichnet ist. Bei der Schwingung in einer Eigenfrequenz (Hauptschwingung) stehen die Ausschläge der einzelnen Koordinaten in einem festen, von der Zeit unabhängigen Verhältnis, und alle Koordinaten des Systems schwingen synchron. Die Schwingungsphase stimmt für alle Koordinaten überein. Der Absolutwert der Amplituden (die Eigenschwingform bestimmt die Amplitudenverhältnisse) wird durch die Anfangsbedingungen bestimmt.
Die Hauptkoordinaten sind auch zur Untersuchung erzwungener Schwingungen von Systemen mit n Freiheitsgraden anwendbar. Sie vermindern i. allg. nicht den Rechenaufwand der Untersuchungen, aber sie verdeutlichen die physikalischen Vorgänge besser als andere Koordinaten.

Unter Benutzung der Hauptkoordinaten verläuft die Berechnung freier Schwingungen folgendermaßen:

1. Aus den bekannten Anfangsbedingungen der realen Ausschläge q_{k0} und u_{k0} [vgl. Gl. (6.64)], werden die Anfangsbedingungen der Hauptkoordinaten p_{i0} und $\dot{p}_{i0}$ für $i = 1, 2, \ldots, n$ berechnet. Dies braucht nicht mit den naheliegenden Formeln [vgl. Gl. (6.83)] $p_0 = V^{-1}q_0$ oder $\dot{p}_0 = V^{-1}u_0$ zu erfolgen, wobei die Kehrmatrix der Modalmatrix zu bilden wäre. Bei der Behandlung des Beispiels in 6.3.2. ist dieser umständliche Weg im Grunde genommen beschritten worden, als die p_i durch Lösung eines linearen Gleichungssystems ermittelt wurden. Dort war der Begriff der Modalmatrix noch nicht eingeführt. Rechnerisch einfacher ist die Anwendung der Formeln

$$\boxed{p_0 = \mathrm{diag}\,(1/\mu_i)\,V^T M q_0; \quad \dot{p}_0 = \mathrm{diag}\,(1/\mu_i)\,V^T M u_0} \qquad (6.96)$$

Dieser Zusammenhang folgt aus der Umformung

$$V^T M q = V^T M V p = \mathrm{diag}\,(\mu_i)\,p$$

[wobei Gl. (6.88) benutzt wurde] und Auflösung nach p.

2. Mit den Anfangswerten p_{i0} und $\dot{p}_{i0}$ können die Schwingungsbewegungen der Hauptkoordinaten nach Gl. (6.95) leicht berechnet werden. Bei bekannten Anfangswerten p_{i0} und $\dot{p}_{i0}$ ist überschaubar, welche Harmonischen die hauptsächliche Energie aufgenommen haben, die dem System erteilt wurde. Es lassen sich die Amplituden der Hauptschwingungen gemäß

$$\hat{p}_i = \sqrt{p_{i0}^2 + \frac{\dot{p}_{i0}^2}{\omega_i^2}} \qquad (6.97)$$

bestimmen, und die weitere Rechnung braucht nur mit den als wesentlich erkannten Schwingformen weitergeführt zu werden.

3. Mit Hilfe der Gl. (6.83) lassen sich die Bewegungen der ursprünglichen physikalischen Koordinaten aus den Hauptkoordinaten errechnen.

6.3.5.   Aufgaben A 6/5 bis A 6/9

A 6/5:   Die Aufgabe A 4/2 (vgl. 4.2.7.) behandelt Bewegungen und elastische Momente bei einem Kupplungsvorgang. Für das dort angegebene Modell ist das elastische Moment in der Kupplung unter Verwendung von Hauptkoordinaten zu berechnen. Teilergebnisse der Lösung L 4/2 werden übernommen.

A 6/6:   Man gebe die Bewegungsgleichungen und Anfangsbedingungen für folgende Lastfälle des in Bild 6/3 dargestellten Brückenkrans an:

    a) Last m_2 fällt mit der Anfangsgeschwindigkeit u in das Seil des ruhenden Krans (Greifer fällt in die Halteseile)

    b) Last fällt plötzlich ab (Bruch des Lastaufnahmemittels)

    c) Plötzliches Stillsetzen des Motors beim Heben ($u_h = $ konst, Kran ruht)

    d) Last m_2 bleibt beim Heben plötzlich an einem starren Hindernis hängen

Wie lauten die Formeln zur Berechnung der Seilkraft und des Biegemomentes in der Mitte des Kranträgers?

Hinweis: Der Koordinatenursprung von x_1 ist die statische Ruhelage des unbelasteten Krans, von x_2 das Ende des unbelasteten Seils.

A 6/7:   Man berechne für das in Bild 6/2c dargestellte Modell die Eigenkreisfrequenzen und Eigenschwingformen und prüfe die Erfüllung der Orthogonalitätsrelationen.

A 6/8:   Es sind die auf die Hauptkoordinaten reduzierten Massen und Federkonstanten für das Modell nach Bild 6/2b zu ermitteln.

A 6/9:   Man berechne für das Beispiel aus 6.3.2. die Anfangswerte der Hauptkoordinaten, die Amplituden der 4 Hauptkoordinaten und beurteile damit die Bedeutung der 4 Eigenschwingungen für die Gesamtbewegung.

6.3.6.   Lösungen L 6/5 bis L 6/9

L 6/5:   Ausgangspunkt ist Gl. (6.95). Man erkennt daraus, daß nur eine Anwendung für $\omega_i > 0$ möglich ist. Dies bedeutet jedoch bei ungefesselten Systemen, daß eine unmittelbare Verwendung der in L 4/2 benutzten Absolutkoordinaten (φ_1, φ_2, φ_3) ausscheidet. Da nach dem elastischen Moment gefragt ist, bietet sich der Übergang auf Relativkoordinaten (φ_{12}, φ_{23}) nach Tabelle 6/2 an. (Es sei vermerkt, daß durch entsprechende Transformationsmatrizen auch eine Trennung von Starrkörperbewegung und Schwingbewegung erfolgen kann, worauf jedoch hier nicht eingegangen wird.)
Für die Aufstellung der Matrizen M und C wird Tabelle 6/2 verwendet.

Man findet mit den in A 4/2 angegebenen Verhältnissen:

$$M = \frac{1}{J_1 + J_2 + J_3} \begin{pmatrix} (J_1(J_2 + J_3) & J_1 J_3 \\ J_1 J_3 & J_3(J_1 + J_2) \end{pmatrix} = \frac{J}{3} \begin{pmatrix} 2 & 1 \\ 1 & 2 \end{pmatrix}$$

$$C = \begin{pmatrix} c_1 & 0 \\ 0 & c_2 \end{pmatrix} = c \begin{pmatrix} 10 & 0 \\ 0 & 1 \end{pmatrix}; \quad q = \begin{pmatrix} \varphi_{12} \\ \varphi_{23} \end{pmatrix}$$

Mit $\lambda = \omega^2/\omega^{*2}$; $\omega^{*2} = c/J$ können die Eigenwerte aus L 4/2 übernommen werden: $\lambda_1 = 1{,}461$; $\lambda_2 = 20{,}539$.
Die Eigenschwingform wird berechnet aus

$$\begin{pmatrix} 10 - 2\lambda_i/3 & -\lambda_i/3 \\ -\lambda_i/3 & 1 - 2\lambda_i/3 \end{pmatrix} \begin{pmatrix} v_{1i} \\ v_{2i} \end{pmatrix} = 0; \quad i = 1, 2$$

Normiert man mit $v_{11} = 1$; $v_{12} = 1$ (vgl. Gl. (6.60)) so ergibt sich $v_{21} = 18{,}542$; $v_{22} = -0{,}539$.
Um Gl. (6.95) anwenden zu können, ist zunächst die Transformation der Anfangsbedingungen auf Hauptkoordinaten erforderlich.
In den Koordinaten φ_{12}, φ_{23} gilt für

$$t = 0: \quad \varphi_{12} = 0; \quad \varphi_{23} = 0; \quad \dot{\varphi}_{12} = 0; \quad \dot{\varphi}_{23} = \dot{\varphi}_2 - \dot{\varphi}_3 = -\Omega_3$$

also: $q_0 = 0$; $u_0{}^T = (0, -\Omega_3)$

Für die Berechnung der reduzierten Massen μ_i gilt nach Gl. (6.88) mit der Modalmatrix $V = \begin{pmatrix} 1 & 1 \\ v_{21} & v_{22} \end{pmatrix}$:

$$\text{diag}\,(\mu_i) = V^T M V = J \begin{pmatrix} 242{,}238 & 0 \\ 0 & 0{,}501 \end{pmatrix}$$

und damit $\text{diag}\,(1/\mu_i) = \dfrac{1}{J} \begin{pmatrix} 0{,}00413 & 0 \\ 0 & 1{,}996 \end{pmatrix}$

Jetzt lassen sich die Anfangswertvektoren in Hauptkoordinaten nach Gl. (6.96) angeben.

$$p = 0; \quad \dot{p}_0 = \operatorname{diag}(1/\mu_i)\, V^T M u_0 = \Omega_3 \begin{pmatrix} -0{,}0524 \\ 0{,}0524 \end{pmatrix}$$

Gl. (6.95) liefert unter Beachtung von $\Omega_3 = \sqrt{c/J} = \omega^*$:

$$p = \begin{pmatrix} -0{,}0434 \sin \omega_1 t \\ 0{,}0116 \sin \omega_2 t \end{pmatrix}$$

Die Rücktransformation erfolgt nach Gl. (6.83): $q = Vp$.
Man erhält:

$$q_1 = \varphi_{12} = -0{,}0434 \sin \omega_1 t + 0{,}0116 \sin \omega_2 t$$

$$q_2 = \varphi_{23} = -0{,}805 \sin \omega_1 t - 0{,}0063 \sin \omega_2 t$$

und daraus unmittelbar Gl. (4.61), wenn beachtet wird, daß dort $M_2 = c(\varphi_3 - \varphi_2)$ gilt.

$$\underline{\underline{M_2 = c\varphi_{23} = c(-0{,}805 \sin \omega_1 t - 0{,}0063 \sin \omega_2 t)}}$$

L 6/6:   Die Bewegungsgleichungen lauten unter Beachtung des Eigengewichtes der Last, des Motormomentes M_M und der Matrizen aus L 6/4:

$$m_1 \ddot{x}_1 + c_1 x_1 + c_2 \left(x_1 - x_2 - \frac{r}{i}\, \varphi_M \right) = 0$$

$$m_2 \ddot{x}_2 \quad\quad - c_2 \left(x_1 - x_2 - \frac{r}{i}\, \varphi_M \right) = m_2 g$$

$$\frac{i}{r}\, J_M \ddot{\varphi}_M \quad - c_2 \left(x_1 - x_2 - \frac{r}{i}\, \varphi_M \right) = i M_M / r$$

Die Anfangsbedingungen lauten unter der Bedingung, daß zu Beginn des interessierenden Vorgangs die Zeitmessung beginnt:

$t = 0:$ a) $x_1 = 0;\ \dot{x}_1 = 0;\ x_2 = 0;\ \dot{x}_2 = u;\ \varphi_M = 0;\ \dot{\varphi}_M = 0$

     b) $x_1 = m_2 g / c_1;\ \dot{x}_1 = 0;\ x_2 = m_2 g \left(\dfrac{1}{c_1} + \dfrac{1}{c_2} \right);\ \dot{x}_2 = 0;\ \varphi_M = 0;\ \dot{\varphi}_M = 0$

     c) $x_1 = m_2 g / c_1;\ \dot{x}_1 = 0;\ x_2 = m_2 g \left(\dfrac{1}{c_1} + \dfrac{1}{c_2} \right);\ \dot{x}_2 = -u_h;$

        $\varphi_M = 0;\ \dot{\varphi}_M = 0$

     d) $x_1 = m_2 g / c_1;\ \dot{x}_1 = 0;\ x_2 = m_2 g \left(\dfrac{1}{c_1} + \dfrac{1}{c_2} \right);\ \dot{x}_2 = 0;\ \varphi_M = 0;\ \dot{\varphi}_M = u_h i / r$

Im Falle b) ist $c_2 = 0$ zu setzen, und es verbleiben 3 Systeme mit je einem Freiheitsgrad. Aus den Gleichgewichtsbedingungen folgen für alle Fälle die Seilkraft

$$\underline{\underline{F_s = -c_2 \left(x_1 - x_2 - \frac{r}{i}\, \varphi_M \right) = m_2 (g - \ddot{x}_2)}}$$

und das Biegemoment

$$\underline{\underline{M_b = (m_1 g + c_1 x_1)\, l/2 = (F_s + m_1 g - m_1 \ddot{x}_1)\, l/2}}$$

L 6/7:   Für das Berechnungsmodell wurden bereits in 6.2.2. die Steifigkeits- und Massenmatrix aufgestellt, vgl. Gln. (6.31) und (6.33). Dabei ergab sich

$$D = \frac{l^3}{6EI} \begin{pmatrix} 8 & 3 \\ 3 & 2 \end{pmatrix}; \quad C = \frac{6EI}{7l^3} \begin{pmatrix} 2 & -3 \\ -3 & 8 \end{pmatrix}; \quad M = \frac{m}{3} \begin{pmatrix} 4 & 0 \\ 0 & 13 \end{pmatrix}$$

Damit findet man

$$DM = \frac{ml^3}{18EI} \begin{pmatrix} 8 & 3 \\ 3 & 2 \end{pmatrix} \begin{pmatrix} 4 & 0 \\ 0 & 13 \end{pmatrix} = \frac{ml^3}{18EI} \begin{pmatrix} 32 & 39 \\ 12 & 26 \end{pmatrix}$$

Die Eigenkreisfrequenzen folgen aus der Bedingung (6.57) mit $\omega^{*2} = \dfrac{EI}{ml^3}$

$$\det\left(A - \frac{\omega^{*2}}{\omega^2} E\right) = \left| \frac{1}{18} \begin{pmatrix} 32 & 39 \\ 12 & 26 \end{pmatrix} - \frac{\omega^{*2}}{\omega^2} \begin{pmatrix} 1 & 0 \\ 0 & 1 \end{pmatrix} \right| = \begin{vmatrix} \dfrac{32}{18} - \lambda & \dfrac{39}{18} \\ \dfrac{12}{18} & \dfrac{26}{18} - \lambda \end{vmatrix} = 0$$

wobei für den Eigenwert die Abkürzung $\lambda = \omega^{*2}/\omega^2 = EI/ml^3\omega^2$ benutzt wurde. Die Frequenzgleichung ergibt sich gemäß Gl. (6.57) zu

$$\begin{vmatrix} \dfrac{32}{18} - \lambda & \dfrac{39}{18} \\ \dfrac{12}{18} & \dfrac{26}{18} - \lambda \end{vmatrix} = \lambda^2 - 3{,}222\,22\lambda + 1{,}123\,457 = 0$$

Die Lösung der quadratischen Gleichung ergibt die Eigenwerte bzw. die Quadrate der Eigenkreisfrequenzen

$$\lambda_1 = 2{,}824\,46; \quad \omega_1{}^2 = 0{,}354\,05\,\frac{EI}{ml^3}; \quad \lambda_2 = 0{,}397\,76; \quad \omega_2{}^2 = 2{,}514\,08\,\frac{EI}{ml^3}$$

Man vergleiche diese Werte mit denen des Modells mit 4 Freiheitsgraden Gl. (6.70) und mit der exakten Lösung für das Kontinuum Gl. (6.71) in 6.3.2.
Die Grundschwingform ($i = 1$) und die zweite Eigenschwingform ($i = 2$) ergeben sich je aus einem linearen Gleichungssystem gemäß Gl. (6.59):

$$\left(\frac{32}{18} - \lambda_i\right) v_{1i} + \frac{39}{18} v_{2i} = 0$$

$$\frac{12}{18} v_{1i} + \left(\frac{26}{18} - \lambda_i\right) v_{2i} = 0 \qquad\qquad i = 1,\,2$$

Mit der Normierung $v_{1i} = 1$ gemäß Gl. (6.60) ergibt sich mit den bekannten Werten von λ_1 und λ_2

$$v_{21} = 0{,}4831; \quad v_{22} = -0{,}6369$$

Die normierten Eigenvektoren lauten also

$$v_1 = \begin{pmatrix} 1 \\ 0{,}4831 \end{pmatrix}; \quad v_2 = \begin{pmatrix} 1 \\ -0{,}6369 \end{pmatrix}$$

Die Orthogonalitätsrelationen nach Gln. (6.80) und (6.81).

$$v_1{}^T C v_2 = (1 \quad 0{,}4831)\, \frac{6EI}{7l^3} \begin{pmatrix} 2 & -3 \\ -3 & 8 \end{pmatrix} \begin{pmatrix} 1 \\ -0{,}6369 \end{pmatrix} = 0{,}000078 EI/l^3 \approx 0$$

$$v_1{}^T M v_2 = (1 \quad 0{,}4831)\, \frac{m}{3} \begin{pmatrix} 4 & 0 \\ 0 & 13 \end{pmatrix} \begin{pmatrix} 1 \\ -0{,}6369 \end{pmatrix} = 0{,}000026 m \approx 0$$

Die Abweichungen vom exakten Wert Null sind numerisch bedingt (Abrundungsfehler).

L 6/8: Es werden die Zahlenwerte aus 6.3.2. verwendet. Dort wurden die Eigenschwingformen berechnet [vgl. Gl. (6.72) und Bild 6/4], die für die Modalmatrix benötigt werden. Die reduzierten Massen ergeben sich nach Gl. (6.88) zu

$$\boldsymbol{V^T M V} = \begin{pmatrix} 1 & 0{,}477 & 0{,}501 & 0{,}143 \\ 1 & 0{,}339 & -0{,}498 & -0{,}264 \\ 1 & -1{,}128 & -0{,}043 & 0{,}643 \\ 1 & -1{,}789 & 0{,}712 & -3{,}763 \end{pmatrix} m \begin{pmatrix} 1 & 0 & 0 & 0 \\ 0 & 2 & 0 & 0 \\ 0 & 0 & 5 & 0 \\ 0 & 0 & 0 & 2 \end{pmatrix}$$

$$\times \begin{pmatrix} 1 & 1 & 1 & 1 \\ 0{,}477 & 0{,}339 & -1{,}128 & -1{,}789 \\ 0{,}501 & -0{,}498 & -0{,}043 & 0{,}712 \\ 0{,}143 & -0{,}264 & 0{,}643 & -3{,}763 \end{pmatrix}$$

$$\boldsymbol{V^T M V} = m \begin{pmatrix} 2{,}754 & 0 & 0 & 0 \\ 0 & 3{,}025 & 0 & 0 \\ 0 & 0 & 4{,}381 & 0 \\ 0 & 0 & 0 & 38{,}246 \end{pmatrix} = \begin{pmatrix} \mu_1 & 0 & 0 & 0 \\ 0 & \mu_2 & 0 & 0 \\ 0 & 0 & \mu_3 & 0 \\ 0 & 0 & 0 & \mu_4 \end{pmatrix} = \operatorname{diag}(\mu_i)$$

Ohne aus der Nachgiebigkeitsmatrix $\boldsymbol{D}$ durch Inversion die Matrix $\boldsymbol{C}$ zu gewinnen, wie es Gl. (6.88) erfordern würde, können die γ_i aus Gl. (6.82a) berechnet werden. Sie läßt sich analog Gl. (6.88) erweitern zu

$$\operatorname{diag}(\omega_i^4)\,\boldsymbol{V^T M D M V} = \frac{48EI}{l^3} \begin{pmatrix} 0{,}0179 & 0 & 0 & 0 \\ 0 & 0{,}1458 & 0 & 0 \\ 0 & 0 & 3{,}8087 & 0 \\ 0 & 0 & 0 & 72{,}2435 \end{pmatrix}$$

$$- \begin{pmatrix} \gamma_1 & 0 & 0 & 0 \\ 0 & \gamma_2 & 0 & 0 \\ 0 & 0 & \gamma_3 & 0 \\ 0 & 0 & 0 & \gamma_4 \end{pmatrix} = \operatorname{diag}(\gamma_i)$$

Man kann also beispielsweise das Modell für die dritte Eigenschwingung ersetzen durch einen Schwinger mit einem Freiheitsgrad, der die Masse $\mu_3 = 4{,}381\,m$ und die Federkonstante $\gamma_3 = 48 \cdot 3{,}8087\,EI/l^3$ hat, vgl. Gl. (6.92). Die Eigenkreisfrequenzen nach Gl. (6.93) liefern damit auch die Zahlenwerte von Gl. (6.70) im Rahmen der Rechengenauigkeit.

L 6/9: Die Anfangsauslenkungen sind wegen $\boldsymbol{q}_0^T = (0\ 0\ 0\ 0)$ gleich $\boldsymbol{p}_0^T = (0\ 0\ 0\ 0)$. Die Geschwindigkeiten folgen aus Gl. (6.96). Zunächst ergibt sich

$$\boldsymbol{M u}_0 = m \begin{pmatrix} 1 & 0 & 0 & 0 \\ 0 & 2 & 0 & 0 \\ 0 & 0 & 5 & 0 \\ 0 & 0 & 0 & 2 \end{pmatrix} u_{10} \begin{pmatrix} 1 \\ 0 \\ 0 \\ 0 \end{pmatrix} = m u_{10} \begin{pmatrix} 1 \\ 0 \\ 0 \\ 0 \end{pmatrix}$$

$$\operatorname{diag}(1/\mu_i)\,\boldsymbol{V^T} = \frac{1}{m} \begin{pmatrix} 0{,}3631 & 0 & 0 & 0 \\ 0 & 0{,}3306 & 0 & 0 \\ 0 & 0 & 0{,}2283 & 0 \\ 0 & 0 & 0 & 0{,}02615 \end{pmatrix}$$

$$\times \begin{pmatrix} 1 & 0{,}477 & 0{,}501 & 0{,}143 \\ 1 & 0{,}339 & -0{,}498 & -0{,}264 \\ 1 & -1{,}128 & -0{,}043 & 0{,}643 \\ 1 & -1{,}789 & 0{,}712 & -3{,}763 \end{pmatrix}$$

$$\operatorname{diag}\left(1/\mu_i\right) \boldsymbol{V}^T = \frac{1}{m}\begin{pmatrix} 0{,}3631 & 0{,}1732 & 0{,}1819 & 0{,}0519 \\ 0{,}3306 & 0{,}1121 & -0{,}1646 & -0{,}0873 \\ 0{,}2283 & -0{,}2575 & -0{,}0098 & 0{,}1468 \\ 0{,}0262 & -0{,}0468 & 0{,}0186 & -0{,}0984 \end{pmatrix}$$

Somit gilt

$$\dot{\boldsymbol{p}}_0 = \operatorname{diag}\left(1/\mu_i\right) \boldsymbol{V}^T \boldsymbol{M} \boldsymbol{u}_0 = \begin{pmatrix} 0{,}3631 \\ 0{,}3306 \\ 0{,}2283 \\ 0{,}0262 \end{pmatrix} u_{10} = \begin{pmatrix} \dot{p}_{10} \\ \dot{p}_{20} \\ \dot{p}_{30} \\ \dot{p}_{40} \end{pmatrix}$$

Die Amplituden der Hauptschwingungen berechnen sich nach Gl. (6.97) zu $\hat{p}_i = \dot{p}_{i0}/\omega_i$. Man findet mit den Eigenkreisfrequenzen Gl. (6.70) somit auf einem einfacheren Wege, die bereits von Seite 321 bekannten Werte:

$$\underline{\hat{p}_1 = 4{,}5020\, u_{10}/\omega^*}; \quad \underline{\hat{p}_2 = 1{,}5059\, u_{10}/\omega^*}; \quad \underline{\hat{p}_3 = 0{,}2448\, u_{10}/\omega^*}; \quad \underline{\hat{p}_4 = 0{,}019\, u_{10}/\omega^*}$$

Daraus folgt, daß die 4. Eigenschwingung p_4 bedeutend weniger erregt wird als die anderen 3 Eigenschwingformen. Die Amplituden dieser höchsten Eigenschwingform sind nur gering.

6.4.   Berechnung der Eigenfrequenzen und Eigenschwingformen

6.4.1.   Allgemeines

Die freien Schwingungen einer Maschine stellen gemäß Gl. (6.62) stets eine Überlagerung ihrer verschiedenen Eigenschwingungen dar. Bei allen dynamischen Berechnungen ist deshalb die Kenntnis der Größe der Eigenfrequenzen und der zugehörigen Eigenschwingformen notwendig, falls nicht numerisch integriert wird (z. B. nach *Runge-Kutta*). Die Eigenfrequenzen der Maschinen und ihrer Bauteile liegen in einem weiten Frequenzbereich (vgl. Tabelle 6/4). Besondere Bedeutung hat in der Praxis bei allen Maschinen die Größe der Grundfrequenz und die Grundschwingform. Es ist die Frequenz, die bei einer Drehzahlsteigerung zuerst erreicht wird (und vielfach „durchfahren" werden muß), die oft am wenigsten gedämpft ist und zur Beurteilung dafür geeignet ist, ob ein Erzeugnis noch als „starre", „langsamlaufende" Maschine berechnet werden kann, vgl. 4.2.5.

In der Praxis gibt es oft Aufgabenstellungen, bei denen die ungefähre Größe der ersten und zweiten Eigenfrequenz interessiert. Man kann in diesem Fall auf die umfangreiche genaue Bestimmung aller Eigenfrequenzen aus Gl. (6.57) verzichten und eines der Verfahren benutzen, das die Eigenfrequenzen abschätzt. Abschätzen bedeutet, obere und untere Schranken für die Eigenwerte mit relativ einfachen Verfahren zu berechnen. Für Überschlagsrechnungen und zur Kontrolle der Werte, die ein elektronischer Rechenautomat liefert, sind solche Abschätzungen, wie sie in 6.4.2. und 6.4.3. beschrieben werden, geeignet.

In der Praxis gibt es jedoch auch Schwingungsprobleme bei Maschinen, bei denen ein großer Teil des Eigenfrequenz-Spektrums interessiert. Wenn z. B. die Eigenfrequenzen gesucht sind, die in der Nähe einer gegebenen Erregerfrequenz liegen, oder wenn Probleme der Akustik oder Lärmentwicklung und -bekämpfung entstehen [30].

Die höchsten Eigenfrequenzen eines *Berechnungsmodells*, die bei der Anwendung numerischer Integrationsverfahren interessieren, weil die kleinste Schwingungsdauer die maximale Schrittweite bestimmt, charakterisieren nur das Berechnungsmodell, nicht aber die reale Maschine. Die höchsten Eigenfrequenzen jeder realen *Maschine* sind letztlich unbegrenzt groß und damit uninteressant.

Tabelle 6/4. Beispiele für die Lage der niederen Eigenfrequenzen und Erregerfrequenzen einiger Maschinen

Maschine	Niedere Eigenfrequenzen			Erreger-frequenz
	$f_1 = \omega_1/2\pi$ in Hz	$f_2 = \omega_2/2\pi$ in Hz	$f_3 = \omega_3/2\pi$ in Hz	$f = \Omega/2\pi$ in Hz
Schaufelradbagger SRs 4000	0,46	1,2	1,8	0,8
Tischfundament einer 50-MW-Turbine	1,1	9,1	9,5	50
Wippdrehkran DWK 5Mp × 22 m	0,7···0,9	1,2···1,6		
Gestell einer Schleifmaschine	3,9	9,2	12,5	
Haushalt-Wäschezentrifuge	4···4,5	9···9,5		
Textilspindeln	6···12	30···90	100···200	160···200
Schwingförderer	9,2	15	53,9	50
Druckmaschinenantrieb (Torsionsschw.)	10			
Kurbelwelle eines Schiffs-Dieselmotors (Torsionsschw.)	60	140	160	
Welle eines 200-MW-Turbogenerators (Biegeschwingungen)	19,1	23,5	27,4	50
Wälzfräsmaschinenantrieb	40	70	> 160	
Kreiselverdichter 4 VRZ	60···70	150···180		
Gasturbinenschaufel	161	353	597	
Kurbelwelle eines Motorrades	360	850		
Verwundene Blechschaufel eines Axiallüfters	375	760	1 300	

Es ist eine Vielzahl von effektiven Methoden zur Lösung von Eigenwertproblemen entwickelt worden. Der interessierte Leser findet den neuesten Stand z. B. in [19]; [21]; [35]; [6/10]; [6/11]; [6/12]; [6/13] zusammengefaßt bis zu getesteten Rechenprogrammen. Tabelle 6/5 gibt eine Übersicht über moderne effektive Verfahren zur numerischen Lösung von Eigenwertproblemen.

Gegenwärtig existieren in den meisten Rechenzentren Programme, mit denen in kurzer Zeit alle Eigenwerte und Eigenvektoren einer $n \cdot n$-Matrix ermittelt werden können, so daß der Ingenieur sich nicht mehr um die dafür benutzten Algorithmen zu kümmern braucht [vgl. (P 3/1) bis (P 3/5)].

Einen Eindruck von dem Rechenaufwand, den die Ermittlung aller Eigenwerte und Eigenvektoren einer $n \cdot n$-Matrix beansprucht, vermittelt Tabelle 6/6. Die Anzahl

Tabelle 6/5. Übersicht über effektive Verfahren zur Berechnung von Eigenschwingformen und -frequenzen

Form von A	Interessierende Größen		Nr.	Verfahren (mit Anzahl wesentlicher Rechenoperationen)	
A symmetrisch, reell	alle EW und EV	**Tridiagonalisierung mittels Householder-Transformationen**		*Jacobi*-Verfahren	$(32n^3)$
			I	Akkumulation der Transformationsmatrix $(2n^3/3)$	Impliziter QL-Algorithmus mit EV-Berechnung $(3n^3)$
	alle EW		II	Impliziter QL-Algorithmus ohne EV-Berechnung $(15n^2)$	Berechnung von EV mit inverser Iteration
	k kleinste oder größte EW $(k \ll n)$		III	Rationaler QR-Algorithmus mit *Newton*-Verschiebung $[0(n)$ je EW$]$	Berechnung der zugehörigen EV mit inverser Iteration
	EW aus Intervall		IV	Bisektion $[0(n)$ je EW$]$	
	EV zu EW-Näherung	$(2n^3/3)$	V	Inverse Iteration $[n^2/2 + 0(n)]$ je EV	Rücktransformation $(n^2$ je EV$)$
A nicht symmetrisch, reell	alle EW und EV	**Transformation auf Hessenberg Gestalt mittels orthogonaler Transformationen**	VI	Akkumulation der Transformationsmatrix $(5n^3/3)$	Doppelschritt-QR-Algorithmus mit *Francis*-Verschiebung mit EV-Berechnung
	alle EW		VII	Doppelschritt-QR-Algorithmus mit *Francis*-Verschiebung ohne EV-Berechnung $(8n^3)$	Berechnung von EV mit inverser Iteration
	EV zu EW-Näherung oder kleinster EW und EV	$(5n^3/3)$	VIII	Inverse Iteration $[4n^2 + 0(n)]$ für reelle EW $[n^3/6 + 0(n^2)]$ für komplexe EW je EV	Rücktransformation $(n^2$ je EV$)$

EV   Eigenvektor (Eigenschwingform) $0(n)$ Summand der Ordnung n
EW   Eigenwert (Eigenkreisfrequenz)

der wesentlichen Rechenoperationen zur Berechnung aller Eigenwerte und Eigenvektoren ist bei allen Verfahren proportional zu n^3. Wenn man dabei beachtet, daß der Preis je Rechenstunde ständig sinkt, dann erkennt man, daß die Lösung von Eigenwertproblemen nicht an ökonomischen Erwägungen scheitert.

Dank der schnellen Entwicklung der elektronischen Rechentechnik ist es gegenwärtig kein Problem mehr, alle Eigenfrequenzen und Schwingungsformen kompli-

Tabelle 6/6. Rechenzeit zur Lösung von Eigenwertproblemen bei verschiedenen EDVA (in Sekunden), k Anzahl der EV. (Die Angaben in Tabelle 6/5; 6/6 verdanken wir Frau Dr. Lang, TH Karl-Marx-Stadt)

IBM 360/75 (FORTRAN G)

Verfahren Nr.	$n = 20$	$n = 40$	$n = 60$	$n = 80$
I	0,44	3,1	10,1	22,8
II	0,15	3,1	2,2	4,7
III	$0,07 + 0,01k$	$0,5 + 0,02k$	$1,5 + 0,03k$	$3,4 + 0,04k$
IV	$0,07 + 0,02k$	$0,5 + 0,03k$	$1,5 + 0,05k$	$3,4 + 0,06k$
V	$0,01k$	$0,02k$	$0,05k$	$0,08k$
VI	1,28	9,5	32,3	62,4
VII	0,7	4,6	14,8	28,5
VIII	$0,02k$	$0,05k$	$0,1k$	$0,17k$

R 20 (FORTRAN F)

Verfahren Nr.	$n = 20$	$n = 40$	$n = 60$	$n = 80$
I	86	678	2276	5380
II	20	138	463	1046
III	$16 + 0,1k$	$115 + 0,2k$	$430 + 0,3k$	$862 + 0,4k$
IV	$16 + 0,2k$	$115 + 0,4k$	$430 + 0,5k$	$862 + 0,7k$
V	$1,8k$	$7,2k$	$16,8k$	$26,6k$
VI	185	1118	2832	9744
VII	83	577	1319	4800
VIII	$4k$	$13,3k$	$102k$	$86k$

R 40 (FORTRAN F)

Verfahren Nr.	$n = 20$	$n = 40$	$n = 60$	$n = 80$
I	2,6	12,3	41,5	96,92
II	0,5	3,2	10,8	24,46
III	$0,45 + 0,05k$	$3,18 + 0,09k$	$10,7 + 0,14k$	$24,38 + 0,25k$
IV	$0,45 + 0,06k$	$3,18 + 0,1k$	$10,7 + 0,12k$	$24,38 + 0,16k$
V	$0,04k$.	$0,14k$	$0,32k$	$0,45k$
VI	8	34	142	319
VII	4	12	49	103
VIII	$0,7k$	$1,0k$	$2,8k$	$5,3k$

zierter Schwingungsmodelle zu berechnen. Die Software moderner Kleinrechner, die zunehmend im Konstruktionsbüro Eingang finden, enthält auch Programme zur Eigenwertberechnung. Die auftretenden mathematischen Probleme, z. B. zur Lösung von Eigenwertproblemen und bei der numerischen Lösung gewöhnlicher Dgln.) können dank dem gegenwärtigen Entwicklungsstand, der elektronischen Rechentechnik vom Ingenieur an den Mathematiker bzw. Rechentechniker übergeben werden. Wenn ein Problem formuliert ist, sollten Ingenieure nicht den Ehrgeiz haben, neuartige Lösungsverfahren zu entwickeln und dafür Rechenprogramme zu schreiben. Es empfiehlt sich dagegen, die praktisch auftretenden Aufgaben so zu formulieren, daß sie sich mit bekannten Verfahren behandeln lassen. Gewisse Schwierigkeiten

können bei der Anwendung mancher Rechenprogramme entstehen, wenn dicht
benachbarte oder betragsgleiche Eigenwerte (Eigenfrequenzen) auftreten. Dies
kommt bei Systemen mit verzweigter oder vermaschter Struktur vor, z. B. bei
Block- und Tischfundamenten (wo diese Frequenznachbarschaft bei der Tiefabstim-
mung oft sogar zur Begrenzung des Spektrums gefordert wird), bei räumlich ausgedehnten Strukturen, Rohrleitungen und verzweigten Torsionsschwingungssystemen.

Weiterhin ist bemerkenswert, daß bei allen Verfahren, die Eigenwerte und Eigenvektoren gleichzeitig iterativ ermitteln, der Eigenwert stets besser als der Eigenvektor konvergiert. Die Nichtbeachtung dieser Tatsache kann bei praktischen maschinendynamischen Berechnungen zu Fehlschlüssen führen.

Den größten Aufwand verlangen bei praktischen Aufgaben die Vorbereitungsarbeiten,
d. h. die Wahl des Berechnungsmodells und die Ermittlung der Zahlenwerte für die
Elemente der Matrizen C, D und M aus den bei einer technischen Konstruktion
gegebenen Daten.

Der Einsatz der EDVA zur Lösung von Schwingungsproblemen verleitet oft dazu,
die Rechenergebnisse überzubewerten. Die Brauchbarkeit der Rechenergebnisse
ist vor allem davon abhängig, wie gut das Berechnungsmodell die reale Maschine
abbildet und wie genau die Eingabedaten bekannt sind. Vielfach sind die geometrischen und mechanischen Parameter einer Maschine nur auf 2 bis 3 Ziffern genau
bekannt. Die Massenwerte sind i. allg. verläßlicher bestimmbar als die Federwerte.
Die Praxis zeigt meist, daß die tatsächlichen Federkonstanten kleiner als die berechneten sind und daß gemessene Eigenfrequenzen unter den berechneten liegen. Die
Ursache dafür ist, daß oft nicht alle elastischen Elemente rechnerisch genau genug
erfaßt werden und daß sich manche Verbindungen während des Betriebs lockern,
so daß infolge des auftretenden Spiels tatsächlich kleinere mittlere Steifigkeiten
entstehen. Eine Übereinstimmung von praktisch gemessenen mit berechneten Eigenfrequenzen und Schwingformen in der Größenordnung von 5% kann oft als Erfolg
angesehen werden.

Im allgemeinen kann man bei verschiedenen Exemplaren von Maschinen derselben
Konstruktion erwarten, daß sich deren Schwingungsverhalten voneinander kaum
unterscheidet. Die beobachteten Abweichungen von den Rechenergebnissen sind
dann nicht auf die Streuung der Parameter der untersuchten Maschine, sondern auf
die Güte des Berechnungsmodells zurückzuführen.

Es gibt aber auch Maschinen, bei denen die Steifigkeit von Verbindungselementen
im wesentlichen durch die Montagebedingungen bestimmt wird und gewissermaßen
der Monteur mit dem Schraubenschlüssel die Vorspannung und damit die Eigenfrequenzen bestimmt. Bei der Konstruktion muß man solche Unsicherheiten vermeiden und dafür sorgen, daß die in der Rechnung angenommenen Werte auch zu-
verlässig sind. Diese Forderung läuft darauf hinaus, „berechnungsgerecht" zu
konstruieren.

6.4.2.   Abschätzungen von Dunkerley und Neuber

Das folgende Näherungsverfahren zur Bestimmung der Grundfrequenz nutzt die
Tatsache aus, daß die Summe der Diagonalelemente einer Matrix ebenso groß ist
wie die Summe ihrer Eigenwerte. Es gilt für das spezielle Eigenwertproblem [Gl. (6.58)]

$$S_1 = \mathrm{Sp}\,(A) = \sum_{i=1}^{n} a_{ii} = \sum_{i=1}^{n} \lambda_i \qquad (6.98)$$

Dieser Zusammenhang ist auch als erster Vietascher Wurzelsatz seit etwa 400 Jahren
bekannt.

Für die niedrigste Eigenkreisfrequenz gilt mit der Matrix

$$\boldsymbol{A} = \omega^{*2}\boldsymbol{DM}$$

die Abschätzung

$$\omega_1{}^2 > \frac{\omega^{*2}}{S_1} = \frac{\omega^{*2}}{\sum\limits_{i=1}^{n} a_{ii}} \tag{6.99}$$

Diese Abschätzung läßt sich auch anschaulich physikalisch deuten und anwenden, weil jedem a_{ii} formal ein Wert $\omega^{*2}/\omega_{(i)}^2$ entspricht.

Wenn man das Schwingungssystem mit n Freiheitsgraden in n Teilsysteme mit je einem Freiheitsgrad zerlegt, dann läßt sich für jedes dieser Teilsysteme eine Eigenkreisfrequenz $\omega_{(i)}$ berechnen. Für die niedrigste Eigenkreisfrequenz des Gesamtsystems ergibt sich dann analog zu Gl. (6.99) die schon für Biegeschwinger aus Gl. (5.86) und für Torsionsschwinger Gl. (4.52) bekannte Beziehung

$$\omega_1{}^2 > \frac{1}{\sum\limits_{i=1}^{n} \dfrac{1}{\omega_{(i)}^2}} \tag{6.100}$$

Die Teilsysteme können auf zweierlei Weise gefunden werden. Sie entstehen aus dem wirklichen System, wenn die Masse m_i (bezogen auf die Koordinate q_i) vorhanden ist und alle anderen Massen gleich Null gesetzt werden (*Dunkerley*) oder wenn nur eine Feder vorhanden ist und alle anderen Federn starr sind (*Neuber*) [27]. Tabelle 6/7 zeigt Formeln, die durch die Aufteilung einiger Systeme in solche Teilsysteme gewonnen wurden (vgl. auch L 6/10, Bild 6/10).

Diese Zerlegung in Teilsysteme ist allgemein anwendbar. Sie gibt dem Konstrukteur die Möglichkeit, den Einfluß einzelner dynamischer Parameter auf die Eigenfrequenz angenähert zu berechnen und die Lösung komplizierter Frequenzgleichungen zu umgehen. Besonders günstig ist ihre Anwendung, wenn die Eigenfrequenzen der Teilsysteme genau bekannt sind.

Im allgemeinen eignet sich die Aufteilung nach *Dunkerley* besonders für Biegeschwinger und die nach *Neuber* für Schwingungsketten.

Durch diese Aufteilung wird näherungsweise ersichtlich, wie groß der Einfluß jeder einzelnen Masse bzw. jeder Feder ist. Dies interessiert den Konstrukteur besonders dann, wenn er entscheiden soll, durch welche Maßnahmen die Grundfrequenz wirksam beeinflußt werden kann. An den einfachen Formeln (6.99) bzw. (6.100) läßt sich ein Parametereinfluß auch ohne die Benutzung von großen Rechenprogrammen übersehen (vgl. Tabelle 6/7).

6.4.3. Iterationsverfahren, Rayleigh-Quotient und Grammel-Quotient

Das in diesem Abschnitt behandelte Iterationsverfahren stellt die mathematische Verallgemeinerung eines von *Stodola* [1] für Biegeschwinger benutzten Verfahrens dar. Es geht auf eine Arbeit von *R. v. Mises* (1883 bis 1935) aus dem Jahre 1929 zurück und beruht auf folgender Überlegung:

Eine beliebige Schwingform kann man sich als eine Überlagerung aller n Eigenschwingformen vorstellen. Mathematisch ausgedrückt heißt das, daß ein beliebiger

Tabelle 6/7. Formeln zur Abschätzung der Grundkreisfrequenz für spezielle Schwingungssysteme (nach *Dunkerley* und *Neuber*)

Gesamtsystem	Teilsystem gemäß der Zerlegung nach *Dunkerley* und *Neuber*			
Dunkerley	$\dfrac{1}{\omega^2_{(1)}} = \dfrac{64\,l^3 m_1}{48\,EI}$	$\dfrac{1}{\omega^2_{(2)}} = \dfrac{14\,l^3 m_2}{48\,EI}$	$\dfrac{1}{\omega^2_{(3)}} = \dfrac{16\,l^3(m_1+m_2+m_3)}{48\,EI}$	$\dfrac{1}{\omega^2_{(4)}} = \dfrac{2\,l^3 m_4}{48\,EI}$
Neuber ($h \ll l$)	$\dfrac{1}{\omega^2_{(1)}} = \dfrac{m_1(l_1+l_2)^2 + m_3 l_2^2 + J_S}{c_1(l_1+l_2)^2}$	$\dfrac{1}{\omega^2_{(2)}} = \dfrac{m_2(l_1+l_2)^2 + m_3 l_1^2 + J_S}{c_2(l_1+l_2)^2}$	$\dfrac{1}{\omega^2_{(3)}} = \dfrac{m_3 l_2^2 + J_S}{c_3(l_1+l_2)^2}$	$\dfrac{1}{\omega^2_{(4)}} = \dfrac{m_3 l_1^2 + J_S}{c_4(l_1+l_2)^2}$
Massebelegter elast. Stab, Dunkerley	$\dfrac{1}{\omega^2_{(1)}} = \dfrac{\varrho A l}{3 c_1}$ (starrer Stab)	$\dfrac{1}{\omega^2_{(2)}} = \dfrac{\varrho A l}{3 c_2}$ (starrer Stab)	$\dfrac{1}{\omega^2_{(3)}} = \dfrac{\varrho A l^4}{\pi^4 EI}$ (elast. Stab, vgl. Gl. (5.59))	
Neuber (vgl. 4.2.5.)	$\omega^2_{(1)} = c_1 \dfrac{J_1+J_2+J_3+J_4+J_5}{J_1(J_2+J_3+J_4+J_5)}$	$\omega^2_{(2)} = c_2 \dfrac{J_1+J_2+J_3+J_4+J_5}{(J_1+J_2)(J_3+J_4+J_5)}$	$\omega^2_{(3)} = c_3 \dfrac{J_1+J_2+J_3+J_4+J_5}{(J_1+J_2+J_3)(J_4+J_5)}$	$\omega^2_{(4)} = c_4 \dfrac{J_1+J_2+J_3+J_4+J_5}{(J_1+J_2+J_3+J_4)\cdot J_5}$

Vektor $v^{(0)}$ eindeutig als eine lineare Kombination aller Eigenvektoren v_i dargestellt werden kann:

$$v^{(0)} = p_1 v_1 + p_2 v_2 + \cdots + p_n v_n \tag{6.101}$$

Dabei sind p_i die Hauptkoordinaten, die hier aber nicht weiter interessieren. Multipliziert man Gl. (6.101) mit der Matrix $A = DM$, so ergibt sich wegen Gl. (6.73) die Entwicklung

$$\begin{aligned} v^{(1)} = A v^{(0)} &= p_1 A v_1 + p_2 A v_2 + \cdots + p_n A v_n \\ &= p_1 \lambda_1 v_1 + p_2 \lambda_2 v_2 + \cdots + p_n \lambda_n v_n \end{aligned} \tag{6.102}$$

Bei wiederholter Multiplikation mit A entsteht auf diese Weise die Folge der Vektoren

$$v^{(k)} = A^k v^{(0)} = p_1 \lambda_1^k v_1 + p_2 \lambda_2^k v_2 + \cdots + p_n \lambda_n^k v_n \tag{6.103}$$

Damit ist

$$v^{(k)} = A^k v^{(0)} = \lambda_1^k \left[p_1 v_1 + p_2 \left(\frac{\lambda_2}{\lambda_1}\right)^k v_2 + \cdots + p_n \left(\frac{\lambda_n}{\lambda_1}\right)^k v_n \right] \tag{6.104}$$

Bei hinreichend großem k wird der erste Summand in der eckigen Klammer gegenüber allen übrigen überwiegen. Der Vektor $v^{(k)}$ ist dann mit allen seinen Komponenten proportional dem Eigenvektor v_1. Die von Gl. (6.19) ausgehende Iterationsvorschrift

$$\boxed{v^{(k+1)} \cong DM v^{(k)}} \quad \text{bzw.} \quad \boxed{v^{(k+1)} \cong A v^{(k)}} \quad k = 0, 1, 2, \ldots \tag{6.105}$$

führt bei beliebigem Startvektor $v^{(0)}$ für genügend große k zu der Eigenschwingform v_1. Das Iterationsverfahren ist in der Form von Gl. (6.105) allerdings nur vorteilhaft anwendbar, falls die elastischen Systemeigenschaften durch die Nachgiebigkeitsmatrix D gegeben sind (wegen $A \sim DM$). Falls die Steifigkeitsmatrix C gegeben ist, wäre erst eine Inversion $D = C^{-1}$ nötig, um A berechnen zu können. Das ist aber umständlich.

Bei gegebenem C führt die von Gl. (6.18) ausgehende Iterationsformel

$$\boxed{Cv^{(k+1)} = Mv^{(k)}} \qquad k = 0, 1, 2, \ldots \tag{6.106}$$

zum Ziel. Bei dieser sog. gebrochenen Iteration müssen die Vektorkomponenten aus einem linearen Gleichungssystem mit bekannten rechten Seiten berechnet werden.

Das Iterationsverfahren kann mit einem beliebigen Startvektor $v^{(0)}$ beginnen. Meist wählt man einen der folgenden Vektoren:

$$v^{(0)} = \begin{pmatrix} 1 \\ 1 \\ \vdots \\ 1 \end{pmatrix}; \quad v^{(0)} = \begin{pmatrix} 1 \\ 0 \\ \vdots \\ 0 \end{pmatrix}; \quad v^{(0)} = \begin{pmatrix} a_{11} \\ a_{2i} \\ \vdots \\ a_{nn} \end{pmatrix}; \quad v^{(0)} = \begin{pmatrix} \Sigma\, a_{1k} \\ \Sigma\, a_{2k} \\ \vdots \\ \Sigma\, a_{nk} \end{pmatrix};$$

$$v^{(0)} = \begin{pmatrix} m_{11} \\ m_{22} \\ \vdots \\ m_{nn} \end{pmatrix} \tag{6.107}$$

Das Verfahren konvergiert gegen v_1, falls der Ansatz so gewählt wurde, daß $p_1 \neq 0$ ist. Falls $p_1 = 0$ und $p_2 \neq 0$, konvergiert es gemäß Gl. (6.104) gegen v_2. Das Verfahren konvergiert um so schneller, je kleiner die Verhältnisse der Eigenwerte sind, vgl. Gl. (6.104), je mehr sich die niedrigsten Eigenfrequenzen von den anderen unterscheiden ($\lambda_k = \omega^{*2}/\omega_k^2$; $\lambda_1 > \lambda_k$).

Ein Startvektor $v_2^{(1)}$, der keine Komponente von v_1 enthält, kann bei schon bekanntem λ_1 aus einem beliebigen Vektor $v_2^{(0)}$ folgendermaßen berechnet werden:

$$v_2^{(1)} = \lambda_1 v_2^{(0)} - A v_2^{(0)} \tag{6.108}$$

Wendet man das Iterationsverfahren auf diesen Vektor an, so nähert sich der iterierte Vektor der zweiten Eigenschwingform v_2. Es ist also günstig, diese Rechnung mit einem Vektor v zu beginnen, der v_2 annähert. Da die Gefahr besteht, daß sich infolge von Abrundungsfehlern Komponenten von v_1 bei der Iteration „einschleichen", empfiehlt es sich, die nächste Näherung gemäß Gl. (6.108) von solchen Komponenten zu „reinigen".

Damit die Zahlenwerte nicht unbequem groß werden, soll ein Normieren der Vektoren $v^{(k)}$ vor jedem neuen Iterationsschritt erfolgen, indem man alle Komponenten z. B. durch $v_{k\,i\mathrm{max}}$ dividiert [vgl. Gl. (6.60)].

In 6.4.4. wird am Beispiel eines Werkzeugmaschinengestells das numerische Vorgehen an Hand der Tabelle 6/8 demonstriert.

Mit dem Näherungswert für die Eigenvektoren v_1 und v_2 können die ersten beiden Eigenkreisfrequenzen mit Hilfe des *Rayleigh*- oder *Grammel*-Quotienten gut abgeschätzt werden.

22*

Tabelle 6/8. Iterationsverfahren zur Berechnung der ersten Eigenschwingformen des Modells von Bild 6/2 b (Beispiel: Werkzeugmaschinengestelle s. 6.4.4.)

Matrix A	$v_1^{(0)}$	$Av_1^{(0)}$	$v_1^{(1)}$	$Av_1^{(1)}$	$v_1^{(2)}$	$Av_1^{(1)}$	$v_1^{(3)}$
64 58 120 12	1	254	1	159,22	1	154,23	1
29 28 60 6	1	123	0,4843	76,13	0,4781	73,67	0,4775
24 24 80 10	1	138	0,5433	80,70	0,5068	77,47	0,5021
6 6 25 4	1	41	0,1614	23,13	0,1453	22,12	0,1434

Matrix A	$v_2^{(0)}$	$\lambda_1 v_2^{(0)} - Av_2^{(0)}$	$v_2^{(1)}$	$Av_2^{(1)}$	$v_2^{(2)}$	$Av_2^{(2)}$	$v_2^{(3)}$
64 58 120 12	1	163,57	1	29,775	1	21,117	1
29 28 60 6	1	162,57	0,9939	10,894	0,3659	7,193	0,3406
24 24 80 10	−1	−111,57	−0,6821	−15,063	−0,5059	−10,521	−0,4982
6 6 25 4	−1	−136,57	−0,8349	−8,429	−0,2831	−5,585	−0,2645

Der *Rayleigh*-Quotient ist bereits aus 5.3.4. für Biegeschwinger bekannt. In der hier benutzten Matrizenschreibweise hat er folgende Form:

$$\omega_R^2 = \frac{v^T C v}{v^T M v} \tag{6.109}$$

Diese Formel, die an einen Feder-Masse-Schwinger ($\omega^2 = c/m$) erinnert, kann man sich leicht einprägen. Die Anwendung des *Rayleigh*-Quotienten verlangt, einen Näherungsvektor v für v_1 zu schätzen. Dafür eignet sich manchmal die statische Verformung infolge der Eigenlast. Es ist auch vorteilhaft, den *Rayleigh*-Quotienten mit dem Iterationsverfahren zu kombinieren. Wird für v ein Eigenvektor v_i eingesetzt, liefert Gl. (6.109) die entsprechende Eigenkreisfrequenz ω_i exakt. Entspricht v näherungsweise einem Eigenvektor v_i, so wird ein Näherungswert für ω_i erhalten. Eine weitere Abschätzung für ω_1^2 liefert der nach *R. Grammel* (1889 bis 1964) benannte Quotient:

$$\omega_G^2 = \frac{v^T M v}{v^T M D M v} = \frac{v^T (Mv)}{(Mv)^T D (Mv)} \tag{6.110}$$

Er entsteht aus dem *Rayleigh*-Quotienten, wenn für das rechts stehende v gemäß Gl. (6.105) der sich nach der ersten Iteration ergebende Wert eingesetzt wird.
Bei demselben Ansatz v ergibt der *Grammel*-Quotient eine noch bessere Näherung als der *Rayleigh*-Quotient, d. h., es gilt:

$$\omega_1^2 < \omega_G^2 < \omega_R^2 < \omega_n^2 \tag{6.111}$$

Man wird den *Rayleigh*-Quotienten benutzen, falls die Steifigkeitsmatrix C eines Systems bekannt ist. Bei gegebener Nachgiebigkeitsmatrix D ist der *Grammel*-Quotient anwendbar. Die Bildung der Kehrmatrix läßt sich also vermeiden.

6.4.4.   Beispiel: Werkzeugmaschinengestelle

Zunächst sollen für das Gestell aus 6.3.2. die ersten beiden Eigenschwingformen und die ersten beiden Eigenkreisfrequenzen mit Hilfe des Iterationsverfahrens in Verbindung mit dem *Grammel*-Quotienten berechnet werden.

Werden als Komponenten des Startvektors die Zeilensummen der Matrix $A = DM\omega^{*2}$ genommen, so entspricht dies dem Vektor $v^{(1)}$ mit $v_1^{(0)T} = (1\ 1\ 1\ 1)$

$$Av^{(0)} = \begin{pmatrix} \Sigma\, a_{1k} \\ \Sigma\, a_{2k} \\ \Sigma\, a_{3k} \\ \Sigma\, a_{4k} \end{pmatrix} = \begin{pmatrix} 254 \\ 123 \\ 138 \\ 41 \end{pmatrix}, \quad \text{d. h.} \quad v_1^{(1)} = \begin{pmatrix} 1 \\ 0{,}4843 \\ 0{,}5433 \\ 0{,}1614 \end{pmatrix}$$

Gemäß Gl. (6.105) wird dann berechnet ($k = 1$)

$$Av_1^{(1)} = \begin{pmatrix} 64 & 58 & 120 & 12 \\ 29 & 28 & 60 & 6 \\ 24 & 24 & 80 & 10 \\ 6 & 6 & 25 & 4 \end{pmatrix} \begin{pmatrix} 1 \\ 0{,}4843 \\ 0{,}5433 \\ 0{,}1614 \end{pmatrix}$$

$$= \begin{pmatrix} 159{,}220 \\ 76{,}126 \\ 80{,}700 \\ 23{,}134 \end{pmatrix}; \quad \text{d. h.} \quad v_1^{(2)} = \begin{pmatrix} 1 \\ 0{,}4781 \\ 0{,}5068 \\ 0{,}1453 \end{pmatrix}$$

Damit die Zahlenwerte nicht unbequem groß werden, wird vor jedem neuen Iterationsschritt normiert, in dem man alle Komponenten durch v_{11} dividiert. Außerdem ist es ratsam, den ganzen Rechenablauf zu schematisieren, wie dies Tabelle 6/8 zeigt. Die Matrix A wird nur einmal hingeschrieben. Aus Tabelle 6/8 ist zu ersehen, daß sich der Eigenvektor Schritt für Schritt dem exakten Wert nähert und bereits nach 2 Schritten eine hinreichend gute Näherung für v_1 gefunden wurde. Da die Matrizen M und D bekannt sind, bietet es sich an, den *Grammel*-Quotienten anzuwenden. Aus Tabelle 6/8 wird die Näherung $v_1^{(2)}$ auf drei Stellen genau entnommen. Es ergibt sich zunächst

$$Mv = m \begin{pmatrix} 1 & 0 & 0 & 0 \\ 0 & 2 & 0 & 0 \\ 0 & 0 & 5 & 0 \\ 0 & 0 & 0 & 2 \end{pmatrix} \begin{pmatrix} 1 \\ 0{,}478 \\ 0{,}507 \\ 0{,}145 \end{pmatrix} = m \begin{pmatrix} 1 \\ 0{,}956 \\ 2{,}535 \\ 0{,}290 \end{pmatrix}$$

und dann gemäß der rechten Seite von Gl. (6.110)

$$\omega_G^2 = \frac{(1\ \ 0{,}478\ \ 0{,}507\ \ 0{,}145) \begin{pmatrix} 1 \\ 0{,}956 \\ 2{,}535 \\ 0{,}290 \end{pmatrix} 48EI}{(1\ \ 0{,}956\ \ 2{,}535\ \ 0{,}290) \begin{pmatrix} 64 & 29 & 24 & 6 \\ 29 & 14 & 12 & 3 \\ 24 & 12 & 16 & 5 \\ 6 & 3 & 5 & 2 \end{pmatrix} \begin{pmatrix} 1 \\ 0{,}956 \\ 2{,}535 \\ 0{,}200 \end{pmatrix} ml^3}$$

Der *Grammel*-Quotient liefert also die sehr genaue Abschätzung [vgl. Gl. (6.111)]:

$$\omega_1^2 < \omega_G^2 = \frac{2{,}784263 \cdot 48EI}{427{,}568888\ ml^3} = 0{,}31257\ EI/ml^3$$

$$\left(\text{exakt:}\ \omega_1^2 = 0{,}31256\ \frac{EI}{ml^3},\ \text{vgl. Gl. (6.70)} \right)$$

Die Berechnung eines Näherungswertes für die zweite Eigenschwingform erfolgt mit dem Eigenwert $\lambda_1 = 153{,}5702$ gemäß Gl. (6.108). Tabelle 6/8 zeigt die Iterationsschritte, wobei eine „Reinigung" von $v_2^{(0)}$ gemäß Gl. (6.108) erfolgt, weil sich sonst [vgl. Gl. (6.104)] Komponenten von v_1 durchsetzen. Mit der Näherung $v_2^{(2)T} = (1 \ \ 0{,}3659 \ \ -0{,}5059 \ \ -0{,}2831)$ erhält man

$$\omega_G^2 = \frac{(1 \ \ 0{,}3659 \ \ -0{,}5059 \ \ -0{,}2831)\begin{pmatrix} 1 \\ 0{,}7318 \\ -2{,}5295 \\ -0{,}5662 \end{pmatrix} 48EI}{(1 \ \ 0{,}7318 \ \ -2{,}5295 \ \ -0{,}5662)\begin{pmatrix} 64 & 29 & 24 & 6 \\ 29 & 14 & 12 & 3 \\ 24 & 12 & 16 & 5 \\ 6 & 3 & 5 & 2 \end{pmatrix}\begin{pmatrix} 1 \\ 0{,}7318 \\ -2{,}5295 \\ -0{,}5662 \end{pmatrix} ml^3}$$

$$= 2{,}31445 EI/ml^3$$

Dies ist eine gute Näherung für ω_2^2 (exakt: $\omega_2^2 = 2{,}31320 EI/ml^3$). Die beiden Zahlenrechnungen zeigen wieder einmal, daß die Eigenfrequenzen genauer werden als die Eigenschwingformen.

Bei Werkzeugmaschinen kommt es oft darauf an, die Relativschwingungen zwischen Werkstück und Werkzeug zu unterdrücken (Bearbeitungsgenauigkeit). Deshalb ist die Kenntnis der Schwingformen der kompletten Maschine von praktischer Bedeutung. Die ersten 3 Eigenschwingformen des Gestells einer Fräsmaschine zeigt Bild 6/7. In der Grundschwingung schwingt das Gestell wie ein eingespannter Balken. In der

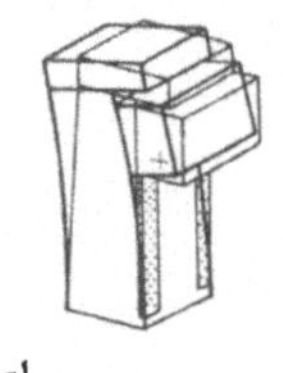 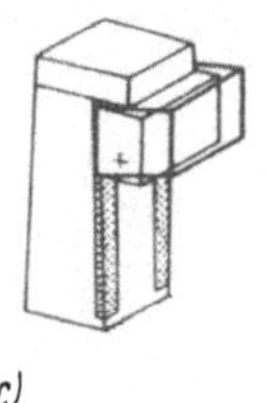 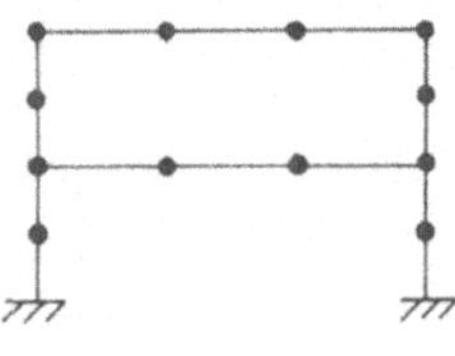

Bild 6/7. Schwingformen einer Einständer-Fräsmaschine nach *Groth* [6/14]
a) $f_1 = 10$ Hz (Ständerbiegeschwingung)
b) $f_2 = 23$ Hz;   c) $f_3 = 24$ Hz (Supportwackelschwingung)

Bild 6/8. Berechnungsmodell des Gestells einer Schleifmaschine

zweiten und dritten Eigenfrequenz wirkt sich die geringe Federkonstante in der Gleitführung so aus, daß der Support praktisch als starrer Körper gegenüber dem Maschinengestell schwingt [6/14].

Das Berechnungsmodell des Gestells einer Schleifmaschine (Bild 6/8) besteht aus masselosen Balken, die längs-, torsions- und biegeelastisch sind und 12 starre Körper verbinden. Da jeder starre Körper im Raum 6 Freiheitsgrade hat, besitzt dieses System insgesamt $n = 6 \cdot 12 = 72$ Freiheitsgrade. Bild 6/9 zeigt die Rechenergebnisse. Infolge der Symmetrie dieser Konstruktion treten symmetrische und antimetrische Eigenschwingformen auf, die in mehreren Fällen auch räumlich verlaufen. Man beachte, daß die Zahl der Schwingungsknoten mit steigender Ordnung der Eigenfrequenzen zunimmt und daß die Eigenfrequenzen durchaus nicht gleichmäßig über den ganzen Frequenzbereich verteilt sind. Der Einfluß der Dämpfung, die jede reale Konstruktion besitzt, wurde vernachlässigt. Er macht sich vor allem bei den höheren Schwingformen praktisch bemerkbar. Es ist also nicht zu erwarten, daß die berechneten höheren Eigenfrequenzen und Eigenschwingformen mit der Wirklichkeit übereinstimmen (vgl. 6.7.).

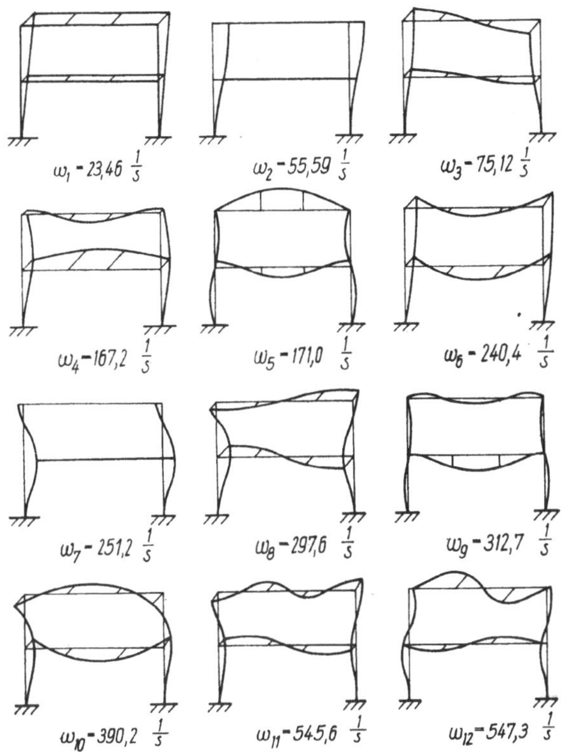

Bild 6/9. Erste 12 Eigenkreisfrequenzen ω_i und Eigenschwingformen v_i des Gestells einer Schleifmaschine

6.4.5. Aufgaben A 6/10 bis A 6/13

A 6/10: Man leite für eine Längsschwingerkette mit 3 Massen und 3 Federn, die auf einer Seite befestigt ist, eine Gleichung zur Abschätzung der Grundfrequenz ab. Man prüfe, ob die Aufteilung nach *Dunkerley* und *Neuber* dasselbe Ergebnis liefert.

A 6/11: Welche Methoden wendet man zur Bestimmung der niedrigsten Eigenfrequenzen zweckmäßig an, falls die Grundschwingform näherungsweise bekannt ist?

A 6/12: Man berechne die niedrigste Eigenkreisfrequenz des Maschinengestell-Modells der Aufgabe A 6/7 mit 2 Freiheitsgraden mit Hilfe des *Rayleigh*- und *Grammel*-Quotienten. Man benutze dabei die Matrizen nach Gln. (6.31) und (6.33), die auch in der Lösung L 6/7 benutzt wurden. Als Näherung benutze man $v^T = (2 \ 1)$ und $v^T = (1 \ 1)$.

A 6/13: Hängen die Eigenkreisfrequenzen ω_i, die Eigenschwingformen v_i, die verallgemeinerten Massen m_{ik} und die Federkonstanten c_{ik} von der Wahl der verallgemeinerten Koordinaten ab?

6.4.6.   Lösungen L 6/10 bis L 6/13

L 6/10:   Die Zerlegung in Teilsysteme zeigt Bild 6/10. Man beachte dabei, daß die Gesamtfederkonstante von in Reihe geschalteten Federn zu berechnen ist. Beide Verfahren liefern dieselbe Formel, die in Bild 6/10 unten angegeben ist.

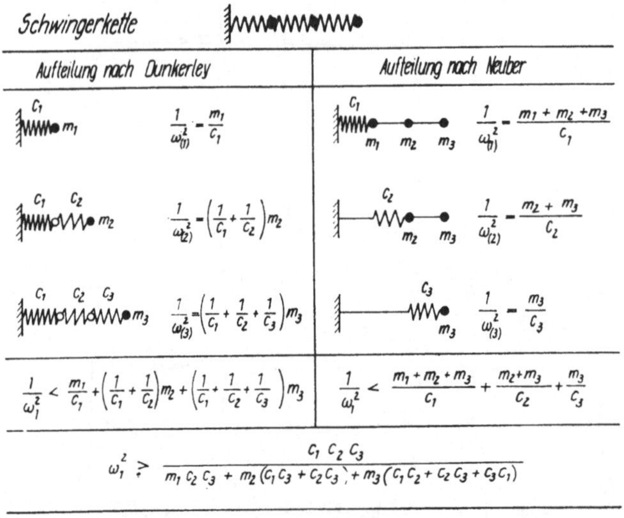

Schwingerkette

Aufteilung nach *Dunkerley*		Aufteilung nach *Neuber*	
c_1, m_1	$\dfrac{1}{\omega_{(1)}^2} - \dfrac{m_1}{c_1}$	c_1; m_1, m_2, m_3	$\dfrac{1}{\omega_{(1)}^2} - \dfrac{m_1 + m_2 + m_3}{c_1}$
c_1, c_2, m_2	$\dfrac{1}{\omega_{(2)}^2} - \left(\dfrac{1}{c_1} + \dfrac{1}{c_2}\right) m_2$	c_2; m_2, m_3	$\dfrac{1}{\omega_{(2)}^2} - \dfrac{m_2 + m_3}{c_2}$
c_1, c_2, c_3, m_3	$\dfrac{1}{\omega_{(3)}^2} - \left(\dfrac{1}{c_1} + \dfrac{1}{c_2} + \dfrac{1}{c_3}\right) m_3$	c_3; m_3	$\dfrac{1}{\omega_{(3)}^2} - \dfrac{m_3}{c_3}$
$\dfrac{1}{\omega_1^2} < \dfrac{m_1}{c_1} + \left(\dfrac{1}{c_1} + \dfrac{1}{c_2}\right) m_2 + \left(\dfrac{1}{c_1} + \dfrac{1}{c_2} + \dfrac{1}{c_3}\right) m_3$		$\dfrac{1}{\omega_1^2} < \dfrac{m_1 + m_2 + m_3}{c_1} + \dfrac{m_2 + m_3}{c_2} + \dfrac{m_3}{c_3}$	

$$\omega_1^2 > \frac{c_1\, c_2\, c_3}{m_1\, c_2\, c_3 + m_2\,(c_1\, c_3 + c_2\, c_3) + m_3\,(c_1\, c_2 + c_2\, c_3 + c_3\, c_1)}$$

Bild 6/10. Zerlegung einer Dreimassen-Schwingerkette nach *Dunkerley* und *Neuber*

L 6/11:   Falls die Grundschwingform näherungsweise bekannt ist, wird der *Grammel*-Quotient oder der *Rayleigh*-Quotient angewendet. Wenn die Grundschwingform und die Grundfrequenz gesucht sind, wird zweckmäßigerweise das Iterationsverfahren benutzt.

L 6/12:   Mit dem Ansatz $\boldsymbol{v}^T = (2\ 1)$ ergibt sich

$$\omega_R^2 = \frac{\boldsymbol{v}^T \boldsymbol{C} \boldsymbol{v}}{\boldsymbol{v}^T \boldsymbol{M} \boldsymbol{v}} = \frac{(2\ 1)\,\dfrac{6}{7}\begin{pmatrix} 2 & -3 \\ -3 & 8 \end{pmatrix}\begin{pmatrix} 2 \\ 1 \end{pmatrix} EI}{(2\ 1)\,\dfrac{1}{3}\begin{pmatrix} 4 & 0 \\ 0 & 13 \end{pmatrix}\begin{pmatrix} 2 \\ 1 \end{pmatrix} ml^3} = \frac{3{,}42857}{9{,}66667}\,\frac{EI}{ml^3} = 0{,}35468\,\frac{EI}{ml^3}$$

$$\omega_G^2 = \frac{\boldsymbol{v}^T \boldsymbol{M} \boldsymbol{v}}{\boldsymbol{v}^T \boldsymbol{M} \boldsymbol{D} \boldsymbol{M} \boldsymbol{v}} = \frac{(2\ 1)\,\dfrac{1}{3}\begin{pmatrix} 4 & 0 \\ 0 & 13 \end{pmatrix}\begin{pmatrix} 2 \\ 1 \end{pmatrix} EI}{(2\ 1)\,\dfrac{1}{3}\begin{pmatrix} 4 & 0 \\ 0 & 13 \end{pmatrix}\dfrac{1}{6}\begin{pmatrix} 8 & 3 \\ 3 & 2 \end{pmatrix}\dfrac{1}{3}\begin{pmatrix} 4 & 0 \\ 0 & 13 \end{pmatrix}\begin{pmatrix} 2 \\ 1 \end{pmatrix} ml^3}$$

$$\omega_G^2 = \frac{9{,}66667}{27{,}2963}\,\frac{EI}{ml^3} = 0{,}35414\,\frac{EI}{ml^3}$$

Die Abweichung vom exakten Wert $\omega_1^2 = 0{,}35405\,EI/ml^3$ ist sehr klein und bestätigt Gl. (6.111). Mit dem groben Ansatz $\boldsymbol{v}^T = (1\ 1)$ ergeben sich die ungenaueren Werte $\omega_R^2 = 0{,}605\,EI/ml^3$ und $\omega_G^2 = 0{,}394\,EI/ml^3$, weil dieser Näherungsansatz die Grundschwingform schlecht annähert (exakte Werte vgl. *L 6/7*).

L 6/13:   Die Eigenkreisfrequenzen ω_i sind unabhängig von der Wahl der verallgemeinerten Koordinaten. Die Größen m_{ik}, c_{ik} bzw. d_{ik} sind von der Wahl der verallgemeinerten Koordinaten abhängig (vgl. Tabelle 6/2 und 6/3), die Zahlenwerte der v_i sind [außer von der Normierungsbedingung Gl. (6.60)] mathematisch auch von der Wahl der Koordinaten abhängig, jedoch ergibt sich physikalisch-anschaulich stets dieselbe Eigenschwingform.

6.5.   Einfluß von Masse- und Steifigkeitsveränderungen auf die Eigenfrequenzen

In der Praxis taucht oft die Frage auf, wie sich Veränderungen des vorgegebenen mechanischen Systems, wie

— Veränderung der Massen,
— Veränderung der Steifigkeiten,
— Veränderung der Zwangsbedingungen (Strukturveränderung)

auf die verschiedenen Eigenfrequenzen auswirken. Der Konstrukteur möchte auch wissen, wie er Eigenfrequenzen durch konstruktive Maßnahmen, d. h. durch Änderung von Massen, Steifigkeiten oder Zwangsbedingungen, im gewünschten Sinne beeinflussen kann, um z. B. Resonanz durch Verlagerung einer Eigenfrequenz zu vermeiden.

Zur Lösung dieser Aufgabe wurden Verfahren entwickelt, die durch Aufspalten der Massen- und Steifigkeitsmatrix die Diskussion von Parametereinflüssen erlauben. Um den Rahmen dieses Buches nicht zu sprengen, kann hier nur auf die Literatur verwiesen werden [4/5]; [6/18]; [6/19].

Nachdem in 4.2.6. bereits entsprechende Hinweise für Torsionssysteme gegeben wurden, soll hier nur eine allgemein gültige Zusammenstellung von Richtlinien erfolgen.

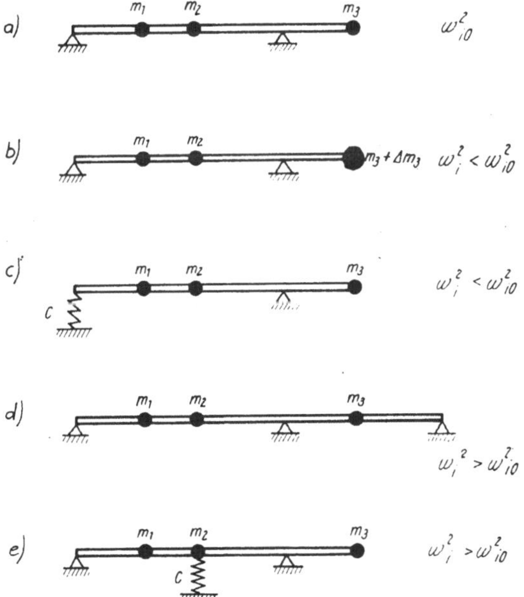

Bild 6/11. Zum Einfluß von Parameteränderungen auf die Eigenfrequenzen einer Welle

1. Bei einer Vergrößerung der Masse an irgendeiner Stelle eines Schwingungssystems werden im allgemeinen sämtliche n Eigenfrequenzen erniedrigt — bei einer Massenverkleinerung erhöht (vgl. Bild 4/20).
2. Bei einer Vergrößerung der Steifigkeit an irgendeiner Stelle eines Schwingungssystems werden im allgemeinen sämtliche n Eigenfrequenzen erhöht — bei einer Steifigkeitsverkleinerung erniedrigt (vgl. Bild 4/21).
3. Liegt eine Masse in einem Schwingungsknoten, so hat ihre Änderung auf die zugehörige Eigenfrequenz keinen Einfluß.
4. Massenänderungen haben im Schwingungsbauch den größten Einfluß auf die zugehörige Eigenfrequenz.
5. Steifigkeitsänderungen sind am wirkungsvollsten in Federn mit großer Formänderungsarbeit, ihre Wirkung ist somit ebenfalls für die verschiedenen Schwingformen unterschiedlich.
6. Bei Steifigkeitsänderungen an Biegesystemen muß die entstehende Massenveränderung beachtet werden (entgegengesetzte Wirkung).
7. Zusätzliche Bindungen, wie Verstrebung, Einspannungen, Lager, erhöhen alle Eigenfrequenzen.
8. Nach längeren Betriebszeiten von Maschinen sinken die Eigenfrequenzen meist ab, da sich verschiedene Bindungen lockern.

Bild 6/11 soll zur Demonstration der Richtlinien 1. und 2. dienen.

6.6.   Erzwungene Schwingungen ungedämpfter Systeme

6.6.1.   Einleitung

Die Grundannahme bei der Behandlung erzwungener Schwingungen ist, daß die Erregerkräfte oder die kinematischen Erregungen, die auf eine Maschine wirken, nur von der Zeit abhängen. Dabei wird die Rückwirkung des Schwingers auf den Erreger außer acht gelassen und ein unbegrenzt großer Energievorrat des Erregers angenommen. Beides trifft strenggenommen nie zu.
Diese Annahme ist aber vielfach zulässig, weil die Rückwirkung (z. B. des schwingenden Fundaments auf die Bewegung der Kolbenmaschine) oft vernachlässigbar klein ist. Die Berechtigung dieser Annahme sollte aber stets geprüft werden. Erzwungene Schwingungen können bei periodischer Erregung ohne Dämpfung behandelt werden, wenn das System außerhalb der Resonanz betrieben wird oder wenn bei einer stoßartigen Erregung nur der erste Maximalwert der Beanspruchungen oder Deformationen interessiert. Arbeitet eine Maschine in Resonanznähe oder interessiert das Abklingverhalten, so ist die Dämpfung zu berücksichtigen (vgl. 6.7.).

6.6.2.   Allgemeine Lösung

Die Bewegungsgleichungen für erzwungene Schwingungen können mit Hilfe der *Lagrange*schen Gleichungen oder aus den Gleichgewichtsbedingungen in Verbindung mit dem Prinzip von *d'Alembert* aufgestellt werden. Sie lauten in Matrizenschreibweise [vgl. Gln. (6.18) und (6.19)]

$$M\ddot{q} + Cq = F(t) \quad \text{bzw.} \quad DM\ddot{q} + q = DF(t) \tag{6.112}$$

Auf der rechten Seite steht der Vektor der Erregerkräfte, $F^T = (F_1, F_2, \ldots, F_n)$, dessen einzelne Komponenten F_k Kräfte oder Momente darstellen, die in Richtung

der Koordinaten q_k wirken. Der interessierende Verlauf der Deformationen $\boldsymbol{q}(t)$ könnte aus Gl. (6.112) durch numerische Integration gewonnen werden. Bei diesem rein mathematischen Verfahren gehen aber wesentliche physikalisch-mechanische Informationen über das Verhalten des Systems verloren, denn Begriffe wie Eigenschwingformen oder Eigenfrequenzen werden dazu nicht benötigt.
Hier wird die Lösung unter Verwendung der aus 6.3.4. bekannten Hauptkoordinaten betrachtet. Wird die Transformation nach Gl. (6.83) vorgenommen, so ergibt sich analog zu Gl. (6.91) und (6.92) ein System von n entkoppelten Dgln.:

$$\boxed{\mu_i \ddot{p}_i + \gamma_i p_i = H_i(t)} \qquad (i = 1, 2, \ldots, n) \qquad (6.113)$$

Die Größen μ_i und γ_i sind aus Gl. (6.88) bekannt.
Die Größen $H_i(t)$ sind die auf die Hauptkoordinaten p_i reduzierten Kraftkomponenten, die sich aus den ursprünglichen Kraftgrößen $F_k(t)$ analog zur Entwicklung der Gln. (6.90) bis (6.92) folgendermaßen ergeben:

$$\boldsymbol{H}(t) = \boldsymbol{V}^T \boldsymbol{F}(t) \quad \text{bzw.} \quad H_i(t) = \sum_k v_{ki} F_k(t) \qquad (6.114)$$

Jede der Gln. (6.113) beschreibt gewissermaßen einen Schwinger mit einem Freiheitsgrad. Mit den Eigenkreisfrequenzen ω_i [vgl. Gl. (6.93)] lautet die Lösung unter Berücksichtigung der Anfangsbedingungen von Gl. (6.94):

$$\boxed{p_i = p_{i0} \cos \omega_i t + \frac{\dot{p}_{i0}}{\omega_i} \sin \omega_i t + \frac{1}{\mu_i \omega_i} \int\limits_0^t H_i(t') \sin \omega_i(t - t')\, \mathrm{d}t'}$$

$$(6.115)$$

Der Integralausdruck in Gl. (6.115) ist das *Duhamel*sche Integral. Den Beweis von Gl. (6.115) findet man z. B. in [25]. Für $\boldsymbol{H}(t) = \boldsymbol{0}$ ergibt sich der Sonderfall der freien Schwingungen, vgl. Gl. (6.95). Die Geschwindigkeiten folgen daraus unter Benutzung der allgemeinen Regel zum Differenzieren eines Integrals:

$$\dot{p}_i = -\omega_i p_{i0} \sin \omega_i t + \dot{p}_{i0} \cos \omega_i t + \frac{1}{\mu_i} \int\limits_0^t H_i(t') \cos \omega_i(t - t')\, \mathrm{d}t' \qquad (6.116)$$

Die erzwungenen Schwingungen eines Systems ergeben sich für beliebige zeitliche Kraftverläufe $H_i(t)$ durch Lösung des *Duhamel*schen Integrals. Falls nur die stationäre

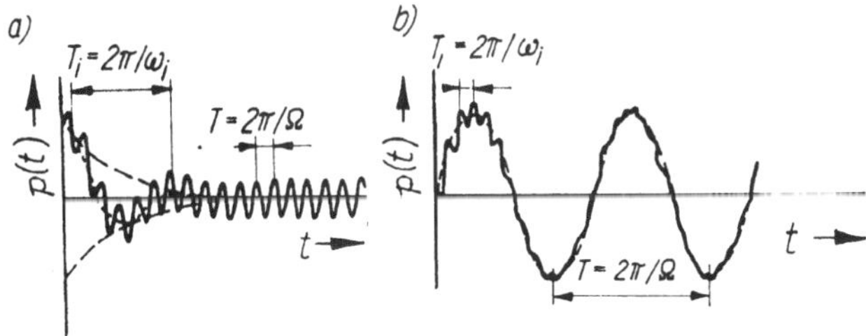

Bild 6/12. Illustration des Abklingens der Eigenschwingung bei harmonischer Erregung
a) $\Omega > \omega_i$;   b) $\Omega < \omega_i$

Lösung interessiert, wie z. B. bei harmonischer oder periodischer Erregung, so kann auf die Terme verzichtet werden, die durch die Anfangsbedingungen bestimmt sind. Die Eigenschwingungen klingen infolge der bei praktischen Fällen stets vorhandenen Dämpfung ab und wirken sich auf die Dauerschwingung nicht aus (vgl. Bild 6/12).

6.6.3.   Harmonische Erregung

Es wird der Fall betrachtet, daß auf das System n harmonisch veränderliche Kraftgrößen wirken, deren Kreisfrequenz Ω und Phasenwinkel β gleich sind:

$$F_k = \hat{F}_k \sin (\Omega t + \beta); \quad k = 1, 2, \ldots, n \tag{6.117}$$

Ihre Amplituden werden im Vektor $\hat{F}^T = (\hat{F}_1, \hat{F}_2, \ldots, \hat{F}_n)$ zusammengefaßt. Die auf die Eigenschwingformen reduzierten Kräfte sind nach Gl. (6.114)

$$H_i = \sum_{k=1}^{n} v_{ki} \hat{F}_k \sin (\Omega t + \beta) = \hat{H}_i \sin (\Omega t + \beta) \tag{6.118}$$

Setzt man die Anfangsbedingungen $p_0 = 0$ und $\dot{p}_0 = 0$, folgt für die Deformationen der Hauptkoordinaten des Systems aus dem Integral Gl. (6.115) unter Verwendung von $\gamma_i = \mu_i \omega_i^2$ und für $\beta = 0$:

$$p_i = \frac{\hat{H}_i}{\mu_i \omega_i} \int_0^t \sin \Omega t' \sin \omega_i(t - t') \, dt'$$

$$= \frac{\hat{H}_i}{\gamma_i \left(1 - \dfrac{\Omega^2}{\omega_i^2}\right)} \left(\sin \Omega t - \frac{\Omega}{\omega_i} \sin \omega_i t\right) \tag{6.119}$$

Diese Bewegungen setzen sich aus einer Schwingung mit der Erregerkreisfrequenz Ω und einer Schwingung mit der Eigenkreisfrequenz ω_i zusammen. Der praktisch stets vorhandene Einfluß der Dämpfung führt dazu, daß der Anteil, der mit der Eigenkreisfrequenz ω_i verläuft, im Laufe der Zeit abklingt und deshalb oft vernachlässigt werden kann. Bei Einschwingvorgängen ist dieser Einfluß ebenso wie der der Anfangsbedingungen zu berücksichtigen.
Wie die Bewegungen für den *Resonanzfall* $\Omega = \omega_i$ im Laufe der Zeit anwachsen, kann man als Sonderfall von Gl. (6.119) durch einen Grenzübergang finden. Es gilt:

$$p_i = \lim_{\Omega \to \omega_i} \frac{\hat{H}_i \left(\sin \Omega t - \dfrac{\Omega}{\omega_i} \sin \omega_i t\right)}{\gamma_i (1 - \Omega^2/\omega_i^2)} = \frac{\hat{H}_i}{2\gamma_i} (\sin \Omega t - \Omega t \cos \Omega t) \tag{6.120}$$

Bild 6/13 illustriert diesen Bewegungsablauf.
Im Resonanzfall wachsen die Amplituden linear mit der Zeit an. Betrachtet man Gl. (6.119) nach dem Abklingen der Eigenschwingungen, folgt die stationäre Lösung (Dauerschwingung)

$$\boxed{p_i = \frac{\hat{H}_i \sin \Omega t}{\gamma_i \left(1 - \dfrac{\Omega^2}{\omega_i^2}\right)} = \hat{p}_i \sin \Omega t} \qquad i = 1, 2, \ldots, n \tag{6.121}$$

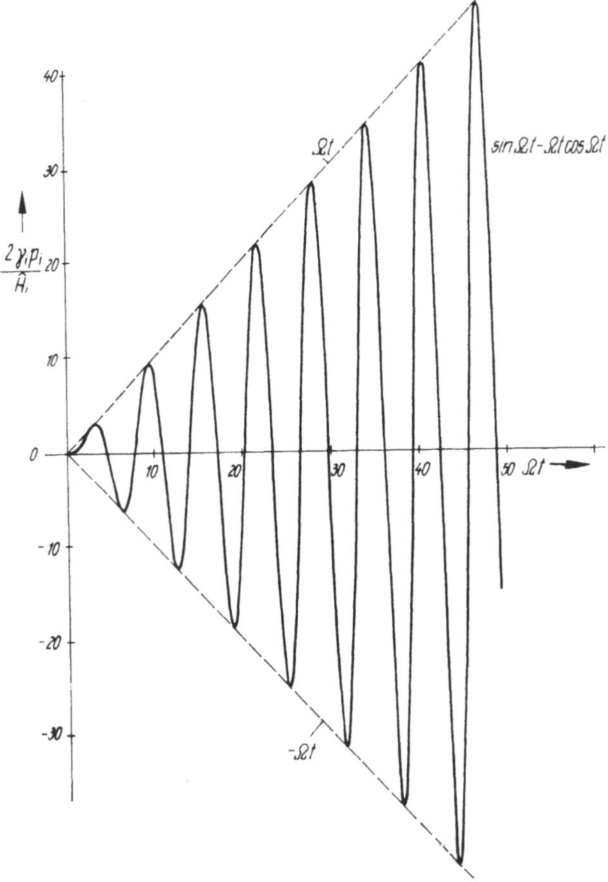

Bild 6/13. Bewegungsablauf im Resonanzfall $\Omega = \omega_i$ des ungedämpften Schwingungssystems

Unter Benutzung der Transformation (6.83) erhält man daraus die Bewegung in den ursprünglichen Koordinaten

$$q_k = \sum_{i=1}^{n} v_{ki} p_i = \sum_{i=1}^{n} \frac{v_{ki} \hat{H}_i}{\gamma_i \left(1 - \dfrac{\Omega^2}{\omega_i^2}\right)} \sin \Omega t = \hat{q}_k \sin \Omega t \qquad (6.122)$$

Die Lösung zeigt, daß bei harmonischer Erregung das System mit der Erregerfrequenz schwingt und daß die Schwingform von der Erregerfrequenz abhängt. Es besteht also ein wesentlicher Unterschied zwischen den erregerfrequenzabhängigen Schwingformen der erzwungenen Schwingungen und den nur von den Modellparametern abhängigen Eigenschwingformen.

Mit der Erregerfrequenz verändern sich die Schwingformen stetig. In der Nähe der Resonanzstelle ($\Omega = \omega_i$) überwiegt in der Reihe (6.122) der i-te Summand gegenüber den übrigen Termen, so daß die Amplituden der erzwungenen Schwingungen dann etwa der i-ten Eigenschwingform entsprechen. Es ist deshalb nicht nötig, immer sämtliche ω_i und v_i zu berechnen, falls die erzwungene Schwingung interessiert. Meist genügt es, die am nächsten gelegenen Eigenschwingungen zu berücksichtigen, da die Amplituden der „entfernteren" vernachlässigbar klein bleiben.

Bild 6/14 zeigt, wie sich die Schwingform der erzwungenen Schwingungen bei einem Balken mit der Erregerfrequenz ändert. Der erfahrene Praktiker kann deshalb an der Schwingform (z. B. aus Messungen) erkennen, in welchem Teil seines Eigenfrequenzspektrums ein System erregt wird.

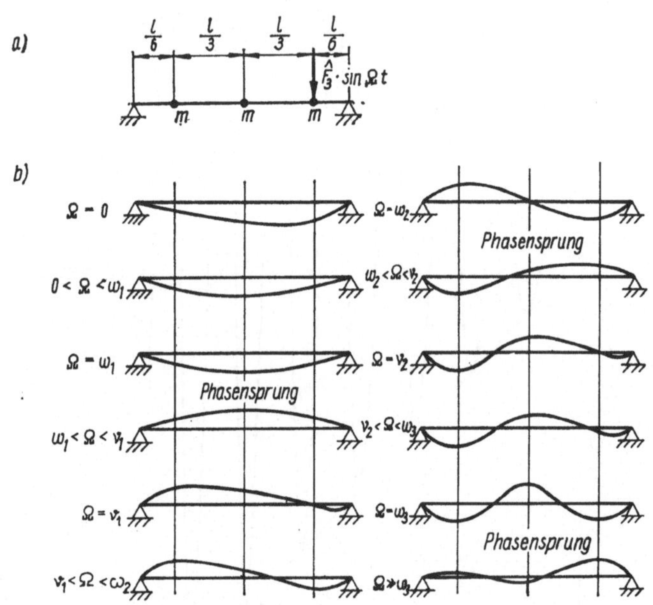

Bild 6/14. Schwingformen eines zweifach gelagerten Balkens infolge einer harmonischen Erregerkraft $\hat{F}_3 \sin \Omega t$

a) Modell mit drei Freiheitsgraden
b) Erzwungene Schwingformen

Das Übereinstimmen einer Erregerfrequenz mit einer Eigenfrequenz sagt noch nichts über die Gefährlichkeit dieser Resonanz aus. Es kann durchaus vorkommen, daß $\Omega \approx \omega_i$ ist und trotzdem keine sehr großen Amplituden auftreten, weil nämlich die auf diese i-te Schwingform reduzierte Kraft $\hat{H}_i = 0$ ist. Aus Gl. (6.114) erkennt man, daß die Kraft H_i die Arbeit repräsentiert, die die äußeren Kräfte F_k bezüglich der Eigenschwingform v_i verrichten. Wenn der Erregerkraftvektor F orthogonal zur i-ten Eigenschwingform v_i ist, gilt:

$$v_i^T F = F^T v_i = 0$$

und es treten keine Ausschläge auf [vgl. auch Gl. (6.79)].

Praktisch bedeutet das z. B., daß eine Erregerkraft, die in der Nähe des Schwingungsknotens einer Eigenschwingform wirkt, diese Schwingungsform kaum erregt. Die Amplituden dieser Schwingform sind Null, wenn die Kraft genau in deren Schwingungsknoten angreift. Wenn es dem Konstrukteur gelingt, die Erregerkräfte so aufzuteilen, daß sie zu der „kritischen" Schwingform, bei welcher Resonanzgefahr besteht, orthogonal sind, kann er die Wirkung dieser dynamischen Kräfte beseitigen.

Man sollte sich einprägen, daß man Resonanzen nur zu fürchten braucht, wenn bei der betreffenden Resonanzfrequenz die Erregerkräfte in die zugehörige Eigenschwingform Energie einleiten. Die Tatsache, daß die Erregerfrequenz mit einer Eigenfrequenz des Systems übereinstimmt, sagt überhaupt nichts über die Gefährlichkeit dieses Betriebszustandes aus und ist in vielen praktischen Fällen völlig unbedenklich.

Falls auf das System mit n Freiheitsgraden nur *eine* harmonische Kraft in Richtung der Koordinate q_s $(1 \leqq s \leqq n)$ wirkt, gilt dann nach Gl. (6.118)

$$H_i = v_{si}\hat{F}_s \sin \Omega t; \quad i = 1, 2, \ldots, n \tag{6.123}$$

und die entsprechende stationäre Lösung (Dauerschwingung) nach Gl. (6.122) lautet:

$$\boxed{q_k = \left(\sum_{i=1}^{n} \frac{v_{ki}v_{si}}{\gamma_i \left(1 - \dfrac{\Omega^2}{\omega_i^2}\right)} \right) \hat{F}_s \sin \Omega t = D_{ks}\hat{F}_s \sin \Omega t = \hat{q}_k \sin \Omega t} \tag{6.124}$$

Die Deformation an der Krafteinleitungsstelle s beträgt:

$$q_s = \left(\sum_{i=1}^{n} \frac{v_{si}^2}{\gamma_i \left(1 - \dfrac{\Omega^2}{\omega_i^2}\right)} \right) \hat{F}_s \sin \Omega t = D_{ss}\hat{F}_s \sin \Omega t = \hat{q}_s \sin \Omega t \tag{6.125}$$

Das Verhältnis der Amplitude aus dieser frequenzabhängigen Deformation und der Erregerkraft wird in der Fachliteratur auch als dynamische Nachgiebigkeit (Kehrwert: dynamische Federsteifigkeit) bezeichnet. Aus Gl. (6.125) folgt:

$$\boxed{D_{ss}(\Omega) = \frac{\hat{q}_s}{\hat{F}_s} = \sum_{i=1}^{n} \frac{v_{si}^2}{\gamma_i \left(1 - \dfrac{\Omega^2}{\omega_i^2}\right)}} \tag{6.126}$$

Hier interessiert die Art der Abhängigkeit der dynamischen Nachgiebigkeit D_{ss} von der Erregerkreisfrequenz Ω. Wie aus Gl. (6.126) ersichtlich ist, besitzt diese Funktion $D_{ss}(\Omega)$ Unendlichkeitsstellen an den n Stellen der Eigenkreisfrequenzen $\omega_i = \Omega$. An jeder Unendlichkeitsstelle wechselt diese Funktion das Vorzeichen. Daraus folgt, daß zwischen diesen Unendlichkeitsstellen $n - 1$ Frequenzen existieren, bei denen $D_{ss}(\Omega) = 0$ ist. An diesen Stellen bleibt der Kraftangriffspunkt in Ruhe, aber alle anderen Punkte des Systems schwingen weiter (vgl. auch Bild 6/14 und Bild 6/16). Diese Erscheinung heißt *Schwingungstilgung*, und die entsprechenden Frequenzen $f_k = v_k/2\pi$; $\Omega = v_k$ nennt man *Tilgungsfrequenzen*. Ein System mit n Freiheitsgraden besitzt $n - 1$ Tilgungsfrequenzen (ausführliche Diskussion vgl. 4.4.3.).

Die physikalische Erklärung der Tilgung ist:

Bei der Tilgung ist der Kraftangriffspunkt unbeweglich, d. h. man kann sich ihn sozusagen befestigt vorstellen. Daran ist zu erkennen, daß die dann vorhandenen Schwingungen die freien Schwingungen des in der Richtung q_s festgehaltenen Systems sind. Die Erregerkraft erscheint dann als Lagerkraft an der Befestigungsstelle Infolgedessen kann man auch die Tilgungsfrequenzen als Eigenfrequenzen eine. Systems mit $n - 1$ Freiheitsgraden bestimmen.

Abschließend soll Gl. (6.126) noch umgeformt werden. Man kann alle Summanden auf einen Hauptnenner bringen. Seine Nullstellen sind dann die Eigenkreisfrequenzen. Andererseits muß der sich ergebende Zähler ein Polynom $(n - 1)$-ten Grades sein, dessen Wurzeln die Tilgungsfrequenzen sind. Bezeichnet man mit Π die Produktbildung und mit d_{ss} den verbleibenden Zahlenwert der Polynome, so findet man die Darstellung:

$$\boxed{\; D_{ss}(\Omega) = d_{ss} \, \dfrac{\displaystyle\prod_{k=1}^{n-1} \left(1 - \dfrac{\Omega^2}{v_k{}^2}\right)}{\displaystyle\prod_{k=1}^{n} \left(1 - \dfrac{\Omega^2}{\omega_k{}^2}\right)} \;}$$

$$(6.127)$$

Die d_{ss} stellen die dynamische Nachgiebigkeit bei $\Omega = 0$ dar, d. h. die statische Nachgiebigkeit (Hauptdiagonalglied der Matrix $\boldsymbol{D}$). Gl. (6.127) erlaubt die Berechnung der dynamischen Nachgiebigkeit aus der statischen Nachgiebigkeit, wenn die Eigenkreisfrequenzen ω_k und die Tilgungskreisfrequenzen v_k eines Systems bekannt sind. Der Begriff der dynamischen Nachgiebigkeit wird z. B. bei Untersuchungen im Werkzeugmaschinenbau oft verwendet.

6.6.4.   Belastung durch eine Kraft endlicher Dauer

Es soll nun berechnet werden, welche Deformationen und Kräfte in einem Schwingungssystem mit n Freiheitsgraden entstehen, wenn plötzlich eine konstante Kraft auf das ursprünglich ruhende System wirkt. Solche Fälle treten in der Praxis bei Stößen, Schlägen oder auch plötzlichen Entlastungen auf.

Falls eine Einzelkraft F_s an der Stelle s in Richtung der Koordinate q_s wirkt, so ergeben sich die auf die Hauptkoordinaten reduzierten Kräfte gemäß Gl. (6.114) zu

$$H_i = v_{si} F_s; \quad i = 1, 2, \dots, n \tag{6.128}$$

Wirkt die Kraft F_s plötzlich auf ein ruhendes System während der Zeit $0 \leq t \leq \Delta t$, findet man die Hauptkoordinaten aus Gl. (6.115):

$$p_i = \frac{H_i}{\mu_i \omega_i} \int_0^t \sin \omega_i (t - t') \, \mathrm{d}t' = \frac{H_i}{\mu_i \omega_i{}^2} (1 - \cos \omega_i t) \tag{6.129}$$

Für $t > \Delta t$ ergibt sich, weil dann die Kraft $H_i = 0$ ist,

$$p_i = \frac{H_i}{\mu_i \omega_i} \int_0^{\Delta t} \sin \omega_i (t - t') \, \mathrm{d}t' + \int_{\Delta t}^{t} 0 \, \mathrm{d}t' = \frac{H_i}{\mu_i \omega_i{}^2} [\cos \omega_i (t - \Delta t) - \cos \omega_i t]$$

$$(6.130)$$

und nach einigen trigonometrischen Umformungen folgt daraus

$$p_i = \frac{2 H_i}{\gamma_i} \sin \frac{\omega_i \Delta t}{2} \sin \omega_i \left(t - \frac{\Delta t}{2}\right) \tag{6.131}$$

Setzt man $\omega_i = 2\pi / T_i$, so läßt sich die Verschiebung in Hauptkoordinaten mit Hilfe der Gl. (6.129) für $0 \leq t/\Delta t \leq 1$ und Gl. (6.131) für $t/\Delta t > 1$ darstellen. Für verschiedene Stoßzeitverhältnisse $\Delta t / T_i$ zeigt dies Bild 6/15.

Man sieht, daß der Maximalwert

$$p_{i\max} = \frac{2H_i}{\gamma_i}\left|\sin\frac{\omega_i\,\Delta t}{2}\right| = \frac{2H_i}{\gamma_i}\left|\sin\frac{\pi\,\Delta t}{T_i}\right| \tag{6.132}$$

beträgt. Also deformiert sich jede Hauptkoordinate infolge einer plötzlichen Belastung höchstens doppelt so viel, wie durch eine gleich große statische Belastung. Der Maximalwert hängt vom Verhältnis Stoßzeit Δt zur Periodendauer T_i der

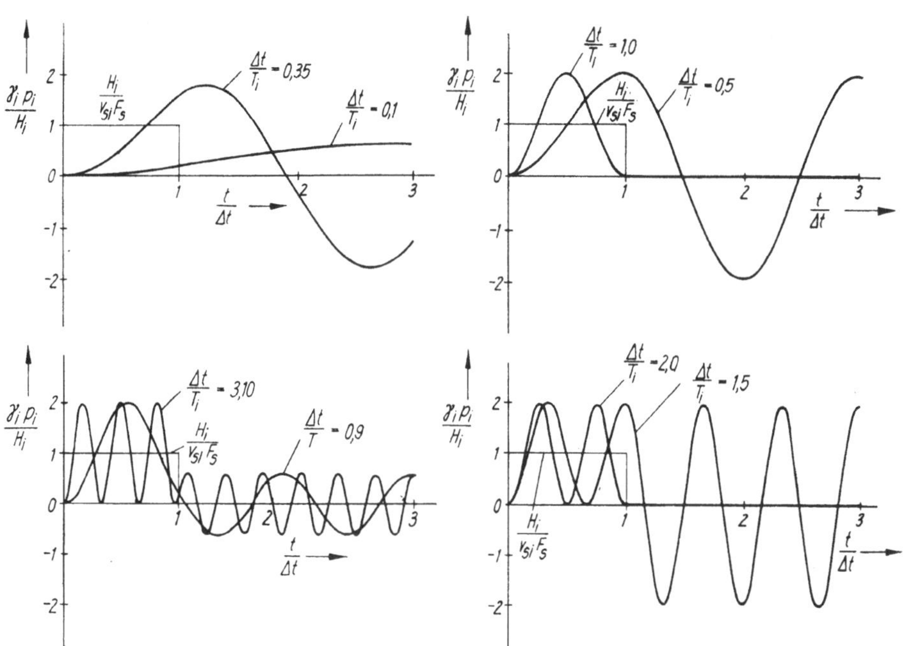

Bild 6/15. Reaktion einer Eigenschwingung auf eine Kraft endlicher Dauer Δt

betreffenden Eigenschwingung ab. Der Stoßzeit Δt entspricht z. B. die Anfahrzeit oder Bremszeit eines Antriebs (vgl. 4.3.2.3.).
Beträgt die Stoßzeit ein ganzzahliges Vielfaches einer Schwingungsdauer ($\Delta t = nT_i$), so bleibt die betreffende Eigenschwingform nach dem Aufhören der Kraft in Ruhe. Ist die Stoßzeit klein im Verhältnis zur Periodendauer, so ergibt sich mit einer Reihenentwicklung für $\pi\,\Delta t/T_i \ll 1$ aus Gl. (6.132) wegen $\sin(\pi\,\Delta t/T_i) \approx \pi\,\Delta t/T_i$

$$p_{i\max} = \frac{2\pi H_i\,\Delta t}{\gamma_i T_i} = \frac{\omega_i}{\gamma_i}\,H_i\,\Delta t \tag{6.133}$$

Die Deformationen der Koordinaten q_k ergeben sich aus Gl. (6.83) analog zu Gl. (6.122) aus Gl. (6.131) für $t > \Delta t$:

$$q_k = \sum_{i=1}^{n} v_{ki}\frac{2H_i}{\gamma_i}\sin\frac{\omega_i\,\Delta t}{2}\sin\omega_i\left(t - \frac{\Delta t}{2}\right)$$

$$= 2F_s\sum_{i=1}^{n}\frac{v_{ki}v_{si}}{\gamma_i}\sin\frac{\omega_i\,\Delta t}{2}\sin\omega_i\left(t - \frac{\Delta t}{2}\right) \tag{6.134}$$

Sie entstehen als Superposition aller Schwingungen, und es kann nicht wie beim System mit einem Freiheitsgrad die Aussage gemacht werden, daß die dynamischen Deformationen q_k doppelt so groß wie die statischen sind. Bezüglich jeder Koordinate q_k besitzt das Verhältnis von statischen und dynamischen Deformationen einen anderen Wert, der wesentlich durch die Eigenschwingform v_i bestimmt wird. Infolge der meist transzendenten Zahlenwerte der ω_i werden die Maximalwerte der Hauptkoordinaten im allgemeinen nicht gleichzeitig erreicht. Als Abschätzung für die Koordinaten kann man deshalb nur die Ungleichung (6.135) angeben:

$$q_{k\max} < 2F_s \sum_{i=1}^{n} \left| \frac{v_{ki}v_{si}}{\gamma_i} \sin \frac{\omega_i \, \Delta t}{2} \right| \tag{6.135}$$

Um die Wirkung stoßartiger Belastungen beurteilen zu können, müssen also außer der Stoßkraft F_s die Stoßzeit Δt, die Eigenschwingformen v_i und die Eigenkreisfrequenzen ω_i bekannt sein.

Infolge der Dämpfung werden die Maximalausschläge diesen Wert nach Gl. (6.135) nicht erreichen, da die höheren Eigenschwingformen schnell abklingen und sich nicht mit den anderen Spitzenwerten summieren.

6.6.5.   Beispiele: Maschinengestell, Schwingförderer

Als erstes Beispiel wird das Gestell mit 4 Freiheitsgraden aus 6.3.2. (Bild 6/2b) betrachtet. Gesucht sind die dynamische Nachgiebigkeit $D_{11}(\Omega)$, die z. B. bei einer Werkzeugmaschine zur Beurteilung der Schwingungen an der Berührungsstelle von Werkzeug und Werkstück interessiert, und die Amplituden der Koordinaten in Abhängigkeit von der Erregerfrequenz.

Aus 6/8 sind die Modalmatrix V, die Diagonalmatrix der reduzierten Massen diag (μ_i) und reduzierten Federkonstanten diag (γ_i) bekannt. Weiterhin gilt $\hat{H}^T = \hat{F}_1(1\ 1\ 1\ 1)$ auf Grund der Normierung von V mit $v_{1i} = 1$ nach Gl. (6.60). Weil die reduzierte Federkonstante γ_1 wesentlich kleiner als die anderen γ_i ist, wird vor allem die erste Eigenschwingung durch die harmonische Kraft erregt [vgl. Gl. (6.121)]. Dies ist auch leicht erklärlich, da die Grundschwingform angenähert der statischen Biegelinie entspricht. Die statischen Durchbiegungen, die man zum Vergleich heranziehen kann, ergeben sich aus $q = DF$ zu [D vgl. 6.3.2.; $F_{\mathrm{st}}^T = F_1(1000)$]:

$$q_{\mathrm{stat}}^T = (64\ \ 29\ \ 24\ \ 6)\,\frac{l^3 F_1}{48EI}$$

Die dynamische Nachgiebigkeit an der Kraftangriffsstelle ergibt sich aus Gl. (6.126) für $s = 1$ nach Einführung eines Hauptnenners

$$\frac{48EI}{64l^3}\,D_{11}(\Omega) = \frac{q_1}{q_{1\mathrm{st}}}$$

$$= \frac{1 - 39{,}59\left(\dfrac{\Omega}{\omega^*}\right)^2 + 77{,}14\left(\dfrac{\Omega}{\omega^*}\right)^4 - 30{,}31\left(\dfrac{\Omega}{\omega^*}\right)^6}{1 - 176\left(\dfrac{\Omega}{\omega^*}\right)^2 + 3480\left(\dfrac{\Omega}{\omega^*}\right)^4 - 5456\left(\dfrac{\Omega}{\omega^*}\right)^6 + 1940\left(\dfrac{\Omega}{\omega^*}\right)^8}$$

Die Wurzeln des Zählers erhält man zu

$$\Omega_1{}^2 = \nu_1{}^2 = 0{,}026\,67\omega^{*2}; \quad \Omega_2{}^2 = \nu_2{}^2 = 0{,}671\,01\omega^{*2};$$

$$\Omega_3{}^3 = \nu_3{}^2 = 1{,}846\,69\omega^{*2}$$

Die Wurzeln des Nenners von Gl. (6.127) sind aus Gl. (6.70) bekannt. Damit läßt sich die dynamische Nachgiebigkeit in folgender Form schreiben:

$$D_{11}(\Omega) = \frac{64l^3}{48EI} \frac{\left(1 - \dfrac{\Omega^2}{v_1^2}\right)\left(1 - \dfrac{\Omega^2}{v_2^2}\right)\left(1 - \dfrac{\Omega^2}{v_3^2}\right)}{\left(1 - \dfrac{\Omega^2}{\omega_1^2}\right)\left(1 - \dfrac{\Omega^2}{\omega_2^2}\right)\left(1 - \dfrac{\Omega^2}{\omega_3^2}\right)\left(1 - \dfrac{\Omega^2}{\omega_4^2}\right)}$$

Aus dieser Darstellung ist sowohl die Lage der Eigenfrequenzen als auch die Lage der Tilgungsfrequenzen erkennbar (vgl. Bild 6/16). Dort sind auch die Deformationen der anderen Koordinaten, die sich aus Gl. (6.124) ergeben, dargestellt. Aus diesen 4 Verläufen läßt sich für jede Erregerfrequenz die erzwungene Schwingform des Gestells (analog zu denen des Balkens in Bild 6/14) konstruieren.

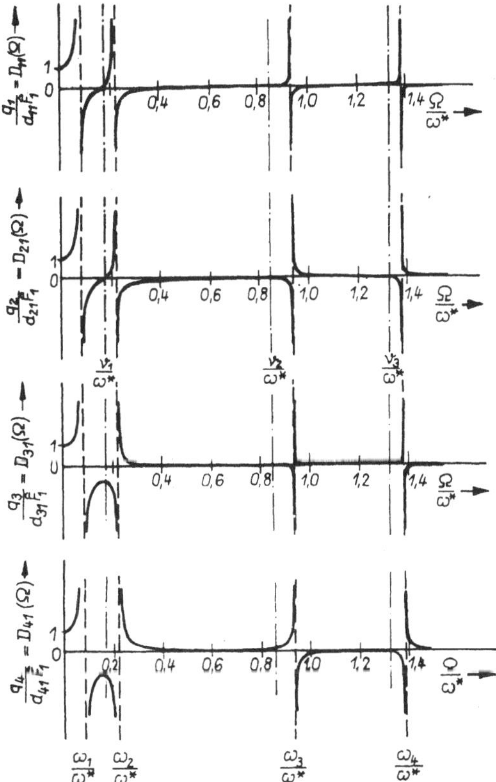

Bild 6/16. Resonanzkurven des Maschinengestells (Modell von Bild 6/2b)

Für $\Omega = 0$ ergibt sich aus der statischen Nachgiebigkeit $q_k = d_{k1}F_1$.
Als zweites Beispiel werden die erzwungenen Schwingungen eines Schwingförderers betrachtet (Bild 6/17). Die Erregung erfolgt durch elektromagnetische Kräfte, die zwischen den eingezeichneten Erregermassen und der Schwingrinne wirken, mit $f = 50$ Hz. Für den Erregerfrequenzbereich $f = 50$ bis 60 Hz sind im Bild 6/17a einige errechnete erzwungene Schwingformen dargestellt. Eine Eigenfrequenz liegt bei etwa $f = 59{,}5$ Hz, weil zwischen 59 Hz und 60 Hz ein Phasensprung auftritt. Aus dem Bild geht hervor, daß die erzwungene Schwingform im unterkritischen

Bereich sich der Schwingform des federnd aufgehängten starren Balkens annähert. Die Amplituden des Balkens nehmen zu, je näher die Resonanzstelle liegt. Die Schwingrinne führt starke Biegeschwingungen aus, so daß der Fördervorgang gestört würde, weil sich an den Schwingungsknoten das Fördergut staut. Es wäre also ungünstig, die Rinne in Resonanznähe zu betreiben. Bemerkenswert ist der

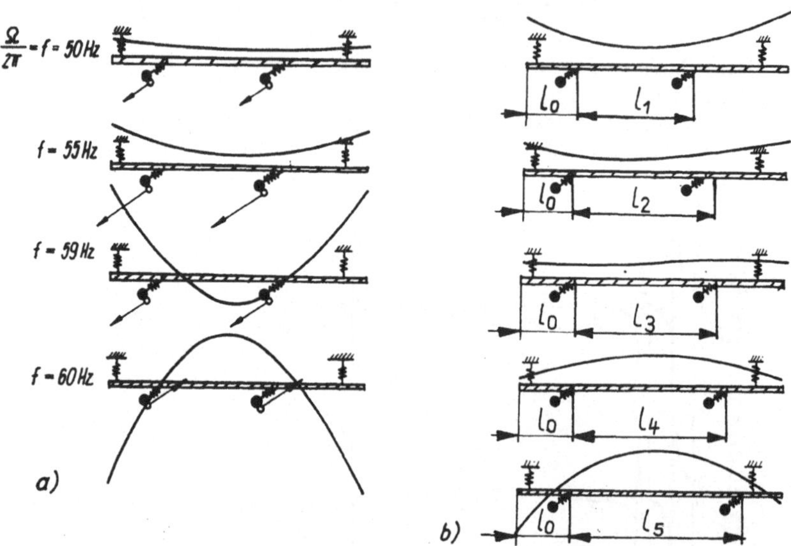

Bild 6/17. Erzwungene Schwingformen eines Schwingförderers nach *Langer* [6/17]

a) im Bereich von $f = 50\cdots60$ Hz (Die Pfeile geben die Bewegungsrichtungen der Massen der Erreger an, wobei die Längen den Amplituden proportional sind.)

b) bei $f = 50$ Hz und verschiedenen Abständen l_i der Schwingungserreger

Phasensprung der Schwingform nach dem Überschreiten der Kritischen, wie er auch aus Gl. (6.122) folgt.

Da ein Schwingförderer infolge der festliegenden Erregerfrequenz bei 50 Hz betrieben werden muß, wurde geprüft, wie sich die Schwingformen bei Variation des Angriffspunktes einer der beiden Erreger verändern. Das Ergebnis dieser Analyse zeigt Bild 6/17b. Man erkennt, daß die Anbringung der Erreger im Abstand l_3 ein besonders gleichmäßiges Fließen des Fördergutes erwarten läßt, während beim Abstand l_1 mit einer Gutstauung in Rinnenmitte und bei l_5 wegen der Knotenausbildung sogar mit einem gegenläufigen Fließen des Gutes in Teilen der Rinne zu rechnen ist.

6.6.6.   Aufgaben A 6/14 bis A 6/17

A 6/14:   Wie lauten die Bewegungsgleichungen in Hauptkoordinaten für das in Bild 6/2c dargestellte System, wenn die beiden Kräfte $F_1(t)$ und $F_2(t)$ in Richtung der Koordinaten q_1; q_2 wirken? Bei welchen Größen von F_1 und F_2 wird die zweite Hauptschwingung nicht erregt?

A 6/15:   Unter welchen Umständen treten trotz Übereinstimmung von Erreger- und Eigenfrequenz keine großen Resonanzausschläge auf?

A 6/16: Auf das in Aufgabe A 6/14 behandelte System (vgl. Bild 6/2c) wirke am Balkenende plötzlich eine Vertikalkraft ein, d. h. es sei $F_1 \neq 0$ und $F_2 = 0$. Man berechne den zeitlichen Verlauf der Koordinaten q_1 und q_2 und schätze die Größe des maximalen Momentes an der Einspannstelle dieses Systems ab, indem man für diesen Fall eine der Gl. (6.135) analoge Formel ableitet.

A 6/17: Bauelemente, Baugruppen und Geräte werden im Betrieb und beim Transport mechanischen Erschütterungen ausgesetzt. Welche Erregerfrequenz ist für deren Prüfung zu empfehlen, wenn dadurch die Zuverlässigkeit gesichert werden soll?

6.6.7. Lösungen L 6/14 bis 6/17

L 6/14: Die in Richtung der Koordinaten wirkenden Kräfte $F_1(t)$ und $F_2(t)$ werden zum Vektor $\boldsymbol{F}^T = (F_1,\ F_2)$ zusammengefaßt. Die Bewegungsgleichungen (6.112) lauten also mit den aus Gl. (6.31) und (6.33) bekannten Matrizen $\boldsymbol{C}$ und $\boldsymbol{M}$:

$$\frac{m}{3}\begin{pmatrix}4 & 0\\ 0 & 13\end{pmatrix}\begin{pmatrix}\ddot{q}_1\\ \ddot{q}_2\end{pmatrix} + \frac{6EI}{7l^3}\begin{pmatrix}2 & -3\\ -3 & 8\end{pmatrix}\begin{pmatrix}q_1\\ q_2\end{pmatrix} = \begin{pmatrix}F_1\\ F_2\end{pmatrix}$$

Die Eigenvektoren wurden in L 6/7 berechnet, so daß die Modalmatrix bereits bekannt ist.

$$\boldsymbol{V} = \begin{pmatrix}v_{11} & v_{12}\\ v_{21} & v_{22}\end{pmatrix} = \begin{pmatrix}1 & 1\\ 0{,}4831 & -0{,}6396\end{pmatrix}$$

Damit ergeben sich die auf die Hauptkoordinaten reduzierten Federkonstanten γ_i, Massen μ_i und Kräfte H_i gemäß Gl. (6.88) bzw. Gl. (6.114):

$$\boldsymbol{V}^T\boldsymbol{C}\boldsymbol{V} = \begin{pmatrix}1 & 0{,}4831\\ 1 & -0{,}6396\end{pmatrix}\frac{6EI}{7l^3}\begin{pmatrix}2 & -3\\ -3 & 8\end{pmatrix}\begin{pmatrix}1 & 1\\ 0{,}4831 & -0{,}6396\end{pmatrix}$$

$$= \frac{EI}{l^3}\begin{pmatrix}0{,}83013 & 0\\ 0 & 7{,}77131\end{pmatrix} = \begin{pmatrix}\gamma_1 & 0\\ 0 & \gamma_2\end{pmatrix}$$

$$\boldsymbol{V}^T\boldsymbol{M}\boldsymbol{V} = \begin{pmatrix}1 & 0{,}4831\\ 1 & -0{,}6396\end{pmatrix}\frac{m}{3}\begin{pmatrix}4 & 0\\ 0 & 13\end{pmatrix}\begin{pmatrix}1 & 1\\ 0{,}4831 & -0{,}6396\end{pmatrix}$$

$$= m\begin{pmatrix}2{,}3447 & 0\\ 0 & 3{,}0911\end{pmatrix} = \begin{pmatrix}\mu_1 & 0\\ 0 & \mu_2\end{pmatrix}$$

$$\boldsymbol{H} = \boldsymbol{V}^T\boldsymbol{F} = \begin{pmatrix}1 & 0{,}4831\\ 1 & -0{,}6396\end{pmatrix}\begin{pmatrix}F_1\\ F_2\end{pmatrix} = \begin{pmatrix}F_1 + 0{,}4831\,F_2\\ F_1 - 0{,}6396\,F_2\end{pmatrix} = \begin{pmatrix}H_1\\ H_2\end{pmatrix}$$

Die entkoppelten Bewegungsgleichungen in Hauptkoordinaten lauten entsprechend Gl. (6.113)

$$2{,}3447\,m\ddot{p}_1 + \frac{EI}{l^3}\,0{,}8301\,p_1 = F_1(t) + 0{,}4831 F_2(t) = H_1(t)$$

$$3{,}0911\,m\ddot{p}_2 + \frac{EI}{l^3}\,7{,}7713\,p_2 = F_1(t) - 0{,}6396 F_2(t) = H_2(t)$$

Falls $H_2 = 0$ ist, wird nur die erste Eigenschwingform erregt, d. h., wenn $F_1 = 0{,}6396\,F_2$ ist. Man kann durch die Einleitung von Zusatzkräften prinzipiell erreichen, daß bestimmte Eigenschwingformen nicht auftreten. Dieser Gedanke liegt den bei manchen Maschinen angewandten Methoden der aktiven Schwingungstilgung zugrunde, bei denen die aufgebrachten Zusatzkräfte durch Regler gesteuert werden.

L 6/15:   Wenn die Kräfte $F(t)$ zu einer Eigenschwingform v_i orthogonal sind, verrichten sie keine Arbeit. Dann ist die reduzierte Kraft $H_i = 0$, und trotz $\Omega = \omega_i$ tritt keine Resonanzerscheinung auf. Bild 6/15 zeigt einige Fälle.

L 6/16:   Aus L 6/7 sind die v_i bekannt.
Als Sonderfall ergibt sich mit $F_2 = 0$ aus L 6/14 nach Gl. (6.128)

$$H = \begin{pmatrix} H_1 \\ H_2 \end{pmatrix} = \begin{pmatrix} 1 \\ 1 \end{pmatrix} F_1$$

Die Lösung der Bewegungsgleichungen lautet nach Gl. (6.129) in Hauptkoordinaten

$$p_1 = \frac{H_1}{\gamma_1} (1 - \cos \omega_1 t); \; p_2 = \frac{H_2}{\gamma_2} (1 - \cos \omega_2 t)$$

Dabei können die Zahlenwerte aus der Lösung L 6/14 übernommen werden:

$$\gamma_1 = 0,83013 EI/l^3; \quad \gamma_2 = 7,77131 EI/l^3$$

Die Koordinaten haben dann gemäß Gl. (6.83) die Werte

$$q_1 = \left[\frac{v_{11}}{\gamma_1} (1 - \cos \omega_1 t) + \frac{v_{12}}{\gamma_2} (1 - \cos \omega_2 t) \right] F_1$$

$$q_2 = \left[\frac{v_{21}}{\gamma_1} (1 - \cos \omega_1 t) + \frac{v_{22}}{\gamma_2} (1 - \cos \omega_2 t) \right] F_1$$

Mit den Zahlenwerten ergibt sich für die bezogenen Größen

$$\frac{EI q_1}{l^3 F_1} = 1,2046(1 - \cos \omega_1 t) + 0,1287(1 - \cos \omega_2 t)$$

$$\frac{EI q_2}{l^3 F_1} = 0,5820(1 - \cos \omega_1 t) - 0,0823(1 - \cos \omega_2 t)$$

Im statischen Fall hätten die Deformationen gemäß $q_{st} = DF$ die Werte

$$q_{st} = \frac{l^3}{6EI} \begin{pmatrix} 8 & 3 \\ 3 & 2 \end{pmatrix} \begin{pmatrix} 1 \\ 0 \end{pmatrix} F_1 = \frac{1}{6} \begin{pmatrix} 8 \\ 3 \end{pmatrix} \frac{F_1 l^3}{EI} = \begin{pmatrix} 1,333 \\ 0,5 \end{pmatrix} \frac{F_1 l^3}{EI}$$

Sie ergeben sich für den Sonderfall, daß keine Schwingungen stattfinden (cos $\omega_1 t$ und cos $\omega_2 t$ treten dann nicht auf und sind Null zu setzen), auch aus obigen Formeln. Die maximalen dynamischen Ausschläge liegen in den Grenzen

$$2 \cdot 1,2046 = 2,4092 \leq \left(\frac{EI q_1}{l^3 F_1} \right)_{max} \leq 2 \cdot (1,2046 + 0,1287) = 2,6666$$

$$2 \cdot 0,5820 = 1,1640 \leq \left(\frac{EI q_2}{l^3 F_1} \right)_{max} \leq 2 \cdot (0,5820 + 0,0823) = 1,3286$$

Das maximale Einspannmoment ergibt sich aus dem Momentengleichgewicht (vgl. Bild 6/2c) bei Annahme der ungünstigsten Wirkungsrichtungen der Trägheitskräfte:

$$M_{max} = F_1 l + (m_1 \ddot{q}_1 l)_{max} + [(m_1 + m_2) \ddot{q}_2 l]_{max}$$

Die Beschleunigungen lauten in bezogener Darstellung:

$$\frac{EI\ddot{q}_1}{l^3F_1} = \frac{v_{11}}{\gamma_1}\,\omega_1{}^2\cos\omega_1 t + \frac{v_{12}}{\gamma_2}\,\omega_2{}^2\cos\omega_2 t;\;\; \frac{m\ddot{q}_1}{F_1} = 0{,}4265\cos\omega_1 t + 0{,}3235\cos\omega_2 t$$

$$\frac{EI\ddot{q}_2}{l^3F_1} = \frac{v_{21}}{\gamma_1}\,\omega_1{}^2\cos\omega_1 t + \frac{v_{22}}{\gamma_2}\,\omega_2{}^2\cos\omega_2 t;\;\; \frac{m\ddot{q}_2}{F_1} = 0{,}2060\cos\omega_1 t - 0{,}2060\cos\omega_2 t$$

Die Größen $\omega_1{}^2 = 0{,}35405\,EI/ml^3$ und $\omega_2{}^2 = 2{,}51408\,EI/ml^3$ sind aus der Lösung L 6/7 bekannt.

Damit ergibt sich der Maximalwert des dynamischen Einspannmomentes aus obiger Gleichung zu

$$\frac{M_{\max}}{F_1 l} \leq 1 + \frac{4}{3}\cdot(0{,}4265 + 0{,}3235) + \frac{13}{3}(0{,}2060 + 0{,}2060) = 3{,}785$$

Die Schwingungen rufen horizontale und vertikale Massenkräfte hervor, so daß dieser Wert bedeutend über dem statischen Wert liegt ($3{,}785 > 1$).

L 6/17:   Ein Bauteil wird nur dann dynamisch stark beansprucht, wenn die Erregerfrequenz mit einer seiner Eigenfrequenzen übereinstimmt [vgl. Gl. (6.124)]. Daraus folgt, daß solche Bauteile, deren Eigenfrequenzen nicht genau bekannt sind, nicht mit festen Frequenzen geprüft werden dürfen, sondern mit veränderlichen Frequenzen oder stochastischen Erregungen in einem breiten Frequenzbereich. Nur dadurch kann die hohe Beanspruchung infolge von Resonanzen experimentell erfaßt werden [6/25].

6.7.   Gedämpfte Schwingungen

6.7.1.   Zur Erfassung der Dämpfung

Schwingungen sind bei Maschinen immer gedämpft, weil stets Widerstandskräfte (dissipative Kräfte) der Bewegung entgegenwirken. In Wirklichkeit tritt immer ein Verlust an mechanischer Energie bei Schwingbewegungen auf, denn ein Teil von ihr wird in Wärme umgesetzt (sog. Energiezerstreuung, Dämpfung oder Dissipation).

Es kommt weniger auf die Berechnung des genauen zeitlichen Verlaufs der Schwingungen an als auf das Abklingverhalten der Amplituden. Der genaue Verlauf der Dämpfungskräfte innerhalb einer Schwingungsperiode ist i. allg. nicht von Bedeutung. Obwohl sie praktisch nie genau der Geschwindigkeit proportional sind, ist es deshalb und aus mathematischen Gründen üblich, Dämpfungskräfte geschwindigkeitsproportional anzusetzen. Geschwindigkeitsproportionale Dämpfung wird als viskose Dämpfung bezeichnet. Die großen Vorteile eines solchen Ansatzes sind,

1. daß man lineare Differentialgleichungen erhält, die sich leicht behandeln lassen,
2. daß dieser Ansatz einen mechanischen Energieverlust während der Schwingungen ausdrückt und
3. daß genaue Parameterwerte für die sehr komplizierten tatsächlichen Dämpfungsfunktionen kaum zur Verfügung stehen, so daß man lieber mit einem einzigen Koeffizienten rechnet (vgl. 1.4.).

Dämpfungselemente werden in verschiedenen Zweigen des Maschinenbaus bewußt eingesetzt, wie z. B. hydraulische Stoßdämpfer, hydraulische Drehschwingungsdämpfer in Schiffsdieselmotoren u. a. Auch Gummifedern, Gummikupplungen, Gummireifen, Drahtseile, Keilriemen, Blatt- und Tellerfedern werden oft angewendet, weil sie nicht nur federnde, sondern auch gute dämpfende Eigenschaften besitzen. Beton

hat auch für Werkzeugmaschinengestelle wegen seiner hohen Dämpfung in manchen
Fällen schon Gußkonstruktionen verdrängt.

Wird von diskreten Dämpfungselementen ausgegangen, so ergeben sich die auf die
Koordinaten q_i reduzierten Dämpfungskräfte in allgemeiner Form zu

$$Q_i = \sum_{k=1}^{n} b_{ik}\dot{q}_k \quad \text{bzw.} \quad \boldsymbol{Q} = \boldsymbol{B}\dot{\boldsymbol{q}} \tag{6.136}$$

Alle Dämpfungskoeffizienten lassen sich zur Dämpfungsmatrix $\boldsymbol{B}$ zusammenfassen,
die als symmetrisch angenommen werden kann ($b_{ik} = b_{ki}$), vgl. Beispiele in Tabelle
6/9. (Die Koordinaten q_k zählen von der statischen Ruhelage aus.) Die Koeffizienten
b_{ik} sind die Dissipations-Koeffizienten, die sich aus den Dämpfungskonstanten der
einzelnen Dämpfer und den geometrischen Größen des Schwingungssystems
ergeben.

Dämpfungskoeffizienten b_{ik} können dadurch bestimmt werden, daß ein Koeffizientenvergleich für die Bewegungsgleichungen erfolgt, die z. B. mit Hilfe der Gleichgewichtsbedingungen aufgestellt werden. Im Gegensatz zur Steifigkeitsmatrix $\boldsymbol{C}$ und der
Massenmatrix $\boldsymbol{M}$ ist die Diagonale der Dämpfungsmatrix $\boldsymbol{B}$ i. allg. nicht voll besetzt,
weil nicht immer an allen Koordinaten Dämpfer wirken.

Tabelle 6/9 gibt für einige einfache Maschinenmodelle die Matrizen an. Es wird
empfohlen, ein bis zwei dieser Beispiele selbständig nachzurechnen.

6.7.2.   Freie gedämpfte Schwingungen

Die Bewegungsgleichungen der freien gedämpften Schwingungen haben in Matrizenschreibweise die Form

$$\boldsymbol{M}\ddot{\boldsymbol{q}} + \boldsymbol{B}\dot{\boldsymbol{q}} + \boldsymbol{C}\boldsymbol{q} = 0 \tag{6.137}$$

Aus ihnen lassen sich für gegebene Anfangsbedingungen

$$t = 0: \quad \boldsymbol{q} = \boldsymbol{q}_0, \quad \dot{\boldsymbol{q}} = \boldsymbol{u}_0 \tag{6.138}$$

analog zu den freien ungedämpften Schwingungen (vgl. 6.3.) die Bewegungen des
Systems berechnen.

Sind in dem Berechnungsmodell keine Einzeldämpferelemente vorhanden, die auf
spezielle bekannte Dämpfungen hinweisen, so ist es günstig, die Dämpfung durch
einen globalen Näherungsansatz zu erfassen. Man wird diesen so wählen, daß damit
wieder eine Transformation auf Hauptkoordinaten möglich wird, was für beliebige
Dämpfungsmatrizen $\boldsymbol{B}$ nicht gegeben ist.

Es kann mathematisch gezeigt werden, daß sich beim gedämpften Schwingungssystem dann reine Hauptschwingungen einstellen, wenn die Dämpfungsmatrix $\boldsymbol{B}$
von der Massen- und/oder Steifigkeitsmatrix linear abhängt, d. h. falls

$$\boldsymbol{B} = \frac{\vartheta_c}{\omega^*}\,\boldsymbol{C} + \vartheta_m \omega^* \boldsymbol{M} \tag{6.139}$$

Dabei ist ω^* wiederum eine Bezugskreisfrequenz, die bewirkt, daß ϑ_c und ϑ_m dimensionslose Größen sind, die mit Dämpfungsgraden vergleichbar sind. Dämpfung durch
viskose Flüssigkeiten oder Gase wird oft durch einen masseproportionalen Ansatz
(durch ϑ_m) berücksichtigt, während die Werkstoffdämpfung fester Körper sich
annähernd durch ϑ_c berücksichtigen läßt. Man hat festgestellt, daß die Werkstoffdämpfung besser erfaßt wird, wenn sie außerdem noch umgekehrt proportional

Tabelle 6/9. Beispiele für Matrizen von Berechnungsmodellen mit Dämpfung

Objekt	Schwingungskette	Antriebssystem	Fahrzeug mit dämpfenden Reifen	Gekoppelte Wellen mit elastischer dämpfender Zwischenschicht
Berechnungs-modell				
Massenmatrix M	$\begin{pmatrix} m_1 & 0 & 0 & \cdots & 0 & 0 \\ 0 & m_2 & 0 & \cdots & 0 & 0 \\ 0 & 0 & m_3 & & 0 & 0 \\ \vdots & \vdots & & \ddots & \vdots & \vdots \\ 0 & 0 & 0 & \cdots & m_{n-1} & 0 \\ 0 & 0 & 0 & \cdots & 0 & m_n \end{pmatrix}$	$\begin{pmatrix} J_1 & 0 & 0 \\ 0 & J_2 & 0 \\ 0 & 0 & \dfrac{J_3}{i^2} \end{pmatrix}$	$\begin{pmatrix} m_1 & 0 & 0 & 0 \\ 0 & m_2 & 0 & 0 \\ 0 & 0 & \dfrac{m_3 l_2^2 + J_5}{(l_1+l_2)^2} & \dfrac{m_3 l_1 l_2 - J_5}{(l_1+l_2)^2} \\ 0 & 0 & \dfrac{m_3 l_1 l_2 - J_5}{(l_1+l_2)^2} & \dfrac{m_3 l_1^2 + J_5}{(l_1+l_2)^2} \end{pmatrix}$	$\dfrac{1}{16\,l^2}\begin{pmatrix} J_1+4m_1 l^2 & -J_1+4m_1 l^2 & 0 & 0 \\ -J_1+4m_1 l^2 & J_1+4m_1 l^2 & 0 & 0 \\ 0 & 0 & J_2+4m_2 l^2 & -J_2+4m_2 l^2 \\ 0 & 0 & -J_2+4m_2 l^2 & J_2+4m_2 l^2 \end{pmatrix}$
Dämpfungs-matrix B	$\begin{pmatrix} b_1+b_2 & -b_2 & 0 & \cdots & 0 & 0 \\ -b_2 & b_2+b_3 & -b_3 & \cdots & 0 & 0 \\ 0 & -b_3 & b_3+b_4 & \cdots & 0 & 0 \\ \vdots & \vdots & \vdots & & \vdots & \vdots \\ 0 & 0 & 0 & \cdots & b_{n-1}+b_n & -b_n \\ 0 & 0 & 0 & \cdots & -b_n & b_n \end{pmatrix}$	$\begin{pmatrix} b_1+\dfrac{M_D}{\Omega} & -b_1 & 0 \\ -b_1 & b_1 & 0 \\ 0 & 0 & 0 \end{pmatrix}$	$\begin{pmatrix} b_1 & 0 & 0 & 0 \\ 0 & b_2 & 0 & 0 \\ 0 & 0 & 0 & 0 \\ 0 & 0 & 0 & 0 \end{pmatrix}$	$\dfrac{b}{8}\begin{pmatrix} 5 & 3 & -5 & -3 \\ 3 & 5 & -3 & -5 \\ -5 & -3 & 5 & 3 \\ -3 & -5 & 3 & 5 \end{pmatrix}$
Steifigkeits-matrix C	$\begin{pmatrix} c_1+c_2 & -c_2 & 0 & \cdots & 0 & 0 \\ -c_2 & c_2+c_3 & -c_3 & \cdots & 0 & 0 \\ 0 & -c_3 & c_3+c_n & \cdots & 0 & 0 \\ \vdots & \vdots & \vdots & & \vdots & \vdots \\ 0 & 0 & 0 & \cdots & c_{n-1}+c_n & -c_n \\ 0 & 0 & 0 & \cdots & -c_n & c_n \end{pmatrix}$	$\begin{pmatrix} c_1 & -c_1 & 0 \\ -c_1 & c_1+i^2 c_2 & -c_2 \\ 0 & -c_2 & \dfrac{c_2}{i^2} \end{pmatrix}$	$\begin{pmatrix} c_1+c_3 & 0 & -c_3 & 0 \\ 0 & c_2+c_4 & 0 & -c_4 \\ -c_3 & 0 & c_3 & 0 \\ 0 & -c_4 & 0 & c_4 \end{pmatrix}$	$\dfrac{1}{8}\begin{pmatrix} 5c_3+8c_1 & 3c_3 & -5c_3 & -3c_3 \\ 3c_3 & 5c_3+8c_1 & -3c_3 & -5c_3 \\ 5c_3 & -3c_3 & 5c_3+8c_2 & 3c_3 \\ 3c_3 & -5c_3 & 3c_3 & 5c_3+8c_2 \end{pmatrix}$

zur Erregerkreisfrequenz angesetzt wird. Der schon in Gl. (1.52) erwähnte Ansatz

$$B = \frac{\vartheta_c}{\Omega}\, C,$$ (6.140)

der auch als *Strukturdämpfung* bezeichnet wird, beinhaltet physikalisch eine nicht so starke Dämpfung höherer Frequenzen und eine stärkere Dämpfung der niederen Frequenzen wie der Ansatz (6.139). Falls die Dämpfungsmatrix den Formen von Gl. (6.139) oder (6.140) entspricht, lassen sich die Bewegungsgleichungen durch eine Hauptachsentransformation [vgl. Gl. (6.83)] entkoppeln.

Diese Entkopplung geschieht, wie beim ungedämpften System, mit der aus Gl. (6.84) bekannten Modalmatrix V des ungedämpften Systems und liefert

$$\ddot{p}_i + 2\delta_i\dot{p}_i + \omega_{i0}^2 p_i = 0; \quad i = 1, 2, \ldots, n$$ (6.141)

Dabei ist ω_{i0} die i-te Eigenkreisfrequenz des ungedämpften Systems. Sie kann nach Gl. (6.93) berechnet werden ($\omega_{i0}^2 \equiv \omega_i{}^2$). Für die Abklingkonstante findet man

$$\boxed{2\delta_i = \frac{v_i{}^T B v_i}{v_i{}^T M v_i}}$$ (6.142)

v_i ist die zu ω_{i0} gehörige Eigenschwingform des ungedämpften Systems. Die Eigenkreisfrequenzen des gedämpften Systems sind somit

$$\omega_i = \sqrt{\omega_{i0}^2 - \delta_i{}^2} = \omega_{i0}\sqrt{1 - \vartheta_i{}^2}$$ (6.143)

Dabei ist $\vartheta_i = \delta_i/\omega_{i0}$ eine charakteristische Größe, die in gleicher Weise wie der Dämpfungsgrad des Systems mit einem Freiheitsgrad (vgl. 1.4.4.) zur Beurteilung der Dämpfung verwendet werden kann. Mit ihm wird aus Gl. (6.141)

$$\boxed{\ddot{p}_i + 2\vartheta_i\omega_{i0}\dot{p}_i + \omega_{i0}^2 p_i = 0}$$ (6.144)

Der Dämpfungsgrad ϑ_i ist relativ klein (vgl. z. B. Bild 6/18) und kann bei bekannten Matrizen M, B, C und einem Näherungswert für q_i z. B. einem Eigenvektor v_i des ungedämpften Systems mit Gl. (6.142) abgeschätzt werden.

Bei Schwingungssystemen mit kleiner Dämpfung ($\vartheta_i \ll 1$) — dies trifft für viele Maschinen zu — unterscheiden sich die niederen Eigenkreisfrequenzen des gedämpften Systems (ω_i) wenig von denen des ungedämpften Systems (ω_{i0}). Bei höheren Eigenfrequenzen können die Unterschiede beträchtlich sein, da dann die Dämpfungsgrade ϑ_i oft nicht mehr klein sind.

Mit dem Dämpfungsansatz (6.139) ergibt sich folgender Zusammenhang zwischen den Dämpfungsgraden ϑ_c und ϑ_m einerseits und den Dämpfungsgraden der einzelnen Hauptschwingungen andererseits (vgl. L 6/18):

$$2\delta_i = 2\vartheta_i\omega_{i0} = \frac{\vartheta_c\gamma_i}{\omega^*\mu_i} + \vartheta_m\omega^* = \frac{\vartheta_c}{\omega^*}\,\omega_{i0}^2 + \vartheta_m\omega^*$$ (6.145)

Experimentell gelingt es häufig, bei Maschinen Hauptschwingungen, also Schwingungen in einer Eigenschwingform, anzuregen. Damit kann man aus dem Ausschwingvorgang die zugehörigen ϑ_i über das logarithmische Dämpfungsdekrement Λ bestimmen [vgl. 1.6.3., Gl. (1.96)]. Aus den ϑ_i kann man dann die ϑ_c und ϑ_m berechnen.

Auf diese Weise lassen sich in der Praxis die oft benötigten Daten für die Dämpfungen ermitteln und nötigenfalls über Gl. (6.139) auch die Elemente der Dämpfungsmatrix B bestimmen. Das Schwingungssystem verhält sich dann wie n einzelne unabhängige gedämpfte Schwinger mit je einem Freiheitsgrad (vgl. Bild 6/18).

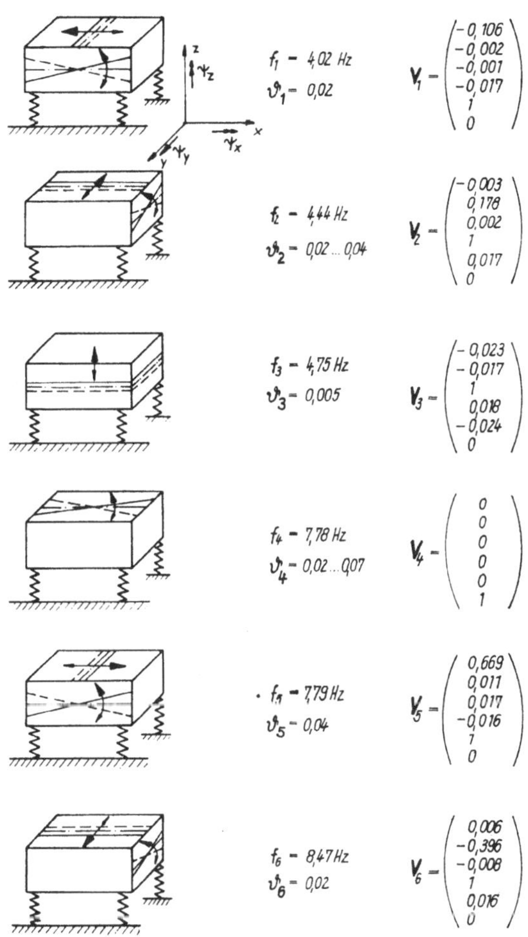

Bild 6/18. 6 Eigenfrequenzen f_i, Dämpfungsgrade ϑ_i und Eigenschwingformen v_i eines Maschinenfundamentes nach *Koch* [6/15] für den Koordinatenvektor $q^T = (x;\ y;\ z;\ \psi_x;\ \psi_y;\ \psi_z)$

Die vollständige Entkopplung ist dann vorhanden, wenn die mit der Modalmatrix V [vgl. Gl. (6.84)] transformierte Dämpfungsmatrix B eine reine Diagonalmatrix ist, d. h. nur im Falle von Ansätzen gemäß Gl. (6.139), (6.140) oder seltenen Sonderfällen. Im allgemeinen wird die Matrix $V^T B V$ voll besetzt sein. Praktisch sind die Diagonalelemente der Matrix $V^T B V$ oft bedeutend größer als die anderen Elemente dieser Matrix. Dann stellt die Vernachlässigung der übrigen Elemente noch eine gute Näherung für das tatsächliche Dämpfungsverhalten des Systems dar.

Die Lösung für freie Schwingungen ergibt sich mit den Anfangsbedingungen von
Gl. (6.94) zu

$$p_i = \frac{e^{-\vartheta_i \omega_{i0} t}}{\sqrt{1 - \vartheta_i^2}} \left[\sqrt{1 - \vartheta_i^2}\, p_{i0} \cos \omega_i t + (\dot{p}_{i0}/\omega_{i0} + \vartheta_i p_{i0}) \sin \omega_i t \right]$$

$$(6.146)$$

In der Praxis interessiert das Abklingverhalten freier Schwingungen nach Stößen,
da es für die Lastwechselzahl von Bedeutung ist (Berechnung auf Dauer- bzw. Betriebsfestigkeit).
Mit den hier angegebenen Formeln läßt sich auch berechnen, wie sich die Anordnung
eines Dämpfers auf das Abklingverhalten quantitativ auswirkt. Dämpfungen können
dazu führen, daß sich die höheren Eigenfrequenzen nicht mehr ausprägen, weil die
Dämpfungsgrade den aperiodischen Grenzfall $\vartheta_i = 1$ überschreiten.
Abschließend muß noch erwähnt werden, daß die hier getroffene Vereinfachung,
daß die Matrix $\boldsymbol{B}$ symmetrisch und reell ist, für manche Modelle von Maschinen nicht
zutrifft. Beispielsweise führt die Berücksichtigung gyroskopischer Kräfte, wie sie
infolge der Kreiselwirkung bei rotierenden Wellen auftreten, zu einer antimetrischen
Matrix $\boldsymbol{B}$ (vgl. Abschnitt 5.).

6.7.3.   Erzwungene gedämpfte Schwingungen

Nachdem aus 6.6. bereits das Verhalten von ungedämpften Berechnungsmodellen
bekannt ist, soll hier untersucht werden, wie sich die Dämpfung bei erzwungenen
Schwingungen auswirkt. In der Praxis interessiert meist die *stationäre Bewegung*
einer Maschine. Darunter wird ein Bewegungszustand verstanden, der sich bei einer
periodischen Bewegung einstellt, wenn die von den Anfangsbedingungen abhängigen
freien Schwingungen abgeklungen sind. Die Lösung der Bewegungsgleichung wird
dann hinreichend genau durch die Partikulärlösung beschrieben.
Auf das Schwingungssystem wirke eine harmonische Erregung mit der Kreisfrequenz Ω, dem Phasenwinkel β_k und den Kraftamplituden $\hat{F}_k$, die im Vektor

$$\hat{F}^T = (\hat{F}_1, \hat{F}_2, ..., \hat{F}_n) \tag{6.147}$$

zusammengefaßt werden.
Die weitere mathematische Behandlung wird kürzer und eleganter mit der Verwendung komplexer Größen. Für die Erregerkraft schreibt man

$$F_k = \hat{F}_k\, e^{j(\Omega t + \beta_k)} = \hat{F}_k\, e^{j\beta_k}\, e^{j\Omega t} = \tilde{F}_k\, e^{j\Omega t} \tag{6.148}$$

Es wird also eine komplexe Amplitude $\tilde{F}_k$ eingeführt, die durch ihre beiden Komponenten

$$\tilde{F}_k = \hat{F}_k(\cos \beta_k + j \sin \beta_k) = \mathrm{Re}\,(\tilde{F}_k) + j\,\mathrm{Im}\,(\tilde{F}_k)$$

die Berücksichtigung der unterschiedlichen Phasenwinkel β_k im Erregervektor $\tilde{F} e^{j\Omega t}$
ermöglicht. Wenn mit komplexer Erregeramplitude gerechnet wird, erhält man
auch die Bewegungsamplitude in komplexer Form. (In 1.6.4. erfolgt die Durchrechnung des Systems mit einem Freiheitsgrad in komplexer Form. Weiterhin wird
auf L 4/4 in 4.3.4. verwiesen.)

Die Bewegungsgleichungen bei einer harmonischen Erregung des Systems lauten bei viskoser Dämpfung:

$$M\ddot{q} + B\dot{q} + Cq = \tilde{F}\, e^{j\Omega t} \tag{6.149}$$

bzw. bei Werkstoffdämpfung

$$M\ddot{q} + (C_1 + jC_2)\, q = \tilde{F}\, e^{j\Omega t} \tag{6.150}$$

Die Dämpfungsansätze wurden in 1.4.2., Gln. (1.50) und (1.54) behandelt.
Die erzwungenen Schwingungen verlaufen im stationären Zustand mit der Erregerfrequenz, so daß der Lösungsansatz

$$q = \tilde{q}\, e^{j\Omega t} \tag{6.151}$$

mit dem komplexen Amplitudenvektor $\tilde{q}$ geeignet ist. Einsetzen dieses Ansatzes in Dgln. (6.149) und (6.150) und Kürzung von $e^{j\Omega t}$ liefert folgendes lineares Gleichungssystem zur Berechnung des komplexen Amplitudenvektors $\tilde{q}$:

$$(-\Omega^2 M + j\Omega B + C)\, \tilde{q} = \tilde{F} \tag{6.152}$$

bzw.

$$(-\Omega^2 M + C_1 + jC_2)\, \tilde{q} = \tilde{F} \tag{6.153}$$

Beim Vergleichen sieht man, daß sich bei beiden Dämpfungsansätzen derselbe Typ von Gleichungen ergibt. Der Dämpfungsmatrix $B\Omega$ bei viskoser Dämpfung entspricht die Matrix C_2 der Materialdämpfung. Dieses lineare Gleichungssystem kann mit Rechenprogrammen, die als Standardprogramme in jedem größeren Rechenzentrum vorliegen, gelöst werden.
Es wird noch der technisch häufige Fall näher betrachtet, daß nur eine einzige Erregerkraft in Richtung einer Koordinate, die q_s genannt wird, wirkt:

$$\hat{F}^T = (0 \ldots 0,\, \hat{F}_s,\, 0 \ldots 0) \tag{6.154}$$

Die Lösung von Gl. (6.152) bzw. (6.153) hat dann die Form

$$\tilde{q}_k = \frac{\Delta_{sk}(j\Omega)}{\Delta(j\Omega)} \cdot \hat{F}_s = \widetilde{W}_{sk}(j\Omega)\, \hat{F}_s \tag{6.155}$$

Dabei ist

$$\Delta(j\Omega) = \det\, (-\Omega^2 M + j\Omega B + C) \tag{6.156}$$

die Hauptdeterminante des Gleichungssystems (6.152). Die Determinante $\Delta_{sk}(j\Omega)$ entsteht aus $\Delta(j\Omega)$, indem dort die k-te Spalte durch den Koeffizientenvektor aus Gl. (6.154) ersetzt wird. Die Determinanten Δ_{sk} und Δ sind reelle Polynome bezüglich der Variablen $j\Omega$. Sie haben aber keine reellen Nullstellen bezüglich Ω. Aus diesem Grunde hat die Funktion $\widetilde{W}_{sk}(j\Omega)$, die *komplexer Frequenzgang* genannt wird, keine reellen Nullstellen und keine Unendlichkeitsstellen. Der komplexe Frequenzgang $\widetilde{W}_{sk}(j\Omega)$ charakterisiert das lineare Schwingungssystem bezüglich der Amplitude und Phase an der Stelle k infolge der Erregung an der Stelle s bei harmonischer Erregung. Für $s = k$ entspricht $\widetilde{W}_{ss}(j\Omega)$ der dynamischen Nachgiebigkeit, die in 6.6. für ein ungedämpftes System berechnet wurde (vgl. 1.6.4.).
Durch die Trennung des *komplexen Frequenzganges* $\widetilde{W}_{sk}(j\Omega)$ in den *Amplituden-Frequenzgang* $D_{sk}(\Omega) = D_{ks}(\Omega)$ und den *Phasen-Frequenzgang* $\psi_{sk}(\Omega)$ durch die Darstellung

$$\widetilde{W}_{sk}(j\Omega) = D_{sk}(\Omega)\, e^{j\psi_{sk}(\Omega)} = \mathrm{Re}\,(\widetilde{W}_{sk}) + j\,\mathrm{Im}\,(\widetilde{W}_{sk}) \tag{6.157}$$

ist eine anschauliche Interpretation möglich.
Es gilt dabei

$$D_{sk}(\Omega) = \sqrt{\mathrm{Re}^2\,(\widetilde{W}_{sk}) + \mathrm{Im}^2\,(\widetilde{W}_{sk})} \tag{6.158}$$

$$\psi_{sk}(\Omega) = \arctan\,[\mathrm{Im}(\widetilde{W}_{sk})/\mathrm{Re}(\widetilde{W}_{sk})] \tag{6.159}$$

Die grafische Darstellung des komplexen Frequenzganges $\widetilde{W}_{sk}(\mathrm{j}\Omega)$ liefert eine ebene Kurve, die eine *Ortskurve* des Schwingungssystems darstellt (Bild 6/19). Aus ihr können wichtige Informationen über das Verhalten eines Schwingers entnommen werden. Ihre Anwendung hat sich im Flugzeugbau, Werkzeugmaschinenbau, in der Rotor-

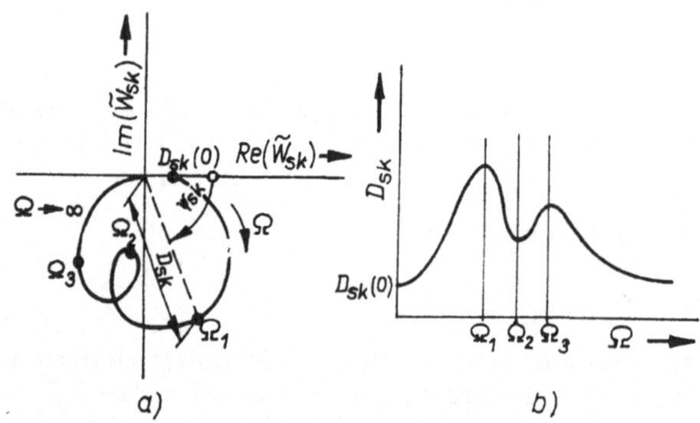

Bild 6/19. Charakterisierung eines gedämpften Systems mit zwei Freiheitsgraden durch a) Ortskurve und b) Amplituden-Frequenzgang

dynamik und anderen Gebieten durchgesetzt [6/21], [6/23] (über Ortskurven vgl. 1.6.4.). Man erhält sie dadurch, daß man in der komplexen Ebene die Größe $D_{sk}(\Omega)$ als Radius und $\psi_{sk}(\Omega)$ als Winkel in Polarkoordinaten aufträgt. Oft begnügt man sich damit, den Amplituden-Frequenzgang $D_{sk}(\Omega)$, auch *Resonanzkurve* genannt, darzustellen. Die Resonanzkurve hat im Gegensatz zum ungedämpften Schwingungssystem keine Unendlichkeitsstellen bei Resonanz und keine Nullstellen bei Tilgung. Die Zahl ihrer Maxima ist höchstens gleich n.
Bei Schwingförderern, Rüttelverdichtern, Sieben u. a. Maschinen, bei denen mehrere Schwingungserreger gleichzeitig wirken, können komplizierte Probleme der Synchronisation und der kinetischen Stabilität auftreten, zu denen man in weitergehender Fachliteratur Hinweise findet [6/22].
Falls sich die Bewegungsgleichungen auf Hauptkoordinaten transformieren lassen (vgl. 6.3.4.), lauten die Dgln. für jede Hauptkoordinate analog zu Gl. (6.144):

$$\ddot{p}_i + 2\vartheta_i\omega_{i0}\dot{p}_i + \omega_{i0}^2 p_i = \frac{1}{\mu_i}\,H_i(t); \quad i = 1, 2, \dots, n \tag{6.160}$$

Die reduzierten Massen μ_i und Kräfte $H_i(t)$ ergeben sich aus den Gln. (6.88) und (6.114). Für eine beliebige zeitliche Erregung $H_i(t)$ ergibt sich die partikuläre Lösung aus dem *Duhamel*-Integral [vgl. Gl. (6.115)]

$$p_i = \frac{\mathrm{e}^{-\delta_i t}}{\mu_i\omega_i} \int_0^t H_i(t')\,\mathrm{e}^{\delta_i t'}\,\sin\,\omega_i(t - t')\,\mathrm{d}t' \tag{6.161}$$

Für eine rein harmonische Erregung an der Stelle s, welcher die reduzierten Kräfte [vgl. Gl. (6.123)]

$$H_i = v_{si}\hat{F}_s \sin \Omega t = \hat{H}_i \sin \Omega t; \quad \hat{H}_i = v_{si}\hat{F}_s \tag{6.162}$$

entsprechen, ergibt sich die stationäre Lösung nach der Ausführung der Integration aus Gl. (6.161) zu [vgl. Gl. (6.119)]

$$p_i = \hat{p}_i \sin(\Omega t - \beta_i); \quad i = 1, 2, \ldots, n \tag{6.163}$$

Dabei ist

$$\hat{p}_i = \frac{\hat{H}_i}{\gamma_i \sqrt{(1 - \eta_i{}^2)^2 + 4\vartheta_i{}^2\eta_i{}^2}}; \quad \eta_i{}^2 = \frac{\Omega^2\mu_i}{\gamma_i}; \quad \beta_i = \arctan \frac{2\vartheta_i\eta_i}{1 - \eta_i{}^2} \tag{6.164}$$

Die ursprünglichen physikalischen Koordinaten ergeben sich entsprechend der Transformationen (6.83) schließlich zu

$$q_k = \sum_{i=1}^{n} v_{ki}p_i = \sum_{i=1}^{n} v_{ki}\hat{p}_i \sin(\Omega t - \beta_i) = \hat{q}_k \sin(\Omega t - \psi_k) \tag{6.165}$$

Dabei sind die Amplituden

$$\hat{q}_k = \sqrt{\left(\sum_{i=1}^{n} v_{ki}\hat{p}_i \cos \beta_i\right)^2 + \left(\sum_{i=1}^{n} v_{ki}\hat{p}_i \sin \beta_i\right)^2} = D_{sk}(\Omega)\,\hat{F}_s \tag{6.166}$$

und die Phasenwinkel

$$\psi_k = \arctan \left(\frac{\sum\limits_{i=1}^{n} v_{ki}\hat{p}_i \sin \beta_i}{\sum\limits_{i=1}^{n} v_{ki}\hat{p}_i \cos \beta_i} \right) \tag{6.167}$$

Die Elemente der frequenzabhängigen Matrix der dynamischen Nachgiebigkeit $D(\Omega)$ berechnen sich demnach zu

$$D_{sk}(\Omega) = \sqrt{\left(\sum_{i=1}^{n} \frac{v_{ki}v_{si}(1 - \eta_i{}^2)}{\gamma_i[(1 - \eta_i{}^2)^2 + 4\vartheta_i{}^2\eta_i{}^2]}\right)^2 + \left(\sum_{i=1}^{n} \frac{v_{ki}v_{si}2\vartheta_i\eta_i}{\gamma_i[(1 - \eta_i{}^2)^2 + 4\vartheta_i{}^2\eta_i{}^2]}\right)^2} \tag{6.168}$$

Falls die Erregerfrequenz mit der i-ten Eigenfrequenz des ungedämpften Systems übereinstimmt, ergibt sich angenähert der Maximalwert des Amplituden-Frequenzganges zu

$$\eta_i = 1: \quad D_{sk\text{max}} \approx \sum_{i=1}^{n} \frac{v_{ki}v_{si}}{2\vartheta_i\gamma_i} \tag{6.169}$$

Die erzwungene Schwingform nähert sich dann der i-ten Eigenschwingform an, d. h., die Bewegung des ganzen Schwingungssystems wird durch diese Schwingform beherrscht. Allerdings sind die Deformationen der anderen Schwingformen nicht immer vernachlässigbar.

Aus Gl. (6.169) folgt, daß die Resonanzkurven gedämpfter Systeme immer endliche Werte behalten. Die Resonanzkurve unterscheidet sich in den Gebieten außerhalb der Resonanz nur unwesentlich von der des ungedämpften Systems, falls der Dämpfungsgrad ϑ_i klein ist. Die Resonanzamplitude wird also wesentlich durch die Dämpfung der entsprechenden Hauptschwingung bestimmt.

6.7.4.   Beispiel: Textilspindel

Textilspindeln arbeiten bei hohen Drehzahlen und gehören zu den Maschinenbaugruppen, die ohne eine genaue dynamische Analyse nicht weiterentwickelt werden können.

Bild 6/20 zeigt die Konstruktionszeichnung einer Textilspindel und das ihr entsprechende Berechnungsmodell [5/11]. Man beachte, daß an beiden Lagern der in

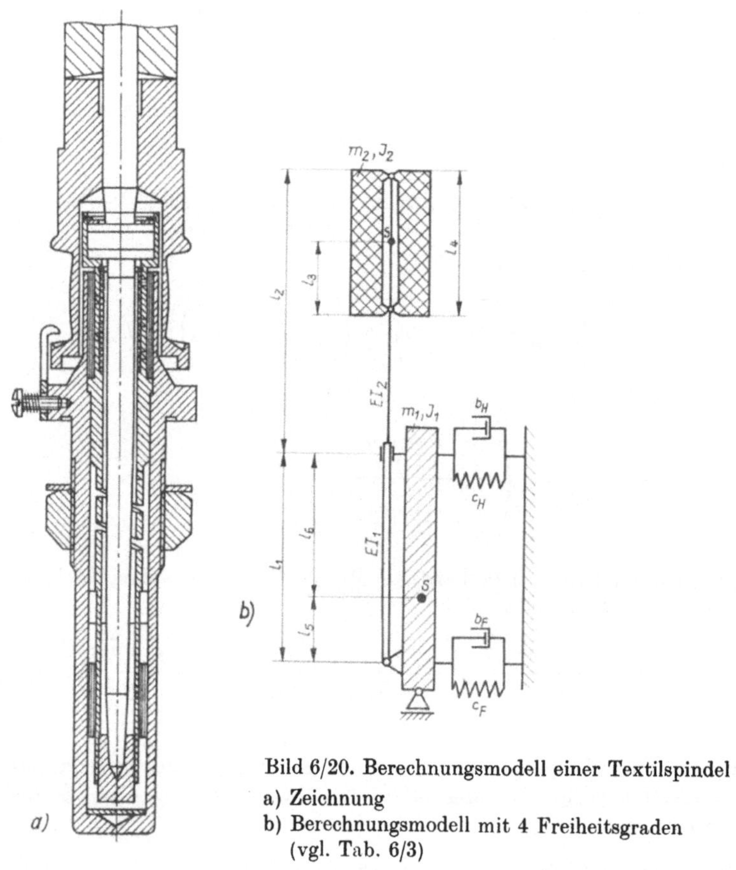

Bild 6/20. Berechnungsmodell einer Textilspindel
a) Zeichnung
b) Berechnungsmodell mit 4 Freiheitsgraden
(vgl. Tab. 6/3)

Bild 1/25 dargestellte hydraulische Dämpfer mit Dämpfungsspirale (Hülsenfeder) verwendet wird. Mit einem Rechenprogramm wurden der Amplituden-Frequenzgang der Fußlagerkraft (vgl. Bild 6/21a) und der Bewegung der Spindelspitze (vgl. Bild 6/21b) infolge der unwuchterregten Schwingungen berechnet. Dabei wurde die Dämpfungskonstante b_F des Fußlagers variiert, um zu erfahren, bei welchen Werten die im An- und Auslauf zu durchfahrenden Amplitudenmaxima möglichst klein bleiben.

Aus Bild 6/21 läßt sich entnehmen, wie stark die Resonanzamplituden von der Fußlagerdämpfung bestimmt werden. Interessant ist, daß keine Proportionalität zwischen den Amplituden der Spindelspitze und der Lagerkraft besteht. Man kann also nicht

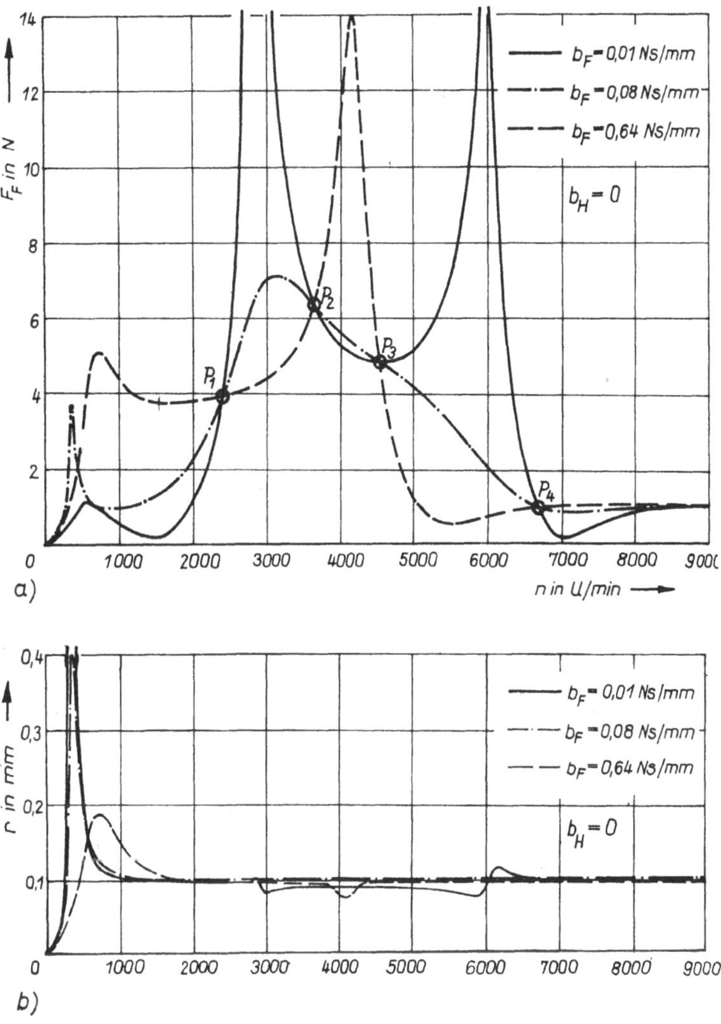

Bild 6/21. Resonanzkurven der Textilspindel von Bild 6/20 infolge von Unwuchterregung

a) Lagerkraftamplitude
b) Amplitude der Spindelspitze

aus Messungen der Bewegung der Spindelspitze auf die Lagerkräfte schließen. Mit steigender Dämpfung nehmen die 3 Resonanzspitzen zunächst ab. Die Kurvenschar hat 4 dämpfungsunabhängige Festpunkte P_1 bis P_4. Unter den dadurch bestimmten Grenzwert kann der Maximalausschlag nicht sinken. Das Optimum liegt in der Nähe von $b_F = 0{,}3$ Ns/mm (vgl. Bild 4/52).

Bei großen Dämpfungen verschieben sich die Eigenfrequenzen sehr stark, und die Amplituden steigen bemerkenswerterweise wieder. Durch die starke Dämpfung wird das Lager praktisch so unnachgiebig, daß ein Freiheitsgrad des Schwingers verlorengeht und anstelle von 3 Resonanzstellen nur noch 2 verbleiben.

Ließe sich der Konstrukteur von statischen Überlegungen leiten, könnte er auf die Idee kommen, die Spindelbewegung durch eine entsprechend große Dämpfung zu begrenzen. Da diese Versteifung jedoch eine Veränderung der Eigenfrequenzen zur Folge hätte, könnte sich damit die Situation verschlimmern.

6.7.5.   Aufgaben A 6/18 bis A 6/20

A 6/18:   Für das im Bild 6/2b dargestellte Modell eines Maschinengestells soll der Ausschwingvorgang nach einem Geschwindigkeitssprung u_{10} an der Koordinate q_1 berechnet werden. Als Dämpfungsansatz wird Gl. (6.139) mit den Werten $\vartheta_c = 0{,}08$; $\vartheta_m = 0{,}008$; $\omega^{*2} = 48EI/ml^3$ verwendet. Es gilt also

$$B = \frac{0{,}08}{\omega^*}\, C + 0{,}008\omega^* M$$

In 6.3.2. wurden bereits die Eigenkreisfrequenzen des ungedämpften Systems berechnet [vgl. Gl. (6.70)]:

$$\omega_1{}^2 = \omega_{10}^2 = 0{,}31256EI/ml^3; \quad \omega_2{}^2 = \omega_{20}^2 = 2{,}31320EI/ml^3$$

$$\omega_3{}^2 = \omega_{30}^2 = 41{,}7429EI/ml^3; \quad \omega_4{}^2 = \omega_{40}^2 = 90{,}6687EI/ml^3$$

In L 6/9 (vgl. 6.3.5.) sind die Vektoren der Anfangswerte in Hauptkoordinaten angegeben. Es gilt

$$\boldsymbol{p}_0 = \begin{pmatrix} 0 \\ 0 \\ 0 \\ 0 \end{pmatrix}; \quad \dot{\boldsymbol{p}}_0 = u_{10} \begin{pmatrix} 0{,}3631 \\ 0{,}3306 \\ 0{,}2283 \\ 0{,}0262 \end{pmatrix}$$

Man berechne die Dämpfungsgrade ϑ_i der Dämpfung in Hauptkoordinaten und gebe die Gleichungen zur Berechnung der Bewegung $q_k(t)$ und der Trägheitskräfte $Q_k(t)$ an. Man beurteile sie im Vergleich zu den ungedämpften Schwingungen (Bilder 6/5 und 6/6).

A 6/19:   Bild 6/22 zeigt das vereinfachte Berechnungsmodell des Gestells einer Fräsmaschine und dessen erste beiden Eigenschwingformen. Die Oberflächengüte beim Fräsen ist abhängig von der Relativbewegung zwischen Werkzeug und Werkstück und somit vom dynamischen Verhalten der Maschine an der Bearbeitungsstelle A.
Für das interessierende Frequenzintervall wurde die Ortskurve für die Koordinate q_6 bei einer Erregung F_6 ermittelt, vgl. Bild 6/23.
Man bestimme aus der Ortskurve die ersten drei Eigenfrequenzen und kommentiere an Hand der in Bild 6/22 dargestellten Schwingformen den Amplituden-Frequenzgang.

A 6/20:   Für das in Bild 4/51 dargestellte Berechnungsmodell eines Antriebes mit federgefesseltem Dämpfer sind für die angegebene harmonische Erregung zu berechnen:

1. Der komplexe Frequenzgang $\tilde{W}_{22}(j\Omega)$
2. Es ist die Ortskurve für $J_1/J_2 = 0{,}2$; $c_1/c_2 = 0{,}2$; $\vartheta = b/2J_1\omega^* = 0{,}1$; $\omega^{*2} = c_2/J_2$ zu zeichnen.

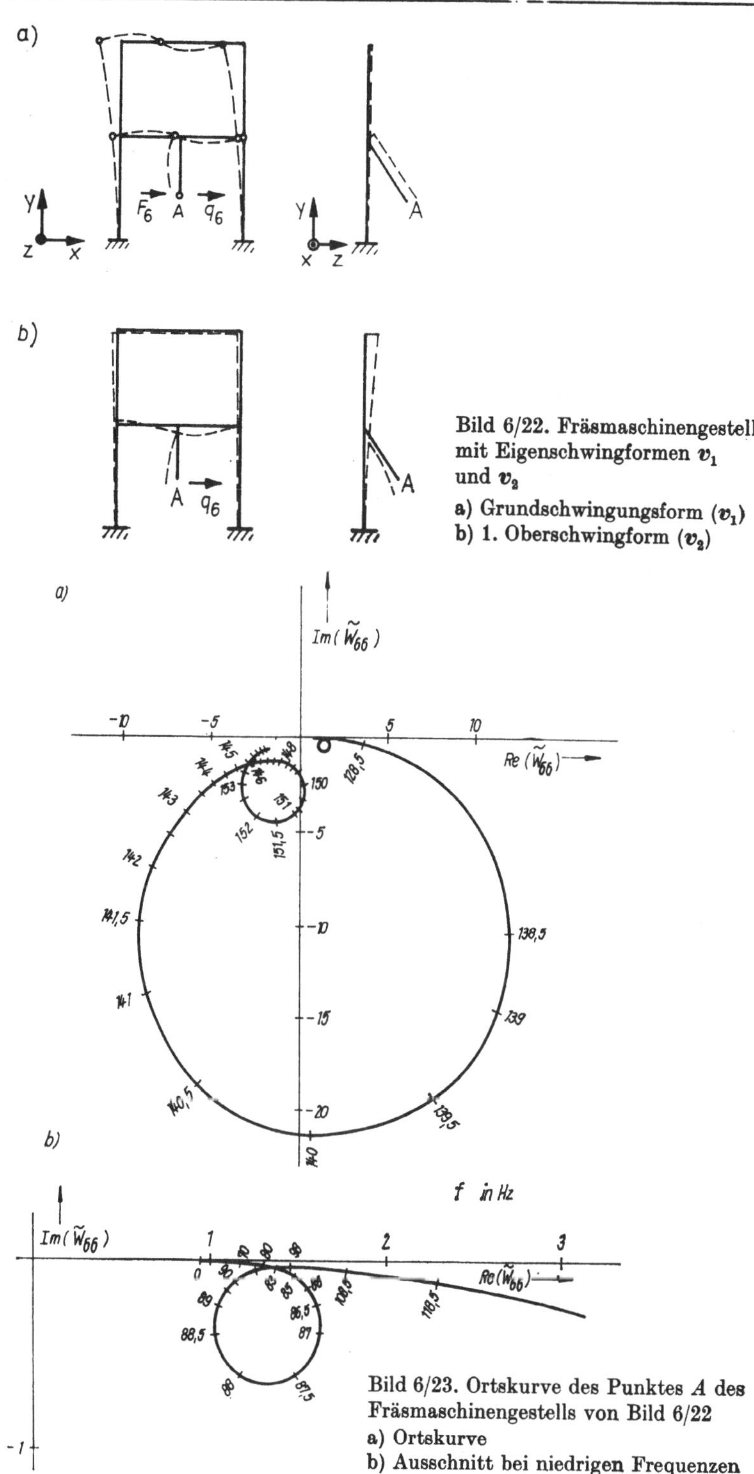

Bild 6/22. Fräsmaschinengestell mit Eigenschwingformen v_1 und v_2

a) Grundschwingungsform (v_1)
b) 1. Oberschwingform (v_2)

Bild 6/23. Ortskurve des Punktes A des Fräsmaschinengestells von Bild 6/22
a) Ortskurve
b) Ausschnitt bei niedrigen Frequenzen

6.7.6.   Lösungen L 6/18 bis L 6/20

L 6/18:   Setzt man den Dämpfungsansatz in Gl. (6.142) ein, so erhält man unter Benutzung der Gln. (6.80a) und (6.81a) die Abklingkonstanten

$$\delta_i = \frac{1}{2} \frac{v_i^T B v_i}{v_i^T M v_i} = \frac{1}{2} \frac{\dfrac{0{,}08}{\omega^*}\, \gamma_i + 0{,}008\omega^*\mu_i}{\mu_i} = 0{,}004 \left(10\, \frac{\omega_{i0}^2}{\omega^{*2}} + 1\right) \omega^*$$

Da ω_{i0} die Kreisfrequenzen des ungedämpften Systems sind, findet man mit den angegebenen Werten:

$$\delta_1 = 0{,}004\,26\omega^*; \quad \delta_2 = 0{,}005\,93\omega^*; \quad \delta_3 = 0{,}038\,78\omega^*; \quad \delta_4 = 0{,}079\,56\omega^*$$

Daraus folgen die Dämpfungsgrade der Hauptkoordinaten $\vartheta_i = \delta_i/\omega_{i0}$:

$$\vartheta_1 = 0{,}0528; \quad \vartheta_2 = 0{,}0270; \quad \vartheta_3 = 0{,}0416; \quad \vartheta_4 = 0{,}0579$$

Mit den Anfangsbedingungen in Hauptkoordinaten lassen sich nach Gl. (6.146) die Bewegungen in Hauptkoordinaten angeben. Unter Verwendung der Abklingkonstante folgt:

$$p_i(t) = \frac{\dot{p}_{i0}}{\omega_i}\, e^{-\delta_i t} \sin \omega_i t$$

Darin sind $\omega_i = \omega_{i0} \sqrt{1 - \vartheta_i^2}$ die Eigenkreisfrequenzen des gedämpften Systems.

Man findet

$$\omega_1 = 0{,}0805\omega^*; \quad \omega_2 = 0{,}2194\omega^*; \quad \omega_3 = 0{,}9317\omega^*; \quad \omega_4 = 1{,}3721\omega^*$$

Mit den gegebenen Anfangswerten $\dot{p}_{i0}$ erhält man

$$p_1(t) = 4{,}5106\, \frac{u_{10}}{\omega^*}\, e^{-\delta_1 t} \sin \omega_1 t; \quad p_2(t) = 1{,}5068\, \frac{u_{10}}{\omega^*}\, e^{-\delta_2 t} \sin \omega_2 t$$

$$p_3(t) = 0{,}2450\, \frac{u_{10}}{\omega^*}\, e^{-\delta_3 t} \sin \omega_3 t; \quad p_4(t) = 0{,}0191\, \frac{u_{10}}{\omega^*}\, e^{-\delta_4 t} \sin \omega_4 t$$

Aus den Amplituden, die auf Grund der schwachen Dämpfung nur wenig von denen aus L 6/9 abweichen, erkennt man zunächst, daß in erster Linie die 1. und 2. Eigenfrequenz im Signal auftreten werden. Da die Abklingkonstanten δ_3 und δ_4 wesentlich größer als δ_1; δ_2 sind, werden die Einflüsse der 3. und 4. Eigenfrequenz sehr schnell abklingen. Dies ist auch aus Bild 6/24 bei allen Koordinaten $q_1 \ldots q_4$ deutlich erkennbar.
Die realen Koordinaten ergeben sich gemäß Gl. (6.83) zu

$$q_k(t) = \sum_{i=1}^{4} v_{ki} p_i(t)$$

und die Trägheitskräfte sind mit Gl. (6.13)

$$Q_k(t) = -m_{kk}\ddot{q}_k(t)$$

Die Koordinaten (Bild 6/24) und Trägheitskräfte (Bild 6/25) wurden berechnet und mit einem rechnergesteuerten Zeichner ausgegeben. In Bild 6/24 ist für q_1 noch die ungedämpfte Bewegung eingezeichnet. Man erkennt, daß die Abklingkonstanten gegenüber den Dämpfungsgraden größere Aussagefähigkeit für den Ausschwingvorgang haben.

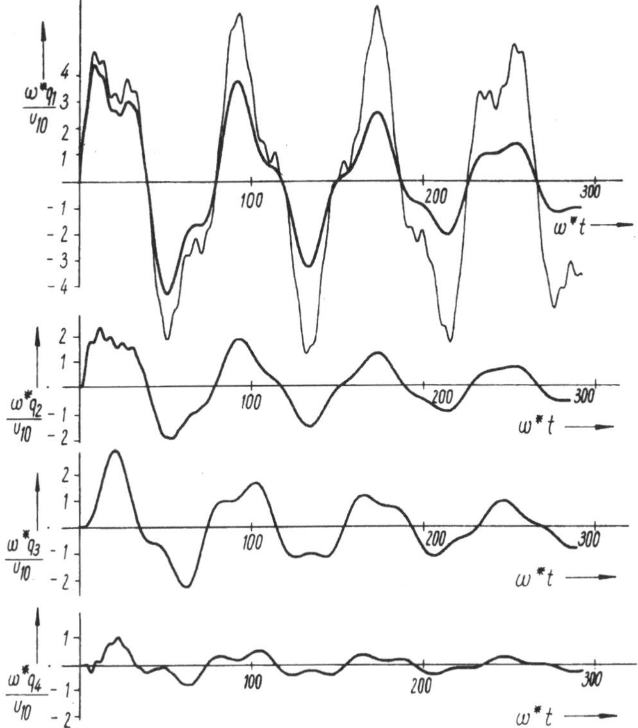

Bild 6/24. Zeitverläufe der freien gedämpften Schwingungen von Bild 6/2 b
[Koordinaten $q_k(t)$]

Interessant ist noch, daß die Extremwerte der Deformationen und Kräfte, die
kurz nach der Impulserregung auftreten und die für die Nachrechnung der Bruch-
festigkeit interessieren, durch die Dämpfung nur wenig abgemindert werden. Es
ist also zulässig, diese Spitzenwerte mit einem ungedämpften Berechnungsmodell zu berechnen (vgl. Bilder 6/5 und 6/6).

L 6/19: Die Eigenfrequenzen des Maschinengestells kann man aus der Ortskurve daran
erkennen, daß die Amplituden dabei relative Extremwerte annehmen und die
Phasen sich relativ schnell ändern. An der Resonanzstelle gilt $\Delta s/\Delta\Omega - \text{Max}$,
wobei Δs die Bogenlänge der Ortskurve zwischen zwei Erregerkreisfrequenzen
ist, die sich um $\Delta\Omega$ unterscheiden.
Man findet so die Werte $f_1 = 87{,}5$ Hz (vgl. die vergrößerte Darstellung in Bild
6/23 b), $f_2 = 140$ Hz und $f_3 = 152$ Hz. Der Resonanzausschlag bei f_1 ist über-
raschend klein, jedoch ist das erklärlich, weil der Kraftangriffspunkt bei der
Grundschwingungsform (vgl. Bild 6/22 a) in Gegenphase zum oberen Gestellteil
schwingt und sich nur wenig bewegt. Die Resonanzamplitude bei $\Omega = \omega_2$ ist
deshalb so groß, weil die zweite Eigenschwingung an der Stelle A große Ausschläge zeigt (Bild 6/22 b). Falls die Fräsereingriffsfrequenz in der Nähe der
ersten Eigenfrequenz läge, wäre das also viel weniger gefährlich als eine Erregung
in der Nähe der zweiten Eigenfrequenz.

L 6/20: In 4.4.4. wurde bereits für dieses Modell der Amplituden-Frequenzgang $D_{22}(\Omega)$
berechnet. Gl. (4.164) und Bild 4/52 zeigen ihn als Vergrößerungsfunktion
$V = \hat{\varphi}_2/\hat{\varphi}_{\text{st}} = \hat{\varphi}_2 c_2/\hat{M}$. Zur Berechnung über den komplexen Frequenzgang werden

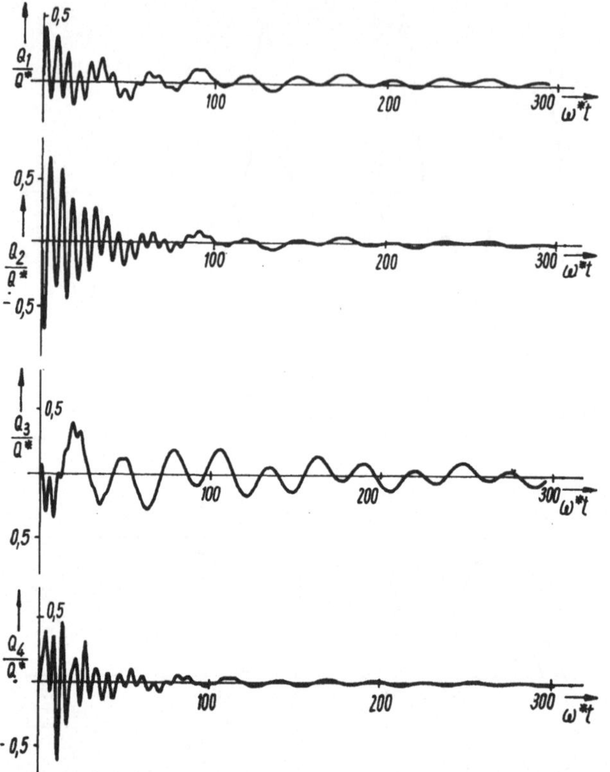

Bild 6/25. Zeitverläufe der Massenkräfte $Q_k(t)$ für das System von Bild 6/2b
$(Q^* = mu_{10}\omega^*)$

zunächst die Matrizen M; B; C und der Erregervektor F aus den Bewegungsgleichungen Gl. (4.161) aufgestellt.

$$M = \begin{pmatrix} J_1 & 0 \\ 0 & J_2 \end{pmatrix}; \quad B = \begin{pmatrix} b & -b \\ -b & b \end{pmatrix}; \quad C = \begin{pmatrix} c_1 & -c_1 \\ -c_1 & c_1 + c_2 \end{pmatrix}; \quad F = \begin{pmatrix} 0 \\ \hat{M} \end{pmatrix}$$

Die Hauptdeterminante lautet nach Gl. (6.156)

$$\Delta(j\Omega) = \begin{vmatrix} -\Omega^2 J_1 + j\Omega b + c_1 & -j\Omega b - c_1 \\ -j\Omega b - c_1 & -\Omega^2 J_2 + j\Omega b + (c_1 + c_2) \end{vmatrix}$$

$$\Delta(j\Omega) = \Omega^4 J_1 J_2 - j\Omega^3 b(J_1 + J_2) - \Omega^2[J_2 c_1 + J_1(c_1 + c_2)] + j\Omega b c_2 + c_1 c_2$$

Da das Erregermoment an der Masse 2 angreift, gilt $\hat{F}_s = \hat{F}_2 = \hat{M}$. Es interessiert
die Bewegung der Masse 2, deshalb muß der komplexe Frequenzgang $\hat{W}_{22}$ aufgestellt werden. Dazu dient die Determinante $\Delta_{22}(j\Omega)$. Sie lautet:

$$\Delta_{22}(j\Omega) = \begin{vmatrix} -\Omega^2 J_1 + j\Omega b + c_1 & 0 \\ -j\Omega b - c_1 & 1 \end{vmatrix} = -\Omega^2 J_1 + j\Omega b + c_1$$

Führt man die Verhältnisse Gl. (4.163) ein und beachtet, daß hierbei μ und γ
nicht mit den reduzierten Massen und Federkonstanten der Hauptkoordinaten

verwechselt werden dürfen, so folgt

$$\Delta(\mathrm{j}\eta) = \frac{c_1^{\,2}}{\gamma^2}\,\{\eta^4\mu - \mathrm{j}2\eta^3\vartheta\mu(1+\mu) - \eta^2[\gamma + \mu(1+\gamma)] + \mathrm{j}2\eta\vartheta\mu + \gamma\}$$

$$\Delta_{22}(\mathrm{j}\eta) = \frac{c_1}{\zeta^2}\,(-\eta^2 + \mathrm{j}2\eta\vartheta + \zeta^2)$$

Mit den Abkürzungen

$$a_1 = \zeta^2 - \eta^2;\quad a_2 = \eta^4\mu - \eta^2[\gamma + \mu(1+\gamma+\gamma)]$$

$$a_3 = 2\eta\vartheta;\qquad a_4 = 2\eta\vartheta\mu[\eta^2(1+\mu) - 1]$$

findet man

$$\tilde{W}_{22} = \frac{\Delta_{22}(\mathrm{j}\eta)}{\Delta(\mathrm{j}\eta)} = \frac{\gamma\mu}{c_1}\,\frac{a_1 + \mathrm{j}a_3}{a_2 - \mathrm{j}a_4} = \frac{\mu}{c_2}\left\{\frac{a_1 a_2 - a_3 a_4}{a_2^{\,2} + a_4^{\,2}} + \mathrm{j}\,\frac{a_3 a_2 + a_1 a_4}{a_2^{\,2} + a_4^{\,2}}\right\}$$

Um die Ortskurve Bild 6/26 zu dem Amplituden-Frequenzgang zeichnen zu
können, der auf Bild 4/52 dargestellt ist, wird gesetzt: $\mu = 0{,}2$; $\zeta = 1$; $\vartheta = 0{,}1$.

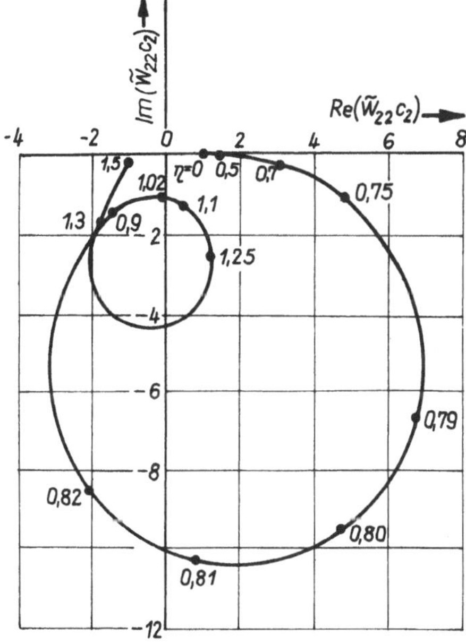

Bild 6/26. Ortskurve des komplexen Frequenzganges $\tilde{W}_{22}$ für das Torsionsschwingungsmodell Bild 4/51. Der zugehörige Amplituden-Frequenzgang ist für
$\mu = 0{,}2$; $\zeta = 1$; $\vartheta = 0{,}1$ auf Bild 4/52 dargestellt

Man erkennt die beiden Resonanz-Frequenzverhältnisse $\eta_1 = 0{,}8$; $\eta_2 = 1{,}25$
und das Ausschlagsminimum bei $\eta = 1{,}02$ (vgl. Bild 4/52).
Berechnete Ortskurven haben vor allem in der Gegenüberstellung zu gemessenen
Bedeutung. Daraus können Schlußfolgerungen über die Güte des Berechnungsmodells gezogen werden.

7. Probleme der Maschinendynamik mit speziellen Bewegungsgleichungen

7.1. Charakterisierung durch die Bewegungsgleichung

In der Maschinendynamik lassen sich die meisten Aufgaben durch lineare Bewegungsgleichungen mit konstanten Koeffizienten beschreiben. Dies kommt in den vorangehenden Abschnitten deutlich zum Ausdruck. Es gibt aber auch Fälle, in denen das dynamische Verhalten so nicht erklärt werden kann. Die zugehörigen Bewegungsgleichungen haben dann ein prinzipiell anderes Aussehen, und die Schwingungssysteme zeigen ein ganz charakteristisches Verhalten.

In Tabelle 7/1 sind am Beispiel des Schwingers mit einem Freiheitsgrad Formen solcher Bewegungsgleichungen den bekannten linearen gegenübergestellt. Die Unterschiede werden durch zwei wesentliche Merkmale bestimmt, die Nichtlinearität und die Zeitabhängigkeit der Parameter der Bewegungsgleichung.

Tabelle 7/1. Charakteristische Bewegungsgleichungen für Systeme mit einem Freiheitsgrad

1	$\ddot{q} + 2\delta\dot{q} + \omega_0^2 q = 0$ $t = 0: q = q_0;\ \dot{q} = u_0$	Lineare autonome Bewegungsgleichung (Freie Schwingungen)	Autonome Bewegungsgleichungen	
2	$\ddot{q} + f(q;\dot{q}) = 0$ $t = 0: q = q_0;\ \dot{q} = u_0$	Nichtlineare autonome Bewegungsgleichung (Freie Schwingungen) *Sonderfall:* Bewegungsgleichung der selbsterregten Schwingungen		
3	$\ddot{q} + 2\delta\dot{q} + \omega_0^2 q = f(t)$	Lineare Bewegungsgleichung für erzwungene Schwingungen	Erzwungene Schwingungen	Heteronome Bewegungsgleichungen
4	$\ddot{q} + f_1(\dot{q};q) = f_2(t)$	Nichtlineare Bewegungsgleichung für erzwungene Schwingungen		
5	$\ddot{q} + f_1(t)\,\dot{q} + f_2(t)\,q = 0$	Rheolineare Bewegungsgleichung (Parametererregte Schwingungen)	Parametererregte Schwingungen	
6	$\ddot{q} + f_1(t)\,f_2(\dot{q};q) = 0$	Rheonichtlineare Bewegungsgleichung (Parametererregte Schwingungen)		
7	$\ddot{q} + f_1(t)\,f_2(\dot{q};q) = f_3(t)$	Rheonichtlineare Bewegungsgleichung mit Störglied		

Die Nichtlinearität drückt sich in den Ansätzen für die Rückstell- und Dämpfungsfunktion aus.

In Tabelle 7/1 sind für die Formen *2; 4; 6* die Funktionen $f(\dot{q};q)$ in diesem Sinne zu sehen. Die Zeitabhängigkeit von Dämpfungs- oder Rückstellfunktionen kann sowohl in linearen (rheolinear) als auch nichtlinearen (rheonichtlinear) Bewegungsgleichungen auftreten. Sie nehmen dann die Form *5* oder *6* an und sind durch die Funktionen $f(t)$ gekennzeichnet. Diese Zeitabhängigkeit bewirkt eine Erregung, die

auch dann wirksam wird, wenn kein Störglied, wie beispielsweise bei den Formen *3*
und *4*, auftritt. Im Unterschied zu diesen erzwungenen Schwingungen spricht man
deshalb von parametererregten Schwingungen.

Mit den erzwungenen und parametererregten Schwingungen haben die selbsterregten
Schwingungen nichts zu tun. Sie werden durch nichtlineare, autonome Bewegungsgleichungen beschrieben und gehören in das Gebiet der freien Schwingungen, obwohl
sie typische Erscheinungsformen von heteronomen (fremderregten) Schwingungen
zeigen. So können auch hier stationäre Bewegungen (trotz vorhandener Dämpfung)
und instabiles Verhalten auftreten.

Die folgenden Abschnitte gehen in keiner Weise auf die mathematische Durch-
dringung dieser teilweise sehr anspruchsvollen Gebiete der Schwingungslehre ein.
Dies würde den Rahmen des Buches sprengen. Es sollen lediglich Beispiele und
Erscheinungsformen beschrieben werden, die der Ingenieur braucht, um ein bestimmtes Verhalten besser deuten zu können. Die Demonstration erfolgt ausschließlich
am System mit einem Freiheitsgrad. Im übrigen wird auf die Literatur der Schwingungslehre verwiesen. Eine Einführung findet man in [4]; [5]; [10]; [12]; [16]; [20];
[23]; [41], weitergehende Ausführungen in [15]; [31]; [40].

7.2. Probleme, die durch autonome Bewegungsgleichungen beschrieben werden

Wie aus Tabelle 7/1 zu ersehen ist, sind autonome Bewegungsgleichungen durch
eine allgemeine Rückstellfunktion $f(\dot{q}; q)$, die Feder- und Dämpferwirkung zusammenfaßt und dadurch, daß die Zeit explizit nicht auftritt, gekennzeichnet.

Genaugenommen zeigen sehr viele Maschinenelemente, wie Seile, Ketten, Reifen,
Gummifedern, Luftfedern, Tellerfedern nichtlineare Federeigenschaften. Auch das
Spiel in Zahnradgetrieben, Kupplungen, Gelenken, Führungen sowie Gleit- und
Wälzlagern ist eine wesentliche nichtlineare Einflußgröße.

Die erste Gruppe der Beispiele zeigt eine stoffbedingte, die zweite eine geometriebedingte Nichtlinearität.

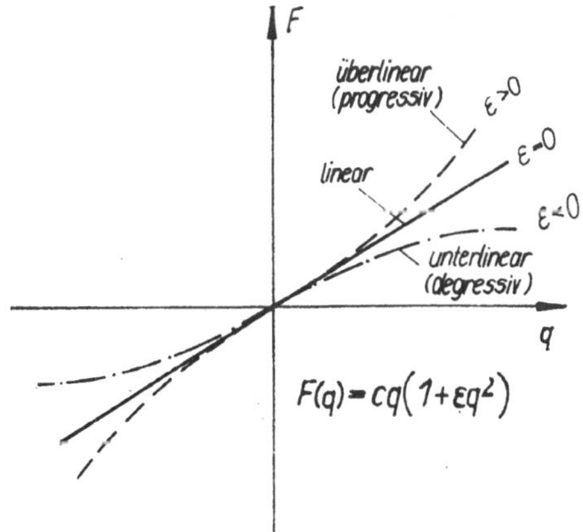

Bild 7/1. Verlauf der Rückstellfunktion bei stoffbedingter
Nichtlinearität

Bei stoffbedingten Nichtlinearitäten treten relativ geringe Abweichungen von einer
linearen Funktion der Federkennlinie auf, vgl. Bild 7/1. Man geht deshalb häufig
von einem Potenzreihenansatz für die Rückstellkraft aus. Eine oft verwendete spezielle

Form lautet:

$$F(q) = cq(1 + \varepsilon q^2) \tag{7.1}$$

Für $\varepsilon > 0$ spricht man von einer überlinearen, für $\varepsilon < 0$ von einer unterlinearen Kennlinie. Als Beispiel einer überlinearen Federkennlinie kann Bild 1/51 dienen. Bedeutend stärkere Nichtlinearitäten entstehen durch geometrische Einflüsse, beispielsweise das Spiel. Tabelle 7/2 zeigt einige Beispiele. Das Spiel wird immer dann wirksam, wenn das System nicht unter Vorlast läuft.

Bei der genaueren Untersuchung von Dämpfungseinflüssen wird man wohl nie streng auf eine lineare Dämpfungskraft, wie sie beispielsweise in den Gln. (1.49) bis (1.54) formuliert ist, stoßen. Es müßten demnach nichtlineare Abhängigkeiten formuliert werden, bei denen allerdings schon in der Frage der Reproduzierbarkeit große Unsicherheiten auftreten. Ein Beispiel dafür ist die Werkstoffdämpfung, wie sie in Bild 1/24 in Erscheinung tritt. Ausführliche Diskussionen dazu findet man in [38].

Um die Wirkung der nichtlinearen Feder- und Dämpfereinflüsse abschätzen zu können, wird von der Bewegungsgleichung

$$\ddot{q} + f(\dot{q}; q) = 0 \tag{7.2}$$

und den Anfangsbedingungen

$$t = 0: \quad q = q_0; \quad \dot{q} = u_0 \tag{7.3}$$

ausgegangen.

Eines der bekanntesten Näherungsverfahren, das *Verfahren der harmonischen Balance* [10]; [15], geht von der Überlegung aus, daß bei schwacher Nichtlinearität eine im wesentlichen harmonische Bewegung auftritt. Der Ansatz richtet sich nach den Anfangsbedingungen in Gl. (7.3).

Setzt man zur Vereinfachung $u_0 = 0$, so lautet er

$$q = q_0 \cos \nu t; \quad \dot{q} = -\nu q_0 \sin \nu t \tag{7.4}$$

In dieser Beziehung ist die Kreisfrequenz ν unbekannt.

Setzt man nun Gl. (7.4) in die Rückstellfunktion $f(\dot{q}; q)$ ein, wird diese zu einer periodischen Funktion, die sich in eine *Fourier*-Reihe entwickeln läßt. Es gilt nach Gl. (1.78)

$$f(q_0 \cos \nu t; \; -\nu q_0 \sin \nu t) = A_0 + \sum_{k=1}^{\infty} A_k \cos k\nu t + \sum_{k=1}^{\infty} B_k \sin k\nu t \tag{7.5}$$

Durch entsprechende Wahl des Koordinatensystems ist es möglich, $A_0 = 0$ zu setzen. In erster Näherung nimmt man nun nur die ersten *Fourier*-Koeffizienten, für die gilt

$$A_1 = \frac{1}{\pi} \int_0^{2\pi} f(q_0 \cos \nu t; \; -\nu q_0 \sin \nu t) \cos \nu t \; \mathrm{d}(\nu t) \tag{7.6}$$

$$B_1 = \frac{1}{\pi} \int_0^{2\pi} f(q_0 \cos \nu t; \; -\nu q_0 \sin \nu t) \sin \nu t \; \mathrm{d}(\nu t) \tag{7.7}$$

Gl. (7.5) geht damit über in

$$f(\dot{q}; q) = A_1 \cos \nu t + B_1 \sin \nu t \tag{7.8}$$

Tabelle 7/2. Beispiele für geometriebedingte Nichtlinearitäten

System	Kennlinie	Rückstell-Funktion
Gestufte Federn 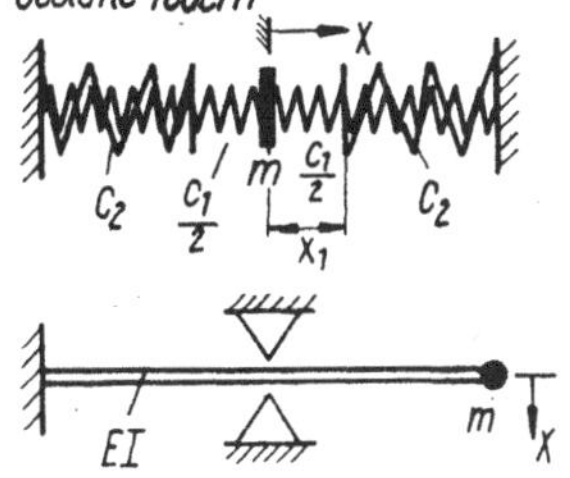	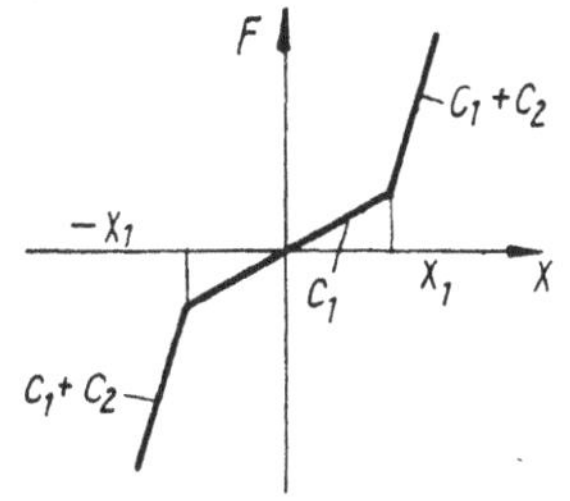	$F(\dot{x}) = \begin{cases} c_2 x_1 + (c_1+c_2)x & \text{für } x<-x_1 \\ c_1 x & \text{für } -x_1 \leqq x \leqq x_1 \\ -c_2 x_1 + (c_1+c_2)x & \text{für } x_1 \leqq x \end{cases}$
Torsionsschwinger mit Spiel 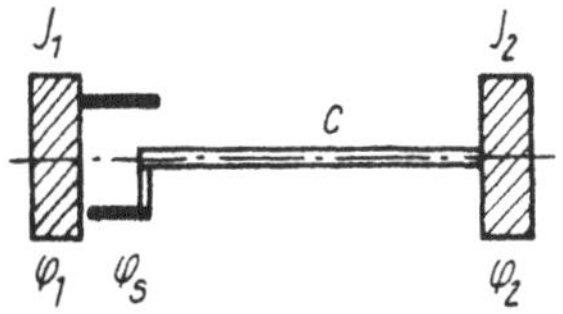	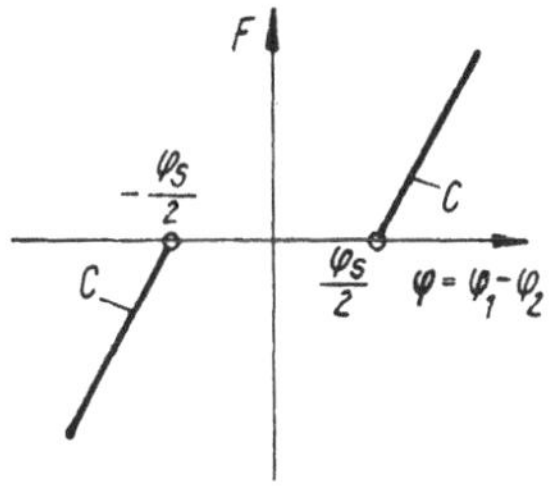	$F(\varphi) = \begin{cases} c\left(\varphi + \dfrac{\varphi_s}{2}\right) & \text{für } \varphi < -\dfrac{\varphi_s}{2} \\ 0 & \text{für } -\dfrac{\varphi_s}{2} < \varphi < \dfrac{\varphi_s}{2} \\ c\left(\varphi - \dfrac{\varphi_s}{2}\right) & \text{für } \varphi > \dfrac{\varphi_s}{2} \end{cases}$
Feder-Masse-System 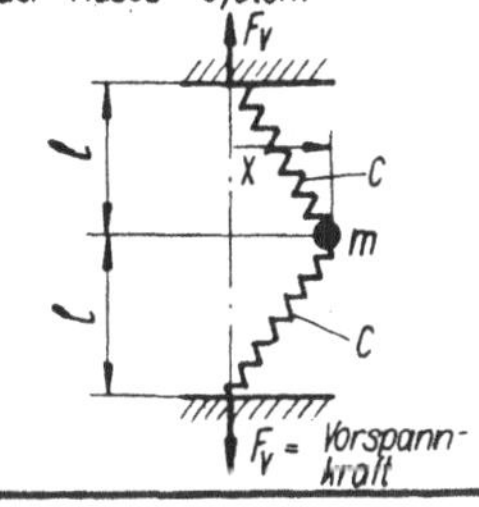	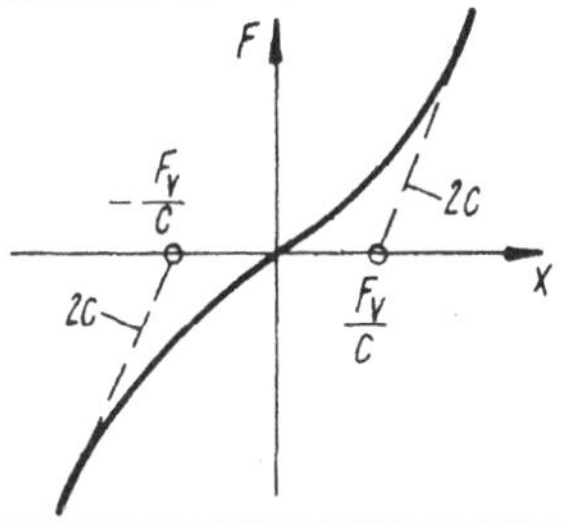	$F(x) = \dfrac{2F_v x}{\sqrt{l^2+x^2}} + 2cx\left(1 - \dfrac{l}{\sqrt{l^2+x^2}}\right)$ Für $x \ll l$ gilt $F(x) = 2F_v\dfrac{x}{l} + c \cdot x\dfrac{x^2}{l^2} + \cdots$
Pendel mit großem Ausschlag 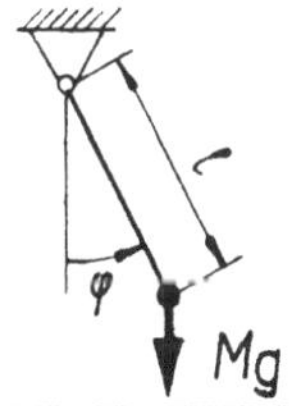	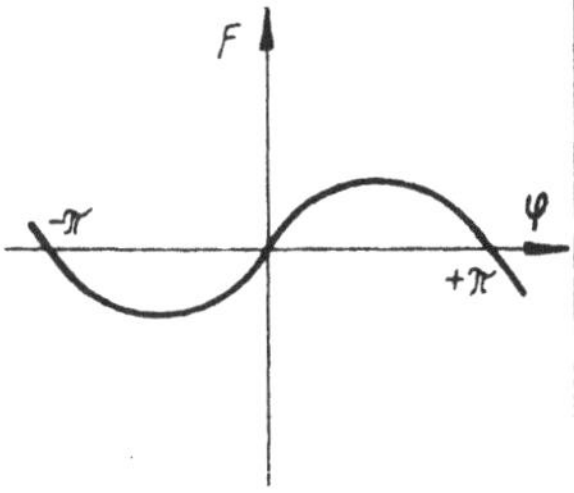	$F(\varphi) = Mgl\sin\varphi$ Für $\varphi \ll 1$ gilt $F(\varphi) = Mgl\left(\varphi - \dfrac{\varphi^3}{6} + \cdots\right)$
Schwinger mit Federvorspannung 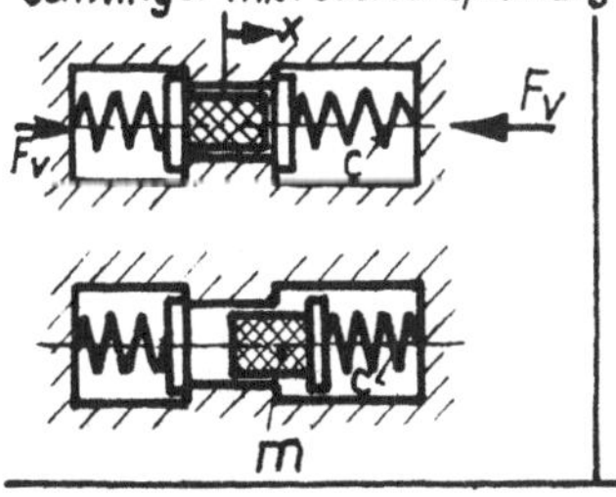	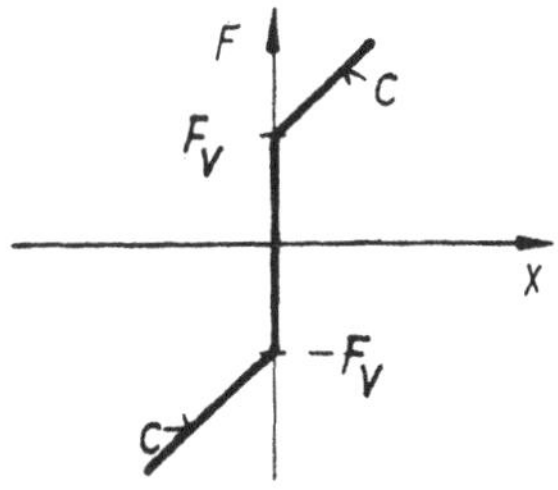	$F(x) = cx + F_v\operatorname{sign} x$

Darin kann mit Gl. (7.4) gesetzt werden:

$$\cos vt = \frac{q}{q_0}; \quad \sin vt = -\frac{\dot{q}}{v q_0} \tag{7.9}$$

Gl. (7.2) erhält mit den Gln. (7.8), (7.9) die Form

$$\ddot{q} - \frac{B_1}{v q_0}\dot{q} + \frac{A_1}{q_0}q = 0; \; t = 0: \quad q = q_0 \quad \dot{q} = 0 \tag{7.10}$$

Dies stellt eine linearisierte Gleïchung dar,

$$\ddot{q} + 2\delta\dot{q} + \omega_0{}^2 q = 0 \tag{7.11}$$

in der allerdings die Ersatzgrößen $2\delta = -B_1/v q_0$; $\omega_0{}^2 = A_1/q_0$ amplitudenabhängig sind. Somit kann als wichtige Erscheinung in nichtlinearen Systemen festgestellt werden, daß die Eigenfrequenz vom Ausschlag abhängt.

Als Beispiel soll ein Schwinger mit der Rückstellkraft Gl. (7.1) dienen. Die Bewegungsgleichung lautet

$$m\ddot{q} + cq(1 + \varepsilon q^2) = 0$$

$$\ddot{q} + \omega_0{}^2 q(1 + \varepsilon q^2) = 0; \; \omega_0{}^2 = \frac{c}{m} \tag{7.12}$$

Um den Einfluß der Amplitude auf die Frequenz zu zeigen, wird von den Anfangsbedingungen $t = 0$; $q = q_0$; $\dot{q} = 0$ ausgegangen. Mit dem Ansatz $q = q_0 \cos vt$ erhält man mit (7.6)

$$A_1 = \frac{1}{\pi}\int\limits_0^{2\pi} (\omega_0{}^2 q_0 \cos vt + \omega_0{}^2 \varepsilon q_0{}^3 \cos^3 vt)\, \mathrm{d}(vt)$$

$$A_1 = \omega_0{}^2 q_0 \left(1 + \frac{3}{4}\,\varepsilon q_0{}^2\right)$$

Damit gilt für die Eigenkreisfrequenz

$$\omega^2 = \frac{A_1}{q_0} = \omega_0{}^2 \left(1 + \frac{3}{4}\,\varepsilon q_0{}^2\right) \tag{7.13}$$

Sie geht für die lineare Kennlinie mit $\varepsilon = 0$ in die Kreisfrequenz des linearen Schwingers über.

Man erkennt die starke Abhängigkeit der Kreisfrequenz vom Ausschlag.

Bei der Ersatzgleichung des gedämpften Schwingers Gl. (7.10) fällt auf, daß die Möglichkeit besteht, eine negative Abklingkonstante zu erhalten. Dies tritt ein, wenn in Gl. (7.7) $B_1 > 0$ wird. Eine negative Dämpfung bedeutet aber eine Anfachung. Es entsteht ein qualitativ anderes Verhalten als bei positiver Dämpfung ($B_1 < 0$). Man spricht dann von *Selbsterregung*. Dies soll an einem Beispiel, dem Reibungsschwinger, gezeigt werden.

Bild 7/2 zeigt eine Masse, die über Feder und Dämpfer mit linearer Charakteristik an einem Festpunkt hängt und auf einem mit der Geschwindigkeit v laufenden Band liegt. Unter Berücksichtigung der Reibung zwischen Band und Masse gilt die Bewegungsgleichung

$$m\ddot{x} + b\dot{x} + cx - F_\mathrm{D} = 0 \tag{7.14}$$

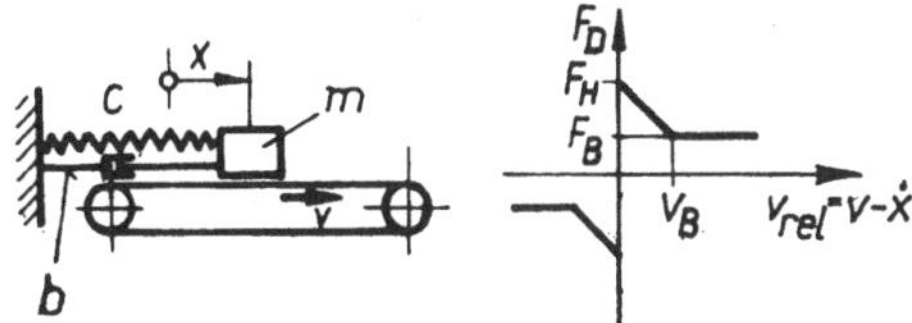

Bild 7/2. Reibungsschwinger mit fallender Kennlinie

Die Reibungskraft ist von der Reibgeschwindigkeit $(v - \dot{x}) = v_{rel}$ abhängig. Da zwischen der Haftreibungskraft F_H und der Reibungskraft der Bewegung F_B ein Unterschied besteht $(F_\mathrm{H} > F_\mathrm{B})$, existiert ein Übergangsgebiet $(0 < v_{rel} < v_\mathrm{B})$, in dem in erster Näherung linearer Abfall angenommen wird. Es gilt dann unter der Voraussetzung $v_{rel} > 0$

$$m\ddot{x} + \dot{x}\left(b - \frac{F_\mathrm{H} - F_\mathrm{B}}{v_\mathrm{B}}\right) + cx = F_\mathrm{H} - \frac{F_\mathrm{H} - F_\mathrm{B}}{v_\mathrm{B}}\,v \tag{7.15}$$

Die rechte Seite von Gl. (7.15) ist konstant. Sie bewirkt somit nur eine Nullpunktsverschiebung der Koordinate x. Beim Dämpfungsglied erkennt man jedoch, daß für

$$(F_\mathrm{H} - F_\mathrm{B})/v_\mathrm{B} > b \tag{7.16}$$

eine negative Dämpfung, d. h. eine Anfachung, auftritt. Diese stellt sich um so eher ein, je steiler die Übergangsgerade [je kleiner v_B oder je größer $(F_\mathrm{H} - F_\mathrm{B})$] ist.
Die Amplituden wachsen dabei solange an, bis ein Gleichgewicht zwischen negativem und positivem Dämpfungsanteil, also eine Entdämpfung vorliegt. Das System schwingt dann stationär in der Eigenfrequenz des ungedämpften Schwingers.
Für $F_\mathrm{H} = F_\mathrm{B}$, was einer *Coulomb*schen Reibung entspricht, ist Gl. (7.16) jedoch nicht erfüllt, und es kommt keine Schwingungserregung zustande.
Die Erscheinung der Selbsterregung durch fallende Kennlinie spielt eine große Rolle. Quietschende Türen und Straßenbahnräder, Entstehen des Tones beim Geigenspiel und das Meißelpfeifen an Werkzeugmaschinen können damit erklärt werden. Auch die Rattermarkenbildung bei der spanenden Formung geht letztlich auf eine fallende Kennlinie (Temperatur-Schubspannung) zurück. Die Forschungen auf diesem Gebiet sind noch nicht abgeschlossen.
Ein anderes Beispiel für selbsterregte Schwingungen ist die Queranblasung eines nicht kreisförmigen Querschnittes, vgl. Bild 7/3. Die Masse m hat das angegebene Profil, sie ist elastisch aufgehängt und in Richtung x verschiebbar. An ihrer Flachseite wird sie durch Wind mit der Geschwindigkeit v angeblasen. Durch eine Störung erfährt

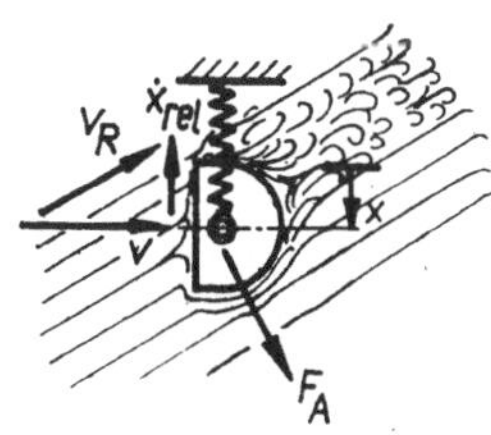

Bild 7/3. Modell zur Erklärung selbsterregter Schwingungen durch Queranblasung die Masse die Geschwindigkeit $\dot{x}$, dadurch entsteht ein „Relativwind" $\dot{x}_{\mathrm{rel}}$. Beide Winde bilden eine resultierende Anblasung der Geschwindigkeit v_{R}. Dies hat zur Folge, daß die Strömung an der Unterseite des Profils zusammengedrückt wird und dort ein Unterdruck entsteht. Das bewirkt aber wiederum eine Kraft F_{A} in x-Richtung. Dafür kann folgender Ansatz gemacht werden:

$$F_{\mathrm{A}} = \frac{\varrho}{2}\, v^2 A \left[\varkappa_1\, \frac{\dot{x}}{v} - \varkappa_3 \left(\frac{\dot{x}}{v} \right)^3 \right] \tag{7.17}$$

Es bedeutet:

ϱ Dichte der Luft
A angeströmte Fläche
$\varkappa_1$; $\varkappa_3$ experimentell ermittelte Beiwerte, die von der Querschnittsform abhängen

Für das Schwingungssystem ergibt sich damit die Bewegungsgleichung

$$m\ddot{x} + b\dot{x} - \frac{\varrho}{2}\, v^2 A \left[\varkappa_1\, \frac{\dot{x}}{v} - \varkappa_3 \left(\frac{\dot{x}}{v} \right)^3 \right] + cx = 0 \tag{7.18}$$

Auch sie hat negative Dämpfungsanteile, und es kann deshalb zu selbsterregten Schwingungen kommen.

Selbsterregte Schwingungen durch Windanblasung spielen beispielsweise bei Brücken, Masten, Tagebauabsetzern, Hochspannungsleitungen eine Rolle. Es sei dabei an den Einsturz der Tacoma-Narrows-Bridge am 7. Nov. 1940 erinnert, die durch Queranblasung zu so großen Schwingungsamplituden angeregt wurde, daß sie zerbrach. (Seilbrücke, Abstand zwischen den beiden Seilmasten: 853 m, maximale Biegeamplitude: 7 m, maximale Torsionsschwingungsamplitude 45°)

Für Systeme, die durch nichtlineare, autonome Bewegungsgleichungen beschrieben werden, können nun folgende Eigenschaften zusammengestellt werden:

1. Die Schwingungsfrequenz hängt von der Amplitude ab.
2. Die Bewegung ist eine periodische Zeitfunktion.
3. Bei negativen Dämpfungen treten selbsterregte Schwingungen auf.
4. Selbsterregte Schwingungen treten in der Eigenfrequenz auf, nur für nichtlineare Systeme stellt sich dabei eine stationäre Bewegung ein.

7.3.   Probleme, die durch heteronome Bewegungsgleichungen beschrieben werden

7.3.1.   Erzwungene nichtlineare Schwingungen

Als Ausgangsgleichung soll ein Spezialfall von Form *4*, Tabelle 7/1, die *Duffing*sche Dgl. dienen. Sie entsteht bei geschwindigkeitsproportionaler Dämpfung, nichtlinearer Rückstellkraft nach Gl. (7.2) und harmonischer Krafterregung

$$m\ddot{q} + b\dot{q} + cq(1 + \varepsilon q^2) = \hat{F} \sin \Omega t$$

$$\ddot{q} + 2\delta\dot{q} + \omega_0^2 q(1 + \varepsilon q^2) = \frac{\hat{F}}{m} \sin \Omega t \tag{7.19}$$

Geht man auch hier zunächst von einem harmonischen Bewegungsansatz für die stationäre Lösung aus

$$q = \hat{q} \sin (\Omega t - \varphi), \tag{7.20}$$

erkennt man sofort, daß er Gl. (7.19) nicht befriedigen kann, da durch das nicht-lineare Glied höhere Potenzen in der Zeitfunktion auftreten, die sich durch höhere Harmonische ausdrücken lassen. Es müßte als Ansatz eine *Fourier*-Reihe

$$q = \sum_k \hat{q}_k \sin (k\Omega t - \varphi_k) \tag{7.21}$$

gewählt werden. Dies besagt aber, daß bei *harmonischer* Erregung eine *periodische* Bewegung zustande kommt. Weiterführende Untersuchungen zeigen sogar, daß bei einer harmonischen Erregung mit der Kreisfrequenz Ω Bewegungen in den Kreisfrequenzen

$$\Omega_k = \frac{p}{n}\,\Omega \quad (p, n = 1, 2, \ldots,) \tag{7.22}$$

auftreten können. p und n sind im wesentlichen kleine Zahlen. Für periodische Erregung gilt bei nichtlinearen Schwingungen im Gegensatz zu linearen das Superpositionsgesetz nicht. Besteht eine Erregung aus zwei Harmonischen mit den Kreisfrequenzen Ω_a und Ω_b, so können, wie bereits *Helmholtz* bewies, in der Bewegung Teilschwingungen mit den Kreisfrequenzen

$$\Omega_k = p\Omega_a \pm n\Omega_b \quad (p, n = 0, 1, 2, \ldots) \tag{7.23}$$

auftreten. Besonders stark sind dabei Schwingungen mit $p = 1$; $n = 1$, die in der Akustik als *Summen-* und *Differenztöne* bezeichnet werden.

Ist in Gl. (7.22) $p < n$, so spricht man von *subharmonischen Resonanzen*.

Diese wurden beispielsweise bei Textilspindeln neben den mit der Drehfrequenz erfolgenden Unwuchtschwingungen festgestellt. So ergaben sich bei einer Spindeldrehzahl von $n = 3200$ 1/min starke Schwingungen in einer Frequenz, die der Drehzahl $n/3 = 1000 \cdots 1100$ 1/min entsprach. Die Ursache war eine subharmonische Resonanz 3. Ordnung, die durch die nichtlineare Federkennlinie der Lager und durch das Spiel zwischen Spindel und Lager entstand [5/2].

Die Bewegung mit der Erregerkreisfrequenz tritt besonders hervor. Um sie allein zu berücksichtigen, setzt man Gl. (7.20) in Gl. (7.19) ein, und vernachlässigt nach Entwicklung der Glieder höherer Potenzen in *Fourier*-Reihen die höheren Harmonischen. Nach [12, 1. Bd.] erhält man mit

$$\eta = \frac{\Omega}{\omega_0}; \quad \vartheta = \frac{b}{2m\omega_0}$$

für die Phasenverschiebung

$$\tan \varphi = \frac{2\vartheta\eta}{1 - \eta^2 + \dfrac{3}{4}\,\hat{q}^2\varepsilon} \tag{7.24}$$

Man erkennt die Amplitudenabhängigkeit und die Übereinstimmung mit der bekannten Phasenverschiebung bei linearer Bewegungsgleichung für $\varepsilon = 0$. Für die Bestimmung der Amplitude ergibt sich

$$\hat{q}^2 \left[\left(1 - \eta^2 + \frac{3}{4}\,\hat{q}^2\varepsilon\right)^2 + 4\vartheta^2\eta^2\right] = (\hat{F}/c)^2 \tag{7.25}$$

Dies ist eine kubische Gleichung für $\hat{q}^2(\eta)$, die sich nicht geschlossen lösen läßt. Stellt man sie nach $\eta^2 = \eta^2(\hat{q})$ um, ergibt sich die biquadratische Gleichung

$$\eta^4 - 2\left(1 - 2\vartheta^2 + \frac{3}{4}\,\hat{q}^2\varepsilon\right)\eta^2 + \left(1 + \frac{3}{4}\,\hat{q}^2\varepsilon\right)^2 = (\hat{F}/c\hat{q})^2 \tag{7.26}$$

Für $\varepsilon = 0$ liefert Gl. (7.26) die Vergrößerungsfunktion des linearen Schwingers, wenn beachtet wird, daß $V_1 = \dfrac{\hat{q}c}{\hat{F}}$ ist (vgl. Bild 3/3).

Gibt man nun einen Satz Werte für $\hat{q}$ vor, so liefert Gl. (7.26) die zugehörigen Frequenzverhältnisse η. Die damit bestimmte Resonanzkurve zeigt Bild 7/4, dabei wurde als Parameter der Nichtlinearität

$$\beta = \varepsilon\left(\frac{\hat{F}}{c}\right)^2 \tag{7.27}$$

eingeführt.

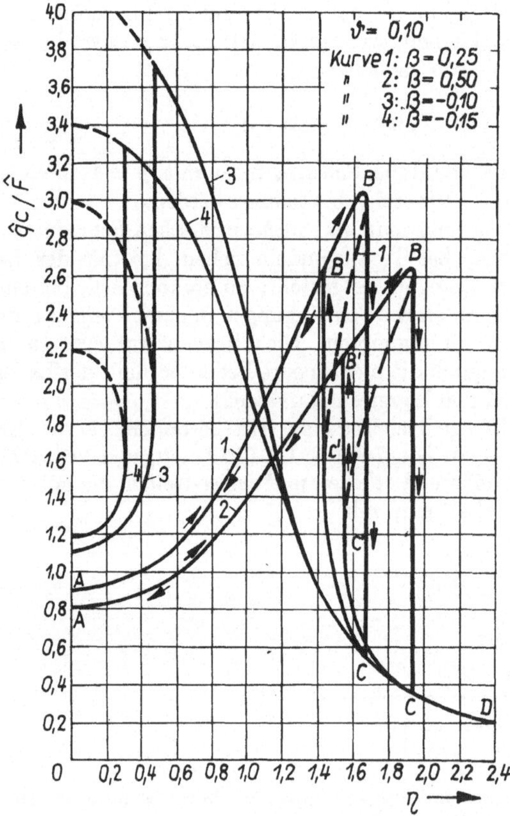

Bild 7/4. Resonanzkurve des gedämpften Schwingers bei nichtlinearer Rückstellkraft ($\vartheta = 0,1$)

An Hand dieser Resonanzkurve kann man folgende Besonderheiten nichtlinearer Schwingungen feststellen:

1. Die Resonanzkurve ist gegenüber der eines linearen Schwingers (Bild 3/3) gebogen.

Bei unterlinearer Kennlinie ($\varepsilon < 0$; $\beta < 0$) nach links, bei überlinearer ($\varepsilon > 0$; $\beta > 0$) nach rechts.

2. Aus diesem Grunde entstehen Frequenzbereiche (η-Bereiche), in denen der Frequenz nicht eindeutig eine Amplitude zugeordnet werden kann ($\eta_B' < \eta < \eta_B$).

3. Wird die Resonanzkurve quasistatisch durchfahren, so wächst beim Hochfahren (wachsendes η von A ab) die Amplitude von A bis B. Dann erfolgt ein Abkippen bis C und weitere Abnahme auf der Kurve CD. Beim Abfahren (fallendes η von D ab) tritt diese Kippung erst in C' nach B' auf. Daran schließt sich das Absinken der Amplitude von B' nach A an.

4. Es gibt demnach Kippstellen bei unterschiedlichen Frequenzen. Wird die Resonanzkurve meßtechnisch erfaßt, erhält man eine unsymmetrische Kurve, da der Kurvenzug BC (bzw. $C'B'$) keine stabilen Amplitudenwerte liefert.

5. Die stabile Flanke AB' ist bei nichtlinearen Schwingern in Abhängigkeiten von ε flacher als bei Schwingern mit $\varepsilon = 0$.

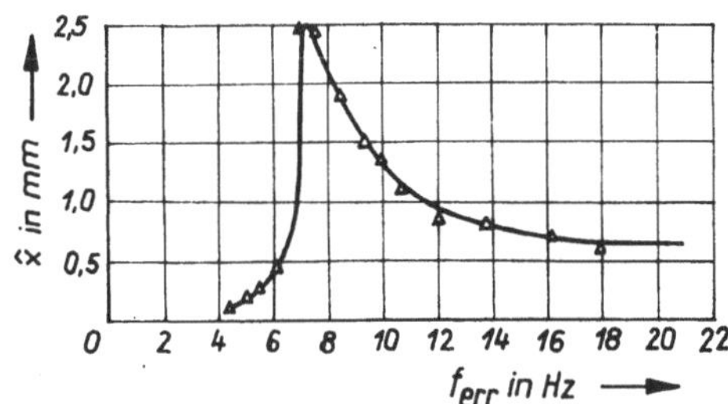

Bild 7/5. Gemessene Resonanzkurve eines Schwingers mit unterlinearer Kennlinie

Aus der Kenntnis dieses Verhaltens kann man Rückschlüsse auf das Berechnungsmodell ziehen. So zeigt beispielsweise Bild 7/5 die meßtechnisch erfaßte Resonanzkurve eines Schwingers mit einem Freiheitsgrad. Man erkennt deutlich die Kippung nach links, die auf eine unterlineare Kennlinie schließen läßt.

Technisch wird die flache Neigung der Resonanzkurve bei Schwingmaschinen (Verdichter, Förderer, Siebe) ausgenutzt. Man erreicht damit eine geringere Abhängigkeit der Schwingungsamplitude von Parameteränderungen, die in erster Linie durch die wechselnde Gutmasse entstehen. Die gewünschte Nichtlinearität wird dabei durch Federn mit Spiel erreicht.

7.3.2. Parametererregte Schwingungen

Die bisher betrachteten Bewegungsgleichungen hatten alle konstante Koeffizienten, die in die Rückstellfunktion $f(\dot{q}; q)$ eingingen. In den Formen *6* und *7* (Tabelle 7/1) entfällt diese Voraussetzung. Zunächst soll an einigen Beispielen gezeigt werden, wie derartige Bewegungsgleichungen entstehen.

Bild 7/6 zeigt einen Träger, dessen eines Auflager sich senkrecht bewegt. Nimmt man eine Punktmasse m am Trägerende an und vernachlässigt die Trägermasse, so folgt

$$m\ddot{x} + cx = 0; \quad c = \frac{3EI}{l(l-s)^2} \tag{7.28}$$

Dabei ist $s(t)$ zunächst eine beliebige Zeitfunktion. Setzt man dafür

$$s = s_0 - \hat{s} \cos \Omega t \tag{7.29}$$

so folgt

$$\ddot{x} + \frac{3EI}{ml(l - s_0 + \hat{s} \cos \Omega t)^2}\, x = 0 \qquad (7.30)$$

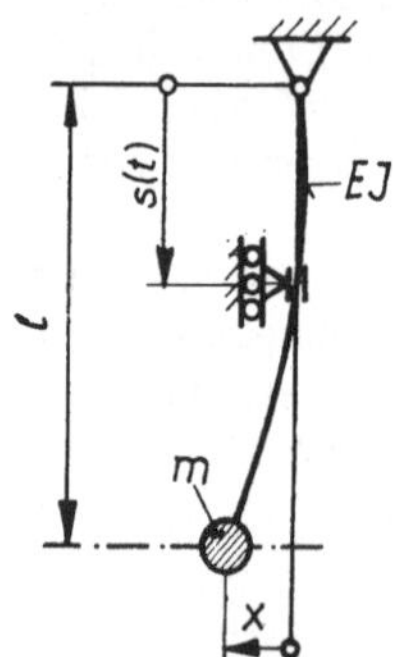

Bild 7/6. Träger mit verschiebbarem Auflager zur Demonstration einer parametererregten Biegeschwingung

Die Rückstellfunktion ist somit zeitabhängig; Gl. (7.30) entspricht der Form 6. Setzt man $\hat{s} < (l - s_0)$, läßt sie sich in eine Reihe entwickeln. Man findet dann

$$\ddot{x} + \frac{3EI}{ml(l - s_0)^2}\left[1 - \frac{2\hat{s}}{(l - s_0)} \cos \Omega t\right] x = 0 \qquad (7.31)$$

Im nächsten Beispiel, Bild 7/7, ist ein Kurbeltrieb dargestellt, der über eine elastische Welle angetrieben wird. Es wird ein so großes Trägheitsmoment J_A am Antrieb vorausgesetzt, daß die Drehung mit konstanter Winkelgeschwindigkeit Ω erfolgt. Für den Kurbeltrieb kann das bereits in der Lösung L 2/2 angegebene Ersatzträgheitsmoment genommen werden. Zur Vereinfachung wird geschrieben ($\lambda = r/l$)

$$J_1(\varphi_1) = J_0 + \frac{1}{2}\, mr^2(1 + \lambda \cos\varphi_1 - \cos 2\varphi_1 - \lambda \cos 3\varphi_1) \qquad (7.32)$$

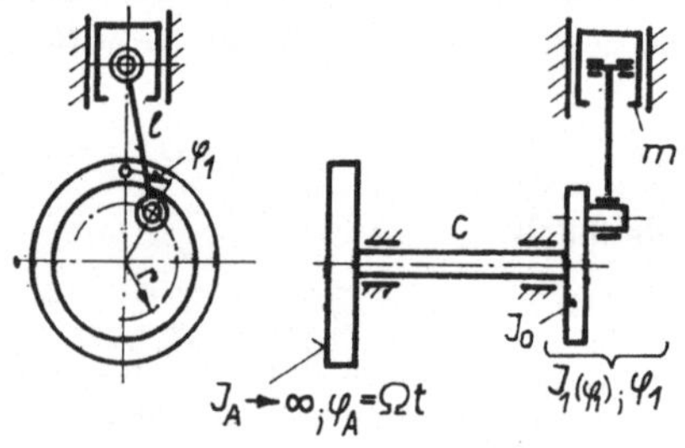

Bild 7/7. Kurbeltrieb an elastischer Welle zur Demonstration eines parametererregten Systems mit Störglied

Die nichtlineare Bewegungsgleichung lautet somit unter Beachtung von Gl. (2.14)

$$J_1(\varphi_1)\, \ddot{\varphi}_1 + \frac{1}{2}\frac{dJ_1}{d\varphi_1}\, \dot{\varphi}_1{}^2 + c(\varphi_1 - \varphi_A) = 0 \qquad (7.33)$$

Die Winkelbewegung φ_1 setzt sich aus einem Anteil mit konstanter Winkelgeschwindigkeit und einem Schwingwinkel zusammen; es gilt

$$\varphi_1 = \Omega t + \varphi; \quad \varphi_A = \Omega t$$

Damit wird aus Gl. (7.33)

$$J_1(\varphi_1)\,\ddot{\varphi} + \frac{1}{2}\frac{\mathrm{d}J_1(\varphi_1)}{\mathrm{d}\varphi_1}(\Omega + \dot{\varphi})^2 + c\varphi = 0 \tag{7.34}$$

Entwickelt man nun $J_1(\varphi_1)$ in eine *Taylor*-Reihe um Ωt, so findet man mit der Bezeichnung

$$\frac{\mathrm{d}(\ \ )}{\mathrm{d}(\Omega t)} = (\ \ )'$$

$$J_1(\varphi_1) = J_1(\Omega t + \varphi) = J_1(\Omega t) + J_1{}'(\Omega t)\,\varphi + \cdots \tag{7.35}$$

$$\frac{\mathrm{d}J_1(\varphi_1)}{\mathrm{d}\varphi_1} = J_1{}'(\Omega t) + J_1{}''(\Omega t)\,\varphi + \cdots$$

Gl. (7.35) in Gl. (7.34) eingesetzt, ergibt eine rheonichtlineare Dgl. der Form 7 (Tabelle 7/1). Erfolgt eine Linearisierung durch Vernachlässigung der Glieder höherer Potenzen, so erhält man die rheolineare Dgl.:

$$\ddot{\varphi} + \frac{J_1'(\Omega t)\,\Omega}{J_1(\Omega t)}\,\dot{\varphi} + \frac{c + J_1''(\Omega t)\,\Omega^2/2}{J_1(\Omega t)}\,\varphi = -\frac{1}{2}\frac{J_1'(\Omega t)\,\Omega^2}{J_1(\Omega t)} \tag{7.36}$$

Gl. (7.36) ist in sofern allgemein, als J_1 für beliebige Mechanismen, die als starre Maschine angesehen werden, gilt [33].

Man kann nun an Hand von Gl. (7.36) folgende interessanten Feststellungen machen.

1. Obwohl das Berechnungsmodell (Bild 7/7) keine Dämpfung enthält, tritt ein geschwindigkeitsabhängiges Glied auf.
2. Obwohl das Berechnungsmodell keine Erregung enthält, tritt ein Störglied auf, da die rechte Seite eine Zeitfunktion darstellt.
3. Gl. (7.36) entspricht einer rheolinearen Bewegungsgleichung mit Störglied.

In allgemeiner Form kann man Gl. (7.36) so schreiben:

$$\ddot{\varphi} + f_1(t)\,\dot{\varphi} + f_2(t)\,\varphi = f_3(t) \tag{7.37}$$

Dabei läßt sich stets der geschwindigkeitsabhängige Term beseitigen durch die Transformation

$$\varphi = \psi \exp\left[-\frac{1}{2}\int_0^t f_1(\bar{t})\,\mathrm{d}\bar{t}\right] \quad \text{bzw.} \quad \psi = \varphi \exp\left[\frac{1}{2}\int_0^t f_1(\bar{t})\,\mathrm{d}\bar{t}\right] \tag{7.38}$$

Man erhält damit die Gleichung

$$\ddot{\psi} + p_1(t)\,\psi = p_2(t) \tag{7.39}$$

mit

$$p_1(t) = f_2(t) - f_1^2(t)/4 - \dot{f}_1(t)/2 \tag{7.40}$$

$$p_2(t) = f_3(t)\exp\left[\frac{1}{2}\int_0^t f_1(\bar{t})\,\mathrm{d}\bar{t}\right]$$

Im speziellen Fall von Gl. (7.36) erhalten wir

$$\psi = \varphi \exp\left[\frac{1}{2}\int_0^t (J_1'/J_1)\,\Omega\,\mathrm{d}t\right] = \varphi \exp\left(\frac{1}{2}\ln J_1\right) = \varphi\,\sqrt{J_1(\Omega t)} \tag{7.41}$$

25*

so ergibt sich

$$\ddot{\psi} + \left(\frac{c}{J_1(\Omega t)} + \frac{\Omega^2}{4} \frac{J_1'^2(\Omega t)}{J_1^2(\Omega t)} \right) \psi = -\frac{1}{2} \frac{J_1'(\Omega t)}{\sqrt{J_1(\Omega t)}} \tag{7.42}$$

Für das vorliegende Beispiel mit J_1 nach Gl. (7.32) findet man unter den Voraussetzungen $\lambda \to 0$ und $mr^2 \ll J_0$:

$$\ddot{\psi} + \frac{c}{J_0} \left(1 + \frac{mr^2}{2J_0 + mr^2} \cos 2\Omega t \right) \psi = \frac{mr^2 \Omega^2 \cos 2\Omega t}{\sqrt{4J_0 + mr^2}} \tag{7.43}$$

Damit liegt aber eine Bewegungsgleichung vor, die unmittelbar mit Gl. (7.31) verglichen werden kann. Da beide lineare Dgln. sind, können die Lösung der homogenen Gleichung und der Einfluß des Störgliedes einzeln betrachtet werden.
Dies führt zur *Mathieu*schen Differentialgleichung

$$\boxed{q'' + q(\alpha + \gamma \cos \tau) = 0} \tag{7.44}$$

deren Lösungsverhalten aus der zugehörigen Stabilitätskarte (Ince-Struttsche Karte) entnommen werden kann. Bild 7/8 zeigt sie für die um ein Dämpfungsglied erweiterte *Mathieu*-Gleichung

$$q'' + q'(2\delta/\Omega) + q(\alpha + \gamma \cos \tau) = 0 \tag{7.45}$$

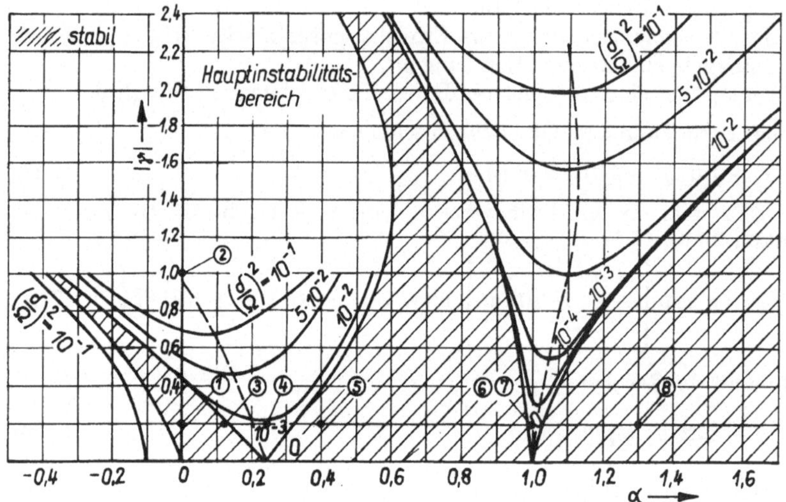

Bild 7/8. Stabilitätskarte der *Mathieu*schen Dgl. mit Dämpfung (aus [33])

Diese Karte dient zur Beurteilung der Stabilität der Lösung. Während die schraffierten Flächen stabiles Verhalten (die Lösung geht mit wachsendem τ gegen Null) anzeigt, herrscht außerhalb instabiles Verhalten. Das bedeutet ein ständiges Anwachsen der Bewegung. Auf den eingezeichneten Linien liegt eine periodische Lösung vor. Die Karte ist für negative γ-Werte symmetrisch zur α-Achse.
Für das erste Beispiel [Bild 7/6, Gl. (7.31)] kann man durch Bestimmung der α, γ-Werte folgendes ablesen:

Aus Gl. (7.31) findet man durch Koeffizientenvergleich die in der *Mathieuschen* Dgl. (7.44) auftretenden Parameter, wenn man $\tau = \Omega t$ und $(\ )' = \mathrm{d}(\ )/\mathrm{d}\tau$ einführt:

$$\alpha = \frac{3EI}{m(l - s_0)^2 \Omega^2} = \frac{\omega^2}{\Omega^2}; \quad \gamma = -\frac{6EI\hat{s}}{ml(l - s_0)^3 \Omega^2}$$

Für das zweite Beispiel folgt analog aus Gl. (7.43), allerdings mit $\tau = 2\Omega t$

$$\alpha = \frac{c}{J_0(2\Omega)^2} = \frac{\omega^2}{(2\Omega)^2}; \quad \gamma = \frac{cmr^2}{J_0(2\Omega)^2\,(2J_0 + mr^2)} \ .$$

Aus Bild 7/8 ist zu erkennen, daß besonders für $\alpha = 0{,}25$ die Gefahr besteht, auch mit kleinen γ-Werten in den Hauptinstabilitätsbereich zu kommen. Alle Instabilitätsbereiche beginnen bei $\alpha = \left(\dfrac{n}{2}\right)^2$ für $n = 1, 2, \ldots$ Der α-Wert ist in beiden Fällen das Quadrat des Verhältnisses von Eigenkreisfrequenz des „gemittelten" Systems zur Kreisfrequenz der Parametererregung, die in Gl. (7.31) gleich Ω, jedoch in Gl. (7.43) gleich 2Ω ist.

Bei allen parametererregten Schwingungen muß deshalb vermieden werden, daß die Frequenz der Parameteränderung in der Nähe der doppelten Eigenfrequenz liegt. Befindet sich der α-Wert oberhalb der durch die Dämpfung (δ/Ω) bestimmten Grenzkurve (vgl. Bild 7/8), herrscht Instabilität.

Man verdeutliche sich den wesentlichen Unterschied zwischen gewöhnlichen Resonanzen und Parameter-Resonanzen. Der gefährlichste Resonanzzustand tritt bei Parametererregung auf, wenn die Erregerfrequenz mit der doppelten Eigenfrequenz des „gemittelten" Systems übereinstimmt. Als *gemitteltes System* bezeichnet man dasjenige, das verbleibt, wenn sich der Parameter zeitlich nicht ändert. Die Besonderheit der Schwingungen gemäß Gl. (7.43) besteht darin, daß außer der durch die homogene Gl. (7.45) angezeigten Parameterresonanz $\left(2\Omega = 2\sqrt{c/J_0}\right)$ noch eine Resonanz der erzwungenen Schwingung bei $2\Omega = \sqrt{c/J_0}$ auftritt. Parameterresonanzen lassen sich meist nur durch wesentliche Änderungen der Modellparameter umgehen, da nicht wie bei erzwungenen Schwingungen eine feste Resonanzfrequenz, sondern ein ganzes Instabilitätsgebiet vermieden werden muß. Den Weg-Zeit-Verlauf für verschiedene Punkte der Stabilitätskurve Bild 7/8 zeigt Bild 7/9. Aus den Diagrammen ⑥ und ⑦ ist deutlich die stabilisierende Wirkung der Dämpfung zu erkennen.

Für Schwingungssysteme mit mehreren Freiheitsgraden erhält man mehrere Eigenkreisfrequenzen ω_k. Es gilt dann für das Eintreten in Instabilitätsbereiche unter Vernachlässigung der Dämpfung

$$\Omega = \frac{2\omega_k}{p} \quad p = 1, 2, \ldots, \text{ Resonanz 1. Art}$$

$$\Omega = \frac{\omega_l + \omega_k}{p}; \quad p = 1, 2, \ldots; l \neq k, \text{ Resonanz 2. Art}$$

Während bei Resonanz 1. Art periodische Schwingungen auftreten, sind sie für Resonanzen 2. Art nichtperiodisch.

Eine ausführliche Darstellung des Fachgebietes der parametererregten Schwingungen findet man in [31].

Die Erscheinungsformen rheolinearer Schwingungen sind gegenüber den linearen erzwungenen sehr unterschiedlich.

Während bei gedämpften, erzwungenen Systemen auch in Resonanz immer endliche Ausschläge auftreten, die an feste Frequenzen (Resonanzfrequenzen) gebunden sind, können parametererregte Systeme trotz vorliegender Dämpfung in Instabilitätsgebiete kommen, die einen großen Frequenzbereich überstreichen. Die Ausschläge gehen dort mathematisch gegen unendlich. Praktisch tritt bei großen Ausschlägen stets eine Änderung des Modells auf, so daß die Ausschläge endlich bleiben. (Eine derartige Änderung kann aber auch Zerstörung bedeuten.)

Zum Abschluß sollen noch einige Beispiele genannt werden, bei denen parametererregte Schwingungen zu erwarten sind.

1. Biegeschwingungen an rotierenden Wellen mit unterschiedlichen Flächen-Hauptträgheitsmomenten (Welle mit Nut, unrunde Wellen).

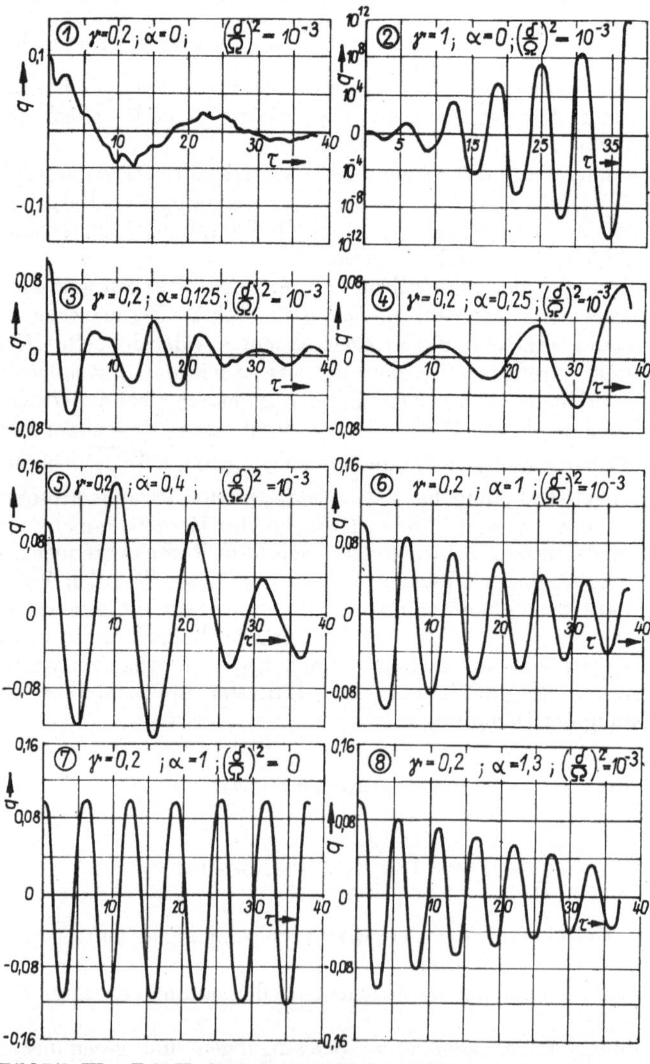

Bild 7/9. Weg-Zeit-Verläufe für verschiedene Punkte der Stabilitätskarte (Bild 7/8)

2. Torsionsschwingungen in Antriebssystemen in ungleichförmig übersetzenden Getrieben (z. B. Gelenkwellen) infolge veränderlichen Trägheitsmomentes.
3. Torsionsschwingungen in Systemen mit Zahnradgetrieben durch veränderliche Zahnsteifigkeit. Diese entsteht in Abhängigkeit vom Überdeckungsgrad.
4. Biegeschwingungen von Balken mit pulsierender Längskraft. Dies tritt besonders bei Rahmen-Fundamenten auf (Beispiel Bild 3/12).
5. Seilschwingungen in Schächten. Beim Abbremsen entstehen Längsschwingungen, die als Parametererregung für die Querschwingungen des Seiles auftreten. Die Seile schlagen dadurch aneinander.

Anhang

Programmübersicht

Als Quellen für diese Übersicht dienten:

1. Programmkatalog „Maschinendynamik". Zusammengestellt von der KDT-Arbeitsgruppe „Rechenverfahren und Programme der Maschinendynamik" des FUA „Maschinendynamik", herausgegeben von der TH Karl-Marx-Stadt, Sektion Maschinen-Bauelemente, Wissenschaftsbereich Mechanik, Lehrstuhl Dynamik
2. Schriftenreihe „Materialökonomie", Systemunterlagen — Dokumentation AUTRA des Instituts für Leichtbau und ökonomische Verwendung von Werkstoffen, DDR - 808 Dresden, Karl-Marx-Straße
3. *Holzweißig, F.; Liebig, S.:* Programmpaket zur Berechnung von Torsionsschwingungen, Maschinenbautechnik 1977, H. 6 (S. 266—271).

Neben der Programmbezeichnung und dem Programminhalt wird die Anlage, auf der das Programm eingefahren wurde, angegeben. Der Standort des Programmes kann bei den Autoren erfragt werden.

Ein Anspruch auf Vollständigkeit besteht nicht. Die obengenannte KDT-Arbeitsgruppe ist für Ergänzungsvorschläge und Mitarbeit dankbar.

1.   Modellfindung

1.1.   Bestimmung von Modellparametern

Drehfederzahlen von Wellen (P1/1)
Ermittlung der Gesamtdrehfederzahl einer beliebig gestalteten Welle.
R 300, ALGOL-60

Massenträgheitsmomente von Rotationsteilen (P1/2)
Ermittlung des Massenträgheitsmomentes eines Körpers, der aus Teilrotationskörpern (bzw. -hohlräumen) mit zur Rotationsachse parallelen Achsen besteht.
R 300, ALGOL-60

(P1/3) Bestimmung von Massenträgheitsmomenten für Fahrzeugkästen und ähnliche Bauteile
R 300, ALGOL-60

(P1/4) Berechnung von Schraubendruckfedern mit Querbelastung
1. Nachrechnung vorhandener Schraubendruckfedern
2. Auslegung neuer Federn vorzugsweise Federn nach TGL 32-612.22 und TGL 18391
R 300, ALGOL-60

moL1 (P1/5) Berechnung der Neigungswinkel für zwei gleiche Federelemente zur elastischen Abstützung einer Masse in einer Ebene, wenn Schwingungsentkopplung in dieser Ebene erreicht werden soll.
R 300, ALGOL-60, Compiler ALCO 69 oder ALCO 70
(P1/23) Ermittlung der Systemparameter diskreter Biegeschwingungssysteme aus Meßwerten am Original.
PL/I

TORMA (P1/6) Das Programm ermöglicht die Berechnung von Massenträgheitsmomenten einfacher und aus einfachen geometrischen Formen zusammengesetzter rotationssymmetrischer Körper bezüglich der Drehachse aus den Konstruktionsunterlagen. Für den Kurbeltrieb wird ein konstantes Ersatzmassenträgheitsmoment auf der Grundlage des arithmetischen Mittels berechnet.
DDP-516/BESM-6, FORTRAN-IV

TORFE (P1/7) Nach den aus der Literatur bekannten Gleichungen werden beliebige Drehfedern, die sich aus elastischen Grundelementen zusammensetzen, berechnet. Die Berücksichtigung des Einflusses von plötzlichen Querschnittsänderungen erfolgt nur bei abgesetzten zylindrischen Wellen. Der Reduktion von Kurbelkröpfungen liegen die Gleichungen von Tuplin zugrunde (vgl. Tafel 1/2).
DDP-516/BESM-6, FORTRAN-IV

(P1/8) Bestimmung der Vierpolparameter elastischer Elemente. Berechnung aus den Meßwerten der Kraft und der Beschleunigung an seinen Ankoppelstellen
DDP-516, FORTRAN-IV

MOTORERREGUNG (P1/9) Das Programm berechnet aus einer geraden Anzahl von Stützstellen eines Indikatordiagramms wahlweise die entsprechenden Werte des Tangentialkraft- oder Tangentialdruckdiagramms sowie die dazugehörigen Fourierkoeffizienten.
DDP-516/BESM-6, FORTRAN-IV

MTM (P1/10) Zur Bestimmung der Massenträgheitsmomente eines beliebigen inhomogenen Körpers können Pendelversuche um verschiedene Achsen durchgeführt werden. Damit lassen sich Punkte des Trägheitsellipsoides für ein beliebig gewähltes kartesisches Koordinatensystem bestimmen. Das Programm berechnet aus den Schwerpunktskoordinaten des Experimentiersystems, den Lagen der Pendelachsen, den Pendelzeiten sowie den notwendigen Zusatzangaben für den Pendelrahmen und zusätzlich zu berücksichtigende Teile folgende Werte des Prüfkörpers:

a) Schwerpunktkoordinaten

b) Massenträgheitsmoment für durch den Schwerpunkt gehende, zu den Pendelachsen parallele Achsen.

Die Ergebnisse fallen so an, daß sie direkt als Datenträger für das Programm HTM (P1/30) verwendet werden können.
DDP-516/BESM-6, FORTRAN-IV

PKW 2 (P1/11) Berechnung der Profilkennwerte für jede einfach- oder mehrfach zusammenhängende homogene Fläche, deren Randkurven durch Geraden- oder Kreisbogenstücke in einem beliebig vorgegebenen kartesischen Koordinatensystem beschrieben werden. Berechnet werden Fläche, Flächenmomente, Flächenträgheitsmomente, Hauptträgheitsachsen und -momente, Torsionsträgheitsmoment, Koordinaten des Schwerpunktes und des Schubmittelpunktes.
DDP-516/BESM-6, FORTRAN-IV

DREOP (P1/12) Für jedes Antriebssystem existiert unter vorgegebenen Bedingungen ein optimaler Viskositäts-Drehschwingungsdämpfer. Die Berechnung der optimalen Dämpfungskonstante eines Viskositätsdrehschwingungsdämpfers bei vorgegebenem Massenträgheitsmoment des Dämpferringes erfolgt über die Ermittlung des dämpfungsunabhängigen Punktes für ein beliebig wählbares, elastisches Moment im Wellenstrang eines Antriebssystems. Für den dämpfungsunabhängigen Punkt wird mit Hilfe eines Suchverfahrens die Dämpfungskonstante ermittelt, die eine horizontale Tangente der Resonanzkurve in diesem Punkt bewirkt (vgl. 4.4.5.).
DDP-516/BESM-6, FORTRAN-IV
HTM (P1/30) vgl. S. 395

1.2.   Auswertung von Meßergebnissen, Strukturbestimmung

ENFOHA (P1/13)   Bei digitaler Eingabe der Meßwerte von Ein- und Ausgang (vom Bandspeicher oder Meßschrieb) erfolgt die Berechnung der Gewichtsfunktion, der Ortskurve, der Vergrößerungsfunktion und des Phasenverlaufes.
DDP-516/BESM-6, FORTRAN-IV

FFT (P1/14)   Die Fouriertransformation beschreibt den Zusammenhang zwischen Zeit- und Frequenzbereich. Dabei wird für die diskrete Fouriertransformation der kontinuierliche Zeitvorgang durch N äquidistante Abtastwerte im Abstand ΔT ersetzt. Es entsteht ein Linienspektrum mit N Linien. Die technischen Problemstellungen sind:

1. Analyse einer i. allg. reellen Zeitfunktion,
   Bestimmung des Linienspektrums:

$$S_k = \frac{1}{N} \sum_{n=0}^{N-1} x_n e^{-j\frac{2\pi kn}{N}}$$

2. Berechnung von Stützstellen einer reellen Zeitfunktion bei gegebenem Spektrum:

$$x_n = \sum_{k=0}^{N-1} S_k e^{j\frac{2\pi kn}{N}}$$

Der FFT-Algorithmus ist ein für digitale Rechenanlagen optimierter Algorithmus, der besonders für große Datenmengen wesentliche Vorteile bietet. Dafür gibt es auch eine Variante zur Eingabe der Daten über einen AD-Umsetzer in den Rechner.
DDP-516/BESM-6, FORTRAN-IV

FFT (P1/15)   Bei digitaler Eingabe beliebiger Meßwerte vom Bandspeicher wird das komplexe Spektrum nach Betrag und Phase berechnet und wahlweise gezeichnet.
DDP-516/BESM-6, FORTRAN-IV

ERREGER (P1/16)   Das Programm dient der speziellen Aufgabenstellung, daß alle Parameter des Berechnungsmodells bekannt sind, die Bewegung gemessen wird und die Erregung bestimmt werden soll. Es liefert bei digitaler Eingabe der Meßwerte des Ausganges und der Modellparameter den Erregerkraftverlauf.
DDP-516/BESM-6, FORTRAN-IV

FALTUNG (P1/17)   Unter Benutzung der mit ENFOHA bestimmten Gewichtsfunktion kann die Bewegung des Systems bei beliebiger transienter Erregung an der Stelle des Einganges am Ausgang bestimmt werden.
DDP-516/BESM-6, FORTRAN-IV

KLASSIERUNG (P1/18)   Programm zur Ermittlung von Mittelwerten, lokaler Maxima und Minima sowie zur Klassierung mit einstellbarer Klassenanzahl aus vom Bandspeicher abgetasteten Meßwerten.
DDP-516/BESM-6, FORTRAN-IV

FUPARA (P1/19)   Bestimmung der Systemparameter von diskreten Schwingungssystemen (n-Massen-Schwinger) durch Anpassung der berechneten Amplitudenkurve an eine gemessene Kurve.
Verfahren: Fehlerquadratminimierung durch Intervallschachtelung bzw. Gradientenverfahren.
BESM-6, FORTRAN-IV

Meßwertaufbereitung (P1/20)   Programmpaket zur Aufbereitung von digital gegebenen Meßwerten, maximal 8 Meßkanäle in einem Rechengang. Berechnung von Mittelwerten und Häufigkeitsverteilungen, Autokorrelationsfunktion, Leistungsspektrum für jeden Meßkanal oder auf neue Bezugsrichtungen umgerechnete Meßwerte.
ESER:(DOS/ES), PL/I

FRANZ (P1/21)   Mit Hilfe dieses Programms können aus einer Folge von Meßwerten einer periodischen Funktion die Frequenzanteile berechnet werden. Input: Text, Steuervektor, Meßwerte.

Output: Frequenzanteile mit Gesamtintensität und Phasenwinkel und wahlweise Protokoll der Meßwerte, grafische Ausgabe der Frequenzanalyse, grafische Ausgabe des Meßwertverlaufes.
BESM-6, FORTRAN-IV

1.3.   Modellreduzierung

MINIMALMODELL (P1/22) Die Modellfindung für die Berechnung von Torsionsschwingungen in Antriebsanlagen führt auf diskrete n-Massen-Systeme. Berechnungsergebnisse werden jedoch oft nur an wenigen Systemstellen und innerhalb bestimmter Frequenzbereiche benötigt, wozu unter festgelegten Bedingungen reduzierte Modelle verwendet werden können. Die Reduzierung erfolgt durch Betrachtung von herausgeschnittenen Teilsystemen schrittweise.
Das Programm reduziert ein vorgegebenes diskretes Modell, wobei ausgewählte Koordinaten von der Reduktion ausgeschlossen werden können. Bei Überschreitung einer vorgebbaren Genauigkeitsschranke wird die Reduzierung abgebrochen. Verzweigungen bleiben erhalten.
DDP-516/BESM-6, FORTRAN-IV

WEFO 1; 2 (P1/29) Beide Programme bauen für große Systeme aus den bekannten Matrizen von Untersystemen eine reduzierte Matrix des Gesamtsystems auf. Mit Hilfe der Überlagerung von Ansatzfunktionen für das Schwingungsverhalten des Gesamtsystems werden die unteren Eigenwerte und -vektoren approximiert. Dabei werden bedeutend weniger Ansatzfunktionen verwendet als die Dimension des Gesamtsystems ist.

$$M_{\text{ges}}\ddot{x} + C_{\text{ges}}x = 0$$

$$x = Ty$$

Mit der Rechteckmatrix T der Ansatzfunktionen wird eine Koordinatentransformation durchgeführt

$$M_r = T'M_{\text{ges}}T$$

$$C_r = T'C_{\text{ges}}T$$

und damit ein Eigenwertproblem bedeutend geringerer Dimension erhalten,

$$M_r\ddot{y} + C_r y = 0,$$

das mit einem der Eigenwertverfahren gelöst werden kann. Beide Programme unterscheiden sich darin, daß „WEFO 1" für unverzweigte Ketten und „WEFO 2" für beliebig verzweigte Ketten anwendbar ist.
In beiden Fällen werden die Ansatzfunktionen unterschiedlich gewählt.
DDP-516/BESM-6, FORTRAN-IV

HTM (P1/30) Aus der Vielzahl der möglichen Trägheitsellipsoide eines beliebigen starren Körpers zeichnet sich das für ein Achsensystem mit dem Ursprung im Schwerpunkt aus. Kennzeichnende Größen dieses zentralen Trägheitsellipsoides sind die Lage seiner Hauptachsen und die Hauptträgheitsmomente. Liegen mindestens 6 Punkte des Trägheitsellipsoides vor (Ergebnis von MTM P1/10), so lassen sich unter der Voraussetzung nichtsingulärer Koeffizientenmatrix (die 6 Punkte müssen in nicht weniger als 3 Ebenen unterzubringen sein, wobei eine Ebene wiederum bei der Mindestzahl von 6 nur 3 Werte enthalten darf) die Koeffizienten der Gleichung des Ellipsoides bestimmen. Die anschließend notwendige Extremwertbetrachtung für die J_{ii} (die Deviationsmomente müssen bezüglich der Hauptachsen verschwinden) führt auf ein Eigenwertproblem der Form

$$(J - \lambda E)\, U = 0.$$

Hierin sind die Elemente der Eigenvektoren die Richtungskosinus der zu den jeweiligen Hauptträgheitsmomenten gehörenden Hauptachsen. Der Algorithmus enthält als Sonderfall des räumlichen Problems auch das ebene Problem. Entweder mit den durch MTM ermittelten oder anderweitig gefundenen Werten des Ellipsoides liefert das Programm HTM die Trägheitshauptachsen und Hauptträgheitsmomente.
DDP-516/BESM-6, FORTRAN-IV

2.   Starre Maschine und ihre Aufstellung

2.1.   Dynamische Grundaufgaben

KOGEOP (P2/1)   Kinetische und dynamische Analyse von Koppelgetrieben beliebiger Struktur bis zu 20 Gliedern. Optimale Synthese von Koppelgetrieben beliebiger Struktur bis zu 12 Gliedern hinsichtlich kinematischer oder dynamischer Kriterien mit mehreren Optimierungsstrategien
BESM-6, FORTRAN-IV

KOGEBILD (P2/2)   Programmsystem zur dialogunterstützten Analyse und Optimierung ebener Koppelgetriebe unter Einbeziehung eines interaktiven grafischen Bildschirmgerätes
CDC 3300, FORTRAN-IV

KOGEAN/SPIEL (P2/3)   Programm zur dynamischen Analyse ebener Koppelgetriebe mit einem spielbehafteten Schubgelenk und gleichzeitig mehreren spielbehafteten Drehgelenken unter Berücksichtigung von Reibung und Dämpfung
BESM-6, FORTRAN-IV

2.2.   Massen- und Leistungsausgleich

KOGEOP (vgl. 2.1.)

2.3.   Aufstellung der starren Maschine

mol 2; mol 3 (P2/4)   Berechnung der Eigenschwingungen einer Masse mit 6 Freiheitsgraden auf n elastischen Stützen:

mol 4 (P2/5)   Einflußzahlen, Eigenfrequenzen und Eigenvektoren, Zentralachsen und Schraubenbewegungen, relative Federwege und relative Anregung der Eigenschwingungen durch Fremderregungen.
R 300, ALGOL-60

AUTRA-Dynamik-Blocksysteme (P2/6)   Anwendungsbeschreibung: Schrift Nr. 20 (Untersystem 4; Teilkomplex 4), IfL, Dresden
ESER (DOS/ES), PL/I

3.   Mehrmassensysteme

3.1.   Freie Schwingungen (Eigenfrequenzen, Schwingformen)

3.1.1.   Allgemeine Systeme

AUTRA-Dynamik-Grundprogramme (P3/1)   Anwendungsbeschreibung: Schrift Nr. 17 (Untersystem 4, Teilkomplex 1), IfL, Dresden
ESER (DOS/ES), PL/I

FA-LA (P3/2)   Die Berechnung der Eigenfrequenzen und Eigenvektoren (Schwingformen) ungedämpfter Systeme führt mit der Formulierung der Massen- und Steifigkeitsmatrizen auf das allgemeine Eigenwertproblem

$$(A - \lambda B)\, x = 0,$$

worin A, B reell-symmetrisch sind und B positiv definit ist. Das Matrizenpaar läßt sich durch eine gemeinsame Kongruenztransformation

$$X'AX = A^D$$

$$X'BX = B^D$$

gleichzeitig auf Hauptachsen transformieren. Gegenüber einer Kongruenztransformation sind die Eigenwerte

$$\lambda_i = \frac{a_{ii}^D}{b_{ii}^D}$$

invariant. Die Modalmatrix der orthogonalen Eigenvektoren ergibt sich aus dem Produkt der einzelnen Transformationsmatrizen.

Das Programm berechnet simultan alle Eigenwerte und Eigenvektoren und macht auch bei betragsnahen oder -gleichen Eigenwerten keinerlei Schwierigkeiten.

DDP-516/BESM-6, FORTRAN-IV

JACOBI (P3/3) Das beim Aufstellen des Systems von Bewegungsgleichungen reeller technischer Systeme erhaltene allgemeine Eigenwertproblem

$$(A - \lambda B)\, x = 0$$

läßt sich durch Koordinatentransformation in das spezielle Eigenwertproblem überführen.

$$(C - \lambda E)\, y = 0$$

Die Transformation läßt sich für $B = \mathrm{diag}\,(b_i)$ unter Beibehaltung der Symmetrie mit

$$y = B^{1/2} x$$

und bei einer Vollmatrix B durch *Cholesky*-Zerlegung

$$B = R'R \quad \text{mit} \quad y = Rx$$

erreichen.

Das so erhaltene spezielle Eigenwertproblem wird durch Anwendung orthogonaler Elementartransformationen auf C

$$C_{k+1} = U_k' C_k U_k$$

gelöst, indem C so iterativ in eine Diagonalform übergeführt wird. Das Produkt der Transformationsmatrizen ergibt die Modalmatrix der orthogonalen Eigenvektoren in den durch die Transformation festgelegten Koordinaten, wodurch eine Rücktransformation der Eigenvektoren nötig ist.

Als Ergebnis werden alle Eigenwerte und Eigenvektoren erhalten.

DDP-516/BESM-6, FORTRAN-IV

EW; 1 2 (P3/4) Allgemeine technische Systeme führen bei Berücksichtigung der Dämpfung auf das allgemeine Eigenwertproblem der Form

$$(-\omega^2 M + j\omega B + C)\, x = 0$$

M, B, C symmetrische Matrizen.

Die Programme dienen der Berechnung der komplexen Eigenwerte und Eigenvektoren. Sie unterscheiden sich dadurch, daß bei EW 1 mindestens eine der Matrizen des Problems diagonal sein muß, wogegen bei EW 2 alle Matrizen unter Einhaltung der Symmetrie beliebig belegt sein können. Das durch die Matrizen gegebene Differentialgleichungssystem II. Ordnung wird mit

$$z = \begin{pmatrix} \dot{x} \\ x \end{pmatrix}$$

in $2n$ entkoppelte Dgln. I. Ordnung zurückgeführt

$$R\dot{z} + Sz = 0$$

Damit führt das Problem auf die Bestimmung der Eigenwerte und Eigenvektoren der nichtsymmetrischen reellen Matrix

$$U = -R^{-1}S$$

Dieser Berechnung liegt der Algorithmus von „EWUSY" zugrunde.

Die Programme liefern die komplexen Eigenwerte und Eigenvektoren.

DDP-516/BESM-6, FORTRAN-IV

EWUSY (P3/5) Das Programm bestimmt die Eigenwerte und -vektoren von nichtsymmetrischen Matrizen. Ihm liegt ein Verfahren zugrunde, das auf LR- und QR-Transformationen,

ausgehend von einer oberen Hessenbergmatrix, die aus der Ausgangsmatrix mit Hilfe von Ähnlichkeitstransformationen aufgebaut wird, basiert.
Das Verfahren erweist sich als numerisch sehr stabil, zumal durch eine Zusatzprozedur die „Kondition" der Matrix vor der Eigenwertberechnung noch verbessert wird.
DDP-516/BESM-6, FORTRAN-IV

3.1.2.   Torsionsschwingungssysteme, Schwingerketten

TORSION (P3/6)   Berechnung der Eigenfrequenzen und Eigenvektoren mit Übertragungsmatrizen.
Für verzweigte Systeme mit symmetrischen Verzweigungen nicht geeignet.
DDP-516/BESM-6, FORTRAN-IV

MATRIZEN (P3/7)   Das Programm ist ein Service-Programm für die Nutzung der Eigenwertprogramme „JACOBI" und „FA-LA". Es stellt für beliebig verzweigte und vermaschte ungedämpfte Torsionsschwingungssysteme die Massen- und Steifigkeitsmatrizen auf. Dazu ist lediglich ein Ordnungsschema nötig, nach dem sämtliche Systemparameter zur Verfügung gestellt werden. Die Ergebnisse können wahlweise formatangepaßt zur Verwendung als Datenträger für „JACOBI" oder „FA-LA" ausgestanzt werden oder stehen zur direkten Abrechnung mit einem dieser Programme als speicherplattenresidenter Datenfilme zur Verfügung.
DDP-516/BESM-6/ FORTRAN-IV

AUTRA-Dynamik-Torsion der Wellen (P3/8)   Anwendungsbeschreibung: Schrift Nr. 19 (Untersystem 4, Teilkomplex 3)
ESER (DOS/ES), PL/I

3.1.3.   Biegeschwingungssysteme

BIEGUNG (P3/9)   Berechnung der Biegeeigenfrequenzen und der zugehörigen Schwingformen mehrfach gelagerter, nicht parallel gekoppelter Wellensysteme. Erlaubte Abschnitte: elastischer Abschnitt, Masse, starrer Körper, *Rayleigh*-Abschnitt. Das Modell kann starre und elastische Lager sowie Gelenke und alle physikalischen Randbedingungen erfassen (Übertragungsmatrizen, Δ-Matrizen).
DDP-516, FORTRAN-IV

S 1214 (P3/10)   Berechnung der biegekritischen Eigenfrequenzen für Elektromotorenwellen bzw. Wellenstränge (Berücksichtigung des elektromagnetischen Zuges) mit beliebiger Lagerung und Massenbelegung. Verfahren der Übertragungsmatrizen.Berechnung der Beanspruchungen und Verformungen für statisch belastete Wellen möglich.
NE 503 und R 40, ALGOL-60 bzw. PL/I

WELSCHWING (P3/11)   Berechnung von Biegeeigenfrequenzen und Eigenschwingformen sowie Schwingformen erzwungener Schwingungen für rotationssymmetrische Wellenrotoren. Übertragungsmatrizen (ohne Dämpfung).
BESM-6, FORTRAN-IV

FREQUE (M 83003) (P3/12)   Berechnung von Biegeschwingungen an Rotoren (Biegeeigenfrequenzen nach der Methode der Übertragungsmatrizen). Rotorrohr als Balkensystem modelliert.
ES 1040, FORTRAN

3.2.   Erzwungene Schwingungen

3.2.1.   Allgemeine Systeme

AIDAM (P3/13)   Programm zur Integration der Bewegungsgleichungen allgemeiner Systeme. Dabei können beliebige Koordinaten mit Zwangsbedingungen verwendet werden, die Bewegungsgleichungen können nichtlinear sein, es sind beliebige Erregerfunktionen möglich. (Doppelschrittalgorithmus) (Praktisch möglich für Anzahl der Freiheitsgrade $n < 10$.)
BESM-6, FORTRAN-IV

AUTRA-Dynamik-Grundprogramme (vgl. 3.1.1.)

ERSCH (P3/14) Überführung des Systems von n Dgln. in ein System von $2n$ algebraischen Gleichungen und deren Lösung entweder nach *Gauß-Jordan* (Softwareprogramm „MATINV" der DDP-516) oder über die Bildung der Kehrmatrix und anschließender Multiplikation mit der rechten Seite. Im letzten Fall kann durch Kontrolle der Produktmatrix

$$E = AA^{-1}$$

eine Aussage über die numerischen Eigenschaften des gelösten Gleichungssystems gemacht werden. Die Superposition der harmonischen Teillösungen erfolgt mit dem FFT-Algorithmus. DDP-516/BESM-6, FORTRAN-IV

3.2.2.   Torsionsschwingungssysteme, Schwingerketten

AUTRA-Dynamik-Torsion der Wellen (vgl. 3.1.2.)

ENERV (P3/15) Das Programm berechnet Resonanzamplituden erregter gedämpfter Torsionsschwingungssysteme näherungsweise unter folgenden Voraussetzungen:

1. Bei stationärer Bewegung besteht Gleichheit zwischen Erregerenergie und Verlustenergie durch die Dämpfer;
2. Die stationäre Resonanzschwingung erfolgt mit der Schwingform der freien Schwingung;
3. Die Phasenverschiebung zwischen Erregung und Bewegung beträgt $\pi/2$.

Für den Beanspruchungsnachweis sollten andere Verfahren verwendet werden. „ENERV" eignet sich jedoch ausgezeichnet zum Variantenvergleich, z. B. bei verschiedenen Zündfolgen oder verschiedenen Phasenzuordnungen in Mehrmotorenanlagen. DDP-516/BESM-6, FORTRAN-IV

QL 1…QL 5 (P3/16) Zur allgemeinen Berechnung der erregten Schwingungen linearer gedämpfter Schwingerketten beliebiger Größe ist das Übertragungsmatrizenverfahren gut geeignet. Darauf basiert die Programmgruppe QL 1…QL 5, deren Programme bei gegebener komplexer Erregung an jeder Schnittstelle des Berechnungsmodells die komplexen Zustandsgrößen Verdrehung und elastisches Moment berechnen. Die einzelnen Varianten unterscheiden sich dadurch, daß unterschiedlich schwierige Elemente der Systemstruktur berücksichtigt werden können.

QL 1:   unverzweigte Kette
QL 2:   beliebig verzweigte Kette
QL 3:   Berücksichtigung von evtl. auftretender Nebenzweigresonanz bei beliebig verzweigten Ketten
QL 4:   beliebig verzweigte Kette mit einfachen Maschen
QL 5:   beliebig verzweigte Kette einschließlich Maschen mit Querverbindung.
DPP-516/BESM-6, FORTRAN-IV

MOTORTORSION (P3/17) Für spezielle Anforderungen des Kolbenmotorenbaus wurde auf der Grundlage der Varianten „QL" eine spezielle Programmvariante für verzweigte Antriebssysteme aufgestellt. Der Berechnung werden i. allg. 24 Erregerordnungen der Motortriebwerke zugrunde gelegt. Bei Mehrzylindermaschinen wird unter der Voraussetzung gleicher Triebwerke und der Kenntnis der Zündabstände aus den komplexen Fourierkoeffizienten eines Triebwerks die Erregung an jedem Triebwerk mit Hilfe einer Transformationsmatrix bestimmt.
Die Berechnung liefert für jeden elastischen Abschnitt der Antriebskette die Extremwerte des periodischen Moments und bei vorgegebenem Widerstandsmoment eine diesen Werten zugeordnete Spannung. Dazu erfolgt die harmonische Synthese der einzelnen Anteile der Zustandsgrößen mit Hilfe des Algorithmus für die schnelle Fouriertransformation ohne Umsortierung der Eingangswerte und bei Auffüllung des Spektrums mit Nullen über die 24 Ordnungen hinaus. Das Programm liefert für jede Grundordnung der Erregung die Gesamtbeanspruchung an allen Schnittstellen.
DDP-516/BESM-6, FORTRAN-IV

SYSB 1 (P3/18) Die Berechnung nichtperiodisch erregter beliebiger linearer Schwingungsketten erfolgt mittels Schwingformsynthese. Zunächst werden über die erwähnten Programmteile „EW 1; 2" die Eigenwerte und -formen des vorliegenden Problems berechnet. Das inhomogene Problem

$$R\dot{z} + Sz = \bar{f}; \quad \bar{f} = \begin{pmatrix} 0 \\ \bar{f} \end{pmatrix}$$

wird durch Matrizenoperationen diagonalisiert, wodurch die Berechnung der erregten Ausschläge auf eine Überlagerung von „Schwingformen" zurückgeführt wird.
Das Programm basiert auf der Lösung für eine Sprungfunktion als Erregung. Liegt eine beliebige Erregung f vor, so wird die Lösung gefunden, indem f durch eine Treppenkurve, bestehend aus Einzelsprüngen, angenähert wird. Der Ergebnisdruck enthält neben den Eigenwerten und -vektoren die erregten Ausschläge der Einzelmassen über der Zeit.
DDP-516/BESM-6, FORTRAN-IV

SYSB 2 (P3/19) Das Programm berechnet die erregten Ausschläge einer linearen Schwingungskette bei beliebiger Erregung. Gegenüber „SYSB 1" erfolgt die Lösung mittels direkter numerischer Integration, die mit Hilfe der Pade-Approximation durchgeführt wird. Die Erregerfunktion wird dabei stückweise linear approximiert. Es können beliebige Anfangsbedingungen berücksichtigt werden. Eine Schrittweitenwahl ist sowohl für die Erregerfunktion als auch die Antwort möglich.
DDP-516/BESM-6, FORTRAN-IV

TORKU (P3/20) Berechnung der Torsionsschwingungen (Verdrehungen, Torsionsmomente, Schubspannungen) eines Wellenstrangs in Abhängigkeit von der Zeit bei Erregung durch ein zeitlich veränderliches Erregermoment mit Berücksichtigung nichtlinearer Dämpfung.
Verfahren: Zerlegung der Schwingformen in die Eigenformen des homogenen konservativen Systems und Integration der Bewegungsgleichungen mit dem Runge-Kutta-Verfahren IV. Ordnung.
BESM-6, FORTRAN-IV

Längsdynamik (P3/21) Berechnung von Anfahr-, Brems-, Lösevorgängen (50 Freiheitsgrade; nichtlineare Federkennlinien mit Hysterese, nichtlineare Bremsfunktion für jede Masse variabel, nichtlineare Reibwertfunktion).
MINSK 22, BESM-6, ALGOL, FORTRAN

AUFLAUF (P3/22) Berechnung von Auflaufvorgängen
(4 Freiheitsgrade, deren Zahl ändert sich beim Bewegungsvorgang; nichtlineare Federkennlinien mit Hysterese, nichtlineare Reibwertfunktion).
MINSK 22, ALGOL, FORTRAN

KOGEOP-STABIL (P3/23) Untersuchung ebener zwangsläufiger Koppelgetriebe mit einem kinematischen und einem dynamischen Freiheitsgrad bezüglich periodischer Lösungen und deren Stabilität
BESM-6, FORTRAN-IV

RHEODGL (P3/24) Das Programm ist zur Berechnung von Partikulärlösungen rheolinearer Differentialgleichungen geeignet, wobei alle Matrizen Tridiagonalgestalt besitzen müssen. Es erlaubt die Berechnung stationärer Zwangsschwingungen unverzweigter Schwingungsketten bei gleichzeitiger periodischer Parameter- und Fremderregung.
Zur Lösung wird die Methode der Anfangsparameter verwendet, die auf einem Lösungsansatz mit trigonometrischen Polynomen basiert

$$\varphi_N^{(0)}(A, v, \tau) = \sum_{k=0}^{N} C_k(A, v) \cos k\tau$$

$$+ \sum_{k=1}^{N} S_k(A, v) \frac{\sin k\tau}{k}$$

A Vektor der Anfangsauslenkungen
v Vektor der Anfangsgeschwindigkeiten
τ dimensionslose Zeit

ohne jedoch auf die direkte Ermittlung der Ansatzkoeffizienten zu zielen. In einem primären Schritt werden zunächst Anfangswerte (A, v) bestimmt, die eine mögliche periodische Lösung zulassen, woraus dann die Ansatzkoeffizienten leicht zu ermitteln sind.
DDP-516/BESM-6, FORTRAN-IV

PARRES (P3/25) Das Programm eignet sich zur Berechnung von stationären Lösungen beliebig verzweigter und vermaschter Torsionsschwingungssysteme mit Parametererregungen (spez. Gelenkwellen). Es wird von rheolinearen Dgln. der Form

$$\ddot{\varphi} + \varepsilon \overset{\circ}{D}\dot{\varphi} + [\overset{\circ}{C} + \varepsilon C(t)]\,\varphi = \varepsilon f(t)$$

$\varepsilon \overset{\circ}{D}$ $n \times n$ Matrix, positiv definit, konstant
$\overset{\circ}{C}$ $n \times n$ Matrix, positiv definit (semidefinit, konstant)
$\varepsilon C(t)$ $n \times n$ Matrix mit fastperiodischen Zeitfunktionen
$\varepsilon f(t)$ Spaltenvektor mit n fastperiodischen Zeitfunktionen

ausgegangen.
Nach vorausgehender Transformation auf die Hauptachsen des zugehörigen ungedämpften Systems mit konstanten Koeffizienten erfolgt die Lösung nach der Methode der langsam veränderlichen Amplitude und Phase. Es wird lediglich die 1. Näherungsstufe berechnet, die für die meisten Aufgabenstellungen die Lösung genügend genau annähert.
Teil 1 des geteilten Programms liefert die Stabilitätsaussagen im untersuchten Frequenzbereich. Die Partikulärlösungen werden dann im Fall der Stabilität im Teil 2 berechnet.
DDP-516/BESM-6, FORTRAN-IV

3.2.3.   Biegeschwingungssysteme

Berechnung dynamischer Zustandsgrößen bei Unwuchterregung für diskrete Drehzahlen (P3/26)
1. hintereinander geschaltete Rotoren,
2. konzentrisch angeordnete und in sich hintereinander geschaltete Stränge, deren rotierende Teile die gleiche Drehzahl haben,
3. anisotrop gefederte und gedämpfte Rotoren, die durch gefederte und gedämpfte Gelenke hintereinander geschaltet werden können.

ODRA 1204

ANISO (P3/27) Berechnung der erzwungenen Schwingungen infolge drehzahl- bzw. nicht-drehzahlsynchroner Erregung sowie der Stabilität bzw. der komplexen Eigenwerte und Eigenformen eines mehrfach und anisotrop gelagerten Wellenstranges mit nichtrotationssymmetrischem Querschnitt unter Berücksichtigung des Aufschwimmens der Wellenzapfen im Ölfilm.
Verfahren: Zerlegung der Form der erzwungenen Schwingung bzw. der Eigenschwingung in die Eigenformen des homogenen konservativen Systems.
BESM-6, FORTRAN-IV

AUTRA-Dynamik-Stabtragwerke (P3/28) Anwendungsbeschreibung: Schrift Nr. 18 (Untersystem 4, Teilkomplex 2), IfL, Dresden.
ESER (DOS/ES), PL/I

RASTADYN (P3/29) Berechnung des statischen und dynamischen Verhaltens (Eigenfrequenzen, Schwingformen, erzwungene Schwingungen) von aus Balkenelementen zusammengesetzten räumlichen Strukturen mit Einfluß des Schubes und der Rotationsträgheit der Querschnitte.
BESM-6, FORTRAN-IV

GITRA (P3/30) Grafisches interaktives Programmsystem zur Berechnung räumlicher Tragstrukturen aus Balkenelementen nach der Methode der finiten Elemente.
CDC 3300, FORTRAN-IV

Literatur- und Quellenverzeichnis

Allgemeine Literatur der Maschinendynamik und ihrer Randgebiete

[1] *Stodola, A.:* Dampf- und Gasturbinen. Berlin: Springer-Verlag 1924 (1. Aufl. 1963)
[2] *Timoschenko, S.:* Schwingungsprobleme der Technik. Berlin/Göttingen/Heidelberg: Springer-Verlag 1932
[3] *Lehr, E.:* Schwingungstechnik, 2 Bände. Berlin/Heidelberg/Göttingen: Springer-Verlag 1933
[4] *Klotter, K.:* Technische Schwingungslehre. Berlin/Göttingen/Heidelberg: Springer-Verlag (1. Bd., 2. Aufl.: 1951, 2. Bd.: 1960)
[5] *Den Hartog, J. P.; Mesmer, G.:* Mechanische Schwingungen. Berlin/Göttingen/Heidelberg: Springer-Verlag 1952
[6] *Biezono, C. B.; Grammel, R.:* Technische Dynamik, 2 Bände. Berlin/Göttingen/Heidelberg: Springer-Verlag 1953
[7] *Zurmühl, R.:* Praktische Mathematik, 3 Auflage. Berlin/Göttingen/Heidelberg: Springer-Verlag 1961
[8] *Zurmühl, R.:* Matrizen und ihre technische Anwendung, 4. Auflage. Berlin/Göttingen/Heidelberg: Springer-Verlag 1961
[9] *Harris, C. M.; Crede, Ch. E.:* Shock and Vibration Handbook, 3 Bände. New York: McGraw-Hill Book Company 1961
[10] *Magnus, K.:* Schwingungen. Stuttgart: B. G. Teubner Verlagsgesellschaft 1961
[11] *Bolotin, V. V.:* Kinetische Stabilität elastischer Systeme. Berlin: Akademie-Verlag 1961
[12] *Weigand, A.:* Einführung in die Berechnung mechanischer Schwingungen, 3 Bände. Leipzig: VEB Fachbuchverlag (1. Bd., 3. Aufl.: 1965, 2. Bd.: 1958, 3. Bd.: 1962)
[13] *Collatz, L.:* Eigenwertaufgaben mit technischen Anwendungen, 2. Auflage. Leipzig: Akademische Verlagsgesellschaft Geest u. Portig K.-G. 1963
[14] *Kožešnik, J.:* Maschinendynamik. Leipzig: VEB Fachbuchverlag 1965
[15] *Bogoljubow, N. N.; Mitropolski, J. A.:* Asymptotische Methoden in der Theorie der nichtlinearen Schwingungen. Berlin: Akademie-Verlag 1965
[16] *Forbat, N.:* Analytische Mechanik der Schwingungen. Berlin: VEB Deutscher Verlag der Wissenschaften 1966
[17] Авторский коллектив (под. ред. Биргер, И. А. и Пановко, Я. Г.): Прочность, устойчивость, колебания. Москва: изд-во „Машиностроение" 1968
(Autorenkollektiv [Herausgeber: *Birger, I. A.*, und *Panowko, J. G.*]: Festigkeit, Stabilität, Schwingungen)
[18] *Иванович, В. А.:* Переходные матрицы в динамике упругих систем. Москва: изд-во „Машиностроение" 1969
(*Iwanowitsch, W. A.:* Übertragungsmatrizen in der Dynamik elastischer Systeme)
[19] *Schwarz, H. R.; Rutishauser, H.; Stiefel, E.:* Numerik symmetrischer Matrizen. Leipzig: BSB B. G. Teubner Verlagsgesellschaft 1969
[20] *Филлипов, А. П.:* Колебания деформируемых систем. Москва: изд-во „Машиностроение" 1970
(*Fillipow, A. P.:* Schwingungen deformierbarer Systeme)
[21] *Wilkinson, J. H.; Reinsch, C.:* Lineare Algebra. Berlin/Heidelberg/New York: Springer-Verlag 1971
[22] *Коренев, Б. Г.; Рабинович, И. М.:* Справочник по динамике сооружений. Москва: Стройиздат 1972
(*Korenjew, B. G.; Rabinowitsch, I. M.:* Handbuch der Dynamik von Bauwerken)

[23] *Бидерманн, В. Л.*: Прикладная теория механических колебаний. Москва: Высшая школа 1972
(*Biderman, W. L.*: Angewandte Theorie mechanischer Schwingungen)
[24] *Goloskokow, E. G.; Fillippow, A. P.*: Instationäre Schwingungen mechanischer Systeme. Berlin: Akademie-Verlag 1971
[25] *Fischer, U.; Stephan, W.*: Prinzipien und Methoden der Dynamik. Leipzig: VEB Fachbuchverlag 1972
[26] *Dietrich, G.; Stahl, H.*: Matrizen und Determinanten und ihre Anwendung in Technik und Ökonomie, 4. Auflage. Leipzig: VEB Fachbuchverlag 1973
[27] *Neuber, H.*: Technische Mechanik, 3. Teil: Kinetik. Berlin/Göttingen/Heidelberg: Springer-Verlag 1974
[28] *Lenk, A.*: Elektromechanische Systeme, 2 Bände. Berlin: VEB Verlag Technik (1. Bd.: 1971; 2. Bd.: 1974)
[29] Авторский коллектив (под. ред. *Григорьев, Н. В.*): Вибрация энергетических машин. Справочник. Ленинград: изд-во „Машиностроение“ 1974
(Autorenkollektiv [Herausgeber: *Grigorjew, N. W.*]: Schwingungen in Energiemaschinen; Handbuch)
[30] Autorenkollektiv: Lärmbekämpfung, 2. Auflage. Berlin: Verlag Tribüne 1974
[31] *Schmidt, G.*: Parametererregte Schwingungen. Berlin: VEB Deutscher Verlag der Wissenschaften 1975
[32] *Waller, H.; Krings, W.*: Matrizenmethoden in der Maschinen- und Bauwerksdynamik. Mannheim/Wien/Zürich: Bibliographisches Institut 1975
[33] Taschenbuch Maschinenbau, Band 1/II, 3. Auflage. Berlin: VEB Verlag Technik 1975
[34] Autorenkollektiv: Getriebetechnik. Lehrbuch, 3. Auflage. Berlin: VEB Verlag Technik 1976
[35] *Dankert, J.*: Numerische Methoden der Festkörpermechanik. Leipzig: VEB Fachbuchverlag 1977
[36] *Heinrich, W.; Hennig, K.*: Zufallsschwingungen mechanischer Systeme. Berlin: Akademie-Verlag 1977
[37] *Holzweißig, F.; Meltzer, G.*: Meßtechnik der Maschinendynamik, 2. Auflage. Leipzig: VEB Fachbuchverlag 1978
[38] *Holzweißig, F.*: Über die Bedeutung nichtlinearer Berechnungsmodelle in der Maschinendynamik.
Abhandlungen der Akademie der Wissenschaften der DDR, Jahrg. 1977, Nr. 5 N. Berlin: Akademie-Verlag 1977
[39] *Göldner, H.; Holzweißig, F.*: Leitfaden der Technischen Mechanik, 6. Auflage. Leipzig: VEB Fachbuchverlag 1978
[40] *Fischer, U.; Stephan, W.*: Schwingungslehre. Leipzig: VEB Fachbuchverlag (in Vorbereitung)
[41] *Пановко, Я. Г.*: Основы прикладной теории колебаний и удара (*Panowko, Ja. G.*: Grundlagen der angewandten Theorie der Schwingungen und des Stoßes) Ленинград: изд. Машиностроение 1976, 318 стр.

Spezielle Literatur zum Abschnitt 1.

[1/1] *Гернет, М. М.; Ратобыльский, В. Ф.*: Определение моментов инерции. Москва: изд-во „Машиностроение“ 1969
(*Gernet, M. M.; Ratobylski, W. F.*: Bestimmung von Trägheitsmomenten)
[1/2] *Фаворин, М. В.*: Моменты инерции тел. Москва: изд-во „Машиностроение“ 1970
(*Faworin, M. I.*: Trägheitsmomente von Körpern)
[1/3] *Konstantinov, M. S.; Zenov, P. I.*: Experimentelle Bestimmung von Massenträgheitsmomenten. Maschinenbautechnik 18 (1969) 3, S. 161—165
[1/4] *Маслов, Г. С.*: Расчёты колебаний валов. Москва: изд-во „Машиностроение“ 1968
(*Maslow, G. S.*: Berechnung der Schwingungen von Wellen)
[1/5] *Nestorides, E. J.*: A Handbook of Torsional Vibration. Cambridge: University Press 1958

[1/6] *Gross, S.:* Berechnung und Gestaltung von Metallfedern. Berlin/Göttingen/Heidelberg: Springer-Verlag 1960

[1/7] *Göbel, E. F.:* Gummifedern, Berechnung und Gestaltung. Berlin/Göttingen/Heidelberg: Springer-Verlag 1969

[1/8] *Dresig, H.; Hamann, A.:* Deformationsmechanisches Verhalten von Gummi. Wissensch. Zeitschrift der TH Karl-Marx-Stadt 18 (1976), S. 353—357

[1/9] *Malter, G.; Jentsch, J.:* Gummifedern als Konstruktionselement, Teil I; II. Maschinenbautechnik 25 (1976), S. 109—112; S. 121; S. 225—228

[1/10] *Backhaus, E.:* Bestimmung von Feder-Dämpfer-Kennlinien aus Schwingungsmessungen. Dissertation TU Dresden 1972

[1/11] *Holzweißig, F.; Hardtke, H.-J.:* Über Verfahren zur experimentellen Modellfindung in der Maschinendynamik. Maschinenbautechnik 26 (1977) Heft 11, S. 500 bis 504

[1/12] *Писаренко, Г. С.: Яковлев, А. П,; Матвеев, В. В.;* Вибропоглощающие свойства конструкционных материалов. Справочник. Киев: изд-во ,,Наукова думка" 1971 (*Pisarenko, G. S.; Jakolew, A. P.; Matwejew, W. W.:* Schwingungsdämpfende Eigenschaften von Konstruktionswerkstoffen, Handbuch)

[1/13] *Welzk, F.-J.:* Beitrag zur Erfassung der inneren Dämpfung spezieller Kurbelwellen. Dissertation TU Dresden, 1969

[1/14] *Försching, H.:* Die Schwingungsanalyse elastomechanischer Systeme mittels vektorieller Ortskurven. VDI-Zeitschrift (Düsseldorf) 105 (1963) S. 1269ff.

[1/15] *Unverferth, G.:* Vergleichende Betrachtungen über die Propellerdämpfung bei der Berechnung der Drehschwingungen von Schiffsantriebsanlagen. Schiffsbautechnik 1965, S. 466—470

[1/16] *Liebig, S.:* Eine Programmkombination zur Bestimmung der Hauptträgheitsmomente aus Pendelversuchen. Maschinenbautechnik 27 (1978), Heft 4, S. 175 ff.

[1/17] *Linke, H.; Oehme, J.; Senf, M.:* Belastbarkeit von Getrieben unter Berücksichtigung der Breitenlastverteilung. Maschinenbautechnik 27 (1978), Heft 1, S. 22 bis 26

[1/18] Katalog ICA vgl. [5/15]

[1/19] *Aurich, H.; Franz, L.:* Programmsystem RASTADYN zur Berechnung von Maschinengestellen und -elementen. Maschinenbautechnik 26 (1977), S. 8—10

[1/20] *Müller, H.:* Beitrag zur rechnerischen Ermittlung von Belastungen in Tragwerken landwirtschaftlicher Fahrzeuge beim Überqueren großer Fahrbahnunebenheiten. Dissertation TU Dresden 1977

[1/21] *Алексеев, В. В.; Болотин, Ф. Ф.; Кортин, Г. Д.:* Демпфирование крутильных колебаний судовых валопроводов. Ленинград: изд-во ,,Судостроение" 1973 (*Alexsejew, W. W.; Bolotin, F. F.; Kortin, G. D.:* Dämpfung von Torsionsschwingungen in Schiffsantriebswellen)

Spezielle Literatur zum Abschnitt 2.

[2/1] *Heun, K.:* Die kinetischen Probleme der wissenschaftlichen Technik. In: Jahresberichte der Deutschen Mathematiker-Vereinigung, Bd. IX/ S. 1—123. Leipzig: B. G. Teubner-Verlag 1901

[2/2] *v. Mises, R.:* Dynamische Probleme der Maschinenlehre. Enc. d. Math. Wissenschaften, Bd. 4 Mechanik, S. 159 bis 351

[2/3] *Wittenbauer, F.:* Graphische Dynamik. Berlin: Springer-Verlag 1923

[2/4] *Dizioglu, B.:* Getriebelehre — Dynamik. Berlin: VEB Verlag Technik 1969

[2/5] Autorenkollektiv (Herausgeber: *J. Volmer*): Getriebetechnik (Lehrbuch), 3. Auflage. Berlin: VEB Verlag Technik 1976

[2/6] Autorenkollektiv (Herausgeber: *J. Volmer*): Getriebetechnik-Koppelgetriebe. Berlin: VEB Verlag Technik 1979

[2/7] *Гулия, Н. В.:* Инерционные двигатели для автомобилей (*Gulija, N. W.:* Schwungradantriebe für Autos). Moskau: Verlag ,,Transport", 1974, 61 S. (russ.)

[2/8] *Щепетильников, В. А.:* Основы балансировочной техники

(*Ščepetil'nikov, W. A.*: Grundlagen der Auswucht-Technik.) Moskau: Verlag Mašinostroenije 1975 (russ.)

[2/9] *Göcke, H.; Wolf, C.-D.; Bormann, M.*: Anwendung interaktiver grafischer Datenverarbeitungsanlagen bei der Berechnung ebener mehrgliedriger Koppelgetriebe. Maschinenbautechnik 24 (1975) 4, S. 164—152

[2/10] *Federn, K.*: Auswuchttechnik. Bd. 1: Allgemeine Grundlagen, Meßverfahren und Richtlinien. Berlin/Heidelberg/New York: Springer-Verlag 1977

[2/11] *Dresig, H.; Pausch, E.*: Programmsystem KOGEOP zur Analyse und Synthese ebener Koppelgetriebe. Maschinenbautechnik 23 (1974) 3, S. 115—119

[2/12] *Dresig, H.; Jacobi, P.*: Vollständiger Trägheitskraftausgleich von ebenen Koppelgetrieben durch Anbringen eines Zweischlages. Maschinenbautechnik 23 (1974), S. 5 bis 8

[2/13] *Mende, S.; Sebastian, V.*: Dynamische Untersuchungen und Optimierung der Koppelgetriebe von Industrienähmaschinen. Textiltechnik 27 (1977) 9, S. 584 bis 588

[2/14] *Lingner, A.*: Auswuchttechnik 1. KDT Suhl: Eigenverlag 1978

Spezielle Literatur zum Abschnitt 3.

[3/1] *Makhult, M.*: Schwingungstechnische Bemessungen von Maschinenlagerungen. Budapest: Akadémiaci Kiadó 1970

[3/2] Autorenkollektiv: Lärmbekämpfung (Abschnitt 8), 2. Auflage. Berlin: Verlag Tribüne 1974

[3/3] *Rausch, E.*: Maschinenfundamente, 3. Auflage. Düsseldorf: VDI-Verlag GmbH 1959

[3/4] *Barkau, D.*: Dynamik der Gründungen und Fundamente. Moskau 1948

[3/5] *Lorenz*: Grundbau-Dynamik. Berlin/Göttingen/Heidelberg: Springer-Verlag 1960

[3/6] Forschungsberichte: Festkörpermechanik (Dynamik und Getriebetechnik). Beiträge: *Koch, H.*: B XVII; *Dietze, F.*: B XXI; *Bordihn, W.*: B XXII. Leipzig: VEB Fachbuchverlag 1973

[3/7] *Koch, H.*: Beitrag zur Dynamik der Blockfundamente und zur Schwingungsberechnung von Systemen mit mehreren Freiheitsgraden. Dissertation TU Dresden 1975

[3/8] *Meltzer, G.*: Schwingungsisolierung im akustischen Frequenzbereich. Wissensch. Zeitschrift der TH Karl-Marx-Stadt 1972, H. 2, S. 181 bis 185

[3/9] *Meltzer, G.; Kirchberg, S.*: Schwingungs- und Körperschallabwehr bei Maschinenaufstellungen. Schriftenreihe Arbeitsschutz, Heft 45. Berlin: Verlag Tribüne 1977

[3/10] *Viering, G.*: Tabellen für das Bauwesen, Abschnitt Baugrundmechanik und Grundbau. Berlin: Verlag Volk und Wissen 1958

[3/11] *Koch, H. W.*: Beurteilung der Wirkungen von Bauwerksschwingungen. VDI-Bericht Nr. 4 (1955), S. 99

[3/12] Baugrunduntersuchung für Maschinenfundamente, Technische Richtlinie 2.4.2. des VEB Baugrund Berlin

Spezielle Literatur zum Abschnitt 4.

[4/1] *Holzweißig, F.; Liebig S.*: Programmpaket zur Berechnung von Torsionsschwingungen Maschinenbautechnik 26 (1977), S. 266 bis 271

[4/2] *Barsch, P.; Liebig, S.; Schatte, M.*: Besonderheiten bei der Berechnung von Eigenfrequenzen verzweigter Schwingungssysteme mit Übertragungsmatrizen. Maschinenbautechnik 23 (1974) 3, S. 110 bis 114

[4/3] *Haug, K.*: Die Drehschwingungen in Kolbenmaschinen. Berlin/Göttingen/Heidelberg: Springer-Verlag 1952

[4/4] *Liebig, S.*: Berechnung von Torsionsschwingungen in Antriebsanlagen mit Kolbenmaschinen. Maschinenbautechnik 25 (1976) 2, S. 71 bis 74

[4/5] *Neuber, H.*: Gesetzmäßigkeiten von Torsionsschwingungszahlen. Ing.-Arch. 22 (1954)

[4/6] *Scheffler, M.; Dresig, H.; Kurth, F.*: Unstetigförderer II. Berlin: VEB Verlag Technik 1978

Spezielle Literatur zum Abschnitt 5.

[5/1] *Диментберг, Ф. М.* (*Dimentberg, F. M.*): Изгибные колебания вращающихся валов (Biegeschwingungen rotierender Wellen) Moskau: изд. Акад. наук СССР 1959, 247 S., 117 Bilder, 7 Tafeln

[5/2] *Коритысский, Я. И.* (*Koritysski, Ja. I.*): Исследования динамики и конструкций веретен текстильных машин (Untersuchungen der Dynamik und Konstruktion der Spindeln von Textilmaschinen) Moskau: изд. Машгиз 1963, 643 S., 164 Bilder, 60 Tafeln

[5/3] *Кушуль, М. Я.* (*Kušul, M. Ja.*): Автоколебания роторов (Selbsterregte Schwingungen von Rotoren) Moskau: Verlag der Akad. der Wiss., 1963

[5/4] *Tondl, A.*: Some problems of Rotor Dynamics (Einige Probleme der Rotordynamik). Prag 1965
Динамика роторов турбогенераторов
(Dynamik der Rotoren von Turbogeneratoren) Leningrad: Энергия, 1971, 387 S.

[5/5] *Niordson, F. I.* (Herausgeber): Dynamics of Rotors (Symposium Lungby/Dänemark). Berlin/Heidelberg/New York: Springer-Verlag 1975

[5/6] *Рагульскис, К. М.* и др. (*Ragulskis, K. M.* u. a.): Вибрации роторных систем (Schwingungen von Rotorsystemen) Vilnius: изд. Мокслас 1976, 231 S.

[5/7] *Lingener, A.*: Zur Theorie des Auswuchtens wellenelastischer Rotoren. Wiss. Z. der TH Otto von Guericke Magdeburg 18 (1974) 3, S. 285 bis 290

[5/8] *Hohenemser, K.; Prager, W.*: Dynamik der Stabwerke. Berlin: Springer-Verlag 1933

[5/9] *Koloušek, V.*: Baudynamik der Durchlaufträger und Rahmen. Leipzig: VEB Fachbuchverlag 1953

[5/10] *Muszynska, A.*: On Rotor Dynamics. Zagadnienia Drgan nieliniow 13 (1972), S. 35 bis 138 (engl.)

[5/11] *Waldeck, D.*: Ein Beitrag zur Untersuchung und Verbesserung des dynamischen Verhaltens von Textilspindeln. Diss., TH Karl-Marx-Stadt 1974

[5/12] *Gasch, R.; Pfützner, H.*: Rotordynamik (Eine Einführung). Berlin/Heidelberg/New York: Springer-Verlag 1975

[5/13] *Dresig; Golinski; Krug; Schönfeld; Weidauer:* Methoden zur rechnergestützten Optimierung von Konstruktionen. Karl-Marx-Stadt: KDT-BV 1972

[5/14] *Sokolow, W. J.*: Moderne Industriezentrifugen Berlin: VEB Verlag Technik 1971

[5/15] Autorenkollektiv (Ltg. *S. Arnold*): Richtlinienkatalog Festigkeitsberechnungen Behälter und Apparate, Teil 4. VEB Komplette Chemieanlagen Dresden, 2. Auflage, 1977

[5/16] *Waldeck, D.*: Literaturbericht zum Thema Rotordynamik (1970 bis 1975). TH Karl-Marx-Stadt 1976

[5/17] *Buerhop, H.; Mahrenholtz, O.*: Rechnerangepaßtes Modell zur Berechnung der Eigenschwingungen von Wellen. Konstruktion 26 (1974) 2. S. 41 bis 45

[5/18] *Vogel, D. H.*: Das Schwingungs- und Stabilitätsverhalten unwuchtbehafteter, mehrfeldriger Wellen auf Gleitlagern. Konstruktion 22 (1970) 12. S. 461 bis 466

[5/19] *Gasch, R.*: Unwucht-erzwungene Schwingungen und Stabilität von Turbinenläufern. Konstruktion 25 (1973) 5. S. 161 bis 168

[5/20] *Liebig, S.*: Beitrag zur Dynamik von Separatoren. Dissertation TU Dresden 1970

[5/21] *Grießhaber, J.; Pfannkuchen, R.*: Modellbildung und -berechnung an Bandabsetzern. Dissertation TU Dresden 1970

[5/22] *Föppl, O.*: Das Grunddiagramm zur Bestimmung der zugeordneten Drehzahlen von Wellen mit mehrfacher Besetzung. Die Technik 3 (1948) 6, S. 253 bis 256

[5/23] *Кельзон, А. С.; Журавлев, Ю. Н. и Н. В. Январев* (*Kelson, A. S., Žuravlev, Ja. N.* und *N. V. Janvarev*): Расчет и конструирование роторных машин (Berechnung und Konstruktion von Maschinen mit Rotoren) Leningrad: Verlag Mašinostroenije 1977, 258 S. (russ.)

[5/24] *Pitloun, R.*: Schwingende Balken (Berechnungstafeln). Berlin: VEB Verlag für Bauwesen 1971

[5/25] *Pitloun, R.*: Schwingende Rahmen und Türme (Berechnungstafeln) Berlin: VEB Verlag für Bauwesen 1975

[5/26] *Schmidt, R.: Sollmann, H.*: Schaufelschwingungen axialer Turbomaschinen. Reprints zum Problemseminar „Dynamik der Turbomaschinen". *Weißig* (1978) TU Dresden, Sektion Grundlagen des Maschinenwesens, Weiterbildungszentrum

Spezielle Literatur zum Abschnitt 6.

[6/1] *Zienkiewicz, O. C.*:Methode der finiten Elemente. Leipzig: VEB Fachbuchverlag 1978

[6/2] *Коритысский, Я. И.* (*Koritysski, Ja. I*): Колебания в текстильных машинах (Schwingungen in Textilmaschinen) Moskau: Verlag Mašinostroenije 1973, 318 S. (russ.)

[6/3] *Zurmühl, R.*: Ein Matrizenverfahren zur Behandlung von Biegeschwingungen nach der Deformationsmethode. Ing.-Archiv 32 (1963), S. 201 bis 213

[6/4] *Wagner, K. W.*: Einführung in die Lehre von den Schwingungen und Wellen. Wiesbaden: Dietrich'sche Verlagsbuchhandlung 1947

[6/5] *Бабаков, И. М.* (*Babakow, I. M.*): Теория колебаний (Theorie der Schwingungen). Moskau: Verlag Nauka 1965, 559 S. (russ.)

[6/6] *Fischer, U.*: Untersuchung dynamischer Probleme an dreidimensionalen Modellen mit Hilfe der Finite-Element-Methode. Maschinenbautechnik 26 (1977) 9, S. 388 bis 390

[6/7] *Кожевников, С. Н.* (*Koževnikov, S. N.*): Динамика машин. (Maschinendynamik) Artikelsammlung. Moskau: Verlag Mašinostroenije 1959, 432 S. (russ.)

[6/8] *Яблонский, А. А. и. Норейко, С. С.* (*Jablonski, A. A.; S. S. Norejko*): Курс теории колебаний (Lehrgang der Schwingungstheorie). Moskau: Vysšaja škola 3. Auflage 1975, 248 S. (russ.)

[6/9] *Бернштейн, С. А. и Керопян, К. К.* (*Bernstejn, S. A.; K. K. Keropjan*): (Определение частот колебаний стержневых систем методом спектральной функции (Bestimmung der Schwingungsfrequenzen von Stabsystemen mit der Methode der Spektralfunktionen). Moskau: Gosstroiisdat 1960, 281 S. (russ.)

[6/10] *Wilkinson, J. H.; Reinsch, C.*: Handbook for Automatic Computation: Linear Algebra. Berlin/Heidelberg/New York: Springer-Verlag 1977 (engl.)

[6/11] *Smith, Boyle, Gurbow, Ikeba, Klema, Moler*: Matrix Eigensystem Routines — ELSPACK-Guide. Lecture Notes in Computer Science Nr. 6. Berlin/Heidelberg/New-York: Springer-Verlag 1974 (engl.)

[6/12] *Zielke, G.*: Algol-Katalog Matrizenrechnung. Leipzig: BSB B. G. Teubner Verlagsgesellschaft 1972

[6/13] *Faddejew, D. K.; Faddejewa, W. N.*: Numerische Methoden der linearen Algebra. Berlin: Deutscher Verlag der Wissenschaften 1970

[6/14] *Groth, W. H.*: Die Dämpfung in verspannten Fugen und Arbeitsführungen von Werkzeugmaschinen. Dissertation, TH Aachen 1972

[6/15] *Koch, H.*: Beitrag zur Dynamik der Blockfundamente und zur Schwingungsberechnung von Systemen mit mehreren Freiheitsgraden. Dissertation TU Dresden 1975

[6/16] *Scheffler, M.; Dresig, H.; Kurth. F.*: Unstetigförderer II. Berlin: VEB Verlag Technik 1977

[6/17] *Langer, W.*: Beitrag zur Berechnung elektromagnetisch angetriebener Schwingförderer. IfL-Mitt., 1963, 9/10, S. 196 bis 200

[6/18] *Dresig, H.*: Methode zur Berechnung des Einflusses von Parameterveränderungen auf die Eigenfrequenzen von Schwingungssystemen. Maschinenbautechnik 26 (1977) 9, S. 427 bis 430

[6/19] *Dresig, H.*: Beeinflussung der Eigenfrequenzen durch Parameteränderungen. Textiltechnik 27 (1977) S. 566—596

[6/20] *Gantmacher, F.*: Lectures in analytical mechanics. Moskau: Verlag Mir 1970

[6/21] *Försching, H.*: Die Schwingungsanalyse elastomechanischer Systeme mittels vektorieller Ortskurven. VDI-Zeitschrift 1205 (1963) 27, S. 1209 bis 1278

[6/22] *Блехман, И. И.* (*Blechman, I. I.*): Синхронизация динамических систем (Synchronisation dynamischer Systeme) Moskau: Nauka 1971, 869 S.

[6/23] *Кудинов, В. А.* (*Kudinow, W. A.*): Динамика станков (Dynamik der Werkzeugmaschinen) Moskau: Verlag Mašinostroenije 1967

[6/24] *Müller, D.*: Anwendung von Pendelschwingungstilgern im Druckmaschinenbau. Textiltechnik 27 (1977) 9, S. 577 bis 580

[6/25] *Lenk, A.; Rehnitz, J.*: Schwingungsprüftechnik. Berlin VEB Verlag Technik 1974

Sachwortverzeichnis